Proceedings in Operations Research 2

Herausgegeben
von
H. Jacob, D. B. Pressmar, H. Todt und H.-J. Zimmermann

Vorträge der Jahrestagung 1972

DGOR

Papers of the Annual Meeting 1972

Springer-Verlag Berlin Heidelberg GmbH
1973

Ursprünglich erschienen bei Physica-Verlag Rudolf Liebing, Würzburg in 1973

ISBN 978-3-7908-0124-8 ISBN 978-3-642-99746-4 (eBook)
DOI 10.1007/978-3-642-99746-4

Vorwort

Die 1. Jahrestagung der Deutschen Gesellschaft für Operations Research, deren Tagungsbericht wir hiermit mit großer Freude vorlegen, ist nicht der Beginn einer neuen Entwicklung, sondern lediglich ein logischer Schritt in der Entwicklung des Operations Research in Deutschland. Ein Schritt auf dem Wege, der von der Deutschen Gesellschaft für Unternehmensforschung (DGU) und dem "Arbeitskreis Operational Research" (AKOR) begonnen und nun von der DGOR fortgeführt werden soll.

Neu sind vielleicht einige der Aufgabengebiete, mit denen sich der Operations Researcher in Zukunft befassen wird, wie z.B. Umweltschutz, Verbrecherbekämpfung, Bildungsplanung und Probleme der Entwicklungsländer. Dies kommt auch zum Teil schon im Programm dieser Tagung zum Ausdruck.

Nicht neu ist jedoch der Geist, in dem Problemlösungen gesucht werden. Im Gegenteil: durch den Zusammenschluß der beiden Vorgängervereinigungen zur DGOR wird es hoffentlich möglich, das gegenseitige Verständnis der Praktiker und Theoretiker auf dem Gebiet des OR zu verstärken und dadurch zu einer noch fruchtbareren Entwicklung des OR in Deutschland zu kommen. Noch vor einem Jahr stellten wir uns die Frage, ob dieser gemeinsame Weg möglich und sinnvoll sei. Inzwischen scheinen sowohl der erfreulich große Zustrom neuer Mitglieder als auch die vielen bei mir eingegangenen Stellungnahmen alter Mitglieder die Richtigkeit des vorjährigen Beschlusses zu bestätigen. Es bleibt zu hoffen, daß sich auch in der Zukunft diese Entwicklung fortsetzen möge!

Dem Physica-Verlag, der die Herausgabe dieser und der folgenden Proceedings ermöglicht, sei an dieser Stelle für seine Sorgfalt und für sein Verständnis besonderer Dank gesagt.

H. J. Zimmermann

Aachen im September 1972

Prof. Dr. H.-J. Zimmermann
(Vorsitzender der DGOR)

INHALTSVERZEICHNIS

Einführungen

Begrüßungsworte anläßlich der 1. Jahrestagung der DGOR am 6. September 1972 in Hamburg

von H. Künzi, Zürich

1. Einleitung

Wenn wir heute die erste Jahrestagung der DGOR eröffnen, so haben wir sicher noch keinen Grund, von einer Jubiläumstagung zu sprechen, wie man das bei der 10., 20., 25., usw. gerne zu tun pflegt.

Aber trotzdem ist die 1. Jahrestagung für eine Gesellschaft ein ausserordentlicher Anlass, bei dem es sich rechtfertigt, einige Gedanken rückblickend auf das Geschehene und ausblickend in die Zukunft zu richten.

Dass mir persönlich die hohe Ehre zukommt, am heutigen Eröffnungstag ein paar Worte an Sie weiterzugeben, weiss ich besonders zu schätzen. Ich darf Ihnen versichern, dass ich mich auch mit Ihrer neuen Gesellschaft sehr verbunden fühle und die Aktivität, die in ihrem Rahmen entfaltet wird, mit grösstem Interesse verfolge.

Etwas verspätet möchte ich am heutigen 1. Jahrestag den Initianten zur Gründung der DGOR herzlich gratulieren und danken. Ich bin fest davon überzeugt, dass das eingeschlagene Vorgehen richtig war und dass dadurch unserem Forschungsgebiet, nämlich dem Operations Research, im deutschen Sprachgebiet ein grosser Dienst erwiesen wurde.

Gerne denke ich in dieser Stunde an die Entwicklungsgeschichte des Operations Research in Deutschland und in der Schweiz zurück. Diese Entwicklung war besonders eng mit den entsprechenden Vereinigungen, nämlich der DGU, dem AKOR und der SVOR verbunden.

Als wir vor etwas mehr als 10 Jahren diese Vereinigungen gegründet haben, fehlte es uns noch weitgehend an Erfahrung im Gegensatz zu unseren Kollegen in Frankreich, England und den USA, wo sich Forschung und praktische Anwendung bereits weitgehend durchgesetzt hatten.

Als Optimisten waren auch wir davon überzeugt, dass Operations Research bei uns Fuss fassen werde und neue Impulse in die Forschung sowie in verschiedenste Gebiete der Volkswirtschaft, der Industrie, der öffentlichen Verwaltung und auch der Politik tragen möge.

Das Wagnis, wenn man überhaupt von einem solchen sprechen kann, hat sich gelohnt. Heute, am 1. Jahrestag der DGOR stehen wir nicht mehr am Nullpunkt, sondern können erfreulicherweise auf eine eigene Erfahrung zurückblicken, die uns das weitere Vorgehen ganz wesentlich erleichtert.

Interessanterweise hat sich die Operations Research-Entwicklung in den letzten 10 - 12 Jahren in unseren beiden Ländern weitgehend analog vollzogen.

Als charakteristisch erwies sich eine gewisse Unsicherheit zwischen Theorie und Praxis. Für die einen war Operations Research Theorie, für die andern Praxis. Wiederum andere glaubten, im Operations Research ein Zwischenglied bezüglich Theorie und Praxis zu erkennen.

Diese Zwitterstellung des Operations Research brachte es vor allem in Deutschland mit sich, dass sich die theoretisch interessierten Kreise mehr der DGU zuwandten und die Praktiker den Anschluss mit dem AKOR suchten. Die Doppelspurigkeit DGU und AKOR wies bestimmt Vor- und Nachteile auf; Nachteile, weil sich die Kräfte zersplitterten; Vorteile, weil beide Aspekte, nämlich Theorie und Praxis _ezielt gefördert wurden.

Nachdem man sich heute auf breitere Fundamente in Theorie und Praxis abstützen kann, erscheint mir die Fusion der beiden Partner eine recht glückliche Lösung zu sein; ja ich möchte sagen, es ist die beste und vernünftigste Lösung.

Je mehr man sich nämlich mit Operations Research befasst, desto eher erkennt man, dass es sich auch hier weitgehend um eine einheitliche Materie handelt, die nur scheinbar in mehrere disjunkte Teile zerfällt. Gestatten Sie mir, im folgenden Abschnitt einige diesbezügliche Betrachtungen anzustellen.

2. Rückblick und Ausblick

Wie bereits angedeutet wurde, so hat sich das Operations Research bei uns zum Teil in zwei Richtungen aufgespalten, nämlich in eine theoretische und eine praktische. Die Trennung ging oft so weit, dass der eine nicht mehr verstehen konnte, was der andere betrieb.

Die Weiterentwicklung in dieser Richtung muss als gefährlich bezeichnet werden. Ich möchte einer gewissen Wiedervereinigung (analog Ihrem Vorgehen bei der DGU und beim AKOR) das Wort in dem Sinne sprechen, dass Operations Research als Teil der angewandten Mathematik und der Wirtschaftstheorie betrieben wird und zwar von einer hohen wissenschaftlichen Warte aus. Lineare und Nichtlineare Programmierung sind keine eigenständigen Gebiete, sondern sie sind Teile der Algebra so wie Optimierungsüberlegungen Zuordnungsprobleme, Ersatztheorie u. a. m. Teile der Wirtschaftswissenschaften sind. Es ist einer nur dann ein guter Versicherungsmathematiker, wenn er primär ein guter Mathematiker ist. Genau so ist es beim Operations Research. Ein guter Operations Research-Forscher muss ein guter Mathematiker und ein guter Oekonome sein.

Diese Operations Research-Forscher sollten auch in der Lage sein, die praktischen Probleme zu bearbeiten. Also mit andern Worten: Es sollte bei uns nicht primär Theoretiker und Praktiker geben, sondern einfach Operations Research-Spezialisten, die die Theorie beherrschen und die in der Lage sind, diese Theorie praktisch anzuwenden.

Ich weiss, dass es sich dabei um hohe, ja sogar höchste Anforderungen handelt, die wir an unsere Vertreter stellen. Aber es ist einfach unmöglich, dass jemand ein praktisches Operations Research-Problem löst, ohne dass er über die notwendigen theoretischen Kenntnisse verfügt.

Ich glaube, dass Ihre Fusionsbesprechungen weitgehend von diesen Gedanken getragen wurden. Auch an den Hochschulen hat sich diese Ueberlegung durchgesetzt, denn es gibt bei uns keine Operations Research-Fakultäten, sondern das Gebiet wird von den Mathematikern und den Wirtschaftswissenschaftern betrieben, die nachher versuchen, in Form einer geschickten Kombination von Mathematik und Wirtschaftsforschung Anwendung zu betreiben.

Was die weitere Entwicklung in Theorie und Praxis anbetrifft, erlaube ich mir, ebenfalls einige Gedanken auszudrücken

a) Theorie

Als wesentlichen Bereich der Theorie seien hier erwähnt, die nichtlineare Optimierung - die lineare Optimierung kann jedenfalls in Bezug auf ihre Anwendbarkeit als abgeschlossen betrachtet werden -, die diskrete Optimierung einschliesslich Graphentheorie, sowie stochastische Probleme.

1. Nichtlineare Optimierung

Während in den ersten zwei Jahrzenten die Literatur auf diesem Gebiet von Sattelpunktaussagen beherrscht wurde sowie von mehr oder weniger fundierten Vorschlägen gewisser Algorithmen, ist in den letzten fünf Jahren ein verstärktes Bemühen festzustellen, zu soliden Einsichten über das theoretische ebenso wie das numerisch praktische Verhalten von Optimierungsalgorithmen zu gelangen. Hierzu gehören zum einen die Anstrengungen bezüglich einigermassen einfache Konvergenzkriterien und Konvergenzgeschwindigkeiten für Optimierungsalgorithmen im R^n und zum andern die sich neuerdings häufenden Untersuchungen über Diskretisierungsverfahren für Optimierungsprobleme in Funktionenräumen (Kontrollprobleme). Es fällt nicht schwer vorauszusagen, dass diese Bemühungen noch über etliche Jahre hinweg weitergehen werden, da heute das Wissen über die vorhandenen Methoden den der in der numerischen Mathematik üblichen Stand noch bei weitem nicht erreicht hat, und da es bisher unmöglich ist, Probleme realistischer Grössenordnung - etwa wie in der linearen Programmierung - einigermassen efficiert zu lösen.

2. Diskrete Optimierung

In der allgemeinen ganzzahligen linearen Optimierung laufen parallel Untersuchungen über möglichst gute Schnittebenen, gruppentheoretische Eigenschaften sowie Reduktionsverfahren weiter. Auch hier können viele Probleme realistischer Grössenordnung noch nicht gelöst werden - auch nicht mit Branch- and Bound-Verfahren, die ohnehin nicht als "gute" Algorithmen anzusetzen sind, da ihr Aufwand exponentiell mit der Grössenordnung der Probleme wächst. In diesem Zusammenhang erscheinen jedoch Bemühungen erfolgversprechend, wenn immer strukturell möglich, diskreten Problemen graphentheoretische Probleme zuzuordnen, die nicht allzu stark von Aufgaben abweichen, für die "gute" Algorithmen vorhanden sind.

3. Stochastische Probleme

Für viele stochastische Probleme ist die Theorie bis jetzt noch so schwach entwickelt, dass sie kaum anders als über Monte-Carlo-Simulation angegangen werden können, wobei nicht einmal das immer praktikabel ist. Dies trifft beispielsweise oft zu für Warteschlangenprobleme mit vielen simultan ablaufenden Zufallsprozessen und mehreren Bedienungsstationen (Verkehrsprobleme) oder für stochastische Mehrproduktlagerhaltungsprobleme. Darum erklärt sich, dass hier theoretische Untersuchungen noch stark das Feld beherrschen müssen. Besonders deutlich sieht man diese Situation im Bereich der stochastischen Programmierung, in der bisher im wesentlichen qualitative Aussagen (Konvexität, Stetigkeit, Differenzierbarkeit) vorliegen.

Lediglich in einigen speziellen Verteilungssituationen kann man schon zu numerischen Ergebnissen kommen. Praktisch am bedeutsamsten ist hier wohl das zweistufige Modell mit diskreter Wahrscheinlichkeitsverteilung, das unmittelbar auf ein Linearprogramm mit Dekomposition führt.

b) Praxis

Es wäre falsch zu behaupten, Operations Research sei bis jetzt nur einseitig auf praktische Problemkreise bezogen worden. Die zahlreichen Veranstaltungen unserer Gesellschaften wiesen jeweils auf ein breites Spektrum hin. Im Vordergrund standen aber bis jetzt eindeutig die betriebswirtschaftlich-industriellen Anwendungen. Erfolgreiche Ansätze kennt man auch im Verkehrswesen und im militärischen Sektor.

Vor einem Jahr hatte ich das Vergnügen, Ihnen über Anwendungen in der öffentlichen Verwaltung zu berichten.

All diese Arbeiten und Anstrengungen sind noch keineswegs abgeschlossen, sondern befinden sich erfreulicherweise noch in vollem

Flusse. Dennoch ist es unsere Pflicht, stets nach neuen und noch attraktiveren Problemkreisen zu suchen.

Unter den vielen Möglichkeiten, denen man sich bis jetzt eher spärlich oder noch viel zu wenig widmete, möchte ich deren zwei hervorheben, nämlich das Gebiet der Entwicklungshilfe und das Gebiet des Umweltschutzes.

Ich weiss, dass beide Gebiete heute zu den vieldiskutiertesten Themenkreisen gehören, bei denen sich gerade die Politiker gerne Lorbeeren holen. Wir wollen keine Sensationshascherei betreiben, sondern uns bewusst sein, dass beide Gebiete für den verantwortlichen Menschen zu den zentralen Problemen unserer Zukunft zählen.

Natürlich hat man sich schon sehr eingehend mit beiden Problemkreisen befasst. Vor allem denke ich an den überaus interessanten Bericht des Club of Rome zur Lage der Menschheit. In ihrem Buch über die Grenzen des Wachstums werden Probleme von einer Vielzahl von Wissenschaftern aufgeworfen und diskutiert.

Ich habe den Eindruck, dass aber noch zu wenig Operations Research-Spezialisten sich mit diesen Auseinandersetzungen befasst haben, um die qualitativen Aussagen in mehr quantitative zu gestalten.

Um die Grenzen des Wachstums zu bestimmen und um die Ernährungsprobleme bzw. Entwicklungshilfe zu diskutieren, gibt es bestimmt Theorien innerhalb des Operations Research, mit denen man sicher an die anspruchsvolle Aufgabenstellung herantreten kann.

Wenn es uns gelingen wird, Anwendungen unserer Wissenschaft auf solche und ähnliche Gebiete zu erweitern, so würde dies erwirken, dass Operations Research in den Rang einer ganz zentralen Forschung unseres Jahrhunderts steigen könnte, die in der Lage wäre, der Menschheit grösste Dienste zu leisten.

Natürlich gibt es, ich habe das bereits erwähnt, noch recht viele weitere Gebiete, denen man sich in Zukunft erfolgreich zuwenden kann.

Ich hoffe, dass die DGOR kraftvoll mitwirken wird, solche Aufgaben zu lösen und dass zwischen ihr und der SVOR die gleich herzlichen Beziehungen weitergeführt werden, wie dies mit der DGU und dem AKOR der Fall war.

Prinzipien des Operations Research, angewandt auf die Fachkommunikation

von H. Müller-Merbach, Darmstadt

1. Kritik an der gegenwärtigen Fachkommunikation

Viele wissenschaftliche Tagungen erhalten von der Mehrzahl der Tagungsteilnehmer kritische und negative Nachrufe wie z. B.

- "Was war das wieder für eine langweilige Tagung!"
- "80% der Vorträge waren es nicht wert, angehört zu werden!"
- "Die Tagungsleitung hat die Redner und die Vorträge schlecht ausgewählt!"
- "Das war die letzte Tagung, die ich besucht habe!"

Obwohl einige Tagungen durchaus positiv beurteilt werden, überwiegt bei vielen Tagungen der negative Eindruck, der aber in veröffentlichten Berichten über die Tagung zumeist wieder unterdrückt wird.

Nicht nur Tagungen sind der Kritik unterworfen, sondern ebenfalls die schriftlichen Beiträge zur fachlichen Kommunikation. Mangelnde didaktische Aufbereitung des Stoffes, zu aufwendiger Formalismus, Streben nach vermeintlicher "Wissenschaftlichkeit" auf Kosten der Verständlichkeit, ungenügende Strukturierung des Stoffes, zu geringe (oder auch zu große) Praxisnähe, ungenügende Definition des Informationszieles und der Zielgruppe sowie viele andere Details werden gerügt.

Selbst wenn es keine Statistik über die Häufigkeit der kritischen Argumente zur gegenwärtigen Fachkommunikation gibt, so dürfte sich jeder kritische Leser und Tagungsbesucher aber dessen bewußt sein, daß der fachliche Wissens- und Erfahrungsaustausch keineswegs die Effizienz besitzt, die wünschenswert wäre. Die Effizienzsteigerung der Fachkommunikation stellt sicher ein Problem dar, das vielen Fachleuten verschiedenster Wissenschaftsbereiche am Herzen liegt.

Wenn man nun Operations Research als eine Disziplin ansieht, deren Hauptaufgabe es ist, Probleme durch systematisches Vorgehen zu lösen, so drängt sich die Frage auf, ob die Prinzipien des Operations Research nicht auch zur Lösung dieses Problems, nämlich der Effizienzsteigerung der Fachkommunikation,nutzbringend eingesetzt werden können.

Im folgenden Abschnitt 2 wird versucht, das Problem der effizienten Fachkommunikation zu definieren und diesem Problem die typischen Denk- und Arbeitskategorien des Operations Research gegenüberzustellen. In den anschließenden Abschnitten werden die in Abschnitt 2 angedeuteten Punkte in Einzeldarstellungen vertieft.

2. Das Problem der Fachkommunikation und die Prinzipien des Operations Research

oooooooooooooooooooooooooooooooooooooooooooooooooooooooooo

Die Fachkommunikation hat im wesentlichen die Aufgabe zu erfüllen, Fachwissen (im weitesten Sinne) zu verbreiten und damit der (allgemeinen oder einer speziellen) Öffentlichkeit zugänglich zu machen.

Diese generelle Aufgabe muß bezüglich der Adressaten in zwei Unteraufgaben aufgespalten werden. Einerseits hat die Fachkommunikation dem Zweck zu dienen, neues Wissen, neue Erkenntnisse und Erfahrungen sowie neue Theorien der Fachwelt verfügbar zu machen. Andererseits obliegt ihr die Aufgabe, altes und neues Wissen den interessierten und den zu interessierenden Nichtfachleuten in einer auf deren Wissensniveau transformierten Darstellungsweise zugänglich zu machen. Zu dieser Zielgruppe gehören die hauptberuflich Lernenden (Schüler und Studenten) und die nebenberuflich Lernenden (z. B. Praktiker, die ihr Wissen zu erweitern trachten). Da man nicht davon ausgehen kann, daß alle Lernenden von sich aus an einem Fachgebiet interessiert sind, und daher erst dafür interessiert werden müssen, gehört die Motivierung der Lernenden mit in den Aufgabenkomplex der Fachkommunikation.

Sowohl bei der Wissensvermittlung an Fachleute als auch bei der an Nichtfachleute ist zu beachten, daß es im allgemeinen nicht nur einen einzigen Typ von Fachmann und einen einzigen Typ von Nichtfachmann gibt, sondern daß diese Begriffe sowohl bezüglich der wissenschaftlichen Disziplinen, mit denen jeder einzelne vertraut ist, variieren als auch die Wissenstiefe in diesen Disziplinen von Person zu Person unterschiedlich ist. Das kann man am Beispiel des"OR-Fachmanns", falls ein solcher überhaupt definierbar ist, deutlich erkennen. Es gibt Mathematiker unter den OR-Fachleuten, darunter Algorithmiker und "Reine", die im wesentlichen die formalen Bereiche, also das Instrumentarium des Operations Research, beherrschen. Es gibt andererseits OR-Fachleute, die eine wirtschaftswissenschaftliche Ausbildung abgeschlossen haben und mehr mit den Problemen der Modellbildung vertraut sind. Weiterhin ließ sich die Gruppe der OR-Fachleute mit ingenieurmäßigem Hintergrund anführen. Gleichgültig wie viele Gruppen man bildet, erkennt man, daß die Menge der "OR-Fachleute" nicht homogen ist.Für die Nichtfachleute des OR ist die Ungleichartigkeit noch viel größer.

Trotz dieser schillernden Ausprägungsvielfalt der Details werde im weiteren die Aufgabe der Fachkommunikation als das Vermitteln und Zugänglichmachen von Fachwissen verstanden, und zwar von neuem Fachwissen an Fachleute und von sowohl neuem als auch altem Fachwissen an Nichtfachleute.

Welche Prinzipien oder Denk- und Arbeitskategorien des Operations Research können nun dazu beitragen, die Effizienz bei der Erfüllung dieser Aufgabe zu erhöhen? Es sind

- das Prinzip der Problemstrukturierung
- das Denken in Systemen, die aus Zielfunktionen und Nebenbedingungen bestehen
- das spieltheoretische Prinzip der Erfassung von Konkurrenzsituationen

Die Anwendung dieser drei Prinzipien des Operations Research auf das Problem der Fachkommunikation führt u. a. auf die folgenden fünf konkreten Techniken:

- Strukturierung des Stoffes durch Gedankenflußpläne (Abschnitt 3)
- Die Definition von Nebenbedingungen und Input-/Output-Beziehungen (Abschnitt 4)
- Das Festlegen der Informationsziele (Abschnitt 5)
- Klärung der persönlichen Ziele (Abschnitt 6)
- Identifikation mit der Konkurrenzsituation (Abschnitt 7)

Bevor in den Abschnitten 3 bis 7 Details dieser fünf Techniken behandelt werden, seien sie vorab kurz skizziert.

Eine beliebte und wohl für jeden Operations Researcher typische Arbeitsweise besteht darin, daß er die zu lösenden Probleme zunächst strukturiert. Besonders deutlich wird das beim Einsatz der Netzplantechnik. Flußdiagramme bei der EDV-Programmierung, Gozinto-Graphen, Organisations-Graphen etc. dienen dem gleichen prinzipiellen Zweck, Probleme in ihren wesentlichen Strukturelementen und Strukturbeziehungen zu erfassen und damit jedem Betroffenen einen besseren Zugang zum Problem zu vermitteln. In ähnlicher Weise lassen sich mündliche und schriftliche Beiträge zur Fachkommunikation (Bücher, Aufsätze, Vorträge) in sog. "Gedankenflußplänen" strukturieren. Diese dienen dem Informationsgeber, also dem aktiven Teil des Kommunikationsprozesses, zur besseren didaktischen und systematischeren Aufbereitung und Darstellung des Stoffes. Dem Informationsempfänger, also dem passiven Teil des Kommunikationsprozesses, verhelfen die Gedankenflußpläne zu einer wesentlich besseren Übersicht über den aufzunehmenden bzw. aufgenommenen Stoff.

Eine über die Strukturierung von Problemen hinaus gehende Denkkategorie jedes Operations Researchers besteht in den Systemen aus Zielfunktion und Nebenbedingungen. Dieses Denkschema läßt sich auch für die Fachkommunikation nutzbringend anwenden.

Jeder Prozeß der Fachkommunikation unterliegt bestimmten Nebenbedingungen. Dazu gehören erstens die mehr technischen Bedingungen wie verfügbare Zeit für einen Vortrag oder maximale Seitenzahl für einen Aufsatz oder ein Buch. Andere Nebenbedingungen sind durch den Wissensstand, die Fähigkeiten und die Motivation der Informationsempfänger bestimmt. Je geringer diese drei

Merkmale in der Zielgruppe, d. h. der Gruppe der Informationsempfänger ausgebildet sind, desto langsamer verläuft der Prozeß der Informationsaufnahme.

Den Nebenbedingungen stehen die Ziele des Kommunikationsprozesses gegenüber. Diese sind zu unterteilen in die Ziele, deren Verfolgung dem Informationsgeber von Nutzen ist, und in solche, die auf den Informationsempfänger bezogen sind.

Auf den Informationsempfänger beziehen sich die Informationsziele (oft auch als Lernziele bezeichnet). Diese geben an, was der Informationsempfänger durch seine Teilnahme am Kommunikationsprozeß an Wissen, Anregungen und Ideen davontragen soll. Es ist sehr nützlich, wenn der Informationsgeber, bevor er selbst die Feder oder den Mund spitzt, um zur Fachkommunikation beizutragen, eine möglichst genaue Definition der Informationsziele vornimmt. Falls sich ein Vortrag oder eine Veröffentlichung an mehrere unterschiedliche Empfängergruppen richtet, können für die einzelnen Gruppen unterschiedliche Informationsziele festgelegt werden.

Im Gegensatz zu den Informationszielen spielen die persönlichen Ziele eine ganz andere Rolle. In ihnen liegt die Motivation zur aktiven Teilnahme an der Fachkommunikation begründet. Die persönlichen Ziele können eigennützig oder gesellschaftsbezogen sein. Eine selbstkritische Auseinandersetzung mit den persönlichen Zielen vor Beginn der aktiven Teilnahme an dem Fachkommunikationsprozeß wird im Abschnitt 6 empfohlen werden.

Eine weitere Denkkategorie des Operations Researchers besteht in der spieltheoretischen Durchdringung von Konkurrenzsituationen. Man kann auch die Prozesse der Fachkommunikation unter dem Blickwinkel der Konkurrenzsituation betrachten. Jeder Fachkommunikationsprozeß ist einem Spiel vergleichbar, in dem der aktive Teilnehmer den passiven Teilnehmern sein Wissen aufdrängen will. Der passive Teilnehmer hat absolut keine Veranlassung, den Wunsch des aktiven Teilnehmers zu erfüllen und die von ihm abgegebene Information aufzunehmen, es sei denn, er ist entsprechend motiviert. Um den passiven Teilnehmer zu motivieren, muß sich der aktive Spieler in den passiven hineinversetzen, wie es in der Spieltheorie modelltheoretisch durchgeführt wird.

In den folgenden Abschnitten werden die hier skizzierten Techniken in detaillierterer Form behandelt.

3. Die Informationsstrukturierung durch Gedankenflußpläne

Jeder Operations Researcher weist seine Klienten auf die Notwendigkeit der Strukturierung der vorliegenden Probleme hin. Besonders deutlich wird das bei der Anwendung der Netzplantechnik zur Terminplanung. Und gerade auf diesem Gebiet lehrt die Erfahrung, daß die Erkenntnisse über ein Projekt, die bereits durch das Aufstellen des Netzplanes gewonnen werden, schon einen wesentlichen Anteil des Nutzens der Netzplantechnik bewirken.

Ähnlich ist es mit der Strukturierung der

Informationsmenge von Vorträgen und Veröffentlichungen. Hier bietet sich eine der Netzplantechnik ganz ähnliche Strukturierungsmöglichkeit an, die im folgenden als "Gedankenflußplan" bezeichnet werden soll. Als Beispiel dafür ist auf der folgenden Seite ein Gedankenflußplan zu diesem Vortrag gezeigt.

Ein Gedankenflußplan ist ein gerichteter Graph, in dessen Knoten die Hauptthesen und zentralen Stichworte angegeben sind. Diese Knoten sind durch Pfeile verbunden, wenn sie logisch aufeinander aufbauen. Wenn sich an ein Stichwort n andere Stichworte logisch anschließen, dann findet eine n-fache Verzweigung statt.

Da die logisch gleichberechtigten und daher im Gedankenflußplan nebeneinander stehenden Gedanken nicht parallel behandelt werden können, sind sie in eine zweckmäßige Reihenfolge zu bringen. Die gewählte Reihenfolge kann man ebenfalls durch Pfeile kennzeichnen, die aber im Gegensatz zu den Pfeilen des logischen Aufbaus durch Strichelung oder geringe Strichstärken in ihrer Bedeutung abgehoben werden können.

Gegenüber einer Gliederung unterscheidet sich ein Gedankenflußplan vor allem dadurch, daß er erstens Verzweigungen und daher auch parallele Zweige zuläßt, und daß zweitens die logische Verknüpfung zwischen den Gedanken deutlich hervorkommt. Selbstverständlich können die Stichworte des Gedankenflußplans später in eine Gliederung übernommen werden. Er kann aber auch detaillierter oder auch weniger detailliert als eine Gliederung ausgearbeitet sein.

Ein Gedankenflußplan ist sowohl für den Informationsgeber als auch für den Informationsempfänger wertvoll.

Zunächst hilft ein Gedankenflußplan dem Informationsgeber bei der Vorbereitung des Stoffes, indem er ihn zwingt, sich über alle Details, die er zum Ausdruck bringen will, klarzuwerden und sie in ihrer Gesamtheit zu strukturieren. Ein solcher Plan hilft also, alle Gedanken zu dem betreffenden Thema zusammenzustellen, sie auf Vollständigkeit zu prüfen und die logischen Beziehungen zwischen ihnen zu klären.

Auch bei der späteren (schriftlichen oder mündlichen) Formulierung des Textes ist ein Gedankenflußplan eine wertvolle Hilfe für den Informationsgeber. Das gilt insbesondere für alle Fälle paralleler Gedanken (Pfeile). Eine einfache, aber sehr wirksame Formulierungstechnik setzt an diesen Stellen an. Sie besteht aus drei Teilen. Erstens wird vor dem Verzweigen von Gedanken in parallele Abschnitte explizit darauf hingewiesen, daß sich 2, 3, ... oder n logisch parallele Gedanken anschließen. Zweitens wird beim Übergang von einem zu einem anderen parallelen Gedanken ein entsprechender Hinweis auf die Parallelität gegeben. Drittens wird nach dem Abschluß des letzten der parallelen Gedanken gemeinsam mit einer kurzen Zusammenfassung ein Hinweis gegeben, daß nun die parallelen Gedankenlinien abgeschlossen sind.

Wenn der Informationsgeber bei der Stoffvorbereitung und bei der Formulierung mit Gedankenflußplänen arbeitet und dadurch zu einer

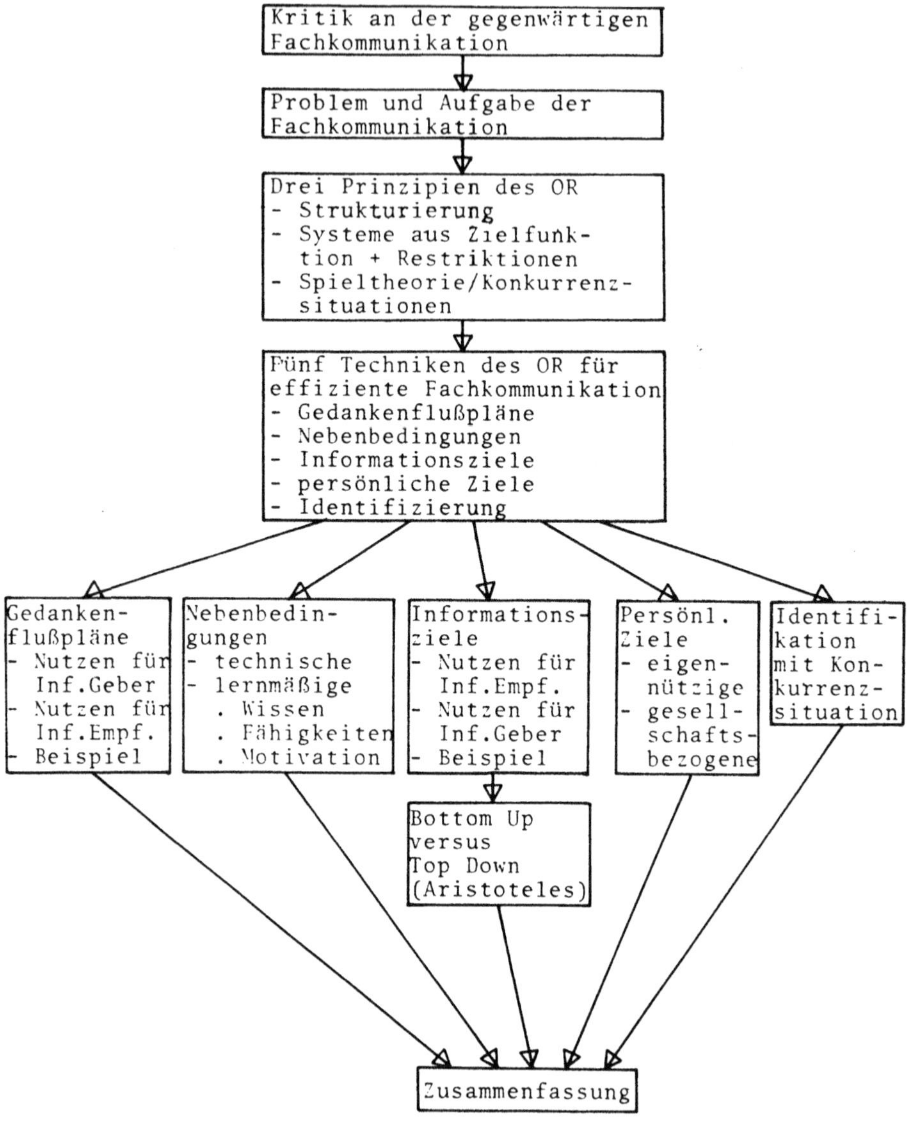

Gedankenflußplan dieses Vortrages (vgl. auch Heiner Müller-Merbach: Gedankenflußpläne zur Strukturierung von Vorträgen und Publikationen, erscheint demnächst in "Wirtschaftswissenschaftliches Studium (WiSt)".)

sehr klaren Darstellung kommt, ist auch für den Informationsempfänger ein Nutzen erzielt worden. Zusätzlich kann man dem Informationsempfänger noch einen Gedankenflußplan explizit zur Verfügung stellen. Das hat den Vorteil, daß er sich vor der Informationsaufnahme einen Überblick über die Stichworte und Schwerpunkte schaffen kann, daß er während der Informationsaufnahme sich regelmäßig über den jeweiligen Standort innerhalb des gesamten Textes orientieren kann und daß er im Anschluß an die Informationsaufnahme und bei einer späteren Stoffwiederholung sich die wesentlichen Gedanken und den Zusammenhang zwischen ihnen mit geringem Zeitaufwand wieder vergegenwärtigen kann. Das gilt sowohl für schriftliche Arbeiten als auch für Vorträge. Bei Vorträgen hat es sich bewährt, bei jedem Übergang zu einem anderen Knoten des Gedankenflußplans auf diesen Plan zu verweisen. Das hilft insbesondere denen, die während des Vortrages mit ihren Gedanken abzuschweifen pflegen, sich wieder im vorgetragenen Stoff zurechtzufinden.

So nachdrücklich das Arbeiten mit Gedankenflußplänen empfohlen werden soll, so muß doch vor einer zu starren Bindung an einen einmal aufgestellten Gedankenflußplan gewarnt werden. Ein Gedankenflußplan ist stets nur Mittel zum Zweck der klaren und systematischen Darstellung, nie aber Selbstzweck. JederAutor soll selbstverständlich beim Schreiben eines Textes den Gedankenflußplan noch verändern, wenn er es für notwendig hält. Es gilt daher (in Analogie zur Netzplantechnik bei der Terminplanung von Projekten und in Analogie zu Konstruktionszeichnungen von technischen Geräten), daß der endgültige Gedankenflußplan erst nach der Fertigstellung des Manuskriptes vorliegt.

4. Die Definition von Nebenbedingungen

Nachdem bisher das mehr "technische" Hilfsmittel des Gedankenflußplanes besprochen wurde, soll nun - in Anlehnung an das für jeden Operations Researcher charakteristische Begriffspaar - von "Zielfunktionen (bzw. Zielen) und Nebenbedingungen" die Rede sein. In diesem Abschnitt werden zunächst die Nebenbedingungen behandelt.

Jeder Vortrag unterliegt einer zeitlichen Nebenbedingung, wie auch jede schriftliche Veröffentlichung einer entsprechenden Umfangsrestriktion unterworfen ist. Obwohl es für Operations Researcher zum täglichen Brot gehört, Nebenbedingungen zu formulieren und mit ihnen zu rechnen, ist es erstaunlich, wie wenige Referenten auf OR-Tagungen ihre Zeitrestriktionen einhalten. Auf diese Art von Nebenbedingungen soll hier jedoch nicht weiter eingegangen werden.

Weitere, wesentlich bedeutsamere Restriktionen sind durch die Kenntnisse und Fähigkeiten der Informationsempfänger gegeben. Diese Restriktionen lassen sich zwar nicht mathematisch formulieren, sind aber gleichwohl vorhanden.

Prinzipiell scheint es nicht schwierig zu sein, den Wissensstand und die Fähigkeiten der Informationsempfänger zu berücksichtigen, wenn man die anzusprechende Zielgruppe definiert hat.

Da die Informationsvermittlung ein dynamischer Prozeß ist, ist es im allgemeinen aber noch nicht ausreichend, nur den anfänglichen Wissensstand und die bereits vorhandenen Fähigkeiten der Informationsempfänger als Nebenbedingungen zu berücksichtigen. Vielmehr haben beide Größen einen dynamischen Charakter.

Da man in Kommunikationsprozessen beim Informationsempfänger neues Wissen und neue Fähigkeiten produziert, bietet es sich an, diesen Prozeß als Input-/Output-Prozeß oder auch als Produktionsfunktion zu verstehen. Man kann dazu den Zuwachs an Wissen und an Fähigkeiten beim Informationsempfänger als eine Funktion seines jeweiligen Wissens, seiner jeweiligen Fähigkeiten und seiner jeweiligen Motivation auffassen. Alle drei Größen verändern sich im Lauf der Zeit. Dabei haben die Größen "Wissen" und "Fähigkeiten" im allgemeinen eine zunehmende Tendenz, während die Motivation in gleicher Weise zu- und abnehmen kann. Da eine geringe Motivation dazu führt, den Zuwachs an Wissen und Fähigkeiten praktisch zu blockieren, sollte der dauernden Motivation während des Kommunikationsprozesses besondere Sorgfalt zuerkannt werden. Eine motivierende Wirkung kann man bei Vorträgen u. a. bereits dadurch erreichen,daß man den Hörer mit Hilfe von Gedankenflußplänen in kurzen Zeitabständen wieder "auffängt", falls er mit seinen Gedanken abgewichen ist und den roten Faden verloren hat.

Es ist plausibel, daß um so mehr für die Motivation getan werden muß, je höher der angestrebte Wissens- und Fähigkeitszuwachs (d. h. das Informationsziel) ist. Es ist zu vermuten, daß die relative Motivationserfordernis pro Wisseneinheit um so größer ist, je komprimierter die Wissensvermittlung ist. Andererseits ist bei weniger kompakter Darstellung die Wissensvermittlung selbst aufwendiger, wenn auch vielleicht weniger Motivation erforderlich ist. Ein optimaler Ausgleich zwischen diesen beiden gegenläufigen Tendenzen ist anzustreben. Er ist aber nicht quantifizierbar. Eine qualitative Darstellung beider Tendenzen ist in der folgenden Abbildung skizziert.

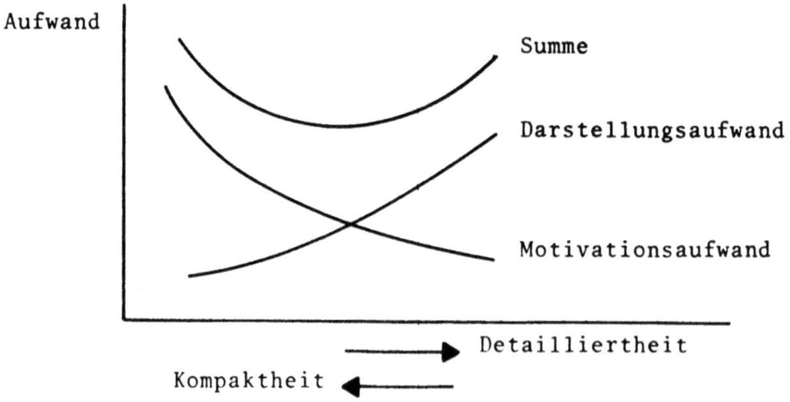

Wenn nur eine niedrige Motivation vorliegt (wie z. B. bei einem Durchschnittsmanager, der Operations Research lernen soll) und wenn es auch nicht gelingt, ihn stärker zu motivieren, dann ist ein Vorgehen in sehr kleinen Schritten erforderlich.

5. Das Festlegen der Informationsziele

Nachdem aus dem Begriffspaar "Ziele/Nebenbedingungen" bisher die Nebenbedingungen behandelt wurden, soll nun über die Ziele gesprochen werden. Diese sind hier in persönliche Ziele (Abschnitt 6) und Informationsziele gegliedert. Die Informationsziele bilden den Gegenstand dieses Abschnittes.

Der Begriff "Informationsziele" wird hier synonym mit dem von der Pädagogik benutzten Begriff der "Lernziele" bzw. "Lehrziele" verstanden. Sie geben den geplanten bzw. tatsächlichen Wissens- und Fähigkeitszuwachs der Informationsempfänger an.

Das Interesse der Pädagogik an der Definition von Lernzielen ist jüngeren Datums. Die gegenwärtig starke Betonung der Lernziele in der pädagogischen Fachdiskussion ist möglicherweise darauf zurückzuführen, daß in den Lehrbüchern der Vergangenheit die Lernziele nicht erkennbar waren und wohl auch oft vom Autor überhaupt nicht definiert wurden.

Aber nicht nur für Lehrbücher ist die Definition von Lehrzielen wichtig, sondern ebenfalls auch für die übrige Fachkommunikation. Bei vielen Arbeiten bleibt es dem Leser völlig unklar, welche Informationsziele der Autor verfolgt und an welche Zielgruppen er sich wendet. Entsprechendes gilt für Vorträge.

In vielen Veröffentlichungen sind die Informationsziele zwar nicht explizit (unter dem Namen "Informationsziele") formuliert, sondern gehen implizit aus der Einleitung oder Kurzfassung hervor; das kann völlig ausreichend sein.

Die (explizite oder implizite) Definition der Informationsziele hat verschiedene Aufgaben:

- Der Informationsempfänger (Leser bzw. Hörer) erfährt vorab, was ihm geboten wird, und kann nun entscheiden, ob er sich für diese Materie interessiert.
- Der Informationsempfänger kann aufgrund der Informationsziele erkennen, ob und inwieweit die Informationen für ihn neu sind.
- Der Informationsempfänger sollte aufgrund der im Zusammenhang mit den Informationszielen angegebenen Voraussetzungen erkennen können, ob er mit seinem vorhandenen Wissen ausreichende Grundlagen für die Aufnahme der gebotenen Informationen besitzt.

Es ist möglich, daß eine Arbeit mehrere Gruppen von Informationsempfängern gleichzeitig ansprechen soll. In solchen Fällen sind für die verschiedenen Gruppen unterschiedliche Informationsziele zu definieren.

Es ist ebenfalls möglich, daß mit einer Arbeit gleichzeitig solche Informationsempfänger angesprochen werden sollen, die den betreffenden Stoff ausführlich und mit vielen Details durcharbeiten wollen, als auch solche, die sich nur oberflächlich und schnell informieren wollen. Auch für einen solchen Fall der unterschiedlichen Informationstiefe sind die Informationsziele entsprechend zu untergliedern.

Als Beispiel für die Definition von Informationszielen seien im folgenden diejenigen dieses Vortrags angegeben:

> In diesem Vortrag werden Grundprinzipien des Operations Research vorgetragen, die zur Effizienzsteigerung der Fachkommunikation beitragen können. Diese Prinzipien bestehen in der Problemstrukturierung, dem Denken in Systemen aus Zielfunktionen und Nebenbedingungen und der spieltheoretischen Erfassung von Konkurrenzsituationen. Der eilige Leser sollte nach der Lektüre der Abschnitte 1 und 2 einen Überblick erhalten, der ihn gegenüber diesen Gedanken aufgeschlossen macht und ihn anregt, im Falle der aktiven Teilnahme an der Fachkommunikation sich sorgfältig mit den weiteren Details auseinanderzusetzen. Nach kritischem Zuhören bzw. kritischer Lektüre des gesamten Vortrages sollte der Informationsempfänger in der Lage sein, bei der eigenen aktiven Teilnahme an der Fachkommunikation diese Prinzipien sofort anzuwenden. Ein Nebenziel dieses Vortrages besteht in der Sensibilisierung der Informationsempfänger in Richtung auf eine kritische Einstellung gegenüber fremden und eigenen Beiträgen zur Fachkommunikation. Die Zielgruppe, an die sich dieser Vortrag wendet, besteht, was die Vorkenntnisse angeht, aus der Gesamtheit der Operations Researcher, d. h. derjenigen, denen die Begriffe Zielfunktion, Restriktion, Netzplan, Spieltheorie etc. vertraut sind.

Die Definition von Informationszielen ist aber nicht nur für den Informationsempfänger, sondern auch für den Informationsgeber von direkter Bedeutung. Je sorgfältiger er die Informationsziele (in Verbindung mit den Zielgruppen) vorab definiert, desto konsequenter kann er sich in den Detailausführungen an diesen Zielen orientieren. Das kommt den Informationsempfängern wiederum zugute. Das erste Durchdenken der Informationsziele geht dem Erstellen des ersten Gedankenflußplans im allgemeinen zeitlich voraus. Eine Revision der Informationsziele kann dagegen in gleicher Weise wie die Revision des Gedankenflußplanes während des gesamten weiteren Verlaufs der Textformulierung vorgenommen werden.

Im Zusammenhang mit den Informationszielen, den Nebenbedingungen und auch den Gedankenflußplänen soll hier noch eine wichtige Frage der vorteilhaften Reihenfolge fachlicher Darstellungen erörtert werden. Grundsätzlich gibt es zwei verschiedene extreme Vorgehensweisen bei der Darstellung eines komplexen Sachverhaltes: den Bottom-Up Approach und den Top-Down Approach.

Viele Autoren neigen dazu, vom Detail auszugehen und erst nach Erklärung aller Details das Gesamtproblem bzw. das Gesamtergebnis darzustellen. Das ist der typische Bottom-Up Approach. Gegen ihn ist logisch nichts einzuwenden, denn der Leser bzw. Hörer kann das Gesamte nicht voll verstehen, solange er die Details nicht kennt.

Andererseits kann er aber mit den Details nichts anfangen, solange er nicht weiß, wie das Gesamte aussieht. Daher ist er unmotiviert, und es fällt ihm schwer, dem Stoff zu folgen.

Aus diesem Grunde scheint es zweckmäßiger zu sein, zunächst das Gesamte vorzutragen, selbst wenn die Einzelheiten nicht verstanden werden, und erst anschließend auf die Details einzugehen. Dieses ist der Top-Down Approach.

Zu diesem Punkt hat sich interessanterweise schon Aristoteles geäußert, der wie folgt formulierte: "Der natürliche Weg führt von dem uns Bekannteren und vor Augen Liegenden zu dem, was seinem Wesen nach klarer ist und größeren Erkenntniswert hat. Deshalb muß man den Schüler in der Weise leiten, daß man von dem sachlich noch ungeklärten, uns aber verständlichen ausgeht und endet bei den der Natur der Sache nach klaren und für die Erkenntnis entscheidenden Dingen. Für uns ist zunächst deutlich und sichtbar, was aus einer Mischung entstanden ist, erst später werden uns daraus die Bausteine erkenntlich und die Grundlagen, wenn wir jenes zergliedern. Mithin muß man vom Gesamteindruck zum Einzelnen fortschreiten, da nach der Wahrnehmung das Ganze leichter erkennbar ist und der Gesamteindruck ein Ganzes ist, das ja viele Teile in sich befaßt." (Aristoteles: Physikalische Vorlesung. Verlag Ferdinand Schöningh, Paderborn 1956, S. 29)

Natürlich soll nicht versucht werden, mit dieser Aussage von Aristoteles irgend etwas zu beweisen. Vielmehr sollte nur auf diese interessante Äußerung hingewiesen werden.

Am Beispiel der Darstellung des betriebswirtschaftlichen Problemkomplexes "Produktionsfaktoren - Produktionsfunktionen - Optimale Produktionsprogramme" kann man den Unterschied zwischen dem Top-Down Approach (Aristoteles) und dem Bottom-Up Approach sehr deutlich aufzeigen.

Beim Bottom-Up Approach werden zunächst die Produktionsfaktoren gelehrt. Dann werden die Produktionsfunktionen diskutiert, durch die die quantitativen Beziehungen zwischen den Produktionsfaktormengen und den Produktmengen beschrieben werden. Schließlich werden aus einzelnen Produktionsfunktionen Modelle der linearen Planungsrechnung zur Programmoptimierung aufgestellt. Diese Vorgehensweise ist logisch ohne Zweifel richtig. Sie hat aber den Nachteil, daß der Student ermüdet und seine Motivation nachläßt, da er den Zweck, warum verschiedene Produktionsfaktoren unterschieden werden, und den Nutzen von Produktionsfunktionen nicht erkennt.

Beim Top-Down Approach, der auch der Vorgehensweise von Aristoteles entspricht, wird vom Gesamtproblem ausgegangen, d. h. vom Modell der linearen Planungsrechnung zur Programmoptimierung. Dieses Problem ist interessant und motiviert daher den Lernenden, auch die Details zu studieren. Bei der anschließenden Behandlung der Produktionsfaktoren und Produktionsfunktionen kann er die dort vorgeführten Detailgedanken immer am Gesamtproblem messen und in ihrer Bedeutung erkennen. Diesen Weg hat der Verfasser u. a. in seinem Buch "Einführung in die Betriebswirtschaftslehre für Abiturienten und Erstsemester" (Vahlen-Verlag, München 1973, Kapitel 2 bis 4) eingeschlagen.

6. Klärung der persönlichen Ziele

Nach diesem Exkurs über die beiden Vorgehensweisen zur Behandlung von komplexen Sachverhalten sollen nun den im Abschnitt 5 behandelten Informationszielen die persönlichen Ziele gegenübergestellt werden.

Die Motivation, aktiv am Prozeß der Fachkommunikation teilzunehmen, beruht auf den persönlichen Zielen. Diese können eigennützig und gesellschaftsbezogen sein.

Zu den eigennützigen Zielen gehört das Streben nach Geld, nach Anerkennung, nach Bewunderung etc.

Demgegenüber richten sich die gesellschaftsbezogenen Ziele im allgemeinen darauf, der Gesellschaft direkt oder indirekt bei der Lösung ihrer Probleme nützlich zu sein.

Vermutlich spielen bei den meisten Vorträgen und Veröffentlichungen sowohl eigennützige als auch gesellschaftsbezogene Ziele eine Rolle. Möglicherweise überwiegen in vielen Fällen die eigennützigen Ziele. Es ist sogar denkbar, daß in Einzelfällen die gesellschaftsbezogenen Ziele praktisch keine Bedeutung haben. Dagegen ist es unvorstellbar, daß in Einzelfällen überhaupt keine eigennützigen Ziele verfolgt werden.

Daß eigennützige Ziele einen wesentlichen Antrieb zur aktiven Teilnahme an der Fachkommunikation bilden, ist in einer Gesellschaft (westlicher als auch östlicher Prägung), in der individuelle Leistungen gewürdigt und honoriert werden, moralisch durchaus legitim. Allerdings gilt das nicht uneingeschränkt. Jeder Redner trägt die Verantwortung für die Zeit, während der er die Zuhörer in Anspruch nimmt, genau wie jeder Autor für die Zeit, die seine Leser ihm widmen, verantwortlich ist.

Beispielsweise betragen die gesamtwirtschaftlichen Kosten eines halbstündigen Vortrages vor 400 Teilnehmern 10.000,- DM, wenn die Mannstunde mit 50,- DM kalkuliert wird. Jede einzelne Minute kostet also 333,- DM. Diese Größenordnungen sollte jeder Redner vor Augen haben.

Ähnliches gilt für die Fachliteratur. Wenn ein Aufsatz in einer Fachzeitschrift von beispielsweise 200 Lesern sorgfältig studiert wird und jeder von ihnen dazu durchschnittlich 2 Stunden benötigt, so sind bei nur 25,- DM je Mannstunde ebenfalls gesamtwirtschaftliche Kosten von 10.000,- DM entstanden. Wenn es dem Autor gelingt, seinen Aufsatz didaktisch und methodisch so zu überarbeiten, daß der Durchschnittsleser 30 Minuten weniger benötigt, so hat er gesamtwirtschaftlich 2.500,- DM eingespart.

Wenn ein Autor eine Arbeit veröffentlicht, die nur für z. B. 1% der Stammleser einer Zeitschrift interessant ist, so ist daran nichts auszusetzen; denn die anderen Abonnenten werden diesen Aufsatz nicht lesen, wenn die Informationsziele entsprechend deutlich gekennzeichnet sind. Anders ist es bei Vorträgen. Wenn man vor einem Auditorium von z. B. 200 Hörern einen Vortrag hält, der nur für 2 oder 5 Hörer verständlich oder interessant ist, dann verschwendet man in unverantwortlicher Weise die knappe Zeit der übrigen Hörer. Den mit dem Vortrag verbundenen gesamtwirtschaftlichen Kosten steht also nur ein sehr geringer Nutzen gegenüber. Diesen Fall würde ich nicht erwähnen, wenn ich ihn nicht persönlich erlebt hätte: Nach einem Vortrag, zu dem ich die Sitzungsleitung hatte, sagte ich dem Referenten, daß m. E. kaum jemand seinen Vortrag verstanden haben mag, mit Ausnahme der wenigen Experten in diesem Gebiet, die etwa 5% der Hörer ausmachten. Er sagte mir daraufhin, daß dies genau die Leute seien, bei denen er positiv auffallen wollte. Ich glaube, daß in diesem Fall die eigennützigen Ziele zu stark überwogen und daß das Verantwortungsgefühl für die Gesamtheit der Zuhörer zu schwach ausgebildet war und damit auch die gesellschaftsbezogenen Ziele eine zu geringe Bedeutung gehabt haben. Ein solcher Redner muß es sich gefallen lassen, daß ein großer Teil der Hörer während seines Vortrages den Saal verläßt. Denn wenn er sich nicht für die Hörer verantwortlich fühlt, kann er nicht verlangen, daß die Hörer ihm so viel Wohlwollen entgegenbringen und ihm das frustrierende Gefühl, vor einem leeren Saal zu reden, ersparen.

Zusammenfassend kann man die nachstehenden Folgerungen ziehen:

- Vor jedem Vortrag und jeder Veröffentlichung sollte man sich über die persönlichen, also sowohl über die eigennützigen als auch über die gesellschaftsbezogenen Ziele klar werden.
- Dabei sollten gleichzeitig die Zielgruppen festgelegt werden.
- Wenn die Zielgruppen nicht deckungsgleich mit den zu erwartenden Zuhörern bzw. Lesern sind, dann sollte das vorab ausgesprochen werden.
- Eine Schätzung der volkswirtschaftlichen Kosten erscheint stets notwendig. Dieser Summe sollte der Arbeitsaufwand bei der Vorbereitung des Vortrages bzw. der Erstellung des Manuskriptes angepaßt werden.

Es erscheint durchaus angemessen, von einem Operations Researcher zu verlangen, daß er sich vor jedem Vortrag und jeder Veröffentlichung über die persönlichen Ziele Gedanken macht, insbesondere auch deshalb, weil er stets von denjenigen, denen er die Vorgehensweise des Operations Research beibringen bzw. die er vom Nutzen des Operations Research überzeugen will, auch verlangt, daß sie sich Gedanken über die Ziele beim Lösen von Problemen jeglicher Art machen.

7. Die Identifikation mit der Konkurrenzsituation

In den bisherigen Abschnitten wurden nun die möglichen Aktionen des Informationsgebers und deren Auswirkungen auf den Informationsempfänger beschrieben. Auf die Wechselwirkung zwischen Geber und Empfänger wurde nicht eingegangen, was nun nachzuholen ist.

Informationsgeber und Informationsempfänger stehen sich einander gegenüber wie zwei Spieler, die gegeneinander spielen. Der Informationsgeber weiß etwas, was er dem anderen vermitteln will. Dieser hat jedoch keine akute Veranlassung, dieses Wissen aufzunehmen; es sei denn, er werde dazu motiviert. Zwar ist im allgemeinen davon auszugehen, daß eine gewisse Grundmotivation vorliegt, wenn jemand eine Tagung besucht, eine Fachzeitschrift abonniert oder ein bestimmtes Buch kauft. Dennoch kann man nicht erwarten, daß diese Grundmotivation ausreicht, langweilige Vorträge mit Interesse zu verfolgen, unklare Fachaufsätze mit Sorgfalt durchzuarbeiten und unsystematische Bücher mit Freude zu bewältigen.

Vielmehr ist es erforderlich, daß der Informationsgeber dem Informationsempfänger ständig die Motivation erneuert und verstärkt. Um die Motivationserneuerung mit Erfolg zu betreiben, muß sich der Informationsgeber laufend in die Situation des Informationsempfängers versetzen, der latent bereit ist, an etwas anderes oder an gar nichts zu denken.

Dieser Prozeß des Sichhineinversetzens des Informationsgebers in den Informationsempfänger läßt sich mit Sicherheit nicht quantifizieren. Es besteht daher auch kein Anlaß zur Hoffnung, daß man so komplexe Prozesse wie den der Fachkommunikation zwischen einem Informationsgeber und einem (bzw. mehreren) Informationsempfängern spieltheoretisch erfassen kann. Man kann auf so komplizierte Prozesse vielmehr nur das gedankliche Prinzip der Spieltheorie anwenden. Dieses besteht eben darin, daß sich jeder Partner in den Gegenpartner hineinzuversetzen und aus dessen Sicht den Kommunikationsprozeß zu betrachten versucht. Soweit die Lernenden noch nie Lehrende waren, fällt es ihnen naturgemäß besonders schwer, sich in die Rolle des Informationsgebers hineinzuversetzen. Andererseits sollte jeder Lehrende einmal Lernender gewesen sein, so daß er sich eher mit der Rolle des Informationsempfängers identifizieren kann.

Der Informationsgeber sollte sich auch darüber im klaren sein, daß das, was ihn nach langer Beschäftigung mit einer bestimmten Materie besonders brennend interessiert, den Informationsempfänger noch lange nicht zu interessieren braucht. Er muß sich also überlegen, durch welche Maßnahmen er in der Rolle des Informationsempfängers motiviert werden könnte.

8. Ausblick

In den vorhergehenden fünf Abschnitten wurden die im Abschnitt 2 aufgezählten fünf Techniken diskutiert, die für eine effiziente

Gestaltung der Fachkommunikation vorteilhaft genützt werden können.

Es wurde in diesem Beitrag die Auffassung vertreten, daß man durch Strukturierung des Stoffes in "Gedankenflußplänen", durch Auseinandersetzung mit den Nebenbedingungen des Kommunikationsprozesses (insbesondere mit den Input-/Output-Beziehungen), durch Definition der Informationsziele, durch Klärung der persönlichen Ziele und durch spieltheoretische Denkweisen eine höhere Effizienz der Fachkommunikationsprozesse erreichen kann.

Der Autor erhebt nicht den Anspruch, die Technik der perfekten Fachkommunikation zu beherrschen. Vielmehr wollte er nur einige Gedanken zu dem schwierigen Gebiet der Fachkommunikation beitragen, die ihm aus der Sicht des Operations Researchers naheliegen schienen und deren explizite Erwähnung ihm keinesfalls trivial vorkam.

Spezielle Anwendungen

Effiziente Aktivitäten bei linearer Präferenz

von G. Bol, Karlsruhe

§ 0: Einführung

In einer grundlegenden Arbeit [3] zum Thema Produktionsanalyse gibt Koopmans notwendige und hinreichende Eigenschaften effizienter Aktivitäten. Dabei unterscheidet Koopmans zwei Fälle bei der Definition von Effizienz: 1. Faktoren ("inputs", "available in nature") sind erwünschte Güter ("desired in itself"), d.h. man legt Wert darauf, diese Güter - soweit möglich - zu bewahren. 2. Faktoren sind freie Güter ("not desired in itself"). Shephard [6] unterscheidet weiter - angeregt durch die Diskussion um die Umweltverschmutzung - bei den Endprodukten ("outputs") zwischen erwünschten und unerwünschten Gütern.

Kombiniert man diese Ansätze, so erhält man vier Fälle:

1. Faktoren sind erwünschte Güter und es gibt
   a) unerwünschte Nebenprodukte
   b) keine unerwünschen Nebenprodukte
2. Faktoren sind frei und es gilt a) und b) entsprechend.

Alle vier Fälle lassen sich auch zusammenfassen in folgendem Konzept:

Eine Aktivität ist ein Vektor $x=(x_1,\ldots,x_k,x_{k+1},\ldots,x_\ell,\ldots,x_m,\ldots,x_n)$ aus reellen Zahlen mit $k+\ell+m+n$ Komponenten, wobei

1. die ersten k Komponenten die Quantitäten der erwünschten Faktoren sind (z.B. Land, Rohstofflager etc.)

2. die Komponenten k+1 bis k+ die Quantitäten der freien Faktoren (z.B. Luft, Wasser etc.)

3. die Komponenten $k+\ell+1$ bis $k+\ell+m$ die Quantitäten der unerwünschten Nebenprodukte (z.B. Grad der Luftverschmutzung etc.)

4. die Komponenten $k+\ell+m+1$ bis $k+\ell+m+n$ die Quantitäten der erwünschten Endprodukte

angeben [1]. Eine Aktivität x^* einer Technologiemenge T ist dann als effizient zu bezeichnen, wenn es kein x in T gibt mit

$$x_i \leq x_i^* \quad \text{für } i = 1,\dots,k;\ i = k+\ell+1,\dots,k+\ell+m$$

$$\text{und } x_i \geq x_i^* \quad \text{für } i = k+\ell+m+1,\dots,k+\ell+m+n$$

und für mindestens ein i gilt $x_i \neq x_i^*$.

In jedem der oben erwähnten vier Fälle und in der Kombination sind dann effiziente Aktivitäten einer Technologiemenge die optimalen Elemente einer Menge bei einer "linearen" Präferenzordnung (Definition s. u.). In dieser Arbeit soll nun die Frage der Existenz solcher effizienten Aktivitäten und der Abgeschlossenheit der Menge aller effizienten Aktivitäten - d.h. die Frage der Existenz einer stetigen Produktionsfunktion - untersucht werden.

---

1) Ferner kann man auch noch eine weitere Art von Faktoren betrachten, nämlich Faktoren, deren Verbrauch erwünscht ist, wie etwa Giftstoffe, die bei anderen Produktionsprozessen anfallen.

§ 1: Lineare Präferenzen und ein verallgemeinertes Farkastheorem

1.1 Definition:

Sei X [1] ein linearer Raum. Eine Relation $\leqq \subset X \times X$ heißt lineare Präferenz auf X, wenn $\leqq$ die folgenden Eigenschaften erfüllt:

1. $\forall\, x \in X: x \leqq x$ (Reflexivität)
2. $\forall\, x,y,z \in X: x \leqq y,\ y \leqq z \Rightarrow x \leqq z$ (Transitivität)
3. $\forall\, x^1,x^2,y^1,y^2 \in X: x^1 \leqq y^1,\ x^2 \leqq y^2 \Rightarrow x^1+x^2 \leqq y^1+y^2$ (Additivität)
4. $\forall\, x,y \in X,\ \forall \lambda \in R, \lambda \geqq 0: x \leqq y \Rightarrow \lambda x \leqq \lambda y$.

Eine lineare Präferenz heißt

abgeschlossen $\Leftrightarrow$ für alle Folgen $(x^k)_k$ und $(y^k)_k$ in X mit: $\lim x^k = x_o$, $\lim y^k = y_o$, $x^k \leqq y^k$ für alle k gilt $x_o \leqq y_o$.

($\leqq$ ist abgeschlossen genau dann, wenn die Menge $\leqq\ \subset X \times X$ abgeschlossen in $X \times X$);

antisymmetrisch $\Leftrightarrow \forall x,y \in X: x \leqq y$ und $y \leqq x \quad x=y$;

archimedisch $\Leftrightarrow \exists \bar{x} \in X,\ \forall x \in X, \exists \lambda > 0: x \leqq \lambda \bar{x}$.

1.2 Theorem:

Sei $\leqq$ eine lineare, abgeschlossene, antisymmetrische und archimedische Präferenzordnung auf X, dann ist die Menge ${}^{+}X = \{x \in X \mid x \geqq 0\}$ ein konvexer, abgeschlossener und punktierter Kegel mit nichtleerem inneren Kern.

1.3 Definition und Theorem:

Sei ${}^{+}X$ ein konvexer, abgeschlossener und punktierter Kegel mit nichtleerem inneren Kern, dann wird durch

---

[1] Der Einfachheit halber sei angenommen, daß X endlich dimensonal ist.

$x_1 \leqq x_2 \iff x_2 - x_1 \in {}^+X$ eine Relation erklärt. Diese Relation ist eine lineare, abgeschlossene, antisymmetrische und archimedische Präferenzordnung auf X.
$(X, {}^+X)$ heißt <u>geordneter linearer Raum</u>.

1.4 <u>Theorem:</u>

Sei X^* der Dualraum zu X. Dann ist ${}^+X^* := \{q \in X^* \mid q(x) \geq 0 \ \forall x \in {}^+X\}$ ein punktierter abgeschlossener konvexer Kegel mit nichtleerem Kern ($\text{int}\ {}^+X^* \neq \emptyset$), d.h. jede Ordnung in X induziert eine Ordnung im Dualraum. Ferner gilt bei Identifizierung von X und X^{**} durch den kanonischen Isomorphismus ${}^+X^{**} = {}^+X$.

1.5 Bezeichnungen und Eigenschaften:

Sei X geordnet duch ${}^+X$, dann sei für alle $x^1, x^2 \in X$

$$x^1 \leqslant x^2 \iff x^2 - x^1 \in {}^+X \text{ und } x^2 \neq x^1$$

$$x^1 < x^2 \iff x^2 - x^1 \in \text{int}\,{}^+X.$$

Die Ordnung in X bzw. X^* induziert durch ${}^+X$ bzw. ${}^+X^*$ haben bei dieser Schreibweise u.a. die Eigenschaften:

1. $\forall x^1, x^2 \in X$, $q \in X^*$ mit $x^1 \leqq x^2$ und $q \geqq 0$ gilt $q(x^2) \geqq q(x^1)$,
2. $\forall x^1, x^2 \in X$, $q \in {}^+X^*$ mit $x^1 \leqslant x^2$ und $q > 0$ gilt $q(x^2) > q(x^1)$.

1.6 <u>Theorem</u> (verallgemeinertes Farkas-Th.)

Seien X und Y lineare Räume geordnet durch ${}^+X$ bzw. ${}^+Y$, X^* bzw. Y^* der Dualraum zu X bzw. Y. Für eine lineare Abbildung $P: X \to Y$ und ihre duale Abbildung $P^*: Y^* \to X^*$ gilt:

Genau eines der beiden Systeme

$$\text{I} \quad \begin{array}{l} P(x) \geqq 0 \\ x \in X,\ x \geqslant 0 \end{array} \qquad\qquad \text{II} \quad \begin{array}{l} P^*(q) < 0 \\ q \in Y^*,\ q \geqq 0 \end{array}$$

hat eine Lösung.

§ 2: Existenz effizienter Aktivitäten

In [3] geht Koopmans von einer polyedrisch konvexen Technologiemenge $T \subset R^n$ aus, an die er eine Reihe von Forderungen stellt. Sein Postulat B $T \cap R^n_+ = \{0\}$ ("es gibt kein Schlaraffenland") stellt ihm dabei die Existenz einer effizienten Aktivität sicher (0 ist effizient). Für den Fall, daß man den Verbrauch gewisser Güter als wünschenswert ansieht, ist die Existenz effizienter Aktivitäten nicht mehr von vornherein durch Postulat A gegeben. Im folgenden wird nun ein Kriterium für die Existenz effizienter Aktivitäten gegeben bei polyedrisch konvexer Technologiemenge T. Dabei sei angenommen, daß T Teilmenge eines geordneten linearen Raumes ist und die effizienten Elemente in T die maximalen Elemente bzgl. der Ordnung in X sind. Eine Interpretation für den in der Einführung erläuterten Fall wird im Anschluß gegeben.

2.1 Definition:

Sei $T \subset X$, $x^* \in T$ heißt (quasi-)**effizient in** T, wenn es kein $x \in T$ gibt mit $x^* \leqslant x$ $(x^* < x)$. T_e sei die Menge der effizienten, T_{qe} die Menge der quasieffizienten Aktivitäten in T.

2.2 Lemma:

x^* ist effizient in T genau dann, wenn eine der folgenden Bedingungen erfüllt ist:

1. $(T-x^*) \cap {}^+X = \{0\}$
2. $T \cap ({}^+X+x^*) = \{0\}$
3. $\forall x \in {}^+X$, $x \neq 0$ gilt $x^*+x \notin T$.

x^* ist genau dann quasieffizient in T, wenn eine (und damit alle) der folgenden Eigenschaften gilt:

1. $(T-x^*) \cap \mathrm{int}\,{}^+X = \emptyset$
2. $T \cap (\mathrm{int}\,{}^+X + x^*) = \emptyset$
3. $\forall x \in \mathrm{int}\,{}^+X$: $x^*+x \notin T$.

Beispiel:

Sei $X=R^n \times R^m$ der Raum der input-output-Kombinationen (x,y) input $x \in R^n$, output $y \in R^m$. Sei $T \subset X$ die Menge der technisch möglichen Prozesse (x,y), d.h. $(x,y) \in T$, wenn es technisch möglich ist, mit dem input x den output y zu produzieren. Auf X sei folgende Ordnung erklärt:

$$(x^1,y^1) \leqq (x^2,y^2) \Longleftrightarrow \forall i=1,\dots,n\ x_i^2 \leq x_i^1 \text{ und } \forall j=1,\dots,m\ y_j^1 \leqq y_j^2$$

(^+X ist dann die Menge $R_-^n \times R_+^m$, wo $R_-^n=\{x \in R^n \mid x_i \leqq 0\}$ und $R_+^m=\{y \in R^m \mid y_j \geqq 0\}$.)

Bei dieser Ordnung ist ein Prozess (x^2,y^2) "besser" als ein Prozess (x^1,y^1), wenn "bei kleineren input-Quantitäten größere output-Quantitäten produziert werden". Die effizienten Elemente in T sind dann die sogenannten technisch optimalen Aktivitäten, d.h. die Prozesse, bei denen keine der output-Quantitäten vergrößert werden kann, ohne eine der input-Quantitäten zu erhöhen und bei denen bei gleichem output keine input-Quantität verringert werden kann. Die quasieffizienten Prozesse in T sind die Aktivitäten, für die es nicht möglich ist, simultan alle input-Quantitäten zu verkleinern und alle output-Quantitäten zu vergrößern.

2.3 Lemma:

Sei T eine konvexe Teilmenge von X. Dann ist die Menge $R(T)=\{z \in X \mid \forall x \in T: x+z \in T\}$ ein konvexer Kegel.

2.4 Definition:

Sei T eine konvexe Teilmenge von X, dann heißt R(T) Rezessionskegel von T.

Bemerkung:

Sei $T \subset X$ mit $0 \in T$, dann ist jedes $x \in R(T)$ ein Prozess in T mit der Eigenschaft, daß $\lambda x \in T$ für alle $\lambda \geq 0$ ("constant return to scale"). Für polyedrisch konvexes T gilt auch die Umkehrung.

2.5 Lemma:

Sei T polyedrisch konvex, $T = \bigcap_{i=1}^{n} \{x \mid p_i(x) \geq \alpha_i\}$ für $p_i \in X^*$, $\alpha_i \in R$, $i=1,\dots,n$ [1)], dann ist $R(T)=\{x \in X \mid p_i(x) \geq 0 \ \forall i=1,\dots,n\}$.

2.6 Korollar:

Sei T polyedrisch konvex mit $0 \in T$, dann ist $R(T)=\{x \in T \mid \lambda x \in T, \forall \lambda \geq 0\}$, d.h. R(T) ist die Menge aller Prozesse mit "constant return to scale".

2.7 Theorem:

Sei T polyedrisch konvex und abgeschlossen. Dann ist $T_e \neq \emptyset$ genau dann, wenn $R(T) \cap {}^+X = \{0\}$.

Beweis:

Sei $R(T) \cap {}^+X \neq \{0\}$ und $0 \neq x \in R(T) \cap {}^+X$, dann gilt für alle $y \in T$ $y+x \in T$. Damit ist $(T-y) \cap {}^+X \neq \{0\}$ und $T_e = \emptyset$.

Sei $R(T) \cap {}^+X = \{0\}$ und $T = \bigcap_{i=1}^{n} \{x \mid p_i(x) \geq \alpha_i,\ i=1,\dots,n\}$, analog 2.5, dann ist $R(T)=\{x \mid p_i(x) \geq 0,\ i=1,\dots,n\}$. Das heißt, das System $p_i(x) \geq 0$, $x > 0$ hat keine Lösung.

Sei $P: X \to R^n$ definiert durch $(P(x))_i = p_i(x)$ für $i=1,\dots,n$, so ist P linear und $P^*: R^n \to X^*$ ist bestimmt durch $P^*(q_1,\dots,q_n) = \sum_{i=1}^{n} q_i \cdot p_i$. Nach Theorem 1.6 gibt es $(\bar{q}_1,\dots,\bar{q}_n) \in R^n$, $q_i \geq 0$, mit $\bar{q} := P^*(\bar{q}_1,\dots,\bar{q}_n) = \sum_{i=1}^{n} \bar{q}_i p_i \in -(\mathrm{int}\,{}^+X)$. Dann ist $\bar{q}(x) < 0$ für alle $0 \neq x \in {}^+X$. Für alle $y \in T$ gilt $\bar{q}(y) = \sum_{i=1}^{n} \bar{q}_i p_i(y) \geq \sum_{i=1}^{n} \bar{q}_i \alpha_i$. Da das Bild einer polyedrisch konvexen, abgeschlossenen Menge bei einer linearen Abbildung eine polyedrisch konvexe, abgeschlossene Menge ist (vgl. [5]), ist $\bar{q}(T)$ abgeschlossen und es existiert ein $\bar{y} \in T$ mit $\bar{q}(\bar{y}) = \min\{\bar{q}(y) \mid y \in T\}$. Für alle $x \in {}^+X$, $x \neq 0$ gilt dann $\bar{q}(\bar{y}+x) = \bar{q}(\bar{y}) + \bar{q}(x) < \bar{q}(\bar{y})$ und damit $\bar{y}+x \notin T$. Also ist $\bar{y} \in T_e$.

---

1) O.B.d.A sei angenommen, daß für jedes $i=1,\dots,n$ ein $x \in T$ existiert mit $p_i(x) = \alpha_i$.

Aus Korollar 2.6 folgt damit für den Fall $0 \in T$, daß es effiziente Elemente in T genau dann gibt, wenn alle Prozesse in T mit "constant return to scale" nicht im Kegel ^{+}X der positiven Prozesse sind.

Sei nun $T \subset R^{k+\ell+m+n}$. Analog der in der Einführung gegebenen Interpretation sei

$$x^1 \geqq x^2 \iff x_i^1 \leqq x_i^2 \text{ für } i=1,\dots,k;k+\ell+1,\dots,k+\ell+m$$
$$\text{und}$$
$$x_i^1 \geqq x_i^2 \text{ für } i=k+\ell+m+1,\dots,k+\ell+m+n\ .$$

Durch diese Definition wird eine lineare, abgeschlossene und archimedische Präferenzordnung auf $R^{k+\ell+m+n}$ erklärt, die allerdings nicht antisymmetrisch ist.

Sei nun $p: R^{k+\ell+m+n} \to R^{k+m+n}$ die Projektion, die durch Streichung der Koordinaten $k+1,\dots,k+\ell$ entsteht und sei auf R^{k+m+n} folgende Präferenzordnung definiert:

$$x^1 \geqq x^2 \iff x_i^1 \leqq x_i^2 \quad \text{für } i=1,\dots,k+m$$
$$x_i^1 \geqq x_i^2 \quad \text{für } i=k+m+1,\dots,k+m+n$$

so ist diese Präferenzordnung linear, abgeschlossen, archimedisch und antisymmetrisch ($^{+}X=\{x \mid x_i \leqq 0\ i=1,\dots,k+m;\ x_i \geqq 0\ i=k+m+1,\dots,\dots,k+m+n\}$) und es gilt für $x^1, x^2 \in R^{k+\ell+m+n}$

$$x^1 \leqq x^2 \iff p(x^1) \leqq p(x^2).$$

Damit gilt der Satz entsprechend, d.h.:
Sei T polyedrisch konvex und abgeschlossen. Dann ist $T_e \neq \emptyset$ genau dann, wenn $R(p(T)) \cap {}^{+}X = \emptyset$.

§ 3: Existenz einer stetigen Produktionsfunktion

3.1 Definition:

Sei $(X, {}^{+}X)$ ein geordneter linearer Raum und $T \subset X$ eine Technologiemenge. Eine Funktion $f\colon X \to R$ heißt (Quasi-) Produktionsfunktion bzgl. T, wenn

$f(x)=0 \iff x$ (quasi-) effizient.

3.2 Lemma (vgl. [2]):

Sei $T \subset X$. Dann existiert genau eine stetige Produktionsfunktion bzgl. T, wenn die Menge $T_e := \{x \in T \mid x \text{ effizient}\}$ abgeschlossen ist.

Um die Abgeschlossenheit der Menge T_e zu untersuchen, ist es nützlich, in Anlehnung an eine Idee von Hildenbrand [2] die Unterhalb-Halbstetigkeit einer mengenwertigen Funktion zu untersuchen.

3.3 Definition:

Seien X,Y metrische Räume $f\colon X \to \wp Y$ heißt unterhalb halbstetig in x_o, wenn für alle Folgen $(x_n)_n$ in X mit Grenzwert x_o, alle $y \in f(x_o)$ und fast alle n ein $y_n \in f(x_n)$ existiert mit $\lim y_n = y$.

3.4 Lemma:

Sei $C \subset Y$ abgeschlossen, $A \subset X$. Sei $f\colon X \to \wp Y$ unterhalb halbstetig in A und $C \subset f(x)$ für alle $x \in A$. Dann ist die Menge $\{x \in A \mid f(x)=C\}$ abgeschlossen relativ A und somit, wenn A abgeschlossen ist, abgeschlossen in X.

Für $C=\emptyset$ erhält man:

3.5 Korollar 1:

Ist $f\colon X \to \wp Y$ unterhalb-halbstetig in $A \subset X$, dann ist $\{x \in A \mid f(x)=\emptyset\}$ abgeschlossen relativ A.

Weiter gilt wegen 2.2

3.6 Korollar 2:

Sei X geordneter linearer Raum, $T\subset X$. Die Abbildungen $\tilde{T},\hat{T}:X\to\mathcal{P}X$ seien definiert durch $\tilde{T}(x)=(T-x)\cap{}^{+}X$, $\hat{T}(x)=(T-x)\cap(\mathrm{int}^{+}X)$. Wenn $\tilde{T}$ (bzw. $\hat{T}$) unterhalb-halbstetig in T ist, dann ist die Menge T_e (bzw. T_{qe}) aller effizienten (bzw. quasieffizienten) Elemente in T abgeschlossen relativ T.

Beweis:
Die Behauptung folgt unmittelbar aus Lemma 3.4 für $C=\{0\}$ bzw. $C=\emptyset$.

Offensichtlich ist die Abbildung x in T-x unterhalb-halbstetig in X für beliebiges $T\subset X$.

Mit dem folgenden Lemma erhält man, daß $\hat{T}$ unterhalb-halbstetig in X ist.

3.7 Lemma:

Sei $f: X\to\mathcal{P}Y$ unterhalb-halbstetig in X, $C\subset Y$ offen, dann ist $f\cap C: X\to\mathcal{P}Y$ mit $(f\cap C)(x)=f(x)\cap C$ unterhalb-halbstetig.

Aus 3.4 und $\mathrm{int}^{+}X$ offen folgt daraus unmittelbar:

3.8 Korollar:

Sei T eine abgeschlossene Teilmenge von X. Dann ist die Menge T_{qe} aller quasieffizienten Elemente in T abgeschlossen und es existiert daher eine stetige Quasiproduktionsfunktion.

3.9 Bemerkung:

In [1] ist für einen Spezialfall eine hinreichende Bedingung dafür gegeben, daß die Menge aller quasieffizienten Elemente in T mit der Menge der effizienten übereinstimmt ($x\in T_{qe}\Leftrightarrow x\in T_e$) Unter dieser Bedingung folgt dann aus 3.8 die Existenz einer stetigen Produktionsfunktion.

Die Abbildung $\tilde{T}$ ist im allgemeinen nicht unterhalb-halbstetig in T, z.B. folgt nicht, daß $\tilde{T}$ unterhalb-halbstetig ist, wenn T konvex und abgeschlossen ist, wie das folgende Beispiel zeigt. Man benötigt die zusätzliche Voraussetzung, daß T polyedrisch ist.

Beispiel:[1)]

Sei $T=R_-^3 \cup M_1 \cup M_2$, wobei $P_-^3=\{(x_1,x_2,x_3) \mid x_i < 0,\ i=1,2,3\}$

$M_1=\{(x_1,x_2,x_3) \mid x_1 \leqq x_2 \leqq 0 \quad 0 \leqq x_3 \leqq |x_2|\}$ und

$M_2=\{(x_1,x_2,x_3) \mid x_2 \leqq x_1 \leqq 0 \quad 0 \leqq x_3 \leqq \sqrt{2x_1x_2-x_1^2}\}$ ist,

dann ist T abgeschlossen und konvex mit $T \cap R_+^3 = 0$.

Ferner ist $z^\lambda=(-\lambda,-1,\sqrt{2\lambda-\lambda^2})$ effizient in T bzgl. der durch R_+^3 induzierten Ordnung für alle λ mit $0<\lambda<1$. Andererseits ist aber für $\lambda=0$ $z^0=(0,-1,0)$ nicht effizient. Daraus folgt: T_e ist nicht abgeschlossen.

3.10 <u>Theorem:</u>

Sei $T \subset X$ polyedrisch konvex und abgeschlossen, dann ist T unterhalb-halbstetig in T.

Aus Korollar 3.8 und Bemerkung 3.9 erhält man eine weitere hinreichende Eigenschaft für die Existenz von stetigen Produktionsfunktionen:

3.11 <u>Theorem:</u>

Sei T abgeschlossen und konvex. T_e ist abgeschlossen, wenn es für alle quasieffizienten Punkte $x \in T$ einen Preisvektor $p>0$ und eine reelle Zahl α gibt mit:

1. $\langle p,x \rangle = \Sigma p_i x_i = \alpha$
2. $\langle p,y \rangle \leqq \alpha$ für alle $y \in T$,

---

1) Gleichzeitig ist dies ein Gegenbeispiel zu folgendem von Hildenbrand [2] behaupteten Satz:
"Sei T abgeschlossen und konvex mit $T \cap R_+^n=\{0\}$, dann existiert eine stetige Produktionsfunktion."

d.h. α ist Maximum von $\langle p,y\rangle$ bezüglich $y \in T$ und x ist Maximalstelle.

Beweis:
Wie man leicht zeigt, ist unter dieser Voraussetzung $T_e = T_{qe}$, d.h. jede quasieffiziente Aktivität ist auch effizient ($T_e \subset T_{qe}$ ist trivial).

Literatur

[1] Bol, G.: Zur Existenz von Produktionsfunktionen, in: A. Jäger et al; Proceedings in Operations Research, 10. Jahrestagung 1971 der DGU, Bochum, Physica Verlag, 1972.

[2] Hildenbrand, W.: Mathematische Grundlagen zur nichtlinearen Aktivitätsanalyse, Unternehmensforschung, 1966

[3] Koopmans, T.: Analysis of production as an efficient combination of activities, in: Koopmans, T.; Activity analysis of production and allocation, Cowles Foundation Monograph 13, New York, 1951.

[4] Łos, J.: A simple proof of the existence of equilibrium in a von Neumann model and some of its consequences, Bulletin de l'academie Polonaise des Sciences XIX, 1971.

[5] Rockafeller, T.: Convex Analysis, Princeton University Press, 1970.

[6] Shephard, R.: Theory of cost and production functions, Princeton University Press, 1970.

Erfahrungen bei der Anwendung eines heuristischen Verfahrens zur Bestimmung der kostenoptimalen Anzahl und Standorte von Auslieferungslägern bei einer vorgegebenen Verteilstruktur

von K. Forßmann, P. Hartl und P. Karp, Düsseldorf

1. Problemstellung

Vorgegeben ist ein Distributionssystem der im Bild 1 wiedergegebenen Struktur. Von der Produktionsstätte werden Massenkonsumgüter einer bestimmten Jahresmenge in mehrere Auffangläger gebracht. Diese Läger übernehmen den Ausgleich zwischen den unterschiedlichen Produktions- und Absatzgeschwindigkeiten. Von dort wird die Ware entweder direkt an solche Abnehmer abgegeben, die bestimmte Mindestmengen beziehen, oder über Auslieferungsläger verteilt. Die Auslieferungsläger haben einerseits die Aufgabe, die Ware zu kommissionieren, andererseits obliegt es ihnen, einen Puffer zwischen der diskreten Lagerbeschickung und dem stetigen Warenabgang zu bilden.

Es bestand die Aufgabe, die optimale Anzahl und die optimalen Standorte der Auslieferungsläger zu ermitteln, wobei optimal im Sinne minimaler Kosten der "physical distribution" zu verstehen ist, also der Kosten, die durch die körperliche Warenverteilung von der Produktionsstätte zu den Abnehmern verursacht werden. Im einzelnen sind das die Kosten für die Transporte der Güter, die Kosten für die Lagerung der Ware und die kalkulatorischen Kosten für das in den Fertigwarenbeständen bis zum Zeitpunkt des Verkaufs gebundene Kapital.

Die Transportkosten sind grundsätzlich von dem zu transportierenden Gewicht und der zwischen Versandort und Bestimmungsort zu überbrückenden Entfernung abhängig.
Die Transportkosten werden unterteilt in:

- Transportkosten für die Beschickung der Auslieferungsläger von den Auffanglägern ("1. Teilstück").

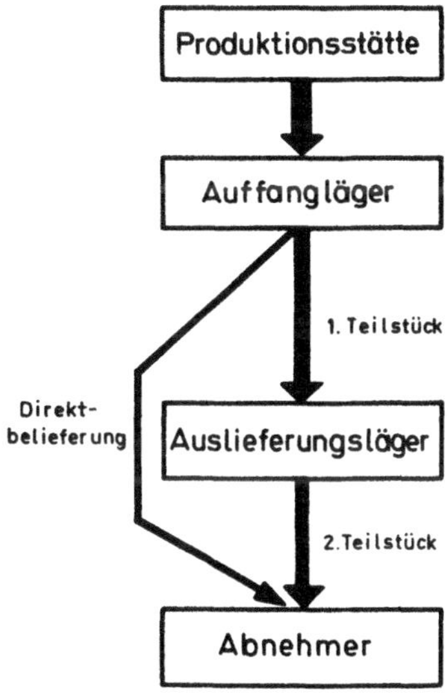

Bild 1: Schema des Distributionssystems

- Transportkosten für die Belieferung der Abnehmer von den Auslieferungslägern ("2. Teilstück").

- Transportkosten für die Belieferung der Bezieher großer Mengen von den Auffanglägern ("Direktbelieferung").

- Die Kosten der Transporte von der Produktionsstätte zu den Auffanglägern werden nicht betrachtet, da sie mit der Anzahl und den Standorten der Auslieferungslager nicht in Beziehung stehen.

Die Kosten der Lagerung in den Auslieferungslägern sind eine Funktion des Gewichts der eingelagerten Waren. Es handelt sich größtenteils um Fremdläger. Die Dienstleistungen Einlagern, Lagern, Auslagern sowie die Lagerverwaltung werden durch einen pauschalen Kostensatz gedeckt, der für die eingelagerte Ware zu bezahlen ist. Die in den Auffanglägern anfallenden Kosten hängen mit dem hier behandelten Problem ebenfalls nicht zusammen und werden nicht weiter untersucht.

Die Kapitalbindungskosten sind eine Funktion der Fertigwarenbestände auf den Lägern, des Werts der Fertigwaren und des kalkulatorischen Zinsfußes. Auch hier braucht der Kostenanteil der Auffangläger für die Problemlösung nicht berücksichtigt zu werden.

Das Anzahlproblem ergibt sich daraus, daß sich die Transportkosten und die Kapitalbindungskosten mit der Anzahl der Auslieferungsläger gegenläufig entwickeln. Je größer die Warenmenge je Transportvorgang ist, desto geringer sind die Transportkosten je Gewichtseinheit. Da man auf dem 1.Teilstück innerhalb bestimmter Grenzen freie Wahl hat, wird man ein möglichst hohes Gewicht je Transportvorgang anstreben. Auf dem 2.Teilstück ist das Gewicht je Transportvorgang, das gleichbedeutend mit der Auftragsmenge ist, dagegen wesentlich niedriger, da es durch die Nachfrage der Abnehmer bestimmt wird. Die Transportkostenintensität, d.h. die Kosten je Tonnenkilometer, ist somit auf dem 1.Teilstück geringer als auf dem 2.Teilstück. Um die Summe dieser Kosten zu senken, wird man daher darauf bedacht sein, das 1.Teilstück möglichst lang und das 2.Teilstück möglichst kurz zu machen. Aus diesem Bestreben resultiert eine hohe Anzahl von Lägern.

Auf jedem Auslieferungslager liegt ein durchschnittlicher Umlaufbestand infolge der diskreten Beschickung und ein Sicherheitsbestand, der von der Bestellpolitik abhängt. Die Kapitalbindungskosten steigen demnach mit der Anzahl der Auslieferungsläger. Aus dieser Sicht besteht also der Wunsch, die Anzahl der Läger zu senken.

Die optimale Anzahl entspricht dem Minimum der Summe der Transport- und Kapitalbindungskosten. Da die Lagerungskosten nur von der eingelagerten Warenmenge die für das zu untersuchende Distributionssystem fest vorgegeben ist, abhängen, gehen sie in die Optimierung nicht ein. Dasselbe gilt für die Transportkosten der Direktbelieferung, sofern der zugehörige Warenfluß konstant bleibt, was hier der Fall ist.

Das Standortproblem beinhaltet die Frage, wo bei einer gegebenen Anzahl von Auslieferungslägern diese zu placieren sind, damit die Summe der Transportkosten für das 1. und 2. Teilstück minimal wird. Das Standortproblem und das Anzahlproblem sind interdependent, indem einerseits die Höhe der Transportkosteneinsparung infolge einer größeren Lägeranzahl dadurch bedingt ist, wie gut die Standorte der Läger gewählt werden, und andererseits die Änderung der Transportkosten die optimale Anzahl beeinflußt.

Eng verbunden mit dem Standortproblem ist das Allokationsproblem, das die Zuordnung der Abnehmer und Auslieferungsläger betrifft. Es geht darum, welcher Abnehmer von welchem Lager bedient werden soll, so daß die Summe der Transportkosten für das 1. und 2. Teilstück minimiert wird.

Das Anzahl-, Standort- und Allokationsproblem sind also miteinander verknüpft. Eine Variation der Lägeranzahl erfordert die Überprüfung der bisherigen Standorte; veränderte Standorte bedürfen einer neuen Zuordnung von Lägern und Abnehmern. Diese drei Teilprobleme müssen daher simultan gelöst werden.

2. Modellmäßige Darstellung des Problems

Mit Rücksicht auf den Rechenaufwand und den Umfang des Modells wurden nicht alle Abnehmer einzeln im Modell abgebildet, sondern es wurde eine Aggregation vorgenommen, indem alle Abnehmer eines Postleitbereichs - gekennzeichnet durch eine dreistellige Postleitzahl - zu einem Nachfragepunkt zusammengefaßt wurden. Die Lage eines solchen Nachfragepunktes wurde in die größte Stadt des Postleitbereichs oder bei mehreren gleich großen Orten im geometrischen Mittelpunkt des Bereichs angenommen und durch rechtwinklige Koordinaten festgelegt. In der Bundesrepublik und Westberlin gibt es 500 Postleitbereiche.

Die Abnehmer waren in zwei Kategorien zu unterscheiden: Kunden und Vertreter, die die Ware im Streckenverkauf an den Kunden bringen. Die Vertreter halten selbst kleine Läger, um stets über einen gewissen Vorrat verfügen zu können. Bezüglich der zweiten Kategorie wurde vereinbart, daß nur der Warenfluß bis zu den Vertretern als Teil der "physical distribution" zu betrachten sei; alle folgenden Vorgänge wie die Lagerung bei den Vertretern und der Transport zu den Kunden seien als verkaufsfördernde Tätigkeit des Vertriebs anzusehen und somit nicht im Modell zu berücksichtigen.

Für 1971 waren die an die Kunden abgegebenen Warenmengen je Postleitbereich, die mittels EDV aus den Lagerabgängen ermittelt wurden, mit getrennter Angabe der Direktbelieferung verfügbar. Die über die Vertreter abgesetzten Mengen lagen für die einzelnen Verkaufsgebiete (Nielsen-Gebiete) vor. Sie wurden jeweils absatzproportional auf die zugehörigen Postleitbereiche verteilt. Die Summe dieser Absatzmengen wurde als die Nachfrage definiert, die mittels des zu optimierenden Distributionssystems gedeckt werden muß.

Da die Auffangläger im Raum Düsseldorf dicht beieinander gelegen sind, wurden sie als eine zentrale Station aufgefaßt, die den Beginn des Warenflusses darstellt (Bild 2).

Es konnte davon ausgegangen werden, daß die Auslieferungsläger in konstanten LKW-Ladungen beschickt wurden. Die Berechnung der Fracht erfolgte daher nach dem entsprechenden Tonnensatz des Reichskraftwagentarifs nach Maßgabe der jeweiligen Entfernung. Der in der Wirklichkeit vorhandene Bahntransport wurde bei der Kostenberechnung nicht berücksichtigt, da sich nur geringfügige Unterschiede ergeben hätten. Die Entfernungen wurden in der Luftlinie gemessen, jedoch mit einem entfernungsabhängigen empirischen Faktor korrigiert (1,30 für $\geq$ 100 km, 1,27 für $<$ 100 km).

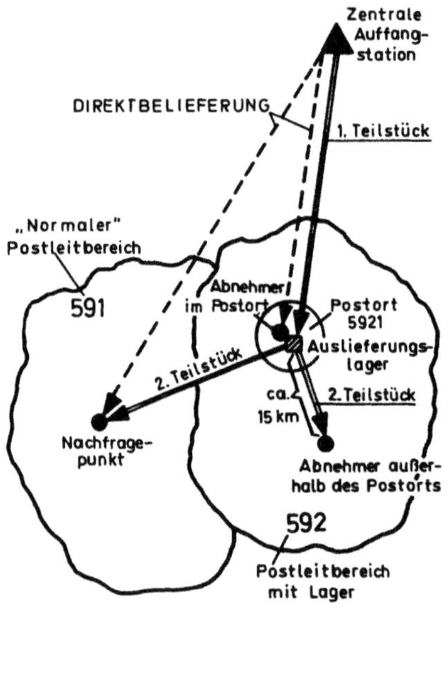

Bild 2: Modell des Distributionssystems

In bezug auf die Modalitäten bei der Kundenbelieferung wurde angenommen, daß die Abnehmer die Ware am Auslieferungslager abholen und dafür gemäß der Lieferbedingung " frei Station" eine Frachtvergütung erhalten. Die verschiedenen Mengen je Auftrag wurden in mehrere Gewichtsklassen eingestuft und gemäß deren Häufigkeit, die bekannt war, berücksichtigt. Die Berechnung der Frachtvergütung erfolgte wieder nach dem Reichskraftwagentarif, wobei entsprechend den Mengen je Auftrag hauptsächlich der Stückguttarif zur Anwendung kam. Die Entfernungen gingen auch hier als Luftlinienentfernungen ein die wie oben korrigiert wurden.

Abnehmer am Lagerort erhalten wegen der Lieferbedingung " frei Station" keine Frachtvergütung. Deshalb war es erforderlich (nicht bei der Direktbelieferung), für Postleitbereiche mit einem Auslieferungslager die Absatzmenge in die Anteile des Lagerorts und des restlichen Bereichs aufzuspalten. Dies wurde erreicht, indem der Lagerort als Postort - gekennzeichnet durch eine vierstellige Postleitzahl - definiert wurde. Für den Postort konnten die Absatzdaten aus den vorhandenen Unterlagen ermittelt werden. Für die Entfernung vom Auslieferungslager zu den Abnehmern wurde ein Durchschnittswert von 15 km angenommen (mittlerer Abstand vom Bereichsmittelpunkt zu den Abnehmern bei konstanter Dichte der Abnehmer). Die Vertreter konnten als Abnehmer außerhalb des Postorts angesehen werden.

Gemäß der derzeitigen Bestellpolitik ist auf jedem Auslieferungslager für jeden Artikel ein Sicherheitsbestand mit derselben Reichweite zu halten. Die Summe der Sicherheitsbestände auf allen Auslieferungslägern ist deshalb unabhängig von der Anzahl der Läger praktisch konstant. Alternativ dazu wurde eine Bestellpolitik mit konstanter Lieferbereitschaft, d.h. gleicher statistischer Sicherheit gegen "stock out" von 98 % untersucht. Ohne hier näher auf die Einzelheiten einzugehen, sei die Abhängigkeit der Summe der Sicherheitsbestände von der Anzahl der Läger im Bild 3 dargestellt.

Die Berechnung des durchschnittlichen Umlaufbestands je Lager ergibt sich aus folgenden Annahmen, die in erster Näherung mit der Wirklichkeit übereinstimmen:

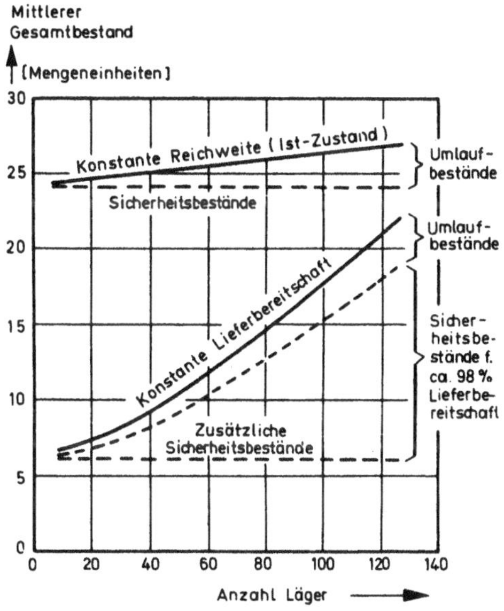

Bild 3: Abhängigkeit des gesamten Lagerbestands von der Lägeranzahl

Alle Artikel sind absatzproportional in den Lagerbeschickungen enthalten, und zwar in der Mindestmenge von einer Ladeeinheit (Palette). Eine neue Lagerbeschickung erfolgt, wenn die Bestände auf die Sicherheitshöhen abgesunken sind. Der mittlere Umlaufbestand ist daher gleich einer halben Lagerbeschickungsmenge (LKW-Ladung). Ist der Absatz eines Artikels zwischen den Beschickungen kleiner als eine Ladeeinheit, so ist der Vorrat des Artikels am Ende eines Beschickungsintervalls noch nicht verbraucht. Eine Nachlieferung in Höhe einer Ladeeinheit erfolgt, wenn der Bestand die Sicherheitshöhe erreicht hat. Daraus folgt für solche Artikel geringen Absatzes ein zusätzlicher durchschnittlicher Umlaufbestand von je einer halben Ladeeinheit (Bild 4). Die Abgangsgeschwindigkeit sei für jeden Artikel in allen Auslieferungslägern konstant. Diese Voraussetzungen führen zu einem stationären Einproduktmodell. Die Summe der Umlaufbestände steigt mit der Anzahl der Läger linear an (Bild 3), da der durchschnittliche Umlaufbestand für alle Läger gleich ist.

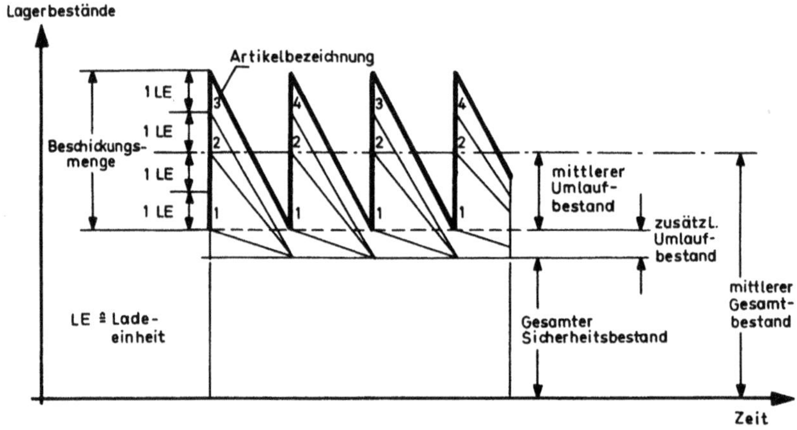

Bild 4: Lagerhaltungsmodell

Mathematisch läßt sich das Problem folgendermaßen formulieren:

$$\sum_{j=1}^{l} \sum_{k \in N_j} \left\{ m_k \cdot K_{15}(e_j, \bar{g}_B) + \frac{m_k - m'_k}{\bar{g}_A} \cdot \sum_{n=1}^{\gamma} h_n \cdot K_n(e_{jk}) \right\} + \bar{w} \cdot \underline{p} \cdot (\bar{u} \cdot l + S) \Longrightarrow \text{Min.}$$

wobei

e_j = Entfernung zum Lager j,

e_{jk} = Entfernung vom Lager j zum Nachfragepunkt k,

$\bar{g}_A$ = mittleres Gewicht je Kundenauftrag,

$\bar{g}_B$ = mittleres Gewicht je Lagerbeschickung,

h_n = relative Häufigkeit von Aufträgen der Gewichtsklasse n,

$K_{15}(e_j, \bar{g}_B)$ = Transportkosten je Gewichtseinheit nach dem 15t-Satz (1. Teilstück),

$K_n(e_{jk})$ = Transportkosten je Auftrag der Gewichtsklasse n (2. Teilstück),

m_k = im Nachfragepunkt k über ein Auslieferungslaaer abgesetzte Warenmenge,

m'_k = frachtfrei im Nachfragepunkt k ausgelieferte Ware ($m'_k = 0$, wenn sich dort kein Lager befindet),

l = Anzahl der Auslieferungsläger,

N_j = Menge der vom Lager j belieferten Nachfragepunkte,

p = kalkulatorischer Zinsfuß (Kapitalbindungskosten),

S = Summe der Sicherheitsbestände,

$\bar{u}$ = durchschnittlicher Umlaufbestand je Lager,

$\bar{w}$ = mittlerer Wert der Ware je Gewichtseinheit.

Für die beiden alternativen Bestellpolitiken gilt

$$S = \frac{R_1}{52} \cdot \sum_{k=1}^{I_N} m_k = \text{konst.}$$

bzw.

$$S = \frac{R_2}{52} \cdot \sum_{k=1}^{I_N} m_k + c \cdot \sum_{j=1}^{L} \Big(\sum_{k \in N_j} m_k \Big)^{-0,5} ,$$

wobei

I_N = Anzahl der Nachfragepunkte,

c = Konstante, die einen Sicherheitsfaktor, einen mittleren Variationskoeffizienten der Lagerabgänge und weitere für den Beschickungsrhythmus charakteristische Parameter enthält,

R_1, R_2 = Bestandsreichweiten in Wochen.

3. Lösungsverfahren

Zur Zeit sind aus der Literatur keine exakten Verfahren bekannt, um numerische Probleme der vorliegenden Größenordnung mit vertretbaren Rechenaufwand zu lösen [1]. Aus diesem Grunde mußte ein heuristisches Verfahren gewählt werden. Die hier angewandte Methode ist eine dem Problem angepaßte Modifikation des Verfahrens von Kuehn-Hamburger, das in der Literatur beschrieben wird [2]. Deshalb sei an dieser Stelle nur auf die wesentlichen Grundzüge eingegangen.

Das Verfahren beruht auf folgenden Prinzipien:

- In der Praxis können Auslieferungsläger nicht beliebig lokalisiert werden, sondern sinnvoll nur an Standorten, die bestimmten Anforderungen des Unternehmens an Absatzchancen, Verkehrswegen usw. genügen.
- Es wurden deshalb für die Läger 128 potentielle Standorte vorgesehen, deren Koordinaten mit denen des Nachfragepunktes des betreffenden Postleitbereichs identisch sind. Für die potentiellen Standorte wurden die Nachfragepunkte mit dem höchsten Absatz ausgewählt. Dieses Vorgehen entspricht der erwünschten Kostenminimierung, da dadurch am ehesten die absatzstärksten Abnehmer kostenfrei ab Lager beliefert werden (Abnehmer am Lagerort).
- Indem man aufeinanderfolgend jeweils einen zusätzlichen potentiellen Standort mit einem Lager besetzt ("Vorwärtsrechnung") oder ein weiteres Lager von einem besetzten Standort streicht ("Rückwärtsrechnung") kann eine kostenmäßige Verbesserung erzielt werden.

- Um den Rechenaufwand zu verringern, werden bestimmte Ausgangslösungen vorgegeben. Die Vorwärtsrechnung beginnt mit den 7 firmeneigenen Lägern und einem Lager in der zentralen Düsseldorfer Auffangstation. Bei der Rückwärtsrechnung wird von der vollen Besetzung der potentiellen Standorte ausgegangen

- Beim Besetzen bzw. Streichen werden jeweils alle noch unbesetzten Standorte bzw. nichtgestrichenen Läger in bezug auf eine mögliche Senkung der gesamten Distributionskosten überprüft. Der Standort bzw. das Lager mit der größten Ersparnis wird ausgewählt. Hierbei ergibt sich auch eine neue Zuordnung von Nachfragepunkten und Lägern.

- Bei der Neubestimmung der Zuordnungen werden die gewichteten Entfernungssummen des 1. und 2. Teilstücks verglichen. Ein Nachfragepunkt wird dem Lager zugeordnet, für das diese Summe minimal wird. Bei den Gewichtungsfaktoren handelt es sich um durchschnittliche Einheitskosten (DM/t · km) für das 1. und 2. Teilstück, die überschlägig abgeschätzt wurden. Die Zuordnung erfolgt also aufgrund mittlerer Transportkosten je Gewichtseinheit. Da die Zuordnung einen beträchtlichen Zeitaufwand erfordert, bedeutet dieses Umgehen der exakten Kostenberechnung aus Sicht der Datenverarbeitung einen erheblichen Vorteil.

- Beginnt man mit der Vorwärtsrechnung, dann werden so lange neue Standorte besetzt, bis sich keine Kostenersparnis mehr für das Gesamtsystem ergibt. Von diesem Punkt aus wird eine Rückwärtsrechnung vorgenommen (Eliminieren von unwirtschaftlich gewordenen Lägern). Ist auch hierbei keine Kostensenkung mehr möglich, ist das "optimale" Distributionssystem gefunden. In umgekehrter Reihenfolge wird verfahren, wenn man mit der Rückwärtsrechnung angefangen hat.

- Abschließend wird versucht, die so erhaltene Lösung zu verbessern, indem jedes Lager probeweise in jeden der ihm zugeordneten Nachfragepunkte verschoben wird. Der Nachfragepunkt mit der höchsten Kostensenkung wird als endgültiger Lagerstandort festgehalten.

4. Anwendung

Für das Modell mit dem heuristischen Lösungsverfahren wurde ein Programm in PL/1 geschrieben. Die zu Beginn der Testphase sehr lange Anlaufzeit konnte durch verschiedene Programmänderungen erheblich verkürzt werden. Das vorliegende Programm mit 428 Nachfragepunkten - 72 Postleitbereiche waren ohne Absatz, so daß dort keine Nachfragepunkte vorzusehen waren - und 128 potentiellen Lagerstandorten benötigte für die Vorwärtsrechnung bis zum Kostenminimum bei 111 Lägern etwa 120 min CPU-Zeit auf einem IBM-System 360/50 MVT-OS. Der Kernspeicherbedarf belief sich auf 300 K-Bytes. Auf einem System 370/155 betrug die CPU-Zeit 38 min für Vorwärts- und Rückwärtsrechnung zusammen.

Bei einer Anzahl von 93 Auslieferungslägern - entsprechend dem bestehenden Distributionssystem - wurden die mit dem Modell bestimmten Kosten mit denen der Vertriebsergebnisrechnung verglichen. Die Abweichung beträgt lediglich -4% bei der Belieferung der Abnehmer (2. Teilstück und Direktbelieferung) und +2,6% bei der Lagerbeschickung (1. Teilstück). Hinsichtlich der gesamten Distributionskosten wich das Modell um +0,3 % von der Wirklichkeit ab. 67 der 93 Lagerstandorte stimmen mit gegenwärtigen überein. Diese geringe Abweichung zeigt einerseits die Konsistenz des Modells mit der Realität, andererseits läßt sie auf die Güte des benutzten Lösungsverfahrens schließen.

Eine Änderung der bei der Bestimmung der Zuordnung benutzten Gewichtungsfaktoren für das 2. Teilstück um je 50% nach oben und unten ergab keine ins Gewicht fallende Veränderung der Gesamtkosten. Der Faktor für das 1. Teilstück wurde dabei konstant gehalten. Die in der Lösung befindlichen Läger waren dieselben geblieben, etwas geändert hatte sich die Reihenfolge der Aufnahme. Die Rechnung mit mittleren Transportkosten je Gewichtseinheit erscheint damit gerechtfertigt.

Für den Fall einer Veränderung der Verteilung der Auftragsgewichte zugunsten der niedrigen Gewichtsklassen resultierten im Optimalbereich um 0,9% höhere Kosten, während die optimale Anzahl der Läger konstant blieb. Dem Modell wurde eine Verteilungsfunktion zugrunde gelegt, die aus den Daten der Postleitzonen - gekennzeichnet durch eine einstellige Postleitzahl - gewonnen worden war. Die Verteilungen der Postleitbereiche streuen vermutlich etwas um die benutzte Verteilung, dieser Einfluß kann offensichtlich vernachlässigt werden.

Während die angeführten Untersuchungen dem Testen des Modells und des Lösungsverfahrens dienten, beziehen sich die nachstehenden Ergebnisse auf die eigentliche Problemlösung.

Das Bild 5 zeigt die Abhängigkeit der Distributionskosten (Gesamt) von der Anzahl der Läger mit optimalen Standorten. Das Kostenminimum (Rückwärtsrechnung) befindet sich bei der optimalen Anzahl von 116 Auslieferungslägern.

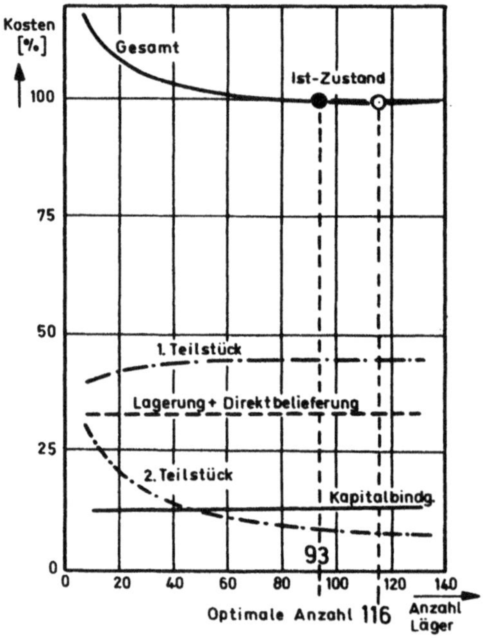

Bild 5: Einfluß der Lägeranzahl auf die Distributionskosten

Wie ersichtlich, verläuft die Kostenkurve so flach, daß angemessene Abweichungen nach unten oder oben zulässig sind. Beispielsweise würde die Verringerung der Lägeranzahl auf 85 eine Kostensteigerung von rund 1% verursachen. Der Ist-Zustand (93 Läger) liegt aus Sicht der Praxis in einem günstigen Bereich. Bei weiterer Senkung der Anzahl würden die Distributionskosten aber immer steiler ansteigen. 67 der optimalen Standorte fallen mit einem derzeitigen Lagerstandort zusammen.

Die Transportkosten des 2 Teilstücks werden am stärksten von der Anzahl der Läger beeinflußt, wie der Kurvenverlauf im Bild 5 deutlich macht. Je mehr Läger das System umfaßt, umso kürzer werden zwangsläufig die Entfernungen zu den Abnehmern, damit verringern sich bei vorgegebenen Absatzmengen die Transportkosten. Die Kostenabnahme schwächt sich in dem Maße ab, wie immer mehr Abnehmer in den Entfernungsbereich der untersten Tarifstufe (0-30 km) kommen. Die Kurve für die Transportkosten des 1.Teilstücks steigt mit zunehmender Lägeranzahl leicht an, da die Wege insgesamt etwas länger werden. Da dieser Effekt bei großen Anzahlen leicht abklingt und außerdem die Transportkosten degressiv mit der Entfernung steigen, flacht die Kurve bald ab. Die Gerade, welche die Kapitalbindungskosten darstellt, ist sehr schwach geneigt, was sich aus dem geringen Umlaufbestand je Lager erklärt. Wie bereits begründet, gehen die Transportkosten für die Direktbelieferung und die Lagerungskosten nicht in die Optimierung ein. Sie sind jedoch in der Berechnung der Gesamtkosten als Konstante berücksichtigt, um den vollen Betrag zu erhalten (Waagerechte im Bild 5).

Die Lage des Optimums bei der relativ hohen Anzahl von 116 Lägern ist somit aus den Kurvenverläufen der Kostenkomponenten verständlich. Erst nachdem sich die Kurve für das 2.Teilstück weitgehend abgeflacht hat, kann die gegenläufige Tendenz der Kurven für das 1.Teilstück und die Kapitalbindung wirksam werden.

Das Bild 6 zeigt die Ergebnisse für den Fall konstanter Lieferbereitschaft der Läger. Die optimale Anzahl beträgt nun 74, das Kostenminimum liegt um etwa 5,7% unter dem Ist-Punkt. Hier eröffnet sich also eine Möglichkeit der Kosteneinsparung (in DM bedeuten diese 5,7% eine durchaus interessante Summe). Allerdings müßten für die Realisation eine Reihe von Voraussetzungen geschaffen

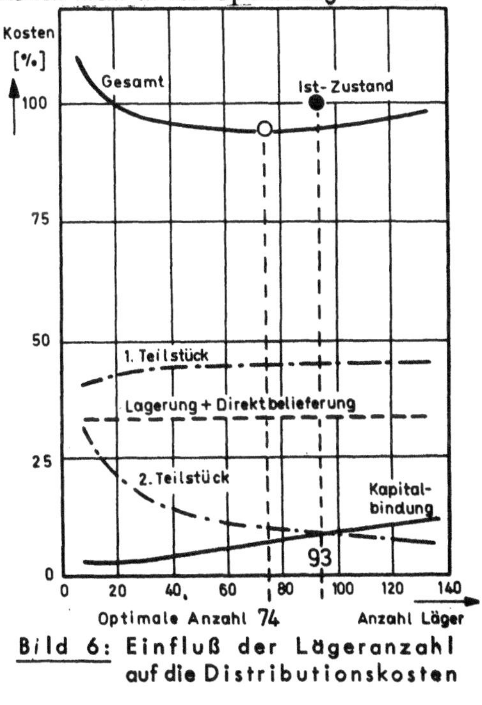

Bild 6: Einfluß der Lägeranzahl auf die Distributionskosten

werden (z.B. Änderung des Informationssystems). Die Distributionskostenkurve (Gesamt) verläuft wieder sehr flach, so daß Abweichungen vom Optimum in der Spanne von 50 bis 90 Lägern für die Praxis belanglos sind. Hier wiederspiegelt sich offensichtlich eine Eigenschaft komplexer Systeme, auf Änderungen einzelner Elemente relativ träge anzusprechen. Da jetzt die Sicherheitsbestände mit der Lägeranzahl zunehmen (Bild 3), steigen die Kapitalbindungskosten steiler an. Das Niveau der Kapitalbindungskosten ist außerdem tiefer, da man mit insgesamt kürzeren Bestandsreichweiten auskommt. Daraus erklärt sich die Lage des Optimums bei kleineren Anzahlen und niedrigeren Kosten.

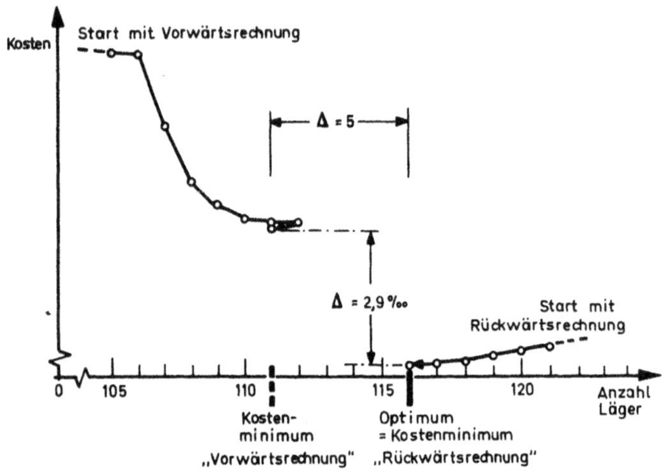

Bild 7: Demonstration des Lösungsverfahrens (Sicherheitsbestände mit konstanter Reichweite)

Aus den Bildern 7 und 8 ist ersichtlich, wie das Lösungsverfahren arbeitet. Der anschaulichen Darstellung wegen ist die Kostenskala um das 100-fache gegenüber den Bildern 5 und 6 gestreckt worden. Es wird nur der interessierende Bereich in der Nähe des Optimums gezeigt.

Besonders deutlich geht die Verfahrensweise aus dem Bild 8 hervor. Beginnend mit der Vorwärtsrechnung nehmen die Kosten bis zu einer Anzahl von 67 ab, eine sich anschließende Rückwärtsrechnung führt zu einer größeren Kostensenkung bei 66, von dort erfolgt nochmals eine Vorwärtsrechnung bis 67 mit der abschließenden Verschiebung, die eine - wenn auch winzige - Verbesserung bringt. Ein entsprechender Verlauf ergibt sich, wenn man mit der Rückwärtsrechnung anfängt.

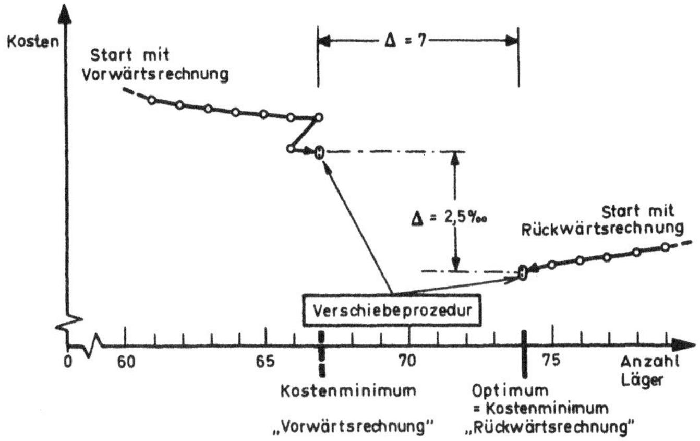

Bild 8: Demonstration des Lösungsverfahrens
(Sicherheitsbestände mit konstanter Lieferbereitschaft)

Die jeweils resultierenden Kostenminima liegen bei verschiedenen Anzahlen und unterscheiden sich im Betrag um 2,5‰, was für die Praxis ohne Bedeutung ist. Als Optimum wird das kleinere Kostenminimum bei der Anzahl von 74 gewählt. Im Bild 7 liefert der Richtungswechsel nur einmal eine Verbesserung, die Verschiebung erweist sich als ergebnislos. Der Abstand der Kostenminima voneinander bleibt hinsichtlich Anzahl und Betrag in derselben Größenordnung wie oben.

Bei der vorliegenden Problemstruktur scheint die Rückwärtsrechnung zu besseren Ergebnissen zu führen, was auch durch weitere Rechnungen bekräftigt wurde

Schlußbemerkung

Das geschilderte heuristische Verfahren bewährte sich gut bei der Lösung des vorliegenden Problems aus der Praxis. Die Untersuchung lieferte dem Auftraggeber wertvolle Information, so daß der Nutzen in einem positiven Verhältnis zum Aufwand von etwa 2 Mannjahren (für Problemanalyse, Datenbeschaffung und -aufbereitung, Modellentwicklung und -programmierung, Rechnerläufe, Datenauswertung, Darstellung der Ergebnisse, Gesamtdokumentation) steht. Inzwischen findet das Verfahren bei weiteren Untersuchungen Anwendung.

Literatur

1 - Liebmann, H.-P.:

Die Standortwahl als Entscheidungsproblem.
Würzburg-Wien 1971, S.143 ff.

2 - Kuehn, A.A./Hamburger, M.J.:

A Heuristic Program for Locating Warehouses.
Management Science, 9, 1963, S.643-666.

- Klotz, V.:

Über den Einfluß von Anfangslösungen auf den Ablauf heuristischer Verfahren.

Elektronische Datenverarbeitung, 12, 1970, S.564-574.

Strategische Unternehmungsplanung: Einige Beobachtungen zur Lage der Entwicklung von EDB-gestützten Modellen für formalisierte strategische Unternehmungsplanung (SU)

von W. Goldberg, Göteborg

Gliederung

Definitionen, Abgrenzung

Strategische Unternehmungsplanung bezieht sich auf die (obere) Ebene der Planung, die sich mit Entscheidungen über die Ziele des Unternehmens befasst. sowie auch mit den grundsätzlichen Wegen und Mitteln zur Erfüllung dieser Ziele. Die Zielsetzung an sich wird mitunter von der SU abgeschieden. Allerdings betrifft und bewirkt die SU Fragen der Zielsetzung in zahlreichen, grundlegenden Beziehungen. Im normativen Sinne werden strategische Entscheidungen von der oberen Ebene der Leitungsorganisation getroffen (Tabelle I). Durchführung oder Verwirkligung der Strategien wird von der SU nicht umfasst. In der Praxis wird jedoch die Strategiewahl merkbar von Ueberwiegungen über die Durchführbahrkeit und die der Erfolgserwartungen der genannten Strategien beeinfusst.

Der Begriff formalisierte SU wird verwendet um die Phase des totalen SU-Verfahrens abzugrenzen, die den Einsatz von formellen Modellen betrifft, zwecks Organisation von Daten, Erarbeitung von alternativen Strategien und zwecks Analyse der relativen Verdienste derartiger Alternativen. Formalisierte SU muss nicht notwendigerweise den Einsatz von EDB voraussetzen, obwohl dies häufig der Fall sein wird.

SU findet in einer Umgebung statt, in der Unsicherheit gilt. Unsicherheit stammt aus verschiedenen Quellen, z. B.

a) Unvollständige Information über die interne und externe Umgebung (System-Status und -Verhalten)
b) Mangel an Kenntnissen oder Voraussagbarkeit der Zweckmässigkeit und der Wirkens gewählter Strategien und Taktik
c) Streueinflüsse (Störungen)
d) Gegenseitiges Beruhen zwischen den Strategien der betroffenen Organisation/Firma und denen der Umgebung.

SU ohne explizite Beachtung der Quellen und Einflüsse der Unsicherheit ist unvollständig. Pragmatisches Planungsverhalten dagegen setzt explizite Verringerung oder Unterdrückung von Unsicherheit voraus.

SU befasst sich hauptsächlich mit solchen Entscheidungen, die langsichtige Bindungen oder Einflüsse für die Unternehmung mit sich ziehen. Die Modelle, die im SU Prozess eingesetzt werden, sollten es jedoch auch ermöglichen die Uebereinstimmung von taktischen und operativen Entscheidungen mit gewünschten oder gewählten Strategien zu untersuchen.

Der Bedarf an SU

Der Bedarf an SU ist während des letzten Jahrzehnts in mehreren Hunderten von Büchern und Aufsätzten (normativ) beschrieben worden. Die Begründung für SU kann so zusammengefasst werden: Die Turbulenz in der Umgebung des Unternehmens steigt gradweise an, das heisst die Komplexität und die dynamischen Einflüsse nehmen zu. Das Vermögen des Unternehmens seine Ziele zu erreichen wird dadurch positiv oder negativ beeinflusst. Die Anzahl der alternativen Strategien zur Erreichung der Ziele erweitert sich. Die Bewertung der relativen Effizienz von einzelnen Strategien wird schwieriger und bedarf grösserer Einsätze. Die Anzahl der Faktoren innerhalb der Umgebung und die Intensität ihrer Einflüsse wachsen stark an und erfordern explizite Beachtung. Die Ansprüche auf Rechtfertigung von Entscheidungen, die getroffen wurden oder durchgeführt werden sind bestimmter und schärfer den je. Sie werden nicht nur von Parteien oder Gruppen erhoben, die ein direktes Interesse am Unternehmen haben (dessen Eigentümer, Angestellte, Gläubiger, Lieferanten, Kunden u. s. w.) sondern auch von völlig neuen Gruppen, Organisationen und Institutionen, oft auf neue, vielfach provokative Weise. Die Risiken die aus der Umgebung des Unternehmens entstehen, wie auch die Quantität und die Qualität der personellen, materiellen, immateriellen und finanziellen Mittel und Einsätze im Unternehmen wachsen ständig an.

Die genannten und zahlreiche andere Entwicklungszüge, jeder für sich und im Zusammenwirken, erforderen eine gründlichere, bewusstere und oft umfassende Vorberreitung von Entscheidungen und Bewertungen derer Vereinlichkeit mit nicht nur den Zielen des Unternehmens sonder auch den Ansprüchen der Umgebung. Gleichzeitig findet doch eine Methodenentwicklung statt (Berechnungsmetoden, Operations Research, Mathematische Statistik, Entwicklungen des betriebswirtschaftlichen Methodenarsenals u. s. w.) die es ermöglicht den Anforderungen auf verbesserte Planung zumindestens teilweise zu entsprechen.

SU im Schnitt der Volkswirtschaft, Betriebswirtschaft und des Operations Research

SU ist in höherem Grade eine empirische Verhaltungsweise als ein theoretisches Konzept. Die theoretischen Gründe der SU sind, mild gesagt, widersprüchlich. Die volkwirtschaftliche Theorie setzt ein perfektes Planungsverhalten voraus. Die empirische Glaubhaftigkeit der Postulate und Voraussetzungen, die der ökonomischen Theorie zu Grunde liegen, erscheint dem Praktiker oft zweifelhaft. (Beilage II)

Die auf empirischen Studien aufgebaute Behavioral Theory of the Firm (verhaltenswissenschaftlich orientierte Betriebstheorie) deutet ein Planungsverhalten an, das auf keinen Fall als perfekt bezeichnet werden kann. In der Tat postuliert sie kurzsichtiges, auf Anpassung eingestelltes Planungsverhalten, anstelle von rationale, auf lange Sicht eingestellte optimale Entscheidungen. Was in der Praxis oft als langsichtige Planung bezeichnet wird, erscheint in den Postulaten dieser Theorie u. a. als Einsammlung von Daten über die externe und interne Umgebung und dessen Verhalten (z. B. langsichtige Voraussagen und Prognosen, etc.) oder Verhandlungen und Uebereinkommen mit der Umgebung, um deren Voraussagbarkeit zu verbessern. (Beilage III)

Offenbar besteht eine Kluft zwischen der ökonomischen Theorie und der verhaltenswissenschaftlich orientierten Betriebstheorie. Unser vorläufiger Schlussatz dürfte sein dass es gegenwärtig noch keine gültige Theoriegrundlage für SU gibt. Analytische Modelle (z. B. lineare oder nicht lineare Programmierungsmodelle) die zur SU eingesetzt werden, stehen auf den Lehmfüssen einiger oder aller der vereinfachenden Voraussetzungen der ökonomischen Theorie und werden, zum mindest von Seite der Praktiker, oft in Bezug auf ihre Gültigkeit angefochten. Modellansätze auf empirischen Gründen andererseits werden in der Regel sehr umfassend und resultieren in Daten- oder Informationsausgaben, die den Benutzer sehr verwirren können. Nach eine kurzen Uebersicht über die principiellen Angriffsweisen der Modellkonstruktion für SU soll schliesslich eine vorläufige Bewertung der Ansätze zu formalisierten SU unternommen werden.

Angriffsweisen der formalisierten SU

In Theorie und Praxis können verschiedene prinzipielle Angriffsweisen zur Erstellung von formalisierten SU-Modellen ausgemacht werden. Es möge vorerst klar gemacht werden dass die Wahl eines bestimmten Weges zur Modellentwicklung eine Folge verschiedener Ueberwegungen ist, über die Ausgangslage, die Ziele der Modellentwicklung, des Anwendungszwecks, die Phase der SU in welcher die Modelle benutzt werden sollen, wie oft die Modelle angewandt werden, wieviele Grunddaten, welche Mittel zur Datenbehandlung greifbar sind, aber auch über den Schatz an Erfahrungen und spezifikem Können mit Bezug auf Modellentwicklung und Modellbenutzung innerhalb des Unternehmens.

Rechenschaftsbezogene SU-Modelle sind in der Regel verhältnismässig unkomplizierte Erweiterungen von Modellen der Planungsrechnung. Die Interdependenz und die Dynamik innerhalb des Kontosystems, oder, genauer beschrieben, desjenigen Systems, das durch Konten und eine Anzahl von Masstäben und Ablesungen beschrieben wird, werden in diesen Modellen grundsätzlich als schwarze Kasten behandelt. Auf Grund dieser "Black Box"-Voraussetzungen sind die Modelle verhältnismässig grob, oberflächlich und insensibel. Deren Kapazität gültige Voraussagen abzugeben ist nicht sehr hoch. Deren wichtigste Anwendung ist die Zusammenstellung von Information und Rapporten, die Simulierung von Bilanzen, Gewinn- und Verlustrechnungen, sowie die Darstellung von Augenblicksbildern oder Kurvendiagrammen über finanziellen Verläufe, z. B. Cash Flow. Verschiedene Modellansätze erstreben die formale Optimalisierung der Finanzwirtschaft des Unternehmens, ausgehend von den Hypothesen des Rechnungswesens.

Die Vorteile dieser Modelle im Verhältnis zu mehr entwickelten Modellen (die also die Voraussetzungen über schwarze Kästchen ganz oder teilweise fallen lassen) können zusammenfasst werden:

a) Eine mässige Menge von Daten, die in der Regel schon vorhanden sind, werden zur Eingabe benötig.
b) Die Benutzungskosten der Modelle sind mässig.
c) Die Betriebsleitung bzw die Anwender sind mit den Methoden und Begriffen des Rechnungswesens vertraut. Modelle die auf der Theorie des Rechnungswesens aufgebaut sind werden aus diesen Gründen verhältnismässig leicht verstanden. Mit einem Widerstand von Seiten der Benutzer her ist deshalb kaum zu rechnen.

Die Nachteile diese Modelle liegen vor Allem darin dass Sie statisch oder in bestem Falle statisch-vergleichend sind. Ihre Validität (Gültigkeit) ist fraglich da Sie gegenüber Veränderungen der Strukturen und Verläufen innerhalb des Unternehmens, wie auch in dessen Umgebung, verhältnismässig stumm sind. Derartige Modelle erlauben Effizienzvergleiche verschiedener Unternehmungsstrategien nur unter ganz besonderen Verhältnissen.

Eine sehr unerschiedlich Angriffsweise der formalisierten SU ist die Aggregation von Modellen, die (ursprünglich) für die operative Steuerung entwickelt und benutz werden, dass heisst für die operationale verhältnismässig kurzsichtige Steuerung der Mittelbeschaffung, Faktorumwandlung, der Steuerung der Erzeugnisverläufe, des Vertriebswesens und der Marktverhältnisse des Unternehmens. Diese Modellfamilien benötigen allerdings eines wesentlich höheren Einsatzes von Studien und Entwicklungsarbeit während ihres Lebenslaufes: währen der Entwicklung, des Unterhalts und der Anpassung. Sie verlangen auch bedeutend grösserer Datenmengen zur Eingabe, wobei diese Daten oft nicht bereits andersweitig verfügbar sind. Während ihres ganzen Lebenslaufes, besonders bei der Anwendung setzen Sie ein aktives Zusammenspiel mit dem Benutzer voraus, wenn auch die automatische Parametereinstellung das Zusammenspiel vereinfachen kann. Die Benutzungskosten sind viel höher als für die Modelle des Rechnungswesens. Gleichzeitig ist die Verwendbarkeit viel reichhaltiger. Das kann allerdings zu Nachteilen führen, indem die Ausgabe sehr reich werden kann und aus diesem Grunde einer weiteren Analyse bedarf. Es ist schliesslich eine Frage der Wahl ob die Modelle ganz deterministisch oder teilweise deterministisch teilweise stochastisch aufgebaut werden sollen.

Der Einsatz von stochastische Prozessen erfordert in der Regel eine beachtlich Mehrarbeit. Daher werden interne Prozesse und Vorläufe hauptsächlich durch deterministische, externe Verhältnisse (Strategieeinflüsse der Konkurrenz, Dynamik der Märkte, Auftragseingang, Risiken verschiedenen Art, u. s. w.) mitunter durch stochastische Modelle dargestellt.

Eine dritte Angriffsmethode ist noch verhältnismässig unerprobt obwohl sie, vorausgesetzt weiterer Entwicklung, sehr erfolgversprechend zu sein scheint. Tinbergen (1955) behauptet dass der offenbare Mangel an klaren Zielen, der für das Betriebswesen so typisch ist, einer Verwendung von analytischen Modellen nicht im Wege stehen solle. Sein "Zielapproach", der auf der volkswirtschaftlichen Ebene in einigen Entwicklungsländern praktiziert wird, setzt voraus dass das Verhalten eines wirtschaftlichen Systems durch eine Gruppe von simultanen Gleichungen beschrieben werden kann, wonach Probleme im Zusammenhang mit Annahmen um Maximierung keine besondere Rolle mehr spielen. Tinbergen nimmt an dass Betriebsleiter oder andere Personen, die am Entscheidungsprozess beteiligt sind, irgendwelche irgend wie bestimmte Zielwerte für die Produktionsausgabe oder die Erfolge der Systeme, wie auch für deren endogene Variablen im Kopf haben. Diese Zieldaten können auf Vektoren für gegebene Werte für endogene, verzögert endogene oder stochastische Variablen abgesetzt werden. Die Gleichungen des Models werden sodann simultan gelöst für eine auf die erstrebten Ziele abgepasste Gruppe von Werten der Entscheidungsvariablen. Die praktische Verwendbarkeit der Methode von Tinbergen ist für die Betriebsebene vorläufig noch nicht erstellt. Eine weitere Erforschung und Entwicklung erscheint doch durch aus lohnend.

Gegenwärtig und wahrscheinlich noch für einen überblickbahren Zeitraum hin dürften Simulationsansätze die meist versprechenden sein zwecks Verwendung in der formalisierten SU, mit Einsatz von Aggregaten operativer Modelle.

Einige Beobachtungen über die Praxis der Planung

Eine kurze und unsystematische Untersuchung über den Einsatz von SU-Modellen anlässlich der Vorbereitung eines Symposiums an der Universität zu Göteborg im Herbst 1972 spiegelt die folgenden Hauptzüge der Einsätze zur Modellentwicklung ab. (Es soll unterstrichen werden dass die Untersuchung keinesfalls vollständig ist. Eine vollständige Untersuchung ist aus verschiedenen Gründen weder möglich noch angebracht, unter anderem deshalb weil es kaum möglich ist die verschiedenen Ansätze objektiv zu orden und zu vergleichen. Wie unten weiter angedeutet werden wird, mangelt es einer Theorie der SU und damit eines objektiven Gleichers.)

Diskrete Repräsentationen von Modellstrukturen mit Anwendung von Differenzekvationen erster und höherer Ordnung kommen oft in Unternehmensmodellen vor. Die Gleichungen sind meistens ersten Grades im Finanz- und Rechnungssektor, höheren Grades in den Erzeugungs- und Materialverwaltungssektoren, wogegen stochastische Ekvationen ersten und höheren Grades in den Abschnitten zu finden sind, die sich mit der Schnittebene Betrieb- Absatzmarkt beschäftigen (für den Schnitt Mittelmärkte-Unternehmen dominieren die deterministischen Ansätze).

Wie bereits angedeutet werden analytische Lösungen hauptsächlich auf höheren Ebenen der finanziellen Planung, aber auch zur Lösung von Produktionsproblemen in der Prozessindustrie eingesetz. Simulationsmodelle dominieren andere Einsatzgebiete.

Ökonometrische Modelle des Zusammenspiels von Unternehmen und Markt sind selten, weil sie kompliziert und oft verhältnismässig teuer sind. Normalerweise sind sie auf ziemlich begrenzte Sektoren des Marktes beschränkt. Optimierende Ansätze von vertikal integrierten Mehrstufen-Modellen von Markt-Erzeugung-Markt-Systemen kommen nur sehr selten vor. Derartige Systeme werden dagegen herhältnismässig oft in nicht optimierenden Simulationsmodellen dargestellt.

Uebergreifende Betriebs- oder Konzernmodelle bestehen hauptsächlich aus den obigen Konglomeraten und sind aus diesem Grunde nicht optimimierend obwohl man sich mitunter dazu veranlasst findet die reichen Ausgaben der Teilmodelle schliesslich in einem analytischen Modell des finanziellen Sektors zusammenzufassen.

Einige beobachte Tendenzen seien zusammengefasst:

Finanzielle oder auf den Rechnungssektor abgestimmte Modelle werden oft in den ersten Ansätzen auf SU (formalisiert wie auch unformalisiert) eingesetzt, auf Grund ihrer Qualitäten: sie sind leichtverständlich, "plausibel". Die Zusammenstellung, die Anschaffung von Daten, Berechnungsarbeit und Berichterstattung sind verhältnismässig einfach. Sobald allerdings die Anspruchsebene innerhalb der SU steigt, werden diese privitiven Modelle ersetzt oder, richtiger, ergänzt durch mehr oder weniger komplexe Modellaggregate, innerhalb derer die finanziellen oder Rechenschaftsmodelle noch Segmente ausmachen. Aus dem Gesichtswinkel des Benutzers gesehen am erfolgreichsten scheinen die Modellaggregate zu sein, die in modularen Ansätzen aufgebaut werden.

Der Ansatz zur SU mit der Benutzung von Mikromodellen, die ursprunglich für operationelle oder taktische Planung erstellt wurden, wird von Gorry und Scott-Morton (1970) kritisiert. Diese Verfasser behaupten dass die Ziele der für operationelle Zwecke entwickelten Modelle sowie die Information, die von deratigen Modellen aggregiert wird, für SU-Einsätze nicht verwendbar seien. Die Planungsebenen für welche deratige Modelle bestimmt sind, seien äusserst verschieden von der strategische Planungsebene (siehe Beilage IV).

Diese Kritik scheint einige zentrale Punkt zu übersehen und dürfte daher kaum gültig sein. Niemand behauptet z. B. dass die detailierte Information für operationelle Steuerungszwecke in ihrer ursprünglichen Form in der strategischen Planung verwendet werden solle. Was bei der SU ausgenutzt wird sind eher extrahierte Entwicklungszüge, Beobachtungen über die Verhaltungsweise der Systeme, über Möglichkeiten, Begrenzungen und Flaschenhälse, wie sie nicht nur in den Dateien operationaler Daten des Unternehmens festgehalten sondern auch während Versuchen oder Proben mit alternativen Strategien sichtbar werden. Der doppelte Nutzen der operativen Modellen liegt daher teils in den durch sie erarbeiteten Entwicklungszügen, teils im ihrer Verwendbarkeit bei der Erprobung von Alternativen der Planung und des Handelns.

Benutzer und Experten mit Erfahrung in SU dürften bestätigen können dass bedeutende Aufwendungen inderhalb des SU-Prozesses dazu verwandt werden Daten zusammenzutragen und zusammenstellen sowie auch zu analysieren, aber auch mit deren Hilfe zu untersuchen wo die Stärke und Schwäche , die einzigartige Kompetenz sowie als auch die verwundbaren Punkte des Unternehmens zu finden sind. Die Benutzung von für operationale Steuerungszwecke erstellten Modellen und Dateien dürften also, im Gegenteil zu den Behauptungen der genannten Kritiker, durchaus praktisch und empfehlenswert sein. Sjöberg (1970) berichtet beispielsweise von einem Modell welches für operationale Steuerungszwecke entwickelt wurde. Als das Modellaggregat später dafür verwendet wurde, um alternative Hauptrichtlinien (Policies) auf praktische Konseqvenzen zu prüfen, konnte das Aggregat Unterlagen von grosser Bedeutung für die Betriebsleitung abliefern. Da in der Unternehmungspraxis ein praktischer Beweis in der Hand mehr bedeutet als zehn Theoriansätze in Walde möge noch folgendes berichtet sein. Das von Sjöberg beschriebene Modellsystem ist zeit 10 Jahren - natürlich in angepasster und entwickelter Form-im praktischen Gebrauch. Das Unternehmen ist eines der wenigen Textilunternehmen Schwedens, das den Betriebstot der letzten 15 Jahre bisher noch erfolgreich überlebt hat. Dies ist sicherlich nicht der Verdienst des Modell oder seines Konstrukteurs sondern ausschliesslich der seiner Betriebsleitung. Diese hat es verstanden Entscheidungen zu treffen, mit welchen eine Nische geschaffen wurde, in der das Unternehmen überleben konnte. Die Entscheidungen wären wahrscheinlich auch ohne Zuhilfe des Modells getroffen worden. Der Verdienst des Modells war es allerdings, dass es operationell validiert war, das Vertrauen der Unternehmungsleitung besass und es, von diesen Voraussetzungen ausgehend, der Führung ermöglichte eine ziemlich vollständige Schreibtischprobe über einen strategischen Schritt zu ermöglichen, den noch kein Unternehmen zuvor getan hatte.

In dem genannten Modellsystem wurden in der Simulation der Policy-alternativen sowohl die Modelle als auch die Daten, die für operative Steuerung benützt worden waren, eingesetzt, um zu prüfen wie die verschiedenen Erzeugungs- Marktführungs- und Kundendienstgrundsätze die marktliche, wirtschaftliche, und wettbewerbsmässigen Flanken des Unternehmens beeinflussen würden:

a) In den betrieblichen Geschehen (Kosten je erzeugte Einheit und auch je Periode, Beitragsquote per erzeugte Einheit und per Ausnutzung von Engpassmitteln, Veränderungen der Lagerhaltung, Kapazitätsbegrenzungen, nicht ausgenutze Kapazität u. s. w.).

b) Die äussere Konkurrenzsituation (Reaktionen auf Anfragen z. B. Aufträge von Kunden, Lieferungen, das Vermögen Information zu erstellen, welche die Kunden in Stand setzt die Unsicherheit für deren Unternehmen zu verringern und dadurch die Lagerhaltung zu begrenzen und Erzeugungsschwankungen auszugleichen. Weiterhin wurden die Auswirkungen der Alternativen auf Transport-, Vertriebs- und Marktführungskosten studiert.

c) Die Wirtschaftlichkeit der Policyalternativen für mehrere Zeitspannen (Saison, Jahr, zwei und fünf Jahre).

Mehrere ähnliche Fälle liegen vor. Die hauptsächtlichen Verdienste des obigen Falles können folgenderweise zusammengefasst werden:

a) genügend Zeit is verflossen um die pragmatische Tauglichkeit der Angriffsweise bewerten zu können, auch auf längere Sicht gesehen. (Zehn Jahre Erfarungen liegen vor.)

b) Das Modell wurde für eine EDV-Anlage mässiger Grösse (IBM 1401) für ein Unternehmen mässiger Grösse entwickelt. Das Unternehmen ist in einer Branche tätig, in der schärfster Wettbewerb herrscht. Die Anzahl der Unternehmen, die als denkbare Verwender derartiger Modelle in Frage kommen könnten ist anscheinend gross. Das Modellaggregat ist selbstverständlich in der Zwischenzeit entwickelt und angepasst worden, nicht nur um einer EDV-Anlage der bedeutend kraftvolleren dritten Generation und bedeutent mehr entwickelten Programmsystemen Rechnung tragen zu können, sondern vorallem auch an sehr drastischen Veränderungen in der äusseren und inneren Struktur und Lage der Branche und des Betriebes.

c) Führungspersonal auf allen Ebenen des Unternehmens hat eine Schlüsselrolle gespielt in der ursprünglichen Erstellung wie auch in der weiter Entwicklung der Modelle. Die Kapazität der Modelle die Leiter im Entscheidungsprocess zu unterstützen sowohl auf operativer, taktischer als auch strategischer Ebene, ist eine der Hauptantriebe für die Arbeitseinsätze, die dem Lebenslauf des Modells gewidmet worden sind.

d) Auch die eingesetzte Datei ist mässiger Grösse. Die ältesten Simulationen von alternativen Policies wurden ausschliesslich mit Daten durchgeführt die auf Lochkarten gelagert waren (aus denen allerdings in sequenzialer Bearbeitung Entwicklungszüge, Maxima, Minima und Sattelpunkte extrahiert worden waren). Zur SU eingesetzt, wurden sowohl interne als auch externe Daten verwandt. Die externe Statistik über die Märkte, die Volkswirtschaft und vieles anderes mehr wurden, über die operativen Verwendungszwecke hinaus, bedeutend erweitert, obwohl auch viele von ihnen so wie so für die operative wie auch die taktische Planung (Saisonpläne, jährliche Planungsrechnung etc.) anfielen.

e) Die Nutzen/Kostenquote des Modells ist sehr hoch.

Man kann natürlich bezweifeln ob ein einzehlner oder einige wenige Fälle genügen um die Behauptung zu widerlegen, dass zu operativen Zwecken entwickelte Modelle zur SU-benutzung nicht geeignet, weil weder gültig noch zuverlässig seien. Es ist je doch bis jetzt noch nicht gelungen eine Rechtfertigung dieser Kritik zu erstellen mit Unterstützung eines einzigen der Kriterien, die in der Beilage IV aufgerechnet werden, um die modulare Angriffsweise zu verwerfen, d. h. die Integration und Aggregation von Modellen, die für operative und taktische Planungszwecke erstellt wurden. Dagegen dürfte es berechtigt sein in Frage zu stellen ob ein ausschliesslicher Einsatz von Modellen für operative Steuerung und von historischen Daten für SU zu empfehlen seien. Allerdings scheint diese Empfehlung nicht vorzuliegen.

Zusammenfassung

Die Erfahrungen mit formaler SU können zusammengefasst werden. Für das oben genannte Symposium wurden kritische Bewertungen von formalen Ansätzen zur SU eingesammelt. Wie schon mehrfach angedeutet, ist die Studie keinesfalls als repräsentativ anzusehen. Die Beiträge sind auf etwa 50 Fälle begrenzt und beziehen sich hauptsächlich auf formalisierte SU, obwohl sie in vielen Fällen den gesamten SU-Prozess betreffen.

1. Es existiert keine Theori der SU. Es fehlt auch an einer entwickelten Praxis oder einem standardisierten Verfahren. Das bedeutet dass es keinen Norm gibt mit der irgendwelche specifische Ansätze verglichen, gegen deren Gleicher sie bewertet werden können. Objektive Vergleiche und Bewertungen sowie Behauptungen über die Effizienz oder Ineffizienz der SU sind daher nicht möglich. Die Angriffsmethoden unterscheiden sich mit Bezug auf Logik, formale und informale Ansätze.

2. Die in der formalen SU eingesetzten Modelle sind oft auf empirischen Gründen entstanden, mit recht begrentzem Einsatz von existierenden Algorithmen und Theorien. Eine Ausnahme stellen derartige Ansätze dar, die ursprünglich aus Planspielen heraus entstanden sind.

3. "Totale" Ansätze werden hauptsächlich als Pläne, teoretische Skizzen oder mittels Teillösungen angemeldet. Gewisse Vorsicht scheint am Platz zu sein im Bezug auf die Glaubwürdigkeit von sogenannten totalen Modellen.

4. Die Entwicklung scheint sich in Richtung auf Simulationsansätze zu bewegen. Stochastische Angriffe sind verhältnissmässig selten und, wenn genutz, dann hauptsächlich auf das Zusammenspiel zwischen Unternehmen und Absatzmarkt begrenzt. Die pragmatische Erklärung des begrenzten Einsatz von Stochastik dürfte in den Schwierigkeiten zu suchen sein, die bei der Interprätation der Modellausgabe vorliegen.

5. Zahlreiche missglückte Versuche haben es den Konstrukteuren von Systemen und Modellen gelehrt sich der Beteiligung von Seiten der Benutzer zu versichern. Technische, terminologische und verhaltensmässige Begrenzungen gegenüber dem Verständnis für und der Benutzung von Modellen und Modellausgaben werden jetzt ausdrücklich beachtet, sowie auch der Bedarf an Flexibilität und Anpassung von Modellen und Systemen.

6. Formalisierte sowohl als auch informale SU ist ein verhältnissmässig neues Instrument und als solches noch immer neuen Lernens und neuen Erfahrungen unterworfen. Der Benutzer ist, auf Grund von Erfahrungen mit dem Rechnungswesen, nicht an die relative Flexibilität oder aber auch an die Unzuverlässigkeit der angewandten Daten gewohnt. Mangel an Erfahrung spielt in vielen Fällen ein kritische Rolle.

7. SU lässt Machtkämpfe, Polarisationen und auch Konflikten an die Oberfläche drängen, aber auch latente Spannungen über Ziele, Policies, Verteilung oder Zuteilung von Mitteln etc aufblühen und ans Tageslicht treten.

8. Die "spielende" Einführung von SU Modellen über Planspiele (die speziell auf die Bedingungen des Unternehmens und seiner Umgebung eingestellt sind) scheint mehr und mehr in Gebrauch zu kommen, wie auch sogenannte interaktive Fragen-Antwort-Systeme mit welchen der Benutzer "was falls ..."-Fragen stellen und sofort Antworten erhalten kann.

9. Es bedarf noch vielen Lernens, Uebens, vieler Entwicklung und Forschung, vieler Geduld und Toleranz bei der Einführung und Benutzung von SU.

10. Es soll wiederholt waren dass formalisierte SU nur einer der Bausteine ist, die den gesamten komplexen SU-Prozess ausmachen. Eine Warnung ist am Platz: die Verwendung von formaliserter SU solle nicht Schwächen im gesamten SU-Prozess verbergen. Die Versuchung dazu liegt immer nahe.

11. Die Validität (Gültigkeit) des gesamten SU-Prozesses - nicht nur die dessen formalisierter Teile - muss erstellt werden wie auch die Reliabilität (Zuverlässigkeit) der eingesetzen Methoden und der verwendeten Daten.

Beilage I

PLANUNGSEBENEN (nach Anthony - Ansoff)

A. Strategische Planungsebene

Zielwahl - Zielsetzung - Zielanpassung
Politik zur Zielerfüllung: Zweckmässigkeit, Effizienz
Politik zur Sicherstellung, Anschaffung, Verwaltung, Entwicklung, Verwendung von Mitteln personeller, materieller, immaterieller, finanzieller Art
Rahmenentscheidungen zur Erreichung taktischer Ziele und operativer Handlungen

B. Ebene der taktischen (administrative) Planung und Steuerung

Wahl von Mitteln zur Erreichung strategischer Ziele
Planung: Sicherheit, Unsicherheit
Motivation der Funktionäre

C. Ebene der operativen Planung und Steuerung

Optimale Ausnutzung der Mittel, Effektivitätsstreben im Rahmen gegebener Kapazität
Rückkupplung
Lücken schliessen (in Plänen und in deren Ausführung)
Adaptive Steuerung

Beilage II

Die traditionelle ökonomische Unternehmenstheori beruht auf folgenden Voraussetzungen:

1. Es existiert eine gesammte Ertragsfunktion, welche die Ausgabequantitäten der p-Produkte des Unternehmens ins Verhältnis zu den totalen Einkünften stellt. Diese Funktion ist fest (fixiert) und bekannt.

2. Es besteht eine totale Kostenfunktion. Sie verknüpft die Quantitäten der Einsätze der m variabeln Einsatzfaktoren des Unternehmens mit den gesamten Kosten. Diese Funktion ist fest (fixiert) und bekannt.

3. Das Unternehmensziel ist es den Gewinn zu maximieren, mit Beachtung der technischen Begrenzungen die in dessen Produktionsfunktion ausgedrückt sind.

4. Das Unternehmen verfügt über einen Erzeugungsprozess der im Stande ist ein Maximum von m variabeln Produktionsfaktoren in n Produkte zu transformieren. (Es bestehen keinen Grenzen im Zugang zu diesen Faktoren).

5. Eine kontinuerliche (beständige) Produktionsfunktion besteht (mit nicht verschwindenden partialen Derivativen ersten und zweites Grades). Sie verknüpft eine Gruppe von unabhängigen Faktorvariabeln mit einer Gruppe von unabhängigen Produktvariabeln.

6. Die Produktionsfunktionen zeichnet sich dadurch aus, dass die Ausgabequantität für ein bestimmtes Erzeugnis die grössmöglichste (maximale) Menge dieses Produktes darstellt, die aus einem bestimmten Faktorinsatz herausgeholt werden kann, zusammen mit bestimmten Erzeugnismengen der übrigen n - 1 Erzeugnisse.

7. Die exakte Form der Produktionsfunktion des Unternehmens ist vorausbestimmt durch eine Gruppe von technischen Entscheidungen, die innerhalb des Unternehmens getroffen werden.

8. Die Produktionsfunktion zeichnet sich durch ein abnehmendes Grenzprodukt für alle Faktor-Erzeugniskombinationen aus, sowie durch eine abnehmende Quote der technischen Ersetzbarkeit (Substitution) zwischen jedem beliebigen Paar von Erzeugnissen.

9. Die Produktionsfaktoren und die Erzeugnisse des Unternehmens sind vollständig teilbar.

10. Die Parameter welche die gesame Ertragsfunktion, die Produktionsfunktion und die gesamte Kostengleichung des Unternehmens definieren, werden sich wärend der zur Ueberlegung stehenden Zeitspannen nicht verändern.

11. Die under 10 genannten Parameter dürfen keine Streuvariabeln sein.

Beilage III

Die BTOF - Behavioral Theory of the Firm (die Verhaltenswissenschaftlich orientierte Unternehmenstheori): Zusammenfassung in Postulaten.

Auf Probleme eingestellte Suche

Suche in der Nähe der Symptomen von Problemen
Suche in verwundbaren Zonen der Organisation
Motivierte auf Probleme und Problemlösungen eingestellte Suche
Durch persönliche Motive bewirkte Suche (Bias)

Vermeidung von Unsicherheit

Dateneinsammlung über die Umgebung und deren Verhalten
Verhandlungen und Vereinbarungen mit der Umgebung
Organizational slack (Reserven, Buffer)
Ruckkupplung (Feed back) und adaptives (auf Anpassung gesteuertes) Entscheiden

Organisatorisches Lernen

Zielanpassung
Anpassung von Such- und Anpassungsregeln
Anpassung der Reserven (Slack)

Scheinbare Lösung von Konflikten

Erstellen und Anpassung von Reserven (Organizational slack)
Gerichtete und gefilterte Information
Behandlung von Zielen als unabhängige Begrenzungen
Entscheidungsregeln sind an Erwartungsebenen gekuppelt
Standardisierte Verhaltungs- und Verfahrensregeln
Sequenzielle Aufmerksamkeit auf Ziele (eines nach dem anderen)
Lokale Rationalität (Suboptimisierung), begrenzte Ziele, begrenzte Probleme

Beilage IV

Charakteristik der Information auf verschiedenen Ebenen der betrieblichen Planung (nach Gorry & Scott-Morton)

Charakteristikum der Information	Entscheidungs-Ebene		
	Operative	Administrative	Strategische Ebene
Quellen (Dominanz)	intern		extern
Spektrum	schmal, wohl definiert		weit
Aggregationsebene	detailliert		zusammengesetzt
Zeitspanne	historisch		zukünftig
Aktualität der Datei	hochaktuell		alt und neu
Masstäbe	physisch, Quantitäten Qualitäten		finanzielle und andere
Präzision	hoch		gering
Änderungsfrequenz	hoch		gering
Benutzungsfrequenz	sehr hoch		selten
Sicherheit	hoch, messbar		gering, mitunter schätzbar
Programmierungsebene nach H. A. Simon	programmiert		unprogrammiert
	repetitiv		unik
	routinemässig		heuristisch
	strukturiert		unstrukturiert

Literatur

Agin, N.I., Junkune, Ch., "Corporate Planning Models: What Level of Abstraction" in 1971 Winter Simulation Conference, 1972

Anthony, R.N., Planning and Control Systems: A Framework for Analysis, Boston 1965

Anthony, R.N., "Management Accounting for the Future", Sloan Management Review, Vol. 13 (1972) No 3

Ansoff, H.I., Corporate Strategy, New York, 1965

Bennis, W.G., Changing Organizations, New York 1966

Berthiller, R., Frely, J.M., La Simulation Electronique des Activités de l'Enterprise, Paris 1969

Bonini, C.P., Simulation of Information and Decision Systems in the Firm, Englewood Cliffs, 1963

Broermann, B. gr., "Computer Simulation in Place of Analytical Models for Strategic Planning", in Goldberg, W., 1972

Boulden, J.B., Buffa, E.S., "Corporate Models: on-line, real-time Systems", Harvard Business Review, Vol. 48 (1970) No. 4

Brown, J., Sands, S., Thompson, J., Long Range Planning in USA, N.I.C.B. Survey 1969

Burill, C.W., Quinto, L., Computer Model of a Growth Company, New York, London 1972

Cannon, J.T., Business Strategy and Policy, New York 1968

Chu, K., Naylor, T.H., "A Dynamic Model of the Firm", Management Science, Vol. X, May 1965

Cohen, K.J., Cyert, R.M., Theory of the Firm. Resource Allocation in a Market Economy. Englewood Cliffs 1965

Cohen, K.J., "Simulation of Organizational Behavior", in March, J.G. (ed.), Handbook of Organizations, Chicago 1965

Coleman, R., Riley, M., "The Organizational Impact of MIS", Journal of Systems Management, March 1972

Cyert, R.M., Hedrick, C.L., Theory of the Firm: Past, Present, and Future, Carnegie-Mellon Univ., GSIA Working Paper 70-71-2, February 24, 1972, Pittsburgh

Cyert, R.M., Simon, H.A., Theory of the Firm: Behavioralism and Marginalism, Carnegie-Mellon University, GSIA Working Paper 16-71-2, Pittsburg 1972

Doenges, R.C., Summers, E.L., Tavis, L.A. (eds.), Corporate Planning Models, Austin, Texas 1971

Dutton, J.M., Starbuck, W.H. (eds.), Computer Simulation of Human Behavior, New York 1971

Engwall, L., Simulation of Structural Changes, in Goldberg, W., (ed.), Computer Simulation versus Analytical Solutions for Business and Economic Models, Göteborg 1972

Forrester, J.W., Industrial Dynamics, New York 1961

Gerrity, Th., The Design of Man-Machine Decision Systems, (Unpubl.) Ph.d. thesis Cambridge, Mass. 1971

Gershefski, G.W., The Development and Application of a Corporate Financial Model, Oxford, Ohio 1968

Glueck, W.F., Business Policy: Strategy Formation and Management Action, New York 1972

Goldberg, W.H. (ed.), Behavioral Approaches to Modern Management, Göteborg 1970 with pertinent contributions from Charnes, Cohen, Cooper, De Groot, Engwall, Farley, Niehaus, Johnsson, Jääskeläinen, Lohmander, Riis a.o.

Goldberg, W.H. (ed.), Computer Simulation versus Analytical Solutions for Business and Economic Models, Göteborg 1972

Goldie, J.H., "Simulation and Irritation", Supplement to Schrieber A.N., Corporate Simulation Models, Seattle 1970

Gorry, A., "The Development of Managerial Models", Sloan Management Review, Vol. 13 (1971) No. 2

Gorry, A., Scott-Morton, M., Management Decision Systems: A Framework for Management Information Systems, Cambridge, Mass. 1970

Graham, D., Naylor, T.H., "A Dynamic Model of the Multi-Product, Multi-Factor Firm", Western Economic Journal, March 1972

Guetzkow, H., Kotler, Ph., Schultz, R. L., (eds.), Simulation in Social and Administrative Science, Englewood Cliffs 1972

Harper, H.A.B., The Uses of Business and Economic Models in the Field of Property Development to Service the North Sea Oil Industry, in Goldberg, W., 1972

Hedberg, B., On Man-Computer Interaction in Organizational Decision-Making - A Behavioral Approach, Göteborg 1970

Hill, W., Unternehmungsplanung, Stuttgart 1966

Huysmans, F., The Implementation of Operations Research, New York 1970

Honko, J., Planering och kontroll av investeringar, Stockholm 1971

Koelle, H.H., Die Anwendung der Simulation als Eintscheidungshilfe". IBM Nachrichten, Vol. 21 (1971) No. 208

Lee, W.B., A Comparison of Aggregate Production Planning Rules Using a Corporate Simulation Model, XIX International Meeting of TIMS, April 1972

Lindenmayer, R., Unternehmungssimulation: Modell zur Beschreibung des Verhaltens eines globalen industriellen Systems, Lausanne 1972

Mathematical Model Building in Economics and Industry, (C-E-I-R), London 1968

Mattesich, R., Simulation of the Firm Through a Budget Computer Program, Homewood, 1974

McKenney, J.L., "Computer Based Models and Adaptive Communicators Between Different Cognitive Styles" in Kriebel, C.H., Van Horn, R.L., Heames, J.T., Management Information Systems: Progress and Perspectives, Pittsburgh 1971

Meyhak, H., Simultane Gesamtplannung im mehrstufigen Mehrproduktunternehmen. Ein Modell der dynamischen linearen Planungsrechnung, Wiesbaden 1970

Meyhak, H., "Formalized Long Range Planning in the Firm with Simulation Models", in Goldberg, W.H., 1972

Müller, W., Die Simulation betriebswirtschaftlicher Informationssystem. Wiesbaden 1969

Naylor, T.H., "Corporate Simulation Models and the Economic Theory of the Firm", in Schrieber, A.N., 1970

Naylor, T.H., Computer Simulation Experiments with Models of Economic Systems, New York 1971

Naylor, T.H., Vernon, J.M., Microeconomics and Decision Models of the Firm, New York 1969

Naylor, T.H., "Towards a Theory of Corporate Simulation Models" in Goldberg, W.H., 1972

Nobbs, R.A., The Computer Can Pay When Used for Top Corporate Planning". The Business Quarterly, Vol. 36 (1971) No. 3

Näslund, B., Recent Experiences with Models in Industry, European Institute for Advanced Studies in Management, Working paper 71-4, Bruxelles 1971

Peters, D.H., "The Impact of Financial Control on Financial Performance" in Goldberg, W.H., 1972

Ringakk, K., Why Planning Fails, European Business, No. 29, Spring 1971

Root, H.P., "Implementation of Risk Analysis Models for the Management of Product Innovations" in Goldberg, W.H., 1972

Rosenkranz, F., Some Generalities about Corporate Simulation Models, presented at the 2nd Simulation Symposium at the Graduate School of Business Administration, University of Gothenburg, Sweden, 1971

Rosenkranz, F., Methodological Concepts of Corporate Models, in Goldberg, W.H., 1972

Ruthberg, Ch., Simulation as a Tool for Concern-Wide Financial and Cash Flow Analysis, in Goldberg, W.H., 1972

Schrieber, A.N. (ed.), Corporate Simulation Models, Seattle 1970

Shakun, M.F., "Management Science and Management: Implementing Management: Implementing Management Science via Situational Normativism", Management Science, Vol. 18 (1972) No. 8

Shubik, M., "Simulation of the Firm and Industry", American Economic Review, Vol. L, December 1960

Simon, H.A., The New Science of Management Decisions, New York, 1960

Simon, H.A., Applying Information Technology to Organization Design, Manuscript, Pittsburgh March 6, 1972

Sjöberg, S., Självreglerande system för produktionsstyrning, Göteborg 1970

Sonder, W., A Scoring Methodology for Assessing the Suitability of Management Science Models" Management Science, Vol. 18 (1972) No. 10

Sprowls, R.C., "Business Simulation" in Computer Applications in the Behavioral Sciences, Borko, H., (ed.) Englewood Cliffs, 1962

Tinbergen, J., On the Theory of Economic Policy, Amsterdam 1955

Vancil, R.F., "The Accuracy of Long-Range-Planning", Harvard Business Review, Vol. 48 (1970) No. 5

Wagle, B.V., "Management Science und Strategische Planung", IBM Nachrichten, Vol. 22 (1972), No. 210, 211

Weick, K.E., "Laboratory Experimentation with Organizations", in March, J.G. (ed.), Handbook of Organizations, Chicago 1965

Faktoren- und Cluster-Analyse industrieller Organisationen

von F. Goronzy, Frankfurt

Zusammenfassung: Monovariable statistische Methoden sind für die Untersuchung komplexer industrieller Organisationen nicht besonders geeignet. Jeder Messwert an einer Organisation muss in einem dreidimensionalen Bezugssystem gesehen werden - Objekt, Variable, Kondition. Unter diesen Gesichtspunkten lassen sich Organisationen nur mit multivariablen statistischen Verfahren sinnvoll analysieren.

In der vorliegenden Arbeit wurden 29 Variable an 50 amerikanischen Maschinenbau-Unternehmen gemessen. Die Werte wurden unter anderem folgenden Analysen unterzogen:

Korrelationsanalyse, Faktorenanalyse und Cluster-Analyse.

Die Faktoren werden eingehend diskutiert; in der Cluster-Analyse wird anhand der Messwerte die Ähnlichkeit von Unternehmen untersucht.

In der Organisationsforschung ist die Isolierung relevanter Dimensionen keine leichte Aufgabe. Die Definition betriebswirtschaftlicher Daten als Messgrössen organisatorischer Phänomene kann durchaus zu falschen Schlüssen führen. Diese Mängel sind sicher ein wichtiger Grund für die fehlende Präzision vieler Aussagen der klassischen und behavioristischen Organisationslehre. Hier könnten die Faktorenanalyse als ein Verfahren zur Isolierung relevanter Dimensionen und die Cluster-Analyse als ein Verfahren zur Konstruktion von Taxonomien Abhilfe schaffen.

MATRIX DER GRUNDDATENBEZIEHUNGEN

Als Ausgangspunkt für die Analyse betriebswirtschaftlicher und organisatorischer Messwerte ist die Matrix der Grunddatenbeziehungen besonders geeignet. Danach lässt sich jeder Messwert in drei Dimensionen darstellen:

1. Das Untersuchungsobjekt,
2. Die Merkmale oder Variablen, die gemessen werden, und
3. Die Situationen oder Konditionen unter denen gemessen wird.

Aufgrund dieser Überlegungen kann man sechs verschiedene Methoden der Analyse ableiten, die hier in Anlehnung an die Nomenklatur von Raymond B. Cattell[1] mit den Namen R, Q, O, P, T und S-Technik versehen werden sollen, Abb. 1.

Die R-Technik ist die bekannte Korrelationsanalyse. Die Reduktion der Interkorrelationsmatrix führt zu der Faktorenstruktur, die hier untersucht werden soll.

Die Q-Technik ist die Umkehrung der R-Technik. An Stelle der Variablen werden die Objekte miteinander korreliert. Die Q-Technik wird hier in Form einer Cluster-Analyse zur Konstruktion von Taxonomien verwendet.

Die P-Technik benutzt man zur Messung der Änderung der Merkmale eines Objektes unter sich ändernden Bedingungen. Die O-Technik als Umkehrung der P-Technik ist in der klinischen Psychologie angewendet worden. Auch die Bedeutung der T- und S-Techniken lässt sich aus der Abbildung ableiten, aber praktische Anwendungen sind schwieriger vorstellbar.

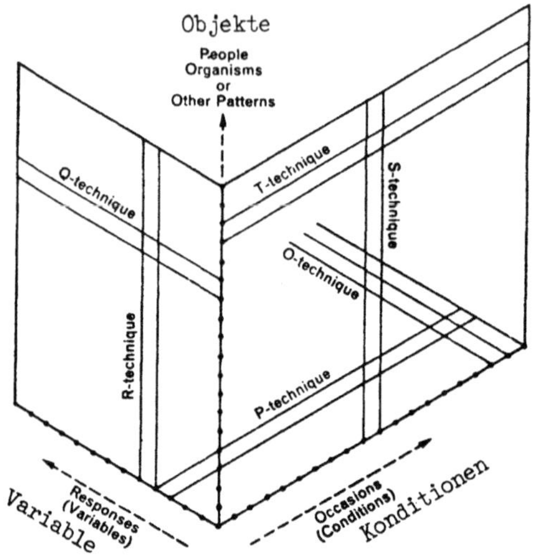

Abb. 1 Matrix der Grunddatenbeziehungen
(Nach: Cattell, Raymond B., aaO., S. 414)

DAS FAKTORENMODELL[2]

Das Faktorenmodell basiert auf der Annahme, dass Korrelationen zwischen Variablen auf Gemeinsamkeiten in beiden Variablen zurückzuführen sind. Diese Gemeinsamkeiten oder Grunddimensionen bezeichnet man als Faktoren.

Ausgangspunkt für die Ermittlung der Faktorenstruktur ist die gesamte Varianz der Interkorrelationsmatrix. Seit der Verfügbarkeit entsprechender Computer-Programme erfolgt die Extraktion der Faktoren im allgemeinen aufgrund der Hauptachsenmethode.

Die Hauptachsenlösung gibt nicht immer eine geeignete Basis für die Interpretation, da sie nach rein mathematischen Gesichtspunkten erfolgt. Durch eine Rotation nach dem Varimax-Verfahren von Kaiser[3] werden die hohen Ladungen weiter erhöht und die kleinen Ladungen entsprechend verringert. Dadurch erhält man die angestrebte Einfachstruktur, die gewöhnlich eine sinnvollere Interpretation der Faktoren ermöglicht.

FAKTORENANALYSE UND INTERPRETATION[4]

Die Untersuchung basiert auf Daten, die mittels eines umfangreichen Fragebogens gewonnen wurden, der an 500 amerikanische Fertigungsunternehmen versandt worden war. Von den Rückantworten sind 50 für diese Untersuchung verwendet worden.

Die Verteilung der Rohdaten der einzelnen Variablen entspricht nicht der Normalverteilung, wie aus der Abbildung 2 ersichtlich ist. Um der Forderung der Korrelationsanalyse nach normalverteilten Daten besser gerecht zu werden, wurden die Daten logarithmisch transformiert. Damit ist die Annäherung an die Normalverteilung erzielt worden, Abb. 2.

Die Korrelation der transformierten Daten ist hier nicht abgebildet. Die Faktorenanalyse ergab sieben Faktoren, die sich auf 84,1% der gesamten Varianz beziehen. Die varimax-rotierte Faktorenstruktur ist in der Abbildung 3 dargestellt. Faktorladungen unter 0,40 wurden nicht aufgeführt, da sie von den meisten Autoren als nicht signifikant angesehen werden.

FAKTOR I - UNTERNEHMENSGRÖSSE

Dieser Faktor vereinigt fast 39% der Gesamtvarianz auf sich. Untersucht man die Variablen mit den höchsten Ladungen - Gesamtumsatz, Gesamtaktiva, Gesamtzahl der Mitarbeiter - dann erkennt man sehr schnell, dass dieser Faktor den Einfluss der Unternehmensgrösse auf die Varianz misst. Überraschend ist, dass auch eine grosse Zahl von anderen Variablen hohe Ladungen auf diesem ersten Faktor aufweisen. Damit scheint die Unternehmensgrösse einen überragenden Einfluss auf die betriebswirtschaftlichen und organisatorischen Daten auszuüben.

Interessant ist in diesem Zusammenhang, dass auch andere Autoren einen ähnlichen Grösse-Faktor in ihren Untersuchungen festgestellt haben, obwohl sie mit Zeitreihendaten gearbeitet haben. So erwähnen Seashore und Yuchtman[5] einen Faktor "business volume" und Eddy, Boyles and Frost[6] einen Faktor der hohe Ladungen auf den Variablen Anzahl der Mitarbeiter aufweist. Insgesamt ist es so, dass in fast jeder faktoranalytischen Untersuchung dieser Art ein Faktor "Grösse" erscheint.

MITTELWERTE UND STANDARDABWEICHUNGEN VON 29 AUSGEWÄHLTEN MERKMALEN

Variable	Anzahl der Beobachtungen	Urdaten Mittelwert	Urdaten Standard Abweichung	Logarithmische Daten Mittelwert	Logarithmische Daten Standard Abweichung
1. Bruttoumsatz	50	$17,325,000	$18,120,000	7.013	0.470
2. Direkter Umsatz	50	$11,265,000	$15,715,000	6.555	0.857
3. Anderer Umsatz	50	$ 6,100,000	$ 8,500,000	6.306	0.766
4. Umsatz pro Mitarbeiter	49	$ 24,680	$ 11,060	4.362	0.150
5. Umsatz pro Fertigungsarbeiter	45	$ 55,270	$ 45,640	4.650	0.266
6. Kundenkonten	45	2,430	7,970	2.748	0.718
7. Kundenaufträge pro Monat	42	1,130	2,170	2.529	0.743
8. Auftragsänderungen pro Monat	36	81	131	1.514	0.585
9. Gesamtaktiva	46	$12,065,000	$13,425,000	6.828	0.494
10. Anlagevermögen	44	$ 3,250,000	$ 3,650,000	6.272	0.459
11. Anlagevermögen/Bruttoumsatz*	46	0.66	0.22	0.661	0.221
12. Technologie-Kapazitäts-Index*	45	13,670	39,270	2.403	1.411
13. Aufträge für Teile pro Monat	37	635	1,070	2.388	0.609
14. Zahl der neuen Produkte in den letzten 3 Jahren*	45	14	45	0.685	0.495
15. Durchschnittliche Entwicklungszeit (Jahre)	48	1.4	0 7	1.379	0.672
16. Konstruktionsänderungen pro Monat	34	71	120	1.433	0.613
17. Gesamtzahl der Teilenummern	43	11,380	15,790	3.602	0.712
18. Gesamtzahl der Mitarbeiter	49	690	690	2.646	0.417
19. Fertigungsarbeiter	45	375	380	2.373	0.442
20. Vorarbeiter	41	21	26	1.093	0.448
21. Andere Vorgesetzte	43	52	48	1.546	0.385
22. Aufsichtsspanne der Vorarbeiter	41	21	12	1.262	0.241
23. Durchschnittliche Leitungsspanne*	43	4.1	2.1	4.081	2.050
24. Arbeitsteilung*	41	0.88	0.13	0.876	0.126
25. Vertriebsabteilung	45	69	95	1.473	0.600
26. Fertigungsabteilung	45	500	520	2.499	0.428
27. Konstruktion und Entwicklung	45	48	73	1.235	0.639
28. Allgemeine Verwaltung	45	59	73	1.542	0.433
29. Anlagevermögen pro Fertigungsarbeiter	40	$ 10,400	$ 11,930	3.870	0.330

* Nicht logarithmisch transformiert.

Abb. 2

VARIMAX ROTIERTE FAKTOREN UND LADUNGEN
AUF DER BASIS LOGARITHMISCH TRANSFORMIERTER DATEN*

Variable	Ia	IIa	IIIa	IVa	Va	VIa	VIIa
1. Bruttoumsatz	0,93						
2. Direkter Umsatz	0,64						-0,48
3. Anderer Umsatz	0,50						0,78
4. Umsatz pro Mitarbeiter			0,82				
5. Umsatz pro Fertigungsarbeiter			0,88				
6. Kundenkonten		-0,55			-0,59		
7. Kundenaufträge pro Monat		-0,73			-0,50		
8. Auftragsänderungen pro Monat		-0,87					
9. Gesamtaktiva	0,93						
10. Anlagevermögen	0,86						
11. Anlagevermögen/Bruttoumsatz				0,79			
12. Technologie-Kapazitäts-Index					-0,82		
13. Aufträge für Teile pro Monat		-0,81					
14. Zahl der neuen Produkte in den letzten 3 Jahren					-0,56		
15. Durchschnittliche Entwicklungszeit (Jahre)				0,67			
16. Konstruktionsänderungen pro Monat	0,59						-0,42
17. Gesamtzahl der Teilenummern	0,51					-0,54	
18. Gesamtzahl der Mitarbeiter	0,97						
19. Fertigungsarbeiter	0,92						
20. Vorarbeiter	0,90						
21. Andere Vorgesetzte	0,82						
22. Aufsichtsspanne der Vorarbeiter						-0,92	
23. Durchschnittliche Leitungsspanne	0,63						
24. Arbeitsteilung	0,69			-0,52			
25. Vertriebsabteilung	0,74	0,41					
26. Fertigungsabteilung	0,95						
27. Konstruktion und Entwicklung	0,76						
28. Allgemeine Verwaltung	0,86						
29. Anlagevermögen pro Fertigungsarbeiter			0,56	0,68			
Varianz (%)	38,7	9,9	9,1	8,0	6,5	6,3	5,6

* Ladungen kleiner als 0,40 nicht aufgeführt.

Abb. 3

FAKTOR II - KUNDENORIENTIERUNG

Dieser Faktor ist bipolar, da er Ladungen mit negativen und positiven Vorzeichen aufweist. Diese Bipolarität lässt sich hier nicht einfach erklären. Vielleicht sollte man die relativ niedrige positive Ladung von 0,41 ganz vernachlässigen. Die hohen Ladungen erscheinen bei den Variablen Kundenkonten, Kundenaufträge pro Monat, Auftragsänderungen pro Monat und Aufträge für Teile pro Monat. Diese Variablen legen eine Interpretation in Richtung "Kundenorientierung" nahe, und zwar unabhängig von der Grösse der Unternehmung. Die Anzahl der kunden- und auftragsbezogenen Bearbeitungsfälle hängt natürlich stark von der Anzahl der Kunden ab, aber auch von dem Produkt und der Flexibilität der Organisation.

FAKTOR III - PRODUKTIVITÄT

Dieser Faktor basiert auf Kennzahlen, also abgeleiteten Variablen. Hier taucht die Frage auf, ob derartige Kennzahlen bei Faktorenanalysen überhaupt verwendet werden sollten. In diesem Fall weisen die Ladungen auf den Variablen Umsatz pro Mitarbeiter, Umsatz pro Fertigungsarbeiter auf eine Form der Produktivität hin, während Anlagevermögen pro Fertigungsarbeiter ein Zeichen für den Grad der Mechanisierung sein könnte. Insofern ist die Bezeichnung "Produktivitätsfaktor" vielleicht ganz angebracht.

Seashore und Yuchtman[7] beschreiben einen Faktor "member productivity" und auch Eddy, Boyles und Frost[8] kommen zu einem ähnlichen Ergebnis.

FAKTOR IV - ANLAGENINTENSITÄT

Auch die Variablen des vierten Faktors sind hauptsächlich Kennzahlen, die sich aber mehr auf das Anlagevermögen und den Grad der Arbeitsteilung beziehen. In diesem Fall scheint die Bipolarität darauf hinzudeuten, dass in Maschinenbauunternehmen eine relativ geringe Arbeitsteilung relativ hohe Investitionen im Anlagevermögen erfordert. Eine nähere Analyse zeigte dann auch, dass Unternehmen, die komplexe Anlagen herstellen, ein entsprechend hohes Anlagevermögen aufweisen und aufgrund der Einmaligkeit der Aufträge, z.B. Erdölbohrinseln, die Arbeitsteilung nicht sehr weit treiben können. Auch die positive Ladung auf der Variablen Durchschnittliche Produktentwicklungszeit spricht für diese Annahme. Daher soll dieser Faktor als "Anlagenintensität" bezeichnet werden.

Seashore und Yuchtman[9] fanden einen korrespondierenden Produktionskostenfaktor.

FAKTOR V - PRODUKTSTRATEGIE - PRODUKTMIX

Dieser Faktor weist auf den Variablen Kundenkonten, Kundenaufträge pro Monat, Technologie-Kapazitäts-Index (der geometrische Mittelwert des Produktionsausstosses verschiedener Fertigungszweige) und Anzahl der neuentwickelten Produkte in den letzten 3 Jahren die höchsten Ladungen auf. Das Vorzeichen aller Ladungen zeigt in die gleiche Richtung und deutet an, dass die Anzahl der Kunden, der Ausstoss und die Zahl der Neuentwicklungen in einem engen Zusammenhang stehen. Deshalb scheint dieser Faktor auf die Produktstrategie hinzuweisen. Technisch einfache Produkte lassen sich leicht entwickeln, werden in grösseren Stückzahlen hergestellt und müssen an einen grossen Kundenkreis vertrieben werden und umgekehrt.

Auch Eddy, Boyles und Frost[10] und Seashore und Yuchtman[11] kommen in ihren Analysen zu "product mix" beziehungsweise "business mix" Faktoren.

FAKTOR VI - TECHNISCHE KOMPLEXITÄT DER PRODUKTE

Auf den ersten Blick ist die Interpretation dieses Faktors nicht ganz einfach. Die Ladungen der Variablen Gesamtzahl der Teilenummern und Aufsichtsspanne der Vorarbeiter weisen in die gleiche Richtung Analysiert man die Daten eingehender, so stellt man fest, dass eine hohe Anzahl verschiedener Teile und eine grosse Aufsichtsspanne charakteristisch für Unternehmen mit technisch komplexen Produkten sind. Weitere Analysen der Daten deuten darauf hin, dass dieser Faktor die technische Komplexität der Produkte ausdrückt.

FAKTOR VII - PRODUKTVERBESSERUNG

Dieser bipolare Faktor lässt eine interessante Interpretation zu. Firmen, die einen direkten Umsatz über eigene Verkäufer tätigen, stellen gewöhnlich technisch komplexe Produkte her. Es kann durchaus sein, dass dieser enge Kundenkontakt zu einem "feedback" für die Produktverbesserung wird, der sich wiederum in einer grossen Anzahl von Konstruktionsänderungen niederschlägt. Diese Interpretation ist von dem Präsidenten einer befragten amerikanischen Gesellschaft bestätigt worden, der angab, dass die eigene Vertriebsorganisation eigens zu diesem Zweck umgestellt worden sei.

Die Variable Anderer Umsatz beschreibt den Umsatz relativ unkomplizierter Produkte durch den Grosshandel oder ähnliche Vertriebswege.

SCHLUSSBETRACHTUNG

Natürlich sind einige dieser Interpretationen der Faktorenstruktur spekulativ. Aber der Vergleich mit Faktorenanalysen, die sich auf ähnliche und abweichende Variablen stützen, scheint das Vorhandensein gemeinsamer Faktoren in Wirtschaftsunternehmen zu bestätigen. Ob diese hier beschriebene Faktorenstruktur wirklich stabil ist, lässt sich nur durch weitere Analysen dieser Art feststellen. Die Stabilität der Faktorenstruktur wäre ein wichtiger Hinweis, ob sich organisatorische Phänomene in industriellen Unternehmen auf eine gemeinsame Faktorenstruktur reduzieren lassen, genauso wie in der Psychologie Intelligenz auf einige Faktoren zurückgeführt wird.

KONSTRUKTION VON TAXONOMIEN[12]

Die Konstruktion von Taxonomien beginnt mit der Berechnung von Ähnlichkeitskoeffizienten. Die häufigsten Ähnlichkeitskoeffizienten sind Distanzkoeffizienten und Korrelationskoeffizienten (Q-Technik). Die Errechnung des taxonomischen Distanzkoeffizienten lässt sich anhand der Abbildung 4 leicht bestimmen. Für die beiden Objekte j und k mit jeweils n Merkmalen oder Variablen kann die taxonomische Distanz mit folgender Formel berechnet werden:

$$\Delta_{jk} = \sqrt{\sum_{i=1}^{n}(X_{ij} - X_{ik})^2}$$

Da aber Δ j k mit der Anzahl der Variablen anwächst, wird gewöhnlich mit der durchschnittlichen taxonomischen Distanz gerechnet:

$$d_{jk} = \sqrt{\frac{\sum_{i=1}^{n}(X_{ij} - X_{ik})^2}{n}}$$

Je grösser die Ähnlichkeit zwischen zwei Objekten desto geringer ist die Distanz und umgekehrt.

Der Korrelationskoeffizient als Massstab für die Ähnlichkeit weicht etwas von dem herkömmlichen Korrelationskoeffizienten ab:

$$r_{jk} = \frac{\sum_{i=1}^{n}(X_{ij} - \bar{X}_j)(X_{ik} - \bar{X}_k)}{\sqrt{\sum_{i=1}^{n}(X_{ij} - X_j)^2 \sum_{i=1}^{n}(X_{ik} - \bar{X}_k)^2}}$$

Die Symbole X_j und X_k stellen den Durchschnitt aller Variablen von i = 1,2...n für die Objekte j und k dar. Um den Einfluss der Grössenordnung der einzelnen Variablen auszuschalten, werden normalerweise standardisierte Werte für die einzelnen Variablen verwendet.

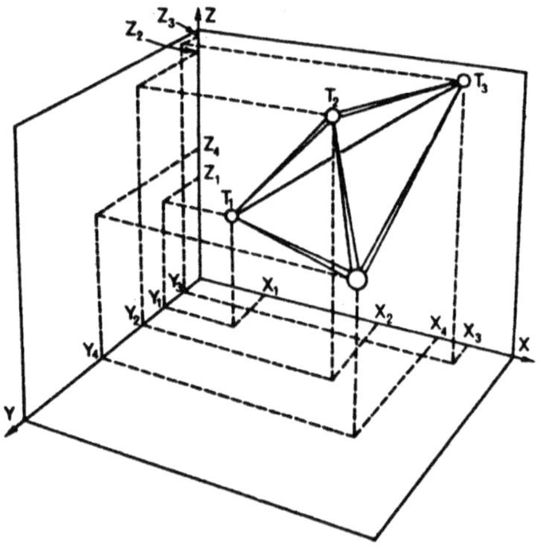

Abb. 4 Darstellung von 4 Objekten in einem dreidimensionalen Raum.

(Aus Robert R. Sokal und Peter H.A. Sneath, a.a.O., S. 144)

Allerdings wird von einigen Forschern die Verwendung von Korrelationskoeffizienten als taxonomische Ähnlichkeitskoeffizienten abgelehnt. Andere Schwierigkeiten, die bei der Errechnung von Ähnlichkeitskoeffizienten auftreten, sind fehlende Messwerte an einzelnen Objekten.

Nach der Berechnung der Ähnlichkeitskoeffizienten müssen die einzelnen Objekte zu ähnlichen Gruppen oder Typen zusammengefasst werden. Die Kriterien dieser Zusammenfassung sind von englischen und amerikanischen Forschern entwickelt worden und unter den Namen "Single Linkage", "Complete Linkage", "Group Average Linkage", "Centroid", usw. in die Literatur eingegangen. Natürlich führen diese Gruppierungskriterien nicht immer zu den gleichen Ergebnissen und es ist äusserst schwierig, die sogenannte natürliche Klassifikation oder Taxonomie herauszufinden. Trotzdem bedeuten diese Kriterien und ihre Verwendung mit Hilfe des Computers eine bedeutende Arbeitserleichterung bei der Konstruktion von Taxonomien.

Die Taxonomien werden häufig in Form von Ähnlichkeitsbäumen oder Dendrogrammen dargestellt. Die Abbildung 5 zeigt den Ähnlichkeitsbaum aufgrund des Ähnlichkeitskoeffizienten "Taxonomische Distanz". Die Abbildung 6 hingegen aufgrund des Korrelationskoeffizienten zwischen Objekten. Die Interpretation der Gruppen oder Cluster aufgrund des taxonomischen Distanzkoeffizienten erwies sich als wesentlich schwieriger als zunächst vermutet und deshalb soll in diesem Rahmen auf diesen Ähnlichkeitsbaum nicht weiter eingegangen werden[13]. Hingegen brachte die Interpretation der Cluster aufgrund des Korrelationskoeffizienten recht aufschlussreiche Ergebnisse, die hier näher untersucht werden sollen. Betrachtet man die Ähnlichkeiten der Objekte oder Firmen bei einem Korrelationskoeffizienten von r = 0,0, dann erkennt man sofort 4 Cluster verschiedener Grösse. Nun sind diese Gruppierungen selbst noch kein aussagefähiges Ergebnis. Man muss diese einzelnen Gruppen näher untersuchen, um festzustellen, wie sich die Variablen in den einzelnen Gruppen verhalten. Deshalb sind in Abbildung 7 die Mittelwerte der Variablen in den 4 Gruppen dargestellt.

Es kann hier nicht die Bedeutung jeder einzelnen Variablen in jeder Gruppe untersucht werden. Doch lässt sich sofort feststellen, dass die Gruppen 1 und 2 die grossen Unternehmen dieser Untersuchung darstellen, da die Indikatoren der Unternehmensgrösse Umsatz, Anzahl der Mitarbeiter, Bilanzsumme usw. die höchsten Werte aufweisen. Die Gruppen 3 und 4 hingegen stellen die kleineren Unternehmen der Untersuchung dar. Vergleicht man jetzt Gruppe 1 und Gruppe 2, so kommt man zu dem Ergebnis, dass die Firmen der Gruppe 1 relativ einfache Produkte in grösserer Stückzahl herstellen, und die Firmen der Gruppe 2 hingegen relativ komplexe Maschinen und Geräte.

Ähnlich wie die Gruppen 1 und 2 lassen sich auch die Gruppen 3 und 4 interpretieren. Die Firmen der Gruppe 3 produzieren ebenfalls relativ einfache Produkte in hohen Stückzahlen und die Firmen der Gruppe 4 komplexere Fabrikate in niedrigeren Stückzahlen. So sieht man, dass die Firmen der Gruppe 2 und 4, also die Hersteller von komplexen Maschinen, eine relativ hohe Anzahl von Teile-Nummern (Variable 17) haben. Das Gleiche gilt auch für die Mitarbeiter in der Konstruktion und Entwicklung (Variable 27) und die Anzahl der Konstruktionsänderungen pro Monat (Variable 16).

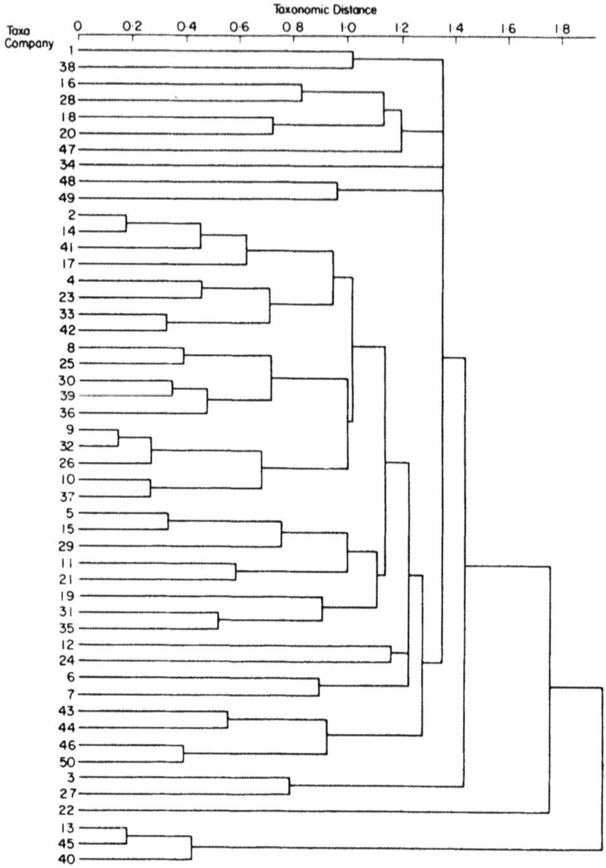

Abb. 5 Dendrogramm (Ähnlichkeitsbaum) auf der Basis der Taxonomischen Distanz (Group Average Linkage)

(Aus: Friedhelm Goronzy: Numerical Taxonomy on Business Enterprises, in: A. J. Cole, a.a.O., S. 45

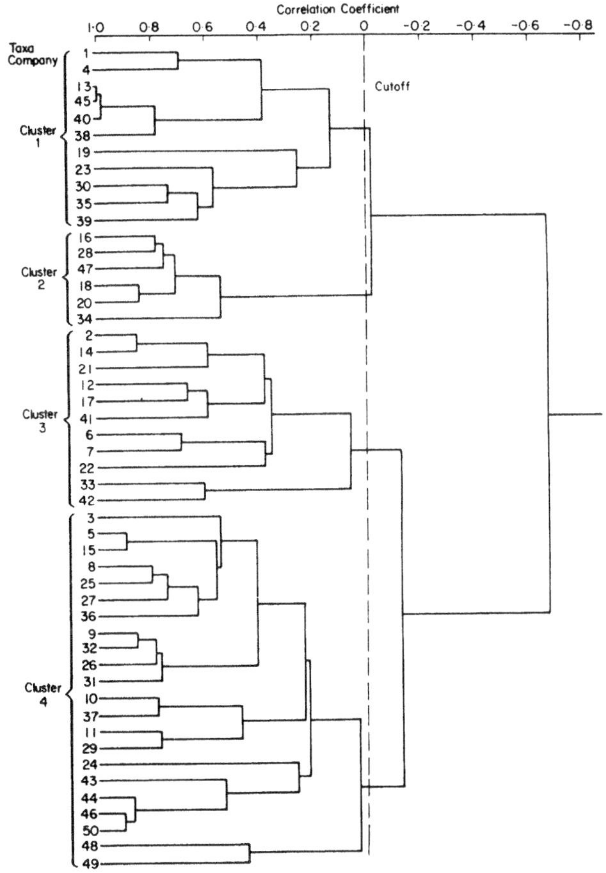

Abb. 6 Dendrogramm (Ähnlichkeitsbaum) auf der Basis von Korrelationskoeffizienten (Group Average Linkage)

(Aus: Friedhelm Goronzy: Numerical Taxonomy on Business Enterprises, in: A.J. Cole, a.a.O., S. 44

Variable	Gruppe 1 11 Firmen	Gruppe 2 6 Firmen	Gruppe 3 11 Firmen	Gruppe 4 22 Firmen
1. Bruttoumsatz	$21,400,000	$53,200,000	$ 3,400,000	$10,000,000
2. Direkter Umsatz	$ 6,500,000	$47,600,000	$ 7,000,000	$ 5,800,000
3. Anderer Umsatz	$14,900,000	$ 5,600,000	$ 1,400,000	$ 4,200,000
4. Umsatz pro Mitarbeiter	$ 20,250	$ 25,880	$ 19,400	$ 29,240
5. Umsatz pro Fertigungsarbeiter	$ 32,000	$ 50,680	$ 36,100	$ 77,400
6. Kundenkonten	1,920	2,600	5,740	757
7. Kundenaufträge pro Monat	800	630	2,040	854
8. Auftragsänderungen pro Monat	15	94	153	58
9. Gesamtaktiva	$17,900,000	$38,400,000	$ 5,300,000	$ 6,400,000
10. Anlagevermögen	$ 4,600,000	$10,000,000	$ 1,500,000	$ 1,700,000
11. Anlagevermögen/Bruttoumsatz	0.67	0.72	0.57	0.69
12. Technologie-Kapazitätsindex	18,750	52	40,470	930
13. Aufträge für Teile pro Monat	430	623	892	612
14. Zahl der neuen Produkte in den letzten 3 Jahren	8	5	5	10
15. Durchschnittliche Entwicklungszeit (Jahre)	1.7	1.6	0.9	1.4
16. Konstruktionsänderungen pro Monat	58	375	89	
17. Gesamtzahl der Teilenummern	8,250	30,500	5,285	9,872
18. Gesamtzahl der Mitarbeiter	986	2,070	415	358
19. Fertigungsarbeiter	600	1,055	225	183
20. Vorarbeiter	41	56	15	7
21. Andere Vorgesetzte	58	124	38	37
22. Aufsichtsspanne der Vorarbeiter	15	23	13	27
23. Durchschnittliche Leitungsspanne	4	7	4	3
24. Arbeitsteilung	0.96	0.98	0.92	0.8
25. Vertriebsabteilung	58	157	65	55
26. Fertigungsabteilung	755	1,517	291	243
27. Konstruktion und Entwicklung	40	196	20	29
28. Allgemeine Verwaltung	55	204	40	36
29. Anlagevermögen pro Fertigungsarbeiter	$ 5,030	$ 8,950	$ 6,420	$ 15,025

Abb. 7 Mittelwerte von 29 Merkmalen der 4 Gruppen (Kriterium: Korrelationskoeffizient)

Nicht alle Variablen lassen sich ohne weiteres in dieses Schema einfügen, doch ist erkennbar, dass diese Gruppierung durchaus sinnvoll interpretiert werden kann. Und das war auch der hauptsächliche Zweck dieser Untersuchung: Eine explorative Studie in der Konstruktion von Taxonomien mit Hilfe von neueren statistischen Methoden. Auf jeden Fall hat diese Untersuchung gezeigt, dass der beschrittene Weg neue Erkenntnisse bringen kann und einen wichtigen Schritt zur wissenschaftlichen Begründung von organisatorischen Phänomenen darstellen könnte.

Wie alle diese Untersuchungen krankt sie natürlich an der Beschaffenheit des Datenmaterials. Die Datenbeschaffung für Untersuchungen dieser Art ist ein äusserst schwieriges Problem. Auf die Analyse solch interessanter, behavioristischer Variabler, wie Beschwerden, Fehlzeiten, Arbeitsunfallraten, Krankheitszeiten, Fluktuation, Vorschlagswesen, etc. musste verzichtet werden, weil die Beschaffung zu schwierig war. Natürlich bedeutet das gleichzeitig einen Verzicht auf Erkenntnis und Informationsgewinn. Von einer Analyse behavioristischer und betriebswirtschaftlicher Daten in Studien dieser Art sind daher weitere wichtige Aufschlüsse über die Struktur industrieller Organisationen zu erwarten.

FUSSNOTEN

1. Cattell, Raymond B.: Factor Analysis: An Introduction to Essentials. II. The Role of Factor Analysis in Research, in: Biometrics, June 1965, S. 414

2. Ausführliche Einführungen in die Methoden der Faktorenanalyse finden sich in Kendall, M.G.: A Course in Multivariable Analysis, second impression, London 1961 und Harman, Harry H.: Modern Factor Analysis, 2nd ed., Chicago 1962

3. Kaiser, H.F.: The Varimax Criterion for Analytic Factor Rotation, in: Psychometrika, September 1958, S. 187 - 200

4. Diese Interpretation basiert auf Friedhelm Goronzy: A Factor Analysis of Selected Variables of Manufacturing Business Enterprises, in Management International Review, Nr. 6, 1969, S. 71 - 96

5. Seashore, Stanley E. und Yuchtman, Ephraim: Factorial Analysis of Organizational Performance, in: Administrative Science Quarterly, December 1967, S. 377 - 395.

6. Eddy, William B., Boyles, B.R. und Frost, Carl C.: A Multivariate Description of Organization Process, in: Academy of Management Journal, March 1968, S. 49 - 61

7. Seashore, Stanley E. und Yuchtman, Ephraim, a.a.O. S. 386 - 387

8. Eddy, William B., Boyles, B.R. und Frost, Carl C.: a.a.O. S. 57

9. Seashore, Stanley E. und Yuchtman, Ephraim, a.a.O S. 387

10. Eddy, William B., Boyles, B.R. und Frost, Carl C.: a.a.O. S.58

11. Seashore, Stanley E. und Yuchtman, Ephraim: a.a.O. S 386

12. Eine umfassende Behandlung dieses gesamten Komplexes ist in Robert R. Sokal und Peter H.A. Sneath: Principles of Numerical Taxonomy, San Francisco 1963, enthalten.

13. Vergl. auch Friedhelm Goronzy: Towards a Numerical Taxonomy of Business Enterprises, in: Management Decision 1969, S. 18 - 24 und Friedhelm Goronzy: Numerical Taxonomy of Business Enterprises in: A.J. Cole, ed., Numerical Taxonomy, London and New York 1969, Proceedings of the Colloquium in Numerical Taxonomy held in the University of St. Andrews, Scotland, September 1968

Derivatives of a Game Value Function in Connection with von Neumann Growth Models*

by O. Moeschlin, Karlsruhe

A possible way to show the existence of solutions to a generalized von Neumann growth model, due to Kemeny, Morgenstern and Thompson leads to a discussion of a game value function $\phi: R^{+} \to R$,

$$(1)\quad \phi(\alpha) := \max_{x \in S^m} \min_{y \in S^n} x M_\alpha y = \min_{y \in S^n} \max_{x \in S^m} x M_\alpha y$$

$$:= v(M_\alpha)$$

where $M_\alpha := B - \alpha A$; B, A being nonnegative matrices of order $m \times n$, $\alpha \in R^{+}$;

$$(2)\quad S^m := \left\{ x \in R^{m+} \,\middle|\, \sum_{i=1}^{m} x_i = 1 \right\}$$

$$(3)\quad S^n := \left\{ y \in R^{n+} \,\middle|\, \sum_{j=1}^{n} y_j = 1 \right\}.$$

Clearly, $v(M_\alpha)$ is the value of the game with payoff matrix M_α
A similar notation is used for other payoff matrices.
$X^0(\alpha)$, $Y^0(\alpha)$ denote the sets of optimal strategies to the maximizing-, the minimizing player resp. of game M_α.

---

* Abstract of a paper presented to the Symposium on von Neumann Models, organized by the Institute of Mathematics of the Polish Academy of Sciences, held in Warsaw, July, 10-15, 1972, and subsequently to the Jahrestagung der Deutschen Gesellschaft für Operations Research, Hamburg, Sept., 6-8, 1972. The research described in this paper was carried out under grants from the Deutsche Forschungsgemeinschaft.

A definition of an equilibrium solution to the KMT-model can be given in terms of function ϕ as follows:

A triple $(\bar{x}, \bar{y}, \bar{\alpha}) \in X^0(\bar{\alpha}) \times Y^0(\bar{\alpha}) \times R^+$ is defined to be in equilibrium, iff

$$C1 : \quad \phi(\bar{\alpha}) = 0$$

$$C2 : \quad \bar{x}B\bar{y} > 0$$

If two conditions are provided, first established by Kemeny, Morgenstern and Thompson, KMT1 : $v(B) > 0$, KMT2 : $v(-A) < 0$, then the following can be established:
There exist two numbers α_{min}, α_{max} such that:

$$\phi(\alpha) > 0 \quad \text{for} \quad \alpha < \alpha_{min}$$

$$\phi(\alpha) = 0 \quad \text{for} \quad \alpha_{min} \leq \alpha \leq \alpha_{max}$$

$$\phi(\alpha) < 0 \quad \text{for} \quad \alpha > \alpha_{max}$$

The further discussion of function ϕ will be done here, using a surrogate of a derivative for a game value, first introduced by H.D. Mills.

Defining a right-, a lefthand side derivative of function ϕ in an usual way wie get using Mills result for the righthand side -, the lefthand side derivative resp.:

(4) $$\left.\frac{d\phi}{d\alpha}\right|^{+}_{\alpha=\bar{\alpha}} = v((-A), X^0(\bar{\alpha}), Y^0(\bar{\alpha}))$$

(5) $$\left.\frac{d\phi}{d\alpha}\right|^{-}_{\alpha=\bar{\alpha}} = -v(A, X^0(\bar{\alpha}), Y^0(\bar{\alpha}))$$

$v(-A, X^0(\bar{\alpha}), Y^0(\bar{\alpha}))$, $v(A, X^0(\bar{\alpha}), Y^0(\bar{\alpha}))$ denote the value of a game $(\mp A, X^0(\bar{\alpha}), Y^0(\bar{\alpha}))$, where the payoff matrix is $\mp A$ and the maximizing-, the minimizing player are restricted to the sets $X^0(\bar{\alpha})$, $Y^0(\bar{\alpha})$ resp. .

The following lemmas are consequences of (4) and (5):

Lemma 1

If $\exists \hat{\alpha} \in R^+$ such that:

$$\left.\frac{d\phi}{d\alpha}\right|^{+}_{\alpha=\hat{\alpha}} = 0 \qquad \left(\text{or } \left.\frac{d\phi}{d\alpha}\right|^{-}_{\alpha=\hat{\alpha}} = 0 \right),$$

then there exists a submatrix $\bar{A}$ of A such that:

$$\bar{A} = 0$$

and

$$\phi(\hat{\alpha}) = v(\bar{B})$$

where $\bar{B}$ is the corresponding submatrix of B to $\bar{A}$.

Theorem 2 :

$$A + B > 0 \Longrightarrow \left(\phi(\bar{\alpha}) = 0 \Longrightarrow \left.\frac{d\phi}{d\alpha}\right|^{\pm}_{\alpha=\bar{\alpha}} \neq 0 \right)$$

From this theorem and the monotonicity of function 0 we may conclude: If A + B > 0 then there exists at most one equilibrium growth factor.

To have $\left.\frac{d\phi}{d\alpha}\right|^{+}_{\alpha=\bar{\alpha}}$ equal zero, it is necessary that

$$\exists\ (\bar{x}, \bar{y}) \in X^0(\bar{\alpha}) \times Y^0(\bar{\alpha}) : \bar{x} A\bar{y} = 0.$$

In the following theorem this condition is strengthened to

$$\forall (x,y) \in X^0(\bar{\alpha}) \times Y^0(\bar{\alpha}) \; : \; x\,Ay = 0.$$

Theorem 3:

If

$$\phi(\hat{\alpha}) = k$$

$$\forall (x,y) \in X^0(\bar{\alpha}) \times Y^0(\bar{\alpha}) \; : \; x\,Ay = 0,$$

then there exist a neighborhood $U(\bar{\alpha})$ o $\bar{\alpha}$ such that

$$\phi(\alpha) = k \quad \text{for} \quad \forall \alpha \in U(\bar{\alpha}).$$

Corollary 4:

For α_{min} and α_{max} there exist equilibrium solutions.
To prove Corollary 4 we apply the transposed Theorem 3 to α_{min} and α_{max}.

An interpretation of condition KMT2 is given by:
Theorem 5:

$$\lim_{\bar{\alpha} \to +\infty} \left. \frac{d\phi}{d\alpha} \right|^{+}_{\alpha = \bar{\alpha}} = \lim_{\bar{\alpha} \to +\infty} \left. \frac{d\phi}{d\alpha} \right|^{-}_{\alpha = \bar{\alpha}} = v(-A).$$

In order to show the existence of an equilibrium solution to the Open Expanding Economy Model a similar game value function, call it ψ, may be introduced. It is possible to establish corresponding results to those we have given for function ϕ, e.g. to the formulas (4) and (5) as well as to Theorems 2 and 5.

Literatur:

[1] J.G. Kemeny, O. Morgenstern and G.L. Thompson: A Generalization of the von Neumann-Model of an Expanding Economy, Econometrica 1956, pp. 115-135.

[2] H.D. Mills: Marginal Values of Matrix Games and Linear Programs, in Linear Inequalities and Related Systems (Editors: H.W. Kuhn and A.W. Tucher), Princeton, New Jersey, 1956, pp. 183-198.

[3] O. Morgenstern and G.L. Thompson: An Open Expanding Economy Model, Noval Research Logistics Quarterly 16, 1969, pp. 443-457.

[4] G.L. Thompson: On the Solution of a Game Theoretic Problem, in Linear Inequalities and Related Systems (Editors: H.W. Kuhn and A.W. Tucher), Princeton, New Jersey, 1956, pp. 275-284.

Regressionsmodelle mit stochastischen Koeffizienten

von V. Steinmetz, Karlsruhe

Zusammenfassung: Eine Voraussetzung des klassischen linearen Regressionsmodells ist die Konstanz der Regressionskoeffizienten. In praktischen Anwendungen muß man diese Konstanz sowohl bei der Verwendung von Zeitreihendaten als auch beim Vorliegen von Querschnittsdaten häufig in Frage stellen. Man kann versuchen, diesem Problem durch die Verwendung von Regressionsmodellen Rechnung zu tragen, deren Koeffizienten als zeitlich oder zwischen den ökonomischen Einheiten variierende Zufallsvariable aufgefaßt werden.

1. Einführung: Im klassischen linearen Regressionsmodell hängt der Regressand y_t linear von den Regressoren $x_{t1},\ldots x_{tK}$ und der zufälligen Störvariablen u_t ab:

$$y_t = x_{t1}\beta_1 +\ldots+x_{tK}\beta_K+u_t \quad t=1,\ldots,T \tag{1}$$

Mit den Bezeichnungen $\underline{y}=(y_1,\ldots,y_T)'$, $\underline{u}=(u_1,\ldots,u_T)'$, $\underline{\beta}=(\beta_1,\ldots,\beta_K)'$ und $X=(x_{tk})$ (TxK-Matrix) läßt sich das Regressionsmodell (1) auch in der Form

$$\underline{y} = X\underline{\beta} + \underline{u} \tag{2}$$

schreiben. Das Problem ist, mit Hilfe der Beobachtungswertmatrix $(\underline{y},X)$ einen Schätzvektor $\underline{\hat{\beta}}$ für den unbekannten Parametervektor $\underline{\beta}$ zu berechnen.

Es wird angenommen, daß die unbekannten Regressionskoeffizienter β_k nicht von t abhängen und die Realisationen der Variablen $y_t,x_{t1},\ldots,x_{tK}$ für alle t fehlerfrei ermittelt werden können, während die Variable u_t nicht beobachtbar ist (Wie in der Ökonometrie üblich, werden hier Variable und Realisation mit demselben Symbol bezeichnet). Der Rang der Matrix X sei gleich der Anzahl K ihrer Spalten. Über die stochastischen Eigenschaften des Zufallsvektors $\underline{u}$ wird vorausgesetzt, daß seine Verteilung von den als exogen determiniert angesehenen x_{tk} unabhängig ist, daß er den Erwartungswert $\underline{O}$ hat ($E\,\underline{u} = \underline{O}$) und seine Varianz-Kovarianzmatrix eine skalare Matrix ist ($E(\underline{uu}') = \sigma^2 I$).

Jede dieser Modellannahmen bedeutet bei der praktischen Anwendung i.a. eine Einschränkung der Realitätsnähe. Man versucht deshalb, eine oder mehrere der obigen Voraussetzungen fallen zu lassen oder zumindestens abzuschwächen. Interpretiert man (1) z.B. so, daß die $(y_t, x_{t1}, \ldots, x_{tK})$ für eine bestimmte Wirtschaftseinheit die zusammengehörenden Realisationen der interessierenden Variablen zu verschiedenen, evtl. weiter auseinanderliegenden Zeitpunkten $t=1,\ldots,T$ sind, so ist, insbesondere wenn menschliche Verhaltensweisen Einfluß haben, die Konstanz der Regressionskoeffizienten nicht ohne weiteres einsichtig. In günstigen Fällen kann man vielleicht damit rechnen, daß die Koeffizienten zufällig um einen Mittelwert variieren. Entsprechende Annahmen wird man oft auch bei der Verwendung von Querschnittsdaten, d.h. der gleichzeitigen Beobachtung verschiedener Wirtschaftseinheiten oder auch bei der Mischung beider Datenarten machen können.

Im folgenden werden deshalb auch die β_k $(k=1,\ldots,K)$ als Zufallsvariable betrachtet, die von Beobachtung zu Beobachtung zufällig ihre Realisationen annehmen. Aus (1) erhält man jetzt die Gleichung

$$y_t = x_{t1}\beta_{t1} + \ldots + x_{tK}\beta_{tK} + u_t. \qquad (3)$$

Führt man noch eine weitere nichtstochastische Variable $x_{tu} \equiv 1$ ein (vgl. [1]), so kann man (3) auch schreiben als

$$y_t = x_{t1}\beta_{t1} + \ldots + x_{tK}\beta_{tK} + x_{tu}u_t.$$

Der letzte Summand auf der rechten Seite dieser Gleichung unterscheidet sich formal nicht wesentlich von den vorangehenden, es werde deshalb im folgenden angenommen, daß er schon bei den ersten K Summanden berücksichtigt wurde; wir gehen also aus von dem Modell

$$y_t = x_{t1}\beta_{t1} + \ldots + x_{tK}\beta_{tK} \quad t = 1,\ldots,T \qquad (4)$$

mit stochastischen Koeffizienten β_{tk}. Die Aufgabe könnte jetzt z.B. darin bestehen, auf Grund einer gegebenen Beobachtungswertmatrix die Erwartungswerte und evtl. auch die Varianzen der einzelnen β_{tk} zu schätzen. Wegen der Anzahl (2TK) der Parameter ist dieses Problem nicht sinnvoll lösbar. Entsprechend der Motivation auf der vorangehenden Seite wird angenommen, daß die β_{tk} unabhängig von t für festes k denselben Erwartungswert haben: Seite 1 (Text)

$$E\beta_{tk} = \beta_k \qquad k = 1,\dots,K; t = 1,\dots,T \tag{5}$$

Bildet man für alle t und k die Zufallsvariablen

$$\alpha_{tk} = \beta_{tk} - \beta_k, \tag{6}$$

so folgt aus (4)

$$y_t = x_{t1}\beta_1 + \dots + x_{tK}\beta_K + x_{t1}\alpha_{t1} + \dots + x_{tK}\alpha_{tK} \qquad t=1,\dots,T \tag{7}$$

Mit der Abkürzung

$$u_t = x_{t1}\alpha_{t1} + \dots + x_{tK}\alpha_{tK} \qquad t = 1,\dots,T \tag{8}$$

kann man das Modell unter Verwendung der Matrizen-Notation schreiben als

$$\underline{y} = X\underline{\beta} + \underline{u}.$$

Äußerlich besteht Übereinstimmung mit dem klassischen linearen Regressionsmodell. Aber selbst bei recht strengen weiteren Annahmen über die stochastischen Eigenschaften der zufälligen Regressionskoeffizienten erweist sich dieses Modell als komplizierter als das klassische Regressionsmodell. Es sei vorausgesetzt, daß die Koeffizienten β_{tk} unabhängig von t für festes k dieselbe Varianz haben

$$E(\beta_{tk} - \beta_k)^2 = \sigma_k^2 \qquad t = 1,\dots,T\ ;\ k = 1,\dots,K \tag{9}$$

und paarweise unkorreliert sind

$$E(\beta_{tk} - \beta_k)(\beta_{t'k'} - \beta_{k'}) = 0 \qquad (t,k) \neq (t',k'). \tag{10}$$

Damit folgt für die Varianz-Kovarianzmatrix V der Störung $\underline{u}$, da wegen der gemachten Voraussetzungen die u_t unkorreliert sind und den Erwartungswert 0 haben,

$$V = E(\underline{u}\,\underline{u}') = \begin{bmatrix} \sum x_{1k}^2\sigma_k^2 & & 0 \\ & \ddots & \\ 0 & & \sum x_{Tk}^2\sigma_k^2 \end{bmatrix}. \tag{11}$$

Es liegt also ein verallgemeinertes lineares Regressionsmodell mit heteroskedastischer Störung vor.

Sind die σ_k bekannt und ist V invertierbar, so ist der Aitkenschätzer

$$\hat{\underline{\beta}} = (X' V^{-1} X)^{-1} X' V^{-1} \underline{y} \tag{12}$$

in der Klasse aller linearen, erwartungstreuen Schätzfunktionen für $\underline{\beta}$ optimal im Hinblick auf die Minimierung des Erwartungswertes einer quadratischen Schadensfunktion. Auch wenn die σ_k unbekannt sind, aber als identisch angenommen werden können, bleibt (12) anwendbar. I.a. aber wird auch diese letzte Annahme nicht gemacht werden können.

Rubin [3] schlägt vor, unter Normalverteilungsannahme für die unbekannten Parameter Maximum-Likelihood-Schätzer zu berechnen, wobei die Likelihood-Funktion unter den Restriktionen $\sigma_k^2 \geqslant 0$ zu maximieren ist, um eventuelle negative Schätzungen für die Varianzen zu vermeiden. Man erhält hierbei aber nichtlineare Schätzer, die nicht expliziert angegeben werden können, sondern iterativ berechnet werden müssen. Ein zweistufiges Verfahren, das auf Theil und Mennes [6] zurückgeht, wird von Hildreth und Houck [1] ausführlich diskutiert und soll hier im dritten Abschnitt kurz erläutert werden. Zunächst wird jedoch ein spezielleres, dafür aber übersichtlicheres Modell betrachtet.

2. Ein einfaches Modell: Es wird angenommen, daß die Standardabweichungen σ_k der stochastischen Regressionskoeffizienten β_{tk} dem Betrag der Erwartungswerte β_k proportional sind:

$$\sigma_k = a|\beta_k| \qquad a > 0 \tag{13}$$

Man erhält die Varianz-Kovarianzmatrix der Störungen

$$V = E(\underline{u}\ \underline{u}') = a^2 \begin{bmatrix} \sum_k x_{1k}^2 \beta_k^2 & & 0 \\ & \ddots & \\ 0 & & \sum_k x_{Tk}^2 \beta_k^2 \end{bmatrix} \tag{14}$$

Da aber die Erwartungswerte $E\beta_{tk} = \beta_k$ unbekannt sind, ist es nicht möglich, den Aitkenschätzer (12) zu berechnen. Es bietet sich an, zunächst die Heteroskodastizität des Modells zu vernachlässigen und mit Hilfe der Beobachtungswertmatrix $(\underline{y},X)$ die Kleinst-Quadrat-Schätzung

$$\hat{\underline{\beta}} = (X'X)^{-1} X'\underline{y} \tag{15}$$

zu berechnen. Durch Einsetzen der so erhaltenen Schätzwerte in (14) erhält man (bis auf den Proportionalitätsfaktor a^2) eine Schätzung

$$\hat{V} = a^2 \cdot \begin{bmatrix} \sum_k x_{1k}^2 \hat{\beta}_k^2 & & 0 \\ & \ddots & \\ 0 & & \sum_k x_{Tk}^2 \hat{\beta}_k^2 \end{bmatrix} \tag{16}$$

für die unbekannte Varianz-Kovarianzmatrix V des Modells. Nun wird mit dieser Matrix, falls sie invertierbar ist, eine Näherungslösung $\hat{\hat{\underline{\beta}}}$ für den Aitkenschätzer (12) berechnet:

$$\hat{\hat{\underline{\beta}}} = (X'\hat{V}^{-1}X)^{-1} X'\hat{V}^{-1}\underline{y} \tag{17}$$

Es ist zu erwarten, daß diese Näherung zumindestens asymptotisch für wachsendes T die Eigenschaften des Aitkenschätzers annimmt. Um die Formulierung des folgenden Satzes zu erleichtern, werden als Bezeichnungen eingeführt:

$$s_t = \sqrt{\sum_k x_{tk}^2 \beta_k^2}$$

$$\underline{w}_t = \left(\frac{x_{t1}}{s_t}, \ldots, \frac{x_{tK}}{s_t}\right) \qquad t = 1,\ldots,T$$

$$R_k = ({}_k r_{ij}) \quad i = 1,\ldots,T;\ j = 1,\ldots,K;k = 1,\ldots,K$$

$${}_k r_{ij} = \frac{x_{ik}\, x_{ij}^2}{s_i^3}$$

Satz: Gegeben sei ein lineares Regressionsmodell mit stochastischen Koeffizienten und mit den Eigenschaften (5), (9), (10), (14). X habe maximalen Spaltenrang und sei exogen determiniert. Weiterhin wird vorausgesetzt, daß die Koeffizienten normalverteilt sind, d.h.

$$\beta_{tk} \text{ ist } N\ (\beta_k,\ a\cdot|\beta_k|\ ) \text{ verteilt,} \tag{18}$$

$$\lim_{T\to\infty} \frac{X'X}{T} \text{ ist positiv definit,} \tag{19}$$

$$s_t > 0 \text{ für alle } t, \tag{20}$$

der Grenzwert aller empirischen Momente vierter Ordnung von X ist für $T \to \infty$ endlich, (21)

der Grenzwert aller empirischen Momente zweiter und sechster Ordnung von $\underline{w}_t$ ist für $T\to\infty$ endlich, (22)

der Grenzwert

$$\lim_{T\to\infty} \frac{1}{T} R_k' R_k \qquad k = 1,\ldots,K \tag{23}$$

existiert.

Dann ist der Schätzer (17) für die unbekannten Erwartungswerte $(\beta_1,\ldots,\beta_K)$ konsistent.

Der Beweis des Satzes stützt sich auf den folgenden Satz (Theil [5] , S. 399): Es sei ein verallgemeinertes lineares Regressionsmodell gegeben mit einer unbekannten, positiv definierten Varianz-Kovarianzmatrix V. Die Matrix X habe maximalen Spaltenrang. Es gebe eine quadratische Matrix P mit $P'P = V^{-1}$ und der Eigenschaft, daß die Komponenten des Vektors $P\underline{u}$ unabhängige und identisch verteilte Zufallsvariablen sind. $\hat{V}$ sei eine Schätzung für V. Gilt

$$\lim_{T\to\infty} \frac{1}{T} X'V^{-1}X \text{ ist positiv definit,} \tag{24}$$

$$\operatorname*{plim}_{T\to\infty} \frac{1}{T} X'(\hat{V}^{-1} - V^{-1})X = 0, \tag{25}$$

$$\operatorname*{plim}_{T\to\infty} \frac{1}{\sqrt{T}} X'(\hat{V}^{-1} - V^{-1})\ \underline{u} = 0, \tag{26}$$

so folgt für den Schätzer $\hat{\hat{\underline{\beta}}} = (X'\hat{V}^{-1}X)^{-1}\ X'\hat{V}^{-1}\underline{y}$

$$\operatorname{plim} \sqrt{T}\ (\hat{\hat{\underline{\beta}}} - \underline{\beta}) = 0 \tag{27}$$

Beweis des Satzes: Der Beweis verläuft analog zu einem Beweis von Theil ([5] S. 405 f.), der zum Nachweis der Konsistenz eines zweistufigen Schätzers in einem Regressionsmodell mit festen Koeffizienten, aber einer ähnlich wie (14) aufgebauten Varianz-

Kovarianzmatrix, geführt wird und soll deshalb nur kurz skizziert werden.

a) Zunächst wird gezeigt, daß der KQ-Schätzer $\hat{\beta}$ aus (15) bereits konsistent ist: $\hat{\beta}$ ist trivialerweise erwartungstreu. Für die Varianz-Kovarianzmatrix dieses Schätzers gilt

$$E(\hat{\beta}-\beta)(\hat{\beta}-\beta)' = (X'X)^{-1}X'VX(X'X)^{-1}$$
$$= \frac{1}{T}\left\{\left(\frac{X'X}{T}\right)^{-1}\frac{X'VX}{T}\left(\frac{X'X}{T}\right)^{-1}\right\}$$

Für $T\rightarrow\infty$ hat wegen der Voraussetzungen (19) und (21) der Ausdruck in den geschweiften Klammern einen endlichen Grenzwert, die Varianz-Kovarianzmatrix verschwindet. Zusammen mit der Erwartungstreue wird dadurch die Konsistenz von $\hat{\beta}$ impliziert.

b) Die Diagonalmatrix V wird durch die Diagonalmatrix $\hat{V}$ geschätzt. Mit

$$\hat{s}_t = \sqrt{\sum x_{tk}^2\hat{\beta}_k^2}\quad, \dot{\beta} = (\beta_1^2,\ldots,\beta_K^2)', \dot{\hat{\beta}} = (\hat{\beta}_1^2,\ldots,\hat{\beta}_K^2)$$

folgt

$$\hat{s}_t^2 - s_t^2 = (\dot{\hat{\beta}}-\dot{\beta})'\cdot(x_{t1}^2,\ldots,x_{tK}^2)'.$$

Daraus folgt mit a), daß s_t^2 konsistent durch $\hat{s}_t^2$ geschätzt wird.

c) Wegen (22) und b) ist die Bedingung (25) erfüllt.

d) Um die Eigenschaft (26) nachzuweisen, wird

$$\frac{1}{\sqrt{T}}\sum\left(\frac{1}{a^2\hat{s}_t^2} - \frac{1}{a^2s_t^2}\right) x_{tk}\, u_t \qquad k = 1,\ldots,K.$$

betrachtet. Dieser Ausdruck ist asymptotisch äquivalent mit

$$-\frac{1}{a^2\sqrt{T}}\sum_t \frac{(\hat{s}_t^2 - s_t^2)}{s_t^4}\, x_{tk}\sum_j x_{tj}\,(\beta_{tj}-\beta_j)$$

Mit

$$z_t = \sum_j \frac{x_{tj}}{as_t}\,(\beta_{tj}-\beta_j)$$

und $\underline{z} = (z_1,\ldots,z_T)'$ erhält man

$$-\frac{1}{a}(\dot{\hat{\beta}}-\dot{\beta})\,\frac{1}{\sqrt{T}}\,R_k'\underline{z} \qquad k = 1,\ldots,K.$$

Wegen der Voraussetzungen (22), (23) und wegen a) ist damit auch (26) erfüllt. Die weiteren Voraussetzungen des Satzes von Theil folgen sofort aus den übrigen im Modell gemachten

Annahmen. Man erhält die Gültigkeit von (27) und damit die Konsistenz von $\hat{\hat{\beta}}$.

3. Abschwächung der Voraussetzungen: Eine Verallgemeinerung des obigen Modells findet man bei Hildreth und Houck [1]. Sie setzen statt der speziellen Varianz-Kovarianz-Matrix (14) die Matrix V aus (11) mit unbekannten σ_k^2 voraus und berechnen zunächst mit Hilfe der Beobachtungswertmatrix ($\underline{y}$,X) den Kleinst-Quadrate-Schätzer

$$\hat{\underline{\beta}} = (X'X)^{-1} X'\underline{y}$$

und die Kleinst-Quadrate-Residuen

$$\hat{\underline{u}} = \underline{y} - X\hat{\underline{\beta}}. \qquad (28)$$

Diese Residuen werden benutzt, um ein weiteres Regressionsmodell zu formulieren, das als Lösungen Schätzwerte für die unbekannten Varianzen σ_k^2 liefert. Mit diesen Schätzwerten wird durch Einsetzen eine Schätzung $\hat{V}$ für V berechnet und schließlich die Näherung

$$\hat{\hat{\underline{\beta}}} = (X'\hat{V}^{-1}X)^{-1} X'\hat{V}^{-1}\underline{y} \qquad (29)$$

für den Aitkenschätzer ermittelt. Um das Hilfsregressionsproblem einfacher formulieren zu können, werde vereinbart: Sind

$$\underline{x} = (x_1,\ldots,x_n)' \text{ und } X = (x_{ij})$$

ein Vektor bzw. eine Matrix, so seien

$$\dot{\underline{x}} := (x_1^2,\ldots,x_n^2)' \text{ und } \dot{X} := (x_{ij}^2).$$

Weiterhin seien

$$\dot{\underline{\sigma}} = (\sigma_1^2,\ldots,\sigma_K^2)'$$

der Vektor der unbekannten Varianzen,

$$\underline{w} = (w_1,\ldots,w_T)$$

ein zufälliger Störvektor und

$$M = I - X(X'X)^{-1}X'$$

Das von Hildreth und Houck benutzte Hilfsmodell ist

$$\dot{\hat{\underline{u}}} = (\dot{M}\dot{X})\,\dot{\underline{\sigma}} + \underline{w}. \qquad (30)$$

Hierbei ist die Beobachtungswertmatrix ($\dot{\hat{\underline{u}}}$, $\dot{M}\dot{X}$). Es wird nach der Methode der Kleinsten Quadrate eine Schätzung $\hat{\dot{\underline{\sigma}}}$ für die unbekannten Regressionskoeffizienten $\dot{\underline{\sigma}}$ ermittelt und dann wie oben

geschildert der Schätzer $\hat{\underline{\beta}}$ berechnet.
Allerdings können im Modell (30) negative Schätzungen für die σ_k^2 auftreten, d.h. es werden Varianzen des ursprünglichen Modells negativ geschätzt. Hildreth und Houck schlagen deshalb vor, negative Schätzungen durch 0 zu ersetzen und erhalten damit einen weiteren Schätzer $\hat{\hat{\underline{\sigma}}}$ für die unbekannten Varianzen. In beiden Fällen gelingt es unter weiteren Voraussetzungen an das Modell, die den Voraussetzungen (19) f.f. entsprechen, die Konsistenz der erhaltenen Schätzer nachzuweisen.

4. Schlußbemerkung: Lineare Regressionsmodelle wurden zuerst von Wald [7], Hurwicz [2] und Rubin [3] betrachtet. Obwohl bereits eine große Anzahl weitererArbeiten erschienen ist (eine detailliertere Darstellung insbesondere von Modellen, die gleichzeitig Querschnitts- und Zeitreihendaten benutzen, und ein ausführliches Literaturverzeichnis findet man bei Swamy [4]), und obwohl die Anwendung dieser Modelle recht interessant aussieht, haben sie doch bisher kaum Eingang in die ökonometrische Praxis gefunden. Dies mag teilweise darauf zurückzuführen sein, daß man schon bei relativ einschränkenden Voraussetzungen wie z.B. in Abschnitt 2 auf ein heteroskedastisches Modell geführt wird und mehrstufige Schätzungen notwendig werden. Andererseits bietet aber gerade die spezielle Struktur der Varianz-Kovarianzmatrix dieser aus Modellen mit stochastischen Koeffizienten hervorgegangenen heteroskedastischen Modelle einen erfolgversprechenden Ansatzpunkt.

5. Literatur:

[1] Hildreth, C., Houck, J.P.: Some Estimators for a Linear Model with Random Coefficients. Journal of the American Statistical Association 63 (1968), 584-95.

[2] Hurwicz, L.: Systems with Nonadditive Disturbances. In: T.C. Koopmans (Hrsg.): Statistical Inference in Dynamic Economic Models. New York 1950.

[3] Rubin, H.: Note on Random Coefficients. In: T.C. Koopmans (Hrsg.): Statistical Inference in Dynamic Economic Models. New York 1950.

[4] Swamy, P.A.V.B.: Statistical Inference in Random Coefficient Regression Models. Berlin, Heidelberg, New York 1971.

[5] Theil, H.: Principles of Econometrics. Amsterdam, London 1971.

[6] Theil. H.: Mennes, L.B.M.: Conception Stochastique de Coefficients Multiplicateurs dans L'adjustement linéaire des Series Temporelles. Publications de l'Institut de Statistique de l'Université de Paris 8 (1959) 211-27.

[7] Wald, A.: A Note on Regression Analysis Annals of Mathematical Statistics 18 (1947), S. 86-9.

Das Knapsack-Problem, Anmerkungen und Erweiterungen

von C. B. Tilanus und C. Gerhardt, Eindhoven und Hamburg

Zusammenfassung: Es wird das eindimensionale Verschnittproblem als Knapsack-Problem betrachtet. Dabei wird von folgender spezifischer Situation ausgegangen: Das Gewicht des aufzuteilenden Stabes ist in rund 1000 Gewichtseinheiten diskretisierbar; die Anzahl der in Frage kommenden Teilstücke liegt bei 100, die Anzahl der aus einem Stab zu schneidenden Teilstücke bei 6.

Für diese Situation kann der von Gerhardt [3] entwickelte Algorithmus eingesetzt werden. Er wird so ausgebaut, dass auch nachstehende Erweiterungen berücksichtigt werden können: (1) beim Vergleich zweier Kombinationen von Teilstücken entscheidet nicht ihre Wertsumme sondern der höchste Einzelwert; (2) es sind einige dominierende Wertfaktoren zu berücksichtigen; (3) die einzelnen Stücke sind in Bestellungen zusammengefasst, sodass der Wert eines Stückes davon abhängt, wieviel Stücke einer Bestellung insgesamt aus dem Stab geschnitten werden. Die Erweiterungen bedingen ein Zwei-Phasen-Knapsackverfahren in mehreren Läufen mit Wertmatrix.

Für dieses Verfahren wurde ein Fortran-Programm erstellt, das fortlaufend eingesetzt werden soll. Es musste daher auf geringe Rechenzeit und geringen Kernspeicherbedarf grosser Wert gelegt werden. Die getroffenen programmtechnischen Massnahmen werden ebenfalls erörtert.

Summary: The onedimensional cutting stock problem is regarded as a knapsack problem. The analysis is based on the following specific situation: the weight of the stock to be cut can be expressed in an integer number of some 1000 weight units, the number of parts to be considered is about 100, the number of parts to be cut from a stock is about 6.

In this situation, the algorithm developed by Gerhardt [3] is applicable. It is extended in order to take account of the following conditions: (1) the criterion in comparing two combinations of parts is the highest individual part value rather than the sum of the part values; (2) some dominant value factors are to be taken into account; (3) the parts are grouped into orders implying that the value of an individual part depends on the total number of parts of one order which is cut from a given stock. The extensions result in a two phase knapsack procedure in several rounds with a matrix of values.

For this procedure, a Fortran program was developed which is to be used continuously. Therefore, low processing time and core storage requirements were to be highly valued. The measures taken to achieve this are also discussed from a programming point of view.

* Dr. C.B. Tilanus, Technische Hogeschool Eindhoven, Abt. Betriebskunde, Postbus 513, Eindhoven, Niederlande; Dr. C. Gerhardt, 2 Hamburg 68, Dweerblöcken 56.

1. EINFUEHRUNG

Betrachten wir folgendes Problem: Aus N Gegenständen, deren Gewicht G(I) und deren Wert W(I), I = 1,2,...,N , gegeben sind, müssen für eine Tour derart Gegenstände ausgewählt werden, dass einerseits die Wertsumme so gross wie moglich wird und andererseits die Gewichtssumme eine vorgegebene Grenze GMAX nicht übersteigt. Dieses Problem wird als Knapsack-Problem bezeichnet und kann mathematisch wie folgt formuliert werden:

$$\sum_{I=1}^{N} W(I).X(I) = \text{Max}$$

$$\sum_{I=1}^{N} G(I).X(I) \leq \text{GMAX}$$

$$X(I) = 0 \vee 1 \qquad I = 1,\dots,N$$

wobei die logische Variable X(I) angibt, ob der I-te Gegenstand ausgewählt (X(I) = 1) bzw. daheimgelassen (X(I) = 0) wird.

Äquivalent mit dem Knapsack-Problem ist das eindimensionale 0/1-Verschnitt-Problem: Aus einem Stab gegebener Länge sind Stücke zu schneiden. Diese Stücke sind aus einer vorliegenden Menge möglicher Stücke mit vorgegebener Länge und vorgegebenem Wert so auszuwählen, dass die Wertsumme der zu schneidenden Stücke so hoch wie möglich wird.

Gilmore und Gomory [4,5,6,7] haben sich als erste eingehend mit dem Verschnitt-Problem, aufgefasst als Knapsack-Problem, befasst. Weitere Beiträge zum Knapsack-Problem sind hauptsächlich in der Zeitschrift Operations Research erschienen [2,9,10,11,12,13]. Dabei wurden insbesondere auch Verallgemeinerungen des Knapsack-Problems untersucht. Das allgemeine - nicht 0/1 - mehrdimensionale Knapsack-Problem

$$\sum_{I=1}^{N} W(I).X(I) = \text{Max !}$$

$$\sum_{I=1}^{N} G(I,J).X(I) \leq \text{GMAX}(J) \qquad J = 1,\dots,M$$

$$0 \leq X(I) \leq \text{XMAX}(I), \text{ ganzzahlig } I = 1,\dots,N$$

stimmt mit dem Problem der ganzzahligen linearen Optimierung überein, wenn man die natürlichen Bedingungen G(I,J),W(I) $\geq$ 0 vernachlässigt. Es ist übrigens leicht einzusehen, dass sich die Bedingung X(I) = 0 v 1 nicht wesentlich von der Bedingung X(I) nicht-negativ, ganzzahlig unterscheidet. Im ersten Fall werden von vorne herein alle Gegenstände einzeln betrachtet; im zweiten Fall hat man es mit Gegenständen zu tun, die, sofern sie in ihren Eigenschaften identisch sind, zu "Positionen" zusammengefasst sind (vergl. auch Abschnitt 3.3).

Nebenbei sei vermerkt, dass das zweidimensionale Verschnittproblem, z.B. die Aufteilung von Papier-Rollen, in der Literatur meist nicht als zweidimensionales Knapsack-Problem, sondern als Problem der linearen Optimierung formuliert und mit dem Simplex-Verfahren gelöst wird. Dabei werden zunächst "per Hand" alle in Betracht kommenden Breitenkombinationen aufgestellt. Die Variablen sind dann die zu schneidenden Bahn-Längen der jeweiligen Breitenkombinationen. Die Lösung eines zweidimensionalen Verschnittproblems als

Knapsack-Problem findet man in [8]. Unter Ausnutzung der Guillotine-Bedingung wird hier das zweidimensionale Verschnitt-Problem auf eine Folge eindimensionaler Knapsack-Probleme zurückgeführt.

Die in der Literatur dargebotenen Verfahren zur Lösung des Knapsack-Problems können in zwei Kategorien eingeteilt werden: Die Methoden des Branch and Bound und die Methoden der dynamischen Optimierung. Welches Verfahren optimal ist, hängt stark von der jeweiligen spezifischen Situation ab.

Die nachfolgenden Ausführungen beziehen sich auf eine Situation, die etwa folgendermassen charakterisiert werden kann:

(1) Das zu verschneidende Gewicht GMAX ist diskretisierbar in etwa 1000 (maximal 1500) Gewichtseinheiten (GE). Das Gewicht der in Betracht kommenden Stücke GSTK(I) wird ganzzahlig in Gewichtseinheiten ausgedrückt.

(2) Die Anzahl der in Betracht kommenden verschiedenen Stücke ("Bestellungs-Positionen") beträgt durchschnittlich ca 100 (maximal 500).

(3) Die Anzahl der zu schneidenden Stücke ist durchschnittlich 6 (maximal 25).

Nach verschiedenen Tests (vergl. z.B. [1]), wurde der von Gerhardt [3] entwickelte, auf der dynamischen Optimierung basierende Algorithmus zur Lösung des Knapsack-Problems als das für die genannte Situation günstigste Verfahren ausgewählt. Einen Abriss dieser Methode findet man im Abschnitt 2.

Im Abschnitt 3 werden einige methodische Erweiterungen dieses Algorithmus behandelt und im Abschnitt 4 einige Bemerkungen gemacht zur Implementierung auf einem Grossrechner - einem Univac 1108 multiprocessor System mit schnellen Trommeln (FH432, durchschnittliche Zugriffszeit 4.3 ms).

Um die folgenden Ausführungen übersichtlicher zu gestalten, wurde auf die formelmässige Darstellung der eingesetzten Algorithmen verzichtet. Statt dessen werden neben verbalen Erläuterungen kurze Fortran-Programmbeispiele gebracht. Die Beispiele sind in Univac Fortran V notiert. Die Erweiterungen des Fortran V im Vergleich zum US Standard Fortran dürften selbsterklärend sein (vergl. auch Abschnitt 4.3).

2. DAS AUSGANGSVERFAHREN

Die Gewichte aller in Betracht kommenden Stücke - aller aus dem vorgegebenen Stab schneidbaren Stücke - werden gerundet in "Gewichtseinheiten" (GE) ausgedrückt. Die Gewichtseinheit selbst wird als Variable aufgefasst und in Abhängigkeit von den vorliegenden Daten bestimmt (vergl. 4.2.1). Die Stückgewichte GSTK(I) sind also ganzzahlig. Wird auch das zu verschneidende Stabgewicht GMAX ganzzahlig in Gewichtseinheiten ausgedrückt, so kann man die jeweils betrachteten "Lösungen" (mögliche Kombinationen von Stücken) in einen Lösungsvektor L der Länge LMAX = [GMAX/GE] eintragen.

Man kann sich den Lösungsvektor anschaulich als eine Leiter mit den Stufen 0,1,...,LMAX vorstellen. Die Stufen dieser Leiter entsprechen den "Zuständen" der dynamischen Optimierung. Die nacheinander zu berücksichtigenden Stücke entsprechen dagegen den "Stufen" der dynamischen Optimierung.

Der Algorithmus von Gerhardt [3] basiert auf zwei Grundgedanken:

(1) Man nimmt jeweils das nächste zu betrachtende Stück und steigt damit die Leiter <u>von oben nach unten</u> herab. Ist auf einer Stufe ein Stück eingeschrieben so "addiert" man das betrachtete Stück auf diese Stufe; ist die Stufe der "Summe" leer, so schreibt man das betrachtete Stück dort ein; ist die Stufe der "Summe" aber schon besetzt, so vergleicht man den Wert der schon eingetragenen Kombination mit dem Wert der neuen Kombination und schreibt das betrachtete Stück nur dann ein, wenn der Wert der neuen Kombination höher ist.

(2) Wenn beim Wertvergleich die neue Kombination wertvoller ist als die alte, so überschreibt das betrachtete Stück das schon dastehende. Wird endlich eine optimale zu schneidende Kombination ausgewählt und eine alte, überschriebene Kombination war eine Teilkombination der optimalen Kombination, so wird das Lösungsverfahren von Neuem durchgeführt bis die überschriebene Teilkombination neugebildet worden ist.

Die beiden Grundgedanken seien in kleinen Fortran-Programmbeispielen verdeutlicht.

Beispiel 2.1 beschreibt den Aufbau des Lösungsvektors. Es werden zwei Vektoren gebraucht: der Lösungsvektor L und der Wertvektor W. In L wird die Identifikationsnummer des letztgeschriebenen Stückes einer Kombination vermerkt, in W die Wertsumme der Kombination. Die Nummer derVektorelemente, in der diese Daten vermerkt werden, ist gleich dem Kombinationsgewicht. Man sieht, dass unter Umständen das I-te Stück sowohl im Element JJ = J + GSTK(I) als auch (später in derselben DO-Schleife) im Element J eingeschrieben werden kann, womit die alte Kombination J als Teilkombination der Kombination JJ überschrieben wird. Das Beispiel ist als interne Subroutine geschrieben, d.h. alle im Hauptprogramm vorkommenden Variablen (globale Variable) sind neben den für die spezielle Subroutine definierten Variablen (lokale Variable) in der Subroutine definiert (vergl. auch 4.3.1). Anstatt trickreich ein Element L(0) einzuführen und in der DO-Schleife zu verwenden, wird der Fall L(0) separat programmiert.

Beispiel 2.2 beschreibt die Auswahl und die Zerlegung der optimalen Lösungskombination. Die ausgewählte Lösungskombination ist einfach die mit der höchsten Wertsumme. Die Kombination wird zerlegt durch jeweiliges Abziehen des letzteingeschriebenen Stückgewichtes. Die Nummern der zu schneidenden Stücke werden in LISTE eingetragen. Stellt sich heraus, dass nach dem Abziehen eines Stückgewichtes die neue Stücknummer nicht kleiner ist als die vorherige, so bedeutet dies, dass die zur optimalen Lösungskombination gehörende Stücknummer überschrieben worden ist. Durch einfaches Aufrufen der Subroutine AUFBAU wird in diesem Fall der Lösungsvektor rekonstruiert. Dabei werden die Argumente von AUFBAU der bereits ermittelten Teillösung angepasst, indem der Lösungsvektor nur bis zum überschriebenen Element einschliesslich aufgebaut wird und nur die Stücke berücksichtigt werden, deren Nummer kleiner ist als die Nummer des zuletzt eingetragenen Stückes. Nach der Rekonstruktion des Lösungsvektors kann die Zerlegung fortgesetzt werden. Es hat sich gezeigt, dass Rekonstruktionen des Lösungsvektors in der Praxis selten erforderlich sind. Die bei der Methode des Überschreibens und gegebenenfalls Rekonstruierens des Lösungsvektors zusätzlich erforderliche Rechenzeit, bedingt durch gelegentliche Neubildung des Lösungsvektors, ist vertretbar, wenn man ihr die enorme Ersparnis an Speicherbedarf gegenüberstellt.

```
      CALL AUFBAU (NSTK,LMAX)
- - - - - - - - - - - - - - - - - - - - -
      SUBROUTINE AUFBAU (NSTKS,LMAXS)
C         LOESUNGSVEKTOR NULL SETZEN
      DO 2120 J=LMIN,LMAXS
 2120 L(J) = 0
C         LOESUNGSVEKTOR JEWEILS VON OBEN NACH UNTEN ABFRAGEN
C         UND SCHNITTSTUECK BEDINGT EINSCHREIBEN
      DO 2180 I=1,NSTKS
      LMAXS1 = LMAXS - GSTK(I)
      IF (LMAXS1.LT.LMIN) GOTO 2160
```

```
      DO 2140 J=LMAXS1,LMIN,-1
      IF (L(J).EQ.0) GOTO 2140
      JJ = J + GSTK(I)
      IF (L(JJ).NE.0.AND.W(JJ).GE.W(J)+WSTK(I)) GOTO 2140
      L(JJ) = I
      W(JJ) = W(J) + WSTK(I)
 2140 CONTINUE
C        DER SONDERFALL J = 0
 2160 JJ = GSTK(I)
      IF (JJ.GT.LMAXS.OR.L(JJ).NE.0 AND.W(JJ).GE.WSTK(I)) GOTO 2180
      L(JJ) = I
      W(JJ) = WSTK(I)
 2180 CONTINUE
      RETURN
```

Beispiel 2.1. Bildung des Lösungsvektors (interne Subroutine). Die Umschreibung der Variablen befindet sich im Anhang.

```
C        OPTIMALE LOESUNGSKOMBINATION SUCHEN
      LOPT = 0
      WMAX = 0
      DO 2220 J=LMAX,LMIN,-1
      IF (L(J).EQ.0.OR.W(J).LE.WMAX) GOTO 2220
      LOPT = J
      WMAX = W(J)
 2220 CONTINUE
      CALL ABBAU
- - - - - - - - - - - - - - - - - - - - -
      SUBROUTINE ABBAU
C        OPTIMALE LOESUNGSKOMBINATION ZERLEGEN. FALLS EIN ELEMENT
C        UEBERSCHRIEBEN IST, WIRD DER L-VEKTOR BIS DAHIN NEUGEBILDET
      NSCHN = 0
      JJ = LOPT
 2240 NSCHN = NSCHN + 1
      LISTE(NSCHN) = L(JJ)
      I = L(JJ)
      JJ = JJ - GSTK(I)
      IF (JJ.LE.0) RETURN
      IF (L(JJ).LT.LISTE(NSCHN)) GOTO 2240
      NSTKT = LISTE(NSCHN) - 1
      LMAXT = JJ
      CALL AUFBAU (NSTKT,LMAXT)
      JJ = LMAXT
      GOTO 2240
```

Beispiel 2.2. Auswahl und Zerlegung der optimalen Lösungskombination. Gegebenenfalls wird eine überschriebene Teilkombination durch Aufruf der Subroutine AUFBAU neu gebildet (s. Beispiel 2.1).

3. METHODISCHE ERWEITERUNGEN

Das im vorigen Abschnitt beschriebene Verfahren löst den denkbar einfachsten Fall des eindimensionalen 0/1 Knapsackproblems. In diesem Abschnitt besprechen wir einige methodische Erweiterungen, die eine komplizierte praktische Situation nahelegte.

3.1. Das Kriterium "höchster Einzelwert"

Besteht die Forderung, dass der Verschnitt - die Differenz zwischen dem Gewicht des Stabes LMAX und der Summe der Gewichte CSTK(I) der zu schneidenden Stücke - eine vorgegebene Grenze nicht überschreiten darf, so stehen für die Ermittlung der "optimalen Lösung" nur die Kombinationen in einem verschnittzulässigen Bereich zur Auswahl. Diese Beschränkung auf einen engen Gewichtsbereich für die "optimale Lösung" fördert die Bevorzugung von Kombinationen des "guten Durchschnittes", während ein Stück mit einem sehr hohen Wert durch Stücke mit niedrigem Wert majorisiert werden kann.

Eine Bevorzugung der Stücke mit hohem Wert kann erreicht werden, wenn das Auswahlkriterium "maximale Wertsumme" durch das Kriterium "höchster Einzelwert" ersetzt wird. Beim Vergleich zweier Kombinationen entscheidet dann nicht ihre Wertsumme, sondern der höchste Einzelwert. Bei Gleichheit der höchsten Einzelwerte beider Kombinationen entscheidet der zweithöchste Einzelwert, usw.

In diesem Fall benötigt man statt des Wertvektors W der Dimension LMAXEX (maximal zulässiges LMAX) eine Wertmatrix mit den Dimensionen LMAXEX und NWERT, wobei NWERT die maximale Anzahl zu vergleichender Einzelwerte angibt. Wählt man LMAXEX = 1500 und NWERT = 10, so beansprucht diese Wertmatrix einen grossen Teil des totalen Kernspeicherbedarfs. Die Besetzung der Matrix ist aber gering. Viele Zeilen der Matrix, vor alle die unteren, werden überhaupt nicht benutzt und die meisten besetzten Zeilen enthalten weniger als NWERT Werte.

Es wurde versucht, die Platzverschwendung durch eine ad hoc list processing Procedur zu vermeiden. Die Werte jeder Kombination wurden in einen gemeinsamen Speicherplatz eingeschrieben und durch Zeiger verknüpft. Dabei wurden mit Hilfe des Fortran V FLD-Befehles (vergl. Abschnitt 4.3.2) die Werte und die Zeiger jeweils nur in Bruchstücke eines Wortes gespeichert. Das Ergebnis dieses Versuches war negativ. Wenn dem list processing Programm der gleiche totale Speicherplatz zugewiesen wurde wie dem normalen Fortran-Programm mit festen Dimensionen, wurde zwei- bis dreimal mehr Rechenzeit benötigt. Die Ursache liegt in den vielen administrativen Vorgängen (Durchlaufen von Listen, Ausradieren von Listen, usw.), die beim list processing als overhead auf das eigentliche Optimalisierungsverfahren drücken.

Das Kriterium des höchsten Einzelwertes ist im Beispiel 4.1 verarbeitet.

3.2. Wert-Gruppen

Sind unter den wertbestimmenden Faktoren eines Stückes einige dominierende Wertfaktoren, so liegt es nahe, die einzelnen Stücke derart in Wert-Gruppen zusammenzufassen, dass alle Stücke einer Wert-Gruppe in den dominierenden Wertfaktoren übereinstimmen. Man kann dann von einem Gruppenwert sprechen. Alle nicht im Gruppenwert berücksichtigten Wertfaktoren bestimmen den "Stück-Wert".

Unter Berücksichtigung der Wert-Gruppen ist folgende Strategie möglich: Es werden zunächst nur die Stücke aus der Gruppe mit dem höchsten Gruppenwert berücksichtigt (erster Vorlauf). Kann mit den Stücken dieser Gruppe nur ein geringer Teil des Stabes abgedeckt werden, so wird die optimale Kombination - optimal unter Berücksichtigung des Kriteriums "höchster Einzelwert" - als Teil-Lösung abgebucht und der Stab entsprechend gekürzt. Anschliessend wird dies Verfahren mit den Stücken der Gruppe mit dem zweithöchsten Gruppenwert und dem gekürzten Stab wiederholt (zweiter Vorlauf), usw. Liegt nach einem Vorlauf wenigstens eine Kombination im verschnittzulässigen Bereich, so wird die "optimale Lösung" in diesem Bereich ermittelt - die Optimierung ist beendet. Liegen nach einem Vorlauf ein oder mehrere Lösungen in einem "Endbereich", der grösser ist als der verschnittzulässige Bereich, und der z.B. in Abhängigkeit von dem durchschnittlichen Stückgewicht festgelegt werden könnte, so wird ein Endlauf durchgeführt. Alle Stücke der noch nicht berücksichtigten Wert-Gruppen werden in diesem Endlauf berücksichtigt, werden jedoch nur zu Kombinationen, die bereits im Endbereich liegen, hinzugefügt.

Diese Strategie bietet folgende Vorteile:

(1) Dominierende Wertfaktoren werden bevorzugt berücksichtigt.

(2) Das Entscheidungskriterium "höchster Einzelwert" wird abgeschwächt, da sich die Gesamt-Werte (Gruppenwert und Stück-Wert) der Stücke einer Wert-Gruppe nicht so stark unterscheiden. Es kann keine Kombination aus einem "sehr guten" Stück und einigen "ganz schlechten" Stücken gebildet werden, die eine Kombination aus lauter "guten" Stücken überschreibt.

(3) Durch den Endlauf wird bei teilweiser Vernachlässigung der dominierenden Wertfaktoren eine Lösung im verschnittzulässigen Bereich weitgehend gewährleistet.

(4) Da einerseits nur immer ein Teil aller Stücke miteinander kombiniert werden und andererseits der Stab laufend verkürzt wird, verringert sich die Rechenzeit erheblich. Dies gilt insbesondere dann, wenn kein Endlauf erforderlich ist, da ein Vorlauf eine Kombination im verschnittzulässigen Bereich ergab.

3.3 Das Zwei-Phasen-Knapsackverfahren bei kombinationsabhängigem Wert

Im allgemeinen können die zu schneidenden Stücke nicht unabhängig voneinander betrachtet werden, da die Menge der in Frage kommenden Stücke strukturiert ist. Wir können z.B. Bestellungen unterscheiden, die eine oder mehrere Positionen enthalten; die Positionen wiederum mögen ein oder mehrere identische Stücke umfassen.

Besteht die Forderung, die Bestellungen möglichst zügig zu schneiden und komplett auszuliefern, so hängt der Wert der in Betracht kommenden Stücke unter anderem vom "Komplettierungsgrad" der Bestellung ab. Je mehr sich eine Bestellung der Komplettierung nähert, um so höher steigt der Wert der restlichen zu schneidenden Stücke dieser Bestellung. Das gilt auch für Stücke einer Bestellung, die in eine Kombination für denselben Stab zusammengefügt werden. D.h., während des Aufbaus einer Kombination ist noch nicht bekannt, welchen Wert die Kombination schliesslich haben wird. Andererseits steht fest, dass innerhalb einer Bestellung der Kombinationswert vom Kombinationsgewicht bestimmt wird.

Das Problem lässt sich lösen, indem man ein Zwei-Phasen-Knapsackverfahren anwendet.

In der ersten Phase werden je Bestellung alle möglichen, in den zu schneidenden Stab passenden, Kombinationen gebildet. D.h. es wird ein Knapsackproblem gelöst - das Knapsackverfahren eingesetzt - wobei Wert und Gewicht identisch sind. Eine leichte Bevorzugung grösserer Stücke ist möglich, indem die Positionen einer Bestellung nach abnehmendem Stückgewicht sortiert werden und bestehende Kombinationen nicht überschrieben werden. Der Algorithmus der

Phase 1 ist im Beispiel 3.1 ausgearbeitet.

In der zweiten Phase wird der so gebildete Vektor - nennen wir ihn den Bestellungsvektor, B - in den endgültigen Lösungsvektor, L, kombiniert, wobei jedem Element des Bestellungsvektors der kombinationsabhängige Wert zugeordnet wird. Anschaulich kann man sich das Hineinkombinieren des Bestellungsvektors in den Lösungsvektor so vorstellen: Man nimmt die B -Leiter (den Bestellungsvektor) unter den Arm und steigt damit die L-Leiter von oben herunter. Kommt man auf eine Stufe, wo schon eine Kombination eingeschrieben ist, so setzt man auf dieser Stufe die B-Leiter an. Trifft eine besetzte Stufe der B-Leiter mit einer unbesetzten Stufe der L-Leiter zusammen, so schreibt man die neue Kombination in die L-Leiter ein. Sind beide Stufen schon besetzt, so entscheidet der Wertvergleich, ob die L-Kombination stehen bleibt oder ob die B-Kombination (in Verbindung mit der L-Kombination, auf der die B-Leiter steht) die L-Kombination überschreibt. Der Algorithmus der zweiten Phase verläuft ähnlich dem Beispiel 2.1; eine Ausarbeitung findet man im Beispiel 4.1.

```
 3120 I = I + 1
      IF (BNR(I).NE.BNRALT) GOTO 3140
 3130 CALL PHASE1
      GOTO 3120
 3140 CALL PHASE2
      DO 3150 J=BMIN,BMAX
 3150 B(J) = 0
      BNRALT = BNR(I)
      IF (BNRALT.NE.BNREND) GOTO 3130
- - - - - - - - - - - - - - - - - - - - -

      SUBROUTINE PHASE1
C        HINEINKOMBINIEREN EINER POSITION IN DEN B-VEKTOR
      BMAX1 = BMAX - GSTK(I)
      NSTKI = NSTK(I)
      IF (BMAX1.LT.BMIN) GOTO 3180
      DO 3170 J = BMAX1,BMIN,-1
      IF (B(J).EQ.0) GOTO 3170
      JJ = J
      DO 3160 K=1,NSTKI
      JJ = JJ + GSTK(I)
      IF (JJ.GT.BMAX.OR.B(JJ).NE.0) GOTO 3170
 3160 B(JJ) = POSNR(I)
 3170 CONTINUE
C        DER SONDERFALL J = 0
 3180 JJ = 0
      DO 3190 K=1,NSTKI
      JJ = JJ + GSTK(I)
      IF (JJ.GT.BMAX.OR.B(JJ).NE.0) RETURN
 3190 B(JJ) = POSNR(I)
      RETURN
```

Beispiel 3.1. Phase 1 des Zweiphasenknapsackverfahrens. Der bestellungsweise Aufbau des B-Vektors, wobei vorläufig Wert gleich Gewicht. Die Positionen seien innerhalb der Bestellung nach abnehmendem Stückgewicht sortiert. Für Phase 2 siehe Beispiel 4.1.

4. BEMERKUNGEN ZUR PROGRAMMERSTELLUNG

4.1. Effizienzerhöhende Massnahmen

4.1.1. Gesonderte Behandlung des ersten Stückes.

Es ist leicht möglich, zwischen der ersten Position und weiteren Positionen, die in den B-Vektor kombiniert werden, bzw. zwischen dem ersten B-Vektor und weiteren B-Vektoren, die in den L-Vektor kombiniert werden, zu unterscheiden. Man spart einige Rechenzeit, wenn man bei der ersten Position nicht den ganzen B-Vektor bzw. beim ersten B-Vektor nicht den ganzen L-Vektor abfragt, sondern nur auf dem "Nullelement" aufbaut.

Eigentlich bräuchte man nicht jeweils alle Elemente des B-Vektors bzw. des L-Vektors abzufragen, sondern nur Vielfache des grössten gemeinsamen Teilers (g.g.T.) der bisher betrachteten Stückgewichte. Das Einbauen dieser Verfeinerung brachte aber keinen Zeitgewinn. Der Aufwand bei der laufenden Bestimmung des g.g.T. überwog die Ersparnis, die durch die Wahl des grössten gemeinsamen Teilers (multipliziert mit -1) als DO-Schleifen-Dekrement (an Stelle van -1) erzielt wurde. Darüberhinaus war schon nach durchschnittlich 2.6 Stückgewichten der grösste gemeinsame Teiler auf 1 reduziert.

4.1.2. Aufbau eines Wertvektors für den Bestellungsvektor.

Wie bereits angedeutet (vergl. 3.2 und 3.3) kann sich der Stück-Wert aus mehreren Wertfaktoren zusammensetzen, wobei einige der Wertfaktoren kombinationsabhängig sind. (Die Zusammenstellung des Wertes kann mit dem Fortran V FLD-Befehl erfolgen).

Es bestehen folgende Möglichkeiten den kombinationsabhängigen (kombinationsgewichtabhängigen) Teil des Wertes in das Wert-Wort einer Kombination einzubauen:

(1) Der bestellungsabhängige aber kombinationsunabhängige Teil des Wertes wird für den gesamten Bestellungsvektor nur einmal in einem Wert-Wort gespeichert. Erst beim Vergleich und Eintragen einer neuen Kombination, entstanden aus einem Element des Bestellungsvektors (B-Vektors) und einem Element des Lösungsvektors (L-Vektors), wird der kombinationsabhängige Teil des Wertes mit diesem Wert-Wort zusammengefügt.

(2) Zum Bestellungsvektor wird ein Wert-Vektor aufgebaut. In den einzelnen Elementen des Wert-Vektors ist der kombinationsabhängige Teil des Wertes bereits berücksichtigt.

Der zweite Weg führte im konkreten Fall zu einer Verringerung der Rechenzeit um ca 30%.

Der grosse prozentuale Zeitgewinn erklärt sich dadurch, dass der Wertvergleich beim Hineinkombinieren des B-Vektors in den L-Vektor logisch gesehen in die innerste von fünf ineinandergeschachtelten Schleifen gehört. Im einzelnen handelt es sich um folgende Schleifen:

Schleife 1: Die Vorläufe bzw. der Endlauf (vergl. 3.2)
Schleife 2: Der Aufbau bzw. die teilweise Rekonstruktion des L-Vektors
Schleife 3: Das Hinuntersteigen der L-Leiter (des L-Vektors) mit der B-Leiter unter dem Arm (vergl. 3.3)
Schleife 4: Die Berücksichtigung aller Elemente des B-Vektors beim Antreffen eines besetzten Elementes im L-Vektor
Schleife 5: Der Vergleich der Einzelwerte zweier Kombinationen, bis bei Ungleichheit die Entscheidung fällt.

Es ist selbstverständlich, dass eine Effizienzverbesserung in einer tiefgeschachtelten Schleife für die totale Laufzeit eines Programmes relativ viel ausmacht.

4.1.3. Puffern des Bestellungsvektors.
Eine weitere effizienzerhöhende Massnahme, die in die zweitinnerste Schleife gehört, ist das Puffern des B-Vektors (siehe Beispiel 4.1). Es wird mit zwei Vektoren, B und BPUF, gearbeitet. Habe B insgesamt NPOSEL von Null verschiedene Elemente, so werden diese der Reihe nach in die ersten NPOSEL Elemente von BPUF gespeichert. Zusätzlich werden die Nummern der Elemente des B-Vektors - die Nummer stimmt mit dem Gewicht überein - in BPUF gespeichert (mit Hilfe des Fortran V FLD-Befehles, vergl. 4.3.2 und Beispiel 4.1).

Es gibt zwei Gründe für das Puffern des Bestellungsvektors (und des zugehörigen Wertvektors):
(1) Beim Ansetzen des BPUF-Vektors auf ein positives, z.B. das J-te, Element des L-Vektors, durchläuft man die obengenannte Schleife 4 höchstens NPOSEL mal (sobald J plus das neue Kombinationsgewicht grösser LMAX ist, springt man aus der Schleife). Setzt man dagegen B an, so muss man die Schleife 4 öfter durchlaufen, da man auch alle Nullelemente des B-Vektors abtastet.

```
      SUBROUTINE PHASE2
C        DEN BPUF-VEKTOR IN DEN L-VEKTOR KOMBINIEREN.
C        WARTEROUTINE BIS TROMMEL FREI IST
      CALL TCHECK
C        B-VEKTOR PUFFERN
      NPOSEL = 0
      DO 4105 J=BMIN,BMAX
      IF (B(J).EQ.0) GOTO 4105
      NPOSEL = NPOSEL + 1
      BPUF(NPOSEL) = B(J)
      FLD (0,12,BPUF(NPOSEL)) = J
      CALL WERT (WPUF(NPOSEL),BNRALT,J)
 4105 CONTINUE
      IF (NPOSEL.EQ.0) RETURN
C        BPUF AUF TROMMEL SCHREIBEN (LAEUFT PARALLEL)
      CALL TWRITE (BPUF,NPOSEL,ADRESS(BNRALT))
C
C        BPUF IN DEN L-VEKTOR KOMBINIEREN
      LMAX1 = LMAX - LMIN
      IF (LMAX1.LT.LMIN) GOTO 4182
C        SCHLEIFE DEN L-VEKTOR HERUNTER
      DO 4180 J=LMAX1,LMIN,-1
      IF (L(J).EQ.0) GOTO 4180
C        SCHLEIFE DEN BPUF-VEKTOR HERAUF
      DO 4170 K=1,NPOSEL
      JJ = J + FLD (0,12,BPUF(K))
      IF (JJ.GT.LMAX) GOTO 4180
C        WENN L(JJ) UNBESETZT, NEUE KOMBINATION EINSCHREIBEN
      IF (L(JJ).NE.0) GOTO 4120
      L(JJ) = BNRALT
      FLD (0,12,L(JJ)) = FLD (0,12,BPUF(K))
      DO 4110 M=1,NWERT
      IF (WPUF(K).GT.WMAT(J,M)) GOTO 4112
 4110 WMAT(JJ,M) = WMAT(J,M)
      GOTO 4170
```

```
 4112 WMAT(JJ,M) = WPUF(K)
      IF (M.EQ.NWERT) GOTO 4170
      DO 4115 MM=M,NWERT1
 4115 WMAT(JJ,MM+1) = WMAT(J,MM)
      GOTO 4170
C        ERSTER WERTVERGLEICH
 4120 IF (MAX(WPUF(K),WMAT(J,1)).LT.WMAT(JJ,1)) GOTO 4170
C        WEITERE WERTVERGLEICHE. ZUERST WPUF(K) EINORDNEN.
      DO 4130 M=1,NWERT
      IF (WPUF(K).GT.WMAT(J,M)) GOTO 4140
 4130 WHILF(M) = WMAT(J,M)
      GOTO 4148
 4140 WHILF(M) = WPUF(K)
      DO 4145 MM=M,NWERT
 4145 WHILF(MM+1) = WMAT(J,MM)
 4148 DO 4150 M=1,NWERT
      IF (WHILF(M) - WMAT(JJ,M)) 4170,4150,4160
 4150 CONTINUE
      GOTO 4170
C        NEUE KOMBINATION UEBERSCHREIBT ALTE
 4160 L(JJ) = BNRALT
      FLD (0,12,L(JJ)) = FLD (0,12,BPUF(K))
      DO 4165 M=1,NWERT
 4165 WMAT(JJ,M) = WHILF(M)
C        ENDE DER AEUSSEREN DO-SCHLEIFEN
 4170 CONTINUE
 4180 CONTINUE
C
C        DER SONDERFALL J = 0
 4182 DO 4195 K=1,NPOSEL
      JJ = FLD (0,12,BPUF(K))
      IF (JJ.GT.LMAX) RETURN
      IF (L(JJ).EQ.0) GOTO 4190
C        WERTVERGLEICH
      IF (WPUF(K).LE.WMAT(JJ,1)) GOTO 4195
C        NEUE KOMBINATION EINSCHREIBEN
 4190 L(JJ) = BNRALT
      FLD (0,12,L(JJ)) = FLD (0,12,BPUF(K))
      WMAT(JJ,1) = WPUF(K)
      DO 4192 M=2,NWERT
 4192 WMAT(JJ,M) = 0
 4195 CONTINUE
      RETURN
```

Beispiel 4.1. Phase 2 des Zweiphasenknapsackverfahrens. Das Hineinkombinieren des gepufferten Bestellungsvektors BPUF in den Lösungsvektor L. Werte von Kombinationen von Stücken derselben Bestellung sind abhängig vom Kombinationsgewicht (Subroutine WERT). Zwischen Kombinationen zweiter Ordnung (Kombinationen verschiedener Bestellungen) entscheidet der höchste Einzelwert.

(2) Um bei der Zerlegung der optimalen Lösung und bei eventueller Neubildung des L-Vektors wegen Überschreibung einer Teilkombination Rechenzeit zu sparen, werden die BPUF-Vektoren auf eine schnelle Trommel gerettet. Bei der Zerlegung der Bestellungskombinationen der optimalen Lösung in einzelne Stücke und bei der eventuellen Neubildung des L-Vektors werden die BPUF-Vektoren von der Trommel zurückgelesen, statt neu gebildet. Die I/O-Operationen werden von kleinen Assemblerprogrammen durchgeführt, wobei das I/O parallel mit den Rechen-Aktivitäten abläuft. Während z.B. BPUF auf die Trommel geschrieben wird (durch Aufrufen des Assemblerprogrammes TWRITE) kann gleichzeitig weitergerechnet werden: BPUF wird in den L-Vektor kombiniert und der nächste B-Vektor wird gebildet; dann erst muss das Rechenprogramm warten bis das Wegschreiben von BPUF beendet ist (das Warten wird durch Aufruf des Assemblerprogrammes TCHECK bewirkt), damit der nächste B-Vektor gepuffert werden kann. Bei allen bisher vorgenommenen Zeitmessungen (auch mit Hilfe eines kleinen Assemblerprogrammes) wurde festgestellt, dass die Summe der Wartezeiten gleich Null ist - der Schreibzyklus ist kürzer als der Rechenzyklus. Dieses Ergebnis ist mit dem Umstand zu verdanken, dass beim Retten von BPUF nur die ersten NPOSEL Elemente geschrieben werden. Hätte man dagegen den B-Vektor retten wollen, so hätte man den ganzen Vektor (BMAX Elemente) schreiben müssen.

4.2. Massnahmen gegen Extremfälle

4.2.1. Anpassen der Gewichtseinheit.

Für das Knapsack-Verfahren sind alle Gewichte ganzzahlig in Gewichtseinheiten (GE) auszudrücken. Es liegt nahe, die Gewichtseinheit gleich einer festen Anzahl Kilogramm zu setzen.

Ist die Länge der Stäbe unabhängig von der Dicke, so wird bei extrem dicken Stäben der Lösungsvektor, L, wegen des hohen Stabgewichtes sehr gross. Für dicke Stäbe ist daher die Wahl einer festen Länge als Gewichtseinheit günstiger, da dadurch LMAX nicht zu gross wird. Die Wahl einer festen Länge als Gewichtseinheit ist wegen der Schnittoleranzen vertretbar. Sie würde jedoch bei dünneren Stäben, wegen des geringen Gewichts der gewählten Länge, zu einer übertriebenen Genauigkeit führen. Bei dünneren Stäben wird man also bei einer festen Anzahl Kilogramm als Gewichtseinheit bleiben.

4.2.2. "Vorab-Schneiden" bei "überlangen" Stäben.

Bei der Programmerstellung ist die Dimension des Lösungsvektors - die maximal zulässige Länge des Lösungsvektors LMAXEX - vorzugeben. Wählt man LMAXEX sehr gross, um auch sehr lange Stäbe berücksichtigen zu können, so wird einerseits viel Speicherplatz benötigt und zum anderen kann bei grossem LMAX die Rechenzeit stark steigen. Es empfiehlt sich daher LMAXEX so zu wählen, dass im Normalfall der zu schneidende Stab, ausgedrückt in Gewichtseinheiten (vergl. 4.2.1), kleiner ist als LMAXEX, dass aber in speziellen Fällen - bei "überlangen" Stäben - LMAXEX überschritten wird. Bei "überlangen" Stäben sind vorab die Stücke mit dem höchsten Wert vom aufzuteilenden Stab abzubuchen. Dabei können die Wert-Gruppen (Vorläufe, vergl. 3.2) berücksichtigt werden. Eine Berücksichtigung des kombinationsabhängigen Wertes (vergl. 3.3) ist jedoch nicht möglich. Sobald die verbleibende Länge des Stabes kleiner ist als LMAXEX kann zum Knapsack-Verfahren übergegangen werden.

4.2.3. Rechenzeitbegrenzung.

Theoretisch ist eine Kumulierung von extremen Umständen denkbar:
- ein Stab maximaler Länge
- eine maximale Anzahl von Positionen
- die Positionen sind extrem ungünstig über die Bestellungen verteilt: eine

grosse Anzahl B-Vektoren muss gebildet werden und die B-Vektoren sind alle sehr dicht mit positiven Elementen gefüllt
- extrem viele Positionen sind alle in demselben Vorlauf zu berücksichtigen
- es treten häufig gleiche Werte auf.

Sicherheitshalber ist daher eine weitere Massnahme gegen extreme Rechenzeiten vorzusehen.

Bei jedem Aufruf der Subroutine PHASE2 wird mittels eines kleinen Assemblerprogrammes die verbrauchte CPU-Zeit gemessen. Ist die verbrauchte Zeit grösser als eine vorzugebene Zeitgrenze (z.B. 2 Minuten), so wird ein Kennzeichen gesetzt. Bei jedem Aufruf der Subroutine PHASE1 wird das Kennzeichen abgefragt; ist es gesetzt, wird zum Ende der Subroutine PHASE1 gesprungen. Die Folge ist, dass das Programm ganz schnell zum Abschluss kommt, obwohl aus administrativtechnischen Gründen die Programm-Schleifen formal weiter abgehandelt werden.

4.3. Einige Bemerkungen zum Univac Fortran V

4.3.1. Interne Subroutinen.

In der internen Subroutine sind neben den Variablen, die eigens in der Subroutine definiert sind (lokale Variable) alle Variable definiert, die auch im Hauptprogramm definiert sind. Im Gegensatz zur bekannten sogenannten externen Subroutine braucht man bei der internen Subroutine keine Kontrollsprache und keine ausführlichen Listen von Argumenten oder Commonbereichen aufzuschreiben. Somit ist die interne Subroutine im Gebrauch ähnlich den in PL/1 oder Algol bekannten Proceduren. (Die berühmte Rekursivität, wie in Algol, ist aber ausgeschlossen).

Die (interne) Subroutine ist u.E. nicht nur wegen der Möglichkeit des wiederholten Aufrufens sondern auch für die Gliederung des Programmes wichtig. Ihre Verwendung kommt daher sowohl der Lesbarkeit, als auch der Dokumentation, als auch dem "debugging" zugute. Allerdings gibt es im Hinblick auf die Übersichtlichkeit des Programmes irgendeine optimale Anzahl Subroutinen. Bei der Entwicklung des hier besprochenen Programmes wurden die anfangs über 30 Subroutinen zum Schluss auf ein Dutzend (u.E. optimal) integriert.

4.3.2. Der FLD-Befehl.

Von grösstem Nutzen war die Möglichkeit in Fortran V durch den FLD (I,J,K) Befehl bequem Bitoperationen durchführen zu können. In diesem Befehl gibt I das Anfangsbit des Feldes an, wobei die Bits 0,...,35 nach Wahl von links nach rechts oder umgekehrt gezählt werden; J gibt die Anzahl der Bits (die Feldlänge) an; K bezeichnet die Variable (das Wort).

Schreibt man als ersten Befehl im Fortranprogramm COMPILER (FLD=L,T) und benutzt man beim FLD-Befehl immer Drittelworte (T = Third), also die Bits 0-11, 12-23, 24-35, so sind die Bitoperationen ungefähr so schnell wie normale Wortoperationen. Der Kernspeicher-Gewinn ist aber enorm. Statt 3 Arrays braucht man z.B. nur eines. Häufig konnten 4 bis 6 Kennzeichen und kleinere Zahlen in einem Wort gespeichert werden. (Durch L = Left wird für eine Bit-Numerierung von links nach rechts optiert.)

FLD ist eigentlich eine Funktion, die aber sowohl links als auch rechts vom Gleichheitszeichen verwendet werden kann. M = FLD (0,12,K) bedeutet, dass die linken 12 Bits von K rechts, als Bit 24-35, in M gespeichert werden und die übrigen Bits (0-23) in M auf Null gesetzt werden. FLD (0,12,K) = M bedeutet, dass die rechten 12 Bits von M (Bit 24-35) in die Bits 0-11 von K gespeichert werden und dass die übrigen Bits von K unverändert bleiben.

4.3.3. Zugriff auf "Coboldateien".

In einem Fortranprogramm ist der direkte Zugriff auf Dateien, die mit Cobol aufgebaut wurden, wegen der Cobolkontrollwörter nicht möglich. Da im

Allgemeinen bei grösseren Datenmengen die Daten für ein Fortranprogramm aus Coboldateien erstellt werden müssen, erhebt sich die Frage der Datenübergabe. Die beste Lösung scheint zu sein, die Datenübergabe über einen Commonbereich vorzunehmen. Es werden z.B. mittels eines Cobol-Unterprogrammes die Daten in den Kernspeicher gelesen und über einen Commonbereich dem Fortran-Hauptprogramm zur Verfügung gestellt.

LITERATUR

[1] "Ein Branch and Bound Algorithmus fur das Knapsack-Problem". Thyssen-Niederrhein, Fachbericht, 1971 (unveröffentl.).
[2] A.V. Cabot, "An enumeration algorithm for knapsack problems". Operations Research 18 (1970), 306-11.
[3] C. Gerhardt, "Gedanken zur Lösung des Knapsack-Problems". Ablauf- und Planungsforschung 11 (1970), 69-83.
[4] P.C. Gilmore and R.E. Gomory, "A linear programming approach to the cutting stock problem". Operations Research 9 (1961), 849-59.
[5] -, "A linear programming approach to the cutting stock problem - Part II". Operations Research 11 (1963), 863-88.
[6] -, "Multi-stage cutting stock problems of two and more dimensions". Operations Research 13 (1965), 94-120.
[7] -, "The theory and computation of knapsack functions". Operations Research 14 (1966), 1045-74.
[8] W. Heim, "Eine Näherungslösung für ein spezielles zweidimensionales Verschnittproblem". Ablauf- und Planungsforschung 12 (1971), 42-47.
[9] P.J. Kolesar, "A branch and bound algorithm for the knapsack problem". Management Science 13 (1967), 723-35.
[10] J.F. Shapiro, "Dynamic programming algorithms for the integer programming problem - I: The integer programming problem viewed as a knapsack type problem". Operations Research 16 (1968), 103-21.
[11] -, "Group theoretic algorithms for the integer programming problem - II: Extension to a general algorithm". Operations Research 16 (1968), 928-47.
[12] J.F. Shapiro and H.M. Wagner, "A finite renewal algorithm for the knapsack and turnpike models". Operations Research 15 (1967), 319-41.
[13] H.M. Weingartner and D.N. Ness, "Methods for the solution of the multi-dimensional 0/1 knapsack problem". Operations Research 15 (1967), 83-103.

ANHANG: LISTE DER SYMBOLE*

ABBAU Subroutine zum Zerlegen der optimalen Lösungskombination
ADRESS(BNRALT) Vektor mit Trommeladressen der BPUF-Vektoren
AUFBAU (NSTKS,LMAXS) Subroutine, worin mit NSTKS Stücken ein Lösungsvektor der Länge LMAXS gebildet wird
B(J) Bestellungsvektor. Hilflösungsvektor, worin alle möglichen in den Stab passenden Kombinationsgewichte innerhalb einer Bestellung gebildet werden.
BMAX = LMAX

*Alle Variable sind ganzzahlig deklariert durch den Befehl IMPLICIT INTEGER(A-Z).

BMAX1	= LMAX1
BMIN	= LMIN
BNR(I)	Bestellungsnummer der I-ten Position
BNRALT	Bestellungsnummer der (I - 1)-ten Position
BNREND	Bestellungsnummer der letzten, N-ten Position
BPUF(K)	Gepufferter B-Vektor, worin alle positiven Elemente des B-Vektors nacheinander gespeichert sind
FLD (I,J,K)	Eine Funktion im Fortran V, die eine Operation auf das Feld ab Bit I über J Bits in Variable K ermöglicht
G(I)	Gewicht des I-ten Gegenstands
GE	Gewichtseinheit (Variable), worin Stab und Stücke ganzzahlig ausgedrückt werden
GMAX	Gewichtsgrenze im Knapsack-Problem
GSTK(I)	Stückgewicht der I-ten Position
I	= 1,...,N. Index für Gegenstände bzw. Bestellungspositionen.
J	Index für Lösungsvektor bei Schleife herunter
JJ	Index für Lösungsvektor bei Schleife herauf
K	Index für Stücke innerhalb einer Position, bzw. Index für den gepufferten Bestellungsvektor
L(J)	Lösungsvektor. Dimension LMAXEX. Das J-te Element enthält Null oder die Bestellungsnummer und das Kombinationsgewicht der zuletzt eingeschriebenen Kombination.
LISTE(NSCHN)	Liste mit Identifikationsnummern der zu schneidenden Stücke
LMAX	Länge des Stabs in GE. Höchstes verfügbares Element in L.
LMAXEX	Dimension des L-Vektors. Extremwert für LMAX.
LMAX1	= LMAX - LMIN
LMAXS	Argument in AUFBAU. Höchstes verfügbares Element in L.
LMAXS1	= LMAXS - LMIN
LMAXT	Temporär höchstes verfügbares Element in L bei Rekonstruktion einer überschriebenen Teilkombination
LMIN	Niedrigstes Element in L das besetzt werden kann = kleinstes zu betrachtende Stückgewicht
LOPT	Das werthöchste Element in L, das die optimale Lösung angibt
M	= 1,...,NWERT. Index für Wertreihe.
MM	= M,...,NWERT. Index für restliche Wertreihe.
N	Anzahl in Betracht kommende Gegenstände, bzw. Bestellungspositionen
NPOSEL	Anzahl positive Elemente im B-Vektor
NSCHN	Indexnummer des letzten zu schneidenden Stücks in LISTE
NSTK	Anzahl zu betrachtende Stücke (Normalfall)
NSTK(I)	Anzahl identische verfügbare Schnittstücke in der I-ten Bestellungsposition
NSTKI	= NSTK(I), als Index
NSTKS	Argument der Subroutine AUFBAU. Anzahl zu betrachtende Stücke.
NSTKT	Temporäre Anzahl zu betrachtende Stücke (bei Rekonstruktion des L-Vektors)
NWERT	Zweite Dimension von WMAT. Maximale Anzahl zu vergleichende Einzelwerte.
NWERT1	= NWERT - 1
PHASE1	Subroutine der 1. Phase des Zweiphasenknapsackverfahrens. Eine Position wird in den Bestellungskombinationsvektor kombiniert (ohne Wertvergleiche).
PHASE2	Subroutine der 2. Phase des Zweiphasenknapsackverfahrens. Der Bestellungsvektor wird in den endgultigen Lösungsvektor kombiniert

	(mit Vergleichen der Einzelwerte).
POSNR(I)	Identifikationsnummer der I-ten Position. Im einfachsten Fall POSNR(I) = I
TCHECK	Subroutine in Assembler. Warteprogramm. Die Routine gibt die Kontrolle zurück, sobald auf der Trommel keine I/O-Operation läuft.
TWRITE	(A,B,C) Subroutine in Assembler. Die ersten B Elemente des Array A werden auf schnelle Trommel geschrieben. Die Trommeladresse wird (zwecks Zurücklesen) in C gespeichert.
X(I)	Logische 0/1 Variable die angibt, ob der I-te Gegenstand ausgewählt wird (X(I) = 1) oder nicht (X(I) = 0)
W(I)	Wert des I-ten Gegenstands
W(J)	Wertvektor
WERT	(A,BNR,J) Subroutine, worin der Wert einer Kombination der Bestellung BNR mit Kombinationsgewicht J zusammengestellt und in A geschrieben wird
WHILF(M)	Hilfreihe von Werten. Dimension NWERT+1.
WMAT(J,M)	Wertmatrix. Dimensionen LMAXFIX und NWERT.
WMAX	Der höchste Wert im Wertvektor, der die optimale Lösung bestimmt
WPUF(K)	Gepufferter Wertvektor
WSTK(I)	Wert des I-ten zu betrachtenden Schnittstücks

Wirtschaftliche Planung bei unsicheren Erwartungen

von B. E. Turner, Taunusstein

Kurzfassung

Die wirtschaftliche Planung in der betrieblichen Praxis zeigt, dass die zur Verfügung stehenden Planungsdaten umso unsicherer werden, je langfristiger der Planungshorizont ist. Zwar bietet die klassische Oekonomie viele Planungsmodelle an, sie haben jedoch als unternehmische Planungsinstrumente keine breite Anwendung gefunden. Ein Grund dafür liegt in der schwierigen Messbarkeit der unsicheren Planungsdaten und ihrer Zusammenhänge.

In jüngster Zeit hat sich die "Risiko-Analyse" als eine wertvolle Methode zur Vorbereitung optimaler Entscheidungen bei unsicheren Erwartungen erwiesen.

Der folgende Beitrag will zeigen, wie man klassische Modelle mit Hilfe der Risiko-Analyse zu praktischer betrieblicher Planungsrelevanz verhelfen kann. Dies wird am Cournot-Modell unter Verwendung eines numerischen Beispiels verdeutlicht. Dabei soll ersichtlich werden, dass die Risiko-Analyse die Möglichkeit bietet, klassische ökonomische Modelle für die betriebliche Planung anwendbar zu machen.

Einführung

Unter wirtschaftlicher Planung wird im allgemeinen die gedankliche Vorwegnahme zukünftigen Geschehens und deren Umsetzung in den betrieblichen Ablauf verstanden (1). Ein Teil dieser wirtschaftlichen Planung ist die kontinuierliche und systematische Vorbereitung von Entscheidungen mit problemadäquaten Methoden. Dieser Beitrag will sich nur mit diesem Teil der wirtschaftlicher Entscheidungen bei unsicheren Erwartungen befassen. Der Prozess der Umsetzung dieser Entscheidungen in den betrieblichen Ablauf wird ausser acht gelassen.

Der wirtschaftlichen Planung liegen deswegen unsichere Erwartungen zugrunde, weil es meist unmöglich ist, exakte Planungsdaten über zukünftige Ereignisse zu erhalten. Ein wesentlicher Schwerpunkt wirtschaftlicher Handlung liegt darin, dass gegenwärtig vorhandene Mittel für eine unbekannte und unsichere Zukunft disponiert werden; die Disposition basiert also mehr auf Erwartungen als auf exakten Daten. Daher ist das Risiko ein wesentliches Element in der Unternehmungsplanung.

Dies bedeutet, dass eines der Ziele wirtschaftlicher Planung die systematische Analyse des Risikos bei wirtschaftlichen Entscheidungen unter Beachtung der verschiedenen Entscheidungsalternativen sein muss. Anderseits kann aber auch durch solche Planung die Zukunft nicht vollständig beherrscht werden. Die wirtschaftliche Planung umfasst nicht zukünftige Entscheidungen, sondern die zukünftigen Auswirkungen gegenwärtiger Entscheidungen (3). Dabei darf diese Planung nicht so verstanden werden, dass durch sie das Risiko beseitigt oder zumindest verringert werden kann. Es soll durch sie vielmehr klar werden, welches Risiko mit einer wirtschaftlichen Entscheidung verbunden ist, wie gross das Risiko bei den jeweiligen Entscheidungsalternativen ist und wie dadurch die Zielerreichung beeinflusst wird.

Zur Untersuchung dieses Problems wird der nächste Abschnitt zunächst kurz klassische wirtschaftliche Planungsmodelle und ihre Bedeutung als praktikable unternehmerische Instrumente zur Planung bei unsicheren Erwartungen behandeln.

Klassische wirtschaftliche Planungsmodelle

Klassische wirtschaftliche Planungsmodelle werden in der theoretischen Volks- und Betriebswirtschaftslehre dazu verwendet, beobachtete oder angenommene ökonomische Beziehungen zu erklären. Um diese Modelle in der Praxis anwenden zu können, müssen die wesentlichen Einflussgrössen, wie z.B. Kosten, Nachfrage, Wettbewerbsverhältnisse, etc. bekannt sein. Diese Faktoren sind - wie die meisten wirtschaftlichen Einflussgrössen - normalerweise unsicher. Dies trifft natürlich auch für die Pläne zu, die auf diesen Daten basieren.

Geplante Preise und Produktionsmengen können daher von denjenigen abweichen, die man auf der Basis von zuverlässigeren Prognosen vorgegeben hätte. Das bedeutet, dass qualitativ bessere Prognosen die Schätzfehler verringern können; sie können aber nicht die Unsicherheit bei wirtschaftlichen Entscheidungen beseitigen.

Bei der in der Mikroökonomie angewandten Marginalanalyse können anderseits keine unsicheren Daten in den ökonomischen Planungsmodellen sinnvoll verwendet werden. Bei diesen Modellen werden vielmehr deterministische Daten und stetige und differenzierbare Funktionen, z.B. für Kosten und Nachfrage, vorausgesetzt.

Es muss daher eine Methode gefunden werden, die es erlaubt, auch unsichere Daten in den klassischen Modellen zu verwenden und damit diesen Modellen zu einer praktischen Bedeutung zu verhelfen. Als solch eine Methode bietet sich die Risiko-Analyse an. Bevor sie jedoch mit den klassischen Modelle kombiniert wird, sollen kurz einige wesentliche Punkte der Risiko-Analyse behandelt werden.

Risiko-Analyse

Vor knapp zehn Jahren schlugen Hess und Quigley vor, die Monte Carlo-Methode zur Simulation von wirtschaftlichen Ereignissen bei Unsicherheit zu verwenden und damit die Planung zu verbessern (6). Kurz danach berichtete Hertz über praktische Erfahrungen mit einer Computer-Simulation zur Untersuchung von Investitionsalternativen (5). Seitdem wird der Ausdruck Risiko-Analyse für diese Planungsmethode verwendet.

In Deutschland wurde darüber auf der Jahrestagung der Deutschen Gesellschaft für Unternehmensforschung 1966 in Berlin von Falkenhausen und Hobbins ausführlich berichtet (4). Die steigende Anwendung der Risiko-Analyse beruht auf dem Zwang für die Unternehmen, bessere Planungsmethoden zu verwenden, und in vielen praktischen Fällen hat sich der Nutzen der Risiko-Analyse bereits gezeigt.

Zur Anwendung der Risiko-Analyse werden die unsicheren Einflussgrössen in Wahrscheinlichkeitsverteilungen zusammengefasst und in einem mathematischen Modell verarbeitet. Dabei erhält man nicht nur einen Erwartungswert, sondern auch die Streuung dieses Wertes und die Wahrscheinlichkeit, dass bestimmte Werte mindestens erreicht werden.

Mit einer anschliessenden Sensibilitätsanalyse kann ermittelt werden, welche Faktoren den grössten Einfluss auf die Unsicherheit der Entscheidung haben und ob zusätzliche Informationen beschafft werden sollten.

Die mit der Risiko-Analyse gewonnen Informationen dienen der Verbesserung der Entscheidungsgrundlagen, indem die Unternehmensleitung die erwarteten Ergebnisse gegen das damit verbundene Risiko abwägen kann.

Bisher wurde die Risiko-Analyse hauptsächlich bei Investitionsentscheidungen herangezogen. Kürzlich hat jedoch Müller-Merbach darauf hingewiesen, dass durch die Risiko-Analyse möglicherweise klassische ökonomische Modelle praktische Bedeutung bei der Unternehmensplanung erlangen könnten (7). Dieser Gedanken wurde vom Verfasser aufgegriffen und in einer ausführlichen Untersuchung auf seine Realisierbarkeit geprüft (8). Ein Teil der Ergebnisse dieser Untersuchung wird im Weiteren behandelt.

Numerisches Beispiel zur wirtschaftlichen Planung bei unsicheren Erwartungen

Nachdem nun die beiden Elemente zur effizienten wirtschaftlichen Planung bei unsicheren Erwartungen, nämlich die klassischen wirtschaftlichen Planungsmodelle und die Risiko-Analyse erläutert worden sind, können sie kombiniert und auf ihre Anwendbarkeit hin geprüft werden. An dem folgenden einfachen numerischen Beispiel soll gezeigt werden, wie das Cournot-Modell benutzt werden kann, um den für das Gewinnmaximum optimalen Preis eines Angebotsmonopolisten festzustellen.

Angenommen, eine Unternehmung möchte ein neues Produkt auf den Markt bringen, um den Gesamtgewinn zu erhöhen und durch Diversifikation das langfristige Wachstum zu gewährleisten. Die Unternehmensleitung erwartet keine Konkurrenz im ersten Absatzjahr, da das Produkt durch ein Patent geschützt ist. Die Unternehmung tritt daher als monopolistischer Anbieter auf dem Markt auf. Sie hat lediglich Rücksicht auf die Nachfrager, jedoch nicht auf Konkurrenten zu nehmen.

In den meisten früheren Anwendungen der Risiko-Analyse wurde der Preis als eine unsichere Einflussgrösse angesehen und durch eine Zufallsvariable dargestellt. In dem hier zu behandelnden Problem wird der Preis jedoch nicht als Zufallsvariable, sondern als ein autonom festzusetzender Parameter aufgefasst.

Es wird davon ausgegangen, dass durch Marktanalysen die Preisstrategien von 24,-, 23,-, 22,-, 21,- und 20,- DM als realisierbar erkannt worden sind. Eine Kostenanalyse hat die folgenden wichtigen Einflussgrössen gezeigt:

- Fertigungslöhne
- variable Energiekosten
- Kosten der Rohstoffe A und B

Es ist nun die Aufgabe der Unternehmensleitung, aufgrund der zur Verfügung stehenden Informationen denjenigen Angebotspreis zu bestimmen, der in bezug auf die Zielvorstellung und Risikoeinstellung der Unternehmensleitung optimal ist. Als Entscheidungskriterien zur Wahl der optimalen Preisstrategie wählt die Unternehmensleitung den Deckungsbeitrag des ersten Jahres. Danach lässt sich folgendes Modell für den jährlichen Deckungsbeitrag aufstellen:

DAS MODELL

$$DB = (0{,}8P - FL - EK - SA - SB) \cdot (M)$$

Der Deckungsbeitrag setzt sich zusammen aus Stück-Deckungsbeitrag mal Absatzmenge, wobei

- DB : Deckungsbeitrag des ersten Jahres in DM
- P : Verkaufspreis in DM pro Stück; 20% gehen für Provisionen, Skonti und Mehrwertsteuer ab, daher der Faktor 0,8
- FL : Fertigungslöhne in DM pro Produktionseinheit (PE)
- EK : Variable Energiekosten in DM pro PE
- SA : Kosten des Rohstoffs A in DM pro PE
- SB : Kosten des Rohstoffs B in DM pro PE
- M : Absatzmenge in Stück des ersten Jahres

Jeder der Werte für die oben angegebenen Markt- und Kostenfaktoren ist unsicher, d.h. jede Variable kann verschiedene Werte annehmen. Die Planung wird weiter dadurch erschwert, dass der Angebotspreis einen Einfluss auf die abgesetzte Menge hat. Die abgesetzte Menge wiederum beeinflusst die variablen Stückkosten des Produktes. Der Erlös des neuen Produktes hängt von der abgesetzten Menge und dem Angebotspreis ab. Je höher der Preis, desto weniger kann abgesetzt werden; bzw. je niedriger der Preis, desto grösser die Absatzmenge.

Der Verkaufsleiter kennt jedoch keinen eindeutigen Zusammenhang zwischen Preis und Menge. Aus diesem Grund kann nur eine stochastische Preis-Absatz-Funktion verwendet werden, die wie folgt dargestellt ist:

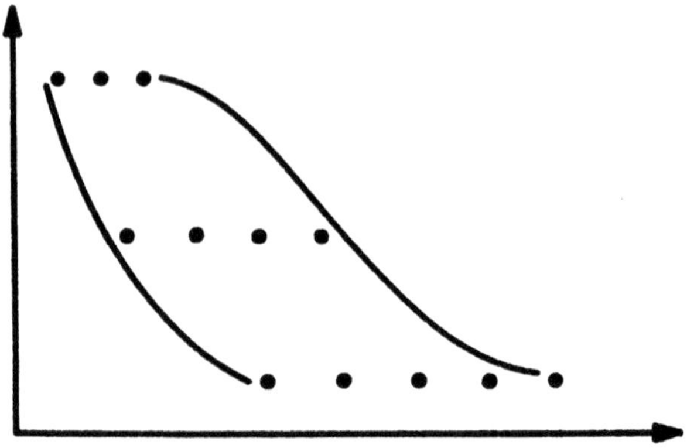

Darstellung der stochastischen
Preis-Absatz-Funktion

Diese Darstellung zeigt, dass zu jeder Preisstrategie mehrere absatzbare Mengen für möglich gehalten werden.

Da bei der Einführung von neuen Produkten meistens keine objektiven Daten zur Verfügung stehen, müssen Schätzungen benutzt werden. Auf die fünf ausgewählten Preisstrategien schätzt der Verkaufsleiter unter Berücksichtigung der Marktstudienergebnisse und des Urteils der Fachleute einen Absatz, der zwischen 30000 und 70000 Stück pro Jahr liegt. Er nimmt an, dass die Absatzmenge für das höchste Preisniveau von 24,- DM zwischen 30000 und 50000 Stück liegt. Die Absatzmenge für das niedrigste Preisniveau soll zwischen 50000 und 70000 Stück liegen. Alle Schätzungen sind auf der folgenden Seite als diskrete Wahrscheinlichkeitsverteilungen zusammengefasst.

Der Produktionsleiter schätzt in Zusammenarbeit mit dem Einkaufsleiter die wahrscheinlichen Kosten der Roh-, Hilfs- und Betriebsstoffe auf verschiedenen Produktionsebenen. Der Finanzleiter liefert Informationen über die erwarteten Fertigungslöhne, Lohnveränderungen und Ueberstundenkosten bei zunehmender Produktion. Alle Schätzungen der Einflussgrössen für jede der fünf Preisstrategien werden auf Lochkarten übertragen, um die nötigen Rechnungen zur Risiko-Analyse auf einem Elektronenrechner durchführen zu können.

Absetzbare Menge (M) in Stück	Angebotspreise (P) in DM 24,-	23,-	22,-	21,-	20,-
30000	15	-	-	-	-
35000	40	5	-	-	-
40000	30	15	5	-	-
45000	10	40	10	5	-
50000	5	30	30	15	10
55000	-	10	40	30	35
60000	-	-	15	40	40
65000	-	-	-	10	10
70000	-	-	-	-	5

WAHRSCHEINLICHKEITEN (IN PROZENT),
mit denen die verschiedenen absetzbaren Mengen in Abhängigkeit vom Angebotspreis geschätzt werden.

Wenn man nun die fünf Preisstrategien mit den vier variablen Kostenfaktoren und den verschiedenen Absatzmöglichkeiten kombiniert, und wenn weiterhin für jeden dieser Faktoren fünf diskrete Wahrscheinlichkeitsschätzungen vorliegen, so ergeben sich über 15000 mögliche Deckungsbeiträge. Aber mit welcher Preisstrategie lässt sich ein gewünschter Deckungsbeitrag am ehesten erreichen, welche Strategien sind mit sehr grosser Unsicherheit verbunden und welche Strategie hat den höchsten Erwartungswert? Diese Fragen können mit Hilfe der Monte Carlo-Simulation beantwortet werden

Die Monte Carlo-Methode ist ein Verfahren der zufälligen Auswahl, die bisher dazu verwendet wurde, Schätzungen komplexer mathematischer Prozesse oder unbekannter physikalischer Zusammenhänge stochastischer Natur zu liefern. Eine Monte Carlo-Simulation wird durchgeführt, indem der Wert einer stochastischen Variablen zufällig aus der zugehörigen Wahrscheinlichkeitsverteilung gewählt wird. Jeder Wert wird umso häufiger gewählt, je höher seine Wahrscheinlichkeit ist. Diese Zufallsauswahl wird solange durchgeführt, bis aus allen Wahrscheinlichkeitsverteilungen eine Stichprobe entnommen ist. Die gewonnenen Werte werden in das Rechenmodell eingegeben und das Ergebnis berechnet. Dieser Auswahlprozess, den man Simulationslauf nennt, wird sehr oft wiederholt, wobei schliesslich die Wahrscheinlichkeitsverteilung der Ergebnisse an die Wahrscheinlichkeitsverteilung der Grundgesamtheit mit zunehmender Anzahl von Simulationsläufen angenähert wird.

Für das Beispiel des oben angeführten Produktes wurde eine repräsentative Stichprobe für jede Preisstrategie derart genommen, dass sich eine gute Annäherung an die Verteilung der möglichen Deckungsbeiträge ergab. Es wurde dazu ein Fortran-Programm geschrieben, mit dem für jede Preisstrategie 500 Simulationsläufe auf dem CDC-3300 Elektronenrechner an der Johannes Gutenberg-Universität in Mainz durchgeführt wurden. Die gesamte Rechenzeit für die Simulation aller Preisstrategien einschliesslich Sensibilitätsanalysen und graphischer Darstellung der Ergebnisse betrug 1 Minute 49 Sekunden. Die folgende graphische Darstellung auf der nächsten Seite wurde auf dem Calcomp Trommel-Plotter durch ein Unterprogramm erstellt.

Diese graphische Darstellung ermöglicht einen simultanen Vergleich aller fünf Preisstrategien anhand der kumulierten Wahrscheinlichkeitsverteilungen für die mindestens zu erzielenden Deckungsbeiträge. Danach können folgende Aussagen gemacht werden:

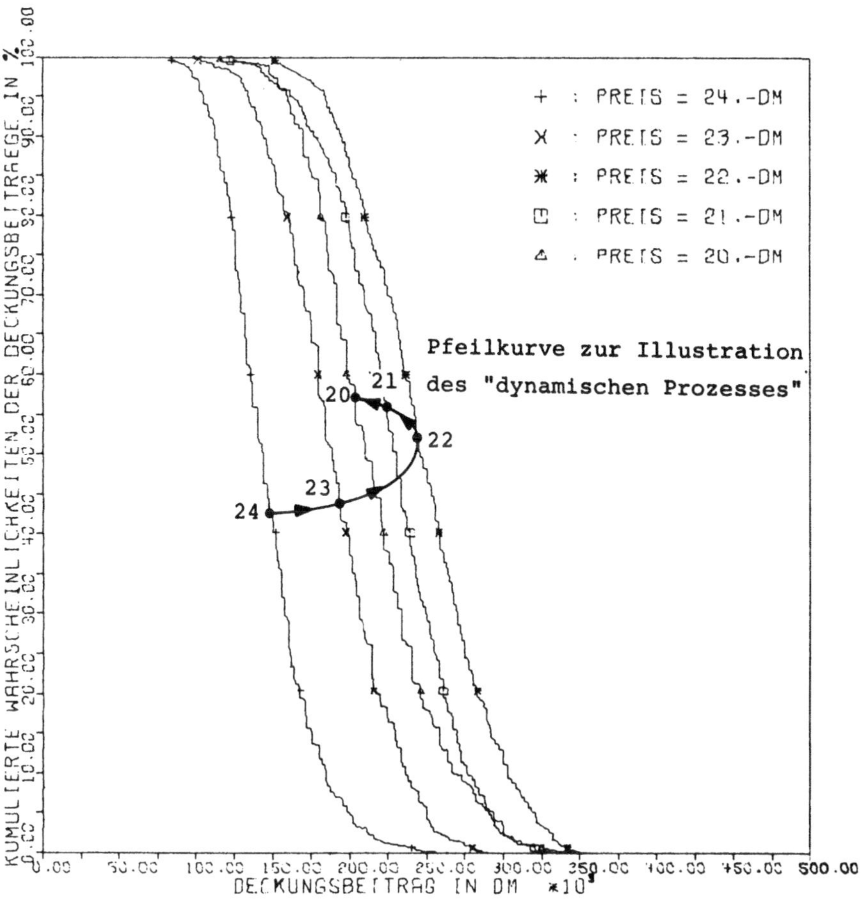

Kumulative Wahrscheinlichkeitsverteilungen
der Deckungsbeiträge aller Preisstrategien

Der Preis von 22,- DM erlaubt die Realisierung eines Mindestdeckungsbeitrages mit der höchsten Wahrscheinlichkeit und dem geringsten Risiko.

Beispielsweise möchte ein Unternehmer mindestens den Deckungsbeitrag von 200000,- DM erreichen. Der Preis von 22,- DM hat die grösste Wahrscheinlichkeit von 87%, diesen Deckungsbeitrag zu erreichen. Die übrigen Preisstrategien liegen bei 79%, 59%, 39% und 5%. Ihre Wahrscheinlichkeitsverteilungskurven liegen nämlich unterhalb der Kurve für 22, DM.

Ausgehend von einem gegebenen Wahrscheinlichkeitswert liefert der Preis 22,- DM den höchsten Deckungsbeitrag. Wenn ein Unternehmer beispielsweise einen Deckungsbeitrag mit einer Zuverlässigkeit von 90% erzielen möchte, dann liefert die Preisstrategie 22,- DM den grössten Deckungsbeitrag von 196 TDM. Die übrigen Preisstrategien liefern 180, 171, 145 und 112 TDM. Das ergibt sich aus der Kurvenlage.

Da mit dem Programm auch der Erwartungswert und die Streuung berechnet werden können, lassen sich weitere Aussagen machen.

Wird der Erwartungswert für die Deckungsbeiträge der einzelnen Preisstrategien als Entscheidungskriterium benutzt, so führt das in diesem Beispiel ebenfalls zur Wahl von 22,- DM als optimaler Preisstrategie. Der Erwartungswert erlaubt aber nicht, für alternativ geplante Deckungsbeiträge die zugehörigen Wahrscheinlichkeiten zu bestimmen. Dies ist nur möglich, wenn für alle Deckungsbeiträge die Wahrscheinlichkeiten vorliegen, so wie sie sich aus der Risiko-Analyse ergeben.

Durch die verschiedenen Preisstrategien wird ein "dynamischer Prozess" ausgelöst, d.h. die Kurven verschieben sich bei abnehmendem Angebotspreis erst nach rechts und dann nach links, dargestellt im obigen Diagramm durch die Pfeilkurve. Die kumulative Wahrscheinlichkeitskurve des Preises von 22,- DM liegt ganz recht und ist daher optimal.

An der graphischen Darstellung kann man erkennen, dass die Preisstrategie von 22,- DM nur eine näherungsweise Optimallösung darstellt, da sie die einzige Alternative zwischen 23,- und 21,- DM ist. Der Optimalpreis muss daher irgendwo zwischen 23,- und 21,- DM liegen. Es ist aber nicht sinnvoll, die Analyse auf die genaue Bestimmung der optimalen Preisstrategie auszudehnen, weil im allgemeinen eine relativ geringe Anzahl von Strategien verfolgt wird, und auch die der Analyse zugrundeliegenden Daten aufgrund ihrer Subjektivität nicht genau genug sind, um eine exakte Ergebnisrechnung zu rechtfertigen. Diese Gründe sprechen dafür, dass die Ergebnisse der Risiko-Analyse in der gezeigten Form hinreichend genau sind, um als Entscheidungsunterlage zu dienen.

Die Risiko-Analyse erlaubt nun aber noch weitere, für die Planung sehr wertvolle Aussagen: das Ergebnis der Monte Carlo-Simulation kann nämlich auf seine Empfindlichkeit gegenüber Datenänderungen geprüft werden. Die systematische alternative Berechnung des Ergebnisses bei Aenderungen der unsicheren Einflussgrössen nennt man Sensibilitätsanalyse. Sie lässt sich auf zwei verschiedene Arten durchführen:

1. Man wiederholt die gesamten Rechenvorgänge unter Aenderung der zugrundegelegten Wahrscheinlichkeitsverteilungen. Dadurch wird es möglich, die Auswirkungen zusätzlicher oder geänderter Informationen zu erkennen.

2. Durch eine Aenderung des Durchschnittswertes jedes Einflussfaktors kann künstlich die Sensibilität der Ergebnisse auf Aenderungen der unsicheren Einflussgrössen ermittelt werden.

Beide Methoden geben der Unternehmensleitung wichtige Hinweise auf mögliche weitere Schritte, die die Unsicherheit und damit auch das Risiko vermindern können.

Es ist möglich, dass relativ grosse Aenderungen einiger unsicherer Einflussgrössen die Ergebnisse nicht wesentlich beeinflussen. Jeder Versuch, zur Verringerung der Unsicherheit mehr Informationen über diese Einflussgrössen zu sammeln, wäre ökonomisch nicht sinnvoll. Auf der anderen Seite erscheint es jedoch sinnvoll, für diejenigen Grössen, deren geringe Aenderung relativ starke Ergebnisänderungen hervorrufen, weitere Untersuchungen (wie z.B. Marktforschung, Kostenanalyse etc.) anzuschliessen. Die Verringerung der Unsicherheit dieser Einflussgrössen könnte eine entscheidende Verkleinerung der gesamten Unsicherheit bei der zu treffenden Entscheidung herbeiführen.

Der wesentliche Nutzen der Anwendung der Risiko-Analyse auf klassische ökonomische Modelle zur wirtschaftlichen Planung bei unsicheren Erwartungen dürfte nicht nur darin liegen, dass damit der Unternehmensleitung ein formales analytisches Hilfsmittel zur Verfügung gestellt wird. Er könnte vielmehr darin liegen, dass durch den logischen Ablauf der Risiko-Analyse der Prozess der wirtschaftlichen Planung systematisiert und die Unternehmensleitung dazu angehalten wird, sich intensiv mit dem Planungsprozess zu befassen. In jedem Fall zeigt sich aber, dass die Risiko-Analyse die Anwendungsmöglichkeiten klassischer wirtschaftlicher Modelle zur Unternehmensplanung erheblich erweitern, wenn nicht gar erst sinnvoll ermöglichen kann.

Schlussbemerkungen

Diese Beitrag wollte kurz die Möglichkeit aufzeigen, die sich durch die Kombination klassischer ökonomischer Modelle mit der Risiko-Analyse für die wirtschaftliche Planung bei unsicheren Erwartungen bieten. Zwar wird mit der Risiko-Analyse die Unsicherheit im Planungsprozess nicht beseitigt und kann auch keine autonomisch optimale Entscheidung getroffen werden. Diese Entscheidung ist nach wie vor eine Aufgabe der Unternehmensleitung, für die aber durch die Risiko-Analyse sehr viele ausführliche Informationen zur Verfügung gestellt werden. Man könnte sagen, dass die Risiko-Analyse die Unternehmensplanung einen weiteren Schritt nach vorne gebracht hat, indem von der Betrachtung des Ertrages zur Betrachtung des Ertrages und seiner möglichen Abweichungen übergangen wurde. Weitere Schritte müssen noch folgen, da sich in der Praxis einige Manager von dieser Verbesserung der Planungsmethoden noch nicht befriedigt zeigten. Darüber hat Carter neulich berichtet (2). Er hat die Vor- und Nachteile der Risiko-Analyse als Planungsinstrument sehr genau durchleuchtet und sich dabei auf die Erfahrung in einigen grossen Oelgesellschaften gestützt.

Obwohl aus Carter's Untersuchungen hervorgeht, dass menschliche und organisatorische Schwierigkeiten - wie auch Unzulänglichkeiten des Modells selber - auftreten können, lassen sich durch Zusammenarbeit zwischen Spezialist und Manager die grösseren Ursachen der Einführungsprobleme merklich beheben.

Die Erfahrung des Verfassers selbst bestätigt, dass echte Zusammenarbeit und offene, in beiden Richtungen wirkende Kommunikation zwischen Manager und Spezialist die wichtigsten Vorbedingungen für die erfolgreiche Durchführung eines Operations Research-Projektes sind, sei es nun Risiko-Analyse oder anderes. Unter diesen Voraussetzungen verspricht die Verbindung von klassischen mikroökonomischen Modellen mit Risiko-Analyse die wirtschaftliche Planung bei unsicheren Erwartungen wesentlich zu verbessern.

* * * * *

Der Verfasser möchte seinem Freund, Herrn Dipl.-Volkswirt Toni Talmon, für seine Hilfe bei der sprachlichen Formulierung der endgültigen Abfassung dieses Beitrages herzlich danken!

Literaturhinweise

1. R.L. Ackoff, A Concept of Corporate Planning, Wiley-Interscience, New York London Sydney Toronto 1970

2. E.E. Carter, What are the risks in risk analysis?, in: Harvard Business Review 50, H.4 1972, S. 72 - 82

3. P.F. Drucker, Long-Range Planning, in: Management Science 5, H.3 1959, S. 238 - 249

4. H.v. Falkenhausen und P.C. Hobbins, Risiko-Analyse, ein Bericht über einen Vortrag gehalten bei der Jahrestagung der Deutschen Gesellschaft für Unternehmensforschung, Berlin 1966

5. D.B. Hertz, Risk Analysis in Capital Investment, in: Harvard Business Review 42, H.1 1964, S. 95 - 106; deutsche Uebersetzung; Risiko-Analyse bei Kapitalanlagen, in: Fortschrittliche Betriebsführung 13, H.4 1964, S. 107 - 117

6. S.W. Hess und H.A. Quigley, Analysis of Risk in Investments Using Monte Carlo Techniques, in: Chemical Engineering Symposium Series 59, H.42: Statistics and Numerical Methods in Chemical Engineering, New York 1963, S. 55 - 63

7. H. Müller-Merbach, Risiko-Analyse, in: Management-Enzyklopädie, Bd.5, Verlag Moderne Industrie, München 1971, S. 176 - 183

8. B.E. Turner, Die Risiko-Analyse als Entscheidungshilfe bei der betrieblichen Anwendung klassischer preistheoretischer Modelle, Europäische Hochschulschriften, Reihe V Volk- und Betriebswirtschaft, Nr. 52, Verlag Peter Lang GmbH, Frankfurt/Main 1972

Lösung zweier Probleme der Personalplanung der Bundeswehr

von G. A. Zölzer, Ottobrunn

I. Bestimmung des Ergänzungsbedarfs an Wehrpflichtigen

Die Zahl der Wehrpflichtigen ein und desselben Eintrittsdatums ist nicht konstant über die Wehrdienstzeit. Sie verringert sich vielmehr durch

- Entlassungen wegen Krankheit, Unfall etc.
- Übernahme zum längerdienenden Zeitsoldaten.

Abb. 1 zeigt eine solche empirisch ermittelte "Schwundkurve".

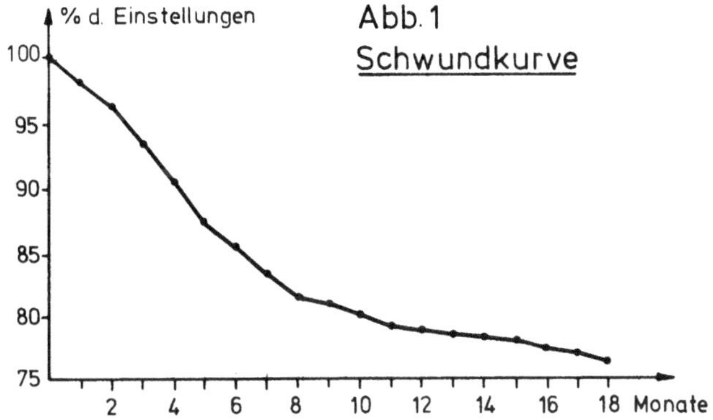

Abb. 1
Schwundkurve

Dieser sogenannte Wehrpflichtigenschwund hat eine zeitliche Änderung des Gesamtumfangs zur Folge. Außerdem treten Schwankungen im Gesamtumfang auf durch

- **außerplanmäßige Entlassungen, etwa bei Verkürzung der Grundwehrdienstzeit,**

- Änderungen im Sollumfang der Wehrpflichtigen.

Die Problematik bei der Bestimmung des Ergänzungsbedarfs an Wehrpflichtigen besteht darin, den Sollumfang bei nicht-linearem Schwund jederzeit einzuhalten; und dies auch bei Änderung des Wehrpflichtsystems (etwa Verkürzung der Wehrdienstzeit).

Methode A

Man berechnet zunächst die Zahl der am Einberufungstermin I noch Dienst leistenden Wehrpflichtigen der vorhergehenden Einberufungstermine:

$$R(I) = \sum_{J=1}^{W/Q-1} X(I - J \cdot Q) \cdot A(J \cdot Q)$$

mit
- W Wehrdienstdauer (Monate)
- Q Einberufungsfrequenz (Monate)
- X (K) Einstellungen zum Termin K
- A (L) Bestandsquote nach L Monaten (Prozent/100).

Die Forderung:

Die gemittelte Gesamtstärke an Wehrpflichtigen im Intervall (I, I + Q) sei gleich Sollumfang:

$$\frac{1}{Q+1} \left(\sum_{J=0}^{Q} R(I+J) + X(I) \cdot \left[1 + \sum_{K=1}^{Q} A(K) \right] \right) = SOLL$$

ergibt

die Bestimmungsgleichung für die Zahl X (I) der notwendigen Einstellungen zum Termin I:

$$X(I) = \frac{(Q+1) \cdot SOLL - \sum_{J=0}^{Q} R(I+J)}{1 + \sum_{K=1}^{Q} A(K)}$$

Nach der Bestimmung von X (I) (und erst jetzt) lassen sich die Größen, die in die Bestimmungsgleichung für X (I + Q) eingehen, berechnen.

Es wird also jede Lücke im Restbestand (der Wehrpflichtigen vorhergehender Einberufungstermine) im folgenden Quartal ganz ausgefüllt.

Das hat

Vorteile : keine Unterschreitung des Sollumfangs (pro Quartal)
Nachteile: stark schwankende Einberufungszahlen speziell bei:

- unterschiedlichen Entlassungszahlen
- Änderungen des Sollumfangs.

Abb. 2 zeigt die mit Methode A berechneten Einstellungen.

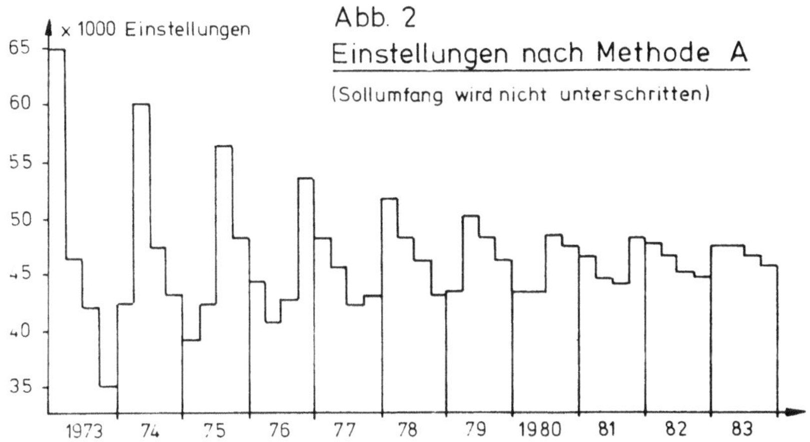

Abb. 2
Einstellungen nach Methode A
(Sollumfang wird nicht unterschritten)

Die Einstellungszahlen übersteigen teilweise die Aufnahmekapazität der Bundeswehr. Eine einfache Begrenzung der Einstellungen führt zu Unterschreitungen des Sollumfangs und behebt nicht die Schwankungen der Einstellungszahlen.

Eine Berechnungsmethode, die diese Schwankungen in akzeptablen Grenzen hält und die Sollunterschreitungen auf ein Minimum reduziert, bietet sich mit Hilfe der Linearen Programmierung.

Methode B

Im Gegensatz zur Methode A lassen sich hier alle Einstellungen eines Jahres gleichzeitig berechnen.

Durch die Restriktion

a: Die Zahl der Einstellungen pro Termin liege in fest vorgegebenen Grenzen!

muß die Forderung von A

mittlere Quartalsstärke = SOLLUMFANG modifiziert werden;

b: die Jahresdurchschnittsstärke an Wehrpflichtigen sei kleiner oder gleich dem Sollumfang!

zusammen mit der Zielfunktion

c: die Abweichung von Sollumfang und Jahresdurchschnittsstärke sei minimal!

ergibt sich ein Lineares Programm.

Sei	X (I)	Zahl der Einstellungen zum Termin I
	B 1 (I)	untere
	B 2 (I)	obere Grenze der Einstellungen zum Termin I
	R (J)	Restbestand der vor Termin 1 einberufenen, am Ende des Monats J-1 noch Dienst leistenden Wehrpflichtigen (vor Entlassung)
	E (J)	Entlassungen am Ende des Monats J-1
	A (J)	Bestandsquote nach J Monaten

dann gilt:

a) $B\,1\,(I) \leq X\,(I) \leq B2\,(I) \qquad I = 1, \ldots, 12/Q$

b) $REST + \sum_{I=1}^{12/Q} C\,(I) \cdot X\,(I) \leq SOLL$

c) $Z = SOLL - REST - \sum_{I=1}^{12/Q} C\,(I) \cdot X\,(I) \longrightarrow Min!$

wobei

$$REST := \frac{1}{24} \left\{ R(1) + 2 \cdot \sum_{J=2}^{12} R(J) + R(13) - \sum_{J=1}^{12} E(J) \right\}$$

$$C(I) := \frac{1}{24} \left\{ 1 + \sum_{K=1}^{11-Q(I-1)} A(K) + A(12-Q(I-1)) \right\}$$

Die mit Hilfe dieses LP berechneten Einstellungen zeigt Abb. 3

Abb. 3
Einstellungen nach Methode B
(Sollunterschreitung 1973 und 1975)

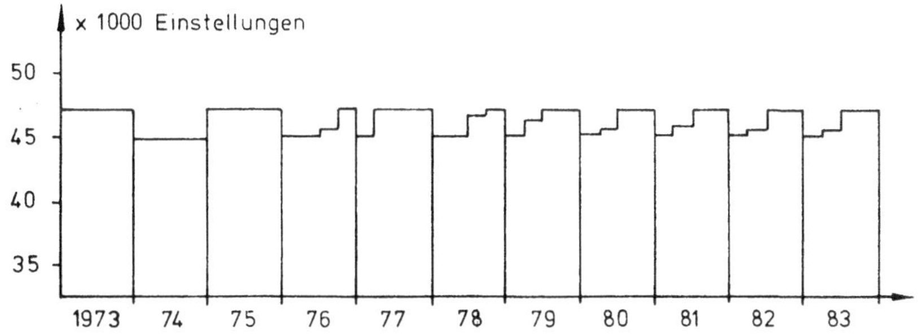

II. Anpassung der Personalstruktur der Berufsoffiziere an eine vorgegebene Sollstruktur

Die zur Zeit bestehende Alters- und Dienstgradstruktur der Berufsoffiziere der Bundeswehr weist erhebliche Abweichungen von der Idealvorstellung auf. Die Abweichungen umfassen vor allem

- die Altersschichtung Abb. 4
- die Besetzung der einzelnen Besoldungsgruppen Abb. 5
- die durchschnittlichen Lebens- und Beförderungsalter.

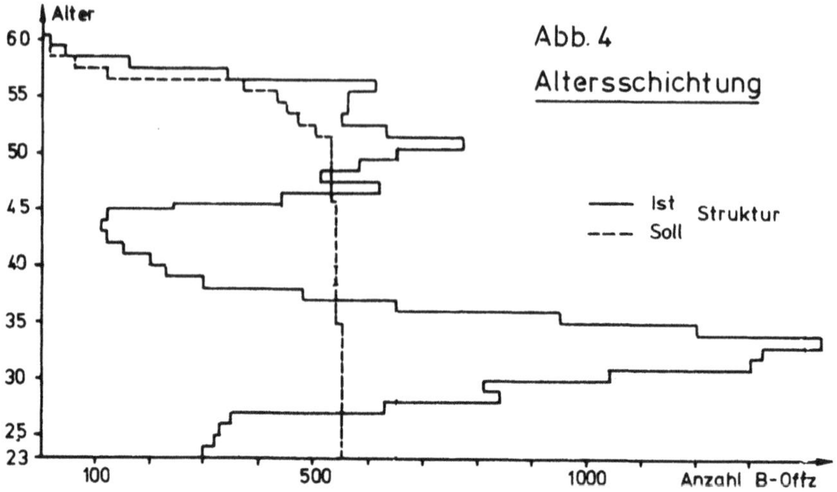

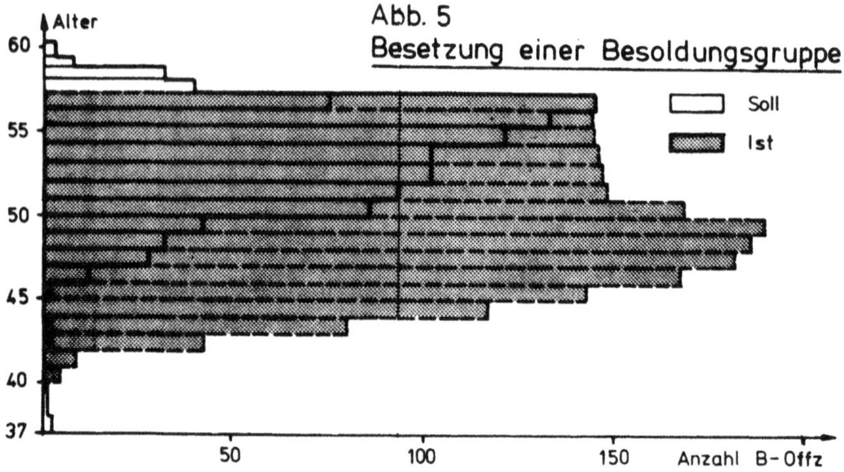

Diese Diskrepanz zwischen Ist- und Sollstruktur stellt den Personalplaner vor das Problem

- bestimmte Funktionsstellen besetzen zu müssen (um die Funktionsfähigkeit zu gewährleisten)
- gleiche Aufstiegsmöglichkeiten für alle Jahrgänge zu schaffen.

Es wurde ein Rechenmodell entwickelt, das durch Anwendung bestimmter

- Pensionierungs-
- Beförderungs- und
- Einstellungsstrategien

die derzeitige Ist-Struktur der Soll-Struktur annähert, unter Beachtung der Aspekte

- funktionsbezogene Planstellenbesetzung,
- Schaffung gleicher Aufstiegschancen für alle Offiziersjahrgänge.

Abb. 6
Systematik des Rechenmodells

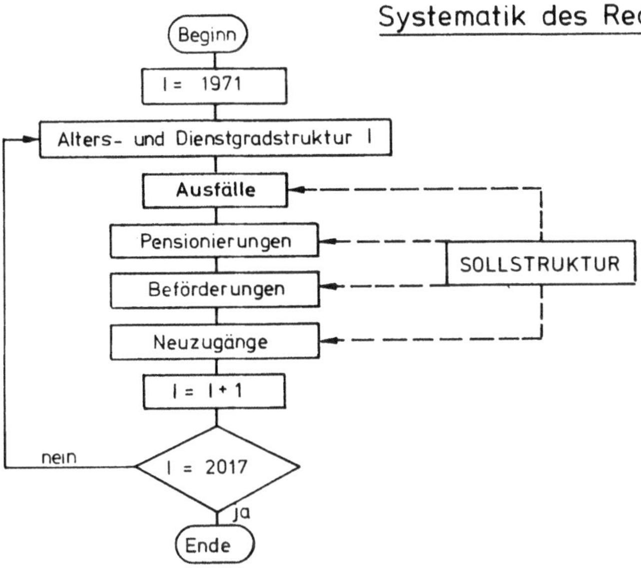

Abb. 6 zeigt die Systematik des iterativ arbeitenden Modells. Durch die Vorgabe eines Sollkegels liegen neben Alters- und Dienstgradstruktur u.a. fest:

- eine bestimmte Beförderungssystematik,
- eine bestimmte Pensionierungspolitik,
- die Zahl der Neueinstellungen.

Ausgehend von der Alters- und Dienstgradstruktur der Berufsoffiziere im Jahr 1971 werden die Ausfälle, Pensionierungen, Beförderungen und Neuzugänge - orientiert an der vorgegebenen Personal-Soll-Struktur - berechnet; die Ergebnisse dieser Berechnungen liefern die Alters- und Dienstgradstruktur des folgenden Jahres, die wiederum Ausgangspunkt für die Berechnungen des nächsten Jahres ist.

Auf diese Weise nähert sich die Iststruktur sukzessive der Sollstruktur, je nach gewählter Strategie mehr oder weniger schnell.

Man kann zunächst zwei idealtypische Strategien verfolgen:

1. planstellenorientierte Anpassung,
2. chancenorientierte Anpassung.

In der planstellenorientierten Anpassungsstrategie werden die im Soll-Kegel festgelegten Planstellen der verschiedenen Besoldungsgruppen möglichst genau und schnell besetzt. Damit hat man freilich noch nicht den Sollkegel vollständig realisiert, da man auf die Altersstruktur nur beschränkt Einfluß nehmen kann; die Verzerrungen in der gegenwärtigen Altersstruktur müssen vielmehr natürlich hinauswachsen.

Die schnelle und genaue Ist-Soll-Anpassung bezüglich der Planstellen hat allerdings sehr unterschiedliche Aufstiegsmöglichkeiten für die einzelnen Jahrgänge zur Folge.

Die Strategie der chancenorientierten Anpassung orientiert sich an den im Sollkegel vorgesehenen prozentualen Anteilen der Altersstufen an den einzelnen Besoldungsgruppen. Dabei ergeben sich für alle Jahrgänge annähernd gleiche Aufstiegschancen.

Eine Folge der unterschiedlichen Jahrgangsstärken ist allerdings eine stark schwankende Besetzung der Besoldungsgruppen.

Keine der beiden idealtypischen Strategien ist in der Praxis realisierbar, da sie zu hohe Schwankungen entweder in der Planstellenbesetzung oder in den Aufstiegschancen einzelner Jahrgänge aufweist.

Eine Kompromißstrategie sollte beides - ausreichende Planstellenbesetzung (kurz: Anpassungsgrad) und angemessene Aufstiegschancen (kurz: Chancengleichheit) berücksichtigen. Möglichkeiten der Beeinflussung von Anpassungsgrad und Chancengleichheit sind:

- Änderung der Schwankungsbreite der Planstellen in den Besoldungsgruppen,
- Variation der Pensionierungsstrategie,
- Variation der Beförderungsstrategie.

Um geeignete Anpassungsstrategien auswählen zu können, wurden die Strategien bezüglich der Aspekte Anpassungsgrad und Chancengleichheit bewertet. Jede Alternative wird beschrieben durch eine Vielzahl von Tabellen über

- Iststärkenentwicklung der Besoldungsgruppen,
- Durchschnittsalter der Offiziere in den Besoldungsgruppen,
- durchschnittliches Beförderungsalter,
- mittlere Verweildauer,
- prozentualer Anteil, mit dem ein Jahrgang in eine Besoldungsgruppe gelangt usw.

Das Bewertungsverfahren beruht auf einer zweistufigen Bewertungsmatrix und liefert für jede Alternative schließlich ein Wertepaar - einen Wert für Chancengleichheit und einen Wert für Anpassungsgrad.

Abb. 7 zeigt die Aufstiegschancen einer speziellen Besoldungsgruppe,

Abb. 7
Aufstiegschancen in Besoldungsgruppe X

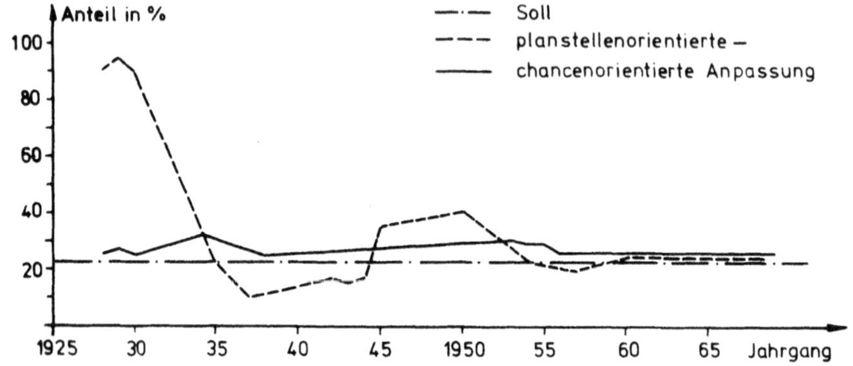

Abb. 8 den Verlauf der Planstellen dieser Besoldungsgruppe bei Anwendung der beiden idealtypischen Strategien.

Abb. 8
Planstellenverlauf der Besoldungsstufe X

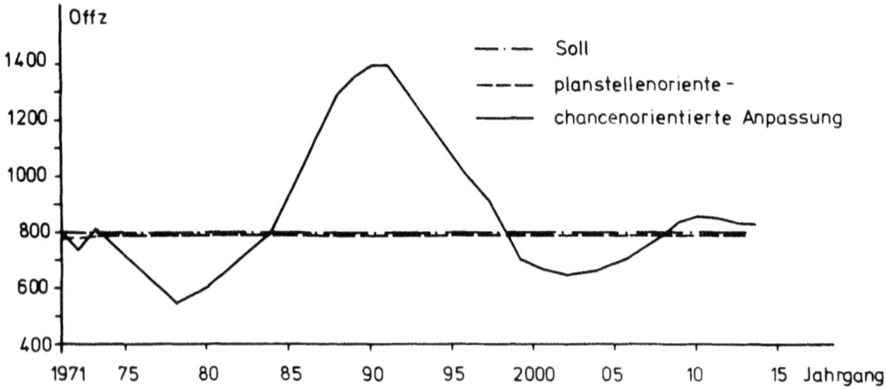

Abb. 9 zeigt die Lage verschiedener Alternativen in einem Bewertungsfeld. Man erkennt leicht die Auswirkungen von Veränderungen bezüglich eines Merkmals auf das andere.

Abb. 9
Bewertungsfeld für Chancengleichheit und Anpassungsgrad

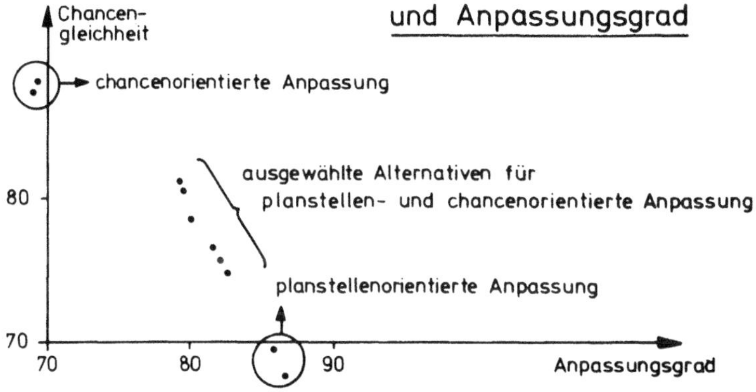

Es liegt in der Verantwortung des Planers, sich für bestimmte Gebiete des Bewertungsfeldes zu entscheiden.

Spieltheorie

Optimalitätsprinzip und Optimalitätsgleichung bei mehrstufigen Spielen

von G. Bühler, Berlin

Zusammenfassung: Es werden die Beziehungen untersucht, die bei einem instationären Modell eines mehrstufigen stochastischen Zwei-Personen-Nullsummen-Spiels zwischen dem Optimalitätsprinzip, der Optimalitätsgleichung und der Optimalität der Strategien bestehen.

0. Einleitung

"Auf Grund des Optimalitätsprinzips von Bellman besteht für die optimalen Werte der Zielgröße die folgende Funktionalgleichung ..." Diese oder eine ähnliche Bemerkung ist in vielen Arbeiten über dynamische Optimierungsprobleme zu lesen, in denen das jeweilige Problem mittels der Methodik der dynamischen Programmierung (DP) behandelt werden soll. Die Gültigkeit des Optimalitätsprinzips (OP) nimmt man als gegeben an und betrachtet die Funktionalgleichung, auch als Optimalitätsgleichung (OG) bezeichnet, als unmittelbare Folge oder sogar als gleichwertig dazu. Bellman selbst spricht von der mathematischen Umsetzung des OP [1] .

Darauf, daß dem im allgemeinen nicht so ist und daß bei Aussagen obiger Art äußerste Vorsicht geboten ist, hat - wohl als erster in dieser Klarheit - Hinderer [3] hingewiesen. OP und OG stellen mathematisch verschiedene Aussagen dar, die lediglich unter bestimmten Voraussetzungen als gleichwertig erkannt werden können. Die Herleitung der OG aus dem OP gelingt ebenfalls nur unter einschränkenden Voraussetzungen. Und schließlich bedarf das von Bellman als allgemeines Prinzip formulierte OP selbst der Verifikation unter konkreten Bedingungen.

Die hier angedeuteten Probleme der DP bei einseitigen dynamischen Optimierungsproblemen stellen sich natürlich auch - und noch schwerwiegender - bei der Anwendung der DP auf dynamische Spielsituationen. Die vorliegende Arbeit wird sich anhand eines instationären Modells eines mehrstufigen stochastischen Zwei-Personen-Nullsummen-Spiels damit beschäftigen. Für das hier benutzte Spielmodell ist bereits an anderer Stelle [2] gezeigt worden, daß unter einer zusätzlichen Voraussetzung über die bedingten Erwartungswerte der Auszahlungsfunktion die zugehörige OG gültig und eindeutig lösbar ist.

Nach der Darstellung des Spielmodells in Abschnitt 1 und einer Diskussion über DP und optimale Strategien in Abschnitt 2 werden im ersten Teil von Abschnitt 3 Beziehungen zwischen dem CP und der OG angegeben, die unabhängig von der vorhin erwähnten zusätzlichen Voraussetzung bestehen. Im zweiten Teil von Abschnitt 3 werden dann unter Berücksichtigung dieser Voraussetzung spezielle Aussagen abgeleitet, die den Begriff der optimalen Strategie im Sinne der Spieltheorie in Beziehung setzen zum hier neu mittels der OG eingeführten Begriff der sequentiell-optimalen Strategie. Man erhält dabei ein echtes Kriterium für die Optimalität,d.h. ein Kriterium, dessen Erfülltsein notwendig und hinreichend ist für die Optimalität der betreffenden Strategie. Dieses Kriterium spiegelt das wider, was wohl oft - ungerechtfertigterweise - dem OP selbst zugeschrieben wird.

In der Literatur ist diesen grundsätzlichen Fragen der DP bei mehrstufigen Spielen bisher nicht viel Aufmerksamkeit gewidmet worden. In den meisten Arbeiten, die mehrstufige Spiele im Prinzip mit der Methode der DP angehen, werden entweder OG und Optimalitätskriterien für den jeweiligen Fall direkt abgeleitet (so [5]) oder aber OP bzw. OG mehr oder weniger unbefragt übernommen (z.B. [6]). Etwas ausführlicher beschäftigt sich damit allein Bellman [1], der für mehrstufige Spiele das OP untersucht und zeigt, daß unter bestimmten Voraussetzungen die OG gilt und eindeutig lösbar ist und daß außerdem die auf Grund der OG durch lokale Optimierung gefundene Strategie auch tatsächlich optimal ist im globalen Sinne. Ein entsprechendes Ergebnis für sog. Markov-Spiele gibt auch Zachrisson [10] an, obwohl er nicht direkt Bezug nimmt auf die Methode der DP.

1. Das Spielmodell

Dieser Arbeit liegt das in [2] entwickelte Spielmodell zugrunde, dessen Beschreibung hier zusammenfassend wiederholt wird - mit einigen leicht geänderten Bezeichnungen. Alle Mengen seien nicht leer.

1.1. Die Komponenten des Modells

Das Spiel durchlaufe die Stufen $t \in T = \{0,1,2,...\}$; sei $T' := T \setminus \{0\}$. x_{t-1} kennzeichnet den Zustand des Spiels zu Beginn und x_t denjenigen am Ende der Stufe t. x_o ist der Anfangszustand. Die x_t sind Elemente der Meßräume $(X_{(t)}, \Sigma_t^x)$. Der Spielverlauf bis zur Stufe t wird durch die Vorgeschichte $(x_o,...,x_{t-1}) =: x^t \in X^t$, der gesamte Spielverlauf durch $x^T := (x_o, x_1, ...) \in X^T$ beschrieben. Dabei sind X^t bzw. X^T die Produkträume der $X_{(s)}$ für $s<t$ bzw. $s \in T$. Diese wie alle sonst vorkommenden Produkträume werden mit den entsprechenden Produkt-σ-Algebren versehen; auf dem Produkt der $X_{(i)}$ für $s \le i < t$ bzw. $s \le i \in T$ bezeichnen wir sie mit Σ_s^t bzw. Σ_s^T.

Als Entscheidungen auf der Stufe t stehen den Spielern I und II die Elemente u_t bzw. v_t der Meßräume $(U_{(t)}, \Sigma_t^u)$ bzw. $(V_{(t)}, \Sigma_t^v)$ zur Verfügung. Der Übergang auf der Stufe t vollzieht sich gemäß der Übergangswahrscheinlichkeit F_t von $X^t \times U_{(t)} \times V_{(t)}$ nach $X_{(t)}$ [3;p.148]; für festes (x^t, u_t, v_t) ist $F_t(x^t, u_t, v_t; .)$ eine Verteilung auf $X_{(t)}$, und für festes $A \in \Sigma_t^x$ ist $F_t(x^t, u_t, v_t; A)$ eine meßbare Funktion von (x^t, u_t, v_t). F_t heißt das (stochastische) Übergangsgesetz auf der Stufe t, die Folge $(F_t, t \in T')$ das Entwicklungsgesetz des Spiels.

Die zulässigen Strategien der Spieler werden in folgender Weise erklärt. Für $x^t \in X^t$ sei $U^*_{(t)}(x^t)$ eine Klasse von Wahrscheinlichkeitsverteilungen auf $(U_{(t)}, \Sigma_t^u)$. Dann sei $\mathcal{P}_t := \prod_{x^t} U^*_{(t)}(x^t)$ die Menge der für Spieler I auf der Stufe t zulässigen Stufenstrategien P_t, die sämtlich Übergangswahrscheinlichkeiten von X^t nach $U_{(t)}$ sein sollen, und $\Phi := \{\varphi \mid \varphi := (P_t, t \in T'), P_t \in \mathcal{P}_t\}$ sei die Menge der zulässigen Strategien von Spieler I. Wir führen noch die folgenden Teilstrategien ein $(1 \le s < t)$:

$$\varphi^s := (P_i, i > s), \quad \varphi^{st} := (P_s, ..., P_{t-1}), \quad \varphi^{ss} := \emptyset .$$

Die Menge der φ^t werde mit Φ^t bezeichnet.

Die zulässigen Strategien von Spieler II werden ganz analog eingeführt, wobei oben einfach die Zeichen $U, P, \mathcal{P}, \varphi, \Phi$ durch $V, Q, \mathcal{Q}, \psi, \Psi$ ersetzt werden.

Schließlich sei noch eine meßbare Auszahlungsfunktion $h: X^T \to \mathbb{R}$ gegeben. $h(x^T)$ ist die Auszahlung an Spieler I beim Spielverlauf x^T. Damit haben wir alle Komponenten des Spielmodells vorgestellt.

1.2. Konstruktion des Spielprozesses

Die Wahl zweier Strategien $\varphi = (P_t)$ und $\psi = (Q_t)$ durch die Spieler I bzw. II führt zu einem Spielprozeß, der sich mathematisch durch einen stochastischen Prozeß in folgender Weise beschreiben läßt. Für $x^t \in X^t$ und $A \in \Sigma_t^x$ werde gesetzt

$$(1.1) \qquad R_t(x^t; A) := \int_{U(t)} \int_{V(t)} F_t(x^t, u_t, v_t; A)\, Q_t(x^t; d\, v_t)\, P_t(x^t; d\, u_t) .$$

R_t ist eine Übergangswahrscheinlichkeit von X^t nach $X_{(t)}$ [7], die für gegebenes P_t und Q_t den Übergang von x^t nach x_t beschreibt. Diese R_t bestimmen nun - im wesentlichen eindeutig - einen regulären stochastischen Prozeß $(X_T | X_o)$ mit $X_T = (X_t, t \in T)$ [4], wo die X_t Zufallsvariablen mit Werten in $X_{(t)}$ sind - und zwar durch die Forderung, daß für alle $t \in T'$ R_t gleich der regulären bedingten Verteilung von X_t bezüglich $X_{\langle t \rangle} := (X_o, \ldots, X_{t-1})$ sein soll. Nach einem Satz von Ionescu Tulcea [7] bestimmt nämlich diese Forderung eindeutig sein reguläres Entwicklungsgesetz als Übergangswahrscheinlichkeit R^o von $(X_{(o)}, \Sigma_o^x)$ nach (X^T, Σ_o^T).

Weiter läßt sich die bedingte Verteilung R_t^T von $(X_s, s > t)$ bezüglich $X_{\langle t \rangle}$ so erklären, daß R_t^T nur von den R_s für $s > t$ abhängt und für alle $x^t \in X^t$, $A \in \Sigma_t^x$, $B \in \Sigma_{t+1}^T$ gilt

$$(1.2) \qquad R_t^T(x^t; A \times B) = \int_A R_{t+1}^T(x^t, x_t; B)\, R_t(x^t; d\, x_t) .$$

Mit R_1^t werde die bedingte Verteilung von $X_{\langle t \rangle}$ bezüglich X_o bezeichnet; wir wählen für sie die Randverteilung von R^o auf X^t, die nur von den R_s für $s < t$ abhängt. Wo notwendig wird in Zukunft die Abhängigkeit der verschiedenen Verteilungen von den Strategien φ, ψ bzw. ihren Komponenten durch entsprechende Bezeichnungen angezeigt, z.B. durch $R_1^t(x_o, \varphi, \psi; .)$ oder $R_1^t(x_o, \varphi^{1t}, \psi^{1t}; .)$.

Jedem Strategienpaar (φ, ψ) ist damit ein stochastischer Prozeß $(X_T | X_o)$ zugeordnet, der den Spielablauf zu jedem vorgegebenen Anfangszustand x_o beschreibt. So können wir nun jedem Paar (φ, ψ) als Bewertung die erwartete Auszahlung zuweisen. Um zu sichern, daß alle bedingten erwarteten Auszahlungen existieren, werde vorausgesetzt, daß die folgenden Integrale existieren ($t \in T'$, $x^t \in X^t$)

$$(1.3) \qquad h_t(x^t; \varphi^t, \psi^t) := \int h(x^T)\, d\, R_t^T(x^t; .) .$$

h_t stellt dann eine meßbare, erweitert reellwertige Funktion auf X^t dar [3; p. 149]. Sie ist eine Version des bedingten Erwartungswertes von $h(X_T)$ bezüglich $X_{\langle t\rangle}$. $h_t(x^t;.,.)$ nennen wir die (bedingte) Auszahlungsfunktion unter der Vorgeschichte x^t. Sie gibt an, welche Auszahlung der Spieler I auf der Stufe t zu erwarten hat, wenn die Vorgeschichte x^t vorliegt und die Spieler zur Fortsetzung des Spiels die Strategien φ^t und ψ^t benützen.

Die Spielsituation auf der Stufe t unter der Vorgeschichte x^t läßt sich formal vollständig durch die folgenden Zwei-Personen-Nullsummen-Endspiele unter der Vorgeschichte x^t beschreiben:

$$(1.4)\qquad \Gamma_t(x^t) := (\Phi^t, \Psi^t, h_t(x^t; .,.)) \qquad (t \in T', x^t \in X^t).$$

Die unteren und oberen Werte[1] dieser Spiele seien mit $\underline{\underline{h}}_t(x^t)$ bzw. $\bar{\bar{h}}_t(x^t)$ bezeichnet. Zur Beschreibung der Gesamtsituation auf der Stufe t führen wir als verallgemeinertes Endspiel auf der Stufe t die Familie

$$(1.5)\qquad \Gamma_t(X^t) := (\Gamma_t(x^t), x^t \in X^t)$$

ein. Diese Familie kann man identifizieren mit einem Zwei-Personen-Null-summen-Spiel mit vektorwertiger Auszahlung, nämlich

$$(1.6)\qquad \Gamma_t(X^t) = (\Phi^t, \Psi^t, (h_t(x^t; .,.), x^t \in X^t)).$$

Jedem Paar lokaler Strategien (P_t, Q_t) wird in folgender Weise ein Operator $W_t(P_t, Q_t)$ zugeordnet. Sei $g: X^{t+1} \longrightarrow \bar{\mathbb{R}}$ meßbar; dann setzen wir

$$(1.7)\qquad W_t(g; P_t, Q_t)(x^t) := \int_{X(t)} g(x^t, x_t)\; R_t(x^t; d\,x_t) \quad ,$$

sofern dieses Integral für alle $x^t \in X^t$ existiert. In diesem Fall ist $W_t(g; P_t, Q_t)$ eine meßbare, erweitert reellwertige Funktion auf X^t. $W_t(P_t, Q_t)$ bildet auf der entsprechenden Funktionenklasse einen linearen und isotonen Operator. Man kann ihn folgendermaßen deuten: Finden sich die Spieler auf der Stufe t in der durch die Vorgeschichte x^t bestimmten Spielsituation und wird bei Beendigung des Spiels am Ende der Stufe t an Spieler I die Abschlußzahlung $g(.)$ geleistet, dann gibt

---

1) Für die üblichen Begriffe der Spieltheorie vgl. z.B. [8].

$W_t(g;P_t,Q_t)(x^t)$ die von Spieler I zu erwartende Auszahlung an, wenn die Spieler I bzw. II die lokalen Strategien P_t bzw. Q_t verwenden.

Für jedes g und x^t definiert $W_t(g;\cdot,\cdot)(x^t)$ ein <u>Stufenspiel auf der Stufe</u> t <u>unter der Vorgeschichte</u> x^t :

(1.8) $$\Lambda_t(g;x^t) := (\mathcal{P}_t, \mathcal{Q}_t, W_t(g;\cdot,\cdot)(x^t)) .$$

Ähnlich wie bei den Endspielen fassen wir die $\Lambda_t(g;x^t)$ zu einem <u>Stufenspiel auf der Stufe</u> t mit vektorwertiger Auszahlung zusammen:

(1.9) $$\Lambda_t(g) := (\mathcal{P}_t, \mathcal{Q}_t, W_t(g;\cdot,\cdot)) .$$

Für das Produkt der Operatoren $W_t(P_t,Q_t), \ldots, W_{s-1}(P_{s-1}, Q_{s-1})$ $(t<s)$ führen wir die Kurzbezeichnung $W_{ts}(\varphi^{ts}, \psi^{ts})$ ein; $W_{tt}(\varphi^{tt}, \psi^{tt})$ bezeichne die identische Abbildung auf dem Raum der meßbaren Funktionen $g: X^t \longrightarrow \overline{\mathbb{R}}$. Aus (1.3) folgt mit (1.2) für $t \leq s$ und alle $x^t \in X^t$

(1.10) $$h_t(x^t; \varphi^t, \psi^t) = W_{ts}(h_s(\cdot;\varphi^s,\psi^s); \varphi^{ts}, \psi^{ts})(x^t) .$$

1.3. Eine allgemeine Voraussetzung

In Zukunft gelte die folgende allgemeine Voraussetzung: Es existieren meßbare, reellwertige Schrankenfunktionen $\underline{k}_t$ und $\overline{k}_t$, so daß für alle φ^t, ψ^t gilt

(1.11) $$\underline{k}_t(\cdot) \leq h_t(\cdot; \varphi^t, \psi^t) \leq \overline{k}_t(\cdot) .$$

Außerdem soll für alle φ^{ts}, ψ^{ts} der Operator $W_{ts}(\varphi^{ts}, \psi^{ts})$ für $\underline{k}_s$ und $\overline{k}_s$ erklärt sein.

Es läßt sich zeigen, daß unter dieser Voraussetzung stets auch solche $\underline{k}_t, \overline{k}_t$ existieren, die zusätzlich die folgende Eigenschaft besitzen:

(1.12) $$\underline{k}_t \leq W_{ts}(\underline{k}_s; \varphi^{ts}, \psi^{ts}) ; \quad W_{ts}(\overline{k}_s; \varphi^{ts}, \psi^{ts}) \leq \overline{k}_t .$$

Der Beweis hierzu [2] stützt sich auf eine Eigenschaft des Spielmodells unter (1.11), die für die Resultate dieser Arbeit grundlegend ist. Sie garantiert die Vertauschbarkeit von sup und inf mit dem Erwartungswert an den benötigten Stellen. Den Kern dieser Eigenschaft findet man dargestellt und bewiesen in [2], Lemma 1.

2. Dynamische Programmierung und optimale Strategien

Nachdem in Abschnitt 1 das Spielmodell eingeführt worden ist, können wir jetzt das eigentliche Optimierungs- oder Spielproblem formulieren, für das die Methode der DP untersucht werden soll. Zuvor wollen wir noch in Verallgemeinerung des Optimalitätsbegriffs für Zwei-Personen-Nullsummen-Spiele die folgende Definition treffen.

Definition 1. Eine Strategie φ^t (ψ^t) heißt Maximin-(Minimax)Strategie oder auch optimale Strategie für Spieler I (II) im Endspiel $\Gamma_t(X^t)$, wenn das entsprechende im Sinne der Spieltheorie simultan für alle Komponentenspiele $\Gamma_t(x^t)$ gilt. Die optimalen Strategien in $\Gamma_1(X_{(o)})$ nennen wir auch global-optimal. Unter dem unteren bzw. oberen Wert von $\Gamma_t(X^t)$ wird die Funktion $\underline{h}_t$ bzw. $\bar{h}_t$ verstanden. - Entsprechend werden diese Begriffe auch für die Stufenspiele $\Lambda_t(g)$ erklärt.

Damit lautet das Optimierungsproblem: Man finde optimale Strategien für Spieler I und II im Spiel $\Gamma_1(X_{(o)})$.

Was besagt es nun, wenn dieses Problem mit der Methode der DP angegangen werden soll?

Die Grundidee der DP besteht im wesentlichen darin, ein gegebenes Optimierungs- oder Entscheidungsproblem durch geeignete Wahl des Modells und des Lösungskonzeptes invariant in eine Folge gleichartiger, rekursiv aufeinander bezogener (Teil-)Probleme einzubetten [9]. Das OP nach Bellman stellt - wenigstens verbal - den dabei wichtigen Zusammenhang zwischen den optimalen Lösungen dieser Probleme her: Nach ihm führt eine optimale Lösung des ursprünglichen Problems, eingeschränkt auf ein Teilproblem, wieder zu einer optimalen Lösung dieses Teilproblems [1; p. 83]. Sind Modell und Lösungskonzept vorgegeben, dann stellt das OP eine unter diesen konkreten Voraussetzungen zu verifizierende Aussage dar, im übrigen Fall ist es mehr als Postulat an Modell und Lösungskonzept zu werten. Insbesondere impliziert das OP ein Lösungskonzept, das auf dem Prinzip der Rückkopplung basiert.

Diese Einbettung bzw. das OP sollen dazu verhelfen, daß man von optimalen Lösungen der Teilprobleme rekursiv zu optimalen Lösungen des ursprünglichen Problems gelangt. Dazu braucht man aber noch genauere Beziehungen zwischen diesen Lösungen. Bellman hat hierfür die Methode der

Funktionalgleichungen propagiert, mittels der er, ausgehend vom OP, rekursive Funktionalgleichungen für die optimalen Werte der Zielgröße im den einzelnen Teilproblemen aufstellt. Bellman spricht hier von mathematischer Umsetzung des OP, obwohl das OP und die sog. OG mathematisch verschiedene Aussagen darstellen. Wie sie und mit ihnen wiederum die optimalen Lösungen zusammenhängen, wird im folgenden am oben beschriebenen Spielmodell untersucht werden.

Unser Modell und Lösungskonzept haben wir bereits so eingerichtet, daß der Ansatz der DP unmittelbar möglich ist; die Strategien sind sog. Verhaltensstrategien. Das oben formulierte Optimierungsproblem, das durch das Spiel $\Gamma_1(X_{(o)})$ gekennzeichnet ist, wird eingebettet in die Folge der in analoger Weise durch die Spiele $\Gamma_t(X^t)$ charakterisierten Optimierungsprobleme. Dementsprechend lautet das OP, formuliert für die Maximin-Strategien, im strengen Sinne:

Optimalitätsprinzip im strengen Sinne (OPisS) Für $t \in T'$:

$$\varphi^t = (P_t, \varphi^{t+1}) \text{ Maximin-Strategie in } \Gamma_t(X^t)$$

(2.1)

$$\Longrightarrow \varphi^{t+1} \text{ Maximin-Strategie in } \Gamma_{t+1}(X^{t+1}).$$

Wir werden sehen, daß man das OP im allgemeinen nur in einer etwas schwächeren Form nachweisen kann, die durch den Zufalls- und Spielcharakter erzwungen wird.

Die Methode der Funktionalgleichungen führt, rein formal angewandt, zu den folgenden rekursiven Funktionalgleichungen für die oberen und unteren Spielwerte $\bar{h}_t$ bzw. $\underline{h}_t$:

(2.2) $$\bar{h}_t(x^t) = \inf_{Q_t} \sup_{P_t} W_t(\bar{h}_{t+1}; P_t, Q_t)(x^t)$$

(2.3) $$\underline{h}_t(x^t) = \sup_{P_t} \inf_{Q_t} W_t(\underline{h}_{t+1}; P_t, Q_t)(x^t)$$

für $x^t \in X^t$, $t \in T'$. Als Lösungen werden meßbare, erweitert reellwertige Funktionen $\bar{h}_t$, $\underline{h}_t$ auf X^t zugelassen. Die Systeme (2.2) bzw. (2.3) nennen wir obere bzw. untere Optimalitätsgleichung (oOG/uOG). Soll eine gemeinsame Lösung $\underline{h}_t = \bar{h}_t$ vorliegen, so sprechen wir von der OG. Erfüllt $(\bar{h}_t)$ die oOG bzw. $(\underline{h}_t)$ die uOG oder $(\underline{h}_t) = (\bar{h}_t)$ die OG, dann sagen wir, daß die entsprechende OG gilt.

Hinter den OGen bzw. der Methode der Funktionalgleichungen steht die intuitive Vorstellung von der lokalen Optimierung, wie sie sich in den

Gleichungen selbst ausdrückt. (2.2) z.B. besagt nichts anderes, als daß $\overline{h}_t(x^t)$ der obere Wert im Stufenspiel $\Lambda_t(\overline{h}_{t+1}; x^t)$ ist. Diese lokale Optimierung führt nun andrerseits auch zu Strategien mit lokal-optimalen Komponenten und gibt damit zu folgendem Begriff der lokalen oder sequentiellen Optimalität Anlaß.

Definition 2. $\varphi = (P_t, t \in T')$ heißt sequentielle Maximin-Strategie, wenn für alle $t \in T'$ P_t eine Maximin-Strategie von $\Lambda_t(\underline{h}_{t+1})$ ist. Analog wird der Begriff der sequentiellen Minimax-Strategie erklärt.

Wüßte man, daß dieser Begriff der sequentiellen Optimalität identisch ist mit dem in Definition 1 eingeführten Begriff der globalen Optimalität, dann hätte man ein geeignetes Kriterium, um die gesuchten optimalen Strategien zu bestimmen, sofern sie überhaupt existieren. Neben der Frage, ob das OP und die OGen gültig sind und man damit notwendige Bedingungen für die (global) optimalen Strategien besitzt, interessiert daher im folgenden besonders der Zusammenhang zwischen diesen beiden Optimalitätsbegriffen.

3. OP, OG und Optimalität: Ergebnisse

3.1. Allgemeine Ergebnisse

Wir wollen hier zwei Resultate angeben, die allein unter den bisher genannten Voraussetzungen des Spielmodells schon gelten. Im ersten Satz wird gezeigt, daß aus dem OPisS die Gültigkeit der uOG bzw. oOG folgt. Wir beschränken uns hier auf die Maximin-Strategien und die uOG.

Satz 1. Existieren für alle $\Gamma_t(X^t)$ Maximin-Strategien und gilt für diese das OPisS, dann gilt auch die uOG.

Beweis: Sei

(3.1) $$h^1_t(x^t; \varphi^t) := \inf_{\psi^t} h_t(x^t; \varphi^t, \psi^t) .$$

Nach [2], Lemma 1 ist diese Funktion meßbar in x^t, und mit (1.10) folgt für $\varphi^t = (P_t, \varphi^{t+1})$

(3.2) $$h^1_t(x^t; \varphi^t) = \inf_{Q_t} W_t(h^1_{t+1}(\cdot; \varphi^{t+1}); P_t, Q_t)(x^t) .$$

Sei nun $\overset{o}{\varphi}{}^t = (\overset{o}{P}_t, \overset{o}{\varphi}{}^{t+1})$ eine Maximin-Strategie in $\Gamma_t(X^t)$. Aus dem

OPisS folgt, daß $\overset{o}{\varphi}{}^{t+1}$ eine Maximin-Strategie in $\Gamma_{t+1}(X^{t+1})$ ist und deshalb $h^1_{t+1}(\,\cdot\,;\overset{o}{\varphi}{}^{t+1}) = \underline{\underline{h}}_{t+1}(\cdot)$ gilt. Mit (3.2) hat man also für alle P_t

$$\inf_{Q_t} W_t(\underline{\underline{h}}_{t+1}; P_t, Q_t)(x^t) = h^1_t(x^t; (P_t, \overset{o}{\varphi}{}^{t+1}))$$
$$\leq h^1_t(x^t; \overset{o}{\varphi}{}^{t}) = \underline{\underline{h}}_t(x^t) .$$

Zusammen mit der entgegengesetzten Ungleichung nach [2], Satz 4 folgt die Behauptung.

Im nächsten Satz wollen wir von der uOG ausgehen und sehen, inwieweit die Maximin-Strategien das OP erfüllen und sequentielle Maximin-Strategien sind. Wir benötigen dazu noch zwei neue Begriffe.

Definition 3. Zu gegebenem $\varphi = (P_t, t\in T')$ heißt $\psi^* = (Q^*_t, t\in T')$ eine lokal-optimale Gegenstrategie, wenn für alle $t\in T'$ und $x_o \in X_{(o)}$ gilt:

$$W_t(\underline{\underline{h}}_{t+1}; P_t, Q^*_t) = \inf_{Q_t} W_t(\underline{\underline{h}}_{t+1}; P_t, Q_t) \tag{3.3}$$
$$R^t_1(x_o, \varphi, \psi^*; \,.\,)\text{-f.s.} .$$

Eine gegenüber Definition 2 abgeschwächte Form der sequentiell-optimalen Strategie bringt die

Definition 4. $\varphi = (P_t, t\in T')$ heißt sequentielle Maximin-Strategie bezüglich $\psi^* = (Q^*_t, t\in T')$, wenn ψ^* eine lokal-optimale Gegenstrategie ist und für alle $t\in T'$ und $x_o \in X_{(o)}$ P_t eine Maximin-Strategie in $\Lambda_t(\underline{\underline{h}}_{t+1}; x^t)$ für $R^t_1(x_o, \varphi, \psi^*; \,.\,)$-fast alle x^t ist.

Mit diesen Begriffen kann man dem Umstand Rechnung tragen, daß das OP wie auch die Eigenschaft der lokalen Optimalität nur in einer leicht eingeschränkten Form gelten. Daß das OP im früher formulierten strengen Sinne im allgemeinen nicht gelten wird, ist leicht einzusehen, zumal es in diesem Sinne selbst bei einseitiger Optimierung nicht immer gilt [3]. Die Bestimmung einer Maximin-Strategie als optimaler Strategie beinhaltet die Prämisse, daß dem Gegenspieler diese Strategie eventuell bekannt wird und er danach seine eigene optimale Strategie auswählen kann. Verhält er sich anders, dann wird die Maximin-Strategie nicht mehr optimal sein. Dementsprechend wird die Optimalität einer Maximin-Strategie auf einer späteren Stufe also nur für solche Zustände gesichert sein, die unter dieser Prämisse "erreichbar" sind - genauer: für alle Zustände außer einer Nullmenge bezüglich einer durch die optimalen Strategien beider Spieler induzierten Verteilung.

Satz 2. Es gelte die uOG, und φ sei eine globale Maximin-Strategie mit einer lokal-optimalen Gegenstrategie ψ^*. Dann gilt:

(1) Für alle $t \in T'$ und $x_o \in X_{(o)}$ ist φ^t Maximin-Strategie von $\Gamma_t(x^t)$ für $R_1^t(x_o, \varphi, \psi^*; .)$ - fast alle x^t;

(2) φ ist sequentielle Maximin-Strategie bezüglich ψ^*.

Bemerkung: Die Folgerung (1) beinhaltet für $t = 2$ die oben angedeutete abgeschwächte Form des OP.

Beweis: Zu (1): Der Beweis wird durch Induktion nach t geführt.

$t=1$: Die Behauptung ist hier identisch mit der Voraussetzung.

$t \longrightarrow t+1$: Mit (3.3) und der uOG erhält man

$$\begin{aligned} h_t^1(x^t; \varphi^t) &\leq W_t(h_{t+1}^1(.; \varphi^{t+1}); P_t, Q_t^*)(x^t) \\ &\leq W_t(\underline{\underline{h}}_{t+1}; P_t, Q_t^*)(x^t) \\ &\leq \inf_{Q_t} W_t(\underline{\underline{h}}_{t+1}; P_t, Q_t)(x^t) \leq \underline{\underline{h}}_t(x^t) \end{aligned}$$

$R_1^t(x_o, \varphi, \psi^*; .)$-f.s. Nach Induktionsvoraussetzung folgt daraus

$$W_t(\underline{\underline{h}}_{t+1} - h_{t+1}^1(.; \varphi^{t+1}); P_t, Q_t^*)(x^t) = 0$$

für $R_1^t(x_o, \varphi, \psi^*; .)$ - fast alle x^t und also

$$W_{1,t+1}(\underline{\underline{h}}_{t+1} - h_{t+1}^1(.; \varphi^{t+1}); \varphi^{1,t+1}, \psi^{*1,t+1})(x_o) = 0.$$

Wegen $\underline{\underline{h}}_{t+1} \geq h_{t+1}^1(.; \varphi^{t+1})$ ergibt sich daraus die Behauptung für $t+1$.

Zu (2): Wir benutzen das Ergebnis in (1). Es bestehen die folgenden Beziehungen für $R_1^t(x_o, \varphi, \psi^*; .)$ - fast alle x^t:

$$\begin{aligned} \inf_{Q_t} W_t(\underline{\underline{h}}_{t+1}; P_t, Q_t)(x^t) &= W_t(\underline{\underline{h}}_{t+1}; P_t, Q_t^*)(x^t) \\ &= W_t(h_{t+1}^1(.; \varphi^{t+1}); P_t, Q_t^*)(x^t) \\ &= \inf_{\psi^{t+1}} W_t(h_{t+1}(.; \varphi^{t+1}, \psi^{t+1}); P_t, Q_t^*)(x^t) \\ &\geq h_t^1(x^t; \varphi^{t+1}) = \underline{\underline{h}}_t(x^t). \end{aligned}$$

Mit der uOG folgt die Behauptung.

3.2. Ergebnisse unter einer speziellen Voraussetzung

Für die weiteren Ergebnisse wird eine bereits in [2] eingeführte spezielle Bedingung vorausgesetzt. Sei dazu

$$(3.4) \qquad \Delta_{ts}(x^t) \;:=\; \sup_{\varphi^{ts},\psi^{ts}} W_{ts}(\overline{k}_s - \underline{k}_s\,;\, \varphi^{ts}, \psi^{ts}) .$$

Dann gelte für alle $t \in T'$ und $x^t \in X^t$

$$(3.5) \qquad \lim_{s \to \infty} \Delta_{ts}(x^t) = 0 .$$

In [2] wurde das folgende, hier zusammengefaßt wiedergegebene Ergebnis bewiesen.

Satz 3. Unter der Voraussetzung (3.5) gilt die uOG und $(\underline{\underline{h}}_t)$ ist die einzige Lösung der uOG mit der Eigenschaft $\underline{k}_t \leq \underline{\underline{h}}_t \leq \overline{k}_t$.

Unter der Voraussetzung (3.5) läßt sich nun auch eine direkte Umkehrung von Satz 2 und damit ein geeignetes Optimalitätskriterium beweisen.

Satz 4. Zu gegebenem φ existiere eine lokal-optimale Gegenstrategie ψ^*. Unter der Voraussetzung (3.5) sind dann die folgenden Aussagen äquivalent:

(1) φ ist globale Maximin-Strategie.

(2) Für alle $t \in T'$ und $x_o \in X_{(o)}$ ist φ^t Maximin-Strategie in $\Gamma_t(x^t)$ für $R_1^t(x_o, \varphi, \psi^*; \,.\,)$ - fast alle x^t.

(3) φ ist sequentielle Maximin-Strategie bezüglich ψ^*.

Gilt eine dieser Aussagen, dann ist für alle $t \in T'$ und $x_o \in X_{(o)}$

$$(3.6) \qquad \underline{\underline{h}}_t(\,.\,) = \inf_{\psi^t} h_t(\,.\,; \varphi^t, \psi^t) = h_t(\,.\,; \varphi^t, \psi^{*t}) \qquad R_1^t(x_o, \varphi, \psi^*; \,.\,)\text{-f.s.} \quad .$$

<u>Beweis</u>: Wegen Satz 2 und Satz 3 gilt (1) $\Longrightarrow$ (2), (3). (2) $\Longrightarrow$ (1) ist trivial. Bleibt also noch zu zeigen (3) $\Longrightarrow$ (2). Da die uOG gelten soll, hat man für eine sequentielle Maximin-Strategie φ

$$W_s(\underline{\underline{h}}_{s+1}; P_s, Q_s^*) = \inf_{Q_s} W_s(\underline{\underline{h}}_{s+1}; P_s, Q_s) = \underline{\underline{h}}_s$$

$R_1^t(x_o, \varphi, \psi^*; \,.\,)$-f.s. Sukzessives Vorgehen für s-1,...,t führt mit Lemma 1 aus [2] zu

(3.7) $\quad W_{ts}(\underline{\underline{h}}_s;\ \varphi^{ts}, \psi^{*ts}) \;=\; \inf_{\psi^{ts}} W_{ts}(\underline{\underline{h}}_s;\ \varphi^{ts}, \psi^{ts}) \;=\; \underline{\underline{h}}_t$

$R_1^t(x_o, \varphi, \psi^*; .)$-f.s. . Unter der Voraussetzung (3.5) gilt nun (vgl. Beweis zu Satz 6 in [2])

$$\lim_{s \to \infty} W_{ts}(\underline{\underline{h}}_s;\ \varphi^{ts}, \psi^{ts}) = h_t(.;\ \varphi^t, \psi^t)$$

im Sinne punktweiser Konvergenz gleichmäßig in (φ^t, ψ^t). In diesem Fall darf man Limes und Infimum über ψ^t vertauschen (vgl. [3], Lemma 3.4 & Remark), so daß aus (3.7) die Beziehung (3.6) und damit die Behauptung folgt.

Als unmittelbare Folgerung aus diesem Satz hat man noch den

Satz 5. Es gelte (3.5). Sei φ eine sequentielle Maximin-Strategie bezüglich ψ und ψ eine sequentielle Minimax-Strategie bezüglich φ. Dann ist für alle $t \in T'$ und $x_o \in X_{(o)}$ $\Gamma_t(x^t)$ für $R_1^t(x_o, \varphi, \psi; .)$-fast alle x^t definit, und φ^t bzw. ψ^t sind optimale Strategien von Spieler I bzw. II in diesen Spielen mit der Auszahlung $\underline{\underline{h}}_t(x^t) = \bar{h}_t(x^t) = h_t(x^t;\ \varphi^t, \psi^t)$.

Literatur

[1] BELLMAN, R.: Dynamic Programming. Princeton 1957.

[2] BÜHLER, G.: Die Optimalitätsgleichung bei mehrstufigen Spielen und ihre Lösbarkeit. Erscheint in Operations Research-Verfahren Bd. 10 (1973).

[3] HINDERER, K.: Foundations of Non-stationary Dynamic Programming with Discrete Time-Parameter. Lecture Notes in Operations Research and Mathematical Systems, Vol. 33. Berlin 1970.

[4] LOEVE, M.: Probability Theory. 3rd ed. New York 1963.

[5] MAITRA, A./ PARTHASARATHY, T.: On stochastic games. Journal of Optimization Theory and Applications 5(1970) 289 - 300.

[6] MON, G.R.: A dynamic theory of zero-sum two-person games. Journal of Mathematical Analysis and Applications 29(1970) 392 - 411.

[7] NEVEU, J.: Mathematical Foundations of The Calculus of Probability. San Francisco 1965.

[8] OWEN, G.: Game theory. Philadelphia 1968.

[9] TOU, J.T.: Modern Control Theory. New York 1964.

[10] ZACHRISSON, L.E.: Markov games. In: Advances in Game Theory. Princeton 1964, pp. 211 - 253 .

Solutions of Dynamic Non-Cooperative Non-Zero-Sume Games

by W. Bühler, Aachen

Summary

Based on rationality postulates, the concept of global strategies and equilibrium points, it is tried to develop a solution theory for dynamic non-cooperative two person games.

1. The N-Stage Game

Let $\Gamma = (\tilde{X},\tilde{Y},E_A,E_B)$ be the mixed non-cooperative extension of a non-zero-sum game (X,Y,A,B) with the finite sets of pure strategies $X = \{e_1,\dots,e_m\}$, $Y = \{1_1,\dots,1_n\}$ and the payoff matrices A,B. $e_i (i=1,\dots,m)$ and $1_j (j=1,\dots,n)$ are the unit vectors of R^m,R^n respectively, $\tilde{X}$ and $\tilde{Y}$ are the convex hulls of X and Y. The payoff functions E_A and E_B are defined by

$$E_A(x,y) = xAy \qquad E_B(x,y) = xBy \qquad (x,y) \in \tilde{X} \times \tilde{Y}$$

A point $(x^*,y^*) \in \tilde{X} \times \tilde{Y}$ is said to be an equilibrium point of Γ, if for all $x \in \tilde{X}$, $y \in \tilde{Y}$ the inequalities

$$E_A(x^*,y^*) \geq E_A(x,y^*)$$

$$E_B(x^*,y^*) \geq E_B(x^*,y)$$

hold.

Assume the same players play the same game $N (1 \leq N \leq \infty)$ times. At the (k+1)-th $(1 \leq k \leq N-1)$ stage the first player will decide upon a local strategy $x \in \tilde{X}$ which will depend on the observed sequence of pure strategies

$$(l_{j_1}, \dots, l_{j_k}) \in Y \times \dots \times Y =: Y^k$$

which is a realization of the sequence of k mixed strategies, played by his opponent in the first k plays. Y^k is called the relevant history space for the first player. Making use of Y^k it is now possible to define a global strategy s for the first player:

Let $\mathfrak{z}_k$ be a partition of Y^k in disjoint sets

$$\mathfrak{z}_k : Y^k = \bigcup_{x \in \tilde{X}} Y^k_x$$

A component s_{k+1} $(0 \leq k \leq N-1)$ of s is a mapping $Y^k \to \tilde{X}$ which is constant on the elements of $\mathfrak{z}_k$:

$$s_{k+1}(w) = x \quad \text{it} \quad w \in Y^k_x$$

The first component s_1 can be identified with the local mixed strategy $x^1 \in \tilde{X}$ which is played on the first stage. (Analogously a global strategy t of the second player is defined).

If the players decided upon their strategies (s,t) a sequence (x^{k+1}, y^{k+1}) of mixed strategies is generated by (s,t), the components of which are the probabilities that the pure strategies $e_i (i=1,\dots,m)$ and $l_j (j=1,\dots,n)$ will be played on the (k+1)-th stage. x^{k+1} (analogous y^{k+1}) is determined by

$$x^{k+1} = \sum_{j_1,\dots,j_k=1}^{n} y^1_{j1} \dots y^k_{j_k} \, s_{k+1}(l_{j_1},\dots,l_{j_k}) \qquad (1 \leq k \leq N-1)$$

Furthermore it can be shown that the expected payoff on the (k+1)-th stage of the supergame is equal to

$$E_\tau (s_{k+1}, t_{k+1}) = E_\tau (x^{k+1}, y^{k+1}) \qquad (\tau = A,B)$$

The overall payoff $E_\tau^N(s,t)$ is defined by

$$E_\tau^N(s,t) = \sum_{k=1}^{N} d^{k-1} E_\tau(s_k, t_k) \qquad (\tau = A, B)$$

where d is a constant discount factor ($0 < d \leq 1$ if $N < \infty$, $0 < d < 1$ if $N = \infty$).
Let S,T denote the set of all global strategies s,t respectively, then the definition of a N-stage game reads

<u>Definition 1</u>

$\Gamma^N = (S,T,E_A^N,E_B^N)$ is the N-stage game in normal form generated by the component game $\Gamma = (\tilde{X},\tilde{Y},E_A,E_B) =: \Gamma^1$.

<u>Definition 2</u>

$(s^*,t^*) \in S \times T$ is said to be an equilibrium point of Γ^N, if for all $s \in S$, $t \in T$ the inequalities

$$E_A^N(s^*,t^*) \geq E_A^N(s,t^*) \;, \qquad E_B^N(s^*,t^*) \geq E_B^N(s^*,t)$$

hold.
For the following results on equilibrium points of Γ^N compare [B].

<u>Theorem 1</u>

The set GP^N of equilibrium points of Γ^N is not empty.

For the following let

$$\bar{a} = \max_{x \in \tilde{X}} \min_{y \in \tilde{Y}} E_A(x,y) = E_A(x',\bar{y})$$
$$\bar{b} = \max_{y \in \tilde{Y}} \min_{x \in \tilde{X}} E_B(x,y) = E_B(\bar{x},y') \qquad (1)$$

$\bar{a}$ and $\bar{b}$ are payoffs each player can guarantee himself, independent of the strategy of his opponent.

Theorem 2

Let $N = \infty$ and d be sufficiently large. If (a,b) is a Pareto-optimal point of the payoff set of the cooperative game associated with Γ, which strictly dominates $(\bar{a},\bar{b})$, then there exists an equilibrium pair (s^*,t^*) such that

$$E_A(s^*,t^*) = \frac{a}{1-d} \quad \text{and} \quad E_B(s^*,t^*) = \frac{b}{1-d}$$

Theorem 2 says that an infinite stage non-cooperative game is equivalent to the associated cooperative game, where equivalent means that the "best" payoff points of the cooperative game are attainable by an equilibrium pair of the non-cooperative supergame.
In the finite case theorem 2 is not necessarily true. With one additional assumption however an analogous statement can be proved ([B]).

2. Solutions of N-Stage Non-Cooperative Games

It is intuitively obvious that the definition of a solution of a game will depend on the rationality of the players. To formalize things let $R_A \neq \emptyset$ be a set of rationality postulates for the first player. Each element r of R_A is an operator such that r applied to any subset M of S yields a subset of M(R_B is defined analogously).
Denote by L_A^N all strategies $s \in S$ which are compatible with R_A and by L_B^N all strategies $t \in T$ which are compatible with R_B.

Definition 3 (compare [B] , [N])
(S,T,E_A^N,E_B^N) has a solution for (R_A,R_B) -rational players iff

1. $L_A^N \neq \emptyset \quad L_B^N \neq \emptyset$
2. $E_A^N(s,t) = c_A^N$; $E_B^N(s,t) = c_B^N$ for all $(s,t) \in L_A^N \times L_B^N$
   i.e. the payoff functions are constant on $L_A^N \times L_B^N$.

For the following it is assumed that both players have full information on S,T,E^N_A,E^N_B,R_A and R_B, that $R_A=R_B$ and that the players don't make any arithmetical or logical mistakes.

Let $W(t) = \{\bar{s} \in S: E^N_A(\bar{s},t) = \max_{s \in S} E^N_A(s,t)\}$ [1)]

In the first rationality postulate it is required that the players want to maximize expected utility in a decision problem under risk:

r_1: If the first player knows that the second plays $t \in T$, then the first plays $\bar{s} \in W(t)$

Let $R_1 = \{r_1\}$ and GP^N_A, GP^N_B be the sets of equilibrium strategies of the first and second player, then

Lemma 1

For R_1 - rational players there is

$$L^N_\tau = GP^N \qquad (\tau=A,B)$$

Proof: The proof for N>1 runs similar to that for N=1 ([B]).

Theorem 3

If the component game Γ is not R_1- solvable then Γ^N is not R_1 solvable.

Proof: It is $GP^N_\tau \supseteq GP_\tau \times \ldots \times GP_\tau$ $(\tau=A,B)$, where the cartesian product contains N factors, since the global strategy s^* with the components

$$s^*_k = x^k \qquad x^k \in GP_A \quad k=1,\ldots,N$$

which are independent of history, is a global equilibrium strategy.

If Γ is not R_1 - solvable, then there exist $x,\bar{x} \in L_A$ and

1) The maximum exists.

$y, \bar{y} \in L_B$ [2] such that $E_A(x,y) \neq E_A(\bar{x},\bar{y})$ or $E_B(x,y) \neq E_B(\bar{x},\bar{y})$
The global strategies $s, \bar{s}$ and $t, \bar{t}$ with the components

$$s_k = x, \quad \bar{s}_k = \bar{x}, \quad t_k = y, \quad \bar{t}_k = \bar{y} \qquad k=1,\dots,N$$

are elements of L_A^N, L_B^N respectively, which proves the assertion.⌟

a. The case $N < \infty$

In order to characterize a class of games which are R_1-solvable it is useful to distinguish the cases $N < \infty$ and $N = \infty$. The following theorem shows that only under very restrictive assumptions Γ^N is R_1-solvable.

Theorem 4

Let Γ be R_1-solvable.

1. Γ^N is R_1-solvable if Γ has exactly one equilibrium point and $(c_A, c_B) = (\bar{a}, \bar{b})$ [3].
2. If GP_B has more than one element and if there exists an $\tilde{x} \in \tilde{X}$ such that $E_\tau(\tilde{x},\tilde{y}) \neq c_\tau$ (τ=A or B) for some $\tilde{y} \in GP_B$, then Γ^N is not R_1-solvable. (The analogous result holds by interchanging the first and the second player).
3. If $c_A > \bar{a}$, $c_B > \bar{b}$ and $(\bar{a}, \bar{b})$ is dominated by another payoff point in pure strategies then there exist a $d \in (0,1]$ and a finite N such that Γ^N is not R_1-solvable.

Proof:

1. Let (x^k, y^k) be generated by $(s^*, t^*) \in GP^N$. Then $(x^k, y^k) \in GP$. For suppose $(x^K, y^K) \notin GP$ $(1 \leq K \leq N)$ and $(x^k, y^k) \in GP$ for $k > K$. Then without loss of generality (w. l. o. g.) the first player has a better strategy $\bar{s}$ against t^*:

---

[2] It is not necessary that $x \neq \bar{x}$ and $y \neq \bar{y}$.

[3] Compare definition 3 for N=1 and (1).

$$\bar{s}_k = s_k^* \qquad k=1,\dots,K-1$$

$$\bar{s}_K = \bar{x} \qquad \text{where } E_A(\bar{x},y^K) = \max_{x\in\tilde{X}} E_A(x,y^K) > c_A$$

$$\bar{s}_k = x' \qquad k=K+1,\dots,N$$ [4)]

This implies $(x^K,y^K) \in GP$.
If (s^*,t^*), $(\bar{s},\bar{t}) \in GP^N$, $(s^*,t^*) \neq (\bar{s},\bar{t})$ with the sequences (x^k,y^k), $(\bar{x}^k,\bar{y}^k)$ and if $(\tilde{x}^k,\tilde{y}^k)$ is the sequence generated by $(s^*,\bar{t})$, then

$$\tilde{x}^1 = x^1,\ \tilde{y}^1 = \bar{y}^1 = y^1 \Rightarrow (\tilde{x}^1,\tilde{y}^1) \in GP$$

$$\tilde{x}^2 = \sum_{j=1}^{n} \tilde{y}_j^1\ s_2^*(1_j) = x^2,\ \tilde{y}^2 = \sum_{i=1}^{m} x_i^1\ \bar{t}_2(e_i) = \bar{y}^2 = y^2 \Rightarrow (\tilde{x}^2,\tilde{y}^2) \in GP$$

$$\vdots$$

$$\tilde{x}^k = x^k \qquad \tilde{y}^k = y^k \Rightarrow (x^k,y^k) \in GP \quad k=3,\dots,N.$$

This implies $(s^*,\bar{t}) \in GP^N$ and $E_\tau^N(s^*,\bar{t}) = E_\tau^N(s^*,t^*)$. The same result can be shown for $(\bar{s},t^*)$. Hence GP^N satisfies definition 3.

The game with the payoff matrices

$$A = (1,\ 0,\ 1) \qquad B = (2,\ 0,\ 2)$$

shows that in the assertion above if can't be replaced by iff.

2. It can be assumed (w. l. o. g.) that $y,\bar{y} \in GP_B (y \neq \bar{y})$ are extreme points of the convex set ([M])

$$\left\{ z : Az \leq \begin{bmatrix} c_A \\ \vdots \\ c_A \end{bmatrix},\ \sum_{j=1}^{n} z_j = 1,\ z \geqslant 0 \right\}$$

This implies $I_{\bar{y}} \setminus I_y \neq 0$, where $I_y = \{ j : y_j > 0\}$, $I_{\bar{y}} = \{ j : \bar{y}_j > 0\}$
Furthermore it may be assumed that $E_A(\tilde{x},\bar{y}) \neq c_A$.

---

4) Compare (1)

Let (x,y), $(\bar{x},\bar{y}) \in GP$, then the points (s^*,t^*), $(\bar{s},\bar{t})$ defined by

$$s_1^* = x \qquad \bar{s}_k = \bar{x},\ t_k^* = y,\ \bar{t}_k = \bar{y}$$

$$s_2^*(1_j) = \begin{cases} x & \text{for } y_j > 0 \\ \tilde{x} & \text{else} \end{cases} \qquad k=1,\dots,N.$$

$$s_k^* = x \qquad k=3,\dots,N$$

are equilibrium points. But $E_A^N(s^*,\bar{t}) \neq E_A^N(s^*,t^*)$. ⌟

3. Let $E_A(e_{\bar{i}},1_{\bar{j}}) > \bar{a}$ and $E_B(e_{\bar{i}},1_{\bar{j}}) \geqslant \bar{b}$. The following strategy pair

$$s_1^* = e_{\bar{i}} \qquad t_1^* = 1_{\bar{j}}$$

$$s_{k+1}^*(w) = \begin{cases} \tilde{x} & \text{if } w_1 = 1_{\bar{j}} \\ \bar{x} & \text{else} \end{cases} \qquad t_{k+1}^*(v) = \begin{cases} \tilde{y} & \text{it } v_1 = e_{\bar{i}} \\ \bar{y} & \text{else} \end{cases}$$

where $(\tilde{x},\tilde{y}) \in GP$ and $\bar{x},\bar{y}$ is defined in (1), is an equilibrium point if $d \in (0,1]$ and N are sufficiently large. But

$$E_A^N(s^*,t^*) > \frac{1-d^N}{1-d} E_A(x,y).$$ ⌟

Example: The prisoner's dilemma satisfies the assumptions of theorem 4, part 1.

In the theory of static non-cooperative games an intuitive reasonable rationality postulate is the following ([B] , [L] , [K] , [N]):

> If a strategy $\bar{x} \in \tilde{X}$ dominates a pure strategy e_i, then the first player doesn't play any strategy $x \in \tilde{X}$ with $x_i > 0$.

This postulate permits to reduce $\tilde{X}$ and $\tilde{Y}$ systematically by eliminating all dominated strategies. This procedure can be justfied since the players have nothing to lose by confining themselves to the reduced game. For the dynamic case however

it need not be reasonable to reduce the component game by eliminating dominated strategies.
Consider for example the component game

$$A = \begin{bmatrix} 100 & 1 & -1 \\ 101 & 50 & 0 \\ 1 & 1 & -1 \end{bmatrix} \qquad B = \begin{bmatrix} 100 & 101 & 1 \\ 1 & 50 & 1 \\ -1 & 0 & 1 \end{bmatrix}$$

It is $\bar{a}=\bar{b}=0$. Let $N=10$, $d=1$. Then the point (s^*,t^*) with

$$s_1^* = e_1 \qquad t_1^* = 1_1$$

$$s_k^*(w) = \begin{cases} e_1 & \text{if } w=(1_1,\dots,1_1) \\ e_3 & \text{else} \end{cases} \qquad t_k^*(v) = \begin{cases} 1_1 & \text{if } v=(e_1,\dots,e_1) \\ 1_3 & \text{else} \end{cases}$$

$$s_{10}^* = e_3 \qquad t_{10}^* = 1_2$$

is an equilibrium point with $E_\tau^N(s^*,t^*) = 950 \quad (\tau=A,B)$.

The 10-stage game of the reduced component game has exactly one equilibrium point $(\bar{s},\bar{t})$ with

$$\bar{s}_k = e_2 \qquad \bar{t}_k = 1_2$$

and the payoff $E_\tau^N(\bar{s},\bar{t}) = 500 \quad (\tau=A,B)$.

In order to define solutions for R_1-not solvable games, stronger rationality postulates must be imposed upon the players with the aim to exclude some of the R_1-compatible equilibrium strategies. Following Harsanyi [H] the further reduction of GP^N can be viewed as a bargaining process, where the first player offers an equilibrium strategy $\bar{s}$ and the second an equilibrium strategy t'. Let (s,t), $(s',t') \in GP^N$. Then it is assumed that the maximum risk P_A the first player would take in order to achieve $(\bar{s},\bar{t}) \in GP^N$ rather than (s',t') is

$$P_A(\bar{s},t') = \frac{E_A^N(s',t')-E_A^N(\bar{s},\bar{t})}{E_A^N(\bar{s},\bar{t}) - c\bar{a}} \qquad (E_A^N(\bar{s},\bar{t}) > c\bar{a})$$

where $c = \frac{1-d^N}{1-d}$ if $d < 1$ and $c=N$ if $d=1$.

Similarly, the maximum risk the second player is willing to take is defined by

$$P_B(t',s) = \frac{E_B^N(s',t') - E_B^N(\bar{s},\bar{t})}{E_B^N(s',t') - c\bar{b}} \qquad (E_B^N(s',t') > c\bar{b})$$

Definition 4

$(\bar{s},\bar{t})$ risk dominates (s',t') $((\bar{s},\bar{t}) \gg (s',t'))$ iff

$$\max_{\tau=A,B} P_\tau(\bar{s},t') \geq \max_{\tau=A,B} P_\tau(t',\bar{s})$$

Lemma 2

By the risk-dominance relation $\gg$ the set GP^N is ordered completely.

Proof: Omitted.

The bargaining process between the players is now governed by the following rationality postulates

r_2: If player one offers $\bar{s}$ and player two offers t', player one should make a concession, and not player two, if $P_A(\bar{s},t') < P_B(t',\bar{s})$. The new offer s^* of player one satisfies $P_A(s^*,t') > P_B(t',s^*)$.

r_3: If $P_A(\bar{s},t') = P_B(t',\bar{s})$, both players make a concession.

The bargaining process terminates, if one of the players can't improve his last offer. Its solutions are pairs $(s^*,t^*) \in GP^N$ which maximize the payoff product

$$(E_A^N(s,t) - c\bar{a})\cdot(E_A^N(s,t) - c\bar{b}) \quad \text{for} \quad (s,t) \in GP^N.$$

Let $R_2 = \{r_1,r_2,r_3\}$ then it is obvious that all R_2-compatible equilibrium points are equivalent and that Γ is R_2-solvable if there exists exactly one non-risk-dominated global equilibrium point.

b. The case $N=\infty$

The infinite case is easier to handle than the finite one. In general Γ^{∞} is not R_1-solvable. For example every component game, which has the property that the payoff corresponding to a non-equilibrium point strictly dominates $(\bar{a},\bar{b})$ leads to an infinite stage game which has (d sufficiently large) at least two non equivalent global equilibrium points. Therefore theorem 4 need not remain valid for $N=\infty$. Again an example is provided by the prisoner's dilemma.

Theorem 5

If Γ^{∞} is R_1-solvable then Γ^N $(N<\infty)$ is also R_1 solvable.

Proof: Obvious.

It may be expected that players which are R_2-rational will be a good model for human players which will cooperate tacitly. This proves true in the infinite case. In [B] it was shown that for a special class of global pairs (co-pairs), a necessary and sufficient condition that an element (s^*,t^*) of this class is an equilibrium point, is the inequality

$$\sum_{\nu=k}^{\infty} d^{\nu-1} E_A(s_\nu^*,t_\nu^*) \geq d^{\nu-1} \max_{i=1,\dots,m} E_A(e_i,y^k) + \bar{a}\cdot\sum_{\nu=k+1}^{\infty} d^{\nu-1}$$
$$= d^{\nu-1} E_A(e_{i_k^*},y^k) + \bar{a}\cdot\sum_{\nu=k+1} d^{\nu-1} \tag{2}$$

and the analogous inequality for the second player.

Let a_k be an average payoff such that

$$a_k \sum_{\nu=k}^{\infty} d^{\nu-1} = \sum_{\nu=k}^{\infty} d^{\nu-1} E_A(s_\nu^*,t_\nu^*)$$

then (2) reads

$$d > \frac{E_A(e_{i_k^*}, y^k) - a_k}{E_A(e_{i_k^*}, y^k) - \bar{a}} = : P_A(e_{i_k^*}, t^*) \qquad (3)$$

If t^* is considered as an offer of the second player then at any stage the first player has the possibility to accept the offer or to play $e_{i_k^*}$ and to risk a conflict. Inequality (3) can now be interpreted in the following way:

Theorem 6

Let (s^*,t^*) be a co - pair. $(s^*,t^*) \in GP^N$ iff at any stage of the supergame the maximum risk the players would be prepared to face in order to achieve $e_{i_k^*}$ ($1_{j_k^*}$) rather than s_k^* (t_k^*) is not greater than the discount factor.

Since R_2 - rational players try to maximize the product

$$(E_A^{\infty}(s,t) - \frac{\bar{a}}{1-d}) \cdot (E_B^{\infty}(s,t) - \frac{\bar{b}}{1-d}) \qquad (4)$$

theorem 2 implies theorem 7.

Theorem 7

If there exist payoff points which strictly dominate $\frac{1}{1-d}(\bar{a},\bar{b})$ then:

1. Only equilibrium points with Pareto - optimal payoff points, which strictly dominate $\frac{1}{1-d}(\bar{a},\bar{b})$, are R_2-compatible.
2. The set of R_2-compatible strategies is not empty.
3. All R_2-compatible equilibrium points are equivalent.

Proof: 1. follows from the fact that the maximum of (4) is achieved at a point strictly dominating $\frac{1}{1-d}(a,b)$

2. and 3. is obvious.

<u>Examples</u>

Prisoner's dilemma

$$A = \begin{bmatrix} 5 & -4 \\ 6 & -3 \end{bmatrix} \qquad B = \begin{bmatrix} 5 & 6 \\ -4 & -3 \end{bmatrix} \qquad d = 0{,}9$$

The maximum of the payoff product of Pareto - optimal points is achieved in the point (50,50). Let (s^*,t^*), $(\bar{s},\bar{t}) \in GP^N$. Then $(s\ ,\bar{t})$, $(\bar{s},t\ )$ GP^N since

$$\begin{array}{ll} s_1^* = e_1 = \bar{s}_1 & t_1^* = l_1 = \bar{t}_1 \\ s_2^*(l_1) = e_1 = \bar{s}_2(l_1) & t_2^*(e_1) = l_1 = \bar{t}_2(e_1) \\ \vdots & \\ s_k^*(l_1,\dots,l_1) = e_1 = \bar{s}_k(l_1,\dots,l_1) & t_k^*(e_1,\dots,e_1) = l_1 = \bar{t}_k(e_1,\dots,e_1) \end{array}$$

i.e. $(s\ ,\bar{t})$ and $(\bar{s},t\ )$ generate the same sequence as (s^*,t^*) and $(\bar{s},\bar{t})$. This implies that the prisoner's dilemma is R_2-solvable.

<u>"Battle of the Sexes"</u>

Let $A = \begin{bmatrix} 2 & -1 \\ -1 & 1 \end{bmatrix} \qquad B = \begin{bmatrix} 1 & -1 \\ -1 & 2 \end{bmatrix} \qquad d = 0{,}9$

The Pareto optimal point (15,15) satisfies (4). By the symmetry of the payoff matrices however, it can be seen that there exist global equilibrium points (s^*,t^*) and $(\bar{s},\bar{t})$ such that

$$E_\tau(s^*,\bar{t}) \neq E_\tau(s^*,t^*) \qquad (\tau = A,B)$$

In order to get a solution for all N-stage games, further postulates on the rationality of the players have to be imposed ([B] , [H] , [N]). But this postulates are even more artificial than r_2 and r_3 and therefore it is questionable whether it is reasonable to develop theory.

References

[A] André, I., Über persönlichkeitsbestimmte Zweipersonenspiele und deren optimalen Folgen, in: Operations Research Verfahren Band VII, Herausgeber R. Henn, Meisenheim 197o, S. 1-15.

[B] Bühler, W., Grundlagen und Lösungen des statischen und dynamischen nichtkooperativen Zwei-Personen-Nichtnullsummenspiels, Diplomarbeit TH München, 1967.

[H] Harsanyi, I., A General Solution for Finite Non-Cooperative Games Based on Risk Dominance, in: Dresher, Shapley, Tucker, Advances in Game Theory, Princeton 1964, S. 651-679.

[K] Krelle, W. und D. Coenen, Das nichtkooperative Nichtnullsummen-Zwei-Personen-Spiel, Unternehmensforschung 9, 1965, S. 57-79 und S. 137-163.

[L] Luce, D., H. Raiffa, Games and Decisions, New York 1957.

[M] Mangasarian, O.L., Equilibrium Points of Bimatrix Games, SIAM Appl. 12, 1964, S. 778-78o.

[N] Neumann, K., Kooperative und nichtkooperative Zweipersonenspiele, in: Operations Research Verfahren Band IX, Herausgeber R. Henn, Meisenheim 1971, S. 58-72.

Dr. W. Bühler
Lehrstuhl für Unternehmensforschung
Technische Hochschule Aachen

Kontrolltheoretische Behandlung eines Differentialspiels

von J. Burgermeister, Berlin

Das folgende Dyopolmodell wird untersucht. Ein Markt (etwa eine Produktenbörse) wird (nur) von den Firmen 1 und 2 beliefert. Bringt Firma i die Menge a_i auf den Markt, dann entstehen ihr die Kosten $\varphi_i + a_i \cdot x_i$ und es ergibt sich der Marktpreis $\beta \cdot (a_1 + a_2) + \gamma$ mit $\beta < 0 < \gamma$. Realisierbar sind nur $[a_1, a_2]$ mit nichtnegativem Marktpreis, also aus $K := \{[a_1, a_2] \mid 0 \leq a_i < \infty \text{ und } \beta \cdot (a_1 + a_2) + \gamma \geq 0\}$. Ändert Firma i a_i, so entstehen ihr (etwa durch die Stillegung oder Ausweitung von Produktionskapazitäten) Kosten des Änderns in Höhe von $\eta_i \cdot \left|\frac{d}{d\tau} a_i(\tau)\right|$ mit $\eta_i > 0$. a_i kann nicht beliebig schnell geändert werden, vielmehr muß $\sigma_i^- \leq \frac{d}{d\tau} a_i(\tau) \leq \sigma_i^+$ gelten mit $-\infty < \sigma_i^- < 0 < \sigma_i^+ < \infty$. Zur Vereinfachung der Rechnungen wird $2 \cdot \sigma_i^+ + \sigma_j^- > 0$, $2 \cdot \sigma_i^- + \sigma_j^+ < 0$ für $\{i, j\} = \{1, 2\}$ angenommen, was z.B. im Fall $|\sigma_i^+| \approx |\sigma_j^-|$, $|\sigma_i^-| \approx |\sigma_j^+|$ erfüllt ist. Jede der Firmen sucht ihren diskontierten Nettogewinn im Zeitraum $[\underline{\tau}, \bar{\tau}]$ zu maximieren, also

$$G_i(a_i, a_j) := \int_{\underline{\tau}}^{\bar{\tau}} \Big[a_i(\tau) \cdot \langle \beta \cdot (a_1(\tau) + a_2(\tau)) + \gamma \rangle - \langle \varphi_i + a_i(\tau) \cdot x_i \rangle - \eta_i \cdot \left|\frac{d}{d\tau} a_i(\tau)\right|\Big] \cdot e^{\delta_i \cdot \tau} \cdot d\tau$$

mit $-\infty < \underline{\tau} < \bar{\tau} < \infty$, $\delta_i < 0$. Wir nehmen an, daß keinerlei Kooperation zwischen den Firmen möglich ist.

Dieses Dyopolmodell stellt ein Differentialspiel dar mit dem Zustandsraum K und den Systemgleichungen $\dot{a}_i = u_i$, wobei Firma i u_i in $[\sigma_i^-, \sigma_i^+]$ so wählt, daß G_i maximal wird.

Eine Strategie $u_i(a_1,a_2,\tau): K\times[\underline{\tau},\bar{\tau}] \longrightarrow [\sigma_i^-,\sigma_i^+]$ für Firma i sagt, diese Firma solle in der Situation $[a_1(\tau),a_2(\tau)]$ zum Zeitpunkt τ $\frac{d}{d\tau}a_i(\tau) = u_i(a_1(\tau),a_2(\tau),\tau)$ setzen. Befolgen die Firmen die Strategien u_1, u_2, so ist bei gegebener Anfangssituation $[a_1(\underline{\tau}),a_2(\underline{\tau})]$ ihr Verhalten, nämlich $a_1|[\underline{\tau},\bar{\tau}]$, $a_2|[\underline{\tau},\bar{\tau}]$, festgelegt. Wir suchen nun ein Strategienpaar u_1^*, u_2^* mit der Eigenschaft, daß es sich für Firma i nicht lohnt, von u_i^* zu einem benachbarten u_i überzugehen, wenn die Konkurrentin j bei u_j^* bleibt, also ein (lokales) Gleichgewichts-Strategienpaar. Es zeigt sich, daß man ein solches Paar u_1^*, u_2^* erhält, wenn man alle durch

$$[a_1^*, a_2^*] : [\underline{\tau},\bar{\tau}] \to K$$

$$\sigma_i^- \le \frac{d}{d\tau} a_i^*(\tau) \le \sigma_i^+$$

$$G_i(a_i^*,a_j^*) = \max_{a_i} G_i(a_i,a_j^*)$$

definierten Gleichgewichtspfade ermittelt und dann $u_i^*(a_1,a_2,\tau) := \frac{d}{d\tau}\tilde{a}_i^*(\tau)$ setzt, worin $[\tilde{a}_1^*,\tilde{a}_2^*]$ der eindeutig bestimmte Gleichgewichtspfad ist, der im Zeitpunkt τ durch $[a_1,a_2]$ geht. Für die Gleichgewichtspfade erhält man aus dem Maximumprinzip von Pontryagin als notwendige und hinreichende Bedingung, daß mit

$$\ell_i(a_1,a_2,\tau) := \int_\tau^{\bar{\tau}} [2\cdot\beta\cdot a_i(\vartheta) + \beta\cdot a_j(\vartheta) + \gamma - x_i]\cdot e^{\delta_i\cdot\vartheta}\cdot d\vartheta$$

gelten muß

$$\frac{d}{d\tau}a_i(\tau)\begin{cases} =\sigma_i^- & \text{falls } \ell_i(a_1,a_2,\tau) < -\eta_i\cdot e^{\delta_i\cdot\tau} \\ \in[\sigma_i^-,0] & \text{falls } \ell_i(a_1,a_2,\tau) = -\eta_i\cdot e^{\delta_i\cdot\tau} \\ =0 & \text{falls } -\eta_i\cdot e^{\delta_i\cdot\tau} < \ell_i(a_1,a_2,\tau) < \eta_i\cdot e^{\delta_i\cdot\tau} \\ \in[0,\sigma_i^+] & \text{falls } \eta_i\cdot e^{\delta_i\cdot\tau} = \ell_i(a_1,a_2,\tau) \\ =\sigma_i^+ & \text{falls } \eta_i\cdot e^{\delta_i\cdot\tau} < \ell_i(a_1,a_2,\tau)\,. \end{cases}$$

Daraus ermittelt man die Gleichgewichtspfade durch Integration, indem man bei $\bar{\tau}$ beginnt und zu jeweils kleineren τ-Werten fortschreitet. (Wegen der Details siehe Jürgen Burgermeister, Gleichgewichtsstrategien im Dyopol, Diss. Bonn 1971.)

Für die so ermittelten u_1^*, u_2^* gilt im allgemeinen $u_i^*(a_1, a_2, \tau) \in \{\sigma_i^-, 0, \sigma_i^+\}$, die Angebotsmengen werden also entweder konstant gehalten oder mit maximaler Geschwindigkeit geändert. Auf vier Flächen im $[a_1, a_2, \tau]$-Raum hat man aber $u_1^* = -\frac{1}{2} \cdot \sigma_2^-$, $u_2^* = \sigma_2^-$ bzw. $u_1^* = \sigma_1^+$, $u_2^* = -\frac{1}{2} \cdot \sigma_1^+$ bzw. $u_1^* = \sigma_1^-$, $u_2^* = -\frac{1}{2} \cdot \sigma_1^-$ bzw. $u_1^* = -\frac{1}{2} \sigma_2^+$, $u_2^* = \sigma_2^+$. Auf

$$F := \{[a_1, a_2, \tau] \mid \tau \in [\underline{\tau}, \bar{\tau}] \text{ und } |2 \cdot \beta \cdot a_i + \beta \cdot a_j + \gamma - x_i| \leq \frac{-\eta_i \cdot \delta_i}{1 - e^{\delta_i \cdot (\bar{\tau} - \tau)}} \text{ für } \{i, j\} = \{1, 2\}\}$$

ist $u_1^* = u_2^* = 0$. F stellt also einen ausgedehnten Bereich dar, in dem beide Firmen ihre Angebotsmengen konstant halten.

Ein Verfahren zur Lösung Dynamischer N-Personen-Superspiele

von H. Rommelfanger, Saarbrücken

Bekanntermaßen kann nach Richard Bellman [1957] die Lösung mehrstufiger Entscheidungsprozesse, d.h. die Lösung von Optimierungsproblemen der Gestalt des

Optimierungsproblems 1:

Gesucht ist eine Folge von Entscheidungen $\{x_1,...,x_M\}$, welche die (Gesamt-)Zielfunktion

(1.0) $$R_{1M}(z_1;x_1,...,x_M) := \sum_{j=1}^{M} r_j(z_j,x_j)$$

maximiert unter den Nebenbedingungen

(1.1) der Anfangszustand z_1 ist bekannt: $z_1 = \bar{z}_1$

(1.2) durch Angabe des Zustandes z_j zu Beginn der j-ten Stufe und der in dieser Stufe getroffenen Entscheidung x_j ist der Zustand in der nachfolgenden Stufe eindeutig bestimmt

$z_{j+1} = T_j(z_j,x_j), \quad j = 1(1)M$

(1.3) Nur solche Entscheidungen sind zugelassen, die zu Zuständen z_{j+1} führen, die Element des jeweils vorgegebenen Zustandsraumes Z_{j+1} sind,

$z_{j+1} \in Z_{j+1}, \quad j = 1(1)M$

(1.4) Die möglichen Entscheidungen x_j auf der j-ten Stufe seien nur innerhalb eines Steuerbereiches $S_j(z_j)$ möglich, der noch vom Zustand der Stufe abhängen kann.

$x_j \in S_j(z_j), \quad j = 1(1)M$

bestimmt werden durch sukzessives Lösen der M einstufigen

Optimierungsprobleme 2: (Bellmansche Rekursionsgleichungen)

(2.0j) $$f_{jM}(z_j) = \max_{p_j \in P_j} \left[r_j(z_j,p_j(z_j)) + f_{j+1,M}(T_j(z_j,p_j)) \right]$$

für alle $z_j \in Z_j$

unter den Nebenbedingungen

1) Dr. rer. nat. Heinrich Rommelfanger, Universität des Saarlandes, Lehrstab Wirtschaftswissenschaften, 66 Saarbrücken.

$$(2.3j)\quad T_j(z_j, p_j(z_j)) \in Z_{j+1}$$

$$(2.4j)\quad p_j \in P_j = \{p_j \mid p_j : Z_j \longrightarrow \bigcup_{z_j \in Z_j} S_j(z_j)\}$$

$$z_j \longmapsto p_j(z_j) \in S_j(z_j)$$

$j = M(-1)1$ mit $f_{M+1,M}(z_{M+1}) \equiv 0$

Die uns interessierende Frage sei, ob ein zu (2.0) analoger Lösungsalgorithmus auch für <u>die</u> "Entscheidungsprozesse" existiert, in denen nicht nur eine Person eine Folge von Entscheidungen so treffen soll, daß ihre Gesamtzielfunktion maximiert wird, sondern in denen gleichzeitig N Personen eine Folge von Entscheidungen so treffen sollen, daß jede ihre eigene Zielfunktion optimiert, die dabei auch von den Entscheidungen der anderen Teilnehmer abhängen kann.

Zu lösen ist somit das

<u>Optimierungsproblem 3</u>:

Gesucht ist ein N-Tupel $(x^{1*},\ldots,x^{N*})$ von Entscheidungsfolgen $x^{i*} := (x_1^{i*},\ldots,x_M^{i*})$, den Entscheidungen [1] der Spieler $i \in \{1,\ldots,N\}$ in den einzelnen Stufen, das die Gesamtheit der Zielfunktionen aller N Personen, das System

$$(3.0)\quad R_{1M}^1\ (z_1;(x^1,\ldots,x^N)') := \sum_{j=1}^{M} r_j^1(z_j^1;(x_j^1,\ldots,x_j^N)')$$

$$\vdots$$

$$R_{1M}^N\ (z_1;(x^1,\ldots,x^N)') := \sum_{j=1}^{M} r_j^N(z_j^1;(x_j^1,\ldots,x_j^N)')$$

zu einem "Optimum" führt

unter den Nebenbedingungen

$$(3.1)\quad z_1 = \bar{z}_1$$

$$\left.\begin{array}{ll}(3.2) & z_{j+1} = T_j(z_j,(x_j^1,\ldots,x_j^N)') \\ (3.3) & z_{j+1} \in Z_{j+1} \\ (3.4) & x_j^i \in S_j^i(z_j),\ i \in \{1,\ldots,N\}\end{array}\right\}\quad j = 1(1)M$$

1) Das Optimierungsproblem 3 kann auch auf gemischte Strategien erweitert werden, und die nachfolgenden Aussagen gelten auch für die gemischte Erweiterung, vgl. [Rommelfanger 1972, S. 20 f.].

Dieses Problem kann interpretiert werden als eine Folge von M hintereinander zu spielenden N-Personenspielen mit der Eigenschaft, daß durch die Entscheidungen $(x_j^1,\dots,x_j^N)$ der N Spieler in der j-ten Partie nicht nur die Auszahlungen $r_j^i(z_j;(x_j^1,\dots,x_j^N)')$ in dieser Partie festgelegt werden, sondern vermöge (3.2) auch der Zustand z_{j+1}, der die Lage der Spieler vor der nachfolgenden Partie charakterisiert. Nach (3.4) hängt es vom Wert der Zustandsvariablen z_{j+1} ab, welches Spiel aus einer Klasse von NP-Spielen in der (j+1)-ten Partie zu spielen ist. Diesen recht allgemeinen Typ mehrstufiger N-Personenspiele habe ich als Dynamisches N-Personen-Superspiel bezüglich des Anfangszustandes $\bar{z}_1$ bezeichnet. Er ist bei Problemen des täglichen Lebens häufig anzutreffen, wie einfache Anwendungsfälle zeigen, z.B. das Oligopolspiel, bei dem jeder Oligopolist i zu Beginn des Superspiels über ξ_1^i Einheiten eines Gutes verfügt, das er in M Tagen am Markt veräußern soll, da nach diesen Tagen das Gut wertlos ist. Der Marktpreis bestimmt sich so, daß an jedem Tag gerade das Gesamtangebot $\sum_{i=1}^{N} x_j^i$ abgenommen wird zum Preis von $g(\sum_{i=1}^{N} x_j^i)$, wobei g eine stetige, monoton fallende Nachfragefunktion sei.

Das Ziel jedes Oligopolisten ist es nun, seinen Gesamterlös

$$R_{1M}^i\ (z_1;(x^1,\dots,x^N)') := \sum_{j=1}^{M} x_j^i \cdot g(\sum_{i=1}^{M} x_j^i)$$

zu maximieren, der vom Verhalten der übrigen Anbieter abhängt. Dieses Oligopolspiel entspricht also dem folgenden Optimierungsproblem 4:

$$(4.0)\qquad \left.\begin{array}{l} R_{1M}^1\ (z_1;(x^1,\dots,x^N)') := \sum_{j=1}^{M} x_j^1 \cdot g(\sum_{i=1}^{N} x_j^i) \\ \vdots \\ R_{1M}^N\ (z_1;(x^1,\dots,x^N)') := \sum_{j=1}^{M} x_j^N \cdot g(\sum_{i=1}^{N} x_j^i) \end{array}\right] \rightarrow \text{Opt.}$$

unter den Nebenbedingungen

$$(4.1)\qquad z_1 = \begin{pmatrix} \xi_1^1 \\ \vdots \\ \xi_1^N \end{pmatrix}$$

$$
\left.\begin{array}{ll}
(4.2) & z_{j+1} = \begin{pmatrix} \xi^1_{j+1} \\ \vdots \\ \xi^N_{j+1} \end{pmatrix} = \begin{pmatrix} \xi^1_j - x^1_j \\ \vdots \\ \xi^N_j - x^N_j \end{pmatrix} \\
(4.3) & 0 \leq z_{j+1} \leq z_1 \\
(4.4) & 0 \leq x^i_j \leq \xi^i_j \ , \ i \varepsilon \{1,\dots,N\}
\end{array}\right\} \quad j = 1(1)M
$$

Bis jetzt haben wir die Frage offen gelassen, was wir unter der Lösung eines Optimierungsproblems des Typs 3, d.h. eines DNPSspiels verstehen wollen. Dies ist um so problematischer, als abgesehen vom Sattelpunktkonzept für ZPNSspiele es kein allseits anerkanntes und völlig befriedigendes Lösungskonzept für NPspiele gibt. Neben dem klassischen Lösungskonzept von v.Neumann und Morgenstern gibt es eine Vielzahl weiterer Lösungskonzepte. Ich habe mich zur Übernahme des Lösungskonzepts von Wilhelm Krelle [1968] entschieden, da es meiner Ansicht nach das Verhalten von Spielern in realen Spielsituationen am stärksten berücksichtigt und in praktischen Spielsituationen wirklich angewendet werden kann. Im Gegensatz zum Neumann-Morgensternschen Konzept beruht es nicht auf der charakteristischen Funktion, sondern legt das ursprüngliche Spiel zugrunde.

Unter der Lösung eines Spielproblems wollen wir somit eine Anweisung an jeden Spieler verstehen, wie er sich in der nächsten Partie verhalten soll, so daß er aus dem Spiel (von ihm aus gesehen) mindestens den gleichen Nutzen zieht wie bei Anwendung irgendeiner anderen Strategie. [Krelle 1968, S. 135 f.]

Diese verbale Definitionsform ermöglicht eine einheitliche Definition des Begriffes der Lösung eines Spieles für alle Spieltypen; bei Anwendung auf spezielle Spielsituationen bedarf es natürlich der genaueren Angabe darüber, was unter "Anweisung" zu verstehen ist. Diese kann nur für die einzelnen Spieltypen getrennt angegeben und das Lösungskonzept dann jeweils exakt formuliert werden (vgl. dazu die nachfolgenden Seiten).

Um die formale Darstellung übersichtlicher zu gestalten, habe ich eine Rechenanweisung, "Lös" genannt, eingeführt, die natürlich ebenfalls für jeden Spieltyp getrennt interpretiert werden muß.

Betten wir analog dem Bellmanschen Vorgehen das Problem 3 in die Klasse der DNPSspiele gleicher Struktur ein, die sich nur im Anfangszustand unterscheiden, so erhalten wir das

Optimierungsproblem 5: (DNPSspiel $\mathcal{K}_{1M}(z_1)$)

Gesucht ist ein Politikenprofil $(p^{1*},...,p^{N*})$, bestehend aus den Politiken $p^{i*} := (p_1^{i*},...,p_M^{i*})$, $i\varepsilon\{1,...,N\}$, der N Spieler als Lösung des Problems:

$$\text{(5.0)}\quad \underset{\substack{(p^1,..,p^N)\\ \varepsilon P^1\times..\times P^N}}{\text{Lös}} \begin{pmatrix} R_{1M}^1(z_1;(p^1,..,p^N)') := \sum_{j=1}^{M} r_j^1(z_j;(p_j^1,..,p_j^N)') \\ R_{1M}^2(z_1;(p^1,..,p^N)') := \sum_{j=1}^{M} r_j^2(z_j;(p_j^1,..,p_j^N)') \\ \vdots \\ R_{1M}^N(z_1;(p^1,..,p^N)') := \sum_{j=1}^{M} r_j^N(z_j;(p_j^1,..,p_j^N)') \end{pmatrix}$$

unter den Nebenbedingungen

$$\left.\begin{array}{ll} (5.1) & z_1 \varepsilon Z_1 \\ (5.2) & z_{j+1} = T_j(z_j;(p_j^1(z_j),...,p_j^N(z_j))') \\ (5.3) & z_{j+1} \varepsilon Z_{j+1} \\ (5.4) & p_j^i \varepsilon P_j^i = \{p_j^i | p_j^i : Z_j \to \bigcup_{z_j \varepsilon Z_j} S_j^i(z_j)\} \\ & \qquad\qquad z_j \mapsto p_j^i(z_j) \varepsilon S_j^i(z_j) \\ & i\varepsilon\{1,...,N\} \\ & P^i := P_1^i\times...\times P_M^i \end{array}\right\} j = 1(1)M$$

Gäbe es nun einen Lösungsalgorithmus, der es gestattet, anstelle des Optimierungsproblems 5 eine Folge von M einpartieigen NPspielen sukzessiv zu lösen, so müßte er auf einer Verallgemeinerung des Bellmanschen Optimalitätsprinzips beruhen. Ich machte daher den folgenden Ansatz, den ich als das

Verallgemeinerte Bellmansche Optimalitätsprinzip bezeichnete:

"Eine (Gesamt-)Lösung eines M Partien umfassenden N-Personenspiels hat die Eigenschaft, daß, unabhängig, vom Anfangszustand des Spieles und gleichgültig welche Entscheidungen von den N Spielern in der ersten Partie getroffen werden, die verbleibenden Entscheidungen der Gesamtlösung eine Lösung des (M-1)-stufigen N-Personenspiels bilden müssen, das nach der so verlaufenden ersten Partie noch zu spielen ist."

Eine exaktere Fassung ist die folgende:

"Ein Politikenprofil $(p_j^*,\dots,p_M^*)$ eines DNPSspiels $\mathcal{K}_{jM}(Z_j)$ mit der Eigenschaft:

a) das Restpolitikenprofil $(p_{j+1}^*,\dots,p_M^*)$ ist eine Lösung des (M-m) Partien umfassenden DNPSspiels $\mathcal{K}_{j+1,M}(\overset{\square}{Z}_{j+1})$, wobei

$$\overset{\square}{Z}_{j+1} := \bigcup_{z_j \varepsilon Z_j} \{T_j(z_j,(x_j^1,\dots,x_j^N)') \mid x_j^i \,\varepsilon\, S_j^i(z_j);\ i\varepsilon\{1,\dots,N\}\}$$

b)
$$\begin{pmatrix} R_{jM}^1(z_j;(p_j^*,p_{j+1}^*,\dots,p_M^*)) \\ \vdots \\ R_{jM}^N(z_j;(p_j^*,p_{j+1}^*,\dots,p_M^*)) \end{pmatrix} =$$

$$\underset{p_j \varepsilon P_j}{\text{Lös}} \begin{pmatrix} r_j^1(z_j,p_j) + R_{j+1,M}^1(T(z_j,p_j);(p_{j+1}^*,\dots,p_M^*)) \\ \vdots \\ r_j^N(z_j,p_j) + R_{j+1,M}^N(T(z_j,p_j);(p_{j+1}^*,\dots,p_M^*)) \end{pmatrix}$$

für alle $z_j \varepsilon Z_j$

ist eine Lösung des DNPSspiels $\mathcal{K}_{jM}(Z_j)$.

Unterstelle ich die Gültigkeit dieses Verallgemeinerten Bellmanschen Optimalitätsprinzips (VBO), dann läßt sich das zu Problem 2 analoge

Optimierungsproblem 6: (Lösungsalgorithmus für DNPSspiele)

formulieren:

$$\text{(6.0j)} \quad \begin{pmatrix} f_{jM}^1 \\ \vdots \\ f_{jM}^n \end{pmatrix}(z_j) = \underset{\substack{p_j=(p_j^1,\dots,p_j^N) \\ \varepsilon P_j^1\times\dots\times P_j^N}}{\text{Lös}} \begin{pmatrix} r_j^1(z_j;p_j) + f_{j+1,M}^1(T_j(z_j,p_j)) \\ \vdots \\ r_j^N(z_j,p_j) + f_{j+1,M}^N(T_j(z_j,p_j)) \end{pmatrix} \quad \text{für alle } z_j \varepsilon Z_j$$

$j=M(-1)1$, mit $f_{M+1,M}^i(z_M) \equiv 0$ für $i\varepsilon\{1,\dots,N\}$

unter der Nebenbedingung

$$\text{(6.1j)} \quad T_j(z_j,p_j(z_j)) \,\varepsilon\, Z_{j+1}$$

Dieser Lösungsalgorithmus liefert eine Folge von Entscheidungsfunktionentupel $\{p_j^* = (p_j^{1*},\ldots,p_j^{N*})\}$, die aneinandergereiht ein Politikenprofil darstellen.
Das Problem ist nur, ob das gewonnene Politikenprofil eine Lösung des DNPSspiels ist, d.h. ob das Verallgemeinerte Bellmansche Optimalitätsprinzip gültig ist.
Eine ausführliche Darstellung der Beantwortung dieser zentralen Frage würde den Rahmen dieses Beitrags sprengen; ich möchte mich deshalb darauf beschränken, einen Überblick über meine Ergebnisse zu geben und verweise auf [Rommelfanger 1972].
Diese Frage wurde nun für die einzelnen Spieltypen getrennt untersucht; zunächst für nicht-kooperative Spiele. Sein Ziel, einen maximalen Nutzen zu erhalten, kann dann ein Spieler nur dadurch erreichen, daß er diejenige Politik anwendet, die ihm eine maximale Auszahlung garantiert.
Diese Spielklasse wurde dann bedingt durch das gewählte Lösungskonzept weiterhin unterteilt in Spiele mit <u>spielbedingter Lösung</u> und in Spiele mit <u>persönlichkeitsbedingter Lösung</u>.
Nach Krelle ist die spielbedingte Lösung eines nicht-kooperativen NPspiels definiert als "der einzige, nicht generell dominierte Gleichgewichtspunkt oder das einzige, nicht generell dominierte Gleichgewichtsgebiet."
Dieser Lösungsbegriff und natürlich auch die spieltheoretischen Begriffe wurden auf DNPSspiele folgerichtig erweitert, und es konnte dann gezeigt werden, daß für DNPSspiele mit spielbedingter Lösung der auf dem VBO basierende Lösungsalgorithmus jedem Spiel mit dieser Eigenschaft eine spielbedingte Lösung zuordnet; der Beweis gelingt durch Zurückführen auf Ein-Personenspiele, auf die dann das Bellmansche Optimalitätsprinzip angewendet wird.
Als Abrundung wird die Frage nach der Existenz spielbedingter Lösungen von DNPSspielen erörtert. Im Falle von ZPNspielen ist sie nicht schwer zu beantworten, da man hier diese Probleme reduzieren kann auf die Frage nach der Existenz von Gleichgewichtspunkten, und es konnte gezeigt werden, daß die bekannten Sätze über die Existenz von Gleichgewichtspunkten in NPspielen erweitert werden konnten zu Sätzen über die Existenz von Gleichgewichtsprofilen in

DNPSspielen. Dagegen konnte für die übrigen Spielklassen keine allgemeingültige Antwort gegeben werden. Der einzige mir bekannte Satz über die Existenz und Eindeutigkeit von Gleichgewichtspunkten in NPspielen ist der Satz von Rosen [Rosen 1965, S. 523 ff.], dessen Voraussetzungen aber immens hoch sind, und selbst, wenn diese Bedingungen erfüllt sind, ist es bei Nicht-Konstantsummenspielen schwer zu sichern, daß dieses eindeutige Gleichgewichtsprofil nicht dominiert wird.
Wird die Lösung eines DNPSspiels nicht vollständig von dem Spiel allein bestimmt, so kommt die Persönlichkeit des Spielers mit zum Tragen. Das Problem der Bestimmung der dann persönlichkeitsbedingten Lösung setzt sich aus N Maximierungsproblemen zusammen, von denen jeder Spieler eins für sich zu lösen hat. Jedes dieser Probleme genügt den Voraussetzungen der Dynamischen Optimierung und kann mittels des BO schrittweise gelöst werden. Diese N Rekursionssysteme lassen sich aber auch so zusammenfassen, daß das gemeinsame Lösungsverfahren gerade das VBO ausdrückt.
Auch für NPspiele, bei denen die Bildung von Koalitionen zwischen den Spielern zugelassen wird, konnte ich durch Weiterführung der Krelleschen Ansätze einen praktikablen Lösungsbegriff als Spezialfall der allgemeinen verbalen Lösungsdefinition angeben. Im Unterschied zur nicht-kooperativen Spielweise bestehen nun die Verhaltensweisen eines Spielers in der Wahl einer Koalition, in der er Mitglied werden will, verbunden mit der Wahl eines Strategientupels, das die Spieler dieser Koalition gemeinsam anwenden sollen; bei kooperativen Spielen mit Nutzenausgleich kommt noch eine weitere Dimension hinzu, nämlich eine Angabe über den Bruchteil am freien Gewinn der Koalition, den der Spieler als seinen Anteil fordern soll.
Die Bestimmung der Lösung - wenn es zu einer Koalitionsbildung kommt, handelt es sich um eine persönlichkeitsbedingte Lösung - läßt sich auf reine Maximierungsprobleme zurückführen, die jeder Spieler für sich unter Beachtung der "Persönlichkeit" der übrigen Spieler lösen muß. Im DNPSspiel sind dies mehrstufige Ein-Personenspiele, welche die Anwendung der Dynamischen Optimierung gestatten. Auch hier war es möglich, durch geeignete Zusammenfassung dieser

N Rekursionsgleichungssysteme einen Lösungsalgorithmus zu konstruieren, der als formale Fassung des VBO angesehen werden konnte. Die Gültigkeit des Verallgemeinerten Bellmanschen Optimalitätsprinzips konnte somit für alle Typen des DNPSspiels bewiesen werden.

Literaturverzeichnis

Bellman, R.: Dynamic Programming. Princeton 1957

Krelle, W.: Präferenz- und Entscheidungstheorie. Tübingen 1968

Rommelfanger, H: Über eine Verallgemeinerung des Bellmanschen Optimalitätsprinzips auf allgemeine N-Personenspiele. Dissertation. Saarbrücken 1972

Rosen, J.B.: Existence and Uniqueness of Equilibrium Points for Concave N-Person Games. Econometrica, Vol 33 (1965), S. 520 - 533.

Graphentheoretische Anwendungen

Zukunftsaspekte der Netzplantechnik in der praktischen Anwendung

von F. G. Boehm, Essen

Setzt man die Jahre 1957/1958 als Entstehungszeitraum für die Methoden der Netzplantechnik an, so sind nahezu 15 Jahre vorüber, in denen diese Methoden weiterentwickelt, geschult und angewandt wurden. 15 Jahre sind eine relativ kurze Zeitspanne, gemessen an der gesamten Entwicklung des Operations Research als praxisbezogener, wissenschaftlicher Disziplin. Doch wohl keine Methode und kein Verfahren des Operations Research hat eine solche Intensität bezüglich Programm-, Methoden- und Verfahrensentwicklung und Schulung erfahren wie die Netzplantechnik. Das dürften auch die Gründe dafür sein, daß diese Planungstechnik insgesamt gesehen so schnell in die Praxis eindringen konnte.

Sehr früh bereits hat sich auch die Deutsche Gesellschaft für Operations Research (DGOR) intensiv mit der Weiterentwicklung, der Schulung und der Förderung des Erfahrungsaustausches unter Praktikern befaßt. Die Regelmäßigkeit der Sitzungen, die Zahl der ständigen Mitglieder und die Arbeitsintensität des mit dieser Aufgabe beauftragten Arbeitsgruppe Netzplantechnik und seiner Unterausschüsse sind ein Indiz für die Bedeutung, die dieser Methode zugemessen wird. [2)]

All dies berechtigt dazu, nach dem heutigen Stand der Netzplantechnik in der praktischen Anwendung zu fragen und zu

---

1) Vortrag gehalten anläßlich der DGOR-Jahrestagung 1972 in Hamburg.

2) Im Mai fand die 25. Sitzung der Arbeitsgruppe statt. Die Zahl der Arbeitssitzungen einschließlich der Unterausschüsse liegt über 100.

versuchen, die notwendigen Zukunftsentwicklungen aufzuzeigen, die noch gemacht werden müssen, um die Netzplantechnik verstärkt zu einem selbstverständlichen Handwerkszeug bei Planung, Steuerung und Kontrolle von Projekten zu machen.

Aus Platz- und Zeitgründen werden zu den angeschnittenen Themen nachfolgend einige Thesen vertreten, die als Diskussionsgrundlage dienen mögen.

> These 1: Der Entwicklungsstand der Methoden und Verfahren der Netzplantechnik sowie auch der Programmtechnik sind der praktischen Anwendung voraus.

Die forcierte Entwicklung von Methoden, Verfahren und Programmen hat zu einem hohen theoretischen Niveau der Netzplantechnik geführt. Aus der Sicht der Anwender kann deshalb festgestellt werden, daß methodisch und programmtechnisch die Voraussetzungen für einen erfolgreichen praktischen Einsatz gegeben sind. Die Verfahrensvarianten der beiden grundlegenden Methoden - vorgangsknotenorientiert oder vorgangspfeilorientiert - haben sich beide in der Praxis bewährt. In diesem Zusammenhang kann nicht deutlich genug vor einem theoretischen Methodenstreit gewarnt werden. Es hat sich in der Praxis gezeigt, daß sich mit beiden Methoden gute Ergebnisse erreichen lassen. Die Frage, welche Methode, welches Verfahren und welches Programm bevorzugt zur Anwendung gelangen sollte, ist ausschließlich vom Problem und der Anforderung her zu beantworten, insbesondere auch unter Berücksichtigung des Ausbildungsstandes der Netzplantechniker und der Erfahrungen, die bei den übrigen Projektbeteiligten vorhanden sind. Es kann allerdings festgestellt werden, daß die vorgangsknotenorientierten Verfahren in Europa eine zunehmende Anwendungsbreite erfahren, während in den angloamerikanischen Ländern nach wie vor überwiegend die vorgangspfeilorientierte Methode verwendet wird.

Wenn trotzdem die praktische Anwendung nicht den Stand erreichen konnte, der aufgrund des theoretischen Entwicklungsstandes und der bereits erfolgten intensiven Schulung vielleicht erwartet wird, so ist dies in einer Reihe von Problemen der praktischen Anwendung begründet, die noch ungenügend gelöst sind und auf die sich die zukünftige Entwicklung konzentrieren muß. Es sind dies vor allem Probleme organisatorischer, psychologischer und schulungstechnischer Art.

> These 2: Die Anwendung der Netzplantechnik ist branchen- und firmenseitig sehr unterschiedlich. Dies gilt sowohl für die Anwendungsbreite als auch für die Anwendungstiefe.

Interessant ist zu sehen, daß die Netzplantechnik in fast allen Branchen vertreten ist, jedoch mit sehr unterschiedlicher Intensität praktiziert wird.

Schwerpunkte sind zu erkennen:

- in der Anwendung durch Ingenieurbüros und Consultingfirmen als Dienstleistung
- im Anlagenbau zur Planung und Abwicklung komplexer Projekte
- bei großen Entwicklungsprojekten, hier speziell im Bergbau sowie der Luft- und Raumfahrt
- im militärischen Bereich, auch hier speziell in der Entwicklung und der Logistik
- in der Instandsetzung und Instandhaltung, vor allem in Hüttenwerken und in der Chemie.

Insgesamt hat die Netzplantechnik eine große Anwendungsbreite erreicht, ohne daß daraus abgeleitet werden kann, daß die Anwendungstiefe bzw. die Anwendungsintensität gleichermaßen groß ist. Hier wird deutlich erkennbar, daß die Netzplantechnik teilweise zur Modeerscheinung geworden ist. Vielfach ist es einfach modern, Netzplantechnik zu betreiben, und es gilt geradezu als rückständig, diese Methode nicht anzuwenden. Diese Euphorie hat meines Erachtens mehr geschadet als genützt.

da in vielen Fällen Netzplantechnik aus dem Stegreif heraus betrieben wurde, ohne die notwendigen Voraussetzungen, z.B. Breitenschulung und organisatorische Maßnahmen, zu schaffen.

In der Diskussion von Anwendungsbreite und Anwendungstiefe ist sehr genau zu unterscheiden, ob es sich um die Planung von Terminen, von Kosten oder von Kapazitäten handelt. Wenn von der Anwendung der Netzplantechnik gesprochen wird, so bezieht sich dies heute fast ausschließlich auf die reine Terminplanung, -kontrolle und -steuerung. Hier liegt derzeit der eindeutige Schwerpunkt der Anwendung: Nahezu 90 bis 95 % aller bekannten Anwendungen befassen sich nur mit der Terminplanung.

Die Kosten- und Kapazitätsplanung wird derzeit kaum systematisch angewandt. Die Schwierigkeiten sind hauptsächlich in der Frage der Datenerfassung zu sehen. So ist heute das Rechnungswesen unserer Unternehmen nicht darauf eingestellt, die notwendigen Kosten- und Kapazitätsdaten für ein Projekt in Art und Detaillierung so bereitzustellen, wie dies für einen Netzplan notwendig wäre. Auch haben sich viele Firmen - und das auch sicher zu Recht - auf den Standpunkt gestellt, daß es sinnvoller ist, zunächst diese Planungstechnik nur für die Terminplanung einzuführen und erst dann auf die Kosten und Kapazitätsplanung überzugehen, wenn die Terminplanung mit Hilfe der Netzplantechnik sicher beherrscht wird.

> These 3: Die Anwendungsprogramme müssen anwendungsfreundlicher gestaltet werden, z.B.: eine flexiblere Ausdruckgestaltung und eine flexiblere Kalendergestaltung.

Wenn zuvor festgestellt wurde, daß die Programmtechnik der praktischen Anwendung voraus ist, so gilt dies nur bedingt. Fast alle Programme sind zwar funktionstüchtig und ermöglichen es, Netzplantechnik zu betreiben. Dennoch wäre es eine große Hilfe für den Anwender, wenn die Programme insgesamt flexibler gestaltet wären und mehr auf die Anwendung ausgerichtet würden.

In diesem Zusammenhang geht es vor allem um eine flexible Ausdruckgestaltung, d.h., der Anwender sollte in die Lage versetzt werden, seine Ausdrucke selber mit Hilfe von Programmbausteinen entwickeln zu können, um sie dem anstehenden Problem anzupassen. Nur so wird es möglich, innerhalb eines Projektes die Ausdrucke nach der Zielgruppe der Informationsempfänger zu orientieren. So kann es bei einem Großprojekt notwendig werden, sogenannte funktionsorientierte Netzpläne zu erstellen. Hierunter ist zu verstehen, daß die Netzpläne bzw. die Netzplanausdrucke, z.B. für einen Konstruktionsbereich anders aussehen müssen und andere Aussagen beinhalten als für die Planungsabteilung oder den Beschaffungsbereich. Die Abbildung 1 erläutert den hier unterstellten Zusammenhang: [3]

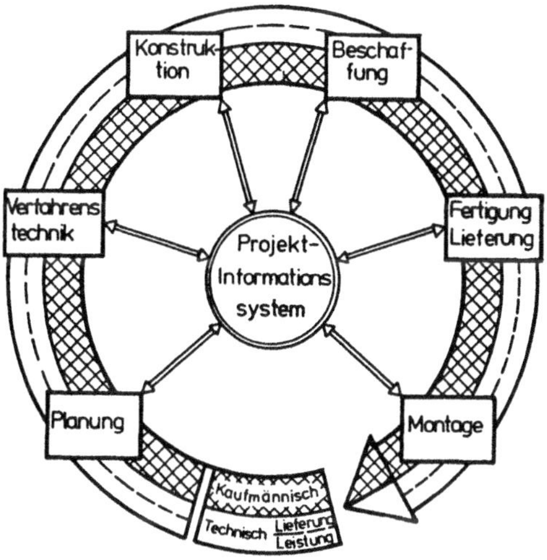

ABBILDUNG 1

Ein Großprojekt durchläuft in der Regel fast alle Funktionen innerhalb einer Unternehmung. Wird eine Terminplanung durchgeführt, so sind z.B. Termine aus dem Planungsbereich, aus

---

3) F. Boehm, W. Riepe. Experience with a large-scale Network used as a time information system, Internet-Kongress Mai 1972, Stockholm.

der Verfahrenstechnik, aus der Konstruktion, der Beschaffung, der Fertigung und auch der Montage zu berücksichtigen. Will man mit Hilfe der Netzplantechnik nicht nur die Termine planen und kontrollieren, sondern zu einem Projektinformationssystem gelangen, in dem ebenfalls Kosten und Kapazitäten sowie sonstige Daten und Informationen berücksichtigt werden sollen, so sind hier in den einzelnen Funktionen kaufmännische und wiederum technische Informationen zu verarbeiten.

Die technischen Informationen können einmal eine Lieferung oder aber auch eine zu erbringende Leistung betreffen. Nun ist leicht einzusehen, daß die einzelnen Funktionen sehr unterschiedliche Aufgaben zu erfüllen haben und somit auch einen unterschiedlichen Informationsbedarf haben.

Dies wird sich einmal im Aufbau der Netzpläne selbst, in ihrem Detaillierungsgrad, aber auch in der Datenzusammenstellung der Ausdrucke, die von den einzelnen Funktionen für ihre Arbeit benötigt werden, niederschlagen.

So wird ein Rechnerausdruck für eine Planungsabteilung anders auszusehen haben als für den Beschaffungsbereich. Dies führt in letzter Konsequenz dazu, daß die Netzpläne eben funktionsorientiert aufgebaut werden und auch die Ausdrucke diesen Funktionen entsprechend gestaltet werden müssen. Fehlt nun die Möglichkeit einer flexiblen Ausdruckgestaltung, so können lediglich ein oder mehrere Standardausdrucke abgerufen werden, die in der einen Funktion als völlig genügend angesehen, im anderen Fall aber als völlig unzureichend beurteilt werden. Dies wiederum führt zwangsläufig dazu, daß die Abteilung, die mit dem Ausdruck wenig anfangen kann, auch nicht bereit sein wird, ihre Informationen zur Netzplanbearbeitung zur Verfügung zu stellen. Dadurch ist der notwendige Datenfluß von vornherein gestört und das Ergebnis dieser Planung kann nicht mehr optimal sein. Die Abbildung 2 zeigt ein Beispiel für einen solchen funktionsorientierten Netzplan; hier ein Bestellnetzplan, der speziell die Belange des Einkaufs berücksichtigt und nur die für den Einkaufsbereich interessanten Informationen beinhaltet. [4)]

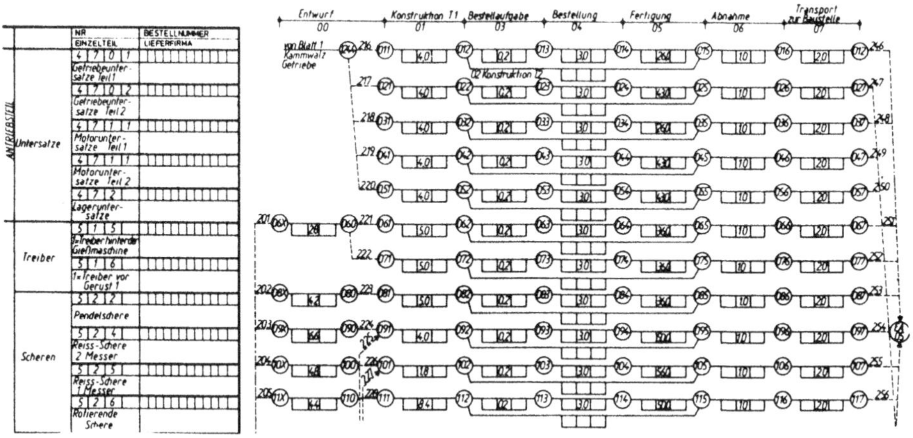

Abbildung 2

In der Auswertung - Abbildung 3 - d.h. im Rechnerausdruck ist neben der Bestellnummer die Lieferfirma, die Teilebeschreibung sowie die Bestellnummer ausgedrückt. Die Bestellsummen werden bei Baugruppen-Bestellungen zur Gesamtsumme aufaddiert. Betont werden soll, daß dieser Ausdruck nicht mit Hilfe eines Kostenprozessors sondern aus dem Terminteil eines Netzplanprogrammes entwickelt wurde.

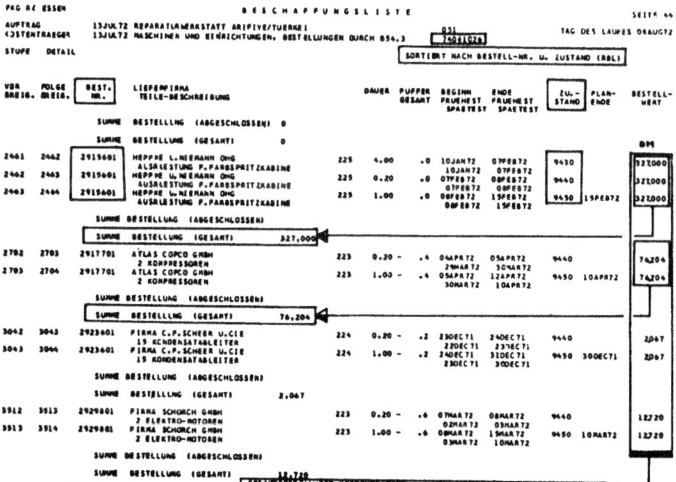

ABBILDUNG 3

Die Abbildung 4 zeigt ein Standardeingabeformular, wie sie speziell für einen solchen Bestellnetzplan entwickelt wurde.

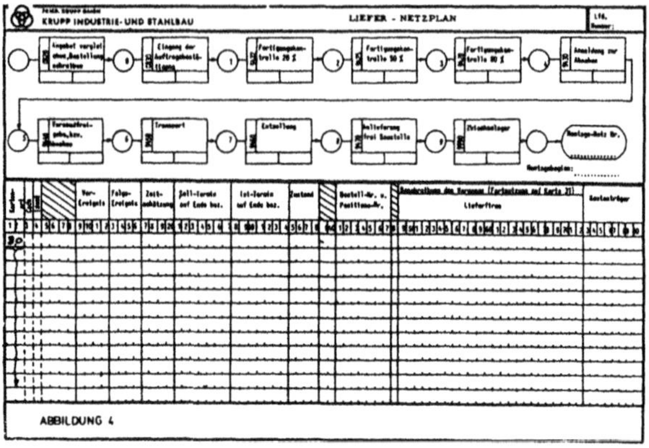

ABBILDUNG 4

Neben der wichtigen Frage einer flexiblen Ausdruckgestaltung ist auch die flexible Kalendergestaltung immer dann von entscheidender Bedeutung, wenn es um die Abwicklung von internationalen Projekten geht.

Vor allem die technischen Großentwicklungen werden zunehmend in internationaler Zusammenarbeit abgewickelt, sei es, daß es sich um ein europäisches oder sogar ein weltweites Projekt handelt. Hier ist es unbedingt erforderlich, daß in einem Programmpaket mehrere Kalender verarbeitet werden können, d.h., die gesamte Kalendergestaltung muß so flexibel sein, daß es hier keinerlei Einschränkungen gibt. Nur so ist vom Programmanwender her gewährleistet, daß die Terminaussagen auch zutreffen und nicht Differenzen von Tagen bis zu mehreren Wochen provoziert werden.

---

4) F. Boehm, K.U. Schmidt, H.-G. Fischer
Eine Anwendung des Projektmanagementsystem im Industrieanlagenbau, IBM-Nachrichten, 10/71.

These 5: Die Programme müssen mehr in Richtung auf ein Informationssystem entwickelt und in bestehende Planungssysteme integriert werden, wie z.B.: Materialdisposition, Fertigungssteuerung, Kalkulation und Kostenrechnung.

Ein großer Nachteil der heutigen Programmtechnik muß darin gesehen werden, daß diese Programme mehr oder weniger isoliert sind. Isoliert insofern, als sie keine Verknüpfungen zu anderen Programmpaketen haben. Dies ist so lange nicht von grosser Bedeutung, solange die Netzpläne praktisch als Dienstleistung für ein einzelnes Projekt angeboten werden. Sehr störend jedoch ist, wenn die Projekte in einem Unternehmen abgewickelt werden, in dem z.B. auch gefertigt wird. Hier fehlt z.B. der notwendige Übergang von dem Netzplan zum Fertigungssteuerungsprogramm.

In vielen Unternehmen und auch bei vielen Software-Herstellern wird an Problemen der Materialdisposition gearbeitet. Dies geht so weit, daß hierfür ganze Informationssysteme erstellt werden. Bei solchen Entwicklungen ist nun unbedingt darauf zu achten, daß die benutzten Netzplanprogramme in dieses Informationssystem hineinpassen und entsprechende Interfaces bzw. Verbindungsstellen hergestellt werden können. Andererseits müssen auch die Netzplanprogramme solche Entwicklungen mit berücksichtigen. Geschieht dies nicht, so besteht die Gefahr, daß zwei Informationssysteme parallel betrieben werden. Die hierdurch entstehenden Informationsschwierigkeiten, die Doppelarbeit und das zunehmend schwieriger werdende Problem der Datenerfassung kann sich sehr zum Nachteil der Netzplananwendung auswirken. Daher sind insbesondere diese Integrationsprobleme sehr früh zu beachten.

These 6: Das Zentralproblem der Netzplantechnik ist das der Datenerfassung. Hierdurch wird der systematische Einsatz der

Netzplantechnik stark eingeschränkt.
Dies gilt insbesondere für die Kosten- und Kapazitätsplanung.

Auf dieses Problem wurde bereits mehrfach hingewiesen. In der Tat zeigen alle Diskussionen, die sich mit der Anwendung der Netzplantechnik beschäftigen, daß die Hauptprobleme der praktischen Anwendung in der Frage der Datenerfassung liegen. Dies liegt ganz besonders darin begründet, daß die Netzplantechnik als Planungsmethode zu einer Detaillierung führt, wie sie vorher nicht bekannt war. Die Folge ist, daß mehr Daten zu erfassen, zu verarbeiten und weiterzuleiten sind als es z.B. beim Balkenplan der Fall war. Hierüber müssen sich alle Beteiligten im klaren sein, da der Erfolg einer solchen Detailplanung nur dann sichergestellt werden kann, wenn die geforderten und benötigten Daten auch in aussagefähiger Form zur Verfügung gestellt werden. Nur dann wird das Ergebnis zufriedenstellend und verwertbar sein.

Die Erfahrung hat gezeigt, daß häufig die Netzplanmethode für ein Projekt eingesetzt, aber aufgrund der Datenerfassungsprobleme vielfach nur eine Terminkontrolle im nachhinein mit Hilfe der Netzplantechnik erreicht wird. Es gelingt vielfach nicht, das Instrumentarium so aktiv zu gestalten, wie es zu einer Termindisposition und Terminsteuerung notwendig ist.

Das gesamte Problem hängt sehr mit der Frage der Detaillierung der Netzpläne ab. Das Bild 5 zeigt diese Zusammenhänge auf.

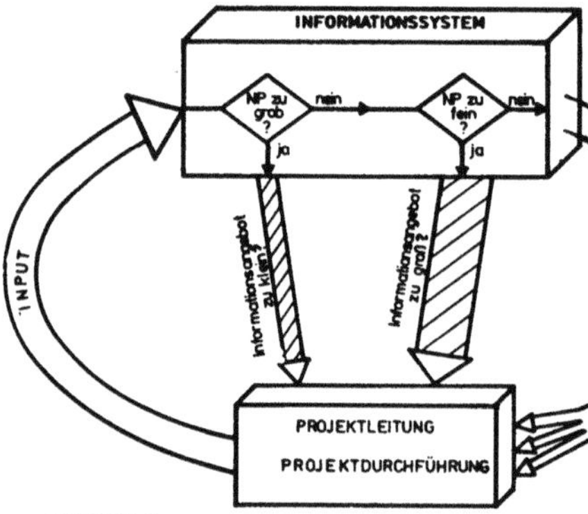

ABBILDUNG 5

Vereinfacht kann man sagen, daß die Projektleitung bzw. alle am Projekt Beteiligten einen auf die Termine, Kosten und Kapazitäten bezogenen Bedarf an Informationen haben. Dieser Bedarf ist unterschiedlich, je nachdem in welcher Hierarchie sich der jeweilige Interessent befindet und welche Probleme er im einzelnen zu bearbeiten hat. Zum anderen wird er ganz bestimmte Informationen aufgrund seiner eigenen Leistung an das Informationssystem oder den Netzplan abgeben.

Ist nun der Netzplan zu grob gestaltet, so ist das Informationsangebot an ihn zu klein. Die Folge wird sein, daß er neben der Netzplantechnik noch andere Informationsquellen zum genau gleichen Problem benutzen muß. Diese Doppelarbeit wird eine sehr große Erschwernis sein mit dem Ergebnis, daß die von ihm erwarteten Informationen nur zögernd oder lückenhaft gegeben werden. Ist im umgekehrten Fall das Informationsangebot zu groß, also der Netzplan zu fein strukturiert, so wird er die Fülle dieser Informationen nicht benötigen und auch nicht verarbeiten können. Auch hier wird es in der Folge dazu kommen, daß während der Projekt- und Netzplanbearbeitung Lücken im Informationssystem auftauchen, sei es, daß Daten unbearbeitet bleiben oder aber aufgrund mangelnden Interesses schlecht bearbeitet werden.

Ein weiteres Problem ist dann gegeben, wenn neben den Mitarbeitern im Hause auch Fremdfirmen am Projekt beteiligt sind. Die Abbildung 6 zeigt, welche Probleme sich sodann im Zusammenhang mit der Datenerfassung ergeben.

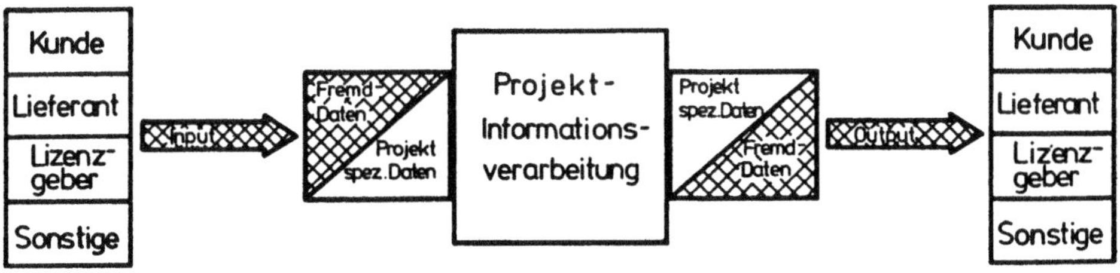

ABBILDUNG 6

Ganz davon abgesehen, daß die Frage, wie Fremddaten erfaßt und dem System zugänglich gemacht werden einen außerordentlichen organisatorischen Einsatz verlangt, sind die Daten des Lieferanten meistens anders strukturiert und anders aufgebaut als die im eigenen System. Diese Fremddaten müssen also in projektspezifische Daten transformiert werden. Nach der Verarbeitung, z.B. nach dem Programmlauf müssen diese projektspezifischen Daten wieder in Fremddaten zurücktransformiert und dem Kunden oder Lieferanten zugänglich gemacht werden.

Hierbei treten vor allem dann große Probleme auf, wenn mit zunehmender Verbreitung der Netzplantechnik unterschiedliche Programme benutzt werden. Dieses Problem würde in der Tat sehr für eine möglichst weitgehende Vereinheitlichung der benutzten Programmpakete sprechen, abgesehen von allen dann wieder auftretenden Fragen.

Soll die Netzplantechnik ein wirklich aktives Instrument zur Planung und Steuerung sein, so ist es unbedingt erforderlich, daß alle benötigten Daten schnell und zuverlässig erfaßt werden.

Der ganze Erfolg der Netzplanbearbeitung ist somit von der Qualität des Informations- und Wartungssystems abhängig. Bei jedem größeren Projekt muß deshalb die Frage der Datenerfassung organisiert, d.h. formalisiert werden. Die Abbildung 7 zeigt ein Beispiel für die Datenerfassung mittels eines Rechnerausdruckes. [5]

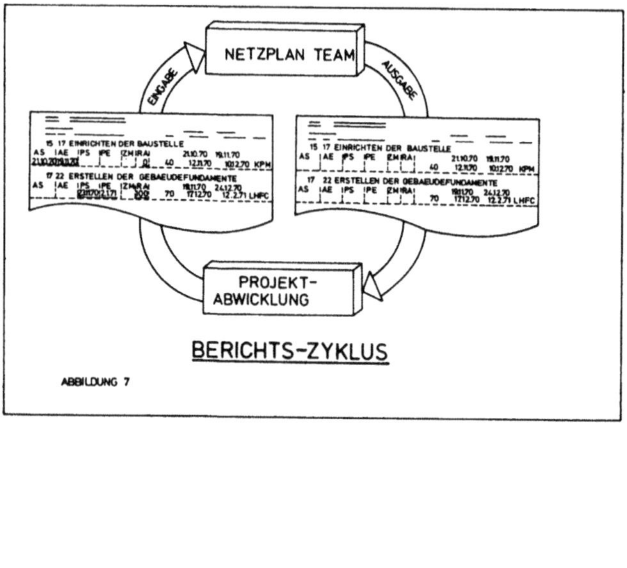

ABBILDUNG 7

Hierbei enthält der Ausdruck, der zur Projektabwicklung zur Verfügung gestellt wird, eine Bearbeitungszeile.

In dieser Bearbeitungszeile sind vom angesprochenen Projektmitarbeiter alle die Daten einzutragen, die zur Netzplanwartung unbedingt erforderlich sind, so z.B. der aktuelle Starttermin (AS), das aktuelle Ende (AE), der Planstart (PS), das Planende (PE), Angaben zur Zeitmodifikation (ZM) und evtl. Angaben über die noch ausstehenden Restarbeiten, hier in Prozent.

Während der Projektbearbeitung werden innerhalb der festgelegten Berichtszyklen vom Sachbearbeiter die entsprechend an fallenden Daten eingetragen. Der Ausdruck geht dann zur Netz planüberarbeitung wieder an ein entsprechendes Team zurück. Mit solchen formalisierten Berichtstypen in der Datenerfassung konnten gute Rationalisierungserfolge erzielt werden. Hier gibt es noch eine Reihe von anderen Möglichkeiten, die in diesem Zusammenhang jedoch nicht einzeln diskutiert werden sollen.

Im übrigen ist das Problem der Datenerfassung so schwerwiegend, daß es sich lohnen würde, hierüber an anderer Stelle ausführlicher zu berichten.

> These 7: Methoden der Rationalisierung bei der Anwendung der Netzplantechnik müssen konsequent weiterentwickelt werden. Hierzu zählen z.B.: der Einsatz einer bildschirmunterstützten Netzplanabwicklung, der Einsatz eines Plotters zur grafischen Netzplandarstellung und der Einsatz der Datenfernverarbeitung für die Netz planbearbeitung.

---

5) K.U. Schmidt, Handling of Networks as Central Problem of their Successful Application, Internet-Congress 72, Stockholm

Die Kosten für die Netzplanbearbeitung sind abhängig von vielen Faktoren, wie z.B. der Projektgröße, des gewünschten Detaillierungsgrades, der Häufigkeit der Rechnerläufe usw..

Ganz allgemein kann gesagt werden, daß sich die Kosten bei Investitionsprojekten, bei reiner Terminplanung, zwischen 0,4 und 1 % des Investitionswertes bewegen. Von diesen Kosten wiederum fällt ein hoher Anteil für rein manuelle Arbeiten, wie z.B. das Zeichnen von Netzplänen an. Neben den heute schon üblichen Rationalisierungsmethoden bei der Netzplanerstellung, wie z.B. dem Benutzen von Aufklebern, Stempeln usw. liegt ein zukünftiger Entwicklungsschwerpunkt in der Erstellung eines anwendungsfreundlichen Plotterprogrammes zur grafischen Netzplanerstellung.[6] Hierdurch ist ein hoher Rationalisierungserfolg zu erwarten, weil das langwierige Zeichnen von Netzplänen entfallen kann.

Bereits heute sind verschiedene Plotterprogramme auf dem Markt, die durchaus für einen Einsatz in Frage kommen. Allerdings sind alle Programme hinsichtlich der Darstellung, sowie in den Möglichkeiten zur Verarbeitung von technischen und organisatorischen Informationen sehr unterschiedlich aufgebaut. Hinzu kommt, daß Fragen der Mikroverfilmung und sonstige Anforderungen an den Komfort seitens der Programmhersteller wenig beachtet worden sind. Nur wenige der derzeitig verfügbaren Plotterprogramme entsprechen den betrieblichen Anforderungen. Dies gilt insbesondere für die verarbeitbare Stellenzahl, die Vor-

---

6) An den Grundanforderungen, die an ein Plotterprogramm gestellt werden müssen, arbeitet derzeit ein Unterausschuß der AG Netzplantechnik unter der Leitung von Herrn Heidecker, Mannheim.

gangsbezeichnung, die Vorgangsbeschreibung, die Ereignisbezeichnung, den Organisationscode usw.. Ebenfalls sehr wesentlich ist die Frage der Gruppierung im Netzplan selber, so z.B. nach Ablaufphasen in der X Richtung und nach Zuständigkeitsbereichen oder Anlagengruppen in der Y-Richtung. Zu beachten sind ferner Steuerungsparameter hinsichtlich der Blattgröße, des Mindestabstandes zwischen zwei parallelen Wegen, der Schrifthöhe, des Rangabstandes, der Selektion nach Gruppenmerkmalen und andere Parameter.

Wenn es auch nicht möglich sein wird, mit einem Plotterprogramm die Gestaltungsfähigkeit so flexibel zu erhalten wie bei handgezeichneten Netzplänen, so sollte doch ein plottergezeichneter Netzplan an Übersichtlichkeit und Gliederungsmöglichkeiten einem konventionell erstellten möglichst nahe kommen. Insbesondere die Lesbarkeit und das eindeutige Erkennen der logischen Zusammenhänge ist zu garantieren. Darüber hinaus muß auch das Programm wahlweise für Vorgangsknotennetzpläne und Vorgangspfeilnetzpläne einsatzfähig sein. Eine Zukunftsentwicklung, die erst ganz am Anfang steht, ist die der bildschirmunterstützten Netzplanabwicklung. Hierbei wird ein interaktiver Bildschirm zur Eingabe, Ausgabe und Korrektur von Daten und Informationen benutzt. Der Hauptvorteil dieser Anwendung ist die unmittelbare Möglichkeit der Ergebniskontrolle nach erfolgter Eingabe. Von unschätzbarem Vorteil ist hierbei, daß nicht jede Kontrolle erst über einen Ausdruck erfolgen muß, sondern daß eben die Kontrolle unmittelbar am Bildschirm erfolgen kann. Der Bildschirm erlaubt eine sofortige Analyse ausgewählter Daten sowie eine schnelle Auswertung aufgrund von Eingaben und jeweils die Diskussion am neuesten Netzplanstand. [7]

7) H.D. Hopf, G. Fangmeier, Grappa-Graphie Project Planning Analysis, Internet-Congress 1972, Stockholm

Daten- und Strukturänderungen können auf einfachste Weise durchgeführt werden. Die Zahl von Fehlerläufen kann niedriger gehalten werden, da eben die Eingabedaten sofort diagnostiziert werden können. Ein weiterer wesentlicher Vorteil ist die Möglichkeit einer sehr flexiblen Ausgabegestaltung am Bildschirm.

In diesem Zusammenhang ist ein weiterer Zukunftsaspekt zu erwähnen, der für eine weitere Verbreitung der Netzplantechnik und der Methoden des Projektmanagements von großer Bedeutung sein kann. Dies ist die dezentrale Organisationsform für die gesamte Netzplanbearbeitung einschließlich der EDV-Abwicklung. Hierbei würden in Form eines Teilnehmerbetriebes Datenstationen für die Ein- und Ausgabe der Netzplaninformationen zur Verfügung stehen.

Mit Hilfe der Datenfernverarbeitung, mit Bildschirmgeräten oder Terminals kann eine dezentrale Bearbeitung der Netzpläne erfolgen. Die EDV-Seite würde näher an den Projektingenieur herangeführt, was zu einem Abbau der psychologischen Schranken gegenüber der EDV führen kann. Der Rationalisierungseffekt hierbei liegt darüber hinaus in der Möglichkeit einer wesentlich beschleunigten Gesamtabwicklung.

> These 8: Die Breitenschulung muß konsequent fortgesetzt und insbesondere auf eine Motivation der Führungskräfte hin verstärkt werden, da vor allem der Wille zum konsequenten Einsatz der Netzplantechnik "von oben" fehlt.

Kaum eine Methode des Operations Research ist in den zurückliegenden Jahren so intensiv geschult worden, wie die der Netzplantechnik. Das Angebot an Schulungen ist kaum noch zu übersehen und fast alle Ausbildungs- und Weiterbildungsinstitute haben das Thema Netzplantechnik aufgegriffen. Hierbei muß jedoch einschränkend gesagt werden, daß sich die Mehrzahl aller Schulungen immer noch zu sehr mit Theorie und Methodik der Netzplantechnik auseinandersetzen und zu wenig auf die Probleme der praktischen Anwendung eingehen. Hierin liegt insofern eine Gefahr, als gerade von der Methodik her die Netzplantechnik zunächst als ein außerordentlich leicht zu handhabendes Hilfsmittel eingestuft wird und später erst die Vielzahl der Probleme im praktischen Einsatz erkennbar werden. Es folgt dann sehr schnell eine Ernüchterung, die vielfach dazu geführt hat, daß man zwar Netzplantechnik weiter betrieben hat, aber dies nur oberflächlich und außerdem unter Beibehaltung auch der herkömmlichen Planungstechniken. Diese Zweigleisigkeit hat letztlich eine wesentliche Erhöhung der Kosten für die Terminplanung, -steuerung und -kontrolle zur Folge, was wiederum in der Regel fälschlicherweise der Netzplantechnik angelastet wird. Die Folge der bisher intensiven Schulung ist es, daß es durchaus genügend ausgebildete Mitarbeiter in den Unternehmungen gibt, die theoretisch in der Lage sind, einen Netzplan aufzustellen, zu berechnen und ein Projekt mit Hilfe dieses Instrumentariums abzuwickeln.

Viel wesentlicher jedoch als das Problem des fehlenden ausgebildeten Personals für die Netzplanbearbeitung ist der Mangel der Bereitschaft vieler Führungskräfte, die Netzplantechnik konsequent einzusetzen. In vielen Diskussionen kann man immer wieder hören, daß gerade hier ein Mangel an Verständnis und vor allen Dingen auch ein Mangel an Bereitschaft vorhanden ist, sich mit dieser neuen Methode ernsthaft auseinanderzusetzen und sie mit dem Ziel einer Rationalisierung einzusetzen, auch dann, wenn zunächst eine Lernphase zu erwarten ist.

In Zukunft muß daher ein Schwergewicht der Schulung auf die Motivation, Information und Schulung von Führungskräften gelegt werden. Hier sind unbedingt verstärkt Anstrengungen zu unternehmen, wenn eine bessere Effizienz der Netzplantechnik in der praktischen Anwendung erreicht werden soll.

These 9: Es besteht weitgehend eine Rechtsunsicherheit bei der Anwendung der Netzplantechnik. Die vertragliche Gestaltung, Gesichtspunkte der Haftung und Gewährleistung sind zu wenig erarbeitet.

Zunehmend wird bereits in den Anfragen - vor allem bei Großprojekten der Investitionsgüterindustrie - die Netzplantechnik verbindlich zur Terminplanung vorgeschrieben. In diesen Fällen wird sie Vertragsbestandteil zwischen Auftraggeber und Auftragnehmer. Damit sind automatisch Fragen der Gewährleistung, der Haftung tangiert, sowie Probleme, welche Rechte und welche Pflichten für netzplantechnische Arbeiten jeweils vom Auftraggeber und Auftragnehmer zu erfüllen sind. Es erscheint daher notwendig, daß die rechtlichen Aspekte, die mit der zunehmenden Integration der Netzplantechnik in dem Projektablauf entstehen, untersucht werden. [8)]

Vor allem sind folgende Fragen zu klären:

- Wie kann ein Vertrag über netzplantechnische Leistungen zwischen Auftraggeber und Auftragnehmer aussehen?
- Welche Forderungen kann der Auftraggeber billigerweise vom Auftragnehmer hinsichtlich Detaillierung, Struktur, Inhalt, Ausdrucke, Häufigkeit der Durchrechnung, Berichterstattung usw. erheben?
- Welche Leistungen sind dem Auftraggeber billigerweise zuzumuten?
- Wie sieht eine Honorarordnung für netzplantechnische Leistung aus?
- Welche Angaben kann der Auftragnehmer wiederum vom Unterlieferanten verlangen?
- Wann sind die Aussagen des Netzplanausdrucks rechtsverbindlich und wie erfolgt die Beurteilung?
- Welche Anforderungen kann der Auftraggeber hinsichtlich der Netzplanmethode, des Netzplanverfahrens oder des Programms machen?
- Welche Daten sollen vom Auftraggeber in die Vertragsbedingungen aufenommen werden?

---

8) Hiermit beschäftigt sich z.Z. der Unterausschuß Rechtsfragen der Arbeitsgruppe Netzplantechnik, Leitung Herr Dr. Diederichs, München

Ein Hauptproblem besteht darin, daß die im Vertragsrecht festzulegende Eigenverantwortung des Auftragnehmers durch die Netzplantechnik nicht eingeschränkt werden darf, andererseits der Auftraggeber mit der Netzplantechnik ein Informations- und Steuerungsinstrument erhält und vielfach auch bewußt erhalten will.

These 10: Die optimale Organisationsform für die Anwendung der Netzplantechnik muß in Abhängigkeit des Anwendungsfalls gefunden werden.

Vielfach wird die Frage gestellt, welche Organisationsform für die Einführung und Durchführung der Netzplantechnik im Unternehmen optimal sei.

Bisher sind drei Organisationsvarianten erkennbar:

1. Die zentrale Netzplan-Organisation
2. Die dezentrale Netzplan-Organisation
3. Die Vergabe von Netzplan-Arbeiten an Dritte.

Derzeit überwiegt die zentrale Organisation, die alle netzplantechnischen Arbeiten in einer Abteilung, meist einer Stabsabteilung, zusammenfaßt. In dieser Abteilung wird unter mehr oder weniger aktiver Beteiligung der Fachbereiche der Projektstrukturplan erstellt, die Ablaufanalyse und -planung, sowie die Terminplanung durchgeführt. Des weiteren werden hier auch die Eingabe für Rechnerläufe bis zur Erstellung der Locharbeiten verarbeitet.

Ohne Zweifel ist eine solche zentrale Organisation so lange optimal, solange die Netzplantechnik im Unternehmen noch in der Phase der Einführung ist. Hier wird sich eine solche Stelle, die die Fachbereiche motiviert und informiert, meist auch bewähren.

Ein Nachteil besteht darin, daß die Fachbereiche eine Abteilung Netzplantechnik immer als etwas "Fremdes" empfinden werden. Die Methode wird nicht leicht zur Selbstverständlichkeit, sie wird nicht vollständig in die eigenen Funktionen integriert.

Aus diesem Grunde wird die Bereitschaft zur Mitarbeit auch nur bedingt vorhanden sind, weil sich manche Mitarbeiter nur ungenügend mit diesem Instrumentarium identifizieren.

Daher sollte es ein langfristiges Ziel sein, die Netzplantechnik so in den Arbeitsablauf zu integrieren, daß zu einer dezentralen Organisationsform übergegangen werden kann. Dabei würden alle projektspezifischen Arbeiten innerhalb eines Bereiches unter gleichen Verantwortlichkeitsverhältnissen durchgeführt. Aufgabe einer Stabsabteilung bliebe die Schulung sowie die Beobachtung und Weitergabe von Neu- bzw. Weiterentwicklungen auf methodischem bzw. programmtechnischem Gebiet.

Die folgende Abbildung 8 zeigt für eine zentrale Organisationsform einen in der Praxis bewährten Arbeitsablauf von der Datenerfassung zum Abschluß eines Berichtszeitraumes über die verschiedenen Stufen der Datenkontrolle, der Durchrechnung, der Analyse, der Rechnerläufe bis zur Verteilung der Ausdrucke und der Netzpläne zur Disposition im nachfolgenden Berichtszeitraum. [9] Wichtig ist hier, daß alle Daten, die in den Rechner einfließen, sowohl formal als auch fachlich überprüft werden. Im vorliegenden Fall werden diese Überprüfungen jeweils von den technischen bzw. kaufmännischen Fachbereichen durchgeführt.

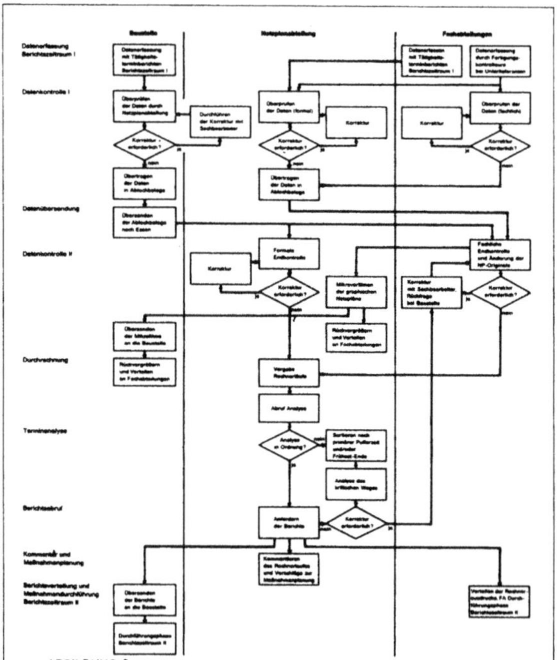

ABBILDUNG 8

Die dritte Form - die Beauftragungen z.B. von Consultingfirmen mit netzplantechnischen Arbeiten - ist dann zu empfehlen, wenn solche Arbeiten nicht dauernd anfallen, sondern sporadisch für einzelne, spezielle Aufgaben. Erlaubt es die Projektgröße, so ist der Einsatz von Dritten deshalb sinnvoll, weil die notwendigen Erfahrungen im eigenen Bereich nicht vorhanden sind und nur so über Dritte nutzbar gemacht werden können. Die praktische Erfahrung aber kann nicht vorhanden sein, wenn zwischen zwei netzplantechnischen Bearbeitungen lange Zeiträume liegen, also keine Kontinuität vorliegt.

> These 11: Ablaufanalytiker, Projektkoordinatoren und Terminspezialisten, also Fachleute für die Fragen des Projektmanagements und der Netzplantechnik, müssen in das Berufespektrum eingegliedert werden.

Überall dort, wo heute Projekte geplant und abgewickelt werden, finden sich Mitarbeiter, die sich "Projektmanager", "Projektingenieur", "Planungsingenieur", "Netzplantechniker", "Projekt-Koordinator" oder "Ablaufanalytiker" nennen oder als solche bezeichnet werden.

Alle diese Bezeichnungen resultieren aus ihrem Tätigkeitsbild innerhalb der Projektplanung und -abwicklung. Es besteht hier kein Zweifel, daß diese Tätigkeiten zunehmend gefragt sind. Die eingesetzten Mitarbeiter sind meist entsprechend geschult worden, sie sind Spezialisten mit einem entsprechenden Know-how.

Hier ist für die Zukunft die Frage zu stellen, welchen Platz diese Mitarbeiter im betrieblichen Berufespektrum einnehmen,

---

9) F. Boehm, K.U. Schmidt, H.-G. Fischer, eine Anwendung des Projektmanagements im Industrieanlagenbau, IBM-Nachrichten 10/71.

welche Tätigkeitsmerkmale für sie zutreffen, welche Bezahlung angemessen ist. Hier fehlt es derzeit an vergleichenden Untersuchungen, die dringend notwendig sind. [10)]

In diesem Zusammenhang sollte nicht vergessen werden, an die berufsbildenden Institute, Ingenieurschulen und weiterbildende Einrichtungen oder Akademien die Bitte einer verstärkten Praxisbezogenheit zu richten. Derzeit ist die Ausbildung zu einseitig methodisch und theoretisch ausgerichtet, ohne daß der diesbezügliche Wert verkannt werden soll.

Auch bleibt die Überlegung, ob nicht in Zukunft eine interdisziplinäre Fachrichtung verstärkt die Möglichkeit eröffnen sollte, auf der Grundlage einer technisch-wirtschaftlichen Grundausbildung zum Planungsfachmann auszubilden. Dies würde der industriellen Notwendigkeit jedenfalls außerordentlich gerecht werden.

---

10) Hiermit beschäftigt sich z.Z. der Unterausschuß Stellenbeschreibung der AG Netzplantechnik, Leitung Herr Rollny, Salzgitter.

Netzwerkanalysen als Hilfsmittel der Personalplanung

von H.-J. Meinhardt und J. Reinke, Ottobrunn

Liste der Bezeichnungen

$\longrightarrow$	Pointer
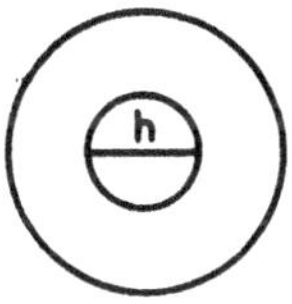	Knoten mit der Hausnummer h
$\mathfrak{A}$	Aufstiegsmatrix
$\mathfrak{B}$	Herkunftsmatrix
A, B, ...	Lehrgangstypen
a_{ik}	Aufstiegsquote von k nach i
b_{ki}	Herkunftsquote von k nach i
f_{ki}	Teilfluß von k nach i
x_h	normierter Knotenfluß zum Knoten h
$\mathfrak{x}$	Flußvektor
$\mathfrak{X}$	Flußmatrix
w_{ik}	Wichtungsfaktor für Optimierung
Z	Zielfunktion für Optimierung
n	Dimension des Netzes = Zahl der Knoten

Zusammenfassung

Ein Netzwerkmodell liefert für ein Personalnetz, in dem ein stationärer Zustand herrscht, Aussagen über den Bedarf an Ausbildungskapazität bei Anwendung verschiedener Personalstrategien. Ein Verfahren wird angegeben, wie man zu einer optimalen Strategie gelangt bzw. wie man einen grundsätzlich nichtstationären Zustand erkennen kann.

I Modell

a Das gesamte Personal eines Betriebes wird in Gruppen eingeteilt:
- jeder Mitarbeiter in genau eine Gruppe,
- die Mitarbeiter innerhalb einer Gruppe sind gleichwertig (im Sinne der anzustellenden Untersuchungen).

b - Jeder Gruppe wird der Knoten eines Netzes zugeordnet,
- außerdem gibt es Dummyknoten, die keiner Gruppe zugeordnet sind, sondern aus formalen Gründen eingeführt werden.

c - Die Pointer sollen die möglichen Übergänge zwischen den einzelnen Gruppen bedeuten, sie orientieren sich also an den Laufbahnmöglichkeiten.
- Dummypointer können aus formalen Gründen eingeführt werden, sie entsprechen keinen Übergängen.

d Das so gebildete Netz soll hierarchisch sein:
- auf jeden Knoten zeigt mindestens ein Pointer,
- von jedem Knoten geht mindestens ein Pointer aus,
- bei geeigneter Numerierung (Hausnummer) zeigen nur Pointer von niedrigeren zu höheren Knoten. Ausnahme: ein Dummypointer zeigt stets vom höchsten zum niedrigsten Knoten.

e Im Netz ist ein Personalfluß in Bewegung, der sich längs der Pointer in Pfeilrichtung ausbreitet, hervorgerufen durch Eintritte, Versetzungen, Beförderungen, Austritte etc. Der Eintritt in das Netz soll über den (Dummy-) Eintrittsknoten (niedrigste Hausnummer) erfolgen, der Austritt über den (Dummy-) Austrittsknoten (höchste Hausnummer). Übergang von einem Knoten in den Austrittsknoten soll also heißen: Mitarbeiter scheidet aus. Entsprechendes gilt für den Eintrittsknoten.

- Dieser Fluß soll als zeitlich <u>kontinuierlich</u> angenommen werden.

f Der Personalfluß im Netz soll <u>stationär</u> sein, d.h.

- er soll zeitlich konstant sein,
- er soll divergenzfrei sein. Soviel wie längs der einlaufenden Pointer in einen Knoten hineinfließt, soll gleichzeitig längs der abgehenden Pointer abfließen.

II <u>Strategie und Flüsse</u>

a - Die <u>Aufstiegsquoten</u> geben an, wie sich der Fluß aus einem Knoten heraus auf die abgehenden Pointer verteilt. Diese Zahlen liegen alle zwischen 0 und 1 und ergänzen sich für jeden Quellknoten zu 1.
Die Aufstiegsquoten aller Knoten bilden zusammen die <u>Aufstiegsstrategie</u>.

b Mit ihrer Hilfe definieren wir:

- der <u>normierte Knotenfluß</u> eines Knotens ist die Summe der Teilflüsse der auf ihn zeigenden Pointer,
- der normierte Knotenfluß des Eintrittsknotens ist 1,
- der <u>Teilfluß</u> eines Pointers ist das Produkt aus dem normierten Knotenfluß des Quellknotens und der zugehörigen Aufstiegsquote.

Duale Strategie

c - Die <u>Herkunftsstrategie</u> wird gebildet aus den <u>Herkunftsquoten</u>. Sie geben an, wie sich der Fluß in einen Knoten hinein aus den Flüssen längs der einlaufenden Pointer zusammensetzt. Sie liegen ebenfalls zwischen 0 und 1 und ergänzen sich für jeden Zielknoten zu 1.

d Mithilfe der Herkunftsstrategie definieren wir:

- der <u>normierte Knotenfluß</u> eines Knotens ist die Summe der Teilflüsse der von ihm ausgehenden Pointer,

- der normierte Knotenfluß des Austrittsknotens ist 1,
- der Teilfluß eines Pointers ist das Produkt aus dem normierten Knotenfluß des Zielknotens und der zugehörigen Herkunftsquote.

e Diese beiden Strategien, die ja den gleichen Sachverhalt beschreiben sollen, nämlich die Personalbewegung im Netz, dargestellt durch die Teilflüsse und normierten Knotenflüsse, sind also dadurch gekoppelt, daß die Definitionen dieser Flüsse mithilfe der Strategien in beiden Fällen die gleichen Werte liefern müssen.

III Musternetz

Abb. 1 zeigt ein Netz mit den zugehörigen Modellgrößen.

- Die Hausnummern stehen im oberen Halbkreis im Kern des Knotens,
- der Eintrittsknoten hat die Hausnummer 1,
- der Austrittsknoten hat die Hausnummer 8,
- die Knotenflüsse stehen im unteren Halbkreis im Kern des Knotens,
- die Aufstiegsquoten sind an der Peripherie des Quellknotens am Fußende des entsprechenden Pointers markiert,
- die Herkunftsquoten sind an der Peripherie des Zielknotens an der Spitze des entsprechenden Pointers markiert,
- die Teilflüsse sind neben dem zugehörigen Pointer vermerkt,
- zu den Buchstaben siehe VI b.
- Die Struktur ist willkürlich angenommen, das Musternetz ist hierarchisch und geeignet numeriert.
- Die Zahlwerte sind reine Spieldaten, wobei die zu erfüllenden Bedingungen (siehe II e) in Abb. 2 dargestellt sind.

Abb. 1

Musternetz

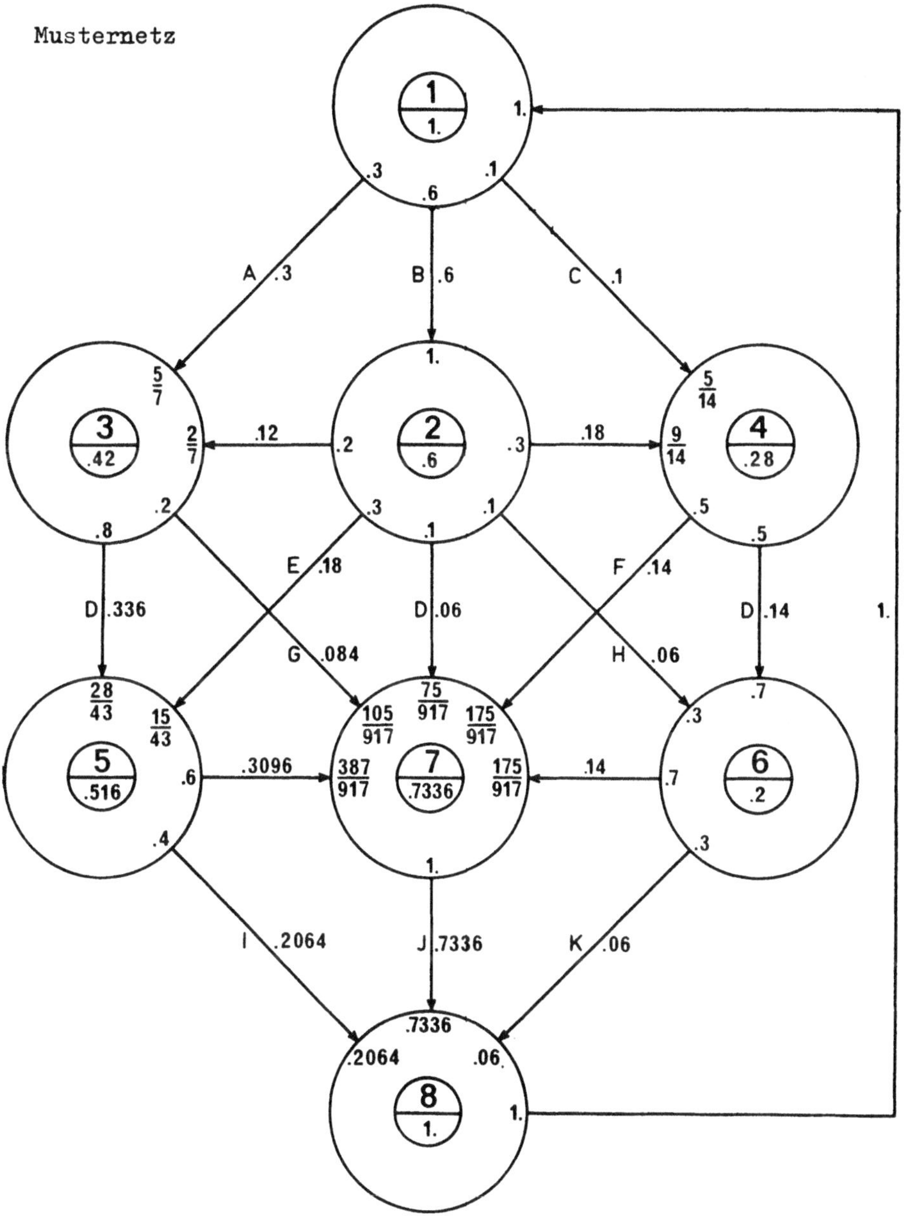

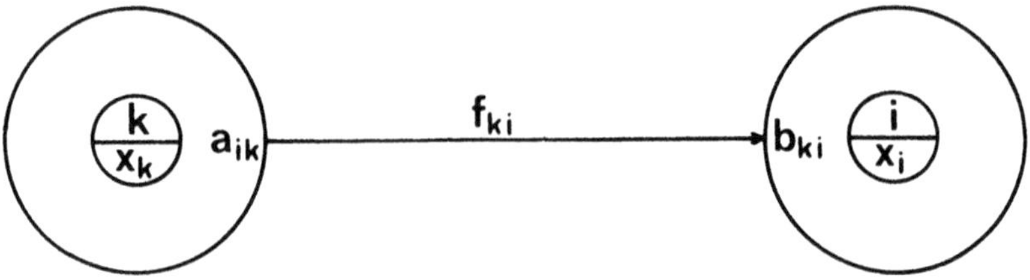

$$f_{ki} = a_{ik}\, x_k = b_{ki}\, x_i$$

Abb. 2 a Bedingungen für Teilfluß

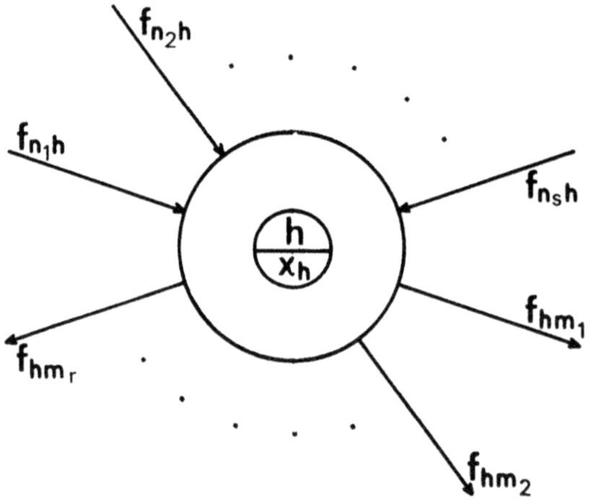

$$x_h = \sum_{u=1}^{s} f_{n_u h} = \sum_{v=1}^{r} f_{hm_v}$$

Abb. 2 b Bedingungen für Knotenfluß

IV <u>Mathematische Zusammenhänge</u> (siehe Abb. 3)

- Die Aufstiegs- bzw. die Herkunftsquoten bilden die Strategiematrizen $\mathfrak{A}$ und $\mathfrak{H}$.
- Der Flußvektor $\mathfrak{x}$, dessen Komponenten die normierten Knotenflüsse sind, ist Eigenvektor zu beiden Strategiematrizen, und zwar zum nichtentarteten Eigenwert 1. Schreibt man diese Gleichungen in Komponenten aus, so sieht man, daß die Definitionen der Knotenflüsse mithilfe der beiden dualer Strategien übereinstimmen.
- Die beiden Strategiematrizen $\mathfrak{A}$ und $\mathfrak{H}$ gehen durch Transformation mit der nichtsingulären Flußmatrix und anschließende Transposition ineinander über. Das bedeutet gerade die geforderte Gleichheit der Teilflüsse nach den dualen Definitionen.

V <u>Bedeutung des Modells</u>

Man kann für ein Personalnetz eine Strategie vorgeben durch eine geeignete Matrix. Die Quoten sind dabei zu definieren jeweils für einen Mikrobereich, nämlich für einen Knoten, unabhängig von den anderen Mikrobereichen. Das Modell liefert dann
- die Knoten- und Teilflüsse,
- die sich eindeutig ergebende duale Strategie,

also Aussagen, die das gesamte Netz betreffen.

VI <u>Anwendungen 1</u>

a Wahre Flüsse

Man multipliziere die Teilflüsse und die normierten Knotenflüsse, die ja dimensionslos sind, mit dem <u>Personaldurchsatz</u> des Systems, einer Größe der Dimension Zeit^{-1}, die angibt, wieviele Mitarbeiter pro Zeiteinheit das System durchlaufen. Man erhält dann
- die <u>wahren Teilflüsse</u>, die angeben, wieviele Mitarbeiter pro Zeiteinheit einen bestimmten Übergang durchmachen,

- die wahren Knotenflüsse, die angeben, wieviele Mitarbeiter pro Zeiteinheit in die entsprechende Personengruppe neu eintreten.

Damit sind zwei anschauliche personalstrategische Größen gewonnen.

b Lehrgänge

Die Buchstaben im Musternetz stehen jeweils für einen ganz bestimmten Lehrgangstyp, der bei dem betreffenden Übergang durchlaufen werden muß. Um die Zahl der benötigten Lehrgangsplätze zu ermitteln, braucht man nur die wahren Teilflüsse der entsprechenden Pointer zu betrachten und gegebenenfalls aufzusummieren, wenn ein Lehrgang für mehrere Übergänge infrage kommt (D im Musternetz).

VII Netzwerkanalysen

a Um nun bei gegebener Strategie die Flüsse zu gewinnen, geht man praktischerweise nicht den Weg über den Eigenvektor, sondern benutzt ein Verfahren, das an der Struktur des Netzes orientiert ist, den (hier nicht näher beschriebenen) "Weg durch das Netz". Ausgehend vom Startknoten, der je nach vorgegebener Strategie der Eintritts- oder Austrittsknoten ist, baut man durch ein Schema von Knotensprüngen, den Pointern folgend, die Flüsse auf. Die Gründe dafür sind folgende:

- die Lösung linearer Probleme wird für große Dimensionen (Zahl der Knoten) sehr aufwendig. Es werden aber in den meisten Netzen die Mehrzahl der hierarchisch möglichen Pointer nicht realisiert sein, d.h. die betreffenden Übergänge sind nicht vorgesehen. Es würden also hauptsächlich Nullen abgespeichert und Nulloperationen ausgeführt werden.
- Der Netzalgorithmus dagegen kommt nur mit den realisierten Pointern in Berührung und läßt sich auch für die folgende Fragestellung verwenden.

Abb. 3 Mathematische Zusammenhänge

$$\mathcal{A} = \begin{bmatrix} 0 & \cdot & \cdot & 0 & 1 \\ a_{21} & 0 & \cdot & 0 & 0 \\ \cdot & \cdot & \cdot & \cdot & \cdot \\ \cdot & \cdot & \cdot & 0 & \cdot \\ a_{n1} & \cdot & \cdot & a_{n\,n-1} & 0 \end{bmatrix} \qquad \mathcal{B} = \begin{bmatrix} 0 & b_{12} & \cdot & \cdot & b_{1n} \\ \cdot & 0 & \cdot & \cdot & \cdot \\ \cdot & \cdot & \cdot & \cdot & \cdot \\ 0 & 0 & \cdot & 0 & b_{n-1\,n} \\ 1 & 0 & \cdot & \cdot & 0 \end{bmatrix}$$

$$\mathcal{A}\mathfrak{x} = \mathfrak{x} \qquad \mathfrak{x} = (x_1, x_2, \dots, x_n) \qquad \mathcal{B}\mathfrak{x} = \mathfrak{x}$$

$$\mathcal{X} = \begin{bmatrix} x_1 & & & 0 \\ & x_2 & & \\ & & \ddots & \\ 0 & & & x_n \end{bmatrix}$$

$$\mathcal{B}^T = \mathcal{X}^{-1}\mathcal{A}\mathcal{X} \qquad \mathcal{A}^T = \mathcal{X}^{-1}\mathcal{B}\mathcal{X}$$

Abb. 4 Formeln für Optimierung

① a_{ik} $\quad i,k = 1,2,\cdots .n \quad i > k$

$x_1, x_2, \ldots, x_n$

② $0 < x_i \leqslant 1 \quad i = 1,2,\cdots,n$

$x_1 = x_n = 1$

I $\quad a_{ik} \geqslant 0 \quad i,k = 1,2,\cdots,n \quad i > k$

IIa $\quad \sum_{i=k+1}^{n} a_{ik} = 1 \quad k = 1,2,\cdots,n-1$

IIb $\quad \sum_{k=1}^{i-1} a_{ik} x_k = x_i \quad i = 2,3,\cdots,n$

III $\quad \sum_{i=2}^{n} \sum_{k=1}^{i-1} w_{ik} a_{ik} = Z = \begin{cases} \min \\ \max \end{cases}$

IIc $\quad a_{rs} = 0$

b Teilnetze

Wenn man statt über den Eintrittsknoten gezielt in einen anderen Knoten einstellt, so gilt:

- nur ein Teil des Netzes ist betroffen,
- nur die Aufstiegsquoten spielen eine Rolle, und zwar dieselben wie im allgemeinen Fall,
- es ergeben sich andere Teilflüsse und andere normierte Knotenflüsse.
- Der Netzalgorithmus sucht sich selbst das betroffene Teilnetz heraus und wertet es aus, d.h. er liefert die Flüsse und den Lehrgangsbedarf.

Ganz analog wird das duale Problem (Ausfall nur in einem Knoten) behandelt.

VIII Anwendungen 2

a Der wahre Knotenfluß, eingeführt als Produkt aus normiertem Knotenfluß und Personaldurchsatz, läßt sich interpretieren als

$$\text{wahrer Knotenfluß} = \frac{\text{Besetzungszahl des Knotens}}{\text{Verweildauer im Knoten}},$$

wobei nur die mittlere Verweildauer erfaßt werden kann.

b Optimale Strategie

Aus VIII a ergibt sich folgende Fragestellung:

- das Personal eines Systems sei in Knoten eingeteilt,
- durch Vorgabe von Besetzungszahl und Verweildauer seien auch die wahren Knotenflüsse festgelegt.
- Welche (z.B. Aufstiegs-) Strategie stellt in dem Netz einen stationären Zustand her?

Hier sei nochmals betont, daß der stationäre Zustand keine Eigenschaft des Personalsystems ist, sondern von der jeweiligen Einteilung in Knoten abhängt.

c Abb. 4 zeigt die Formulierung des Problems.

- Gesucht sind die Aufstiegsquoten ((1) in Abb. 4), der Dummypointer von Austritts- zu Eintrittsknoten

ist nicht berücksichtigt.
- Gegeben sind die Koeffizienten ((2) in Abb. 4), also die normierten Knotenflüsse, die aus Besetzungszahl und Verweildauer mit anschließender Normierung gewonnen werden.

Die gesuchten Aufstiegsquoten müssen
- nichtnegativ sein (I in Abb. 4),
- sich für jeden Quellknoten zu 1 ergänzen (II a in Abb. 4),
- die Flußgleichungen (II b in Abb. 4) erfüllen für die vorgegebenen Flüsse.

Man kann nun zeigen, daß das lineare Gleichungssystem II a, b in Abb. 4
- immer lösbar ist,
- auch immer Lösungen hat, die I in Abb. 4 erfüllen,
- $\frac{n}{2}(n-5)+3$ Freiheitsgrade hat.

d Diese Freiheitsgrade kann man dazu benutzen, an die Aufstiegsquoten noch Wünsche heranzutragen, in Form einer linearen Zielfunktion (III in Abb. 4). Beispiele für Wichtungsfaktoren:
- Bevorzugung gewisser Übergänge aufgrund artverwandter Tätigkeitsmerkmale zweier Knoten durch entsprechende Wichtung der Aufstiegsquote für den Übergang zwischen diesen Knoten.
- Die Kosten für den Lehrgangsplatz, der bei einem Übergang gebraucht wird. So kann man die Ausbildungskosten minimieren.

Für die duale Strategie gilt ganz entsprechendes.
I, II, III in Abb. 4 bilden also ein lösbares LP, das mit den bekannten Methoden bearbeitet werden kann. Dabei sind zunächst alle hierarchisch möglichen Übergänge zugelassen.

e Schließt man von vornherein einige Übergänge aus, so treten noch Gleichungen des Typs II c in Abb. 4 hinzu, für gewisse Indexkombinationen r, s. Dadurch kann das

LP unlösbar werden, d.h. es gibt dann keine Strategie, die in dem ausgewählten Netz die vorgegebenen Flüsse aufrechterhält, das Netz ist nichtstationär.

Flugwegoptimierung

von G. Wiegand, Ottobrunn

Summary:

This report describes an algorithm for the determination of the optimum flight route, flight profile and flight conditions for a aircraft mission.

The term "optimum" relates to the flight plan for which the aircraft survivability is maximum conditional to range and wheather limitations.

1. Einleitung:

Für verschiedene Zwecke wird ein Programm benötigt, das den günstigsten Weg vom Start- zum Zielplatz für ein Flugzeug bestimmt. Die Entwicklung dieses Programms "Flugopt" ist zu einem vorläufigen Abschluß gebracht. Im weiteren wird die Flugopt zugrundeliegende Mathematik beschrieben und berichtet, wie rechnerspezifische Probleme in diesem Zusammenhang gelöst wurden.

2. Problemstellung:

Gegeben seien n geographische Punkte. Von jedem dieser Punkte kann ein Flugzeug zu jedem dieser Punkte fliegen oder nicht. Es sind also, wenn man zwei Punkte i und k, $i \neq k$ herausgreift, folgende Fälle denkbar

- i nach k erlaubt;   k nach i erlaubt
- i nach k verboten; k nach i verboten
- i nach k erlaubt;   k nach i verboten
- i nach k verboten; k nach i erlaubt.

Auf dem Flug längs der erlaubten Kante i ⟶ k von i nach k kann die Maschine bedroht werden oder nicht. Die Bedrohung, falls vorhanden, kann für jede Flughöhe und jede Fluggeschwindigkeit unterschiedlich sein. Ferner können gewisse Flughöhen aus Wettergründen verboten werden. Vom Start zum Ziel sei für die Maschine ein Weg in wechselnder Höhe und Geschwindigkeit zugelassen, der immer auf geradem Weg von einem geographischen Punkt zu einem anderen führt, hier einen Knick (Wendepunkt) hat, zu einem folgenden geographischen Punkt auf geradem Weg führt und so weiter, bis schließlich der Zielpunkt erreicht ist.
Startpunkt s und Zielpunkt z sollen selbst zur Menge der geographischen Punkte gehören. Aufgabe des Flugwegoptimierungsprogrammes ist es nun zu prüfen, ob es überhaupt Wege von s ⟶ z gibt, wenn ja, was der sicherste Weg ist (unter Angabe der überflogenen geographischen Punkte und der jeweiligen Höhen und Geschwindigkeiten), ob dieser Weg mit der Reichweite verträglich ist, wenn nicht, ob es überhaupt mit der Reichweite verträgliche Wege gibt, wenn ja, was der sicherste mit der Reichweite verträgliche Weg ist und schließlich, ob der gefundene Weg mit den Wetterbedingungen verträglich ist, wenn nicht, ob es mit Wetter und Reichweite verträgliche Wege gibt und was der sicherste unter diesen ist.

Flugopt leistet das Geforderte; in der gegenwärtigen Ausbaustufe ohne Berücksichtigung von Wetterdaten. Maximal wird mit 140 geographischen Punkten, fünf Flughöhen und drei Fluggeschwindigkeiten gerechnet. Das Programm ist in extended Fortran IV geschrieben für eine CD 6400, benötigt maximal 60.000 B Worte Speicherplatz und im statistischen

Mittel 9 sec. Rechenzeit für einen Flugkurs.

3. Mathematische Grundlage:

Der Optimierungsalgorithmus von Flugopt baut auf einer Art Danzerverfahren auf (Formulierung von M. Paul und Mitarbeitern), das zur Auffindung des Minimalweges durch ein Netzwerk dient.

Gegeben sei ein Netzwerk aus einer Menge $V = (1, \ldots, n)$ von Knoten einer nicht leeren Menge U von gerichteten Kanten $i \to k$, $i \neq k$. Die Länge der Kante $i \longrightarrow k$ aus U werde durch eine reelle Zahl a_{ik} dargestellt. Sei l_{ik} der euklidische Abstand von i nach k; dann definiert man als (n, n) Bewertungsmatrix A dieses Netzwerkes

$$A = \begin{cases} 0 & \text{falls } i = k \\ l_{ik} & \text{falls } i \longrightarrow k \in U;\ i, k = 1, \ldots, n \\ -\, l_{ik} & \text{sonst} \end{cases}$$

Der Minimalweg von einem Startknoten s zu einem vorgegebenen Endknoten z wird gefunden, indem man eine aufsteigende Folge $V_1 \subset V_2 \subset \ldots \subset V_2$ von Mengen $V_i \subset V$ bestimmt und zugleich die jeweilige Entfernung t (i) vom Knoten s bis zu dem beim Übergang von V_{i-1} nach V_i neu hinzukommenden Knoten i ermittelt.

a) Das Verfahren startet mit der Teilmenge $V_1 = \{s\} \subset V$ und $t(s) = 0$.

b) Beim i-ten Schritt sei V_i ermittelt sowie t(l) für alle $l \in V_i$.
   Dann treten folgende Fälle auf:

   α) $z \notin V_i$ und es gibt keine Kante $k \longrightarrow l$ in U mit $k \in V_i$, $l \notin V_i$. Dann existiert kein Weg zwischen s und z.

β) $z \in V_i$ und es gibt mindestens eine Kante $k \rightarrow l$ in U mit $k \notin V_i$, $l \notin V_i$. Zu jedem Knoten $k \notin V_i$ mit dieser Eigenschaft suche man einen Knoten $l \notin V_i$ so, daß a_{kl} minimal wird, wenn a_{kl} das zugehörige Element der Bewertungsmatrix ist. Aus der Menge aller dieser Paare (k, l) suche man dasjenige heraus, für das $t(k)+a_{kl}$ minimal ist, bilde $V_{i+1} = V_i \cup \{l\}$ und $t(l) = t(k) + a_{kl}$. Der Knoten k heiße Vorgänger des Knoten l.

γ) $z \in V_i$. Dann ist das Verfahren beendet. Die Knoten des Minimalweges von s nach z erhält man, indem man den Vorgänger zu z aufsucht, zu diesem wieder den Vorgänger usw., bis man zum Knoten s gelangt.

4. Bewertung und fiktive Wege:

Um den sichersten Weg durch ein Netzwerk zu finden, ist man versucht, analog der Optimierung in Abschnitt 3 nach maximaler Ankunftwahrscheinlichkeit zu optimieren, denn selbstverständlich ist der Weg der sicherste, auf dem das Flugzeug im Punkt z mit der größten Wahrscheinlichkeit ankommt. Tut man das, so kann man jedoch zu unsinnigen Ergebnissen kommen, da die euklidische länge in keiner Weise berücksichtigt wird.

Fig. 1: Bewertung euklidischer Wege

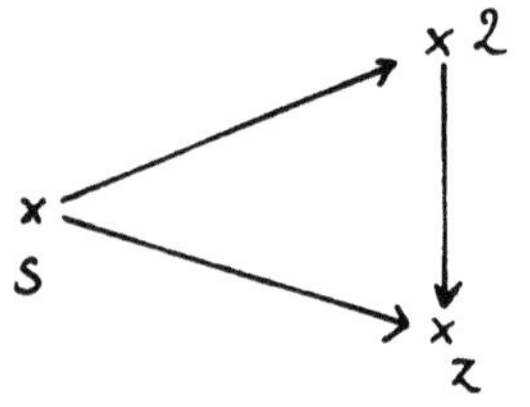

Seien nämlich drei Knoten s, 2, z gegeben mit den erlaubten Kanten s ⟶ z, s ⟶ 2, 2 ⟶ z und werde das Flugzeug nirgends bedroht. Dann ist der Weg s ⟶ 2 ⟶ z nicht vor s ⟶ z ausgezeichnet, wenn nach maximaler Auskunftwahrscheinlichkeit optimiert wird und es bliebe dem Zufall überlassen, welcher Weg vom Programm ausgewählt würde. Dieses Problem meistert man, indem man nicht nach maximaler Ankunftwahrscheinlichkeit optimiert, sondern, mathematisch gesprochen, die euklidischen Wege geeignet bewertet. Welche Bewertung zu wählen ist, bleibt dem Einfallsreichtum überlassen. Von der Bewertung wird jedoch möglichst große Genauigkeit und möglichst geringer Rechenzeitbedarf verlangt, da der Bewertungsprozeß beim Optimierungsvorgang sehr oft durchzuführen ist. Die bewerteten Wege nennen wir fiktive, weil ihre Länge i.a. von der euklidischen Länge des Weges verschieden ist.
Anschaulich bedeutet Bewertung, daß die tatsächliche Länge der Bedrohung entsprechend verlängert wird.

5. Fiktive Punkte, Fiktive Kanten:

Dem Problem, verschiedene Abschußwahrscheinlichkeiten für unterschiedliche Flughöhen und -geschwindigkeiten berücksichtigen zu müssen, wird bei Flugopt dadurch Rechnung getragen, daß, wenn i ⟶ k erlaube Kante ist, dieser eine Schar weiterer Kanten i ⟶ k überlagert wird, die den unterschiedlichen Abschußwahrscheinlichkeiten entsprechen und aus der ursprünglichen Kante durch Bewertung entstehen. Diese Kanten wurden fiktive genannt und beginnen an fiktiven Punkten, die den geographischen überlagert sind. Zwischen den geographischen Punkten i und k gibt es demnach $p * q - 1$ fiktive Kanten, wenn p die Zahl der unterschiedenen Fluggeschwindigkeiten und q die Zahl der unterschiedenen Flughöhen ist.
Es erhebt sich die Frage, warum nicht der kürzeste zu einem euklidischen Weg gehörige fiktive Weg a priori gewählt wird, was erhebliche Gewinne an Rechenzeit und Speicherbedarf

bringen würde.
Der Grund für das Arbeiten mit einer Schar fiktiver Wege ist taktischer Natur: Verschiedene Höhen können z.B. aus Wettergründen, verschiedene Geschwindigkeiten z.B. wegen taktischer Gegebenheiten (Verbandsflug etc.) verboten sein.
Im übrigen ergibt sich der oben angesprochene vereinfachte Fall falls $p = q = 1$.

6. Der lineare Bewertungsfaktor:

Zwischen i und k möge die Maschine bedroht werden; Abschußwahrscheinlichkeit w_{ik}. Zu einer Bewertung der euklidischen Länge a_{ik} kommt man, indem man bildet

$$b_{ik} = \frac{a_{ik}}{1 - w_{ik}} \qquad (1)$$

Ersichtlich verlängert sich b_{ik} mit wachsendem w_{ik} und gibt für Abschußwahrscheinlichkeit 1 die bewertete Länge $b_{ik} = \infty$, während für $w_{ik} = 0$ $b_{ik} = a_{ik}$ wird.
Wären alle euklidischen Entfernungen a_{ik} für alle $i, k = 1, \ldots, n$ gleich, so wäre diese Bewertung (die sog. reziproke Bewertung) ausreichend. Sind jedoch die euklidischen Abstände a_{ik} unterschiedlich lang, so kann es vorkommen, daß ein unbedrohter Weg $l \to j$ länger ist, als ein bewerteter bedrohter Weg $i \to k$. Bei der Optimierung würde dann der bedrohte Weg als der sicherere ausgewählt werden, was natürlich falsch ist.
Aus diesem Grund ist es zweckmässig

$$b_{ik} = \frac{a_{ik}}{(1 - w_{ik})^r} \qquad (2)$$

zu bilden, wo r eine große reelle positive Zahl ist. Es läßt sich beweisen, daß für $r \to \infty$ keine Fehler mehr vorkommen können.

Fig. 2: Nachteile der Formel (2)

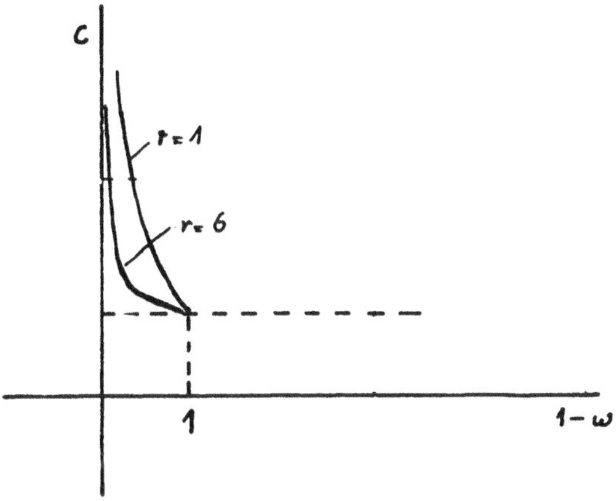

(2) läßt sich schreiben $b_{ik} = c\ (w_{ik}) * a_{ik}$, wo c eine Funktion von w_{ik} ist. Diese Funktion $y = c(w)$ ist für große r eine sehr "eckige" Hyperbel, die kleine Werte von w fast gar nicht berücksichtigt, für $w \longrightarrow 1$ jedoch ausserordentlich stark wächst. Eine Bewertung nach Formel (2) hat daher zwei entscheidende Nachteile

- für kleine w - Werte ist die Trennschärfe zu gering
- für große w - Werte wird die Rechengenauigkeit jedes Rechners überschritten und die Trennschärfe ist daher wieder zu gering.

Diese Schwierigkeiten umgeht man, indem man die Hyperbel durch eine Gerade ersetzt. Natürlich ist dies nur eine Näherung, weil sich für w = 1 Bewertungen ergeben, die diese absolut bedrohten Wege nicht von Wegen der Länge 10^{14} und größer (entspricht maximaler Rechnergenauigkeit) die nicht bedroht werden, unterscheiden. Betrachtet man jedoch Legs $\leq 10^4$ Längeneinheiten (km) und sieht Unterschiede zwischen Abschußwahrscheinlichkeiten, deren Betrag kleiner als 10^{-7} ist, als nicht signifikant an, so führt diese

reziproklineare Bewertung, falls der minimale Abstand zwischen zwei geographischen Punkten 1 Längeneinheit beträgt, zu richtigen Ergebnissen, wie man unter der Voraussetzung Zahl der geographischen Punkte ≤ 140 leicht beweisen kann.
Die eben genannten Voraussetzungen sind unter anwendungsbezogenen Gesichtspunkten gegeben. Daher halten wir die reziproklineare Bewertung für angemessen. Sie wird in Flugopt verwendet.

Fig. 3: Rechnerorientierte Bewertung

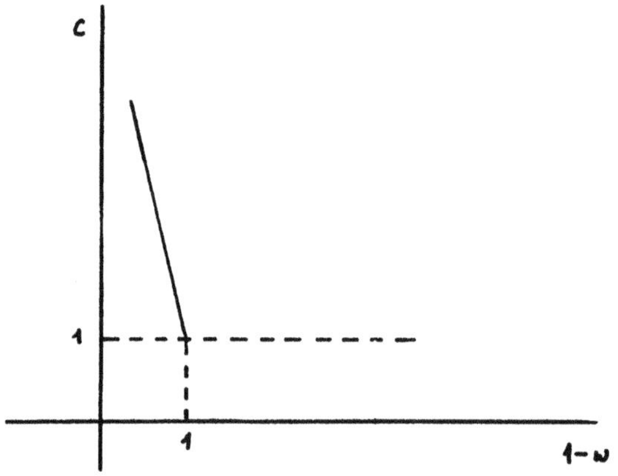

7. Optimierung nach zwei Kriterien:

Die in 2 gegebene Problemstellung fordert im wesentlichen das Auffinden des sichersten mit der Reichweite verträglichen Weges. Genügt nun der sicherste Weg, wie er mit der unter 6. erläuterten reziproklinearen Bewertung gefunden wurde, den Reichweiteeinschränkungen nicht, so muß nach einem näheren Weg gesucht werden, der dann natürlich nicht so sicher sein kann. Dieser Weg wird gefunden, indem das "Gewicht der Bewertung" vermindert wird, die Gerade in Fig. 4 verläuft dann flacher.

Fig. 4: Zusammenhang der Bewertungskriterien

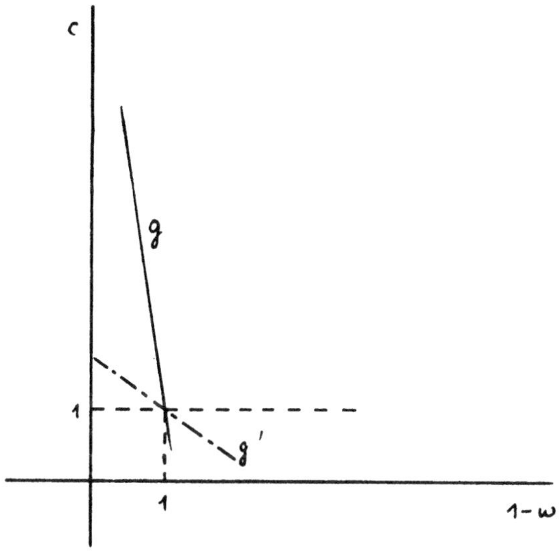

Nähert sich die Steigung von g' dem Wert 0, so wird nur noch nach reiner Entfernung optimiert und man erhält in diesem Fall den kürzesten überhaupt denkbaren Weg.
Den sichersten, mit der Reichweite verträglichen Weg, kann man nun iterativ finden, indem man sich der"Grenzsteigung" durch eine Intervallschachtelung nähert, die nach endlich vielen Schritten abbricht. Es ist bisher jedoch nicht gelungen, den Rechenaufwand (Zeit) bei diesem Vorgehen in erträglichen Grenzen zu halten. Bei den bisher verwendeten Testdaten waren im Mittel 29 Durchgänge nötig, den sichersten, mit der Reichweite verträglichen Weg zu finden. Daher wurde im Flugopt ein anderer Weg eingeschlagen:
Abhängig von einem einzugebenden Genauigkeitsfaktor, wird der Betrag der Steigung der Geraden g in festen Schritten bis zum Wert 0 verringert. Bei diesem Vorgehen sind in "pathologischen Fällen" Fehler möglich. Die Wahrscheinlichkeit für das Auftreten dieses Fehlers konnte bisher vom Ver-

fasser nicht abgeschätzt werden. Sie ist vermutlich klein, denn bei allen durchgerechneten Testbeispielen traten keine Fehler auf. Im statistischen Mittel wird der sicherste mit der Reichweite verträgliche Weg nach dreimaliger Suchprozedur gefunden, wenn als Genauigkeitsfaktor 1 eingegeben wird. Genauigkeitsfaktor 1 bedeutet in Flugopt

$c_{max} = 9x10^{11}$, $c_{max} = 200$, $c_{max} = 1/2 * c_{max}$, ..., $c_{max} = 1$.

Instandhaltung und Warteschlangentheorie

Einige Abschätzungen in der Bedienungstheorie

von K.-W. Gaede, Darmstadt

Zusammenfassung: Es wird eine Quasiordnung von Zufallsgrößen charakterisiert und an Beispielen gezeigt, wie sie zu Abschätzungen in der Bedienungstheorie benutzt werden kann.

Summary: After characterizing a weak ordering of stochastic variables it is shown in some examples, how this ordering can be used to construct bounds in waiting-line and inventory problems.

1. In der Bedienungstheorie spielen Modelle, in denen Zufallsgrößen auftreten, eine große Rolle. Auch hier ist es - wie bei vielen Fragestellungen der Unternehmensforschung - wichtig zu wissen, wie sich Änderungen der Eingangsgrößen und/oder des Modells auf die zu bestimmenden Ausgangsgrößen auswirken. Da nur selten explizite Darstellungen der Ausgangsgrößen bekannt sind, aus denen sich obige Frage beantworten läßt, ist man i.a. auf Abschätzungen angewiesen. Sie werden üblicherweise mit Hilfe von Abstands- oder Ordnungsbegriffen gegeben. Die zweite Möglichkeit soll hier weiterverfolgt werden. Im nächsten Abschnitt wird deshalb eine schon vielfach benutzte Ordnung der eindimensionalen Zufallsgrößen bzw. ihrer Verteilungen durch Anwendbarkeitsforderungen charakterisiert. Außerdem werden einige für ihre Anwendungen wichtige Eigenschaften dieser Ordnung angegeben. Da im Rahmen der Bedienungstheorie häufig Markoff-Ketten auftreten, wird für sie in den Abschnitten 3 und 4 in einigen Sätzen exemplarisch gezeigt, welche Art von Aussagen die eingeführte Ordnung ermöglicht. Zum Abschluß wird auf andere in letzter Zeit benutzte Ordnungen von Zufallsgrößen hingewiesen.

2. M_Z sei die Menge der eindimensionalen reellen Zufallsgrößen über einem für das Folgende als fest vorgegeben anzusehenden Wahrscheinlichkeitsraum $(\Omega, \hat{F}, w)$. Er sei o.B.d.A. so gewählt, daß M_Z alle hier zu betrachtenden Zufallsgrößen enthält. Insbesondere gelte:

F0) M_Z enthält eine im Intervall (0,1) gleichmäßig verteilte Zufallsgröße, d.h. eine Zufallsgröße mit der Dichte f: $f(x) = 1$ für $0 < x < 1$, $f(x) = 0$ sonst.

Ist $X \in M_Z$, so werde die Verteilungsfunktion von X mit Vf_X bezeichnet, d.h. $Vf_X(x) := w(X \leqq x)$ für $x \in \mathbb{R}$.

Um Verwechslungen zu vermeiden, die durch uneinheitliche Bezeichnungen in der Literatur möglich sind, sei hier verabredet: Eine Relation $\prec$ auf einer Menge M heiße Quasiordnung, wenn $\prec$ reflexiv und transitiv ist; (d.h., wenn für alle $a, b, c \in M$ gilt: $a \prec a$; aus $a \prec b$ und $b \prec c$ folgt $a \prec c$). Ist $\prec$ außerdem antisymmetrisch (d.h., gilt für alle $a, b \in M$ außerdem: aus $a \prec b$ und $b \prec a$ folgt $a = b$), so heißt $\prec$ Ordnung. $(M, \prec)$ heiße Quasiordnung (bzw. Ordnung), wenn die Relation $\prec$ auf M eine Quasiordnung (bzw. Ordnung) ist. Sind f und g auf einer Menge D definierte reellwertige Funktionen, so werde (wie üblich) $f \leqq g$ geschrieben statt: $f(d) \leqq g(d)$ für alle $d \in D$.

Es soll nun eine Quasiordnung $\prec$ auf M_Z eingeführt werden, so daß die Beziehung $X \prec Y$ für $X, Y \in M_Z$ eine formale Beschreibung dafür sein soll, daß die Zufallsgröße X in einem noch zu präzisierenden Sinne "höchstens gleich" der Zufallsgröße Y ist. Um die auf der Ordnung der reellen Zahlen beruhenden Abschätzungen anwenden zu können, wird man X "höchstens gleich" Y nennen, wenn X nur den einen Wert a und Y nur den Wert b annehmen kann und $a \leqq b$ ist. In leichter Verallgemeinerung dieser Motivation wird man auch dann X "höchstens gleich" Y nennen, wenn für alle gemeinsamen Beobachtungen $X(\omega)$, $Y(\omega)$ von X und Y stets $X(\omega) \leqq Y(\omega)$ gilt. (Zur Veranschaulichung stelle man sich vor, daß X bzw. Y den zufälligen Lagerbestand zu einem gewissen Zeitpunkt t bei Verwendung von zwei verschiedenen Lagerhaltungsmodellen ist und $x = X(\omega)$ bzw. $y = Y(\omega)$ der zur Zeit t bei einer Realisation (etwa durch Simulation) beobachtete Lagerbestand. Ist dann bei jeder gemeinsamen Realisation (bei jedem gemeinsamen Simulationslauf) $x \leq y$, so wird man auch von den Zufallsgrößen X, Y sagen "X ist höchstens gleich Y"). Aus diesem anschaulichen Sachverhalt wird die formale Forderung

F1) Aus $X, Y \in M_Z$ und $X(\omega) \leq Y(\omega)$ für alle $\omega \in \Omega$ (kurz: $X \leq Y$) folgt $X \prec Y$.

Die nächste Forderung soll ermöglichen, eine für die Abschätzung reeller Zahlen wichtige Schlußweise auch für Zufallsgrößen zu verwenden:

F2) Ist $h: \mathbb{R} \to \mathbb{R}$ eine monoton nichtfallende reelle Funktion, sind $X, Y \in M_Z$ und gilt $X \prec Y$, so folgt daraus $h(X) \prec h(Y)$.

In vielen praktischen Problemen sind von Zufallsgrößen nur ihre Verteilungen gegeben bzw. gesucht. Deshalb sollte die Quasiordnung der Zufallsgrößen nur von ihren Verteilungen (bzw. Verteilungsfunktionen Vf) abhängen.

F3) Sind $X_1, X_2, Y_1, Y_2 \in M_Z$, gilt $Vf_{X_1} = Vf_{X_2}$, $Vf_{Y_1} = Vf_{Y_2}$ und $X_1 \prec Y_1$, so folgt daraus $X_2 \prec Y_2$.

Die abschließende Forderung besagt, daß die einzuführende Relation hinsichtlich der Verteilungen eine Ordnung sein soll.

F4) Sind $X, Y \in M_Z$ und ist $X \prec Y$ und $Y \prec X$, so folgt daraus $Vf_X = Vf_Y$.

Mit diesen Forderungen ist die Quasiordnung $\prec$ eindeutig charakterisiert:

SATZ 1: M_Z sei die Menge der eindimensionalen Zufallsgrößen über einem Wahrscheinlichkeitsraum, der die Forderung F0) erfüllt. Dann sind die folgenden Aussagen i) und ii) äquivalent:

i): $(M_Z, \prec)$ ist eine Quasiordnung und die Forderungen F1) bis F5) sind erfüllt.

ii): Für alle $X, Y \in M_Z$ gilt $X \prec Y$ genau dann, wenn $Vf_X(x) \geq Vf_Y(x)$ für alle $x \in \mathbb{R}$.

Beweis: Aus ii) folgt i): Man sieht sofort, daß die in ii) erklärte Relation eine Quasiordnung auf M_Z ist, welche die Forderungen F3) und F4) erfüllt.

Zu F1): Aus $X(\omega) \leqq Y(\omega)$ folgt für alle $x \in \mathbb{R}$

$$Vf_X(x) = w(X \leqq x) \geqq w(Y \leqq x) = Vf_Y(x)$$

also $X \prec Y$ wie in F1) verlangt.

Zu F2): Es sei $I_u := \{x \mid x \in \mathbb{R}, h(x) \leqq u\}$ für $u \in \mathbb{R}$.
Damit ist $Vf_{h(X)}(u) = w(X \in I_u)$ und $Vf_{h(Y)}(u) = w(Y \in I_u)$.
Da h voraussetzungsgemäß monoton nicht abnimmt, trifft für I_u genau eine der nachfolgend betrachteten vier Möglichkeiten zu.

I_u ist leer. Dann ist $Vf_{h(X)}(u) = 0 = Vf_{h(Y)}(u)$

$I_u = \mathbb{R}$. Dann ist $Vf_{h(X)}(u) = 1 = Vf_{h(Y)}(u)$.

Aus der Voraussetzung $X \prec Y$, die nach ii) mit $Vf_X \leqq Vf_Y$ gleichbedeutend ist, folgt für die beiden verbleibenden Möglichkeiten
$I_u = (-\infty, z)$, bzw. $I_u = (-\infty, z]$, $z \in \mathbb{R}$,

$$Vf_{h(X)}(u) = Vf_X(z-0) \geqq Vf_Y(z-0) = Vf_{h(Y)}(u)$$

bzw. $Vf_{h(X)}(u) = Vf_X(z) \geqq Vf_Y(z) = Vf_{h(Y)}(u)$.

Da also $Vf_{h(X)}(u) \geqq Vf_{h(Y)}(u)$ für alle $n \in \mathbb{R}$ gilt, ist gemäß ii) die Forderung $h(X) \prec h(Y)$ erfüllt.

Aus i folgt ii): Die Verteilungsfunktion von X_j werde mit F_j bezeichnet, $j = 1,2$.

a) Zunächst wird gezeigt:

Aus F1), F3), $F_1 \geqq F_2$ folgt $X_1 \prec X_2$.

Es sei nämlich $g_j(z) = \inf\{x \mid F_j(x) \geqq z\}$, $0 < z < 1$, $j = 1,2$, und Z eine in (0,1) gleichmäßig verteilte Zufallsgröße (gemäß F0)). ($g_j(Z)$ ist die bei Simulationen üblicherweise benutzte Transformation, um Zufallsgrößen mit vorgegebener Verteilungsfunktion F_j aus einer gleichmäßig verteilten Zufallsgröße zu erzeugen.) Wegen $F_1 \geqq F_2$ ist $g_1(Z) \leqq g_2(Z)$ und mit F1) ergibt sich $g_1(Z) \prec g_2(Z)$. Da X_j und $g_j(Z)$ dieselben Verteilungsfunktionen haben, folgt daraus mit F3) auch $X_1 \prec X_2$.

b) Für $c \in \mathbb{R}$ sei die Funktion h_c: $\mathbb{R} \to \mathbb{R}$ gegeben durch $h_c(x) = 0$ für $x \leqq c$ und $h_c(x) = 1$ für $x > c$. Dann ist die Verteilungsfunktion H_{cj} von $h_c(X_j)$ gegeben als

$$H_{cj}(x) = \begin{cases} 0 & \text{für } x < 0 \\ F_j(c) & \text{für } 0 \leqq x < 1;\ j = 1,2 \\ 1 & \text{für } 1 < x \end{cases} \quad .$$

Zu zeigen ist: Aus $X_1 \prec X_2$ folgt $F_1 \geqq F_2$. Da h_c monoton nicht fallend ist, folgt mit F3) aus $X_1 \prec X_2$ auch $h_c(X_1) \prec h_c(X_2)$. Wäre im Gegensatz zu $F_1 \geqq F_2$ für irgendein $c \in \mathbb{R}$ $F_1(c) < F_2(c)$, so wäre auch $H_{c1} \leqq H_{c2}$ und aus a) folgte $h_c(X_1) \succ h_c(X_2)$. Nach F4) wäre daher $H_{c1} = H_{c2}$, also $F_1(c) = F_2(c)$.
Widerspruch!

Für die in Satz 1 charakterisierte Quasiordnung werde zur Erleichterung der Sprechweise folgende Bezeichnung verwendet:

Definition 1: Sind X und Y eindimensionale reelle Zufallsgrößen mit den Verteilungsfunktionen Vf_X und Vf_Y, so heißt X stochastisch kleiner als Y, (i.Z. $X \prec Y$), wenn $Vf_X(x) \geqq Vf_Y(x)$ für alle $x \in \mathbb{R}$ gilt.

Diese Quasiordnung ist schon vielfach verwendet worden. Anwendungen in der Statistik findet man etwa bei LEHMANN (1959). In der Zuverlässigkeitstheorie sind Verteilungen mit zunehmender Fehlerrate wichtig, die mit der betrachteten Quasiordnung wie folgt zusammenhängen. Sei X_a die restliche Lebensdauer eines Bauteiles, das a Zeiteinheiten eingesetzt und danach noch in Ordnung war. Ist dann für alle $0 \leqq a \leqq b$ die Restlebensdauer X_b stochastisch kleiner als die Restlebensdauer X_a, so sagt man, die Verteilung von X_0 hat eine "zunehmende Fehlerrate". (IFR genannt in BARLOW u. PROSCHAN [1965], wo man auch vielfältige Anwendungen dieses Begriffs findet.)

Die zur Charakterisierung herangezogenen Eigenschaften und einige einfache Folgerungen, die nachstehend angegeben werden, lassen viele direkte Anwendungen der Quasiordnung in der Bedienungstheorie zu. (Siehe etwa GAEDE [1965] und STOYAN [1972].)

Einige Eigenschaften der Quasiordnung $\prec$:

a) Aus $X \prec Y$ folgt $-X \prec -Y$.

b) Ist die reelle Funktion g von n reellen Variablen in jeder ihrer Variablen monoton nichtfallend (bei Festhaltung der übrigen Variablen), sind die Zufallsgrößen $X_1,\ldots,X_n$ unabhängig und die Zufallsgrößen $Y_1,\ldots,Y_n$ unabhängig und gilt $X_j \prec Y_j$ für $j = 1,2,.n,$ so folgt

$$g(X_1,X_2,\ldots,X_n) \prec h(Y_1,Y_2,\ldots,Y_n).$$

c) Existieren die Erwartungswerte E(X) und X(Y) und gilt $X \prec Y$, so folgt $E(X) \leq E(Y)$.

Die Anwendungsmöglichkeiten dieser Beziehungen seien kurz skizziert an folgendem

Beispiel: (Warteschlangenmodell von LINDLEY). Es wird ein GI/G/1 Modell betrachtet und die Kunden werden in der Reihenfolge ihres Eintreffens numeriert und in derselben Reihenfolge abgefertigt. Der Kunde mit der Nummer n habe die Wartezeit W_n bis zum Beginn seiner Bedienung, seine Bedienungszeit sei T_n und der nachfolgende Kunde treffe Z_n Zeiteinheiten später ein. Dann ist

$$W_{n+1} = \max\ (0,\ W_n + T_n - Z_n),\ n = 0,1,2,\ldots\ .$$

Liegen nun die Verteilungen von T_n, Z_n und W_o nicht eindeutig fest, oder ist man gezwungen, zur numerischen Auswertung der Rekursionsformel für W_{n+1} die Verteilungen von T_n, Z_n und W_o durch "bequemere" zu ersetzen, so wird man i.a. doch über Abschätzungen

$$T_n^{(1)} \prec T_n \prec T_n^{(2)},\ -Z_n^{(1)} \prec -Z_n \prec -Z_n^{(2)},\ W_o^{(1)} \prec W_o \prec W_o^{(2)}$$

verfügen.

Es soll unter den üblichen Unabhängigkeitsannahmen (Z_n unabhängig von $(Z_o,\ldots,Z_{n-1})$, T_n unabhängig von $(T_o,\ldots,T_{n-1})$, Z_n unabhängig von T_n; T_o, Z_o, unabhängig von W_o und Entsprechendes für die oben indizierten Größen), gezeigt werden, daß

$$W_n^{(1)} \prec W_n \prec W_n^{(2)} \qquad (1)$$

gilt mit

$$W_{n+1}^{(j)} = \max(0,\ W_n^{(j)} + T_n^{(j)} - Z_n^{(j)}),\ j = 1,2;\ n = 0,1,2,\dots .$$

(1) gilt für n = 0. Die Induktionsannahme (1) liefert mit Eigenschaft b), da $h = x_1+x_2+x_3$ eine in jeder Variablen monotone Funktion ist,

$$W_n^{(1)}+T_n^{(1)}+(-Z_n^{(1)}) \prec W_n+T_n+(-Z_n) \prec W_n^{(2)}+ T_n^{(2)}+(-Z_n^{(2)}).$$

Da $h(x) := \max(0,x)$ monoton nicht fallend ist, folgt hieraus mit F2)

$$\max(0;W_n^{(1)}+T_n^{(1)}-Z_n^{(1)}) \prec \max(0;W_n+T_n-Z_n) \prec \max(0;W_n^{(2)}+T_n^{(2)}-Z_n^{(2)}),$$

also $W_{n+1}^{(1)} \prec W_{n+1} \prec W_{n+1}^{(2)}$ und (1) gilt daher für n = 0,1,2,...

3. Viele Probleme der Bedienungstheorie führen, insbesondere, wenn man sie durch Simulation löst, auf die Betrachtung von stationären Markoff-Ketten $(X_0,X_1,X_2,\dots)$ mit höchstens abzählbarem Zustandsraum, der hier o.B.d.A. als $\{0,1,2,\dots\}$ gegeben sei. Gegenstand von Abschätzungen ist hier natürlich der Vergleich derartiger Ketten. Unterschiedliche Ketten mögen durch obere Indizes (oder das Fehlen eines oberen Index) voneinander unterschieden werden. Es sei für i, j, t = 0,1,2,... und k = 1,2 (oder fehlendes k)

$$
\begin{aligned}
&p_{ij}^{(k)} := w(X_{t+1}^{(k)}=j \mid X_t^{(k)} = i), && P^{(k)} := (p_{ij}^{(k)})\\
&s_{ij}^{(k)} := w(X_{t+1}^{(k)} \leqq j \mid X_t^{(k)}=i), && S^{(k)} := (s_{ij}^{(k)})\\
\text{(B)}\quad & && \underline{s}_i^{(k)} := (s_{i0}^{(k)},s_{i1}^{(k)},\dots)\\
&p_i^{(k)}(t) := w(X_t^{(k)}=i), && p^{(k)}(t) := (p_0^{(k)}(t),p_1^{(k)}(t),\dots)\\
&s_i^{(k)}(t) := w(X_t^{(k)} \leqq i), && s^{(k)}(t) := (s_0^{(k)}(t),s_1^{(k)}(t),\dots)
\end{aligned}
$$

Offenbar ist dann

$X_t^{(1)} \prec X_t^{(2)}$ gleichbedeutend mit $s^{(1)}(t) \geq s^{(2)}(t)$.

Bequeme Abschätzungen sind sicher möglich, wenn man aus $X_t^{(1)} \prec X_t^{(2)}$ stets $X_{t+1}^{(1)} \prec X_{t+1}^{(2)}$ schließen kann. Hierfür gibt folgender Satz notwendige und hinreichende Bedingungen.

SATZ 2: $(X_0^{(k)}, X_1^{(k)}, \ldots)$ $k = 1,2$ seien zwei stationäre Markoff-Ketten mit dem Zustandsraum $\{0,1,2,\ldots\}$ und es mögen die Bezeichnungen (B) zugrundeliegen. Dann sind folgende beiden Aussagen i) und ii) äquivalent:

i) Aus $X_t^{(1)} \prec X_t^{(2)}$ folgt $X_{t+1}^{(1)} \prec X_{t+1}^{(2)}$.

ii) Es existiert eine Matrix S mit

$$S^{(1)} \geq S \geq S^{(2)}$$

und $\quad \underline{s}_i \geq \underline{s}_{i+1} \quad$ für $i = 0,1,2, \ldots$

Beweis:

Aus i) folgt ii):

i) besagt: Aus $s^{(1)}(t) \geq s^{(2)}(t)$ folgt $s^{(1)}(t+1) \geq s^{(2)}(t+1)$.
Wählt man

$p_i^{(1)}(t) = 1$, $p_j^{(2)}(t) = 1$ und $i \leq j$,

so ist offenbar $s^{(1)}(t) \geq s^{(2)}(t)$.

Aus i) folgt damit (wegen $s(t+1) = p(t)S$)

$$\underline{s}_i^{(1)} \geq \underline{s}_j^{(2)} \text{ für } 0 \leq i \leq j. \qquad (2)$$

$$\text{Ist weiter } s_{ij} := \min\{s_{mj}^{(1)} | m = 0,1,\ldots,i\}, \qquad (3)$$

so gilt $\quad \underline{s}_{i+1} \geq \underline{s}_i$ und $S^{(1)} \geq S$.

Es muß schließlich noch $S \geq S^{(2)}$ gezeigt werden.
Dies ergibt sich aus (3) unter Beachtung von (2).

Aus ii) folgt i):

Es sei

$$R := (r_{ij}) \text{ mit } r_{ij} := \begin{cases} 1 & \text{für } 0 \leqq i \leqq j \\ 0 & \text{sonst} \end{cases}$$

$$R^{-1} := (\hat{r}_{ij}) \text{ mit } \hat{r}_{ij} := \begin{cases} 1 & \text{für } 0 \leqq i = j \\ -1 & \text{für } 0 \leqq i = j-1 \\ 0 & \text{sonst} \end{cases}$$

Damit wird $s(t) = p(t)R$, $S = PR$ und aus

$p(t+1) = p(t)P$ ergibt sich

$s(t+1) = p(t+1)R = p(t)PR = p(t)S = s(t)R^{-1}S$, (und Entsprechendes mit oberen Indizes.) Aus der Voraussetzung $\underline{s}_i \geqq \underline{s}_{i+1}$ folgt

$$R^{-1}S \geqq 0. \tag{4}$$

Die Voraussetzung $S^{(1)} \geqq S$ liefert

$$s^{(1)}(t+1) = p^{(1)}(t)S^{(1)} \geqq p^{(1)}(t)S = s^{(1)}(t)R^{-1}S. \tag{5}$$

Es sei nun $X_t^{(1)} \prec X_t^{(2)}$, d.h. $s^{(1)}(t) \geqq s^{(2)}(t)$.

Dann folgt aus (4)

$$s^{(1)}(t)R^{-1}S \geqq s^{(2)}(t)R^{-1}S \tag{6}$$

Die Voraussetzung $S \geqq S^{(2)}$ gibt nun

$$s^{(2)}(t)R^{-1}S = p^{(2)}(t)S \geqq p^{(2)}(t)S^{(2)} = s^{(2)}(t+1) \tag{7}$$

(5), (6), (7) ergeben: Aus $X_t^{(1)} \prec X_t^{(2)}$ folgt $X_{t+1}^{(1)} \prec X_{t+1}^{(2)}$.

Bemerkungen:

a) Satz 2 gilt natürlich auch für einen endlichen Zustandsraum.

b) Besitzen die Markoff-Ketten $(X_0^{(k)}, X_1^{(k)}, \ldots)$ für $t \to \infty$ Grenzverlungen $s^{(k)}(\infty)$, die nicht von der Anfangsverteilung $s^{(k)}(0)$ abhängen, $(k = 1,2)$, so gilt offenbar:

Ist ii) von Satz 2 erfüllt, so ist $s^{(1)}(\infty) \geqq s^{(2)}(\infty)$, d.h.

$$X_\infty^{(1)} \prec X_\infty^{(2)} .$$

c) ii) aus Satz 2 ist zwar hinreichend, aber nicht notwendig für $X_\infty^{(1)} \prec X_\infty^{(2)}$.

4. Markoffsche-Prozesse mit abzählbarem Zustandsraum sind sehr flexible Modelle für die Beschreibung von Bedienungsvorgängen: Da außerdem die numerische Behandlung der Differentialgleichungssysteme zur Bestimmung der Zustandswahrscheinlichkeiten mit Computerunterstützung durchaus im Rahmen des Möglichen liegt, haben diese Prozesse in letzter Zeit für die Anwendungen wieder starkes Interesse gefunden. (Siehe etwa KOOPMAN [1972]).
Deshalb sollen hier Markoffsche-Prozesse $X(t)$, $0 \leq t < \infty$ mit dem Zustandsraum $\{0,1,2,\ldots,n\}$ betrachtet werden.

Bezeichnungen: Mit $i, j = 0,1,\ldots,n$; $0 \leq t_1 < t_2$; $0 \leq t$)

$$p_{ij}(t_1,t_2) := w(X_{t_2}=j)X_{t_1}=i); \quad P(t_1,t_2) := (p_{ij}(t_1,t_2))$$

$$s_{ij}(t_1,t_2) = \sum_{k=0}^{j} p_{ik}(t_1,t_2), \quad S(t_1,t_2) := (s_{ij}(t_1,t_2))$$

$$p_j(t) := w(X_t=j); \quad p(t) := (p_0(t),p_1(t),\ldots,p_n(t))$$

$$s_j(t) := \sum_{k=0}^{j} p_k(t); \quad s(t) := (s_0(t),s_1(t),\ldots,s_n(t))$$

$$R := (r_{ij}), \quad r_{ij} := 1 \text{ für } 0 \leq i \leq j \leq n, \quad r_{ij} := 0 \text{ sonst.}$$

Ableitungen nach t werden durch einen Punkt gekennzeichnet.
Die $p_{ij}(t_1,t_2)$ mögen die üblicherweise gemachten Voraussetzungen erfüllen, (siehe z.B. FELLER [1957]), unter denen

$$\dot{p}(t) = p(t)Q(t)$$

gilt mit $Q(t) = (q_{ij}(t))$ stetig und

$$\begin{aligned} q_{ij}(t) &:= q_{ij}(t) \text{ für } 0 < i < j \leq n \text{ (mit } a_{ij} \geq 0) \qquad (4.0) \\ &:= b_{ij}(t) \text{ für } 0 < j < i \leq n \text{ (mit } b_{ij} \geq 0) \\ &:= -\Big(\sum_{k=i+1}^{n} a_{ik}(t) + \sum_{k=1}^{i-1} b_{ik}(t)\Big) \quad 0 \leq i = j \leq n. \end{aligned}$$

Zur Kennzeichnung verschiedener Prozesse werden obere Indizes verwendet. Zur Veranschaulichung stelle man sich unter $X(t)$ etwa die Anzahl der Kunden in einem Wartesystem vor, in dem sich höchstens n Kunden befinden können. Die Ankünfte und Abfertigungen können gruppenweise erfolgen. $a_{ij}(t)$ ist deutbar als Ankunftsrate zur Zeit t für die Ankunft einer Gruppe von j-i Kunden.
Entsprechend läßt sich $b_{ij}(t)$ als Bedienungsrate deuten.
Grundlegend für die Abschätzungen bei derartigen Prozessen ist
SATZ 4: Für die vorstehend beschriebenen Prozesse sind unter Verwendung der in Abschnitt 4 eingeführten Bezeichnungen folgende Aussagen äquivalent:

i) Aus $0 \leq t_o \leq t$ und $x^{(1)}(t_o) \prec x^{(2)}(t_o)$ folgt $x^{(1)}(t) \prec x^{(2)}(t)$.

ii) Es existiert eine Matrix $Q(t)$, die für $t \geq 0$ folgende Bedingungen erfüllt:

a) $Q^{(1)}(t)R \geq Q(t)R \geq Q^{(2)}(t)R$;

b) $h_{ij}(t) \geq 0$ für $i \neq j$, wobei $H(t) := (h_{ij}(t)) := R^{-1}Q(t)R$.

Beweis: Aus i) folgt ii):

Aus der Voraussetzung ergibt sich unter Anwendung von Satz 2 die Existenz einer Übergangsmatrix $P(t,t+h)$ mit

$$P^{(1)}(,t+h)R \geq P(t,t+h)R \geq P^{(2)}(t,t+h)R \tag{4.1}$$

und

$$R^{-1}P(t,t+h)R \geq 0 \tag{4.2}$$

für alle $t \geq 0$, $h > 0$.
Wie aus der Beweisführung von Satz 2 hervorgeht, kann o.B.d.A. angenommen werden, daß für $P(t,t+h)$ (ebenso wie für $P^{(k)}(t,t+h)$) gilt:

$$\lim_{h\to 0} \frac{1}{h}(P(t,t+h)-E) = Q(t), \tag{4.3}$$

wobei $Q(t)$ bei (4.0) erklärt ist. Daraus folgt (mit $h > 0$):

$$(h_{ij}) = R^{-1}Q(t)R = \lim_{h\to 0} \frac{1}{h}(R^{-1}P(t,t+h)R-E) \tag{4.4}$$

Weiter liefert (4.3) mit (4.1) wegen $R \geq 0$ und $h > 0$

$$\lim_{h\to 0} \frac{1}{h} P^{(1)}(t,t+h)R \geq \lim_{h\to 0} \frac{1}{h} P(t,t+h)R \geq \lim_{h\to 0} \frac{1}{h} P^{(2)}(t,t+h)R$$

d.h. $\qquad Q^{(1)}(t)R \geq Q(t)R \geq Q^{(2)}(t)R$.

Aus (4.4) und (4.2) folgt $h_{ij} \geq 0$ für $i \neq j$.

Aus ii) folgt i):

Es gilt $\dot{p}(t) = p(t)Q(t)$, $\dot{p}^{(1)}(t) = p^{(1)}(t)Q^{(1)}(t)$.

Daraus erhält man (wegen $s = pR$)

$$\dot{s}^{(1)}(t) = p^{(1)}(t)Q^{(1)}(t)R, \quad \dot{s}(t) = p(t)Q(t)R$$

und

$$\dot{s}^{(1)}(t)-\dot{s}(t) = (p^{(1)}(t)-p(t))Q(t)R+p^{(1)}(t)(Q^{(1)}(t)R-Q(t)R)$$

$$\dot{s}^{(1)}(t)-\dot{s}(t) = (s^{(1)}(t)-s(t))R^{-1}Q(t)R+p^{(1)}(t)(Q^{(1)}(t)R-Q(t)R) \tag{4.5}$$

Nun wird folgender Hilfssatz benötigt (Siehe GAEDE [1965]):

HILFSSATZ 1: Ist für $t \geq 0$, $i,j=0,1,\ldots,n$, $h_{ij}(t)$ stetig, $h_{ij}(t) \geq 0$ für $i \neq j$, $r_j(t)$ stetig, $r_j(t) \geq 0$ und sind $y_j(t)$ die Lösungen von

$$\dot{y}_j(t) = \sum_{i=0}^{n} y_i(t)h_{ij}(t)+r_j(t),\ y(t_o) \geq 0,\ t_o \geq 0,\ j=0,1,\ldots,m,$$

so gilt $\qquad y_j(t) \geq 0$ für $t \geq t_o$.

(Der Beweis erfolgt analog zum Nachweis von $p(t) \geq 0$, falls $\dot{p} = pQ$ und $p(0) \geq 0$).

Voraussetzungsgemäß erfüllen die sich aus $(h_{ij}(t)) = R^{-1}Q(t)R$ ergebenden $h_{ij}(t)$ die Bedingungen dieses Hilfssatzes.

Setzt man

$$(r_o(t),r_1(t),\ldots,r_n(t)) := p^{(1)}(t)(Q^{(1)}(t)R-Q(t)R),$$

so ist wegen $p^{(1)}(t) \geq 0$ und der Voraussetzung $Q^{(1)}(t)R-Q(t)R \geq 0$ auch $r_j(t) \geq 0$ für $j = 0,1,\ldots,n$.

Weiter kann man wegen der Voraussetzung $X^{(1)}(t_o) \prec X^{(2)}(t_o)$ ein $X(t_o)$ mit $\qquad X^{(1)}(t_o) \prec X(t_o) \prec X^{(2)}(t_o)$

wählen. Daher ist mit der Bezeichnung

$$y(t) := (y_o(t),y_1(t),\ldots,y_n(t)) := s^{(1)}(t)-s(t):$$

$$y_j(t_o) \geq 0,\ j = 0,1,\ldots,n.$$

Also läßt sich der Hilfssatz auf (4.5) anwenden und gibt $0 \leq y(t) = s^{(1)}(t)-s(t)$ für $t \geq t_o$. Analoge Überlegungen für $s^{(2)}(t)$ zeigen $s(t)-s^{(2)}(t) \geq 0$ für $t \geq t_o$. Daher ist $s^{(1)}(t) \geq s^{(2)}(t)$ d.h. $X^{(1)}(t) \prec X^{(2)}(t)$ für $t \geq t_o$, was zu zeigen war.

Beispiel: Ein Wartesystem, in dem sich höchstens n Kunden befinden können. Die Ankunft der Kunden erfolgt gruppenweise mit der zufälligen Gruppengröße G. Sind bei Ankunft einer Gruppe weniger als G Plätze im System frei, so werden die überzähligen Kunden der Gruppe angewiesen. Die Ankunftsrate für die Gruppen sei $a(t) > 0$. Die Bedienungsrate sei $b_j(t) > 0$, wenn sich j Kunden zur Zeit t im System befinden.

Durch Nachprüfen der Bedingungen ii) von Satz 4 erhält man folgende anschauliche Aussage: Liegen zwei (durch obere Indizes unterschiedene) Wartemodelle des hier betrachteten Typs vor, so folgt aus

(V) $\quad G^{(1)} \prec G^{(2)},\ a^{(1)}(t) \leq a^{(2)}(t),\ b_j^{(1)}(t) \geq b_j^{(2)}(t),\ j=1,\ldots,n$

$\quad$ und $\quad X^{(1)}(0) \prec X^{(2)}(0)$

für die Anzahl $X^{(k)}(t)$ von Kunden im System Nr. k zur Zeit t:

$$X^{(1)}(t) \prec X^{(2)}(t) \text{ für } t \geq 0.$$

Für das Folgende seien a(t) und $b_j(t)$ von t unabhängig. Ist etwa $w(G^{(k)}=1)=0$, so ergeben sich für $t \to \infty$ Grenzverteilungen von $X^{(k)}(t)$ unabhängig von $X^{(k)}(0)$. Sind $X^{(k)}$ Zufallsgrößen mit diesen Grenzverteilungen, so folgt $X^{(1)} \prec X^{(2)}$ aus der Voraussetzung (V). Auch über die Zeitabhängigkeit von X(t) lassen sich Aussagen machen. So erhält man $s(0) \leq 0$ aus $\dot{s} = sH$, falls man $X(0) = 0$ setzt. Wendet man Hilfssatz 1 (mit $y := -\dot{s}$) auf $\ddot{s} = \dot{s}H$, $\dot{s}(0) \leq 0$, an, so erhält man $\dot{s}(t) \leq 0$ für alle $t \geq 0$. D.h. aber: Aus $X(0) = 0$ folgt $X(t_1) \prec X(t_2)$ für $t_1 \leq t_2$. Anschaulich heißt das: Die Anzahl der Kunden im System wird (stochastisch) monoton größer, wenn zur Zeit t = 0 das System leer war.

Es möge eine Bedienungsstelle vorhanden sein. Macht man den Zustand 0 absorbierend, d.h. setzt man $q_{0j} = 0$, $j = 0,1,\ldots,n$, und wählt man $X(0) = 1$, so ist bekanntlich $p_0(t)$ die Verteilungsfunktion einer Beschäftigungsperiode.
Da aus $s^{(1)}(t) \geq s^{(2)}(t)$ insbesondere $p_0^{(1)}(t) \geq p_0^{(2)}(t)$ folgt, liefert Satz 4:
Aus $a^{(1)} \leq a^{(2)}$, $G^{(1)} \prec G^{(2)}$, $b_j^{(1)} \geq b_j^{(2)}$, $j = 1,2,\ldots,n$, folgt für die Beschäftigungsperioden $B^{(1)}$, $B^{(2)}$ der beiden Systeme:

$$B^{(1)} \prec B^{(2)}.$$

5. Oft ist es nützlich, wenn man (bezüglich einer gegebenen Ordnung) größte und kleinste Elemente einer Menge angeben kann. Nun sind für Anwendungen wichtig die Klassen von Zufallsgrößen mit jeweils gleichem Erwartungswert. Gerade für sie ist die bisher betrachtete Qasiordnung nutzlos, weil ja aus $X \prec Y$ und $E(X) = E(Y)$ schon $Vf_X = Vf_Y$ folgt.

Man braucht hier also "schwächere" Ordnungen. Wenn es auf Erwartungswerte ankommt, liegt es Nahe, Ordnungsbeziehungen wie in der Nutzen- bzw. Entscheidungstheorie zu konstruieren. Dazu werden Bewertungen u: $\mathbb{R} \to \mathbb{R}$ eingeführt, und zwei Zufallsgrößen X, Y so geordnet, wie es die Erwartungswerte E(u(X)), E(u(Y)) sind. Diese Ordnung hängt natürlich von der Wahl von u ab. Um sich davon zu befreien, kann man Klassen K_i derartiger Bewertungen betrachten und festlegen:

$X \underset{(i)}{\prec} Y$ genau, wenn $E(u(X)) \leqq E(u(Y))$ für alle $u \in K_i$ (für die die Erwartungswerte existieren.)

Für die hier besprochenen Abschätzungen wird man natürlich von den Bewertungen u Isotonie verlangen.
Am nächsten liegt:

K_1: Menge der nichtabnehmenden Funktionen.

Ein bekanntes Ergebnis der Nutzentheorie besagt:

$X \underset{(1)}{\prec} Y$ genau, wenn $Vf_X \geqq Vf_Y$ (d.h. $X \prec Y$).

K_1 erzeugt also die bisher betrachtete Quasiordnung. Man muß also andere (weniger umfassende) Mengen K_i betrachten, etwa

K_2 (bzw. K_3): Menge der nichtabnehmenden stetigen konvexen (bzw. konkaven) Funktionen.

Betrachtet man nur Zufallsgrößen mit existierendem Erwartungswert, so lassen sich Ergebnisse von STOYAN wie folgt interpretieren:

$X \underset{(2)}{\prec} Y$ (bzw. $X \underset{(3)}{\prec} Y$)

genau dann, wenn $E \max(c,x) \leqq E \max(c,Y)$ (bzw. $E \min(c,X) \leqq E \min(c,Y)$ für alle reellen c ist.

Die von K_2 und K_3 erzeugten Quasiordnungen, mit denen sich nun auch Zufallsgrößen mit gleichem Erwartungswert vergleichen lassen, wurden eingehend von STOYAN untersucht. (Siehe die zitierte Arbeit und ihr Literaturverzeichnis.)

L i t e r a t u r:

Barlow, R.E., F. Proschan: Mathematical Theory of Reliability, New York, London (1965)

Feller, W.: An Introduction to Probability Theory and Its Applications. Vol. I, 2. Aufl., New-York 1957

Gaede, K.-W.: Konfidenzgrenzen bei Warteschlangen und Lagerhaltungsproblemen. ZAMM 45, T91-T92 (1965)

Koopman, B.O.: US Advances in OR Theory. Vortrag auf der 6. IFORS-Tagung 1972 (Erscheint in den Proceedings)

Lehmann, E.L.: Testing Statistical Hypotheses. New York 1959

Stoyan, D.: Monotonieeigenschaften stochastischer Modelle. ZAMM 52, 23-30 (1972)

Prof. Dr. K.-W. Gaede, Technische Hochschule Darmstadt, Fachbereich Mathematik.

Über Verallgemeinerungen einfacher Stop-Probleme

von B. H. Goldstein, Karlsruhe

1. In der Arbeit werden Verallgemeinerungen der in [5] bzw. [6] betrachteten Problemstellung behandelt. Gegenstand dieser beiden Arbeiten sind Zwei-Personen-Nullsummen-Spiele (ZPNS) des folgendes Typs: Spieler 1 (der Entscheidende) beobachtet eine diskrete Markoff-Kette (MK), d.h. eine MK mit diskreter Zeit, höchstens abzählbarem Zustandsraum E und stationären Übergangswahrscheinlichkeiten. Er kann die MK zu jedem Zeitpunkt stoppen und erhält dann die Auszahlung a(i), falls im Stopzeitpunkt der Zustand $i \in E$ erreicht ist, dabei wird $a : E \rightarrow \mathbb{R}^+$ als beschränkt vorausgesetzt. Spieler 2 (anschaulich etwa als Umwelt zu interpretieren) wählt die Übergangsmatrix aus, nach der die MK abläuft, zugelassen zur Wahl sind Matrizen aus einer vorgegebenen Menge Y. Spieler 1 steht demnach als Strategienmenge X die Menge aller Stopregeln (Stop-,Markoffzeiten), Spieler 2 die Menge Y zur Verfügung, als Auszahlungsfunktion setzt man die zu erwartende Auszahlung bei Start in $i \in E$ an.
Man hat damit eine im Hinblick auf Anwendungen naheliegende Verallgemeinerung 'einfacher Stop-Probleme' vorliegen, bei denen die Übergangsmatrix als bekannt vorausgesetzt wird (vergl. u.a. Breiman [2] , Derman [3] , Dynkin-Juschkewitsch [4]). Die Menge Y gibt das Vorwissen an, daß man über die zugrundeliegende MK besitzt. Die vorliegende Arbeit befaßt sich mit diesen Spielen, wobei in Erweiterung von [5] und [6] Beobachtungskosten für Spieler 1 berücksichtigt werden und die Voraussetzung gleicher absorbierender Zustände fallengelassen wird.

2. Die im folgenden betrachteten MK werden stets als absorbierend vorausgesetzt, d.h. sie besitzen nur transiente und gegebenenfalls absorbierende Zustände. Die zu einer stochastischen Matrix $P: E \times E \rightarrow [0,1]$ gehörige diskrete MK sei mit (x(t),P) bezeichnet,

und es sei $S(P) = \{i \in E : P(i,i) = 1\}$ die Menge der absorbierenden Zustände von $(x(t),P)$ bzw. P. Mit P_i werde die Wahrscheinlichkeitsverteilung bzgl. P und der Einpunktverteilung auf $i \in E$ bezeichnet, mit $E_{i,P}[f(x(\tau))]$ der Erwartungswert von $f : E \to \mathbb{R}$ bzgl. der Verteilung von $x(\tau)$ für $\tau \in X$. Dabei sei wie üblich vereinbart $E_{i,P}[f(x(\tau))] = E_{i,P}[f(x(\tau)),\ \tau < \infty]$

und $\quad E_{i,P}[f(x(\infty))] = 0.$

Damit kann man das in Abschnitt 1 skizzierte Spiel nun formal definieren

<u>Definition (2.1)</u>

Es sei X die Menge aller Stopregeln, $Y \neq \emptyset$ und $Y \subseteq \{P : P : E \times E \to [0,1],\ P1 = 1,\ P \text{ absorbierend}\}$, $a : E \to \mathbb{R}^+$ beschränkt, $c : E \times E \to \mathbb{R}^+$ beschränkt,

$$K_i(\tau,P) = E_{i,P}\left[a(x(\tau)) - \sum_{t=1}^{\tau} c(x(t-1),x(t))\right]$$

für $\tau \in X$, $P \in Y$. Die Familie $\Gamma = (\Gamma_i) = ((X,Y,K_i \mid a,c))$ von ZPNS heißt ein Stop-Spiel.

Man nimmt also an, daß Spieler 1 jeweils bei einem Übergang der MK von einem Zustand $j \in E$ in einen Zustand $k \in E$ Beobachtungskosten der Höhe $c(j,k)$ zu entrichten hat. Die Endauszahlung vermindert sich demnach um die bis zum Stopzeitpunkt aufgelaufenen Beobachtungskosten. Wesentliches Hilfsmittel für den Fall mit Beobachtungskosten ist wie bei einfachen Stop-Problemen folgende Beziehung, die auf Dynkin zurückgeht (vgl. [4]):

Ist $C(i,P) = E_{i,P}\left[\sum_{t=1}^{\infty} c(x(t-1),x(t))\right] < \infty \quad (i \in E)$,

so gilt für $\tau \in X$

$$C(i,P) = E_{i,P}\left[\sum_{t=1}^{\tau} c(x(t-1),x(t))\right] + E_{i,P}\left[C(x(\tau),P)\right].$$

Für die weitere Untersuchung sollen jetzt zwei Voraussetzungen formuliert werden, die im folgenden stets als erfüllt angesehen und daher dann auch nicht mehr aufgeführt werden. Zur Abkürzung setzt man

$$S = \bigcup_{P \in Y} S(P) \qquad \text{und fordert}$$

(2.2) $c(i,i) = 0$ $(i \in S)$.

Diese Bedingung stellt für $|E| < \infty$ (d.h. E endlich) $C(i,P) < \infty$ $(i \in E)$ sicher. Sie bedeutet offensichtlich für $S(P) = S$ $(P \in Y)$ im Hinblick auf Anwendungen praktisch keine Einschränkung. Bezeichnet man mit $v_*(i)$ bzw. $v^*(i)$ den unteren bzw. oberen Spielwert des Spieles Γ_i $(i \in E)$, so gilt

(2.3) $a(i) \leq v_*(i) \leq v^*(i)$ $(i \in E)$
$a(i) = v^*(i)$ $(i \in S)$,

das bedeutet für $i \in S$ ist Γ_i definit mit Spielwert $a(i)$ und sofortiges Stoppen $(\tau_0 \equiv 0)$ garantiert Spieler 1 die Auszahlung $a(i)$.

Daher kann man ohne Einschränkung annehmen
(2.4) $S \neq E$

Es wird zunächst nur der Fall $|E| < \infty$ behandelt, der Fall eines nicht endlichen, abzählbaren Zustandsraumes wird im Anschluß kurz betrachtet.

3. Im Fall eines endlichen Zustandsraumes erhält man die folgenden Bedingungen für die Definitheit der diskret gemischten Erweiterung von Γ_i:

<u>Satz (3.1)</u>: Es sei E endlich und Γ ein Stop-Spiel. Dann ist für $i \notin S$ die diskret gemischte Erweiterung Γ_i^d von Γ_i definit, falls gilt:

(1) Es existiert $L_1 > 0$ mit $C(\cdot,P) \leq L_1$ $(P \in Y)$ und zu $\varepsilon > 0$ existiert $n(\varepsilon)$ mit

$$P_i[x(t) \notin S(P) \text{ für ein } t > n(\varepsilon)] \leq \varepsilon \qquad (P \in Y)$$

oder

(2) Es ist $\bigcap_{P \in Y} S(P) = S_0 \neq \emptyset$, und es existiert

$$L_2 > 0 \text{ mit } G_P(j,k) = \sum_{t=0}^{\infty} P^t(j,k) \leq L_2 \quad (P\varepsilon Y,\ k\notin S(P)).$$

<u>Beweis:</u>

Es gelte (1) und es sei $P\varepsilon Y$ beliebig gewählt. Zu $\varepsilon > 0$ setzt man $\varepsilon' = \varepsilon/2\sum_E (a(j) + L_1)$ und bestimmt nach (1) ein $n(\varepsilon)$ mit

$P_i[x(t) \notin S(P)$ für ein $t > n(\varepsilon)] \leq \varepsilon'$. Für $\tau\varepsilon X$ sei $\tau'=\min\{\tau,n(\varepsilon)\}$ und schließlich sei $\zeta(P) = \inf\{t\geq 1: x(t)\varepsilon S(P)\}$. Daraus ergibt sich:

$$|K_i(\tau,P) - K_i(\tau',P)|$$
$$= |E_{i,P}[a(x(\tau)) + C(x(\tau),P)] - E_{i,P}[a(x(\tau')) + C(x(\tau'),P)]|$$
$$\leq 2\, P_i[\zeta(P) > n(\varepsilon)] \sum_E [a(j) + C(j,P)] \leq \varepsilon$$

Analog zu [5] folgert man daraus die Definitheit von Γ_i^d.

Es gelte (2). Man definiert $\zeta_0 = \inf\{t\geq 1: x(t)\varepsilon S_0\}$. Wegen der Voraussetzungen über $c(.,.)$ kann man dann offenbar X durch $X_0 = \{\tau:\tau\leq\zeta_0\}$ ersetzen. Nach Bierlein [1] ist es hinreichend zu zeigen, daß jede Folge (P_n) aus Y bzgl. der Waldschen Metrik $\rho_i(P,P') = \sup_{X_0}|K_i(\tau,P) - K_i(\tau,P')|$ eine Cauchy-Teilfolge besitzt.

Es sei zunächst $c \equiv 0$. Zu einer Folge (P_n) existiert eine Teilfolge (P_{n_t}) und eine Matrix P_0 mit $\lim_{n_t} P_{n_t} = P_0$ (elementweise). Zur Vereinfachung der Schreibweise sei hier und im folgenden stets angenommen, daß die Folgen selbst bereits die gewünschten Eigenschaften besitzen, falls dies für geeignet gewählte Teilfolgen zutrifft, also sei $\lim_n P_n = P_0$ (elementweise). Bezeichnet man mit $R(P_0)$ die Menge der P_0 - rekurrenten Zustände und setzt man zur Abkürzung $G_{P_n} = G_n$ $(n\geq 0)$, so kann man erreichen (unter Benutzung der obigen Vereinbarung):

$R(P_0) = S(P_0) \supseteq S_0$ und $\lim_n G_n(j,k) = G_0(j,k) \quad (k\notin S(P_0))$.

Die Folge $(G_n(j,k)\ P_n\ 1_{S_0}\ (k))$ ist beschränkt für jedes $k \notin S_0$, $j \in E$. ($1_{S_0}(\cdot)$ ist dabei die Indikatorfunktion von S_0, also $1_{S_0}(j) = 1$ für $j \in S_0$, $1_{S_0}(j) = 0$ sonst). Wie zuvor sei daher angenommen, daß sie bereits selbst konvergent ist. Man kann daraus weiter schließen $\lim_n G_n(j,k)P_n 1_{S_0}(k) = G_0(j,k)P_0 1_{S_0}(k)$ $(k \in S_0)$, indem man die Fälle $k \in S(P_0)$ und $k \notin S(P_0)$ einzeln betrachtet. Daher gilt $\lim_n G_n\ I_{E-S_0}\ P_n\ 1_{S_0}(k) = G_0\ I_{E-S_0}\ P_0\ 1_{S_0}(k)$ $(k \notin S_0)$ (dabei ist $I_{E-S_0}(j,k) = 1$ für $j = k \in E-S_0$ und 0 sonst).

Man kann nun fortfahren wie im Beweis von Satz (4.2) in [5], es ist dort nur sinngemäß ζ durch ζ_0, T durch $E-S_0$ und S durch S_0 zu ersetzen. Ganz analog wie dort schätzt man $P_{i,n}(\zeta_0 > n(\varepsilon)+1)$ für geeignet gewähltes $n(\varepsilon)$ ab, man erhält $\lim_n \varrho_i(P_n,P_0) = 0$, d.h. (P_n) ist eine Cauchy-Folge.

Für $c \not\equiv 0$ ergibt sich

$$\varrho_i(P_n,P_0) = \sup_{X_0} \Big| E_{i,P_n}\Big[a(x(\tau)) + C(x(\tau), P_n)\Big] - E_{i,P_0}\Big[a(x(\tau)) + C(x(\tau), P_0)\Big] + C(i,P_0) - C(i,P_n)\Big|$$

Nach dem bisher Bewiesenen genügt es offenbar, $\lim_n C(j,P_n) = C(j,P_0)$ $(j \in E)$ zum Beweis von $\lim_n \varrho_i(P_n,P_0) = 0$ zu zeigen.

Nun gilt $C(j,P_n) = G_n\ u_n(j)$ $(j \in E)$ mit

$u_n(k) = \sum_E P_n(k,l)c(k,l)$, also $u_n(k) = 0$ für $k \in S(P_n)$ $(n=0,1,2,\ldots)$.

Mit $\lim_n G_n(j,k) = G_0(j,k)$ für $k \notin S(P_0)$ läßt sich die gewünschte Beziehung folgern. ∎

Bemerkungen: (a) Hinreichend für Bedingung (1) ist beispielsweise:

Es existieren $L_1 > 0$, $q > 0$ und eine natürliche Zahl n_0 mit

$$C(j,P) \leqq L_1$$

$$(*) \quad \sum_{k\in S(P)} P^{n_o}(j,k) \geqq q \qquad (j\in E,\ P\in Y).$$

Denn dann ist für $t \geqq o$

$$P_i[x(tn_o) \notin S(P)] \leqq (1-q)^t.$$

Kann man insbesondere in (*) $n_o=1$ wählen, so impliziert (*) wegen der Beschränktheit von $c(.,.)$ und $|E| < \infty$ bereits, daß $C(.,.)$ beschränkt ist.

(b) Für $E = \{1,\dots,N\}$ und $S(P) = S = \{N\}$ $(P\in Y)$ ist $P(j,k) = 0$ $(k \leqq j,\ k \neq N,\ P\in Y)$ hinreichend für Bedingung (1) und auch (2). Matrizen dieses Types tauchen bei speziellen Auswahlproblemen auf (vergl. [4]).

(c). In den Beweisen benutzt man wesentlich die Endlichkeit von E, eine direkte Übertragung auf den nicht endlichen Fall ist daher nicht möglich.

4. Weitere Definitheitsbedingungen lassen sich aus Abschätzungen für den unteren Spielwert gewinnen.

Satz (4.1)

Es sei $|E| < \infty$, Γ ein Stop-Spiel, $\underline{a}(.) = a(.) + \inf_Y C(.,P)$. $\underline{v}: E \to \mathbb{R}^+$ genüge dem System

$$(4.2) \quad \underline{v}(j) = \max\{a(j),\ \inf_Y P\,\underline{v}(j)\} \quad (j \notin S)$$

$$\underline{v}(j) = \underline{a}(j) \quad (j\in S).$$

Ferner sei $v(.) = \underline{v}(.) - \inf_Y C(.,P)$ und für $\varepsilon \geqq o$

$M(\varepsilon) = \{j\colon v(j) - a(j) \leqq \varepsilon\}$,

$\tau(\varepsilon) = \inf\{t\colon x(t) \varepsilon M(\varepsilon)\}$ die Trefferzeit von $M(\varepsilon)$.

Dann gilt:

$$v(i) \leqq K_i(\tau(\varepsilon), P) + \varepsilon \qquad (i \notin S,\ P \varepsilon Y).$$

Beweis:

Es sei zunächst $c \equiv o$ und $\underline{v}(.) = v(.)$ eine Lösung von (4.2). Zur Abkürzung wird $M(\varepsilon) = M$ gesetzt. Dann gilt für $P \varepsilon Y$ (vergl. [5]):

$$v(i) = E_{i,P}\left[v(x(\tau(\varepsilon)))\right] + \lim_n (I_{E-M}P)^n\, v(i)$$

$$+ \sum_{t=o}^{\infty} (I_{E-M}P)^t\, I_{E-M}\, (I-P)\, v(i)$$

$$\leqq E_{i,P}\left[a(x(\tau(\varepsilon)))\right] + \varepsilon,$$

denn es ist $M(\varepsilon) \supseteqq S(P)$ und

$$v(j) = \inf_Y Q\, v(j) \leqq P\, v(j) \quad \text{für } j \notin M.$$

Es sei nun $c \not\equiv o$, dann ist $\underline{a}(.)$ beschränkt. Nach dem ersten Teil des Beweises gilt die Aussage des Satzes für das Stop-Spiel $\underline{\Gamma} = (X, Y, \underline{K} | \underline{a}, o)$ und man erhält demnach:

$$\underline{v}(i) \leqq E_{i,P}\left[\underline{a}(x(\tau(\varepsilon)))\right] + \varepsilon$$

$$\leqq E_{i,P}\left[a(x(\tau(\varepsilon))) + C(x(\tau(\varepsilon)), P)\right] + \varepsilon$$

$$= K_i(\tau(\varepsilon), P) + C(i, P) + \varepsilon \qquad (P \varepsilon Y),$$

daraus folgt unmittelbar die Behauptung.

Bemerkungen: (a) Eine Lösung für (4.2) läßt sich wie folgt gewinnen: Man definiert für $n \geqq 1$ rekursiv $D^n\, \underline{a}(.) = \max\{\underline{a}(.), \inf_Y PD^{n-1}\, \underline{a}(.)\}$ mit $D^o \underline{a}(.) = \underline{a}(.)$. Man zeigt analog wie in [5], daß $\lim_n D^n a(.)$ eine Lösung, und zwar Minimallösung von (4.2) ist.

(b) Für $c = o$ ergibt sich

$$v^*(i) \geq \max\{a(i), \inf_Y P v^*(i)\} \qquad (i \notin S)$$

$$v^*(i) = a(i) \qquad (i \in S).$$

D.h. das Spiel Γ_i $(i \notin S)$ ist definit und $\tau(\varepsilon)$ eine ε-gute Minimaxstrategie für Spieler 1, falls für alle $i \notin S$ ebenfalls Gleichheit eintritt.

Folgerung (4.3):
Es sei E endlich und Γ ein Stop-Spiel, das den folgenden Bedingungen genügt:

(4.4) $C(.,P) = C(.,P')$ $\qquad (P,P' \in Y)$

(4.5) $Q = (P^{(j)}(j,k)) \in Y$, falls $P^{(j)} \in Y$ $\quad (j \in E)$,

$$\sum_{k \in S} P^{n_o}(j,k) \geq q \qquad (j \notin S,\ P \in Y) \text{ für ein } n_o > o \text{ und } q > o.$$

Dann ist Γ_i $(i \notin S)$ definit mit dem Spielwert

$v(i) = \lim_n D^n \underline{a}(i) - \inf_Y C(i,P)$ und $\tau(\varepsilon)$ ist eine ε-gute Minimaxstrategie für Spieler 1.

Beweis:
Man betrachtet zunächst das Spiel

$\underline{\Gamma} = (X,Y,\underline{K}|\underline{a},o)$. Es sei (ε_n) eine positive fallende Nullfolge. Zu ε_n bestimmt man $P_n \in Y$ mit $P_n\ \underline{v}(.) \leq \inf_Y P\ \underline{v}(.) + \varepsilon_n$, dabei ist $\underline{v}(.) = \lim_n D^n\ \underline{a}(.)$ minimale Lösung von (4.2) (vergl. Bemerkung (a) nach Satz (4.1)). Man darf annehmen, daß $S(P_n) = S$ $(n=1,2,...)$ ist und die Folge (P_n) elementweise gegen eine absorbierende Matrix P_o mit $S(P_o) = S$ konvergiert. Es sei

$v_n(j) = \sup_X \underline{K}_i\ (\tau,P_n) \qquad (n=0,1,2,...).$

Wieder darf man voraussetzen, daß die Folge $(v_n(.))$ konvergiert, etwa $v_\infty(.) = \lim_n v_n(.)$. Man zeigt $v_\infty(.) = v_o(.)$ und hat damit die Aussage des Satzes für $\underline{\Gamma}$ bewiesen.

Wegen $\underline{v}(\cdot) \geqq \underline{a}(\cdot)$ und $\underline{v}(\cdot) \geqq P_0\underline{v}(\cdot)$ erhält man $v_0(\cdot) \geqq \underline{v}(\cdot)$ nach [4]. Andererseits gilt $v_0(\cdot) \geqq \underline{a}(\cdot)$ und $v_0(\cdot) \geqq \inf_Y P\, v_0(\cdot)$, die erste Ungleichung gilt nach Definition von $v_0(\cdot)$; die zweite folgt aus der Konvergenz von (P_n) gegen P_0. Diese Ungleichungen liefern über einen Induktionsschluß $D^m\underline{a}(\cdot) \leqq v_0(\cdot)$ $(m=0,1,\ldots)$, also $v_0(\cdot) = \underline{v}(\cdot)$.
$v_\infty(\cdot)$ und $v_0(\cdot)$ lösen

$$u(\cdot) = \max\{\underline{a}(\cdot), P_0\, u(\cdot)\} \quad , u(\cdot) \geqq 0,$$

daraus folgt wegen $v_\infty(j) = v_0(j)$ $(j \in S)$:

$$0 \leqq v_\infty(\cdot) - v_0(\cdot) \leqq \lim_t P_0^t[v_\infty - v_0](\cdot) = 0.$$

Damit ergibt sich für :

$$v(i) = \underline{v}(i) - \inf_Y C(i,P)$$

$$= \lim_n [v_n(i) - \inf_Y C(i,P)]$$

$$= \lim_n \sup_X K_i(\tau,P_n). \blacksquare$$

Bemerkungen: (a) Die Aussage des Satzes ist i.a. falsch, wenn nicht durch eine Bedingung $R(P_0) = S$ sichergestellt ist. Eine solche Bedingung ist irrtümlicherweise unter Bedingung (2) des Korollars (4.5) in [5] bzw. Bedingung (1) des Korollars (3.4) in [6] nicht aufgeführt worden. Sie ist dort jeweils - etwa in der Formulierung der Folgerung (4.3) hier - zu ergänzen. Mit dieser Ergänzung ist dann die Benutzung des Lemmas von Hoffman, Karp [7] zulässig und man erhält so einen zweiten Beweis für den Fall $c \equiv 0$.

(b) Für nicht endlichen, abzählbaren Zustandsraum E gilt die Aussage von Satz (4.1) für $\varepsilon > 0$, falls man zusätzlich fordert

$\sup_E \inf_Y C(j,P) < \infty$, $C(.,P) < \infty$ $(P \varepsilon Y)$.

$\underline{v}(i) \leqq \sup_X E_{i,P}[\underline{a}(x(\tau))]$ $(i \varepsilon E,\ P \varepsilon Y)$.

Der Beweis läuft analog ab wie für $|E| < \infty$.
Für $|Y| < \infty$ kann man ebenfalls zeigen, daß $\lim_n D^n\, \underline{a}(.)$ eine Lösung von (4.2) ist.
Schließlich gilt Folgerung (4.3), wenn (4.4) erfüllt ist mit $\sup_E C(j,P) < \infty$ und (4.5) ersetzt wird durch

(4.6) Es existiert eine endliche Menge Y_0 mit

$$Y = \{Q : Q = (P^{(j)}(j,k)),\ P^{(j)} \varepsilon Y_0 (j \varepsilon E)\}.$$

Literatur:

[1] Bierlein, D.: Spieltheorie. Ausarbeitung einer Vorlesung an der Universität Karlsruhe im WS 67/68, als Manuskript vervielfältigt.

[2] Breiman, L.: Stopping-Rule Problems. Applied Combinatorial Mathematics (Hrsg: E.Beckenbach), New York, London, Sidney, S. 284 - 319, 1964.

[3] Derman, C.: Finite State Markovian Decision Processes. New York, London 1970.

[4] Dynkin, E.B., A.A. Juschkewitsch: Sätze und Aufgaben über Markoffsche Prozesse. Heidelberg 1969.

[5] Goldstein, B.H.: Über Stop-Probleme mit alternativen Auszahlungsfunktionen und Übergangswahrscheinlichkeiten. Op.Res.Verf. XII (Hrsg.: R.Henn, H.P.Künzi, H.Schubert), Ergebnisband der IV.Oberwolfach-Tagung über Operations Research S. 137 - 153, 1972.

[6] Goldstein, B.H.: Über Stop-Probleme bei diskreten Markoff-Ketten. Proceedings in Op. Res., Ergebnisband der Jahrestagung 1971 DGU (Hrsg.: M.Henke, A.Jaeger, R.Wartman, H.J. Zimmermann) S. 579 - 586, 1972

[6] Hoffman,J., R.M. Karp: On Non-terminating Stochastic Games. Man.Sci. 12, S. 359 - 370, 1966.

[8] Wald, A.: Statistical Decisions Functions, New-York 1950.

Über ein Verfahren zur Bestimmung optimaler Stoppregeln

von H. Kogelschatz, Karlsruhe

Zusammenfassung: Behandelt wird ein Verfahren der Stoppmengenänderung zur Bestimmung optimaler Stoppregeln bei Markoff-Ketten. Es wird ein Zusammenhang zwischen den zu erwartenden Auszahlungen bzgl. verschiedener Stoppmengen hergestellt. Daraus ergibt sich ein einfacher Beweis des Verfahrens und ein verkürzter Berechnungsmodus, der insbesondere bei alternativen Auszahlungsfunktionen von Vorteil ist.

1. Betrachtet wird eine Markoff-Kette (M.K.) $\{X_t\}$ mit
diskretem Zeitparameter $t = 0,1,2,\ldots$,
endlichem Zustandsraum $Z = \{1,\ldots,N\}$,
stationärer Übergangsmatrix $P = (p_{ij})$, $(i,j)\varepsilon Z\times Z$, und
Anfangsverteilung p_i (Einpunkt-Verteilung auf $i\varepsilon Z$).

Die M.K. wird als absorbierend vorausgesetzt, was bei Stopp-Problemen keine Einschränkung bedeutet. Auf dem Zustandsraum sei eine nichtnegative Auszahlungsfunktion $a: Z \to \mathbb{R}^+$ definiert, wobei $a(i)$ angibt, welche Auszahlung man erhält, wenn die M.K. im Zustand $i\varepsilon Z$ gestoppt wird.

Bei der Suche nach einer optimaler Stoppregel soll folgendes Optimalitätskriterium zugrunde liegen: Eine Stoppzeit τ_0 ist so zu bestimmen, daß die zu erwartende Auszahlung für jeden Startpunkt $i\varepsilon Z$ maximiert wird. Die bei optimaler Stoppregel zu erwartende Auszahlung $w: Z \to \mathbb{R}^+$ mit

$$(1.1) \qquad w(i) := \sup_{\tau}\{E(a(X_\tau)|X_0=i),\ \tau \text{ Stoppzeit}\} \qquad i\varepsilon Z$$

heißt Spielwert.

Die Lösung des obigen Stopp-Problems (Z,P,a) liefern die beiden folgenden Sätze (Vgl. [2] , S. 100,102).

Satz 1: Der Spielwert w wird gegeben durch die kleinste superharmonische Majorante der Auszahlungsfunktion a.

(1.2) $$w = \min_f \{\sum_{i\varepsilon Z} f_i \mid f \geqq Pf \wedge f \geqq a\}$$ 1)

Satz 2: Eine optimale Stoppregel besteht darin, den Prozeß beim ersten Eintritt in die Stützmenge $S := \{i \mid w_i = a_i,\ i\varepsilon Z\}$ zu stoppen. Die Menge S wird auch optimale Stoppmenge genannt.

Zur Bestimmung des Spielwertes - und damit auch der optimalen Stoppregel - gibt es mehrere Verfahren: w kann bestimmt werden aus einem linearen Programm (vgl. Satz 1), mit Hilfe der dynamischen Programmierung aus einer Funktionalgleichung oder mit einem Verfahren der sukzessiven Approximation.

2. Hier soll ein Verfahren geschildert werden, welches das Problem des optimalen Stoppens zurückführt auf die Bestimmung von Absorptionswahrscheinlichkeiten.

Der Spielwert wird als Erwartungswert der Auszahlungen bei optimaler Spielweise gegeben durch:

(2.1) $$w_i = \sum_{j\varepsilon S} h_{ij}^S a_j \qquad i\varepsilon Z,$$

wobei h_{ij}^S die Wahrscheinlichkeit dafür ist, daß ein Prozeß mit Startpunkt $i\varepsilon Z$ die optimale Stoppmenge S erstmalig im Punkt $j\varepsilon S$ erreicht.

Werden die Zustände von S als absorbierende Zustände aufgefaßt, da diese Zustände bei optimaler Spielweise nicht mehr verlassen werden, dann lassen sich die (Treffer-)Wahrscheinlichkeiten h_{ij}^S interpretieren als Absorptionswahrscheinlichkeiten, die angeben, mit welcher Wahrscheinlichkeit ein Prozeß mit Startpunkt $i\varepsilon Z$ absorbiert wird in $j\varepsilon S$. Der Spielwert w läßt sich also aus den Absorptionswahrscheinlichkeiten bzgl. S bestimmen, oder, wenn S nicht bekannt ist als maximaler Erwartungswert der Auszahlungen über alle möglichen Stoppmengen:

(2.2) $$w_i = \max_{A\subset Z} \{w_i^A\} = \max_{A\subset Z} \{\sum_{j\varepsilon A} h_{ij}^A a_j\} \qquad i\varepsilon Z.$$

---

1) Für f(i) wird kurz f_i geschrieben; ebenso werden w_i und a_i eingeführt.

Ein Verfahren, das auf einer Veränderung der Stoppmenge beruht, wurde von Emrich [4] angegeben. Dem Standardverfahren des linearen Programmes ist dieser Algorithmus nach Emrich häufig überlegen und im Gegensatz zum linearen Programm auch auf abzählbare M.K. anwendbar.

Das Verfahren beginnt mit einer Ausgangsstoppmenge, die durch Hinzufügen oder Weglassen geeigneter Zustände verändert wird, bis man die optimale Stoppmenge erhält. Es läßt sich in 2 Varianten durchführen:

Bei der Stoppmengeneinschränkung betrachtet man zunächst den gesamten Zustandsraum als Stoppmenge und entfernt aus dieser Menge sukzessive Zustände, die nicht zur optimalen Stoppmenge gehören können.

Bei der anderen Variante, der Stoppmengenerweiterung, beginnt man mit einer Teilmenge der optimalen Stoppmenge. Diese Teilmenge wird dann sukzessive erweitert durch Aufsuchen weiterer Punkte der optimalen Stoppmenge.

(2.3) $$A^0 \subset A^{(1)} \subset \ldots \subset A^{(m)} = S.$$

Das Verfahren der Stoppmengenerweiterung soll kurz skizziert werden: Sei A^0 die Menge der absorbierenden Punkte der M.K., dann beginnt man mit folgender Ausgangsstoppmenge:

(2.4) $$A^{(1)} := A^0 \cup \{i \mid a_i = \max_{j \in Z} \{a_j\}\}$$

Dann berechnet man die bzgl. $A^{(1)}$ zu erwartenden Auszahlungen $w^{A^{(1)}}$ und bildet für $\mu = 1,2,\ldots$

(2.5) $$A^{(\mu+1)} := A^{(\mu)} \cup \{i \mid (a_i - w_i^{A^{(\mu)}}) = \max_{j \in Z} \{(a_j - w_j^{A^{(\mu)}})\}\} \text{ und } w^{A^{(\mu+1)}}$$

Das Verfahren endet, wenn $w^{A^{(m)}} \geqq a$. Es läßt sich zeigen, daß $w^{A^{(m)}}$ dann die kleinste superharmonische Majorante von A ist, also $w^{A(m)} = w$ nach Satz 1.

3. Bei den Verfahren der Stoppmengenänderung interessieren Absorptionswahrscheinlichkeiten und erwartete Auszahlungen bzgl. verschiedener Stoppmengen $A^{(\mu)}$. Es soll daher untersucht werden, wie sich das Einführen von zusätzlichen absorbierenden Zuständen auswirkt auf die Absorptionswahrscheinlichkeiten und

die erwarteten Auszahlungen.

Für eine absorbierende M.K. auf $Z = T \cup A^o$, wobei $T = \{1, \ldots, n\}$ die Menge der transienten Zustände und $A^o = \{n+1, \ldots, N\}$ die der absorbierenden Zustände sei, hat die Übergangsmatrix P folgende kanonische Form:

$$P = \begin{pmatrix} Q & R \\ \hline 0 & I \end{pmatrix}$$

Q = Restriktion von P auf $T \times T$

R = Restriktion von P auf $T \times A^o$

0 = Nullmatrix

I = Einheitsmatrix

Bei der Bestimmung von Absorptionswahrscheinlichkeiten h_{ij} interessieren nur transiente Startpunkte. Für $(i,j) \varepsilon T \times A^o$ genügt die Matrix $H := (h_{ij})$ folgender Matrizengleichung (vgl. [6], S. 52)

(3.1) $$(I - Q) \cdot H = R$$

Für endliche absorbierende M.K. ist $\det (I - Q) \neq 0$, folglich

(3.2) $$H = (I - Q)^{-1} R = G R$$

Die Absorptionsmatrix H kann sofort angegeben werden, wenn $G := (I - Q)^{-1}$, die Fundamentalmatrix der M.K., bekannt ist.

Wenn man zusätzliche absorbierende Punkte einführt, dann kann man für jede Absorptionsmenge $A \supset A^o$ Absorptionswahrscheinlichkeiten bestimmen. Daher wird im folgenden durch H^A (und entsprechend G^A, Q^A) gekennzeichnet, welche Absorptionsmenge zugrundegelegt wird.

4. Es soll untersucht werden, wie sich das Einführen eines zusätzlichen absorbierenden Zustandes k auf die Fundamentalmatrix und Absorptionsmatrix auswirkt. War $A \neq Z$ die bisherige Absorptionsmenge, so werde die neue

Absorptionsmenge $A\cup\{k\}$ mit A_k bezeichnet. Ein Zustand $k \in Z - A$, der bisher transient war, wird absorbierend gemacht, indem man $p_{kj} := \delta_{kj}$ setzt. Damit hat man in der Matrix Q^A die k-te Zeile und Spalte zu streichen, um die Matrix Q^{A_k} zu erhalten. Der Zusammenhang zwischen den Fundamentalmatrizen G^A und G^{A_k} läßt sich aus ([7], S. 108,(6.4)) herleiten:

$$(4.1) \qquad g_{ij}^{A_k} = g_{ij}^{A} - \frac{g_{ik}^{A}\, g_{kj}^{A}}{g_{kk}^{A}} \qquad (i,j) \in \bar{A}_k \times \bar{A}_k \quad ^{1)}$$

Beweis: Gezeigt wird $(I - Q^{A_k})\, G^{A_k} = I$. Für $i \in \bar{A}_k$ gilt:

$$\sum_{j\in\bar{A}_k} (\delta_{ij}-p_{ij})\, g_{jl}^{A_k} = \sum_{j \in \bar{A}_k} (\delta_{ij}-p_{ij}) \left(g_{jl}^{A} - \frac{g_{jk}^{A}\, g_{kl}^{A}}{g_{kk}^{A}}\right)$$

$$= \sum_{j\in\bar{A}} (\delta_{ij}-p_{ij})\, g_{jl}^{A} - \frac{g_{kl}^{A}}{g_{kk}^{A}} \sum_{j\in\bar{A}} (\delta_{ij}-p_{ij})\, g_{jk}^{A} - (\delta_{ik}-p_{ik}) \left(g_{kl}^{A} - \frac{g_{kk}^{A}\, g_{kl}^{A}}{g_{kk}^{A}}\right)$$

$$= \delta_{il} - \frac{g_{kl}^{A}}{g_{kk}^{A}}\, \delta_{ik} \qquad \text{wegen } (I - Q^A)\, G^A = I$$

$$= \delta_{il} \quad \text{da } \delta_{ik} = 0 \text{ für } i \in \bar{A}_k \qquad \text{q.e.d.}$$

Da auf der rechten Seite der Gleichung (4.1) nur Elemente der bekannten Matrix G^A stehen, läßt sich sofort die neue Fundamentalmatrix G^{A_k} angeben, die durch Einführen eines zusätzlichen absorbierenden Zustandes k entsteht. Der Rechenaufwand zur Ermittlung der Matrix G^{A_k} aus G^A beträgt $(n-1)^2 + (n-1)$ Multiplikationen, wenn G^A eine $n \times n$ Matrix ist.

Mit Hilfe von (4.1) läßt sich zeigen, wie sich die Absorptionswahrscheinlichkeiten ändern, wenn die bisherige Absorptionsmenge A erweitert wird um den Zustand k auf $A_k = A\cup\{k\}$. Es gilt folgende Beziehung:

---

1) $\bar{A}_k$ steht für das Komplement von A_k bzgl. Z; analog $\bar{A}$.

$$(4.2)\qquad h_{is}^{A_k} = h_{is}^{A} - \frac{g_{ik}^{A}}{g_{kk}^{A}} h_{ks}^{A} = h_{is}^{A} - h_{ik}^{A_k} h_{ks}^{A} \qquad \text{für } (i,s)\varepsilon\, \bar{A}_k \times A$$

Beweis:

$$h_{is}^{A_k} = \sum_{j\varepsilon \bar{A}_k} g_{ij}^{A_k} p_{js} \qquad \text{nach (3.2)}$$

$$= \sum_{j\varepsilon \bar{A}_k} g_{ij}^{A} p_{js} - \sum_{j\varepsilon \bar{A}_k} \frac{g_{ik}^{A} g_{kj}^{A}}{g_{kk}^{A}} p_{js} \qquad \text{nach (4.1)}$$

$$= \sum_{j\varepsilon \bar{A}} g_{ij}^{A} p_{js} - g_{ik}^{A} p_{ks} - \frac{g_{ik}^{A}}{g_{kk}^{A}} \sum_{j\varepsilon \bar{A}} g_{kj}^{A} p_{js} + \frac{g_{ik}^{A}}{g_{kk}^{A}} g_{kk}^{A} p_{ks}$$

$$= h_{is}^{A} + \frac{g_{ik}^{A}}{g_{kk}^{A}} h_{ks}^{A} \qquad \text{nach (3.2)}$$

Mit Hilfe von ([7], S. 107,(6.1)) kann man zeigen, daß

$$\frac{g_{ik}^{A}}{g_{kk}^{A}} = \sum_{j\varepsilon \bar{A}_k} g_{ij}^{A_k} p_{jk} = h_{ik}^{A_k} ,$$

womit sich der 2. Teil der Aussage von (4.2) ergibt.

5. Nach diesen vorbereitenden Bemerkungen über die Veränderung von Fundamental- und Absorptionsmatrix bei Einführung eines zusätzlichen absorbierenden Zustandes läßt sich auch die daraus resultierende Veränderung der erwarteten Auszahlung w^A angeben. Die Aussage wird gleich allgemeiner formuliert für das gleichzeitige Einführen mehrerer absorbierender Zustände, was nach (2.4) und (2.5) bei der Stoppmengenerweiterung vorkommen kann.

Satz 3: Gegeben sei ein Stopp-Problem (Z,P,a). Dann gilt für die erwarteten Auszahlungen bzgl. der Absorptionsmengen A und A' mit $A \subset A'$ folgende Beziehung:

$$(5.1)\qquad w_i^{A'} = w_i^{A} + \sum_{k\varepsilon A'-A} h_{ik}^{A'}(a_k - w_k^{A}) \qquad i\,\varepsilon\,\bar{A}'$$

Speziell für das Einführen eines zusätzlichen absorbierenden Zustandes k ergibt sich folgende Rekursionsformel:

$$(5.2)\qquad w_i^{A_k} = w_i^{A} + h_{ik}^{A_k}(a_k - w_k^{A}) \qquad i\varepsilon\bar{A}_k \qquad A_k := A \cup \{k\}$$

<u>Beweis:</u> Die Behauptung (5.1) wird durch vollständige Induktion über die Anzahl q der Elemente der Menge $(A' - A)$ bewiesen.
Induktionsanfang: $q = 1$, $A' = A \cup \{k\} = A_k$.

$$w_i^{A_k} = \sum_{s\varepsilon A_k} h_{is}^{A_k} a_s = \sum_{s\varepsilon A} h_{is}^{A_k} a_s + h_{ik}^{A_k} a_k$$

$$= \sum_{s\varepsilon A} h_{is}^{A} a_s - h_{ik}^{A_k} \sum_{s\varepsilon A} h_{ks}^{A} a_s + h_{ik}^{A_k} a_k \qquad \text{nach (4.2)}$$

$$= w_i^{A} - h_{ik}^{A_k} w_k^{A} + h_{ik}^{A_k} a_k = w_i^{A} + h_{ik}^{A_k}(a_k - w_k^{A})$$

womit (5.2) bewiesen ist.

Induktionsschluß: Die Behauptung gelte für $|A' - A| = q$; dann folgt für $|A'_{k'} - A| = q + 1$, wobei $A'_{k'} := A' \cup \{k'\}$:

$$w_i^{A'_{k'}} = w_i^{A'} + h_{ik'}^{A'_{k'}}(a_{k'} - w_{k'}^{A'}) \qquad \text{nach Induktionsanfang.}$$

Durch zweifache Anwendung der Induktionsannahme ergibt sich:

$$= w_i^{A} + \sum_{j\varepsilon A'-A} h_{ij}^{A'}(a_j - w_j^{A}) + h_{ik'}^{A'_{k'}} \cdot a_{k'} - h_{ik'}^{A'_{k'}}\Big(w_{k'}^{A} + \sum_{j\varepsilon A'-A} h_{k'j}^{A'}(a_j - w_j^{A})\Big)$$

$$= w_i^{A} + \sum_{j\varepsilon A'-A}(h_{ij}^{A'} - h_{ik'}^{A'_{k'}} h_{k'j}^{A'})(a_j - w_j) + h_{ik'}^{A'_{k'}}(a_{k'} - w_{k'}^{A})$$

$$= w_i^A + \sum_{j \varepsilon A'-A} h_{ij}^{A_{k'}'} (a_j - w_j^A) + h_{ik'}^{A_{k'}'} (a_{k'} - w_{k'}^A) \qquad \text{nach (4.2)}$$

$$= w_i^A + \sum_{j \varepsilon A_{k'}'-A} h_{ij}^{A_{k'}'} (a_j - w_j^A) \qquad \text{q.e.d.}$$

Bemerkung: Für die restlichen Werte in (5.1) bzw. (5.2) gilt trivialerweise: $w_i^{A'} = a_i$ für $i \varepsilon A'$ bzw. $w_i^{A_k} = a_i$ für $i \varepsilon A_k$.

Die Aussagen von Satz 3 über die zu erwartenden Auszahlungen lassen sich anschaulich deuten. Betrachtet man die Rekursionsformel (5.2), so konnte man bei einem Start in dem bisher transienten Zustand k bzgl. der Absorptionsmenge A die Auszahlung w_k^A erwarten. Wenn der Zustand k jetzt absorbierend gemacht wird, dann verliert man (für die Pfade mit Start in i, die durch k gehen, bevor sie A erreichen) diese erwartete Auszahlung w_k^A und erhält statt dessen die Auszahlung a_k. Die Wahrscheinlichkeit dafür, daß der Prozeß mit Start in i und nach k gelangt, bevor A erreicht wird, ist aber genau die Wahrscheinlichkeit, daß die Menge $A_k = A \cup \{k\}$ erstmalig in k getroffen wird, also $h_{ik}^{A_k}$. Damit ergibt sich die neue erwartete Auszahlung $w_i^{A_k}$, indem man zu w_i^A hinzuaddiert die Veränderung der Auszahlung im Punkt k, multipliziert mit der Wahrscheinlichkeit $h_{ik}^{A_k}$. Die allgemeinere Aussage (5.1) läßt sich analog interpretieren.

6. Der Rechenaufwand beim Verfahren der Stoppmengenerweiterung soll für den ungünstigsten Fall betrachtet werden, in dem $S = Z$ und die Absorptionsmenge bei jedem Schritt nur um ein Element vergrößert wird. Beim Übergang von A zu A_k sind zur Berechnung von $w_i^{A_k}$ aus w_i^A lediglich die Absorptionswahrscheinlichkeiten $h_{ik}^{A_k}$ für $i \varepsilon \bar{A}_k$ neu zu bestimmen, (wogegen bei der Ermittlung über $w_i^{A_k} = \sum_{j \varepsilon A_k} h_{ij}^{A_k} a_j$ alle $h_{ij}^{A_k}$ für $(i,j) \varepsilon \bar{A}_k \times A_k$ unbekannt sind). Nach (4.2) ist $h_{ik}^{A_k} = \dfrac{g_{ik}^A}{g_{kk}^A}$.

Berechnet man zuerst G^{A^o} durch n^3 wesentliche Operationen, dann lassen sich daraus mit Hilfe von (4.2) und (4.1.) alle benötigten Absorptionswahrscheinlichkeit h^A_{ij} berechnen. Für i-ten Erweiterungsschritt der Stoppmenge sind

$$M(i) = \sum_{j=1}^{i-2} (n-j) + 3\,(n-i-1) \qquad\qquad i \geqq 2$$

Operationen erforderlich. Nach n Schritten ergibt sich ein maximaler Gesamtrechenaufwand von

$$\frac{4}{3}\, n^3 + 3\, n \; ,$$

was für großes n günstiger ist als maximale Rechenaufwand für die Stoppmengenerweiterung nach [4]:

$$\frac{1}{12}\,(n^4 + 2\, n^3 - n^2 + 10\, n).$$

Der tatsächliche Rechenaufwand ist i. allg. geringer, da in der Regel $S \neq Z$.

Von Vorteil ist der hier angegebene Berechnungsmodus, wenn das Stopp-Problem (Z, P, a) für alternative Auszahlungsfunktionen a gelöst werden soll, da die berechneten Größen h^A_{ij} übernommen werden können.

7. Die in Satz 3 angegebene Beziehung zwischen den erwarteten Auszahlungen bzgl. verschiedener Absorptionsmengen ermöglicht einen einfachen Beweis des Verfahrens der Stoppmengenerweiterung (ohne Rückgriff auf Sätze aus der Martingalen-Theorie (vgl. [4])):

<u>Beweis</u>:

a) Das Konstruktionsverfahren (vgl. (2.4), (2.5)) liefert Absorptionsmengen $A^{(1)}, A^{(2)}, \ldots, \subset S$:

   1. Sei $i_o \varepsilon \{i | a_i = \max_{j\varepsilon Z} \{a_j\}\}$. Dann gilt:

   $$w_{i_o} = \sum_{j\varepsilon S} h^S_{i_o j}\, a_j \leqq \max_{j\varepsilon S} \{a_j\} \cdot \sum_{j\varepsilon S} h^S_{i_o j} \leqq \max_{j\varepsilon Z} \{a_j\} = a_{i_o} .$$

   Andererseits ist $w_{i_o} \geqq a_{i_o}$ nach Satz 1, folglich $w_{i_o} = a_{i_o}$, und damit $i_o \varepsilon S$ nach Satz 2.

   2. Analog zeigt man mit Satz 3, daß:

$\{ i \mid (a_i - w_i^{A^{(\mu)}}) = \max_{j \in Z} \{(a_j - w_j^{A^{(\mu)}})\} \} \subset S$ für $\mu = 1, 2, \ldots$

b) Nach(5.1) gilt $w^{A^{(\mu+1)}} > w^{A^{(\mu)}}$, solange $\max_{j \in Z} \{(a_j - w_j^{A^{(\mu)}})\} > 0$.

Ist nun für ein m $\max_{j \in Z}\{(a_j - w_j^{A^{(m)}})\} \leq 0$, also $w^{A^{(m)}} \geq a$, dann kann $w^{A^{(m)}}$ nicht mehr erhöht werden durch Vergrößerung der Stoppmenge $A^{(m)}$, wie (5.1) zeigt. Daher endet das Verfahren der Stoppmengenerweiterung, wenn $w^{A^{(m)}} \geq a$ und es ist $w^{A^{(m)}} = w^S = w$. q.e.d.

Literatur:

[1] Derman, C.: Finite State Markovian Decision Processes. New York, London 1970.

[2] Dynkin, E.B. und A.A. Juschkewitsch: Sätze und Aufgaben über Markoffsche Prozesse. Berlin, Heidelberg, New York 1969.

[3] Emrich, O.: Algorithmen zur Bestimmung optimaler Stoppregeln bei endlichen Markoff-Ketten. Diss.Universität Karlsruhe, 1971.

[4] Emrich, O.: Optimales Stoppen von endlichen Markoff-Ketten. In: Proceedings in Operations Research, Vorträge der Jahrestagung 1971, DGU, Würzburg, Wien 1972, S.604-617.

[5] Goldstein, B.H.: Über Stop-Probleme mit alternativen Auszahlungsfunktionen und Übergangswahrscheinlichkeiten. In: Operations Research-Verfahren Bd. XII,(Hrsg:R.Henn, H.P.Künzi H.Schubert) Meisenheim 1972, S. 137 - 153.

[6] Kemeny, J.G. and J.L. Snell: Finite Markov Chains, Princeton, N.J., 1960.

[7] Kogelschatz, H.: Zur Bestimmung von Fundamentalmatrix und Absorptionsmatrix bei Markoff-Ketten. In: Operations Research-Verfahren Bd XI, (Hrsg.: R.Henn), Meisenheim 1972, S. 88 - 109.

Optimierung von Gruppenreparaturen

von W. Küpper, Hamburg

Das im folgenden zu behandelnde Problem läßt sich wie folgt kennzeichnen: Eine Anlage, z.B. ein Werkzeugautomat oder ein Fahrzeug, besitzt mehrere Verschleißteile,, die sich im allgemeinen in ihrem Verschleiß- und Ausfallverhalten voneinander unterscheiden. Eine Laufzeitstatistik für die Verschleißteile einer solchen Anlage kann z.B. folgendes Bild ergeben:

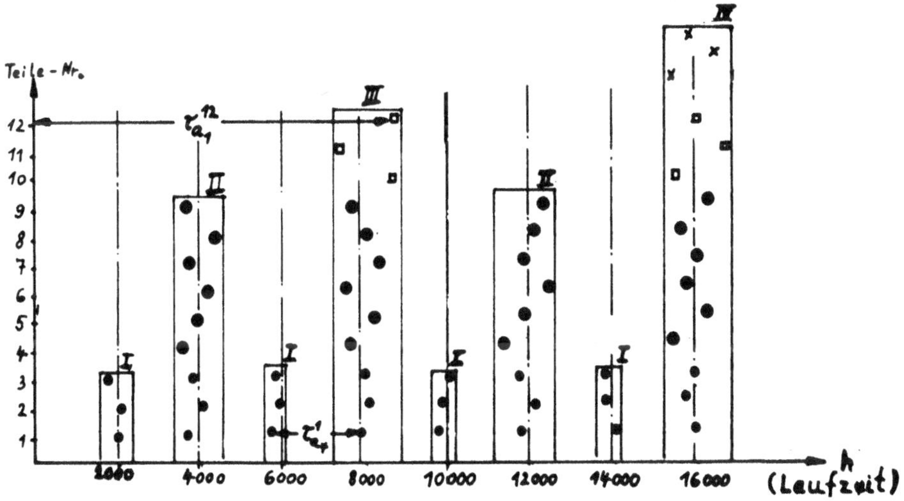

Abb.1: Laufzeitfolgen für Einzelteile einer Maschine mit den mittleren Laufzeiten 2000 (Gruppe I), 4000 (Gruppe II), 8000 (Gruppe III) und 16000 (Gruppe IV)

Führt man für jedes Verschleißteil unabhängig von den übrigen Teilen eine individuelle vorbeugende Instandhaltungspolitik durch, so bleiben Kostenvorteile ungenutzt, die sich durch eine Zusammenlegung der Reparaturtermine ergeben. In der Regel gilt für die Reparaturkosten folgende Beziehung:

$$c_G(I_r) + c_j > c_G(I_r \cup j) \; ; \quad c_G(i) = c_i \; ; \qquad \begin{array}{l} r = 1,\ldots,m-1 \\ j = 1,\ldots,m \\ j \notin I_r \end{array}$$

m: Anzahl der Verschleißteile, deren Ausfallrate $\lambda(t)$ monoton steigende Bereiche besitzt (sukzessiv-verschleißende Teile)

c_j: Kosten einer Einzelreparatur des j-ten Verschleißteils

$c_G(I_r)$: Kosten einer Gruppenreparatur für eine Teilmenge $I_r = \{i_1,\dots,i_r\} \subset \{1,\dots,m\}$ aus r Verschleißteilen

Die Kostenminderung ist hauptsächlich auf eine relative Verkürzung der Reparaturzeiten zurückzuführen, da bestimmte Zeitanteile von der Anzahl der reparierten Komponenten unabhängig sind (z.B. Zeiten für die Außer- und Wiederinbetriebnahme der Anlage, eventuell Transportzeiten zur Reparaturstelle usw.) und außerdem Parallelarbeiten durchgeführt werden können. Zur Vermeidung häufiger Betriebsunterbrechungen sind deshalb Gruppenreparaturen bei Anlagen mit hohem Zeitnutzungsgrad durchaus die Regel. So wird bei Werkzeugmaschinen zwischen einer Vielzahl von Instandhaltungsmaßnahmen differenziert, die sich zwischen Minimalreparaturen und Generalüberholungen einordnen lassen und sich in Art und Umfang der jeweils durchgeführten Inspektionen, verschleißhemmenden und verschleißbeseitigenden Maßnahmen unterscheiden. Z.B. findet man bei Lange[1] folgende Einteilung:

Reparaturtypen bei Werkzeugmaschinen

1) Täglich durchgeführte laufende Wartung und Überwachung (periodisches Reinigen, Schmieren, Nachstellen; Beseitigung kleinerer Schäden ohne Austausch von Ersatzteilen; Prüfung der Lager auf Erwärmung)

2) Periodische Überprüfungen und Gütekontrollen

   a) ohne Zerlegen der Maschine (Kontrolle leicht auswechselbarer und Ersatz abgenutzter oder verlorengegangener kleinerer Befestigungsteile)

   b) mit Zerlegen der Maschine (Feststellung des Grades des Verschleißes und der Reparaturbedürftigkeit bestimmter Maschinenelemente; Auswechseln kleinerer Teile)

   c) Feststellung der Arbeitsgenauigkeit der Maschinen

3) Planmäßig vorbeugende Reparaturen

   a) laufende oder kleinere Reparaturen (Austausch oder Reparatur von Verschleißteilen mit geringer Lebensdauer; Reinigen der Öl- und Kühlsysteme; Schaben der Führungsflächen; Kontrolle und Reinigen der Elektromotoren; Genauigkeitsprüfung)

   b) mittlere Reparaturen (Zerlegen des größten Teils der Baugruppen; Austausch und Reparatur großer Einzelteile, Sätze und Baugruppen; Schaben der wichtigsten Führungen; Richten der Baugruppen und Maschinenelemente; eventuell Anstrich und Probelauf)

   c) Generalüberholungen bzw. -reparaturen (vollständige Demontage, Reparatur und Ersatz der meisten Teile; Schaben sämtlicher Führungen; Regulierung der Getriebe; Wiederherstellung der Koordinaten; vollständiger Anstrich; Reparatur aller Zubehörteile und aller elektrischen Einrichtungen)

Lange, der auf russische Arbeiten aufbaut, empfiehlt eine betriebszeitabhängige Reparaturstrategie, d.h. periodische, in konstanten Betriebszeitintervallen durchgeführte Gruppenreparaturen. Bei zwischenzeitlichen Anlagenausfällen werden nur Minimalreparaturen vorgenommen. Die Reparaturzyklen für verschiedene Reparaturgruppen sollen hierbei so gestaltet werden, daß eine Inspektions- oder Reparaturart "höherer Ordnung" gleichzeitig alle Maßnahmen "niedrigerer Ordnung" umfaßt. Das wird in der folgenden Abbildung verdeutlicht:

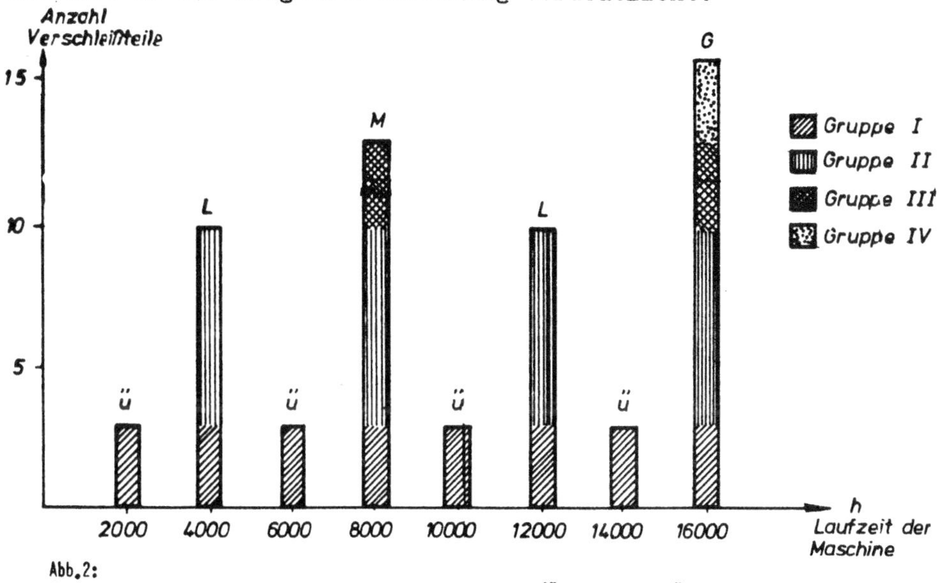

Abb.2:
Reparaturfolge für eine Maschine mit vier Reparaturgruppen (Ü: periodische Überprüfung; L: laufende Reparatur; M: mittlere Reparatur; G: Generalüberholung)

Lange gibt zwar eine ökonomische Begründung für die Zweckmäßigkeit einer solchen Invervallschachtelung, legt aber seinem heuristischen Vorgehen ausschließlich die Laufzeitstatistiken der verschiedenen Anlagentypen zugrunde. Betriebszeitabhängige Strategien werden unter I bis IV behandelt.

In bezug auf Einzelteile ist bekanntlich eine sogenannte altersabhängige Strategie der betriebszeitabhängigen Strategie vorzuziehen, wenn man von den u.U. erheblichen organisatorischen, planungs- und kontrolltechnischen Vorteilen eines konstanten Betriebszeitabstandes zwischen vorbeugenden Reparaturen einmal absieht. Eine altersabhängige Strategie ist dadurch gekennzeichnet, daß das Teil bei Ausfall oder vorbeugend bei Erreichen einer zu optimierenden Altersgrenze erneuert wird. Bei Anwendung einer solchen Strategie auf mehrteilige Aggregate können auch sogenannte opportunistische Gruppenreparaturen berücksichtigt werden. Hiervon wird dann gesprochen, wenn bei Ausfall einer Komponente gleichzeitig vorbeugende Reparaturen noch funktionsfähiger Teile vorgenommen werden. Die Optimierung altersabhängiger opportunistischer Gruppenreparaturen ist bisher nur für den Fall gelungen, daß die Anlage neben momentanverschleißenden Teilen mit exponentiellen Ausfallverteilungen, d.h. mit konstanter Ausfallrate, nur ein einziges sukzessiv-verschleißendes Teil mit monoton steigender Ausfallrate enthält. Jede Erneuerung dieses Teils führt zu einer Erneuerung der Gesamtanlage, so daß sich ein Erneuerungszyklus eindeutig definieren läßt. Schon bei zwei Teilen mit monoton steigender Ausfallrate ist das nicht mehr ohne weiteres möglich; die von Jorgenson, McCall, Radner [2] untersuchten opportunistischen Politiken lassen sich auf diesen Fall nicht unmittelbar anwenden. Eine zumindest näherungsweise Lösung kann aber erreicht werden, wenn man die Lebensdauer der Verschleißteile in diskrete Altersklassen unterteilt und den Zustand der Gesamtanlage durch Altersvektoren beschreibt. Ein solches Vorgehen ist unter VI angedeutet.

Formal ähnlich aufgebaut ist das unter V dargestellte Verschleißkontrollmodell, bei dem vorbeugende Gruppenreparaturen in Abhängigkeit von dem durch Inspektionen festzustellenden Verschleißniveau der Anlagenkomponenten geplant werden.

Läßt sich ein enger Zusammenhang zwischen dem Verschleiß und den Betriebskosten oder der Leistung einer Fertigungsanlage nachweisen, so ist eine Steuerung von Gruppenreparaturen auch mit Hilfe von Kosten- oder Leistungskontrollen denkbar. Unter VII ist ein solches Modell in Anlehnung an einen Aufsatz von Brown/Martz [3] dargestellt.

Der Platz reicht nicht aus, um im Detail auf die verschiedenen Ansätze einzugehen. Ich will mich deshalb in den folgenden Ausführungen auf einige Erläuterungen und kritische Anmerkungen beschränken.

I. Minimalreparaturen und Generalüberholungen

a) Modelldarstellung

Annahme: Durch Ausfall und Erneuerung einer einzelnen Komponente (Minimalreparatur) wird die Ausfallrate $\lambda(t)$ der Gesamtanlage nur unwesentlich verändert.

Beispiele: Turbinenräder mit einer Vielzahl von Schaufeln, komplexe elektronische Ausrüstungen (Computer)

c_G: durchschnittliche Kosten einer Generalüberholung

c_M: durchschnittliche Kosten einer Minimalreparatur

$T_G = x$: konstanter Betriebszeitabstand zwischen Generalüberholungen

Die Ausfallfolge bildet einen inhomogenen Poissonprozeß.

Wahrscheinlichkeit von genau n Ausfällen im Intervall $[0,t]$:

$$P_n(t) = [\Lambda(t)^n \exp(-\Lambda(t))]/n!$$

$$(1) \quad \Lambda(t) = H(t) = E[N_a(t)] = \int_0^t \lambda(x)dx = -\ln R(t) \quad \text{(Erneuerungsfunktion)}$$

$N_a(t)$: Anzahl der Ausfälle im Intervall $[0,t]$

$F(t)$: Ausfallverteilung; $R(t) = 1 - F(t)$: Zuverlässigkeitsfunktion

Minimierung der durchschnittlichen Reparaturkosten pro Zeiteinheit:

$$(2)\quad k(x) = \left(c_M \int_0^x \lambda(t)dt + c_G \right)/x = \min!$$

$$\partial k(x)/\partial x = 0 \;\Rightarrow\; \int_0^{x^*} [\lambda(x^*) - \lambda(t)]\,dt = c_G/c_M \;; \quad k(x^*) = c_M \lambda(x^*)$$

Spezialfall: Für das lokale Verhalten der Ausfallverteilungen $F_i(t)$ der Komponenten, $i = 1,2,\ldots,m$, in der Umgebung von $t = 0$ gelte:

$$(3)\quad F_i(t) = gt^{\gamma} + o(t^{\gamma}) \;; \quad g,\gamma > 0$$ (z.B. bei gamma- und normalverteilten Laufzeiten der Komponenten)

Hieraus folgt:

$$F(t) = 1 - \exp(-t^{\gamma}/B) \qquad \text{(Weibullverteilung)}$$

$$\lambda(t) = \frac{\gamma}{B} t^{\gamma - 1} \;; \quad \Lambda(t) = t^{\gamma}/B \;; \quad B = 1/(gm)$$

$$k(x) = (c_M x^{\gamma}/B + c_G)/x = \min! \qquad x^* = \left[B\, c_G/((\gamma - 1)\, c_M)\right]^{1/\gamma}$$

$$k(x^*) = c_M \frac{\gamma}{B} \left[\frac{B\, c_G}{(\gamma - 1)c_M} \right]^{1-1/\gamma} \;; \quad T_G^* = x^* < \infty \quad \text{für } \gamma > 1$$ (monoton und unbeschränkt wachsende Ausfallrate)

b) Erläuterungen

Zunächst sei ein von Barlow/Hunter [4] entwickeltes Modell behandelt, das als eine Art Grundmodell angesehen werden kann. Die Strategie besteht darin, in konstanten Betriebszeitabständen Generalüberholungen vorzunehmen und alle zwischenzeitlichen Ausfälle durch Minimalreparaturen zu beheben. Eine Generalüberholung besteht in der vorbeugenden Erneuerung aller Verschleißteile, führt also zum Neuzustand der Gesamtanlage. Bei einer Minimalreparatur wird dagegen nur die ausgefallene Komponente erneuert. Ist nun die Anzahl der Verschleißteile relativ groß, so kann vereinfacht unterstellt werden, daß durch solche Minimalreparaturen die Ausfallrate der Gesamtanlage nicht verändert wird. In diesem Fall entspricht die Ausfallrate $\lambda(t)$ der Ausfallintensität oder Erneuerungsdichte. Die Integration der Erneuerungsdichte liefert die sogenannte Erneuerungsfunktion; sie gibt die erwartete Anzahl von Ausfällen an, wenn nur Ausfallreparaturen vorgenommen werden. Unter der genannten Annahme gewinnt man deshalb die erwartete Anzahl von Minimalreparaturen bis zum Zeitpunkt einer Generalüberholung durch Integration der Ausfallrate (vgl. (1)). Damit lassen sich dann die durchschnittlichen Reparaturkosten pro Zeiteinheit eines Generalüberholungszyklus relativ leicht berechnen (vgl. (2)).
Der optimale Generalüberholungszyklus kann explizit für den Fall angegeben werden, daß das lokale Verhalten der Ausfallverteilungen der Komponenten der Bedingung (3) genügt. Als Ausfallverteilung der Anlage erhält man dann eine Weibullverteilung. Ein endlicher optimaler Generalüberholungszyklus

existiert genau dann, wenn der Parameter γ dieser Verteilung größer als 1 ist, d.h. bei monoton und unbeschränkt wachsender Ausfallrate. Hierbei ist allerdings zu beachten, daß die Prämisse des Modells (Ausfallintensität = Ausfallrate) für große Abstände zwischen Generalüberholungen nicht aufrechterhalten werden kann. Bei unbeschränkter Ausfallrate müßte dann nämlich die durchschnittliche Anzahl der Ausfälle pro Zeiteinheit beliebig groß werden. Praktisch nähert sich aber bei ausschließlich angewandten Minimalreparaturen die Ausfallhäufigkeit einem endlichen Grenzwert, wobei die Abstände zwischen den Ausfällen mit zunehmender Nutzungsdauer immer mehr einer stationären Exponentialverteilung folgen. Um deshalb zu entscheiden, ob auch noch relativ lange Generalüberholungszyklen wirtschaftlich sind, müßte man das genaue Verhalten der Erneuerungsfunktion für großes t abschätzen.

II. Bewertung alternativer Gruppenreparaturzyklen bei betriebszeitabhängiger Strategie

a) Modelldarstellung

c_a^i: Ausfallkosten des Teils i; $H_i(t)$: Erneuerungsfunktion von Teil i

$c(y_1, y_2, \dots, y_m)$: Kosten einer vorbeugenden Gruppenreparatur

$$y_i = \begin{cases} 1 & \text{falls Teil i Element der Gruppe} \\ 0 & \text{sonst} \end{cases}$$

x_i: Abstand zwischen vorbeugenden Erneuerungen von Teil i

n_i: Anzahl vorbeugender Erneuerungen von Teil i während eines Generalüberholungszyklus der Länge $t_G = x$; $i = 1, \dots, m$

1. <u>Zyklusstrukturen mit Generalüberholungen und konstanten Erneuerungsabständen für jede Komponente</u>

$x_1 n_1 = x_2 n_2 = \dots = x_i n_i = \dots = x_m n_m = t_G = x$; $n_i \in \mathbb{N} = \{1,2,\dots\}$; $\text{g.g.T.}(n_1, n_2, \dots, n_m) = 1$

g.g.T.: größter gemeinsamer Teiler

Durchschnittskosten pro Zeiteinheit:

$$(4) \qquad k(x,\mathfrak{z}) = \left\{ \sum_{i=1}^{m} c_a^i \, n_i \, H_i\left(\frac{x}{n_i}\right) + \sum_{a=1}^{\max n_i} N(a) \, c(y_1(a), \dots, y_m(a)) \right\} / x$$

$N(a)$: Anzahl der durch a festgelegten Gruppenreparaturen pro Gesamtzyklus

$$(5) \qquad N(a) = a - \sum_{l=2}^{a} N\left(\frac{a}{l}\right) ; \quad N(a) = 0 \text{ für } a \notin \mathbb{N} ; \qquad y_i(a) = \begin{cases} 1 & \text{falls } n_i/a \in \mathbb{N} \\ 0 & \text{sonst} \end{cases}$$

$$\mathfrak{z} = (n_1, \dots, n_m) ; \quad \partial k(x,\mathfrak{z})/\partial x = 0 \quad \Rightarrow$$

$$k(x^*,\mathfrak{z}) = \sum_{i=1}^{m} c_a^i \, h_i\left(\frac{x^*}{n_i}\right) ; \quad h_i(t)\text{: Erneuerungsdichte von Teil i}$$

2. Zyklusstrukturen mit Generalüberholungen und Schachtelung

$x_1 l_1 = x_2;\ x_2 l_2 = x_3;\ \ldots;\ x_i l_i = x_{i+1};\ \ldots;\ x_{m-1} l_{m-1} = x_m;\quad l_i \in \mathbb{N};\quad x_1 \leq x_2 \leq \ldots \leq x_i \leq \ldots \leq x_m$

$t_G = x = x_m$; Durchschnittskosten pro Zeiteinheit:

$$(6)\quad k(x; l_1,\ldots,l_{m-1}) = \left\{\sum_{i=1}^{m} c_a^i H_i\left(\frac{x}{n_i}\right)n_i + \sum_{i=1}^{m} (l_i - 1)n_{i+1}\, c(y_1(i), y_2(i),\ldots, y_m(i))\right\}/x$$

$$y_j(i) = \begin{cases} 1 & \text{falls } j \leq i \\ 0 & \text{sonst} \end{cases} \quad ;\quad n_1 = l_1 l_2 \ldots l_{m-1}\ ;\quad n_{i+1} = n_i/l_i\ ;\quad l_m := 2\ ;\quad n_{m+1} := 1$$

b) Erläuterungen

Unter (4) ist die Kostenfunktion zur Bewertung alternativer Gruppenreparaturzyklen für den Fall angegeben, daß innerhalb eines Generalüberholungszyklus Gruppenreparaturen aus beliebigen Teilmengen von Komponenten vorgenommen werden können. Für jedes Verschleißteil wird wieder ein konstanter Abstand zwischen vorbeugenden Erneuerungen vorausgesetzt. Die Art und zeitliche Folge von Gruppenreparaturen wird dann eindeutig durch einen Vektor von ganzen Zahlen n_i gekennzeichnet, wobei n_i die Anzahl vorbeugender Erneuerungen von Teil i während eines Generalüberholungszyklus angibt. Der Vektor der n_i wird deshalb hier als Zyklusstruktur bezeichnet. Um für eine gegebene Zyklusstruktur festzustellen, wie oft eine Teilmenge von Komponenten gemeinsam während eines Gesamtzyklus vorbeugend erneuert wird, bildet man den größten gemeinsamen Teiler der zugehörigen n_i. Die Vorgehensweise sei an einem Beispiel veranschaulicht:

Beispiel Ermittlung gemeinsamer vorbeugender Erneuerungen für alle Teilmengen von Komponenten für einen Reparaturzyklus mit der Struktur $\mathfrak{Z} = (2,3,4,6,9)$

$N(i_1, i_2,\ldots, i_r) = \text{g.g.T.}\{n_{i_1}, n_{i_2},\ldots, n_{i_r}\}$: Anzahl vorbeugender Erneuerungen für die Komponentenmenge $\{i_1, i_2,\ldots, i_r\} \subset \{1,2,\ldots,m\}$

Im Beispiel ist $m = 5$.

$N(1,3) = \text{g.g.T.}\{2,4\} = 2$; $N(1,4) = \text{g.g.T.}\{2,6\} = 2$; $N(2,4) = \text{g.g.T.}\{3,6\} = 3$;
$N(2,5) = \text{g.g.T.}\{3,9\} = 3$; $N(3,4) = \text{g.g.T.}\{4,6\} = 2$; $N(4,5) = \text{g.g.T.}\{6,9\} = 3$;
$N(2,4,5) = \text{g.g.T.}\{3,6,9\} = 3$; $N(1,3,4) = \text{g.g.T.}\{2,4,6\} = 2$

Für alle übrigen Teilekombinationen ist g.g.T. = 1; sie treten somit nur bei der Generalüberholung auf.

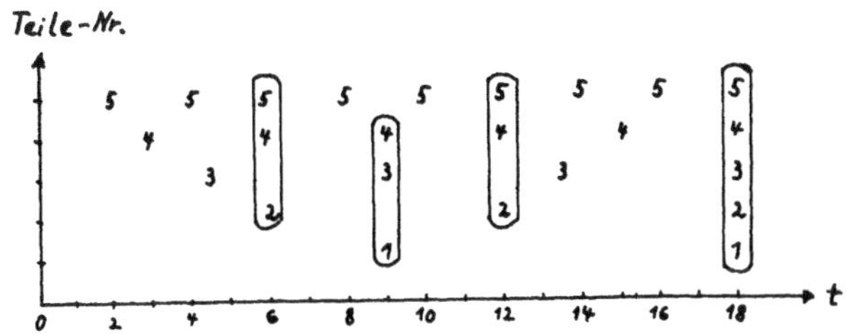

Hiermit hat man aber noch nicht die für eine Kostenermittlung erforderlichen Gruppenreparaturen. Wie die Abbildung zeigt, existieren außer der Generalüberholung nur drei Gruppenreparaturen mit je drei Teilen, d.h. alle nicht weiter interessierenden Zweiergruppen sind Elemente dieser Dreiergruppen. Zur genauen Ermittlung der Gruppenreparaturen wurden die binären Funktionen $y_i(a)$ eingeführt und eine Funktion N(a), die die Anzahl der durch $y_i(a)$ festgelegten Gruppenreparaturen pro Gesamtzyklus angibt (vgl. (5)). Die Berechnung ist an demselben Beispiel gezeigt.

Beispiel Ermittlung der Kosten vorbeugender Reparaturen für einen Reparaturzyklus mit der Struktur $\mathfrak{z} = (2,3,4,6,9)$

$$k_p = \sum_{a=1}^{\max n_i} N(a)\, c(\, y_1(a),\, y_2(a),\ldots,\, y_m(a)) \quad ; \quad c(0,0,\ldots,0) = \emptyset$$

$N(1) = 1,\ N(2) = 1,\ N(3) = 2,\ N(4) = 2,\ N(5) = 4,\ N(6) = 2,\ N(7) = 6,\ N(8) = 4,\ N(9) = 6$

$y_1(1) = 1,\ y_1(2) = 1,\ y_1(i) = 0$ für $i \geq 3$; $y_2(1) = 1,\ y_2(2) = 0,\ y_2(3) = 1,\ y_2(i) = 0$ für $i \geq 4$;

$y_3(1) = 1,\ y_3(2) = 1,\ y_3(3) = 0,\ y_3(4) = 1,\ y_3(i) = 0$ für $i \geq 5$;

$y_4(1) = 1,\ y_4(2) = 1,\ y_4(3) = 1,\ y_4(4) = 0,\ y_4(5) = 0,\ y_4(6) = 1,\ y_4(i) = 0$ für $i \geq 7$

$y_5(1) = 1,\ y_5(2) = 0,\ y_5(3) = 1,\ y_5(4) = 0,\ y_5(5) = 0,\ y_5(6) = 0,\ y_5(7) = 0,\ y_5(8) = 0,\ y_5(9) = 1$

$$k_p = c(1,1,1,1,1) + c(1,0,1,1,0) + 2c(0,1,0,1,1) + 2c(0,0,1,0,0) + 2c(0,0,0,1,0) + 6c(0,0,0,0,1)$$

Zu optimieren ist sowohl die Zyklusstruktur, d.h. die Zahlen n_i, als auch die Länge des Gesamtzyklus, d.h. der zeitliche Abstand zwischen Generalüberholungen. Man hat also ein gemischt-ganzzahliges nichtlineares Optimierungsproblem in m ganzzahligen und einer nichtganzzahligen Variablen. Unter 2. ist noch der bereits am Anfang erwähnte Fall angegeben, daß jede Reparaturgruppe nach mehreren Erneuerungen in eine Gruppe "höherer Ordnung" eingeht (vgl. Abb. 2).

III. Optimierung von Gruppenreparaturfolgen bei endlicher Nutzungsdauer T der Fertigungseinheit

a) Modelldarstellung

$$z_i^t = \begin{cases} 1 & \text{falls Teil } i \text{ in } t \text{ vorbeugend erneuert wird} \\ 0 & \text{sonst} \end{cases}$$

Minimierung der Summe der Reparaturkosten im Intervall $[0,T)$:

$$K(T) = \sum_{t=1}^{T-1} c(z_1^t,\ldots,z_m^t) + \sum_{i=1}^{m} \sum_{t=1}^{T} c_a^i\, H_i(t - \tau_i^!(t)) = \min!$$

$$\tau_i^!(t) = \max\{\tau \in \{0,\ldots,t-1\} : z_i^\tau = 1\} \quad ; \quad z_i^0 := 1 \text{ für alle } i$$

$\tau_i^!(t)$: Zeit seit der letzten vorbeugenden Erneuerung von Teil i;

bei konstanten Abständen zwischen vorbeugenden Erneuerungen:

$z_i^t = z_i^t z_i^{kt}$; $k \in \mathbb{N}$: $kt \leq T - 1$; $t = 1,\ldots,T-1$; $i = 1,\ldots,m$

b) Erläuterungen

Die Optimierung von Gruppenreparaturfolgen für eine Fertigungsanlage mit vorgegebener Nutzungsdauer kann -nach einer Diskretisierung der Zeit- als binäres Optimierungsproblem formuliert werden, wie unter a) gezeigt ist. Ohne weitere Restriktionen wird die Lösung im allgemeinen nicht den zuvor behandelten Zyklusstrukturen (vgl. II 1. u. 2.) entsprechen; z.B. können bei der optimalen Lösung Generalüberholungen fehlen. Bei kleiner Nutzungsdauer werden selbst zyklische Wiederholungen identischer Gruppenreparaturen eine Ausnahme sein. Mit zunehmender Nutzungsdauer werden sich aber solche zyklischen Strukturen allmählich herausbilden. Bei unbegrenzter Nutzungsdauer kann das Problem nämlich als Markov-Entscheidungsmodell formuliert werden (vgl. IV).

IV. Optimierung von Gruppenreparaturfolgen bei unbegrenzter Nutzungsdauer der Fertigungseinheit

a) Modelldarstellung

Markov-Entscheidungsmodell (diskrete dynamische Optimierung)

$t_i \in \{1,\ldots,T_i\}$: Zeit seit der letzten Planreparatur von Teil i

T_i : Obergrenze, bei deren Erreichen Teil i auf jeden Fall vorbeugend erneuert wird.

Zustandsraum: $S = \{(t_1,\ldots,t_m);\ t_i \in \{1,\ldots,T_i\}\}$

Aktionsraum: $A = \{(z_1,\ldots,z_m);\ z_i \in \{0,1\}\}$

Übergänge: Wird im Zustand $s' = (t_1',\ldots,t_m') \in S$ die Reparatur $a' = (z_1',\ldots,z_m') \in A$ durchgeführt, so geht die Anlage im nächsten Zeitpunkt in den Zustand $s'' = (t_1'(1-z_1') + 1,\ldots,t_m'(1-z_m') + 1)$ über, und die erwarteten Kosten des Übergangs betragen

$$r(s', a'(s')) = c(z_1',\ldots,z_m') + \sum_{i=1}^{m} c_a^i \{H_i[t_i'(1-z_i') + 1] - H_i[t_i'(1-z_i')]\} ;$$

$z_i' = 1$ für $t_i' = T_i$

b) Erläuterungen

Bei einer Problemformulierung als Markov-Entscheidungsmodell werden die Zustände der Anlage durch die Zeiteinheiten seit der letzten vorbeugenden Erneuerung der einzelnen Verschleißteile definiert. Das Problem ist insofern deterministisch, als jede Aktion in jedem Zustand genau einen Folgezustand besitzt. Graphentheoretisch interpretiert besteht die Aufgabe darin, in einem Kostengraphen einen Zustandszyklus minimaler Länge zu finden. Da jedem Zustandszyklus genau ein Reparatur- oder Aktionszyklus entspricht, erhält man als Lösung eine optimale Folge periodisch wiederkehrender Gruppenreparaturen, wie das folgende Beispiel mit zwei Verschleißteilen zeigt:

Erreichbarkeitsgraph für eine betriebszeitabhängige Gruppenreparatur-Strategie bei zwei Verschleißteilen mit t_1, t_2 1,2,3

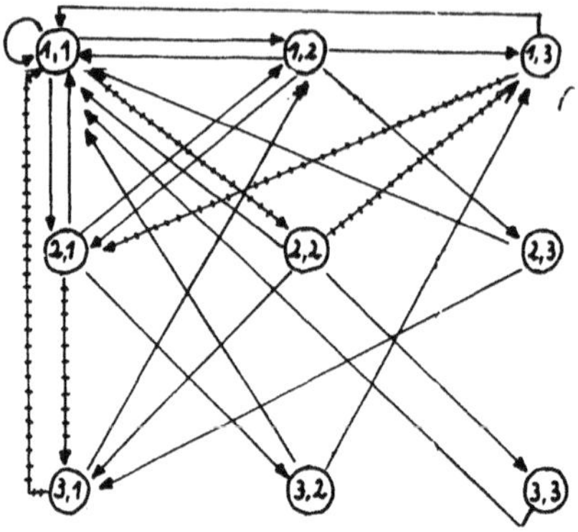

Z.B. entsprechen dem Zustandszyklus (1,1)→(2,2)→(1,3)→(2,1)→(3,1)→(1,1)

die Erneuerungsabstände 2,2,1 für Teil 1 und 3,2 für Teil 2

sowie der Reparaturzyklus der folgenden Abbildung

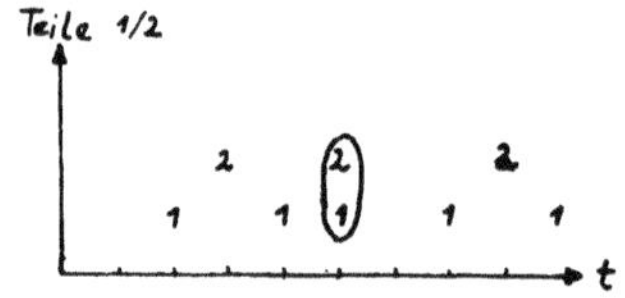

V. Optimierung von Gruppenreparaturen bei Verschleißkontrollen der Komponenten

a) Modelldarstellung

Semi-Markov-Entscheidungsprozeß

Zustandsraum: $S = \{(a_1,\ldots,a_m),\ a_i \in \{1,\ldots,\bar{a}_i\},\ i = 1,\ldots,m\}$

a_i: Verschleiparameter des Teils i; $a_i = 1$: Neuzustand des Teils;

$a_i = \bar{a}_i$: höchster Verschleißgrad, der zum sofortigen Ausfall von Teil i und damit auch der Gesamtanlage führt.

Übergänge:

Verschleißentwicklung: Wird eine Anlage im Zustand $a \in S$, $a_i \neq \bar{a}_i$ für alle i, nicht repariert ($\gamma = \emptyset$), so geht sie mit der Wahrscheinlichkeit $p_{aa'}$ nach einer Verweildauer $t_{aa'}$ mit der Verteilung $F_{aa'}(t)$ in den Zustand a' über, und es entstehen Kosten in Höhe von

$$R_{aa'}^{\gamma=\emptyset} = c_B(a)t_{aa'} \qquad \text{(durchschnittliche Betriebskosten bei einer Verschleißstruktur a)}$$

<u>Beispiel:</u> einfacher Markov-Prozeß für die Verschleißentwicklung jeder Komponente mit der Verschleißrate λ_i:

$$a' = (a_1,\dots,a_i + 1,\dots,a_m) \; ; \quad p_{aa'} = \lambda_i / \sum_{j=1}^{m} \lambda_j \quad ; \quad F_{aa'}(t) = 1 - \exp(-\sum_{j=1}^{m} \lambda_j)t$$

rein vorbeugende Gruppenreparaturen: Wird für eine Anlage im Zustand $a \in S$, $a_i \neq \hat{a}_i$ für alle i, die vorbeugende Reparatur $\mathbf{y} = (y_1,\dots,y_m)$ bei Anwendung des Reparaturverfahrens $k \in \{1,\dots,\bar{k}\}$ durchgeführt, so geht sie nach einer Verweildauer $t_{aa'}$ mit der Verteilung $F_{aa'}^{\mathbf{y},k}(t)$ und den Reparaturkosten $R_{aa'}^{\mathbf{y},k}$ in den Zustand $a' = (a_1 + y_1(1-a_1),\dots, a_m + y_m(1-a_m))$ über. Z B. beträgt

$$R_{aa'}^{\mathbf{y},k} = \sum_{i=1}^{m} c_i(a_i y_i) + r(\mathbf{y},k)t_{aa'} \quad ; \quad c_i(0) = 0$$

opportunistische Gruppenreparaturen: Wird bei einem Ausfall der Anlage nur die ausgefallene Komponente l erneuert, so geht die Anlage vom Zustand $a = (a_1,\dots, a_l = \hat{a}_l,\dots, a_m)$ nach einer Verweildauer $t_{aa'}$ mit der Verteilung $F_{k(l)}(t)$ in den Zustand $a' = (a_1,\dots, a_l = 1 ,\dots, a_m)$ über, und es entstehen Kosten in Höhe von $c_a^l + r(l,k)t_{aa'}$. Werden dagegen gleichzeitig vorbeugende Erneuerungen anderer Komponenten vorgenommen (opportunistische Gruppenreparatur), so erfolgt - mit entsprechenden Reparaturkosten - ein Übergang in den Zustand $a' = (a_1 + y_1(1-a_1), \dots , a_l = 1, \dots , a_m + y_m(1-a_m))$.

b) Erläuterungen

Unter a) ist ein Verschleißkontrollmodell angegeben, das als Semi-Markov-Entscheidungsprozeß formuliert ist. Hierbei wird davon ausgegangen, daß der Verschleißgrad der Teile durch Inspektionen feststellbar ist und die Verschleißentwicklung durch einen stochastischen Prozeß abgebildet werden kann. Vorbeugende Gruppenreparaturen werden in Abhängigkeit von der festgestellten Verschleißstruktur der Anlage vorgenommen. Außerdem sind opportunistische Gruppenreparaturen zugelassen. Neben den Reparaturkosten können auch verschleißabhängige Betriebskosten der Anlage berücksichtigt werden. Die Reparaturzeitverteilungen gehen -anders als in den bisherigen Ansätzen- explizit in das Modell ein.
Im dem Modell wird von einer kontinuierlichen oder quasikontinuierlichen Inspektion ausgegangen, d.h. die Inspektionsabstände sind relativ zur Verschleißgeschwindigkeit vernachlässigbar klein. Legt man dagengen diskrete Inspektionen mit konstanten oder von der Verschleißstruktur abhängigen Inspektionsintervallen zugrunde, so sind zunächst aus den Parametern der Verschleißprozesse Einpunktverteilungen für die Übergänge in den funktionsfähigen Zuständen der Anlage zwischen den Inspektionszeitpunkten abzuleiten[5].

VI. Optimierung von Gruppenreparaturen bei Alterskontrollen der Komponenten [5]

Semi-Markov-Entscheidungsprozeß analog zu V., wobei jetzt der Zustandsraum:

$$S = \{(t_1,\dots,t_m),\ t_i \in \{0,1,\dots,T_i\},\ i = 1,\dots,m\} \quad ; \ t_i : \text{Altersklasse von Teil } i \ ;$$

verwendet wird. Durch eine diskrete Approximation sind zunächst aus den Ausfallverteilungen der Komponenten die Übergangswahrscheinlichkeiten und Verweilzeitverteilungen zwischen den einzelnen Altersklassen abzuleiten. Hieraus können dann die Übergänge und Kostenbewertungen zwischen verschiedenen Altersvektoren $a \in S$ der Gesamtanlage bestimmt werden.

VII. Optimierung von Gruppenreparaturen bei Kosten- oder Leistungskontrollen der Fertigungseinheit

a) Modelldarstellung

$a_i \in \{0,1,\dots,n\}$ für alle i : Verschleißniveau der Komponente i

$X_j \in \{0,1,\dots,n\}$: Kosten-/Leistungsindex der Anlage im Intervall $(j-1,\ j)$

$c(X_j)$: Kosten/Leistung der Anlage im Zeitintervall $(j-1,\ j)$

p^i_{jk} : Wahrscheinlichkeit dafür, daß die Komponente i im Zustand j im nächsten Intervall k "Verschleißsprünge" macht; $k \in \{0,1,\dots,n-k\}$

<u>Zusammenhang zwischen der Verschleißstruktur und dem Kosten-/Leistungsniveau der Anlage:</u>

$$(7) \quad X_j = a_{1j}w_1(\bar{a}_j) + a_{2j}w_2(\bar{a}_j) + \dots + a_{mj}w_m(\bar{a}_j) = \bar{a}_j^T W(\bar{a}_j) \ ; \quad a_{ij}: \text{Verschleißgrad der Komponente } i \text{ zur Zeit } j$$

$$\bar{a}_j = (a_{1j},\dots,a_{mj}) \ ; \quad \sum_{i=1}^{m} w_i(\bar{a}_j) = 1 \ \text{ für alle } j.$$

<u>Aktionsraum:</u>

$$A = \{d_j(0),\ d_j(1),\ \dots,\ d_j(n);\ j \in \{1,\dots,T\}\}$$

$d_j(k)$: gewünschter Anlagenzustand zur Zeit j, wenn der Zustand k festgestellt wird; Reparatur dann, wenn $d_j(k) < k$.

Bestimmung der bei einer Entscheidung $d_j(k) < k$ zu erneuernden Komponenten nach der <u>Prioritätsregel: (8)</u>

Erneuerung von i^* mit $R_{i^*}(\bar{a}_j) = \min_i R_i(\bar{a}_j)$; $R_i(\bar{a}_j) = k_i/(a_{ij}w_i(\bar{a}_j))$; k_i: Reparaturkosten der Komponente i

<u>Betriebs- und Instandhaltungskosten im Intervall $(j-1,j)$:</u>

$$C_j[X_j,d_j(X_j)] = c(X_j) + \delta[X_j,d_j(X_j)] \cdot [c_s + c_j(X_j,d_j(X_j))] ; \quad \delta[X_j,d_j(X_j)] = \begin{cases} 1 & \text{falls } d_j(X_j) < X_j \\ 0 & \text{sonst} \end{cases}$$

$M_{d_j(k)}$: Menge der bei Anwendung der Prioritätsregel (8) zur Zeit j erneuerten Einheiten

$$c_j(X_j,d_j(X_j)) = \begin{cases} \sum_{i \in M_{d_j(k)}} k_i & \text{falls } X_j > d_j(X_j) \\ 0 & \text{sonst} \end{cases}$$

Übergangswahrscheinlichkeiten:

$P(\bar{a}'/\bar{a},d(\bar{a})) = \prod_{i=1}^{m} p_{zl}^{i}$; $z = a_i,\ l = a_i'$ für $X \leq d(X)$; $z = a_i^*,\ l = a_i' = a_i^*$ für $X > d(X)$

a_i^* : Zustand der Komponente i, wenn im Anlagenzustand X entsprechend der Prioritätsregel (8) eine Gruppenreparatur erfolgt.

Zustandswahrscheinlichkeiten:

$$P_j(\bar{a}) = \sum_{\bar{a}^* \in S} P_{j-1}(\bar{a}^*)\, P(\bar{a}/\bar{a}^*, d_{j-1}(X_{j-1}))$$

$X_{j-1} = \bar{a}^{*T}\, W(\bar{a}^*)$; $P_0(\bar{a})$: Zustandswahrscheinlichkeiten zu Beginn der ersten Periode

S : Menge aller Verschleißvektoren

$L_j(\bar{a}/k)$: Wahrscheinlichkeit für einen Verschleißvektor $\bar{a}$, wenn sich die Anlage zur Zeit j im Zustand k befindet.

S_k : Menge aller Verschleißvektoren, die einen Zustand k zur Folge haben

$$L_j(\bar{a}/k) = P_j(\bar{a}) / \sum_{\bar{a}^* \in S_k} P_j(\bar{a}^*) \quad ; \quad k = \bar{a}^T\, W(\bar{a})$$

Übergangswahrscheinlichkeiten vom Kostenindex k zur Zeit j-1 zum Kostenindex k' zur Zeit j:

(9) $$Q_j(k'/k,d(k)) = \sum_{\bar{a} \in S_k} \sum_{\bar{a}^* \in S_{k'}} L_j(\bar{a}/k)\, P(\bar{a}^*/\bar{a}, d(\bar{a}))$$

Instandhaltungskosten eines Übergangs:

(10) $$c_j(l,d(l)) = \sum_{\bar{a} \in S_l} L_j(\bar{a}/l)\, c(l,\bar{a}) \; ; \; c(l,\bar{a}) = \begin{cases} \sum_{i \in M_{d(l)}} k_i & \text{falls } \bar{a}^T\, W(\bar{a}) > l \\ 0 & \text{sonst} \end{cases}$$

Algorithmus (Brown, Martz):

1) Parametergenerierung:
   Für eine gegebene Anfangspolitik bzw. eine unter 2) ermittelte Politik wird $Q_j(k'/k,d(k))$ und $c_j(l,d(l))$ nach (9) bzw. (10) berechnet. Stimmen diese Werte mit den zuvor ermittelten Werten überein, so endet der Algorithmus; sonst wird nach 2) eine neue Politik bestimmt.

2) Politikverbesserung (dynamische Optimierung)
   Mit den Prozeßparametern nach 1) wird das folgende Optimierungsproblem mit Hilfe der Wertiteration gelöst:

$$C_i^*(k) = \min_{d_{T-i}(k)} \left\{ c_{T-i}(k,d_{T-i}(k)) + \sum_{k'=j}^{n} Q_{T-i+1}(k'/k,d_{T-i}(k))\, C_{i-1}^*(k') \right\} ; \quad C_0^*(k) = c(k);\ i = 1,\ldots,T.$$

   Stimmt die gefundene Politik mit der zuletzt ermittelten Politik überein, so endet der Algorithmus; sonst wird für die gefundene Politik eine Parametergenerierung nach 1) durchgeführt.

b) Erläuterungen

In dem ausführlicher dargestellten Modell sind Gruppenreparaturen für eine gegebene Nutzungsdauer der Anlage in Abhängigkeit von Kosten- oder Leistungsniveaus vorzunehmen, die in diskreten Zeitpunkten gemessen werden. Ein solches Vorgehen kann z.B. für einen Fertigungsautomaten in der Massenfertigung relevant sein, bei dem der Verschleiß die dominierende Ursache für Leistungsminderungen (z.B. für im Zeitablauf eintretende Erhöhungen des Ausschußprozentsatzes) ist. Der Vorteil von Qualitätskontrollen der Produkte gegenüber ausschließlichen Verschleißkontrollen der Teile besteht u.a. darin, daß die Anlage erst dann stillgesetzt zu werden braucht, wenn ein kritisches Leistungsniveau unterschritten wird.
Für die Verschleißentwicklung der Teile wird hier eine Markov-Kette angenommen. Der Zusammenhang zwischen der Verschleißstruktur und dem Kosten- oder Leistungsniveau der Anlage wird durch eine lineare Funktion mit normierten Koeffizienten angenähert (vgl. (7)). In jedem "Kostenzustand" der Anlage ist zu entscheiden, ob -und wenn ja- um wieviel die Kosten durch Vornahme von Gruppenreparaturen gesenkt werden sollen. Das Problem wird vor allem dadurch erschwert, daß mehrere Verschleißstrukturen denselben Kostenzustand der Anlage ergeben. Eine bestimmte Kostensenkung kann also alternativ durch eine größere Anzahl verschiedener Gruppenreparaturen realisiert werden. Die Auswahl der zum Zwecke der Kostensenkung oder Leistungserhöhung zu erneuernden Verschleißteile erfolgt hier mit Hilfe einer Prioritätsregel (vgl. (8)). Für dieses Teilproblem läßt sich auch ein exaktes Optimierungsmodell angeben, was aber die Lösung des Gesamtmodells noch weiter erschwert. Die Berechnung der Übergangswahrscheinlichkeiten zwischen verschiedenen Kostenniveaus der Anlage und die Prozeßbewertung ist -wie die einzelnen Rechenstufen zeigen- ohnehin ziemlich kompliziert. Ein Dilemma liegt aber vor allem darin, daß die Übergangswahrscheinlichkeiten und Kostenbewertungen erst berechnet werden können, wenn die Reparaturpolitik für die gesamte Nutzungsdauer bereits fixiert ist (vgl. (9) u. (10)). Da somit die Markoveigenschaft nicht erfüllt ist, kann das Modell nicht unmittelbar mit Hilfe der dynamischen Optimierung gelöst werden.
Brown/Martz gehen nun so vor, daß eine Folge suboptimaler Politiken unter der Annahme der Markoveigenschaft gewonnen wird, d.h. es wird vorausgesetzt, daß die Übergangswahrscheinlichkeiten und Kosten in einem Zeitpunkt nur von dem Zustand und der Entscheidung in diesem Zeitpunkt abhängen. Der hierdurch begangene Fehler wird sukzessive dadurch verringert, daß für jede gefundene Politik anschließend die tatsächlichen Prozeßparameter ermittelt werden. Diese Daten werden dann zur Berechnung der nächsten suboptimalen Politik benutzt. Der Algorithmus endet, wenn zwei aufeinanderfolgende, durch Wertiteration bestimmte Politiken identisch sind bzw. die gleichen Prozeßparameter liefern. Hierbei ist zwar gewährleistet, daß jede neu berechnete Politik nicht schlechter

sein kann als die zuvor ermittelte; ein Beweis dafür, daß man nicht bei einem lokalen Suboptimum endet, konnte allerdings nicht erbracht werden.

Literatur:

1) Lange, H., Die planmäßig vorbeugenden Reparaturen in Industriebetrieben, Berlin 1956, S. 22 ff.

2) Jorgenson, D.W., McCall, J.J., Radner, R., Optimal Replacement Policy, Amsterdam 1967, S. 79 ff., S. 162 ff.

3) Brown, D.B., Martz, Jr., H.F. A Two-Phase Algorithm for the Maintenance of a Deteriorating Component System, in: AIIE Transactions, Ind. Eng. Res. and Devel., Vol. 2, No. 2, 1970, S. 106 ff.

4) Barlow, R., Hunter, L., Optimum Preventive Maintenance Policies, in: OR, Vol.8, 1960, S. 90 ff.

5) Küpper, W., Instandhaltungsplanung - Prognose- und Entscheidungsmodelle, Diss. Hamburg 1972.

Ein Wartesystem mit heterogenen Kanälen unter (s, S)-Regel

von K. H. F. Meyer, Dossenheim

1. Problemstellung

Die Theorie der Wartesysteme wurde lange Zeit deskriptiv betrieben. Man sah die Ankunft der Elemente, ihren Fluß durch das System und ihre Bearbeitung als vorgegebene stochastische Mechanismen an, die autonom ablaufen. Die Theorie hatte das Verhalten der Systems zu beschreiben, indem sie die Wahrscheinlichkeitsverteilungen seiner Zustände und der Wartezeit der Elemente berechnete. Die operationellen Doktrinen, nach denen ein Entscheidungsträger auf die Abfertigung der Elemente oder ihre Ankünfte einwirken kann, blieben außer Betracht. Solche Politiken werden erst in jüngster Zeit untersucht, wobei die Analogie zu den Lagerhaltungsaufgaben als Leitfaden dient. D. P. HEYMAN [1968] ergänzt das Modell des Wartesystems M/G/1 durch die "(o, k)-Regel": Sind k oder mehr Elemente im System, so wird der Bearbeitungskanal eingeschaltet oder er bleibt eingeschaltet, wenn kein Element anwesend ist. Diese operationelle Doktrin kann man als einen Spezialfall der allgemeinen (s, S)-Regel für Wartesysteme ansehen, die von K. H. F. MEYER [1971] untersucht wird. Ihre Diskussion beschränkt sich bisher auf den einfachen Bearbeitungskanal oder auf Wartesysteme, deren Bearbeitungszentrum mehrere identische Kanäle umfaßt. In der vorliegenden Arbeit wird sie auf Systeme mit heterogenen Kanälen ausgeweitet. Es wird das Verhalten eines Wartesystems mit zwei parallelen Kanälen beschrieben, in dem die ankommenden Elemente einen Poisson-Strom der Intensität λ bilden. Jeder der beiden Bearbeitungskanäle kann jedes ankommende Element bedienen; die Kanäle unterscheiden sich jedoch in ihrer Bearbeitungsrate. Der Kanal I fertigt die zu bearbeitenden Elemente mit der Rate μ_1 ab, die größer ist als die Rate μ_2 des Kanals II. Die Bearbeitungszeiten der Elemente schwanken zufällig; sie gehorchen an jedem Kanal einer Exponentialverteilung mit dem Mittelwert μ_1^{-1} am Kanal I und μ_2^{-1} am Kanal II. Der Fluß der Elemente durch dieses System ist in Abbildung 1 dargestellt.

Die Arbeit des Bedienungszentrums wird durch folgende operationelle Doktrin geregelt: Findet ein ankommendes Element das Bearbeitungszentrum leer vor oder ist nur der Kanal II besetzt, so tritt das Element in den Kanal I ein. Weitere Elemente bilden eine Schlange vor dem Kanal I, von dem sie in der Reihenfolge ihrer Ankunft bedient werden.

Wenn die Länge der Warteschlange vor dem Bearbeitungszentrum einen kritischen Wert S erreicht, wird unmittelbar nach der Ankunft des nächsten Elements der Kanal II in Betrieb genommen. Schließt ein Kanal die Arbeit an einer Einheit ab, so beginnt er anschließend mit der Bearbeitung des Elements, das an der Spitze der Schlange wartet. Beide Kanäle des Zentrums arbeiten parallel, solange sich mindestens (s + 2) Elemente im System befinden. Sollte sich durch die höhere Abfertigungskapazität die Länge der Warteschlange auf den Wert $s < S$ vermindern, so nimmt der Kanal II keine neuen Einheiten mehr auf. Er schließt dann nur noch die Bearbeitung der letzten Einheit ab und nimmt erst wieder neue Elemente auf, wenn die Länge der Warteschlange ein weiteres Mal den kritischen Wert S überschreitet. Fällt die Schlangenlänge wieder auf s, so werden die restlichen Elemente vom Kanal I allein abgefertigt, während Kanal II sich auf den Abschluß der Arbeit am letzten Element beschränkt usf. Diese Definition legt den kritischen Schlangenlängen andere Werte bei als die (s, S)-Regel für Systeme mit identischen Kanälen. (Vgl. MEYER [1971], S. 159) Der Unterschied ist formal begründet: die Anzahlen s und S werden jeweils so definiert, daß möglichst einfach gebaute Formeln entstehen. Ihre Auswahl beeinflußt nicht die Reihenfolge, in der die Arbeit an den Elementen abgeschlossen wird. Tatsächlich kann jedoch in Wartesystemen mit heterogenen Kanälen die strenge Disziplin "Wer zuerst kommt, mahlt zuerst" verletzt werden. Solche Systeme nehmen die Bedienung der Elemente in dieser Reihenfolge auf, müssen sich aber nicht für die ganze Dauer der Bearbeitung an diese Disziplin hal-

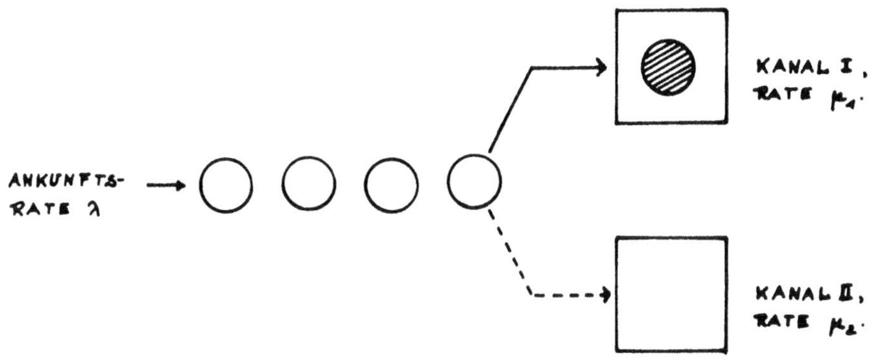

Abbildung 1:
Flussdiagramm des Wartesystems mit Heterogenen Kanälen. Nach dem Abschluss ihrer Bearbeitung verlassen die Elemente das System.

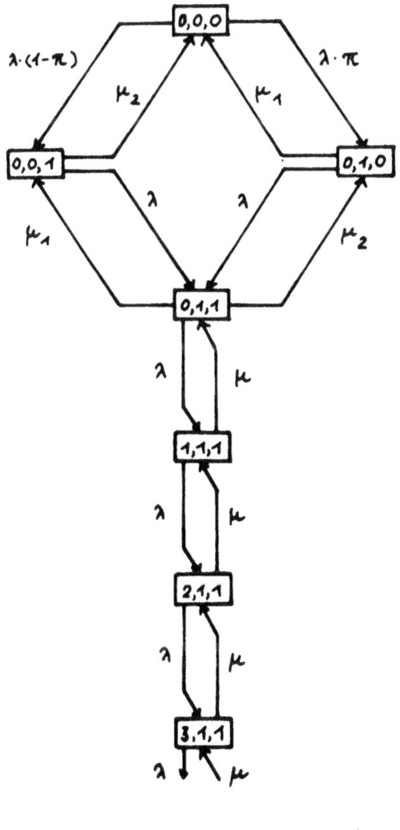

Abbildung 4:
Markov-Graph des Wartesystems mit Heterogenen Kanälen unter o-Regel;
$\mu = \mu_1 + \mu_2$.

ten. Der Kanal I kann die Arbeit an einem Element schon abgeschlossen haben, während ein Vorgänger dieses Elements noch vom Kanal II bedien wird, da die Bearbeitungsrate μ_1 größer ist als die Rate μ_2.

Die Elemente des geschilderten Wartesystems lassen sich als Werkstücke oder Lose deuten, die in einem Betrieb von zwei qualitativ unterschiedlichen Aggregaten bearbeitet werden. Der Kanal I entspricht etwa der Hauptmaschine und der Kanal II der Ausweichmaschine. Dann hat man die (s, S)-Regel als eine Form selektiver Anpassung zu interpretieren: Geht die Beschäftigung des Betriebes zurück, so paßt er sich quantitativ an, indem er zunächst das langsamere Aggregat stillegt. (Vgl. GUTENBERG [1967], S. 367 f. und S. 374 ff., ebenso R. SCHMIDT [1967], S. 190 ff.) Die Anpassungsmaßnahmen des Betriebes sind durch die kritischen Anzahlen s und S eindeutig charakterisiert, wenn die Bearbeitungsraten der Aggregate festliegen. Ist dagegen auch die Abfertigungskapazität variabel, so legt jeweils ein Quadrupel

$$(s, S; \mu_1, \mu_2)$$

eine Anpassungsmaßnahme fest. Damit stellt sich folgendes Entscheidungsproblem: Die Aggregatkosten, die durch die Bearbeitung der Elemente verursacht werden, hängen von den Werten der Bearbeitungsraten ab. Diese Raten bestimmen zusammen mit den Anzahlen s und S die durchschnittliche Länge der Warteschlange und damit den Umfang des Zwischenlagers, das sich vor dem Bearbeitungszentrum bildet. Demnach erhält man die Gesamtkosten, die durch einer Anpassungsmaßnahme $(s, S; \mu_1, \mu_2)$ verursacht werden, als Summe der Kosten des Zwischenlagers und der Aggregatkosten. Welche Werte sind den Variablen s, S, μ_1 und μ_2 beizulegen, damit die entdungsabhängigen Gesamtkosten minimal werden?
Diese Frage kann man beantworten, wenn man weiß, wie sich das Wartesystem gegenüber einer Anpassungsmaßnahme $(s, S; \mu_1, \mu_2)$ verhält. Die vorliegende Arbeit stellt diesen deskriptiven Teil der Theorie dar. Die kostenminimalen Parameter der (s, S)-Regel für ein Wartesystem werden an ande-

rer Stelle berechnet werden.

2. Das Modell

Die Zustände des Wartesystems unter (s, S)-Regel werden durch Tripel (n, k, l) von ganzen Zahlen charakterisiert in denen

- $n \in \{0, 1, 2, ...\}$ die Anzahl von Elementen bezeichnet, die in der Schlange vor dem Zentrum warten,
- $k \in \{0, 1\}$ angibt, ob Kanal I besetzt ist, dann ist k = 1; während k = 0 für einen leeren Kanal steht;
- $l \in \{0, 1\}$ schließlich den Zustand von Kanal II anzeigt. Ist dieser Kanal leer, so setzt man l = 0; andernfalls hat man l = 1.

Jedem Zustand des Wartesystems unter (s, S)-Regel ist genau ein Tripel zugeordnet. Die Ereignisse, die die Übergänge zwischen den Zuständen vermitteln, sind die Ankunft eines Elements oder der Abschluß einer Bedienung. Da die Zwischenankunftszeiten der Elemente ebenso wie ihre Bearbeitungszeiten exponentialverteilt sind, hat der betrachtete Prozeß die Markov-Eigenschaft. Mithin kann man einen Einblick in die Dynamik des Prozesses gewinnen, indem man seine Zustände in zwei benachbarten Zeitpunkten t und (t + h) mit h > 0 betrachtet. Der Prozeß ist zeitlich homogen, und die Wahrscheinlichkeit von mehr als einem Ereignis während h ist o(h). Demnach läßt sich die zeitliche Entwicklung des Wartesystems in einem Markov-Graphen darstellen, wie ihn Abbildung 2 zeigt. Die Knoten dieses Graphen symbolisieren die Zustände des Systems, die Bogen bezeichnen mögliche Übergänge in andere Zustände. An den Bogen sind jeweils die Übergangsraten vermerkt, mit denen diese Übergänge erfolgen können. (Zur Theorie der Markov-Graphen vergleiche man FERSCHL [1964], S. 76 - 80 und FERSCHL [1970], passim.)
Im Markov-Graphen sind lediglich die Übergangsraten angegeben und nicht

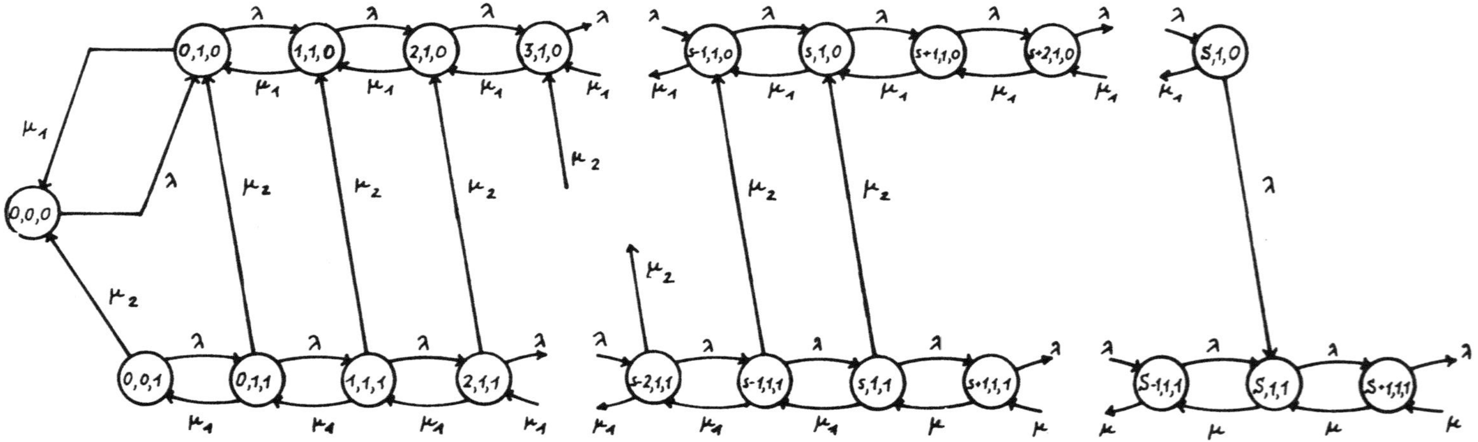

Abb. 2: MARKOV-GRAPH DES WARTESYSTEMS UNTER (s, S)-REGEL.

die Übergangswahrscheinlichkeiten. Dementsprechend sind auch nicht die Bogen eingezeichnet, die das Verharren des Systems in seinem derzeitigen Zustand symbolisieren würden. Diese Informationen enthält die Tabelle deren Zeilen man als die Chapman-Kolmogorov-Gleichungen des betrachteten Wartesystems lesen kann. Die erste Spalte der Tabelle nimmt den Zustand des Systems im Zeitpunkt (t + h) auf, die folgenden Spalten seine Vorgänger im Zeitpunkt t. Mithin entspricht jede Zeile einer Differentialgleichung für die zeitabhängigen Zustandswahrscheinlichkeiten des Wartesystems Man weiß, daß diese Wahrscheinlichkeiten nicht mehr vom Anfangszustand des Systems und der Zeit abhängen, wenn das Wartesystem seinen stationären Zustand erreicht hat. Die vorliegende Arbeit konzentriert sich darauf, das Verhalten des Wartesystems im statistischen Gleichgewicht zu untersuchen. Die Wahrscheinlichkeit, das System im Zustand (n, k, l) anzutreffen, wenn es sich im statistischen Gleichgewicht befindet, wird

$$P(n, k, l)$$

geschrieben. Diese Größen gehen durch den Grenzübergang $t \to \infty$ aus den zeitabhängigen Zustandswahrscheinlichkeiten des Systems hervor, der zugleich die Chapman-Kolmogorov-Gleichungen in Differenzengleichungen für die P(n, k, l) übergehen läßt. Man kann diese Differenzengleichungen unmittelbar aus den Zeilen der Tabelle ablesen. Die Zeile 5 z. B. liefert die Relation

$$(\lambda+\mu_1+\mu_2)P(n, 1, 1) = \lambda \cdot P(n-1, 1, 1) + \mu_1 \cdot P(n+1, 1, 1), \quad n \in \{1, 2, \dots, s-1\}.$$

Die anderen Zeilen der Tabelle 1 lassen sich in derselben Weise auswerten. Einen kurzen Kommentar erfordert nur die Zeile 7. In ihr enthält die Spalte "Ankunft eines Elements" zwei Zustände, die durch das aussagenlogische $\wedge$ -Symbol verknüpft sind. Diese Schreibweise soll andeuten, daß der Zustand (S, 1, 0) ebenso wie der Zustand (S-1, 1, 1) durch die Ankunft eines Elementes in den Zustand (S, 1, 1) übergeht. Mithin enthält diese Zeile die Differenzengleichung

Die Zeitliche Verknüpfung der Zustände des Wartesystems

	Zustand im Zeitpunkt (t + h)	Vorgänger (Zustand im Zeitpunkt t)			Übergang in identischen Zustand (Wahrscheinlichkeit)	Indexmenge
		Abschluss einer Bearbeitung im		Ankunft eines Elements		
		Kanal I (Rate μ_1)	Kanal II (Rate μ_2)	(Rate λ)		
1	$(0,0,0)$	$(0,1,0)$	$(0,0,1)$	—	$1-\lambda h$	
2	$(0,0,1)$	$(0,1,1)$	—	—	$1-(\lambda+\mu_2)h$	
3	$(0,1,0)$	$(1,1,0)$	$(0,1,1)$	$(0,0,0)$	$1-(\lambda+\mu_1)h$	
4	$(0,1,1)$	$(1,1,1)$	—	$(0,0,1)$	$1-(\lambda+\mu_1+\mu_2)h$	
5	$(n,1,1)$	$(n+1,1,1)$	—	$(n-1,1,1)$	$1-(\lambda+\mu_1+\mu_2)h$	$\{1,2,\dots,s-1\}$
6	$(n,1,1)$	$(n+1,1,1)$	$(n+1,1,1)$	$(n-1,1,1)$	$1-(\lambda+\mu_1+\mu_2)h$	$\{s,s+1,\dots,S-1\}$
7	$(S,1,1)$	$(S+1,1,1)$	$(S+1,1,1)$	$(S,1,0)\wedge(S-1,1,1)$	$1-(\lambda+\mu_1+\mu_2)h$	
8	$(n,1,1)$	$(n+1,1,1)$	$(n+1,1,1)$	$(n-1,1,1)$	$1-(\lambda+\mu_1+\mu_2)h$	$\{S+1,S+2,\dots\}$
9	$(n,1,0)$	$(n+1,1,0)$	$(n,1,1)$	$(n-1,1,0)$	$1-(\lambda+\mu_1)h$	$\{1,2,\dots,s\}$
10	$(n,1,0)$	$(n+1,1,0)$	—	$(n-1,1,0)$	$1-(\lambda+\mu_1)h$	$\{s+1,s+2,\dots,S-1\}$
11	$(S,1,0)$	—	—	$(S-1,1,0)$	$1-(\lambda+\mu_1)h$	

$$(\lambda+\mu_1+\mu_2)\cdot P(S,1,1) = \lambda\cdot P(S,1,0)+\lambda\cdot P(S-1,1,1)+(\mu_1+\mu_2)\cdot P(S+1,1,1).$$

In der Literatur zur Theorie der Wartesysteme arbeitet man gemeinhin nicht mit einer Tabelle, wie sie hier benutzt wurde, um die zeitliche Verknüpfung zwischen den Zuständen des Systems darzustellen. Man schreibt vielmehr zunächst die Chapman-Kolmogorov-Gleichungen an und gewinnt dann aus ihnen durch den Grenzübergang $t\to\infty$ die Differenzengleichungen für die $P(n,k,l)$. Diese beiden Schritte braucht man jedoch nicht zu trennen, da jede Zeile der Tabelle als eine Relation zwischen den Zustandswahrscheinlichkeiten gelesen werden kann. Um aus ihnen die $P(n,k,l)$ zu ermitteln, benutzt man die erzeugenden Funktionen

(2.01) $$F(z) = \sum_{n=0}^{S} P(n,1,0)\cdot z^n,$$

(2.02) $$G(z) = \sum_{n=0}^{s} P(n,1,1)\cdot z^n,$$

(2.03) $$H(z) = \sum_{n=s+1}^{\infty} P(n,1,1)\cdot z^n.$$

Jede von ihnen ist einem Zweig des Markov-Graphen zugeordnet, wie ein Vergleich der Definitionsgleichungen (2.01)-(2.03) mit Abbildung 2 zeigt. Dieser Vergleich lehrt auch, daß

(2.04) $$P(0,0,0) + P(0,0,1) + F(1) + G(1) + H(1) = 1$$

gelten muß, da die Zustände (n,k,l) ein erschöpfendes System disjunkter Ereignisse bilden.

Ist das Wartesystem im Zustand (n,k,l), so sind n Elemente in der Warteschlange, demnach befinden sich $(n+k+l)$ Elemente im System. Es bezeichne L die durchschnittliche Anzahl von Elementen im System. Dann muß nach Definition der $P(n,k,l)$ und der erzeugenden Funktionen

$$L = P(0,0,1) + \sum_{(n,k,l)} (n+k+l)\cdot P(n,k,l)$$

(2.05) $= P(0,0,1) + F'(1) + F(1) + G'(1) + 2 \cdot G(1) + H'(1) + 2 \cdot H(1)$

gelten, wo Striche die Ableitung der Funktion nach ihrem Argument bedeuten sollen.

Aus den Relationen (2.04) und (2.05) kann man P(0, 0, 0) und L berechnen, wenn explizite Darstellungen der erzeugenden Funktionen bekannt sind. Um sie in übersichtlicher Form zu gewinnen, führt man die Verkehrsdichten

$$\rho_1 = \frac{\lambda}{\mu_1}, \quad \rho = \frac{\lambda}{\mu}$$

mit

$$\mu = \mu_1 + \mu_2$$

ein. Dann wird

$$\rho_1 = (1 + \alpha)\rho,$$

wenn $\alpha = \mu_2 \cdot \mu_1^{-1}$ das Verhältnis mißt, in dem die Bearbeitungsraten der beiden Kanäle zueinander stehen. Man multipliziert jede Zeile der Tabelle mit einer passend gewählten Potenz von z und addiert die entstehenden Gleichungen. Dann erhält man die Relationen

(2.06) $$(1-z)(1-\rho_1 z)F(z) = \rho_1 P(S,1,0)z^{S+2} - \rho_1 P(0,0,0)z + P(0,1,0) - \alpha z \cdot G(z),$$

(2.07) $$\begin{aligned}(1-\theta_1 z)(1-\theta_2 z)G(z) &= \rho_1 P(s,1,1)z^{s+2} - \rho_1 P(0,0,1)z + P(0,1,1)\\ &\quad - (1+\alpha)\left[(1+\rho)P(s,1,1) - \rho P(s-1,1,1)\right] z^{s+1}\end{aligned}$$

(2.08) $$\begin{aligned}(1-z)(1-\rho z)\, H(z) \cdot z^{-(s+1)} &= (1+\rho)P(s,1,1) - \rho P(s-1,1,1) - \rho P(s,1,1) \cdot z\\ &\quad - \rho \cdot P(S,1,0) \cdot z^{S-s},\end{aligned}$$

in denen die Größen θ_1, θ_2 durch

$$\rho_1 z^2 - (1+\alpha)(1+\rho)z + 1 = (1-\theta_1 z)(1-\theta_2 z)$$

definiert sind.

In den Gleichungen (2.06) - (2.08) sind F(z) und G(z) Polynome, während H(z) eine unendliche Reihe bezeichnet, die noch im Punkte z = +1 konvergieren muß. Die Gleichungen gelten identisch in z. Mithin müssen die Nullstellen ihrer rechten Seiten mit den Wurzeln der Polynome übereinstimmen, mit denen F(z) und G(z) multipliziert sind. Ebenso muß (1-z) ein Teiler des Polynoms auf der rechten Seite von (2.08) sein. Diese Bedingungen lassen sich ausnutzen, um F(z), G(z) und H(z) als einfache rationale Funktionen darzustellen. Ein Vergleich der Koeffizienten ihrer Reihenentwicklung mit den Definitionen (2.01) - (2.03) ergibt die gesuchten Zustandswahrscheinlichkeiten in der Form

$$(2.09)\quad P(n,1,1) = \left[(\rho_1+\alpha)\frac{\theta_1^{n+1}-\theta_2^{n+1}}{\theta_1-\theta_2} - \rho_1\frac{\theta_1^n-\theta_2^n}{\theta_1-\theta_2}\right]P(0,0,1), \quad n\in\{0,1,\dots,s\},$$

$$(2.10)\quad P(n,1,1) = \rho^{n-s}P(s,1,1) + \rho\frac{1-\rho^{n-s}}{1-\rho}P(S,1,0), \quad n\in\{s+1,s+2,\dots,S\},$$

$$(2.11)\quad P(n,1,1) = \rho^{n-s}P(s,1,1) + \frac{1-\rho^{S-s}}{1-\rho}\cdot\rho^{n-S+1}\cdot P(S,1,0), \quad n\in\{S,S+1,\dots\},$$

$$(2.12)\quad P(0,1,0) = \rho_1 P(0,0,0) - \rho_1 P(S,1,0) + \alpha\sum_{k=0}^{s}P(k,1,1),$$

$$(2.13)\quad \begin{aligned} P(n,1,0) = {} & \rho_1^{n+1}P(0,0,0) - \frac{1-\rho_1^{n+1}}{1-\rho_1}\rho_1 P(S,1,0) + \alpha\frac{1-\rho_1^{n+1}}{1-\rho_1}\sum_{k=n}^{s}P(k,1,1) \\ & + \alpha\sum_{k=0}^{n-1}\frac{1-\rho_1^{k+1}}{1-\rho_1}\rho_1^{n-k}P(k,1,1), \quad n\in\{1,2,\dots,s\} \end{aligned}$$

$$(2.14)\quad \begin{aligned} P(n,1,0) = {} & (1-\rho_1)\rho_1^{n+1} - \left[1-\frac{\alpha\rho}{1-\rho}\rho_1^{s+1}\right]P(s,1,1) \\ & - \rho_1\left[\frac{1-\rho_1^{n-s}}{1-\rho_1} - \rho_1^{n+1} - (S-s)\frac{\alpha\rho}{1-\rho}\dot{\rho}_1^{n}\right]P(S,1,0), \\ & n\in\{s+1,\dots,S\}. \end{aligned}$$

Die Wahrscheinlichkeit P(s, 1, 1), die in diesen Gleichungen mehrfach als Koeffizient auftritt, läßt sich aus (2.09) entnehmen, und P(S, 1, 0) ergibt sich aus (2.14) zu

$$P(S,1,0) = \left\{(1-\rho_1)\rho_1^{S+1} - \left[1 - \frac{\alpha\rho}{1-\rho}\rho_1^{s+1}\right]\rho_1^{S-s} P(s,1,1)\right\}. \tag{2.15}$$

$$\cdot\left\{\frac{1-\rho_1^{S-s+1}}{1-\rho_1} - \rho_1^{S+2} - (S-s)\frac{\alpha\rho}{1-\rho}\rho_1^{S+1}\right\}^{-1}$$

Demnach kennt man alle Zustandswahrscheinlichkeiten, wenn man noch P(0, 0, 0) und P(0, 0, 1) angeben kann. Sie lassen sich aus (2.04) berechnen. Setzt man

$$Q = (A\cdot\rho^{-1}+B)\cdot\left[(\rho_1+\alpha)\frac{\theta_1^{s+1}-\theta_2^{s+1}}{\theta_1-\theta_2} - \rho_1\frac{\theta_1^{s}-\theta_2^{s}}{\theta_1-\theta_2}\right] \tag{2.16}$$

$$- A\cdot\left[(\rho_1+\alpha)\frac{\theta_1^{s}-\theta_2^{s}}{\theta_1-\theta_2} - \rho_1\frac{\theta_1^{s-1}-\theta_2^{s-1}}{\theta_1-\theta_2}\right],$$

worin die Koeffizienten A, B durch (2.15) definiert werden, indem man diese Gleichung als

$$A\cdot P(S,1,0) + B\cdot P(s,1,1) = (1-\rho)(1-\rho_1)^2\rho_1^{S+1} \tag{2.15}$$

schreibt, so erhält man

$$P(0,0,1) = (1-\rho)(1-\rho_1)^2\rho_1^{S+1}\cdot Q^{-1} \tag{2.17}$$

und weiter

$$P(0,0,0) = 1 - \rho_1 + (1-\rho)(1-\rho_1)^2\rho_1^{S+1}\left\{a_0\cdot\left[(\rho_1+\alpha)\frac{\theta_1^{s+1}-\theta_2^{s+1}}{\theta_1-\theta_2} - \rho_1\frac{\theta_1^{s}-\theta_2^{s}}{\theta_1-\theta_2}\right]\right.$$

$$\left. - b_0\cdot\left[(\rho_1+\alpha)\frac{\theta_1^{s}-\theta_2^{s}}{\theta_1-\theta_2} - \rho_1\frac{\theta_1^{s-1}-\theta_2^{s-1}}{\theta_1-\theta_2}\right] - 1\right\}\cdot Q^{-1} \tag{2.18}$$

mit

$$a_0 = \frac{\alpha\rho}{1-\rho} + 1 + \alpha + (S-s)\frac{\alpha}{1-\rho} \quad ,$$

$$b_0 = \rho_1 + (S-s)\frac{\alpha\rho}{1-\rho} \quad .$$

Die Formeln für die Zustandswahrscheinlichkeiten sind unanschaulich und so kompliziert, daß man aus ihnen nicht unmittelbar auf das Verhalten der P(n, k, l) gegenüber einer Änderung der Parameterwerte schließen kann. Daher soll das in Abb. 3 dargestellte Zahlenbeispiel die Formeln verdeutlichen.
Die Abbildung zeigt die Zustandswahrscheinlichkeiten eines Wartesystems mit $\rho_1 = 0,75$ und $\rho_2 = 1,50$, also $\alpha = \frac{1}{2}$, das unter einer (s, S)-Regel mit s=4 und S=6 arbeitet. Die berechneten P(n, k, l) sind in schiefwinkliger Parallelprojektion als Balken gezeichnet, die auf einer "Zustands-Ebene" senkrecht stehen. Eine Gerade dieser Ebene trägt die Zustände (n, 1, 1), eine andere die Zustände (n, 1, 0).
Die Zustände des Systems sind sehr unterschiedlich besetzt. Man findet P(0, 0, 0) = 0, 269 und P(0, 1, 0) = 0,201, so daß man in 47 % der Beobachtungszeit das System leer vorfinden oder nur ein Element im Kanal I antreffen wird. Dagegen berechnet sich die Wahrscheinlichkeit, daß 9 oder mehr Elemente in der Schlange warten, zu 0, 003. Diese starke Konzentration der Besetzungszahlen auf Zustände mit geringer Schlangenlänge zeigt deutlich die Wirkung der (s, S)-Regel, die durch das gelegentliche Zuschalten von Kanal II einen starken Stau der Elemente verhindert. Da der Kanal I doppelt so schnell arbeitet wie der Kanal II, beträgt die Wahrscheinlichkeit nur 0, 056, daß beide Kanäle gemeinsam die Elemente abfertigen; in 63, 8 % der Beobachtungszeit wird man den Kanal I allein arbeiten sehen.
Diese verbale Interpretation des in Abb. 3 dargestellten Zahlenbeispiels ist mühsam, weil sie nicht die angemessenen Begriffe benutzt. Das Verhalten eines Wartesystems mit heterogenen Kanälen unter (s, S)-Regel läßt sich einsichtiger darstellen, wenn man das System zwischen einfachere Wartesysteme "einschließt". Diese Systeme werden im folgenden Abschnitt dargestellt; mit ihrer Hilfe wird dann aus (2. 05) eine anschauliche Darstellung des Erwartungswertes L für die Anzahl der Elemente im System hergeleitet.

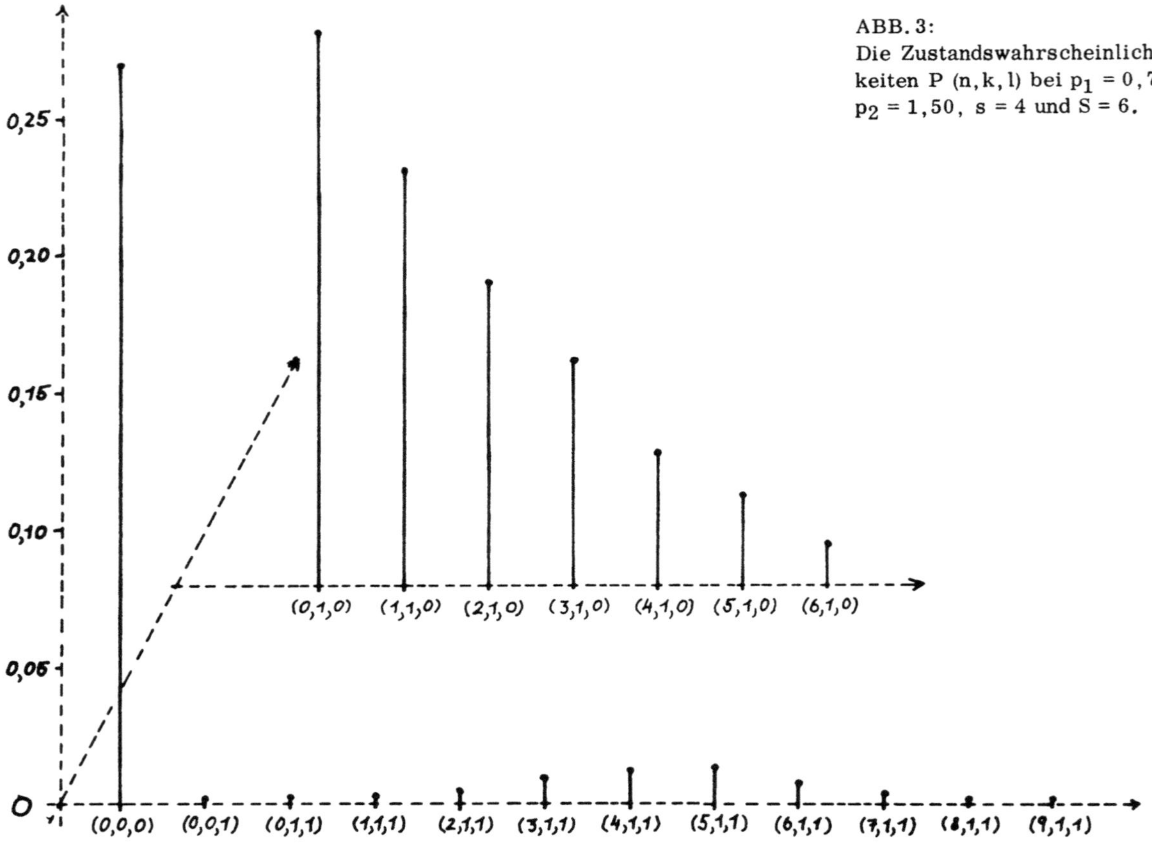

ABB. 3:
Die Zustandswahrscheinlichkeiten P (n, k, l) bei $p_1 = 0,75$, $p_2 = 1,50$, $s = 4$ und $S = 6$.

3. Zwei Vergleichsmodelle

Die Wahrscheinlichkeit P(0, 0, 0), mit der das Wartesystem unter (s, S)-Regel leersteht, kann man nach (2. 18) in der Form

$$P(0,0,0) = 1 - \rho_1 + \text{(weitere Terme)}$$

schreiben; ebenso gilt nach (2. 13) und (2. 14)

$$P(n,1,0) = (1-\rho_1)\rho_1^{n+1} + \text{(weitere Terme)}.$$

Nun halten sich (n+1) Elemente im System auf, wenn es sich im Zustand (n,1,0) befindet, und es ist

$$P_{n+1}(0/\mu_1) = (1-\rho_1)\rho_1^{n+1},$$

$$P_0(0/\mu_1) = 1 - \rho_1 \quad .$$

In diesen Gleichungen steht $P_n(0/\mu_1)$ für die Zustandswahrscheinlichkeiten des Wartesystems M/M/1, das mit der Rate μ_1 unter 0-Regel arbeitet. Von einem Wartesystem wird gesagt, es arbeite unter 0-Regel, wenn seine Abfertigungskapazität nicht mit der Anzahl der Elemente variiert. (Vgl. K. H. F. MEYER [1971] , S. 27)
Demnach sind die Zustandswahrscheinlichkeiten $P_n(0/\mu_1)$ erste Näherungen an die Wahrscheinlichkeiten P(n, k, l), denn die Gleichungen (2. 18), (2, 13) und (2. 14) lassen sich in der Form

$$P(0,0,0) = P_0(0/\mu_1) + \text{(weitere Terme)},$$

$$P(n,1,0) = P_{n+1}(0/\mu_1) + \text{(weitere Terme)}$$

schreiben. Die Interpretation dieser Gleichungen ist offenkundig: Die $P_n(0/\mu_1)$ sind die Zustandswahrscheinlichkeiten eines Systems, in dem nur der Kanal I die ankommenden Elemente abfertigt, während der Kanal II nie in Betrieb genommen wird. Arbeitet das System in dieser Weise, so macht es weniger Abfertigungskapazität verfügbar als unter (s, S)-Regel. Dann wird es bei gleicher Ankunftsrate seltener leerstehen, so daß

$$(3.01) \qquad P(0,0,0) > P_0(0/\mu_1)$$

gelten muß. Wegen der geringeren Abfertigungskapazität bildet sich ein größerer Stau aus; demnach genügt der Erwartungswert L für die Anzahl der Elemente im System der Ungleichung

$$L < L(0/\mu_1) \ .$$

Diese anschaulichen Überlegungen zeigen bereits, welche Vorzeichen die Korrekturfaktoren haben, die in den obigen Gleichungen als "(weitere Terme)" bezeichnet sind. Um auch ihre Beträge zu erfassen, definiert man die Wahrscheinlichkeiten

$$(3.02) \qquad P(I) = \text{Prob (nur Kanal I arbeitet)} \ ,$$

$$(3.03) \qquad P(I \wedge II) = \text{Prob (beide Kanäle arbeiten gemeinsam)} \ .$$

Offenbar mißt $P(I \wedge II)$ den Zeitanteil, während dessen Kanal II die Arbeit des Kanals I unterstützt. Diese Größe ist aber maßgeblich für den Unterschied zwischen dem Modell M/M/1 mit der Rate μ_1 und dem Modell der beiden heterogenen Kanäle unter (s,S)-Regel. Mithin muß eine Relation

$$(3.04) \qquad P(0,0,0) = P_0(0/\mu_1) + g_0 \cdot P(I \wedge II)$$

bestehen. Ihr Koeffizient g_0 ist noch zu ermitteln; man weiß aber bereits aus (3.01), daß $g_0 > 0$ sein muß. Eine zu (3.04) ähnliche Gleichung muß für die mittlere Anzahl L der Elemente im System gelten.
Die vorgetragenen Überlegungen werden durch die Rechnung bestätigt. Man entnimmt den Definitionen (3.02), (3.03) und dem Markov-Graphen von Abb. 2 die Gleichungen

$$(3.05) \qquad P(I) = \sum_{n=0}^{S} P(n,1,0) = F(1),$$

$$(3.06) \qquad P(I\wedge II) = \sum_{n=0}^{\infty} P(n,1,1) = G(1) + H(1) \; .$$

Aus ihnen ergibt sich mit Hilfe von (2.06)

$$(3.07) \qquad P(I) = \rho_1 + (1-\rho)(1-\rho_1)\rho_1^{S+1}\Bigg\{1-\rho_1+a_1\cdot\left[(\rho_1+\alpha)\frac{\theta_1^{s+1}-\theta_2^{s+1}}{\theta_1-\theta_2} - \rho_1\frac{\theta_1^{s}-\theta_2^{s}}{\theta_1-\theta_2}\right] - b_1\cdot\left[(\rho_1+\alpha)\frac{\theta_1^{s}\theta_2^{s}}{\theta_1-\theta_2} - \rho_1\frac{\theta_1^{s-1}\theta_2^{s-1}}{\theta_1-\theta_2}\right]\Bigg\}\cdot Q^{-1} ,$$

worin

$$a_1 = (1+\alpha)\left[\rho_1 - (S-s)\frac{1-\rho_1}{1-\rho} - \frac{1-\rho_1}{1-\rho}\rho - \alpha^{-1}(1+\alpha)(1-\rho)\right] ,$$

$$b_1 = \rho_1\left[\rho_1-(S-s)\frac{1-\rho_1}{1-\rho} - \alpha^{-1}(1+\alpha)(1-\rho)\right]$$

gesetzt wurde, und weiter mit (2.07) und (2.08)

$$(3.08) \qquad P(I\wedge II) = (1-\rho)(1-\rho_1)^2\rho_1^{S+1}\Bigg\{a_2\cdot\left[(\rho_1+\alpha)\frac{\theta_1^{s+1}-\theta_2^{s+1}}{\theta_1-\theta_2} - \rho_1\frac{\theta_1^{s}-\theta_2^{s}}{\theta_1-\theta_2}\right] - b_2\cdot\left[(\rho_1+\alpha)\frac{\theta_1^{s}-\theta_2^{s}}{\theta_1-\theta_2} - \rho_1\frac{\theta_1^{s-1}-\theta_2^{s-1}}{\theta_1-\theta_2}\right] - 1\Bigg\}\cdot Q^{-1}$$

mit

$$a_2 = \frac{\rho}{1-\rho} + \alpha^{-1}(1+\alpha) + (S-s)\frac{1}{1-\rho} ,$$

$$b_2 = \alpha^{-1}\rho_1 + (S-s)\frac{\rho}{1-\rho} \; .$$

Trägt man diese Beziehung in (2.18) ein, so findet man für die fehlende Konstante g_0 der Gleichung (3.04) die Darstellung

$$(3.09) \qquad g_0 = \alpha - (1-\alpha)\cdot\Bigg\{a_2\cdot\left[(\rho_1+\alpha)\frac{\theta_1^{s+1}-\theta_2^{s+1}}{\theta_1-\theta_2} - \rho_1\frac{\theta_1^{s}-\theta_2^{s}}{\theta_1-\theta_2}\right] - b_2\cdot\left[(\rho_1+\alpha)\frac{\theta_1^{s}-\theta_2^{s}}{\theta_1-\theta_2} - \rho_1\frac{\theta_1^{s-1}-\theta_2^{s-1}}{\theta_1-\theta_2}\right] - 1\Bigg\}^{-1} ,$$

in der wieder die Koeffizienten a_2, b_2 auftreten, die aus (3.08) bekannt sind. Unerwartet und deshalb von besonderem Interesse ist der enge Zusammenhang zwischen g_0 und dem Verhältnis α, in dem die Bearbeitungsraten der beiden Kanäle zueinander stehen.

Die mittlere Anzahl L der Elemente im System verhält sich komplementär zur Brachzeit des Systems, und diese Aussage gilt unabhängig von der operationellen Doktrin, unter der das Wartesystem arbeitet. Daher schließt man aus (3.04), daß L mit der durchschnittlichen Anzahl $L(0/\mu_1)$ der Elemente im System M/M/1 durch eine Gleichung

(3.10) $$L = L(0/\mu_1) - g_2 \cdot P(I \wedge II)$$

mit $g_2 > 0$ verknüpft ist. Um den Koeffizienten g_2 zu ermitteln, geht man von der Beziehung

$$L = 1 - P(0,0,0) + G(1) + H(1) + F'(1) + G'(1) + H'(1)$$

aus, die nach (2.05) erfüllt ist. Hier trägt man (3.06) ein und erhält

(3.11) $$L = 1 - P(0,0,0) + P(I \wedge II) + F'(1) + G'(1) + H'(1).$$

Nun ist nach Definition der erzeugenden Funktionen

$$F'(1) + G'(1) + H'(1) = \sum_{n=1}^{S} n\ P(n,1,0) + \sum_{n=1}^{\infty} n\ P(n,1,1) = L_q,$$

wenn L_q die mittlere Länge der Warteschlange vor dem Bearbeitungszentrum bezeichnet. Für das Vergleichsmodell M/M/1 gilt

$$L_q(0/\mu_1) = \frac{\rho_1^2}{1 - \rho_1} \quad ;$$

berechnet man aus (2.06) - (2.08) die Werte, die die Ableitungen der erzeugenden Funktionen an der Stelle 1 annehmen, so erhält man

(3.12) $$L_q = L_q(0/\mu_1) - g_1 \cdot P(I \wedge II)$$

mit

$$g_1 = \left\{ b_3 \cdot \left[(\rho_1+\alpha) \frac{\theta_1^{s} - \theta_2^{s}}{\theta_1 - \theta_2} - \rho_1 \frac{\theta_1^{s-1} - \theta_2^{s-1}}{\theta_1 - \theta_2} \right] - a_3 \cdot \left[(\rho_1+\alpha) \frac{\theta_1^{s+1} - \theta_2^{s+1}}{\theta_1 - \theta_2} - \rho_1 \frac{\theta_1^{s} - \theta_2^{s}}{\theta_1 \cdot \theta_2} \right] \right\} \cdot$$

(3. 13)

$$\cdot \left\{ a_2 \cdot \left[(\rho_1+\alpha) \frac{\theta_1^{s+1} - \theta_2^{s+1}}{\theta_1 - \theta_2} - \rho_1 \frac{\theta_1^{s} - \theta_2^{s}}{\theta_1 - \theta_2} \right] - b_2 \cdot \left[(\rho_1+\alpha) \cdot \frac{\theta_1^{s} - \theta_2^{s}}{\theta_1 - \theta_2} - \rho_1 \frac{\theta_1^{s-1} - \theta_2^{s-1}}{\theta_1 - \theta_2} \right] - 1 \right\}^{-1}$$

Hierin treten wieder die Koeffizienten a_2, b_2 auf, die aus (3. 28) bekannt sind, während

$$b_3 = \frac{\rho}{1-\rho} (S-s) \left[\frac{1}{2} (S+s-1) + \frac{1}{1-\rho} \right] - \frac{1}{2} \frac{\rho_1}{1-\rho_1} \left[(S+1)(S+2) - s(s+1) \right]$$

$$- \frac{\rho_1^2}{(1-\rho)(1-\rho_1)} (S-s+1-\rho),$$

$$a_3 = \rho^{-1} b_3 - \frac{\rho_1 - \rho}{(1-\rho_1)(1-\rho)} \left[s + \frac{1-\rho_1\rho - \rho_1^2(1-\rho)}{(1-\rho_1)(1-\rho)} \right]$$

gesetzt ist. Schreibt man nun (3. 11) in der Form

$$L = 1-P(0,0,0) + P(I \wedge II) + L_q ,$$

trägt in diese Gleichung (3. 12) ein und berücksichtigt (3. 04), so erhält man in

(3. 14) $\quad L = L(0/\mu_1) - g_2 \cdot P(I \;\; II)$

mit

(3. 15) $\quad g_2 = g_0 + g_1 - 1$

die angekündigte Relation für die mittlere Anzahl von Elementen im System.

Die Formel (3. 14) läßt deutlich den Gewinn erkennen, der durch die (s, S)-Regel erzielt wird. Würde nur der Kanal I arbeiten, so wären im Mittel

$$L(0/\mu_1) = \frac{\rho_1}{1-\rho_1}$$

Elemente im System. Durch das gelegentliche Zuschalten des Kanals II wird diese Anzahl um einen Betrag vermindert, der der Wahrscheinlichkeit $P(I \wedge II)$ proportional ist. Da $P(I \wedge II) > 0$ gilt und da auch der Faktor g_2 positiv ist, muß $L(0/\mu_1)$ eine obere Schranke für die mittlere Anzahl L der Elemente im System sein. Diese Rechnung bestätigt, daß die beiden komplementären Ungleichungen

(3.16) $\quad L < L(0/\mu_1)$,

(3.01) $\quad P(0,0,0) > P_0(0/\mu_1)$

bestehen, deren Gültigkeit bereits zu Beginn dieses Abschnitts mit heuristischen Argumenten hergeleitet worden ist. Beide Abschätzungen sind unsymmetrisch; sie geben eine untere Schranke für den Brachzeitanteil und eine obere Schranke für die durchschnittliche Anzahl der Elemente im System an. Gibt es auch eine obere Schranke für P(0, 0, 0) und eine untere für L, oder kann man durch passende Wahl von s und S erreichen, daß der Erwartungswert L beliebig klein wird?

Diese Frage läßt sich schon vor aller Rechnung durch ein heuristisches Argument beantworten. Die Ungleichungen (3.01) und (3.16) bestehen, weil das Wartesystem unter (s, S)-Regel eine höhere Abfertigungskapazität verfügbar macht als der Kanal I unter 0-Regel. Demnach findet man eine obere Schranke für P(0, 0, 0), wenn man die (s, S)-Regel für das System mit heterogenen Kanälen durch die "1-Regel" majorisiert. So wird die folgende operationelle Doktrin genannt: Beide Kanäle arbeiten parallel, wenn sich mindestens zwei Elemente im System befinden. Sind beide Kanäle frei, so wählt ein ankommendes Element den schnelleren Kanal I. Die Voraussetzungen über die Ankunft der Elemente und ihre Bearbeitungszeiten, die bei der Einführung der (s, S)-Regel genannt wurden, seien unverändert beibehalten.
Das Verhalten des Wartesystems unter dieser 1-Regel wird durch den Markov-Graphen von Abb. 1 beschrieben, wenn man in ihm s=S=0 setzt. Dann entfallen alle Bogen, die von den Knoten (n, 1, 1) zu den Knoten (n, 1, 0) führen. Der Bogen, der den Übergang vom Zustand (S, 1, 0) zum Zustand (S, 1, 1) darstellt, führt jetzt vom Knoten (0, 1, 0) zu (0, 1, 1).

Man kann in den Formeln für die Zustandswahrscheinlichkeiten des Wartesystems unter (s, S)-Regel s=S=0 setzen und erhält dann die Zustandswahrscheinlichkeiten des Systems unter 1-Regel. Insbesondere findet man aus (2.18) für die Wahrscheinlichkeit, mit der das System leersteht,

$$(3.17) \qquad P_0(1/\mu_1, \mu_2) = 1-\rho_1+\rho^2 \cdot \frac{1-\rho_1+\alpha^2 \cdot (4+\alpha-\rho_1)}{\rho^2+\alpha \cdot (1+\rho+\rho+\alpha\rho^2)} .$$

In dieser Formel wurde wieder die Konvention benutzt, an den Zustandswahrscheinlichkeiten die operationelle Doktrin zu vermerken, unter der das System arbeitet. Wendet man sie auch beim Erwartungswert für die Anzahl der Elemente im System an, so ergibt sich aus (3.14) und (3.08) die Darstellung

$$(3.18) \qquad L(1/\mu_1, \mu_2) = \frac{\rho_1}{1-\rho_1} - \rho^2 \frac{\rho_1(2-\rho)+\alpha^2\left[3+2\alpha+\rho_1(1-\rho)\right] - 1}{(1-\rho_1)(1-\rho)\left[\rho^2+\alpha(1+\rho_1+\rho+\alpha\rho^2)\right)} .$$

Eine kurze Rechnung erlaubt nun, den Ungleichungen (3.16) und (3.01) die symmetrische Gestalt

$$(3.19) \qquad L(0/\mu_1) > L > L(1/\mu_1, \mu_2)$$

und

$$(3.20) \qquad P_0(0/\mu_1) < P(0,0,0) < P(1/\mu_1, \mu_2)$$

zu geben. Diese Rechnung bestätigt die heuristischen Überlegungen, mit denen die Einführung der 1-Regel motiviert wurde. Wegen ihres elementaren Charakters wird sie hier nicht vorgeführt. Es scheint interessanter, den Beziehungen nachzugehen, die das Modell des Wartesystems unter (s, S)-Regel mit einem Modell verknüpfen, das von KAUFMANN und CRUON [1961] beschrieben wurde. Diese Autoren betrachten ebenfalls ein Wartesystem, dessen Bearbeitungszentrum von den Kanälen I und II gebildet wird. Die Ankünfte der Elemente bilden einen Poisson-Strom der Intensität λ; ihre Bearbeitungszeiten sind exponentialverteilt um den Mittelwert μ_1^{-1} im Kanal I und μ_2^{-1} im Kanal II. Beide Kanäle arbeiten parallel, wenn mindestens zwei Elemente im System sind. Dagegen wählt ein ankommendes Element mit der Wahrscheinlichkeit π den schnelleren Kanal I und mit der Wahrscheinlichkeit $(1-\pi)$ den langsameren Kanal II, wenn das Bearbeitungszentrum leersteht. Das Verhalten dieses Wartesystems wird durch den Markov-Graphen von Abb. 4 detailliert beschrieben. Seine Knoten symbolisieren die Zustände des Systems, die durch Zahlentripel (n, k, l) bezeichnet werden. Darin steht n für die Länge der Schlange vor dem Zentrum, während k = 1 (l = 1) anzeigt, daß Kanal I(II) besetzt ist; andernfalls ist k = 0 (l = 0). Wählt man in diesem Modell $\pi = 1$, so entscheidet sich ein ankommendes Element stets für den schnelleren Kanal I, wenn es überhaupt wählen kann. Dann verschwindet im Markov-Graphen von Abb. 4 der Bogen vom Knoten (0, 0, 0) zum Knoten (0, 0, 1), und der Graph wird identisch mit dem des Wartesystems unter 1-Regel. Diese Identität erklärt den Namen "1-Regel" für die (s, S)-Regel mit den kritischen Anzahlen s = 0, S = 0. Ihr entspricht, daß die Formeln von KAUFMANN und CRUON für die Wahrscheinlichkeit eines leerstehenden Systems und die durchschnittliche Anzahl von Elementen im System in (3. 17) und (3. 18) übergehen, wenn man in ihnen $\pi = 1$ setzt.

Die Markov-Graphen der Abbildungen 2 und 4 lassen ebenso wie die vorgetragenen heuristischen Überlegungen erkennen, daß die geschilderten Vergleichsmodelle das Verhalten des Wartesystems unter (s, S)-Regel approximieren. Das System M/M/1 ist eine Minorante des untersuchten Systems und das Modell von KAUFMANN und CRUON eine Majorante. Um auch einen Einblick in die Güte der jeweiligen Approximation zu erhalten, greift man auf das Beispiel zurück, dessen Zustandswahrscheinlichkeiten in Abb. 3 dargestellt sind. Dieses Wartesystem wird mit der Wahrscheinlichkeit P(0, 0, 0) = 0, 269 leerstehen, während sich im Mittel L = 2, 180 Elemente in ihm aufhalten. Das Verhalten von Kanal I unter 0-Regel liefert als eine erste Approximation die Werte $P_0(0/\mu_1) = 0,250$ und $L(0/\mu_1) = 3,000$. Aus dem Modell von KAUFMANN und CRUON errechnet man mit größerem numerischen Aufwand die schlechteren Approximationen $P_0(1/\mu_1, \mu_2) = 0,453$ und $L(1/\mu_1, \mu_2) = 1,303$. Daher wird eine andere Majorante das Verhalten des Wartesystems unter (s, S)-Regel besser approximieren als die 1-Regel, so interessant auch die Beziehungen sind, die die (s, S)-Regel mit dem Modell von KAUFMANN und CRUON verbinden.

Literaturverzeichnis

FERSCHL, F., Zufallsabhängige Wirtschaftsprozesse. Wien und Würzburg 1964.

FERSCHL, F., Markovketten (Lecture Notes in Operations Research and Mathematical Systems, vol. 35); Berlin-Heidelberg-New York 1970.

GUTENBERG, E., Grundlagen der Betriebswirtschaftslehre; Bd. I: Die Produktion; 11. Aufl., Berlin-Heidelberg-New York 1966.

HEYMAN, D. P., Optimal Operating Policies for M/G/1 Queuing Systems. Operations Research, vol. 16(1968) 2, S. 362-382.

KAUFMANN, A., et R. CRUON, Les phénomènes d'attente. Paris 1961.

MEYER, K.H.F., Wartesysteme mit variabler Bearbeitungsrate (Lecture Notes in Economics and Mathematical Systems, vol. 61), Berlin-Heidelberg-New York 1971.

SCHMIDT, R., Kapazitätsplanung in stochastischen Produktionssystemen Meisenheim 1968.

Sensitivitätsanalysen der Vorteilhaftigkeit vorbeugender Ersatzstrategien für stochastisch ausfallende komplexe Produktionssysteme

von A.-W. Scheer, Hamburg

A Die Fragestellung

Die Laufzeit "t" eines Produktionssystems zwischen zwei Ausfällen ist eine Zufallsvariable und folgt einer Laufzeitverteilung f(t) mit monoton steigender Ausfallrate $\frac{f(t)}{(1-F(t))}$

Bei einem Ausfall des Aggregats werden durchschnittlich Ra ZE benötigt, um das ausgefallene Aggregatteil durch ein neues zu ersetzen.

Wird das Aggregatteil vor seinem Ausfall vorbeugend ersetzt, so werden dazu durchschnittlich Rv (Rv < Ra) Zeiteinheiten benötigt.

In Abhängigkeit von dem vorbeugenden Ersatzzeitpunkt T_p ergibt sich dann der erwartete Zeitnutzungsgrad N (T_p) (bei unendlich langer Prozeßdauer) nach:[1]

$$(1)\quad N(T_p) = \frac{\int_0^{T_p} (1-F(t))\, dt}{\int_0^{T_p} (1-F(t))\, dt + F(T_p)\,(Ra-Rv) + Rv} = \frac{\text{erwartete Laufzeit pro Zyklus}}{\text{erwartete Zykluslänge}}$$

In Abb. 1 ist der Verlauf dieser Funktion für eine bestimmte Datensituation eingezeichnet.

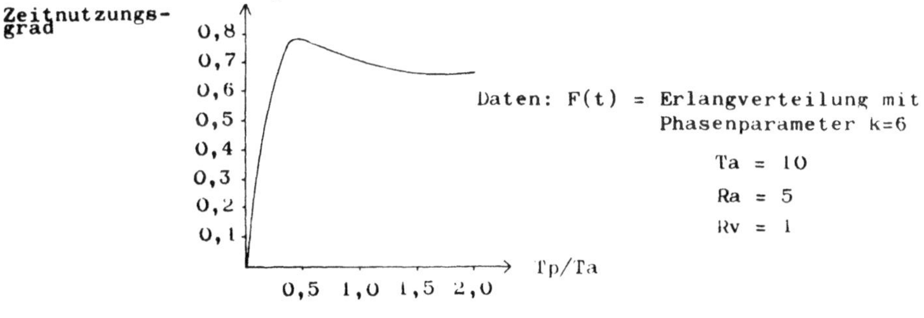

Abb. 1

---

1) $\int_0^{T_p} (1-F(t))\, dt = \int_0^{T_p} t.f(t)dt + (1-F(T_p)).T_p$

Der optimale vorbeugende Ersatzzeitpunkt T_p^*, der den erwarteten Zeitnutzungsgrad maximiert, kann mit Hilfe der Differentialrechnung bestimmt werden.[1]

Für unterschiedliche Problemstrukturen sollen für dieses Modell im folgenden jeweils 2 Fragen beantwortet werden:

1. Wie hoch ist der Vorteil bei Anwendung einer optimalen Ersatzstrategie P^* gegenüber der reinen Ausfallersatzpolitik P^∞.
2. Wie empfindlich ist der Zeitnutzungsgrad des Produktionssystems bezüglich einer Abweichung von der optimalen Politik p^*.[2]

Beide Fragen sind für die Einführung einer vorbeugenden Ersatzpolitik von entscheidender Bedeutung.
Zur Beantwortung der ersten Frage wird folgende Größe als Maß verwendet:

(2) $M1 = \left(\frac{N(P^*)}{N(P^\infty)} - 1\right) \cdot 100 =$ Prozentuale Erhöhung des Zeitnutzungsgrades bei Anwendung einer optimalen vorbeugenden Ersatzpolitik gegenüber dem reinen Ausfallersatz

Zur Beantwortung der zweiten Frage wird als Maß die Größe angesetzt:

(3) $M2\,(p) = \left(1 - \frac{N(P^* + p.P^*)}{N(P^*)}\right) =$ Prozentualer Wirkungsgradverlust bei Abweichung von der optimalen Politik um p.100 Prozent

bzw.

$M2\,(p) = \left(1 - \frac{N(P^* \pm p)}{N(p^*)}\right) = 100 =$ Prozentualer Wirkungsgradverlust bei Abweichung von dem Parameter der optimalen Politik um ±p.

Im weiteren soll untersucht werden, wie diese beiden Größen sich in Abhängigkeit von der Struktur der Ersatzpolitik gestalten. Dazu werden Ersatzpolitiken an dem in Abb.2 dargestellten Produktionssystem untersucht.

Das Instandhaltungssystem besteht aus mehreren Bearbeitungsgruppen. Jede Gruppe kann gleichzeitig nur ein Aggregat bearbeiten. Sowohl die Aggregate der Fließkette als auch die Werkstattaggregate werden von der Instandhaltungsabteilung betreut, so daß die Aggregate miteinander um die Kapazität der Instandhaltungsabteilung konkurrieren.

---

1) Hängen die Ersatzkosten linear von der Dauer der Ersatzmaßnahmen ab, so minimiert T_p gleichzeitig die erwarteten Ersatzkosten pro ZE. Im folgenden wird der Zeitnutzungsgrad als Zielgröße verwendet, um Bewertungsprobleme auszuschalten und deshalb eine bessere Vergleichbarkeit der Aussagen für unterschiedliche Modellstrukturen zu ermöglichen.

2) Diese Fragestellungen der Sensitivitätsanalyse wurden 1961 von S. Eilon am Beispiel der Losgrößenbestimmung eingeführt. Vgl. S. Eilon, A Note on the Optimal Range, in: Management Science, Vol. 7 (1961), S. 56-61

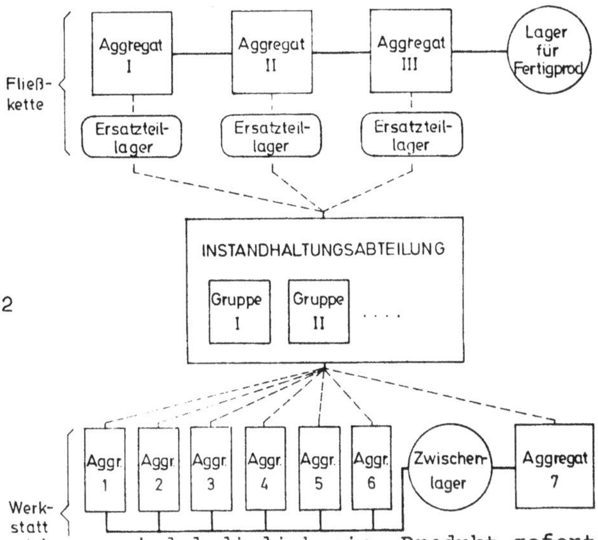

Abb. 2

In der Werkstattfertigung wird lediglich ein Produkt gefertigt. Die Fertigung ist zweistufig; die beiden Stufen sind durch ein Pufferlager miteinander verbunden.
Es werden folgende Politikstrukturen betrachtet:

1. Die Ersatzpolitik bei einem isolierten Aggregat mit eigener Instandhaltungsabteilung (Grundmodell der Ersatzpolitik)
2. Ersatzpolitik der 6 gleichartigen Aggregate der ersten Stufe der Werkstattfertigung bei knapper Instandhaltungskapazität
3. Ersatzpolitik bei den durch ein Pufferlager verbundenen zwei Stufen der Werkstattfertigung
4. Ersatzpolitik bei den starr miteinander verketteten Aggregaten der Fließkette.

B Betrachtung des Grundmodells der Ersatzpolitik

Die Vorteilhaftigkeit der Einführung einer vorbeugenden Ersatzpolitik hängt ab von:

1) dem Zeitverhältnis zwischen ausfallbedingtem und vorbeugendem Ersatz
$D = \frac{Ra}{Rv}$; wobei Ra und Rv zunächst die durchschnittlichen Bearbeitungszeiten Ba und Bv sind.

2) von der Streuung der Ausfallverteilung, die den Grad der Planbarkeit vorbeugender Maßnahmen bestimmt.

Als erstes werden deshalb die beiden Fragestellungen für unterschiedliche D-Werte und unterschiedliche Phasenparameter "k" erlangverteilter Aggregatlaufzeiten für ein isoliertes Aggregat untersucht.
In Abb. 3a und 3b sind die Ergebnisse eingezeichnet. Je enger die Streuung ist (höheres k), desto höher ist der Vorteil der vorbeugenden Ersatzpolitik in Abb. 3a. Die Funktionen steigen anfänglich

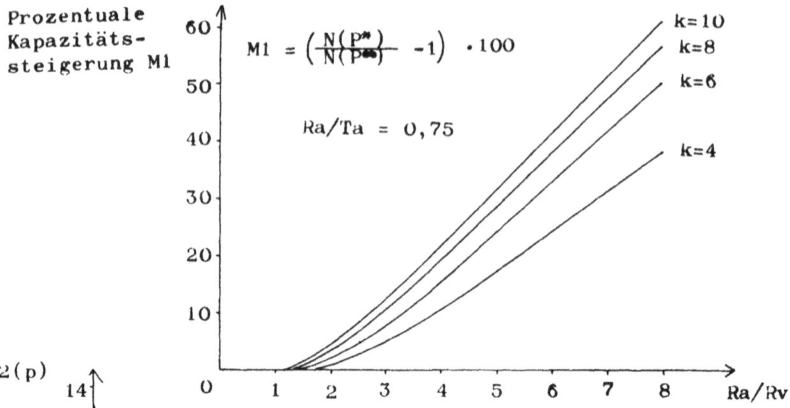

Abb. 3a

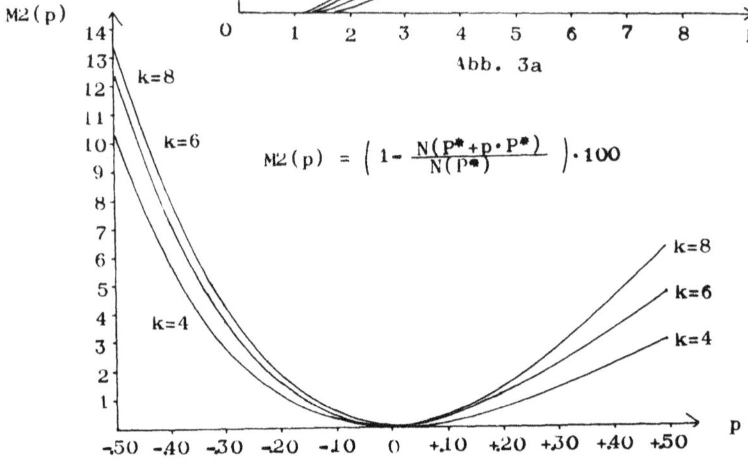

Abb. 3b

überproportional- dann annähernd linear.

Obwohl eine relativ extreme Datensituation gewählt worden ist und damit entsprechend hohe Kapazitätssteigerungen in Abb. 3a auftreten, ist die Sensitivität des Optimismus relativ gering. Wenn die Politik um 50% zu niedrig angesetzt wird, so besitzt M2 für Ra/Rv=5 und k=8 einen Wert in Höhe von 13% und für eine 50% positive Abweichung ergibt sich eine Abweichung von dem maximalen Zeitnutzungsgrad von rund 7%. Das Optimum ist also sehr stabil. Es ist selbstverständlich umso stabiler, je geringer der Erfolg der Ersatzpolitik gemäß M1 ist. Das Optimum ist bei negativen Abweichungen empfindlicher als bei positiven. Deshalb ist es bei Einführung einer vorbeugenden Ersatzpolitik günstiger, sich von relativ langen Ersatzzyklen aus an das Optimum heranzutasten. Wird dagegen von sehr kurzen Ersatzzyklen ausgegangen, so kann der Kapazitätsausnutzungsgrad gegenüber der Ausgangsituation (reiner Ausfallersatz) absinken und dadurch die Unternehmung veranlaßt werden, die Einführung vorzeitig abzubrechen.

C Vorbeugender Ersatz bei knappen Ersatzkapazitäten

Im Fall knapper Ersatzkapazitäten treten zu den durchschnittlichen reinen Bearbeitungsarbeiten Ba bzw. Bv durchschnittliche Wartezeiten Wa bzw. Wv vor den Instandsetzungskapazitäten hinzu:

$$Ra = Ba + Wa$$

$$Rv = Bv + Wv$$

Würden lediglich die Ersatzzeiten um das gleiche additive Glied W=Wv erhöht, so würde der Quotient

$$D = \frac{\overbrace{Ba+W}^{Ra} - \overbrace{(Bv+W)}^{Rv}}{Bv+W} = \frac{Ba-Bv}{Bv+W} \text{ sinken}$$

mit den in Abb. 3a und 3b erläuterten Konsequenzen. Die Wartezeiten sind allerdings Zufallsvariablen, die selbst von der Ersatzpolitik abhängen. Zur Untersuchung der Zusammenhänge werden die 6 Werkstattaggregate der ersten Produktionsstufe im Zusammenwirken mit dem Instandhaltungssystem untersucht. Diese bilden dann ein geschlossenes Wartesystem.

Die Einführung einer vorbeugenden Ersatzpolitik beeinflußt die Ankunft- und Bedienungsrate des Systems:

Die Ankunftrate steigt (über Festlegung des vorbeugenden Ersatzzeitpunktes)
Die Bedienungsrate (wegen $Bv < Ba$) steigt.

Beide Effekte sind bezüglich der Wartezeiten entgegengerichtet: allerdings wird, da ein geschlossenes System vorliegt, der Inputstrom auch über das Inputreservoir beeinflußt, da die fertiggestellten Aggregate wieder in Betrieb gesetzt werden. Auch können über die Anwendung von Prioritätsregeln und Stopregeln die Wartezeiten beeinflußt werden. Nur eine Simultanbetrachtung vorbeugender Ersatzstrategien mit den Effekten des Wartemodells kann die Problemkreise richtig erfassen.
Dieses wurde in einem Simulationsmodell[1] für verschiedene Ersatzstrategien und unterschiedliche Ersatzkapazitäten (parallele Kanäle) durchgeführt.

I. FIFO - Regel

Für 6 Aggregate mit identisch erlangverteilten Laufzeiten (Ta = 20, k = 8) und erlangverteilten Ersatzzeiten (Ba = 15, k=8; Bv= 3, k=8) ist in Abb. 6a der Zeitnutzungsgrad für 1, 3 und 6 parallele Instandsetzungsgruppen eingezeichnet.

1) Das Simulationsprogramm wurde in ALGOL programmiert. Die Rechnungen wurden 1969/70 auf der TR4 des Rechenzentrums der Universität Hamburg durchgeführt. Das Simulationsmodell ist ausführlich beschrieben in: A.-W. Scheer, Kosten- und Kapazitätsbezogene Ersatzpolitik bei stochastisch ausfallenden Produktionsanlagen, Diss. Hamburg 1971, S. 209ff.

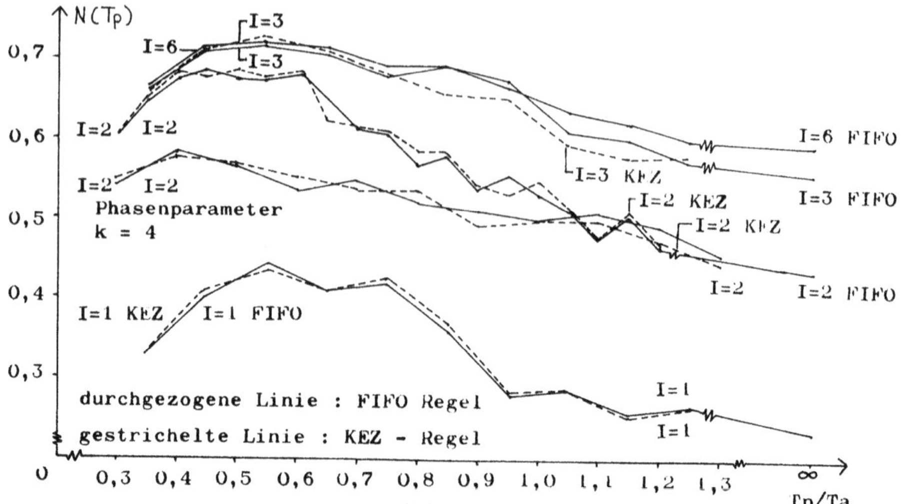

Abb. 4a

Zahl der Instand-haltungs-gruppen	k=8 Kapazitäts-steigerung von Tp*/Ta= 0,5 zu Tp/ Ta = ∞ M1	k=4	$\frac{Tp^*}{Ta}$-0,2	$\frac{Tp^*}{Ta}$-0,1	$\frac{Tp^*}{Ta}$+0,1	$\frac{Tp^*}{Ta}$ +0,2
1	95%		25%	9,9%	7,4%	5 %
2	58%	35%	10,5%	4,8%	1,6%	(~ 10%)
3	32%		7%	1,4%	1,4%	6,1%
6 (freie Kapazität)	25%		7%	1,4%	0,7%	6,5%

Tabelle 4 b Tabelle 4 c

Die Ersatzpolitik[1] ist folgendermaßen definiert:

- sobald ein Aggregat Tp ZE eingesetzt ist, wird es stillgelegt und in die Warteschlange eingereiht;
- sobald ein Bedienungskanal frei wird, wird das Aggregat mit der längsten Wartezeit bedient. Das fertiggestellte Aggregat wird wieder in Betrieb gesetzt.

Über die erste Fragestellung gibt Tabelle 4a Aufschluß.

1) Die optimale Ersatzpolitik im Zeitpunkt t hängt vom Zustand des Inputreservoirs und des Wartesystems ab. Die hier angesetzten einfacheren Strategien haben sich bei der Untersuchung von Ergebnissen exakter Optimierungsmodelle als hinreichend genau herausgestellt.

Bei lediglich einem Kanal wird durch die Einführung der vorbeugenden Ersatzpolitik die Kapazität gegenüber dem Ausfallersatz nahezu verdoppelt. Im Falle freier Kapazität beträgt die Kapazitätssteigerung dagegen lediglich 25% 1). Falls demnach vor einer Instandhaltungsabteilung Wartezeiten auftreten, wird die Vorteilhaftigkeit der vorbeugenden Ersatzpolitik erhöht.
Dieser Vorteil ist um so größer, je geringer die Streuung der Verteilung ist, wie ein Kontrollwert für den Phasenwert k=4 bestätigt.

Über die zweite Frage gibt die Tabelle 4c Aufschluß.

Hier zeigt sich, daß das Optimum um so empfindlicher ist, je größer der Engpaß ist. Wie beim Grundmodell ist wiederum das Optimum bei negativen Abweichungen vom optimalen Ersatzzeitpunkt empfindlicher als bei positiver Abweichung.

II. Einführung von Prioritäten

Wegen Ba > Bv kann die Einführung von Prioritätsregeln gemäß den Erkenntnissen der Theorie der Wartesysteme eine weitere Kapazitätssteigerung zeitigen. Da vor Beginn der Ersatzmaßnahmen die genaue Dauer unbekannt ist, stehen lediglich die Erwartungswerte als Anhaltspunkte zur Verfügung. Deshalb gibt die KEZ-Regel (Kürzeste Ersatzzeitregel) vorbeugenden Maßnahmen vor ausfallbedingten Maßnahmen höhere Priorität.

Da bei niedrigen Tp/Ta-Werten Aggregatausfälle kaum auftreten und bei hohen Tp/Ta-Werten vorbeugende Maßnahmen selten sind, wird die KEZ-Regel nur im Bereich mittlerer Tp/Ta-Werte wirksam. (vgl. Abb. 5a).

Obwohl aus den Tabellen 5b (FIFO-Regel) und 5c (KEZ-Regel)eine starke Verschiebung der durchschnittlichen Wartezeiten pro Ausfallersatz bzw. vorbeugendem Ersatz hervorgeht, ist der Einfluß der Prioritätsregel auf den Kapazitätsausnutzungsgrad in dem betrachteten Beispiel gering.

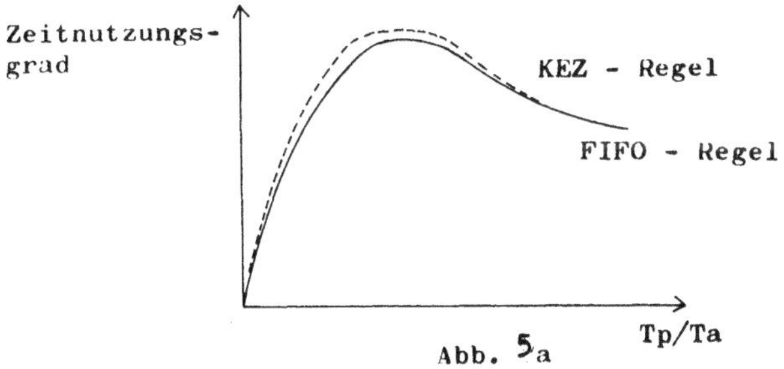

Abb. 5a

1) Der Fall 6 Instandhaltungsgruppen ist direkt vergleichbar mit den Abb.3a u.3b. Die geringen Abweichungen der Ergebnisse sind auf die Ungenauigkeiten der Simulationsergebnisse zurückzuführen.

Zahl der Instand-haltungs-gruppen I	Tp/Ta=0.5 Durchschnittl.Wartezeit bei: Ausfall	vorbeugendem Ersatz	Tp/Ta= 1 Durchschnittl.Wartezeit bei: Ausfall	vorbeugendem Ersatz
1	11.01 ZE	8.05 ZE	33.5 ZE	32.3 ZE
2	0.82 ZE	0.96 ZE	5.1 ZE	5.4 ZE
3	0.27 ZE	0.12 ZE	1.2 ZE	1.2 ZE

Tabelle 5b

1	51.03 ZE	6.3 ZE	50.5 ZE	7.0 ZE
2	1.3 ZE	0.78 ZE	6.1 ZE	2.8 ZE
3	0.2 ZE	0.1 ZE	1.2 ZE	0.5 ZE

Tabelle 5c

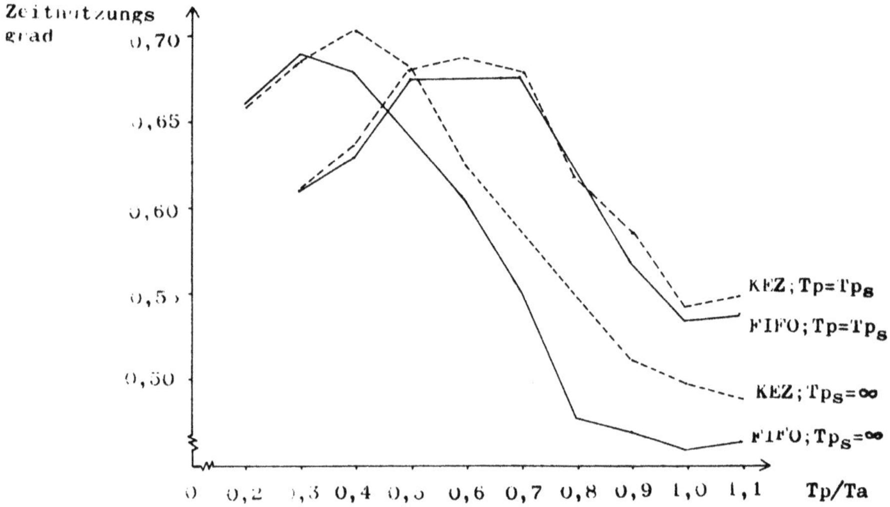

Abb. 6a

III. Differenzierte Stillegungspolitik

In den bisher betrachteten Fällen wurde ein Aggregat stillgelegt, sobald es den vorbeugenden Ersatzzeitpunkt Tp erreicht hat. Falls sich ein Aggregat aber nach einer Laufzeit von Tp ZE in eine Warteschlange einreihen muß, so verringert sich der Wert für D tendentiell und Tp müßte gemäß den Ergebnissen des Grundmodells der Ersatzpolitik hinausgezögert werden.

	$Tps=\infty$		$Tp^* = Tps$	
	FIFO	KEZ	FIFO	KEZ
Kapazitätssteigerung durch vorbeugende Ersatzpolitik M1	60%	64%	58%	60%

Tabelle 6b

Sensitivität der differenzierten Instandhaltungspolitik M2		Tp^*/Ta -0,2	$\frac{Tp^*}{Ta}$ -0,1	$\frac{Tp^*}{Ta}$ +0,1	$\frac{Tp^*}{Ta}$ +0,2
$Tps=\infty$	FIFO	-	3,9%	2,1%	7,6%
	KEZ	6,3%	3,1%	3,1%	14,3%
Tp=Tps	FIFO	10,5%	4,8%	1,6%	5,8%

Tabelle 6 c

Um diesem Effekt nachzukommen, wird deshalb eine differenzierte Stillegungspolitik eingeführt, die durch zwei Parameter Tp und Tps ($Tp \leq Tps$) gekennzeichnet wird. Wenn ein Aggregat das Einsatzalter Tp erreicht hat, wird es nur dann stillgelegt, wenn eine Instandsetzungsgruppe frei ist und das Aggregat aufgrund der Prioritätsregel sofort bearbeitet wird. Nach einer Einsatzdauer von Tps Zeiteinheiten wird das Aggregat auf jeden Fall stillgelegt und in die Warteschlange eingegliedert.

Für 2 Bedienungskanäle und $Tps=\infty$ (dh. ein Aggregat wird nur dann stillgelegt, wenn es sofort bearbeitet wird) ist der Zeitnutzungsgrad in Abb. 6a eingezeichnet. Zum Vergleich ist für die gleichen Daten der Zeitnutzungsgrad der bisher untersuchten Politik Tp=Tps eingezeichnet.

Wie aus Abb. 6a hervorgeht, verschiebt sich der Ersatzzeitpunkt des Kapazitätsmaximums bei Einführung der Stop-Politik nach vorn. Die KEZ-Regel zeigt einen größeren Effekt als bei Tp=Tps. Gleichzeitig wird durch die differenzierte Stillegungspolitik der Zeitnutzungsgrad erhöht. Bei höheren Tp/Ta-Werten ist aber die differenzierte Politik der Politik Tp=Tps unterlegen, da hier erheblich höhere Ausfälle in Kauf genommen werden.[1] Die Kenngrößen zur Behandlung der zwei Fragen sind in Tabelle 6b und Tabelle 6c eingetragen.
Gegenüber der Politik Tp=Tps ist die differenzierte Stillegungspolitik bei negativen Abweichungen von der optimalen Politik unempfindlicher, bei positiver Abweichung dagegen erheblich em-

1) Für $Tp \to \infty$ gehen beide Politiken ineinander über.

pfindlicher, da erheblich mehr Ausfälle in Kauf genommen werden. Damit ergibt sich gegenüber den bisher betrachteten Modellen eine entgegengesetzte Wirkung: Hier ist es sinnvoller, von kleinen vorbeugenden Ersatzintervallen ausgehend, sich an das Optimum heranzutasten.

D Vorbeugende Ersatzpolitik bei verketteten Aggregaten

I. Durch Pufferlager locker verkettetes Produktionssystem

Durch die Erweiterung der Werkstattfertigung um die zweite Produktionsstufe, die aus einem Aggregat mit der sechsfachen Produktionsgeschwindigkeit eines Aggregates der ersten Stufe besteht, treten drei neue Problemkreise zu den bisher behandelten hinzu:[1]

(1) Da auch das Aggregat der zweiten Stufe mit steigender Ausfallrate stochastisch ausfällt, ergibt sich die Frage nach der optimalen Ersatzstrategie für dieses Aggregat.

(2) Alle Aggregate nehmen die Instandhaltungabteilung in Anspruch, und damit konkurrieren die Aggregate beider Stufen um deren knappe Kapazität.

(3) Zwischen den Produktionsstufen wird ein Lager eingerichtet. Das führt zu der Frage, wie sich unterschiedliche Lagerkapazitäten auf die Ersatzpolitik und auf den Zeitnutzungsgrad des Produktionssystems auswirken. Zu den Bearbeitungszeiten und Wartezeiten treten nun Stillegungszeiten wegen zu geringer Zwischenlagerkapazität hinzu, die ebenfalls von der Ersatzpolitik beeinflußt werden. Die zweite Stufe muß z. B. stillgelegt werden, wenn keine Zwischenprodukte mehr vorhanden sind. Der Fall tritt auf, wenn nicht alle sechs Aggregate der ersten Stufe produzieren und das Zwischenlager leer ist.

Aggregate der ersten Stufe müssen stillgelegt werden, wenn das Zwischenlager gefüllt ist und die zweite Stufe nicht produziert.

Die Produktionsgeschwindigkeit eines Aggregates der ersten Stufe beträgt 50 ME/ZE; das Aggregat der zweiten Stufe 300 ME/ZE. Die sechs Aggregate der ersten Stufe fallen gemäß Erlangverteilungen mit den Parametern $T\dot{a} = 20$ und $k = 6$ aus. Die Ersatzzeiten sind ebenfalls erlangverteilt mit $Ra = 15$, $k = 8$; $Rv = 3$, $k = 8$. Für das Aggregat der zweiten Stufe gelten die Erlangverteilungen $Ta = 60$, $k = 6$; $Rv = 2$, $k = 8$; $Ra = 10$, $k = 8$. Die Instandhaltungsabteilung besteht aus zwei parallel arbeitenden Gruppen.

---

1) Für ein ähnliches Produktionssystem wie das hier betrachtete geben Kirschke u. a. einen Erfahrungsbericht über die praktische Einführung einer vorbeugenden Ersatzpolitik, vgl. E. Kirschke, W. Marten und G. Samsen, vorbeugende Wertung mit einem automatischen Wartungs- Informationssystem (AWIS) in: IBM Nachrichten, 22. Jg. (1972), S. 155 - 158

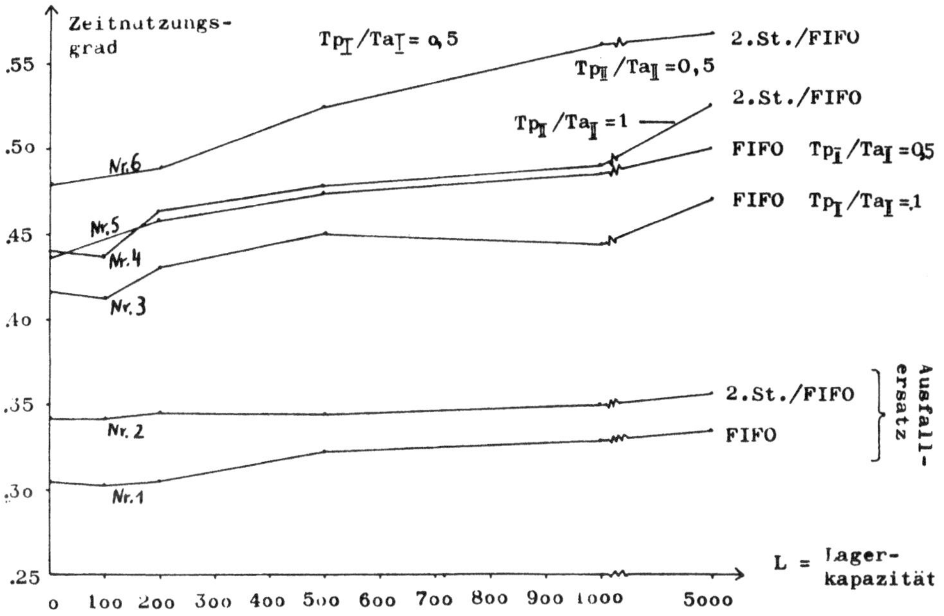

Abb. 7a

In Abb. 7a sind in Abhängigkeit von der Höhe der Zwischenlagerkapazitäten die Zeitnutzungsgrade unterschiedlicher Ersatzstrategien eingezeichnet. Im einzelnen sind folgende Strategien untersucht:

Nr. der Strategie	Parameter der Ersatzpolitik Tp_I=vorbeugender Ersatzzeitpunkt für Aggregate der ersten Stufe. Tp_{II}=vorbeugender Ersatzzeitpunkt des Aggregates der zweiten Stufe	Prioritätsregel
1	$Tp_I = \infty$; $Tp_{II}=\infty$	FIFO
2	$Tp_I = \infty$; $Tp_{II}=\infty$	Aggregat der zweiten Stufe besitzt relativen Vorrang
3	$Tp_I/Ta_I=0.5$; $Tp_{II}/Ta_{II}=1$	FIFO
4	$Tp_I/Ta_I=0.5$; $Tp_{II}/Ta_{II}=1$	Aggregat der zweiten Stufe besitzt relativen Vorrang
5	$Tp_I/Ta_I=0.5$; $Tp_{II}/Ta_{II}=0.5$	FIFO
6	$Tp_I/Ta_I=0.5$; $Tp_{II}/Ta_{II}=0.5$	Aggregat der zweiten Stufe besitzt relativen Vorrang

L = Lagerkapazität		Kapazitätssteigerung gegenüber Ausfallersatz						Kapazitätssteigerung von Lagerkapazität L = 5000 zu L = 0
		L=0	L=100	L=200	L=500	L=1000	L=5000	
$Tp_I/Ta_I=0,5$ $Tp_{II}/Ta_{II}=1$	FIFO	0,363	0,348	0,414	0,401	0,354	0,388	0,118
	2St FIFO	0,301	0,302	0,374	0,414	0,421	0,478	0,204
$Tp_I/Ta_I=0,5$ $Tp_{II}/Ta_{II}=0,5$	FIFO	0,430	-	0,518	0,485	0,488	0,502	0,153
	2St FIFO	0,432	-	0,452	0,557	0,612	0,590	0,177
nur Ausfallersatz	FIFO							0,098
	2St FIFO							0.060

Tabelle 7 b

In Tabelle 7b sind die Kapazitätssteigerungen bei vorbeugender Ersatzpolitik gegenüber dem reinen Ausfallersatz eingetragen. Der Tabelle ist zu entnehmen, daß die vorbeugende Ersatzpolitik selbst bei einer Lagerkapazität von 0 zu einem höheren Zeitnutzungsgrad führt als die höchste Lagerkapazität bei reinem Ausfallersatz.

Gleichzeitig führt die Gewährung der zweiten Stufe Vorrang vor Aggregaten der ersten Stufe zu einem erheblichen Anstieg gegenüber den reinen FIFO-Regeln. Ebenso führt eine Vorverlegung des vorbeugenden Ersatzzeitpunktes der zweiten Stufe von $Tp_{II}/Ta_{II}=1$ zu $Tp_{II}/Ta_{II} = 0.5$ zu einem erheblichen Anstieg des Zeitnutzungsgrades.

II. Starr verkettetes Produktionssystem

Drei Aggregate einer Fertigungskette sind starr miteinander verbunden, so daß der Stillstand eines Aggregates den Stillstand der gesamten Kette bedeutet. Die Laufzeiten der Aggregate und die Ersatzzeiten sind identisch erlangverteilt mit $Ta_i = 30$ und k = 8 für die Laufzeiten und Bv = 3, k = 8; Ba=12, k=8 für die Ersatzzeiten. Die Instandhaltungsabteilung besteht aus zwei parallelen Gruppen.

Als Ersatzstrategien werden untersucht:

1. reiner Ausfallersatz aller Aggregate
2. isolierte Ersatzpolitik für alle Aggregate mit $Tp_i/Ta_i=0{,}5$
3. verbundene Ersatzpolitik.

Eine verbundene Ersatzpolitik besagt, daß bei der Bearbeitung eines Aggregates (ausfallbedingt oder nach Erreichung des isolierten vorbeugenden Ersatzzeitpunktes Tp_i) der vorbeugende Ersatzzeitpunkt der anderen Aggregate vorgezogen wird, um sie parallel zu dem ersten Aggregat zu bearbeiten. Der Vorteil dieser Politik liegt darin, daß bei gleichzeitiger Bearbeitung von mehr als einem Aggregat die Ersatzmaßnahmen von den zwei Instandhaltungsabteilungen parallel ausgeführt werden.
Sobald ein Aggregat ausfällt oder seinen isolierten Ersatzzeitpunkt erreicht hat, errechnen sich die vorbeugenden Ersatzzeitpunkte der anderen Aggregate nach

$$Tpv = Tp - \alpha \cdot Ta$$

Je größer α ist, desto stärker wird die Parallelarbeit ausgenutzt, desto höher ist aber auch die Zahl der vorbeugenden Ersatzmaßnahmen.

In Tabelle 8 sind für unterschiedliche Grade der Vorverlegung des vorbeugenden Ersatzzeitpunktes ($\alpha = 0{,}1$, $\alpha = 0{,}2$, $\alpha = 0{,}3$ die Zeitnutzungsgrade eingetragen. Dabei wird einmal die FIFO-Regel eingesetzt, zum andern die Prioritätsregel, daß ausfallbedingte Ersetzungen Vorrang haben. Diese Regel ist deshalb sinnvoll, damit bei einem Ausfall und dem vorbeugenden Ersatz der beiden anderen Aggregate auf jeden Fall das ausgefallene Aggregat sofort bearbeitet wird und die anderen Aggregate mit den kürzeren Ersatzzeiten parallel dazu.

		Isolierte Ersatzpolitik		Verbundene Ersatzpolitik Tp/Ta = 0.5		
		Tp/Ta=∞	Tp/Ta=0.5	α=0.1	α=0.2	α= 0.3
FIFO	Zeitnutzungsgrad	0,45	0,61	0,65	0,68	0,70
	Kapazitätssteigerung gegenüber Ausfallers.		0 355	0.444	0.511	0.555
Ausfall vor vorb. Ers.	Zeitnutzungsgrad	0,45	0,61	0,68	0,69	0,69
	Kapazitätssteigerung gegenüber Ausfallers.		0,355	0,511	0,533	0,533

Tabelle 8

Durch die Einführung der verbundenen Ersatzpolitik kann gegenüber dem reinen Ausfallersatz und der isolierten Ersatzpolitik durch Ausnutzung der Parallelarbeit der Zeitnutzungsgrad erheblich gesteigert werden.

Der Effekt der Prioritätsregel: Ausfallersatz vor vorbeugendem Ersatz wirkt sich nur bei niedrigen α -Werten aus, da bei $\alpha = 0{,}3$ kaum noch Ausfälle auftreten.

Die Ergebnisse zeigen auch, daß die Politik für alle Aggregate eine Blockpolitik anstrebt, wobei bei dem Ausfall eines Aggregates gleich alle anderen Aggregate vorbeugend bearbeitet werden.

Zusammenfassend kann also festgestellt werden:
Der Vorteil der Einführung einer vorbeugender Ersatzstrategie resultiert in komplexen Produktionssystemen nicht nur aus der Substitution ausfallbedingter durch vorbeugende Bearbeitungszeiten. Vielmehr steigert sich der Effekt, wenn durch die vorbeugende Ersatzpolitik Wartezeiten vor der Instandhaltungsabteilung und Stillegungszeiten bei verbundenen Systemen eingespart werden können.

Literatur:

S. Eilon, A Note on the Optimal Range, in: Management Science, Vol. 7 (1961), S. 56-61

E. Kirschke, W. Marten und G. Samsen, Vorbeugende Wartung mit einem automatischen Wartungs-Informationssystem (AWIS), in: IBM Nachrichten, 22. Jg. (1972), S. 155-158

A.-W. Scheer, Kosten- und kapazitätsorientierte Ersatzpolitik bei stochastisch ausfallenden Produktionsanlagen, Diss. Hamburg 1971

Mathematische Programmierung

Direkte Methoden der quadratischen Programmierung

von B. Finkbeiner und P. Kall, Zürich

Zusammenfassung: Direkte Methoden wurden unter anderem von Cottle, Dantzig, van de Panne, Whinston und Zangwill vorgeschlagen. Nach der uns bekannten Literatur bestehen offenbar Beweisschwierigkeiten im semidefiniten Fall. Es wird ein numerisches Beispiel einer semikomplementären Lösung angegeben, in der Cottles Methode versagt. Anschliessend wird bewiesen, dass theoretisch zumindest in der Zangwillschen Variante des Cottleschen Verfahrens diese Situation nicht eintreten kann. Da jedoch bei praktischen Rechnungen auf Grund von Rundungsfehlern solche Fälle sehr wohl auftreten können, wird eine geringfügige Modifikation des Verfahrens vorgeschlagen, für die Monotonie und Endlichkeit nachgewiesen wird.

Eine ausführliche Darstellung erscheint in der Zeitschrift für Operations Research.

Gegeben sei das quadratische Programm

$$(1) \qquad \begin{cases} \text{Min} & x'Qx + c'x \\ \text{bzgl.} & Ax = b \\ & x \geq 0 \, , \end{cases}$$

wobei $x \in \mathbb{R}^n$, $Q = Q'$ eine positiv semidefinite $(n \times n)$ Matrix, $c \in \mathbb{R}^n$, $b \in \mathbb{R}^m$, A eine reelle $(m \times n)$ Matrix ist.

Die Kuhn-Tucker-Bedingungen lauten

$$(2)\qquad \begin{cases} Ax = b \\ 2Qx + A'z - w = -c \\ x'w = 0 \\ x \geq 0,\ w \geq 0 \end{cases}$$

Voraussetzung: Alle Basislösungen von

$$(3)\qquad \begin{cases} Ax = b \\ 2Qx + A'z - w = -c \\ x \geq 0 \end{cases}$$

sind nichtdegeneriert.

Definition: Eine Basislösung von (3) heisst

komplementär, falls $x'w = 0$ und

semikomplementär, falls Indizes j,r existieren, sodass

$x_j \neq 0$ und $w_j \neq 0$, $x_r = w_r = 0$ und $x_i \cdot w_i = 0$ für alle $i \neq j$.

Der Algorithmus von Cottle lautet in der Zangwillschen Formulierung wie folgt:

Schritt 1: Sei (x^1, w^1, z^1) eine komplementäre Basislösung von (3), z^1 basisch. Setze k:=1 und gehe zu 2.

Schritt 2: Sei $w_j^k = \min_i \{w_i^k\}$.

Ist $w_j^k \geq 0$, so ist x^k, w^k, z^k Optimallösung von (1).

Ist $w_j^k < 0$, so vergrössere man x_j, bis

(a): w_j verschwindet, während $x \geq 0$ ist. Tausche w_j gegen x_j aus: $(x^{k+1}, w^{k+1}, z^{k+1})$ ist komplementär. Setze k:=k+1 und gehe zu 2.

oder

(b): x_r verschwindet, während $w_j < 0$ ist. Tausche x_r gegen x_j aus: $(x^{k+1}, w^{k+1}, z^{k+1})$ ist semikomplementär. Setze $k:=k+1$ und gehe zu 3.

oder

(c): Weder (a) noch (b) treten ein: die Zielfunktion von (1) ist nach unten nicht beschränkt.

Schritt 3: Vergrössere w_r bis

(a) w_j verschwindet, während $x \geq 0$ ist. Tausche w_j gegen w_r aus: $(x^{k+1}, w^{k+1}, z^{k+1})$ ist komplementär. Setze $k:=k+1$ und gehe zu 2.

(b): x_{r_1} verschwindet, während $w_j < 0$ ist. Tausche x_{r_1} gegen w_r aus: $(x^{k+1}, w^{k+1}, z^{k+1})$ ist semikomplementär. Setze $k:k+1$ und gehe mit $r=r_1$ zu 3.

Der Beweis, dass dieser Algorithmus auch bei semidefinitem Q wenigstens theoretisch funktioniert, hat in der Literatur offenbar Schwierigkeit bereitet. Cottle selbst macht noch 1968 gewisse Vorbehalte. Van de Panne und Whinston lieferten die Aussage 1969 indirekt. Das folgende Beispiel zeigt jedenfalls, dass semikomplementäre Basislösungen existieren, in denen der Algorithmus im Schritt 3 abbricht.

$$(4) \quad \begin{cases} \text{Min } \frac{1}{2}x_1^2 + \frac{1}{2}x_2^2 + 3x_1 + 7x_3 + x_4 \\ x + 2x_2 + x_3 = 8 \\ x_1 + x_2 + x_4 = 5 \\ x_1 \geq 0, \quad i = 1,\ldots,4. \end{cases}$$

Dann lautet (3)

$$
(5)\quad \begin{cases}
x_1 + 2x_2 + x_3 & = 8 \\
x_1 + x_2 + x_4 & = 5 \\
x_1 + z_1 + z_2 - w_1 & = -3 \\
x_2 + 2z_1 + z_2 - w_2 & = 0 \\
z_1 - w_3 & = -7 \\
z_2 - w_4 & = -1 \\
x_1 \geq 0,\ i=1,\dots,4.
\end{cases}
$$

Nun ist aber

$$
(6)\quad \left\{\begin{matrix} x_1 = 2 & w_2 = -6 & z_1 = -4 \\ x_2 = 3 & w_3 = 3 & z_2 = -1 \end{matrix}\right\}
$$

eine semikomplementäre Lösung von (3)' mit $j = 2$, $r = 4$, für welche beim nächsten Austauschschritt 3 (x,w,z) in $(x^*,w^*,z^*) = (x,w,z) + (\xi,\omega,\zeta)$ übergeht, wobei gilt:

$$
(7)\quad \begin{cases}
\xi_1 + 2\xi_2 = 0 \\
\xi_1 + \xi_2 = 0
\end{cases}
$$

womit $\xi_1 = \xi_2 = 0$ und folglich mit

$$
(8)\quad \begin{aligned}
\zeta_1 + \zeta_2 - \omega_1 &= 0 \quad \text{wo } \omega_1 = 0 \\
2\zeta_1 + \zeta_2 - \omega_2 &= 0 \\
\zeta_1 - \omega_3 &= 0 \\
\zeta_2 - \omega_4 &= 0, \quad \text{wo } \omega_4 > 0
\end{aligned}
$$

$\zeta_1 = -\omega_4$, $\zeta_2 = \omega_4$, $\omega_2 = -\omega_4 < 0$, $\omega_3 = -\omega_4$,

d.h. $\omega_4 \to +\infty$ und Fall (a) und (b) in 3 treten nicht ein, obwohl (4) offensichtlich eine Lösung hat.

Es ergibt sich die Frage, ob ein solcher Fall im Laufe des Algorithmus eintreten kann.

Es gilt der folgende

Satz 1: Für jede im obigen Verfahren auftretende semikomplementäre Basislösung nimmt bei Erhöhung von w_r die Variable w_j streng zu und x_j nicht ab.

Theoretisch ist damit sichergestellt, dass die Situation des obigen Beispiels in der Zangwillschen Version des Cottleschen Verfahrens nicht eintreten kann. Praktisch ist das jedoch keineswegs sicher (Rundungsfehler, Degeneration). Deshalb wird folgende Modifikation des Schrittes 3 vorgeschlagen:

Schritt 3': Falls $\frac{\partial w_j}{\partial w_r} \geq 0$ vergrössere man w_r, $\frac{\partial w_j}{\partial w_r} < 0$ verkleinere man w_r bis Fall (a) oder Fall (b) von Schritt 3 eintritt.

Dann gilt der folgende

Satz 2: Das modifizierte Verfahren liefert nach endlich vielen Schritten die Lösung von (1) oder die Information, dass die Zielfunktion von (1) nach unten nicht beschränkt ist.

Prof. Dr. P. Kall und
B. Finkbeiner, dipl.math.
Institut für Operations Research
der Universität Zürich

Kürzeste-Wege-Algorithmen zur Lösung allgemeiner ganzzahliger linearer Programme

von H. Noltemeier, Göttingen

Zusammenfassung: Es werden die Zusammenhänge zwischen ganzzahligen linearen Programmen und 'Kürzesten-Wege-Problemen' in Graphen aufgezeigt und der Einsatz von 'Kürzesten-Wege-Algorithmen' als Bestandteil von Lösungsverfahren diskutiert.

I. In den letzten 2-3 Jahren ist auf dem Gebiete der ganzzahligen Optimierung eine solche Flut von 'intersection-cut'-Verfahren ('Konvexe-Körper-Schnitt'-Verfahren) entstanden, daß andersgeartete Verfahren und Methoden zur Lösung ganzzahliger Programme in den Hintergrund gedrängt wurden.
Dies gilt insbesondere für 'asymptotische' Ansätze, die auf Gomory und Hu zurückgehen (vgl. [1], [2], [4]).

In den folgenden Ausführungen soll ein asymptotischer Algorithmus in spezieller Form geschildert werden, der nicht nur Einsicht in die Struktur der Lösungen ganzzahliger linearer Programme bietet, sondern auch Bestandteil praktikabler Lösungsverfahren sein kann und - in gewissen Fällen - vorteilhafterweise sein sollte.

Wir betrachten folgendes Problem:

(I) $\min cx$

$Ax=b$ A: $m \times n$-Matrix;

$x \geqslant 0$, ganz A,b ganz; Rang $A=m$.

Die Spaltenvektoren von A bezeichnen wir mit $\delta_1, \ldots, \delta_n$;

ferner sei noch $\Delta := \{\delta_1, \ldots, \delta_n\}$ und

$H := \{LK_+ (\delta_1, \ldots, \delta_n)\}$ die Menge der

nichtnegativen ganzen Linearkombinationen der δ_i.

Schreiben wir noch die Nebenbedingungen $Ax = b$ in der Form

$\delta_1 x_1 + \delta_2 x_2 + \ldots + \delta_n x_n = b$, so können wir unser Problem

leicht anhand eines Graphen $G = (V,R)$ mit Eckenmenge

$V := H \cup \{b\}$ und Pfeilmenge $R := \{(v,v') \mid v'-v \in \Delta\}$

veranschaulichen:

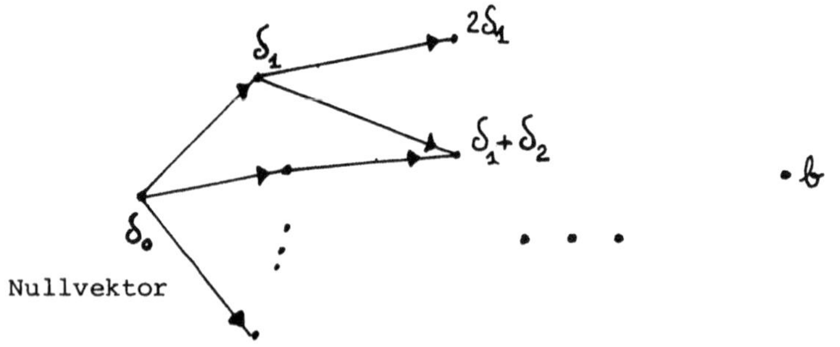

Führen wir noch folgende Pfeilbewertung $b: R \longrightarrow \mathbb{R}$ mit

$b((v,v')) := \min\{c_i \mid \delta_i = v'-v\}$

ein, so erkennt man:

(a) Jeder Linearkombination $LK_+(\delta_1, \ldots, \delta_n) \in H$ entspricht ein Pfeilweg in G mit Anfangsecke δ_o.

(b) Jeder zulässigen Lösung von (I) entspricht ein Pfeilweg von δ_o nach b; jeder Pfeilweg w von δ_o nach b in G induziert (mindestens) eine zulässige Lösung von (I). Insbesondere: (I) besitzt genau dann keine zulässige Lösung, wenn b in G von δ_o aus nicht erreichbar ist.

(c) Die Bestimmung einer <u>optimalen</u> Losung von (I) ist äquivalent mit der Bestimmung eines <u>kürzesten Weges</u> in B:=(G,b) von δ_o nach b.

II. Unser Ausgangsproblem (I) ist damit in anschaulicher Form gegeben, der Lösung aber noch nicht näher gerückt. Dies hat zwei Gründe:

(1) Die Eckmenge V ist nicht endlich.

(2) i.a. ist die Pfeilbewertung b nicht nichtnegativ.

Beide Eigenschaften verhindern den Einsatz effizienter 'Kürzester-Wege-Algorithmen'. Wir wollen versuchen, durch geeignete Maßnahmen die störenden Eigenschaften so weit wie möglich zu umgehen.

Zunächst zu (2):

ist B eine Basismatrix von A, etwa A = (B,R) und $x=(x^B,x^R)$, $c=(c^B,c^R)$ die Aufteilung bezüglich Basis- und Restvariablen, so gilt für jede zulässige Lösung von (I):

$$x^B+B^{-1}Rx^R=B^{-1}b$$

$$x^B,x^R \geqslant o, \text{ ganz.}$$

Für dieses System mit Matrix $(E_m,B^{-1}R)$ kann wiederum die Veranschaulichung durch einen entsprechenden Graphen erfolgen. Die Pfeilbewertung b ergibt sich aus dem neuen Zielfunktionsvektor

$c':=(o_m, c^*_{(B)})$ mit $c^*_{(B)}:=c^R-c^BB^{-1}R$.

Man erkennt:

(d) die Pfeilbewertung b ist nichtnegativ g.d.w. $c^*_{(B)} \geqslant o$, also B optimal ist.

Durch Wahl einer optimalen Basis wird also die störende Eigenschaft (2) umgangen. Stört nun noch Eigenschaft (1)?
Grundsätzlich ist der Einsatz 'Kürzester-Wege-Algorithmen'

auch bei unendlichen Graphen unproblematisch, sofern - wie in unserem Falle - jede Ecke nur Anfangsecke endlich vieler Pfeile ist und eine strikt positive Pfeilbewertung vorliegt. Letzteres ist in unserer Situation nicht der Fall, weil alle Gitterpunkte des positiven Quadranten des Basisvariablenraums die Entfernung o zum Ursprung δ_o aufweisen. Somit steht für jeden Schritt eines 'Kürzesten-Wege-Algorithmus' (zur Bestimmung eines nächsten Nachbarn) eine abzählbar unendliche Schar von gleichberechtigten Alternativen zur Verfügung - eine Situation, die natürlich verfahrenstechnische Schwierigkeiten impliziert.

Wir fassen daher diese Schar gleichberechtigter Alternativen zu einer Klasse zusammen und betrachten zunächst nur noch die Restklassen.
Veranschaulicht wird dieses Vorgehen durch den Übergang von dem zu unserem System gehörigen Graphen zu einem <u>Quotientengraphen</u>, der anschaulich entsteht durch Kontraktion aller Gitterpunkte des Basisvariablenraums in den Ursprung.
In der üblichen algebraischen Form erhält man das zur (optimalen) Basis B gehörige <u>asymptotische Problem:</u>

$$(I_{as}^B) \quad \min c^B B^{-1} b + c^*_{(B)} \cdot x^R$$
$$\text{unter} \quad B^{-1} R x^R \equiv B^{-1} b \bmod 1,$$
$$x^R \geqslant o, \text{ ganz.}$$

In diesem Problem treten nur noch Nichtbasisvariable auf; jede zulässige Lösung von (I) ist auch zulässig für $(I_{as}{}^B)$;
umgekehrt liefert jede zulässige Lösung $\bar{x}^R$ von $(I_{as}{}^B)$ vermöge $\bar{x}^B := B^{-1}b - B^{-1}R\bar{x}^R$ einen ganzzahligen, aber nicht notwendigerweise nichtnegativen Basisvariablenvektor.

Zur Lösung von $(I_{as}{}^B)$ betrachten wir:

$\delta_1, \ldots, \delta_k$: Restspaltenvektoren von $B^{-1}R$ (mod 1);

$\Delta := \{\delta_1, \ldots, \delta_k\}$;

$M := \{ LK(\delta_1, \ldots, \delta_k) \bmod 1 \}$, den von Δ erzeugten Modul über den ganzen Zahlen mod 1;

den Graphen $G = (V,R)$ mit

$V := M \cup \{\delta\}$ $\quad (\delta \equiv B^{-1} b \bmod 1)$ und

$R := \{ (v,v') \mid v'-v \equiv \delta_i \in \Delta - \delta_o \}$;

die Pfeilbewertung $b: R \longrightarrow \mathbb{R}_+$ mit

$b((v,v')) := \min \{ c_j^* \mid v'-v \equiv \delta_j \}$.

Man erkennt:

(e) die Bestimmung einer (aller) optimalen Lösung(en) des asymptotischen Problems (I_{as}^B) ist äquivalent mit der Bestimmung eines (aller) kürzesten Wege(s) in $B=(G,b)$ von δ_o nach δ.

Sind damit für das asymptotische Problem die störenden Eigenschaften (1) und (2) beseitigt? Die Frage ist zu bejahen, denn es gilt (vgl. [1], [2]):

(f) Die Eckenmenge V ist endlich; genauer: $\| M \|$ teilt $|\det B|$.

Kennt man also eine optimale Basis B und damit $|\det B|$ für das kontinuierliche Problem, so läßt sich das asymptotische Problem durch einen 'Kürzesten-Wege-Algorithmus' in einem Graphen mit höchstens $|\det B| + 1$ Ecken und nichtnegativer Pfeilbewertung lösen. Der dazu erforderliche Rechenaufwand kann also unmittelbar nach Lösung des kontinuierlichen Problems nach oben abgeschätzt werden.

III. Verfahrenstechnische Bemerkungen:

1. Man wird nicht von vornherein alle Elemente von M und damit die Ecken von G bestimmen, sondern jeweils nur die nächsten Nachbarschaftskandidaten.

2. Man wird die Pfeile des Pfeilbündels, das mit jeder Ecke $v \in M$ als Anfangsecke inzidiert, gemäß der Pfeilbewertung monoton wachsend ordnen.

3. Mit der unter 2. angeführten Modifikation erweist sich das Dijkstra-Verfahren als günstig.

Vergleich mit konkurrierenden Verfahren:

Von Hu stammt der Gruppenminimierungsalgorithmus, der folgendes Problem löst:

Sei G eine endliche Gruppe, $c: G \longrightarrow \mathbb{R}$ eine 'Kostenbewertung' der Gruppenelemente und $g_o \in G$ vorgegeben; man bestimme eine 'kostengünstigste Darstellung' von g_o, d.h. man

$$\min \sum_{g \in G} c(g) \cdot t(g)$$

$$\text{unter} \quad g_o = \sum_{g \in G} t(g) \cdot g \qquad (t(g) \geq 0, \text{ ganz}).$$

Beim asymptotischen Problem handelt es sich um einen Spezialfall des Gruppenminimierungsproblems, sofern für alle nichterzeugenden Elemente $v \in M - \Delta$ hinreichend große Kosten $c(v)$ angesetzt werden. Man erkennt leicht, daß der Hu-Gruppenminimierungsalgorithmus stark mit der Anzahl direkter zyklischer Summanden von G wächst. Insbesondere gilt: das modifizierte Dijkstra-Verfahren ist gleichmäßig besser zur Lösung des asymptotischen Problems als der Gruppenminimierungsalgorithmus. Dies gilt übrigens auch für die erweiterte Problemstellung, für jedes $g_o \in G$ eine kostengünstigste Darstellung zu bestimmen. Diesem Problem entspricht die Bestimmung eines kürzesten Weges von δ_o zu allen anderen Ecken unseres Graphen G. Implizit wird damit die Problemstellung mit parametrisiertem Restriktionenvektor b gelöst.

Hat man in der vorgeschlagenen Weise das asymptotische Problem gelöst, und ist w_1 ein kürzester Weg in G von δ_o nach δ, $l(w_1)$ seine Länge bezüglich b und $\bar{x}^R$ eine zugehörige optimale

Lösung, so betrachten wir

$$\bar{x}^B := B^{-1}b - B^{-1}R\ \bar{x}^R.$$

Ist $\bar{x}^B \geqslant o$, so ist $(\bar{x}^B, \bar{x}^R)$ eine optimale Lösung von (I). Es erscheint aber zunächst plausibel, daß dieser Fall nur selten eintritt. Man beachte dabei aber folgenden Sachverhalt, der etwa so veranschaulicht werden mag:

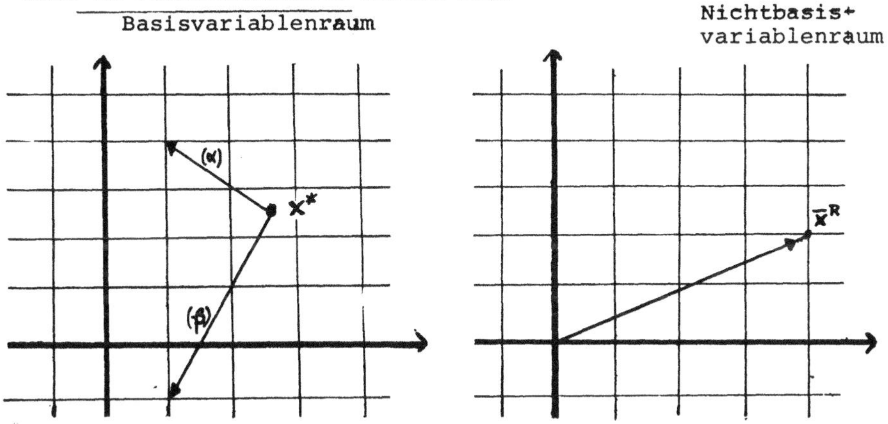

Die Bestimmung eines kürzesten Weges w_1 in G impliziert die Wahl (mindestens) eines Gitterpunktes $\bar{x}^R$ des positiven Quadranten des Nichtbasisvariablenraums. Der Translation des Ursprungs des NBV-Raums nach $\bar{x}^R$ entspricht eine Translation des (kontinuierlichen) optimalen Basisvektors x^* nach $\bar{x}^B$, einem Gitterpunkt mit $A\cdot(\bar{x}^B, \bar{x}^R) = b$ (Fälle (α) oder (β)).

Ist x^* "hinreichend weit" von den begrenzenden Hyperebenen des positiven Quadranten des BV-Raumes entfernt, so "wächst die Wahrscheinlichkeit" für das Eintreten des Falles (α). (vgl. [1], [2]).

IV. Liefert der kürzeste Weg w_1 und eine zugehörige Lösung $\bar{x}^R$ keinen nichtnegativen zugehörigen Basisvariablenvektor $\bar{x}^B$, so gilt aber für jede zulässige Lösung von (I):

$$(*) \qquad c^*_{(B)} \cdot x^R \geqslant l(w_1)$$

Wir bezeichnen (*) als asymptotischen Schnitt, benutzen ihn aber desweiteren

1. als Hilfe, um ggf. die Nichtexistenz zulässiger Lösungen von (I) zu erkennen,
2. als "Filter" im weiteren Enumerationsprozeß.

zu 1) Es ist leicht zu zeigen (vgl. [5]), daß es keine zulässige Lösung von (I) gibt, sofern das System Ax=b,

$$c^{*}_{(B)} \cdot x^{R} = 1(w_1)$$

keine (kontinuierliche) nichtnegative Lösung enthält. Fügt man also die Restriktion (*) als zusätzliche Zeile dem optimalen Tableau zu und benutzt die duale Simplex-Methode, so kann man obiges Problem schnell entscheiden.

zu 2) Ist aufgrund der unter 1) getroffenen Maßnahmen die Existenz zulässiger Lösungen nicht auszuschließen, so benutzen wir (*) als Filter (in schwacher Analogie zur Methode der Hilfsrestriktion, Balas-Filter) bei der Enumeration der Gitterpunkte des Nichtbasisvariablenraums. Dies geschieht implizit bei der Bestimmung k-kürzester-Wege in B=(G,b) - falls $c^{*}_{(B)} > \underline{o}$, durch ein beliebiges anderes Enumerationsverfahren oder durch Anwendung eines Schnittebenenverfahrens bei Einschluß von (*)

V. Zur Frage des praktischen Einsatzes sei hier nochmals zusammengefaßt:

(1) Mit der Bestimmung einer optimalen Basis des kontinuierlichen Problems -existiert keine optimale kontinuierliche Lösung, so unter den bei (I) gemachten Voraussetzungen bekanntlich auch keine optimale Lösung von (I)- hat man ohne zusätzlichen Rechenaufwand |det B| und damit eine obere Schranke für die Zahl der erforderlichen Rechenschritte zur Lösung des asymptotischen Problems.
Erscheint diese Schranke unpraktikabel hoch, so befindet man sich in einer Situation, in der man bezüglich des Ein-

satzes alternativer Lösungsverfahren würfeln kann, zumindest im Falle unbeschränkter Variabler - wie wir ihn hier gewöhnlich vor Augen haben.

(2) Erscheint die Lösung des asymptotischen Problems in angemessener Zeit möglich, so benutze man das hier vorgeschlagene Verfahren, um

(a) die Möglichkeit auszunutzen, daß eine optimale Lösung von $(I_{as}{}^{B})$ bereits eine optimale Lösung von (I) impliziert,

(b) andernfalls einen schärferen Test auf die Nichtexistenz zulässiger Lösungen von (I) anzuschließen, oder schließlich

(c) den asymptotischen Schnitt (*) zur Verringerung des Enumerationsaufwandes auszunutzen.

Literatur:

1 Hu, T.G.: Integer Programming and Network Flows, Addison - Wesley, Reading 1969.

2 Gomory, R.E.: "On the Relation between Integer and Non-Integer Solution to Linear Programs", Proc.Nat.Acad.Sci; 53 (2), 1965.

3 Gomory, R.E.: "Some Polyhedra Related to Combinatorial Problems", Journal Lin. Algebra and Its Appl. 2 (4), 1969.

4 Hu, T.G.: "On the Asymptotic Integer Algorithm", MRC Report 946, Madison 1968.

5 Noltemeier, H.: "Ganzzahlige Programme und kürzeste Wege in Graphen", Operations-Research-Verfahren, Bd. XIV, Meisenheim, 1972.

Prof.Dr. Hartmut Noltemeier

Lehrstuhl für Mathematische Verfahrensforschung (Operations Research) und Datenverarbeitung Universität Göttingen

34 Göttingen

Nikolausberger Weg 5 c

Transformationen nichtlinearer Quotientenprogramme in konvexe Programme

von S. Schaible, Köln

Zusammenfassung: Es wird gezeigt, daß sich sehr viele nicht=lineare Quotientenprogramme in einfacher Weise auf konvexe Programme zurückführen lassen.

Summary: It is shown that a large class of nonlinear fractional programming problems can easily be transformed into convex programs.

I. Das Problem.

Es werden Quotientenprogramme folgenden Typs betrachtet:

$$
(Q) \quad \begin{cases} F(x) = \dfrac{\prod_{i=1}^{m} (f_i(x))^{a_i}}{(f_o(x))^{a_o}} \longrightarrow \text{Max} \\ \text{unter den Nebenbedingungen} \\ g_k(x) \leq 0 \quad k \in K \text{ (endlich oder unendlich)} \\ x_j \geq 0 \quad j=1(1)n. \end{cases}
$$

Hierbei gilt:

$g_k(x)$ sind reellwertige quasikonvexe Funktionen in $D \subseteq R^n$ (konvex), $k \in K$, so daß der zulässige Bereich $Z = \{x \in D \mid g_k(x) \leq 0 \;\; k \in K, \;\; x_j \geq 0 \;\; j=1(1)n\}$ konvex ist,

$f_i(x)$ sind positive konkave Funktionen in Z, $i=1(1)m$,

$f_o(x)$ ist eine positive konvexe Funktion in Z und

a_i sind positive Konstanten, für die $a_o \geq \sum_{i=1}^{m} a_i$.

(Wie an Beispielen später deutlich wird, kann die Exponentenbedingung durch Umbenennen der Funktionen oft erzwungen werden.)

Im folgenden wird ferner die Existenz einer optimalen Lösung von (Q) vorausgesetzt.

(Q) heißt bekanntlich lineares Quotientenprogramm (linear fractional programming problem), wenn

$$F(x) = \frac{c^T x + \alpha}{d^T x + \beta}, \quad g_k(x) = a_k^T x + \gamma_k, \quad k \in K \;\; (a_k, c, d \in R^n, \alpha, \beta, \gamma_k \;\; \text{reell}).$$

Dabei wurden bisher meist nur endlich viele Nebenbedingungen betrachtet. Außer dem Fall unendlich vieler linearer Neben= bedingungen wird im folgenden das nichtlineare Quotienten= programm untersucht. Hier steht im Zähler oder/und im Nenner von F(x) eine nicht-affin-lineare Funktion, oder/und mindestens eine der endlich oder unendlich vielen Nebenbe= dingungen ist nichtlinear. Beispiele für Zielfunktionen derartiger Probleme sind

$$F(x) = \frac{f_1(x)}{f_o(x)} \quad (f_o \text{ oder/und } f_1 \text{ nicht-affin-linear}),$$

$$F(x) = \prod_{i=1}^{m} \frac{f_i(x)}{f_o(x)} \quad (m > 1) \quad \text{oder} \quad F(x) = \prod_{i=1}^{m} f_i(x) \quad (m > 1).$$

Die Zielfunktion F(x) von (Q) ist i.a. nicht konkav sondern nur strikt quasikonkav [7]. CHARNES-COOPER [1] führten 1962 das lineare Quotientenprogramm mit Hilfe einer

Variablentransformation auf ein lineares Programm zurück, welches dann mit der Simplexmethode gelöst werden kann. 1967 gelang es DINKELBACH [2] nichtlineare Quotientenprogramme mit $F(x) = \frac{f_1(x)}{f_o(x)}$ in parametrische konvexe Programme zu transformieren. Im folgenden wird gezeigt wie sich auf andere Weise sehr viele nichtlineare Quotientenprogramme (Q) auf ein parameterfreies konvexes Programm zurückführen lassen.

In II. werden zunächst die beiden Transformationen angegeben, mit denen (Q) in ein konvexes Programm überführt wird. In III. werden dann verschiedene Beispiele behandelt.

II. Die Transformationen.

Ist $a_o \geq 1+\sum_{i=1}^{m} a_i$, so ist $\frac{1}{F(x)}$ konvex [6], [7]. Ist $a_o > \sum_{i=1}^{m} a_i$,

so ist $\frac{1}{(F(x))^s}$ konvex, falls nur $s \geq \frac{1}{a_o - \sum_{i=1}^{m} a_i}$. Somit gilt:

Satz 1: Für $a_o > \sum_{i=1}^{m} a_i$ ist das zu (Q) äquivalente Programm

$$\min_{x \in Z} \frac{1}{(F(x))^s} \quad \text{konvex, wobei} \quad s \geq \frac{1}{a_o - \sum_{i=1}^{m} a_i} .$$

($s=1$, falls $a_o \geq 1+\sum_{i=1}^{m} a_i$).

Insbesondere ist also $\max_{x \in Z} \prod_{i=1}^{m} (f_i(x))^{a_i}$ äquivalent dem

konvexen Programm $\min_{x \in Z} \prod_{i=1}^{m} (f_i(x))^{-a_i}$.

Im Grenzfall $a_o = \sum_{i=1}^{m} a_i$ ist die in Satz 1 angegebene Trans= formation nicht mehr anwendbar. Eine zweite Transformation kann auch für $a_o = \sum_{i=1}^{m} a_i$ herangezogen werden, jedoch muß hier eine der Funktionen $f_i(x)$ oder $f_o(x)$ die Form $d^T x + \beta$ ($d \in R^n$, β reell) haben. Diese Transformation geht aus der ersten durch Vorschalten einer Variablentransformation hervor, mit der lineare Quotientenprogramme auf lineare Programme zurückgeführt werden können. Diese von CHARNES-COOPER [1] angegebene Transformation (C.C.T.) ist wie folgt erklärt:

$$y = \frac{1}{d^T x + \beta}\, x, \quad t = \frac{1}{d^T x + \beta} \quad \text{für } x \in Z, \text{ wobei } d^T x + \beta > 0 \text{ in } Z.$$

In Lemma 1 und 2 werden zunächst die Auswirkungen der (C.C.T.) auf den zulässigen Bereich und die Zielfunktion beschrieben.

Bisher wurde die (C.C.T.) meist für beschränkte konvexe Polyeder Z betrachtet. Allgemein zeigt man:

<u>Lemma 1</u>: Z wird durch die (C.C.T.) eineindeutig auf die konvexe Menge

$$\bar{Z} = \left\{ \binom{y}{t} \in R^n \times R \;\middle|\; \frac{y}{t} \in D,\; g_k\left(\frac{y}{t}\right) \leq 0 \;\; k \in K,\; d^T y + \beta t = 1,\; y_j \geq 0 \;\; j = 1(1)n,\; t > 0 \right\}$$

abgebildet. $\left(\frac{y}{t} = \left(\frac{y_1}{t}, \ldots, \frac{y_n}{t}\right)^T \right)$.

Lemma 1 gilt also auch für unbeschränkte und auch für nichtpolyedrische Z. Es müssen weder lineare Nebenbedingungen noch eine endliche Anzahl von Nebenbedingungen vorausgesetzt werden.

$\bar{Z}$ ist nicht immer abgeschlossen, was beim Optimieren unbequem sein kann. Jedoch gilt auf Grund der Stetigkeit der (C.C.T.) der folgende Zusatz:

Zusatz: Ist Z abgeschlossen (z.B. für stetige Funktionen $g_k(x)$ auf einer abgeschlossenen Menge D) und beschränkt, so ist $\overline{Z}$ abgeschlossen (und beschränkt). Insbesondere ist $t \geq t_o > 0$ für $\binom{y}{t} \in \overline{Z}$.

Die Voraussetzungen des Zusatzes zu Lemma 1 werden in den Anwendungen oft erfüllt sein.

Wie wirkt die (C.C.T.) auf die Funktionen $f_i(x)$ $i=0(1)m$ in der Zielfunktion? Unter Beachtung der Definition konkaver Funktionen erhält man (für zweimal differenzierbare Funktionen vgl. [4]):

Lemma 2: Ist f(x) konkav (konvex) in Z, so ist $t \cdot f\left(\frac{y}{t}\right)$ konkav (konvex) in $\overline{Z}$.

Mit der (C.C.T.) kann nun jedes (Q) in ein konvexes Programm überführt werden, bei dem $f_o(x)$ oder eine Funktion $f_i(x)$ im Zähler von F(x) die Form $d^T x + \beta$ hat. Dieses Ergebnis enthalten die beiden folgenden Sätze.

Satz 2: Sei $f_o(x) = d^T x + \beta$. $\overline{x} = \frac{\overline{y}}{\overline{t}}$ ist eine optimale Lösung von (Q), wobei $\binom{\overline{y}}{\overline{t}} \in \overline{Z}$ eine optimale Lösung des konvexen Programms

$$\underset{\binom{y}{t} \in \overline{Z}}{\text{Min}} \quad \frac{1}{t^{a_o} \prod_{i=1}^{m} \left(f_i\left(\frac{y}{t}\right)\right)^{a_i}} \qquad \text{ist.}$$

Beweis: Durch die (C.C.T.) geht (Q) über in

$$\underset{\binom{y}{t} \in \overline{Z}}{\text{Max}} \quad t^{a_o} \prod_{i=1}^{m} \left(f_i\left(\frac{y}{t}\right)\right)^{a_i}$$

. Der zulässige Bereich $\overline{Z}$ ist konvex, und die optimalen Lösungen beider Probleme entsprechen einander, da gemäß der (C.C.T.) einander zugeordnete zulässige Lösungen gleiche Zielfunktionswerte haben (Lemma 1). Die erhaltene Zielfunktion kann in der Form

$$t^{b}\prod_{i=1}^{m}\left(t\cdot f_i\left(\tfrac{y}{t}\right)\right)^{a_i},\quad b=a_o-\sum_{i=1}^{m}a_i,$$ geschrieben werden.

Wegen $a_o \geqslant \sum_{i=1}^{m} a_i$ und Lemma 2 kann Satz 1 angewendet werden. Hiermit folgt die Behauptung.

Ebenfalls unter der Berücksichtigung von Lemma 1 und 2 sowie Satz 1 beweist man:

Satz 3: Sei $f_r(x)= d^T x+\beta$, $r \in \{1,\dots,m\}$. $\bar{x}= \frac{\bar{y}}{\bar{t}}$ ist eine opti= male Lösung von (Q), wobei $\binom{\bar{y}}{\bar{t}}\in \bar{Z}$ eine optimale Lösung des konvexen Programms

$$\underset{\binom{y}{t}\in \bar{Z}}{\text{Min}} \left[\frac{\left(f_o\left(\frac{y}{t}\right)\right)^{a_o} t^{a_r}}{\prod_{\substack{i=1\\ i\neq r}}^{m}\left(f_i\left(\frac{y}{t}\right)\right)^{a_i}}\right]^{s}, \quad s\geqslant \frac{1}{a_r}, \text{ ist.}$$

($s=1$, falls $a_r \geqslant 1$).

Ist $a_o > \sum_{i=1}^{m} a_i$ und ist eine Funktion im Zähler oder im Nenner von $F(x)$ affin-linear, so können beide Transformationen verwendet werden. Die erste Transformation hat den Vorteil, daß der zulässige Bereich nicht transformiert wird. Ist Ganzzahligkeit der Variablen x_j gefordert, so entsprechen sich bei der (C.C.T.) wegen $x= \frac{y}{t}$ i.a. nicht mehr ganzzahlige Optimallösungen der einander zugeordneten Probleme. Hier wird man die erste Trans= formation verwenden. Die zweite Transformation hat gegenüber der ersten den Vorteil, daß sie die Zielfunktion i.a. vereinfacht.

III. Beispiele.

A. $\underset{x \in Z}{\mathrm{Max}} \quad \frac{f_1(x)}{f_o(x)}$

1. $f_1(x)=c^Tx+\alpha$, $f_o(x)=d^Tx+\beta$ $(c,d \in R^n,\ \alpha,\beta$ reell).

Nach Satz 2 geht (Q) uber in das äquivalente konvexe Programm

$\underset{\binom{y}{t} \in \bar{Z}}{\mathrm{Max}} \quad (c^Ty+\alpha t)$. Dies verallgemeinert CHARNES-COOPER's

Resultat für endlich viele lineare Nebenbedingungen.

2. $f_o(x)=d^Tx+\beta$. Nach Satz 2 geht (Q) über in das konvexe

Programm $\underset{\binom{y}{t} \in \bar{Z}}{\mathrm{Max}} \quad t \cdot f_1\left(\frac{y}{t}\right)$.

3. $f_1(x)=d^Tx+\beta$. Nach Satz 3 geht (Q) über in das konvexe

Programm $\underset{\binom{y}{t} \in \bar{Z}}{\mathrm{Min}} \quad t \cdot f_o\left(\frac{y}{t}\right)$.

Falls in 2. bzw. 3. $f_1(x)$ bzw. $f_o(x)$ homogen vom Grad 1 ist, vereinfachen sich die Zielfunktionen nochmals.

4. $f_o(x)$ und $f_1(x)$ sind nicht affin-linear. Zunächst ist dann keiner der Sätze 1-3 anwendbar. Hier führt jedoch die folgende Überlegung in vielen Fällen weiter:

a) Ist $(f_o(x))^{\frac{1}{2}}$ noch konvex in Z, so ist dort $\frac{1}{(F(x)}$

konvex, da $F(x)=\frac{f_1(x)}{((f_o(x))^{\frac{1}{2}})^2}$.

b) Ist $(f_1(x))^2$ noch konkav in Z, so ist dort $\frac{1}{(F(x))^2}$

konvex, da $F(x)=\frac{((f_1(x))^2)^{\frac{1}{2}}}{f_o(x)}$.

Zu a): Sei $f_o(x)= x^TAx+c^Tx+\gamma$ konvex. Wenn $f_o(x)=\sum_{i=1}^{m} y_i^2 +\alpha$ mit einer affinen Transformation $y=Px+v$ (genau dann, wenn Rang $(A,c)=$ Rang (A)) und hierbei $\alpha\geq 0$, so ist $f_o(x)^{\frac{1}{2}}$ konvex in R^n. Dies verallgemeinert ein Resultat von EISENBERG [3] für $c=0$, $\gamma=0$.

Ist also $F(x)=\dfrac{f_1(x)}{x^TAx+\gamma}$, wobei A positiv semidefinit und $\gamma\geq 0$, so ist $\dfrac{1}{F(x)}$ konvex. Oder: Ist $F(x)=\dfrac{f_1(x)}{\sum_{i=1}^{r}(\lambda_i x_i^2+c_ix_i)+\gamma}$ $(r\leq n)$, wobei $\alpha:=\gamma-\sum_{i=1}^{r}\dfrac{c_i^2}{4\lambda_i}\geq 0$ und $\lambda_i>0$, so ist $\dfrac{1}{F(x)}$ konvex.

Zu b): Sei $f_1(x)=x^TAx+c^Tx+\gamma$ konkav. Wenn $f_1(x)=-\sum_{i=1}^{r} y_i^2 +\beta$ mit einer affinen Transformation $y=Px+v$ (s.o.), $\beta>0$ und $f_1(x)\geq\frac{2}{3}\beta$ in Z, so ist $(f_1(x))^2$ noch konkav in Z.

Ist nun $F(x)=\dfrac{x^TAx+\gamma}{f_o(x)}$, wobei A negativ semidefinit ist, $\gamma>0$ und $x^TAx+\frac{\gamma}{3}\geq 0$ in Z, so ist $\dfrac{1}{(F(x))^2}$ konvex in Z.

Oder: Ist $F(x)=\dfrac{\sum_{i=1}^{r}(\lambda_i x_i^2+c_ix_i)+\gamma}{f_o(x)}$, wobei $\lambda_i<0$, $\alpha:=\gamma-\sum_{i=1}^{r}\dfrac{c_i^2}{4\lambda_i}>0$ und $\sum_{i=1}^{r}(\lambda_i x_i^2+c_ix_i)\geq -\frac{1}{3}\gamma-\frac{2}{3}\sum_{i=1}^{r}\dfrac{c_i^2}{4\lambda_i}$ in Z, so ist $\dfrac{1}{(F(x))^2}$ konvex in Z.

Zu A. wird folgendes Anwendungsbeispiel betrachtet:

In einem konvexen Programm seien die Koeffizienten der linearen Zielfunktion stochastische Größen, deren Verteilung bekannt und unabhängig von den Variablen ist. Man entschließt sich das zunächst unbestimmte Problem durch die Maximierung des Erwartungswertes, abweichend von einem vorgegebenen α, im Verhältnis zur Varianz der Zielgröße zu ersetzen. Man erhält dann die Aufgabe $\underset{x\in Z}{\text{Max}} \frac{c^T x-\alpha}{x^T Vx}$. Hierin ist der Nenner eine konvexe Funktion. Sei $c^T x-\alpha>0$ in Z. Unter Berücksichtigung von A.3 und A.4a) kann das Problem auf verschiedene konvexe Programme zurückgeführt werden. Sind sämtliche Korrelations= koeffizienten +1, so kann auch die Transformation in A.2 herangezogen werden, da dann $(x^T Vx)^{\frac{1}{2}}$ linear ist.

B. $\underset{x \in Z}{\text{Max}} \left[\left(\frac{e_1^T x+\alpha_1}{d^T x+\beta}\right)^2 - \sum_{i=2}^{r}\left(\frac{e_i^T x+\alpha_i}{d^T x+\beta}\right)^2\right]$, wobei $d^T x+\beta>0$, $e_1^T x+\alpha_1>0$

und $(e_1^T x+\alpha_1)^2 - \sum_{i=2}^{r}(e_i^T x+\alpha_i)^2 > 0$ in Z $(e_i, d \in R^n, \alpha_i, \beta$ reell).

Da $\left((e_1^T x+\alpha_1)^2 - \sum_{i=2}^{r}(e_i^T x+\alpha_i)^2\right)^{\frac{1}{2}}$ konkav in Z ist [8], liegt ein Problem vom Typ (Q) vor. Äquivalent hierzu ist nach Satz 2 das konvexe Programm

$$\underset{\binom{y}{t}\in \bar{Z}}{\text{Min}} \frac{1}{(e_1^T y+\alpha_1 t)^2 - \sum_{i=2}^{r}(e_i^T y+\alpha_i t)^2}$$

C. $\underset{x \in Z}{\text{Max}} \prod_{i=1}^{m} \frac{e_i^T x+\alpha_i}{d^T x+\beta}$, wobei alle affin-linearen Funktionen positiv in Z sind. Nach Satz 2 geht dies über in das konvexe Programm $\underset{\binom{y}{t}\in \bar{Z}}{\text{Min}} \prod_{i=1}^{m}(e_i^T y+\alpha_i t)^{-1}$. (Für kompakte konvexe Polyeder Z wurde dies in [9] angegeben.)

D. Abschließend sei ein Problem der Sicherheitsoptimierung von Systemen betrachtet. Es ist die Einrichtung eines Systems S, bestehend aus den Stufen S_j $j=1(1)n$, geplant, wobei für S_j $x_j \geq 0$ gleichartige Reserveeinheiten bereitzustellen sind. Im Planungszeitraum können keine weiteren Einheiten hinzugefügt und keine ausgefallenen Einheiten repariert werden. $P_j(x_j)$ bezeichne die Sicherheit von S_j, d.h. die Wahrscheinlichkeit, daß mindestens eine Einheit von S_j funktionsfähig ist. Bei voneinander unabhängigem Ausfall der Stufen ist die Sicherheit von S durch $\prod_{j=1}^{n} P_j(x_j)$ gegeben.

Die Kosten für die Einrichtung von S seien $K(x_1,..,x_n)$. Man ist bestrebt das Verhältnis von Sicherheit zu Kosten zu maximieren und erhält somit die Aufgabe

$$\max_{\substack{x \in Z \\ x_j \text{ ganz}}} \frac{\prod_{j=1}^{n} P_j(x_j)}{K(x_1,..,x_n)}$$, wobei Z die Beschränkungen für x

berücksichtigt.(Eine additive Verknüpfung von Sicherheit und Kosten [5] setzt die Festlegung einer Gewichtungsgröße voraus. Dies wird durch die obige Formulierung des Problems umgangen.) Ist $P_j(x_j)$ konkav $j=1(1)n$ und $K(x_1,..,x_n)$ konvex z.B. affin-linear, in Z(konvex), so ist lediglich die Exponentenbedingung des Problems (Q) nicht erfüllt. Beispielsweise unter folgenden Annahmen läßt diese sich erzwingen:

Die Ausfallwahrscheinlichkeit q_j einer Einheit in S_j sei im Planungszeitraum konstant und unabhängig davon, ob diese gerade eingesetzt ist oder nicht. Es ist dann

$P_j(x_j)=(1-q_j^{1+x_j})$. Falls $q_j \leq \frac{1}{2n}$, ist $(P_j(x_j))^{2n}$ noch konkav für $x_j \geq 0$. Wegen $P_j(x_j)= ((P_j(x_j))^{2n})^{\frac{1}{2n}}$ kann daher obige Optimierungsaufgabe als Problem vom Typ (Q) angesehen werden. Mit Satz 1 kann ein äquivalentes konvexes

Programm angegeben werden. Eine ganzzahlige Optimallösung dieses Problems ist dann zugleich eine ganzzahlige Optimal= lösung des ursprünglichen Problems.

Literaturverzeichnis

[1] CHARNES,A.,COOPER,W.W.,"Programming with linear fractional functionals", Nav.Res.Log.Quart.9 (1962), 181-186.

[2] DINKELBACH,W.,"On nonlinear fractional programming", Management Science 13 (1967) , 492-498.

[3] EISENBERG,E.,"A Note on Semidefinite Matrices", Research Report 9, Operations Research Center,Univ. of Calif., Berkeley 1961.

[4] MANAS, M.,"On transformations of quasi-convex programming problems", Ekon. Matem. Obzor, Československa Akademie VĚD, 1968, 93-99.

[5] OPFERMANN,K.,"Die Optimierung der Systemzuverlässigkeit durch Komponentenredundanz mit Hilfe des diskreten Maximum-Prinzips, Unternehmensforschung 15(1971), 15-29.

[6] SCHAIBLE,S.,"Beiträge zur quasikonvexen Programmierung", Dissertation der Univ. Köln, 1971.

[7] SCHAIBLE,S.,"Quasi-convex Optimization in General Real Linear Spaces", Zeitschrift für Operations Research 1972

[8] SCHAIBLE,S.,"Quasi-concave, strictly quasi-concave and pseudo-concave functions", Operations Research Verfahren, hrsg. v. Henn,R.,Künzi,H.P.,Schubert,H., Meisenheim 1973.

[9] SCHAIBLE,S.,"Maximization of Quasi-concave Quotients and Products of Finitely Many Functionals", to appear in Cahiers du Centre d'Études de Recherche Opérationelle.

Zur Lösung einiger spezieller Verteilungsprobleme der stochastischen Programmierung

von L. Streitferdt, Hamburg

1. Einleitung

In der stochastischen Programmierung unterscheidet man drei verschiedene Probleme [KALL, 1968, S. 81 ff.]:

a) das Verteilungsproblem
b) die Programmierung bei Wahrscheinlichkeitsrestriktionen (das Chance-Constrained Programming) und
c) die stochastische Programmierung mit Kompensation, welche auch das Zweistufen-Problem der stochastischen Programmierung genannt wird.

Das Verteilungsproblem besteht in der Ermittlung der Wahrscheinlichkeitsverteilung des Zielfunktionswertes bei gegebenen Verteilungen von Koeffizienten und kann als Rechenproblem bezeichnet werden. Die Programmierung bei Wahrscheinlichkeitsrestriktionen beschäftigt sich mit der Ermittlung optimaler Aktionsvariabler in den Fällen, in denen die Einhaltung der Restriktionen des Programmes mit einer festgelegten Wahrscheinlichkeit gewährleistet sein soll. Sie behandelt also ein Entscheidungsproblem. Die stochastische Programmierung mit Kompensation schließlich beschäftigt sich mit der Bestimmung optimaler Maßnahmen unter Berücksichtigung von Notprogrammen, die bei bestimmten Realisationen der Zufallsvariablen möglich sind. Sie behandelt also ebenfalls ein Entscheidungsproblem und stellt eine Art flexibler Planung dar.

Lösungen für das Verteilungsproblem wurden bisher für spezielle Arten von Verteilungen und für spezielle Probleme angegeben [siehe z.B. THEODORESCU, 1972, S. 19 ff.]. Im folgenden wird ein Problem aus der betriebswirtschaftlichen Risikotheorie behandelt, bei dem einige spezielle Verteilungsprobleme auftreten. Die Verteilungen der unabhängigen Zufallsvariablen sind dabei keinen Beschränkungen unterworfen.

2. Das Problem

Ein Betrieb produziere von n Gütern die Mengen $y_1,\dots,y_n$ mit m Faktoren, die in den Mengen $\bar{r}_1,\dots,\bar{r}_m$ verfügbar seien. Die Preise für die Güter seien $p_1,\dots,p_n$ und die Preise für die Faktoren $v_1,\dots,v_m$. Die Produktion lasse sich durch eine mxn-Produktionsmatrix A abbilden, so daß zwischen den produzierten Gütermengen und den hierfür erforderlichen Faktormengen die Beziehung $r = A \cdot y$ besteht ($r \leq \bar{r}$).

Der Betrieb bietet die von ihm produzierten Güter auf einem Markt oder auf mehreren Märkten an. Aufgrund der vom Betrieb festgelegten Preise ergibt sich für die Nachfragemengen $x_1,\dots,x_n$ die n-dimensionale Verteilungsfunktion $F_{x(p)}$. Die Abhängigkeit der Verteilungsfunktion vom Preisvektor sei dem Betrieb bekannt.

Ist die Nachfrage -z.B. in Form von Bestellungen- realisiert worden, dann reagiert der Betrieb auf diese Realisation mit einer für ihn günstigen Produktion. Dabei darf nur soviel produziert werden, wie abgesetzt werden kann. Fertigwarenlager sind nicht zulässig. Kann die Nachfrage nach einem Gut nicht befriedigt werden, so soll dadurch die Nachfrage nach den anderen Gütern nicht beeinflußt werden.

Gesucht sind die Verteilungsfunktionen $F_{E(p)}$ des Erfolges in Abhängigkeit von den festgesetzten Preisen p. Sind die Verteilungsfunktionen bekannt, dann kann der Betrieb jene Verteilungsfunktion auswählen, für die seine Präferenz maximal ist. Daraus kann er dann unmittelbar erkennen, wie die Preise zu setzen sind.

Formuliert man dieses Problem als Verteilungsproblem der stochastischen Programmierung, so sucht man die Verteilungsfunktionen

$$F_{E(p)}\ (\xi)$$

mit

$$\begin{aligned} E = \max\ (p-d)' \cdot y - c \\ Ay \leq \bar{r} \\ y \leq x(p) \\ y \geq 0 \end{aligned}$$

Darin ist d der Vektor der variablen Kosten der einzelnen Produkte und c sind die fixen Kosten der Produktion.

3. Die Nachfrage eines Gutes ist unsicher

Zunächst betrachten wir den Fall, in dem die Verteilungsfunktion $F_{x(p)}$ in n-1 Komponenten entartet ist. Es ist dann nur die Nachfragemenge eines Gutes -es sei dies das Gut i'- unsicher. Für den Fall n=1, also den Einproduktfall, ist dieses Problem von Jochen SCHWARZE in einer Arbeit über stochastische Ansätze in der Theorie der Unternehmung [1967, S. 126 ff.] behandelt worden. Dabei tritt jedoch kein Programmierungsproblem auf. Die Abbildung 1 zeigt den hier zu behandelnden allgemeineren Fall für einen Betrieb, der zwei Produkte mit 3 Faktoren produziert.

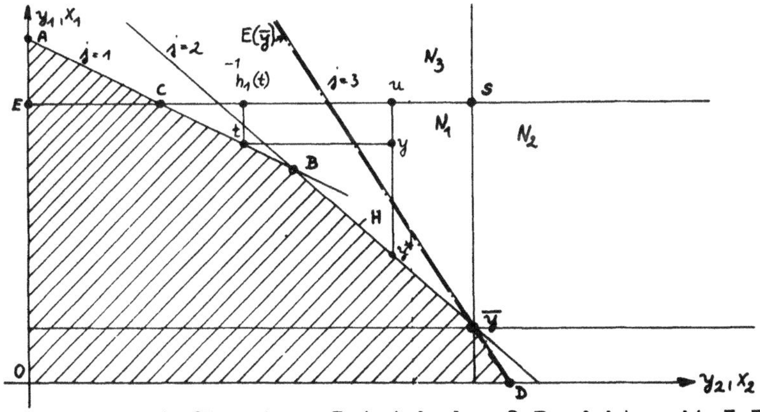

Abb. 1: Beispiel für einen Betrieb,der 2 Produkte mit 3 Faktoren produziert.

Aufgrund der vorhandenen Faktormengen $\bar{r}$ und der Bedingung $y \geq 0$ sind die durch die schraffierte Fläche gekennzeichneten Produktionen möglich. Die Nachfrage nach dem Gut 1 sei mit Sicherheit bekannt und betrage $\hat{x}_1$ Einheiten. Die Nebenbedingung $y_1 \leq \hat{x}_1$ vermindert die Menge der zu erwägenden Produktionen im obigen Beispiel um die Fläche $\overline{ACE}$. Die Nachfragemenge x_2 sei eine Zufallsvariable. Das bedeutet, daß jeder realisierten Nachfrage ein Punkt auf der Geraden $x_1 = \hat{x}_1$ entspricht. Hat man zusätzlich $x_2 \geq 0$, so ist in Abb. 1 nur jener Teil dieser Geraden zu betrachten, der im rechten oberen Quadranten verläuft.

Es ist sinnvoll anzunehmen, daß die Produktionskoeffizienten und die Deckungsbeiträge der einzelnen Produkte nicht negativ sind ($a_{ij} \geq 0, \forall\, i,j$ und $(p_i - d_i) \geq 0, \forall\, i$). Daraus folgt, daß die Steigungen der Begrenzungsflächen des Produktionspolyeders nicht positiv sein können und daß die Zielfunktion mit steigender Produktion nicht abnimmt. Die erfolgsmaximale Produktion liegt daher am rechten oberen Rand des Polyeders, sofern nur mindestens ein Deckungsbeitrag größer als null ist. Im Beispiel der Abb. 1 ist das der Streckenzug $\overline{E\ C\ B\ \bar{y}\ D}$.

Gäbe es keine obere Beschränkung für den Absatz des Gutes 2, dann könnte der Betrieb eine Produktion $\bar{y}$ realisieren, die Elemente der Lösung des linearen Programmes: Maximiere $E(y)$ unter den Nebenbedingungen $Ay \leq \bar{r}$; $y_1 \leq \hat{x}_1$ und $y \geq 0$ ist. Gibt es mehrere Produktionen y, welche den maximalen Erfolg ergeben, dann soll von ihnen jene realisiert werden, in der die Komponente des Gutes i', dessen Nachfrage unsicher ist, den niedrigsten Wert besitzt. In Abb. 1 ergeben alle Produktionen auf der Linie $\overline{\bar{y}D}$ den maximalen Erfolg. Von diesen Produktionen ist die Produktion $\bar{y}$ diejenige, in der die Komponente $i' = 2$ den niedrigsten Wert besitzt.

Solange die realisierte Nachfrage die Produktion $\bar{y}$ zuläßt, solange wird der Betrieb diese Produktion realisieren. In Abb. 1 gilt das für alle Nachfragerealisationen, die auf der Geraden $x_1 = \hat{x}_1$ rechts vom oder im Punkt s liegen. Die Wahrscheinlichkeitsmasse für diese Nachfragemengen wird für die Produktion im Punkt $\bar{y}$ konzentriert. Für alle Nachfragerealisationen $0 \leq x < s$ sucht man die Produktion y^*, die sich als Lösung des linearen Programms Max $E(y)$ unter $A\ y \leq \bar{r}$; $y \leq x(p)$ und $y \geq 0$ ergibt. Diese Lösung ist immer eindeutig. In Abb. 1 führt eine Nachfragerealisation $0 \leq x \leq s$ zu jener Produktion aus dem Streckenzug $\overline{E\ C\ B\ \bar{y}}$, die mit x in der Komponente 2 übereinstimmt. Die Menge der erfolgsmaximalen Produktionen bezeichnen wir allgemein mit H.

Das Verteilungsproblem besteht nun darin, die Wahrscheinlichkeitsmasse von der Linie $x_i = \hat{x}_i, \forall i \neq i'$ auf die Linie erfolgsmaximaler Produktion zu übertragen und die Werte der Verteilungsfunktion für den gesamten $\mathbb{R}^n$ zu ermitteln. Für den Bereich unterhalb der Linie H und im Bereich $y \not> 0$ ist offensichtlich $F_{y(p)} = 0$. Dasselbe gilt, nach der obigen Vereinbarung im Falle einer mehrdeutigen Lösung auch für jene Punkte im Bereich $y \geq 0$ die unterhalb der Linie $y_i = \bar{y}_i \forall i \neq i'$ liegen. Im Bereich $y \geq s$ ist $F_{y(p)} = 1$. Schwierigkeiten ergeben sich bei der Ermittlung der Verteilungsfunktion für die verbleibenden Punkte. Dabei kann man 3 Bereiche unterscheiden:

a) den Bereich $N_1 := y \leq s$
b) den Bereich $N_2 := y > \bar{y}$
c) den verbleibenden Bereich $N_3 := y \geq 0 \wedge y \not> s \wedge y \not\leq s \wedge y \notin N_2$

Für die Bestimmung der Verteilungsfunktion der Produktion in diesen Bereichen definiert man folgende Abbildungen:

$$x \xrightarrow{h_1} y^* : (p-d)' \cdot y^* = \text{Max}\ (p-d)' \cdot y \text{ unter } A\ y \leq \bar{r},$$
$$y \leq x \text{ und } y \geq 0$$
$$\text{für } 0 \leq x < s$$
$$\text{und } x \xrightarrow{h_1} \bar{y} \text{ für } x = s$$

$$y \xrightarrow{h_2} u : \text{1. Fall } y \in N_2 : u_i = \begin{cases} \infty & : i = i' \\ x_i & : i \neq i' \end{cases}$$

$$\text{2. Fall } y \in N_1 \cup N_3 : u_i = \begin{cases} y_i & : i = i' \\ x_i & : i \neq i' \end{cases}$$

$$y \xrightarrow{h_3} t: \quad 1.\ \text{Fall } y \in N_3 \ : t_i = \begin{cases} 0 & : i = i' \\ x_i & : i \neq i' \end{cases}$$

$$2.\ \text{Fall } y \in N_1 \cup N_2 : t_i = \begin{cases} y_i & : i \neq i' \\ q & : (y_1,\dots,y_{i'-1}, \\ & \quad q, y_{i+1},\dots,y_n) \in H \end{cases}$$

Man beachte, daß h_1 umkehrbar ist. Mit Hilfe dieser Definitionen erhält man für die Verteilungsfunktion der Produktion:

$$F_{y(p)}(\xi) = \begin{cases} 0 & : \xi \notin N_1 \cup N_2 \cup N_3 \wedge \xi > s \\ \int_{h_1^{-1}(t(\xi))}^{u(\xi)} dF_{x(p)} dx & : \xi \in N_1 \cup N_2 \cup N_3 \\ 1 & : \xi \geq s \end{cases}$$

Mit dieser Verteilungsfunktion und der im Bereich $0 \leq y \leq s$ ebenfalls umkehrbaren Erfolgsfunktion $E = g(y)$ erhält man die Verteilungsfunktion des Erfolges:

$$F_{E(p)}(\xi) = \begin{cases} 0 & : \xi < E(\underline{y}) \\ F_{y(p)}(\overset{-1}{g}(\xi)) & : E(\underline{y}) \leq \xi < E(\bar{y}) \\ 1 & : E(\bar{y}) \leq \xi \end{cases}$$

Darin sind $\underline{y}$ und $\bar{y}$ jene Produktionen aus der Menge H, die beziehungsweise den geringsten und den höchsten Erfolg erbringen.

4. Die Nachfragemengen von $1 \leq n$ Gütern sind unsicher

Die Verteilungsfunktion $F_{x(p)}$ der Nachfragemengen in Abhängigkeit vom Preisvektor p ist jetzt in n - 1 Komponenten entartet. Bei festgelegtem $\bar{r}$ ist die Menge aller möglichen Produktionen des Betriebes gegeben durch das n-dimensionale, konvexe Polyeder $M: = \{y/y \geq 0 \wedge Ay \leq \bar{r}\}$. Ferner ist die Menge H der effizienten Produktionsprogramme gegeben durch den entsprechenden Rand von M. Der Wert der Verteilungsfunktion für eine Produktion $y \in M \setminus H$ ist gleich dem Wert der Verteilungsfunktion der

Nachfrage x = y. Der Wert der Verteilungsfunktion für eine Produktion $y \in H$ ist größer als der Wert der Verteilungsfunktion der Nachfrage für einen Vektor $x \in H$, weil auch bei Nachfragemengen $x > y \in H$ wegen der beschränkten Kapazität des Betriebes nur ein Element $y \in H$ realisiert werden kann. Mit Hilfe des linearen Programmes max $(p-d)'y$ unter den Nebenbedingungen $Ay \leq \bar{r}$, $y \leq x(p)$ und $y \geq 0$ ermittelt man für eine bestimmte Realisation von $x \notin M$ jene Produktion $y \in H$, die den maximalen Erfolg ergibt. Für ein bestimmtes $y \in H$ gibt es eine Menge $\Phi(y)$ von möglichen Nachfragerealisationen, die alle zur Produktion y führen. Die Abb. 2 soll dies für den Fall l = n = 2 und m = 3 veranschaulichen.

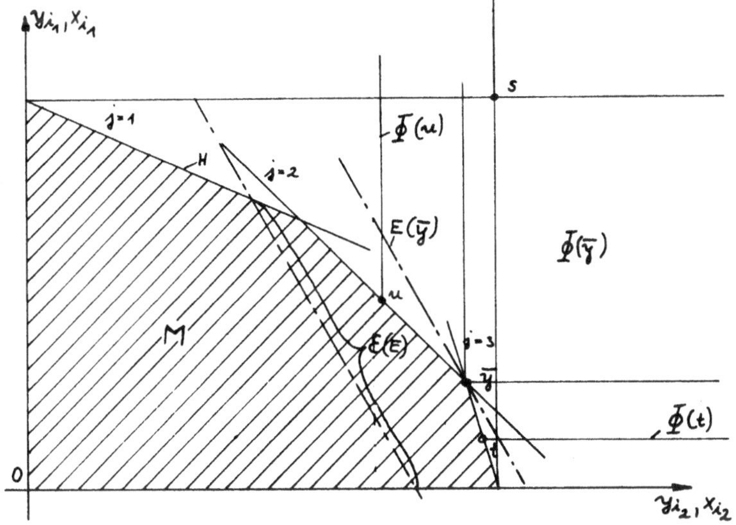

Abb. 2: Beispiel für l = n = 2 und m = 3.

$\Phi(\bar{y})$, also die Menge aller Nachfragevektoren die zu der Produktion führen, die den aufgrund der Produktionsbedingungen maximal möglichen Erfolg ergibt, diese Menge ist in der Abb. 2 der gesamte rechte obere Quadrant von $\bar{y}$. Allgemein ist $\Phi(\bar{y})$ eine l-dimensionale Hyperebene im $\mathbb{R}^n$. Für die übrigen Elemente von H ist $\Phi(y)$ eine l-1 dimensionale Hyperebene. So ist z.B. in Abb. 2 für den Punkt t die Menge $\Phi(t)$ die Gerade, die

in t beginnend in die positive i_2 Richtung führt.
Es ergibt sich somit eine Konzentration der Wahrscheinlichkeitsmasse auf dem Rand H von M, so daß die Wahrscheinlichkeit dafür, daß ein $y \in M$ produziert wird, gleich 1 ist. Für die Produktion erhält man:

$$F_{y(p)}(\xi) = \begin{cases} 0 & : \xi \ngtr 0 \\ F_{x(p)}(\xi) & : \xi \in M \setminus H \\ F_{x(p)}(\xi) + \int_{\Phi(\xi)} dF_{x(p)} & : \xi \in H \\ 0 \leq F_{y(p)}(\xi) < 1 & : \xi \geq 0 \wedge \xi < s \wedge \xi \notin M \\ 1 & : s \leq \xi \end{cases}$$

Für die diskrete Dichte erhält man:

$$f^*_{y(p)}(\xi) = \begin{cases} f_{x(p)}(\xi) & : \xi \in M \setminus H \\ f_{x(p)}(\xi) + \int_{\Phi(\xi)} dF_{x(p)} & : \xi \in H \\ 0 & \text{sonst} \end{cases}$$

Für den Erfolg gilt bei den obigen Annahmen:

$$E = g(y) = (p - d)' \cdot y - c$$

Diese Funktion ist nicht eindeutig umkehrbar, und wir definieren die Menge $\mathcal{E}(E)$ als jene Menge von Produktionen $y \in M$, für die E konstant ist. Diese Mengen sind Teilmengen von 1-1 dimensionalen Hyperebenen im $\mathbb{R}^n$. Mit der Konzentration der Wahrscheinlichkeitsmasse auf diesen Mengen und $\underline{E} = \underset{y \in M}{\mathrm{Min}}\, E(y) = E(0) = -c$, $\bar{E} = \underset{y \in M}{\mathrm{Max}}\, E(y)$ erhalten wir für die Verteilungsfunktionen des Erfolges in Abhängigkeit vom Preisvektor:

$$F_{E(p)}(\xi) = \begin{cases} 0 & : \xi < -c \\ \int_{e \leq \xi} \int_{\mathcal{E}(e)} f_{y(p)}\, dy\, de & : -c \leq \xi < \bar{E} \\ 1 & : \bar{E} \leq \xi \end{cases}$$

Die entsprechende Quasidichte ist:

$$f^*_{E(p)}(\xi) = \begin{cases} \int_{\mathcal{E}(\xi)} f_{y(p)}\, dy & : -c < \xi < \bar{E} \\ 0 & \text{sonst} \end{cases}$$

5. Die Verteilungen von Kosten und Leistungen

Beim Verteilungsproblem der stochastischen Programmierung interessiert man sich nur für die Verteilung des Zielfunktionswertes. Es soll nun davon etwas abgewichen und ein spezielleres Problem betrachtet werden. Gesucht seien die Verteilungsfunktionen der Kosten und der Leistungen des betrachteten Betriebes.

Für die Kosten des Betriebes gilt:

$$K(y) = c + d'y$$

Darin sind c die Fixkosten und es ist d der Vektor der variablen Kosten des Betriebes. Für $1 \geq 2$ ist diese Funktion nicht umkehrbar. Wir ermitteln daher für jede Kostenhöhe K die Menge $\varkappa(k)$, die alle Produktionen $y \in M$ enthält, welche die Kosten **K** erfordern. $\varkappa(K)$ ist ebenso wie $\mathcal{E}(E)$ eine 1-1 dimensionale Hyperebene im $\mathbb{R}^n$. Die durch die Verteilung $f_{y(p)}$ der Menge $\varkappa(K)$ zugeordnete Wahrscheinlichkeitsmasse wird jetzt für die Verteilungen von K auf den jeweiligen Kostenwert konzentriert. Man ermittelt nun die Kosten $\underline{K} = \min_{y \in M} K(y)$ und $\bar{K} = \max_{y \in M} K(y)$. Die Verteilungsfunktionen der Kosten sind damit:

$$F_{K(p)}(\xi) = \begin{cases} 0 & : \quad \xi < c \\ \int_{k \leq \xi} \int_{\varkappa(k)} f_{y(p)} dy \, dk & : \quad c \leq \xi < \bar{K} \\ 1 & : \quad \bar{K} \leq \xi \end{cases}$$

$$f_{K(p)}(\xi) = \begin{cases} \int_{\varkappa(\xi)} f_{y(p)} dy & : \quad c < \xi < \bar{K} \\ 0 & \text{sonst} \end{cases}$$

Auf genau dieselbe Weise kann man die Verteilung der Leistung $L = p'y$ bestimmen. Man braucht dazu nur Mengen $\lambda(L) \in M$ zu definieren, von denen jede alle Produktionen y enthält, welche die Leistung L ergeben. Sie sind ebenso wie die Mengen $\varkappa(K)$, 1-1 dimensionale Hyperebenen im $\mathbb{R}^n$. Unter Berücksichtigung der Konzentration der Wahrscheinlichkeitsmassen auf diese

Mengen, erhält man mit $\underline{L} = \underset{y \in M}{\text{Min}} L(y)$ und $\bar{L} = \underset{y \in M}{\text{Max}} L(y)$ für die Verteilungsfunktionen der Leistung:

$$F_{L(p)}(\xi) = \begin{cases} 0 & : \quad \xi < 0 \\ \int\limits_{l \leq \xi} \int\limits_{\lambda(l)} f_{y(p)} dy \, dl & : 0 \leq \xi < \bar{L} \\ 1 & : \bar{L} \leq \xi \end{cases}$$

$$f_{L(p)}(\xi) = \begin{cases} \int\limits_{\lambda(\xi)} f_{y(p)} dy & : 0 < \xi < \bar{L} \\ 0 & \text{sonst} \end{cases}$$

6. Ein numerisches Beispiel für n = 3, l = 2 und m = 2

Ein Betrieb produziere n = 3 Güter, für welche die Nachfragemengen x_1 und x_2 unsicher sind - also l = 2, $i_1 = 1$, $i_2 = 2$. Die erwogenen Preise p sollen in dem Intervall $(7, 14, 12) \leq p < (280, 60, 42)$ liegen. Die Verteilungsfunktion der Nachfragemengen $F_{x(p)}$ sei:

$$F_{x(p)} = \left\{ \begin{array}{lll} 0,1 & \text{für} & x_1 \leq \frac{100}{p_1} + \frac{20}{p_2} + \frac{30}{p_3} \\ & & x_2 \leq \frac{20}{p_1} + \frac{100}{p_2} + \frac{30}{p_3} \\ & & x_3 \leq \frac{20}{p_1} + \frac{30}{p_2} + \frac{100}{p_3} \\ 0,7 & \text{für} & x_1 \leq \frac{300}{p_1} + \frac{10}{p_2} + \frac{60}{p_3} \\ & & x_2 \leq \frac{80}{p_1} + \frac{200}{p_2} + \frac{40}{p_3} \\ & & x_3 \leq \frac{20}{p_1} + \frac{30}{p_2} + \frac{100}{p_3} \\ 1,0 & \text{für} & x_1 \leq \frac{500}{p_1} + \frac{70}{p_2} + \frac{20}{p_3} \\ & & x_2 \leq \frac{100}{p_1} + \frac{400}{p_2} + \frac{60}{p_3} \end{array} \right.$$

$$\left. x_3 = \frac{20}{p_1} + \frac{30}{p_2} + \frac{100}{p_3} \right)$$

Für den Preisvektor p = (10, 10, 10) ergibt sich z.B. die Verteilungsfunktion:

$$F_{x(p=(10,10,10))} = \begin{cases} 0{,}1 & \text{für } x_1 \leq 15 \\ & x_2 \leq 15 \\ & x_3 \leq 15 \\ 0{,}7 & \text{für } x_1 \leq 37 \\ & x_2 \leq 32 \\ & x_3 \leq 15 \\ 1{,}0 & \text{für } x_1 \leq 59 \\ & x_2 \leq 56 \\ & x_3 \leq 15 \end{cases}$$

Man ersieht daraus, daß für p = (10,10,10) die Nachfrage x_1 die Werte 15, 37 und 59 die Nachfragemenge x_2 die Werte 15, 32 und 56 annehmen kann und daß die Nachfrage nach x_3 mit Sicherheit 15 Einheiten beträgt. Die zugehörige Quasidichtefunktion $f_{x(p)}$ ist:

$$f_{x(p)} = \begin{cases} 0{,}1 & \text{für } x_1 = \frac{100}{p_1} + \frac{20}{p_2} + \frac{30}{p_3} \\ & x_2 = \frac{20}{p_1} + \frac{100}{p_2} + \frac{30}{p_3} \\ & x_3 = \frac{20}{p_1} + \frac{30}{p_2} + \frac{100}{p_3} \\ 0{,}6 & \text{für } x_1 = \frac{300}{p_1} + \frac{10}{p_2} + \frac{60}{p_3} \\ & x_2 = \frac{80}{p_1} + \frac{200}{p_2} + \frac{40}{p_3} \\ & x_3 = \frac{20}{p_1} + \frac{30}{p_2} + \frac{100}{p_3} \\ 0{,}3 & \text{für } x_1 = \frac{500}{p_1} + \frac{70}{p_2} + \frac{20}{p_3} \\ & x_2 = \frac{100}{p_1} + \frac{400}{p_2} + \frac{60}{p_3} \\ & x_3 = \frac{20}{p_1} + \frac{30}{p_2} + \frac{100}{p_3} \end{cases}$$

Der Betrieb produziere diese 3 Güter mit m = 2 Faktoren, deren Preise $v_1 = 2$ DM, $v_2 = 3$ DM seien. Er verfüge über finanzielle Mittel in Höhe von 940 DM. Wir nehmen an, der Betrieb könne auf dem Beschaffungsmarkt die Faktoren zu diesen Preisen jederzeit kaufen und verkaufen, also insbesondere sie umtauschen. Die Produktionsmatrix des Betriebes sei:

$$A = \begin{pmatrix} 2 & 1 & 3 \\ 1 & 4 & 2 \end{pmatrix}$$

Schließlich sei vom Faktor r_1 ein beschäftigungsunabhängiger Bedarf in Höhe von 50 Einheiten erforderlich.

Aus diesen Angaben ermitteln wir zunächst die Menge M aller möglichen Produktionen des Betriebes. Sie ist durch die Nichtnegativitätsbedingung der Produktion $y \geq 0$ und durch die beschränkt verfügbaren Faktoren -hier nur die finanziellen Mittel- bestimmt. Für eine beliebige Produktion y betragen die erforderlichen finanziellen Mittel:

$$K = v \cdot r = (2,3) \cdot \left(\begin{pmatrix} 50 \\ 0 \end{pmatrix} + \begin{pmatrix} 2 & 1 & 3 \\ 1 & 4 & 2 \end{pmatrix} \cdot y\right) = 100$$

$$+ (7,14,12) \cdot y = 100 + 7y_1 + 14y_2 + 12y_3$$

Damit ergibt sich für M:

$$M = \left\{y \ / \ y \geq 0 \wedge 100 + 7y_1 + 14y_2 + 12y_3 \leq 940\right\}$$

Da der Betrieb nur Güter mit positivem Deckungsbeitrag produzieren soll, muß für p gelten $p > (7,14,12)$. Wir ermitteln nun die Verteilung für den Erfolg beim Preisvektor p = (10,20, 20). Für die Verteilung $f_{x(p\,=\,(10,20,20))}$ erhalten wir:

$$f_{x(p\,=\,(10,20,20))} = \begin{cases} 0{,}1 & \text{für } x = (12.5,8.5,8.5) \\ 0{,}6 & \text{für } x = (33.5,20,8.5) \\ 0{,}3 & \text{für } x = (54.5,33,8.5) \end{cases}$$

Die Kosten für die einzelnen Produktionen sind dann:

$$K(y = (12.5,8.5,8.5)) = 100 + 87.5 + 119 + 102 = 408.5$$
$$K(y = (33.5,20,8.5)) = 100 + 234 + 280 + 102 = 716$$
$$K(y = (54.5,33,8.5)) = 100 + 381 + 462 + 102 = 1045$$

Die Nachfragemengen x = (12.5,8.5,8.5) und x = (33.5,20,8.5) können mit den vorhandenen Faktoren produziert werden; nicht dagegen die Nachfrage x = (54.5,33,8.5). Wird diese Nachfrage realisiert, so produziert der Betrieb die Mengen y, die sich als Lösung des folgenden linearen Programms ergeben:

$$\text{Max } DB(y) = (10-7) \cdot y_1 + (20-14) \cdot y_2 + (20-12) \cdot y_3$$

unter den Nebenbedingungen:

$$\begin{aligned} 7y_1 + 14y_2 + 12y_3 &\leq 840 \\ y_1 &\leq 54.5 \\ y_2 &\leq 33 \\ y_3 &\leq 8.5 \\ y_1, y_2, y_3 &\geq 0 \end{aligned}$$

Die Lösung dieser einfachen Optimierungsaufgabe ist $\bar{y}$ = (39.5,33,8.5). Wir sehen, daß in dem Fall, daß alle Faktoren beliebig substituierbar, umtauschbar sind und nur die finanziellen Mittel die Produktion beschränken, die Produkte in der Reihenfolge sinkender Deckungsbeiträge in das Programm y aufgenommen werden. Damit erhalten wir für die Verteilungen des Erfolges:

$$f_{E}(p = (10,20,20)) = \begin{cases} 0,1 & \text{für } E = 56.5 \\ 0,6 & \text{für } E = 188.5 \\ 0,3 & \text{für } E = 284.5 \end{cases}$$

Dies ist die Wahrscheinlichkeitsverteilung des Erfolges für den Preisvektor = (10,20,20). Gibt man die Verteilungen von E in Abhängigkeit vom jeweiligen Preisvektor an, dann hat man damit den gesamten Entscheidungsraum für unseren Modellbetrieb. Er kann wegen p > (7,14,12) geschrieben werden als:

$$\left(\begin{aligned} 0,1 \quad \text{für } E = {} & 3\left(\frac{100}{p_1} + \frac{20}{p_2} + \frac{30}{p_3}\right) + \\ & 6\left(\frac{20}{p_1} + \frac{100}{p_2} + \frac{30}{p_3}\right) + \\ & 8\left(\frac{20}{p_1} + \frac{30}{p_2} + \frac{100}{p_3}\right) - 100 \end{aligned} \right.$$

$$
f_{E(p)} = \begin{cases}
0{,}6 \quad \text{für } E = 3\left(\frac{300}{p_1} + \frac{10}{p_2} + \frac{60}{p_3}\right) + \\
\qquad\qquad 6\left(\frac{80}{p_1} + \frac{200}{p_2} + \frac{40}{p_3}\right) + \\
\qquad\qquad 8\left(\frac{20}{p_1} + \frac{30}{p_2} + \frac{100}{p_3}\right) - 100 \\
\qquad\qquad \text{falls } \frac{3460}{p_1} + \frac{3230}{p_2} + \frac{2180}{p_3} \leq 840 \\
\\
\text{und für } E = 3\bar{y}_1 + 6\bar{y}_2 + 8\bar{y}_3 - 100 \\
\qquad\qquad \text{mit } \bar{y} := \operatorname{Max}(3y_1 + 6y_2 + 8y_3) \\
\qquad\qquad \text{unter den Nebenbedingungen:} \\
\qquad\qquad 7y_1 + 14y_2 + 12y_3 \leq 840 \\
\qquad\qquad y_1 \leq \frac{300}{p_1} + \frac{10}{p_2} + \frac{40}{p_3} \\
\qquad\qquad y_2 \leq \frac{80}{p_1} + \frac{200}{p_2} + \frac{40}{p_3} \\
\qquad\qquad y_3 \leq \frac{20}{p_1} + \frac{30}{p_2} + \frac{100}{p_3} \\
\qquad\qquad y_1, y_2, y_3 \geq 0 \\
\qquad\qquad \text{falls } \frac{3460}{p_1} + \frac{3230}{p_2} + \frac{2180}{p_3} > 840 \\
0{,}3 \quad \text{für } E = 3\left(\frac{500}{p_1} + \frac{70}{p_2} + \frac{20}{p_3}\right) + \\
\qquad\qquad 6\left(\frac{100}{p_1} + \frac{400}{p_2} + \frac{60}{p_3}\right) + \\
\qquad\qquad 8\left(\frac{20}{p_1} + \frac{30}{p_2} + \frac{100}{p_3}\right) - 100 \\
\qquad\qquad \text{falls } \frac{5140}{p_1} + \frac{6450}{p_2} + \frac{2180}{p_2} \leq 840 \\
\\
\text{und für } E = 3\bar{y}_1 + 6\bar{y}_2 + 8\bar{y}_3 - 100
\end{cases}
$$

mit $\bar{y} := \mathrm{Max}(3y_1 + 6y_2 + 8y_3)$

unter den Nebenbedingungen:

$$7y_1 + 14y_2 + 12y_3 \leq 840$$

$$y_1 \leq \frac{500}{p_1} + \frac{70}{p_2} + \frac{20}{p_3}$$

$$y_2 \leq \frac{100}{p_1} + \frac{400}{p_2} + \frac{60}{p_3}$$

$$y_3 \leq \frac{20}{p_1} + \frac{30}{p_2} + \frac{100}{p_3}$$

$$y_1, y_2, y_3 \geq 0$$

falls $\frac{5140}{p_1} + \frac{6450}{p_2} + \frac{2180}{p_3} > 840$

Literaturverzeichnis:

Förstner, K.: Wahrscheinlichkeitsbetrachtungen in der Theorie der Unternehmung, in: Brand, K. (Hrsg.): Festschrift zum 70. Geburtstag von Walter G. Waffenschmidt, Meisenheim am Glan 1958, S. 159 - 177.

Kall, P.: Der gegenwärtige Stand der stochastischen Programmierung, in: Unternehmensforschung, 12, 1968, H. 2, S. 81 - 95.

Schwarze, J.: Stochastische Ansätze in der Theorie der Unternehmung, in: Schriften zur wirtschaftswissenschaftlichen Forschung, Bd. 23, Meisenheim am Glan 1967.

Streitferdt, L.: Grundlagen und Probleme der betriebswirtschaftlichen Risikotheorie, Dissertation, Hamburg 1972.

Theodorescu, R.: Random Programs, in: Mathematische Operationsforschung und Statistik, 3, 1972, H. 1, S. 19 - 47.

Informationssysteme und EDV

Modell eines lernenden Informationssystems

von L. Gierl, Ottobrunn

Zusammenfassung

Im folgenden soll ein Modell für die Bewertung von Information in einem lernenden Informationssystem erläutert werden. Dieses Informationssystem soll die Grundlage liefern für sequentielle Entscheidungen aufgrund unvollständig vorliegender Daten über komplexe Strukturen oder Abläufe.
Derartige unvollständige Daten treten eben dann auf, wenn das Wissen über die Umwelt stark eingeschränkt ist. Das ist der Fall bei der Auswertung von Luftaufnahmen auf militärischem Gebiet, wo immer nur Teile der gegnerischen Verbände entdeckt werden. Ein ähnliches Problem stellt sich bei der Suche nach Erzlagerstätten mittels Luftaufnahmen, wo Bodenfärbung und -struktur gewisse Schlüsse auf Vorkommen zulassen. Analoges gilt für Röntgen- oder mikroskopische Aufnahmen. Derartige unvollständige Daten liegen natürlich auch in der Wirtschaft vor.
Hier werden jetzt speziell solche Daten betrachtet, die in der militärischen Luftaufklärung anfallen.
Um mit unvollständigen Daten Entscheidungen treffen zu können, muß die Information dieser Daten bewertet werden, damit in einem nächsten Schritt weitere, geeignete Daten beschafft werden können. Der nun vergrößerte Vorrat an Information wird erneut bewertet. Grundlage der Bewertung sind Vor-Informationen über die Daten.
Es ergeben sich somit sequentielle Entscheidungen, die man als Lernprozess auffassen kann. Damit lässt sich ein solches System als lernendes Informationssystem interpretieren. Unter Informationssystemen werden oftmals nur Datenbanksysteme mit eigens dafür entwickelten Abfragesprachen verstanden. Hier sollen aber derartige Probleme nicht behandelt werden, sondern der erwähnte Aspekt der Informationsbewertung in einem Informationssystem.

1. Lernende Systeme

Wie erwähnt, läuft im Informationssystem ein Lernprozess ab, bei dem die Reaktion des Systems von seinen Erfahrungen über frühere Reaktionen abhängig ist. Genauer gesagt, ist ein Lernprozess dadurch charakterisiert, daß ein handelndes Subjektsystem nach einer Vorschrift und aufgrund von Erfahrung seine Einwirkung auf ein Objektsystem steuert. Man spricht dann von einem Subjekt-Objektsystem.

Abb. 1

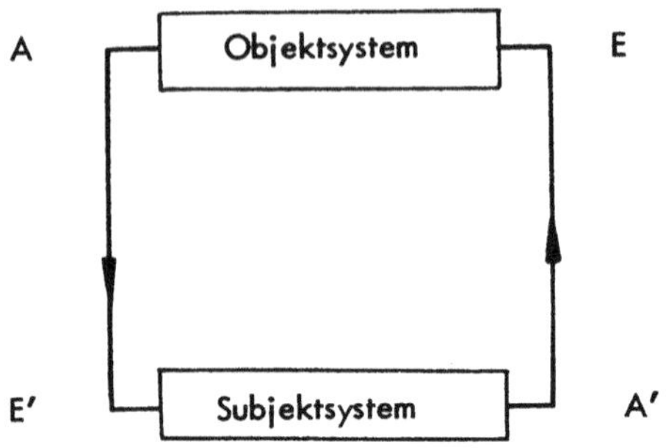

Das Objektsystem kann ganz allgemein als Umgebung interpretiert werden. Es wird angenommen, daß das Objektsystem seinerseits keinen Lernprozess vollzieht. Es reagiert vielmehr nur auf eine dem Subjektsystem anfangs unbekannte Weise.
Die Einwirkung geschieht über den Eingang E des Objektsystems. Es erfolgt dann eine Reaktion, die über den Ausgang A auf den Eingang E' des Subjektsystems wirkt. Damit ändert sich der innere Zustand des Subjektsystems gemäss einer Vorschrift, die die Zielfunktion des Lernprozesses beinhaltet. Der geänderte innere Zustand bedingt eine veränderte Einwirkung vom Ausgang A' des Subjektsystems auf den Eingang E des Objektsystems. Die im Subjektsystem vorhandene Vorschrift setzt die bei diesem Schritt gewonnene Information in Beziehung zu der schon vorhandenen, d.h. bewertet sie.
Ganz allgemein kann man ein Lernverhalten folgendermaßen definieren:

(1) $$p(n+1) = f(p(n))$$

wobei $0 \leq p \leq 1$ und $n = 1, 2, 3, \ldots$

Dabei ist p eine Wahrscheinlichkeit für ein "richtiges" Verhalten des Systems und n die Zahl der Schritte oder Takte im Lernprozess. Die Wahrscheinlichkeit p für ein Verhalten, das dem Ziel des Lernprozesses näherkommt, denn das bedeutet "richtiges" Verhalten, ist also vom vorherigen Lernschritt abhängig.
Eine speziellere, schärfere Definition eines Lernprozesses ist

(2 a) $$p(n+1) - p(n) \geq 0$$

(2 b) $$p(n+1) - p(n) \leq 0$$

$$\text{mit } \lim_{n \to \infty} p(n) = P_{ex}$$

Dabei ist P_{ex} die obere Grenze für (2 a) und die untere Grenze für (2 b). P_{ex} kann natürlich auch den Wert 1 annehmen.
p konvergiert also für grosses n gegen einen Wert, bei dem das lernende System seine Aufgabe optimal löst.

2. Stochastische Automaten

Das beschriebene Modell eines lernenden Systems soll nun spezialisiert werden und zwar dahingehend, daß das Subjektsystem in seinem Verhalten als stochastischer Automat angesehen wird.
Solche stochastische Automaten als lernende Systeme wurden ganz allgemein ohne irgendwelche speziellen Anwendungen von Feichtinger, Fu, Hanakata, McLaren u.a. vorgeschlagen.
Da stochastische Automaten eine Erweiterung des Begriffs der determinierten Automaten darstellen, wird zuerst deren Definition gegeben. Unter einem determinierten Mealy-Automaten versteht man

$$D = (X, Y, Z, \delta, \lambda)$$

wobei gilt i) X, Y, Z sind nicht leere, endliche Mengen

ii) $\delta : X \times Z \rightarrow Z$ und $\lambda : X \times Z \rightarrow Y$

Dabei ist X die Menge der Eingangszeichen der Automaten
Y die Menge der Ausgangszeichen
Z die Menge der Zustände

Bildet man alle nur möglichen Kombinationen der Elemente der Menge $X = \{X_1, \ldots, X_r\}$ so ergibt die Menge dieser Kombinationen das freie Monoid $X^* = \{e, X_1 \ldots X_r, X_1X_1, X_1X_2 \ldots X_1X_r, X_2X_1, \ldots X_{rr}, X_1X_1X_1 \ldots\}$

Faßt man die Elemente von X als Buchstaben, Zeichen oder Symbole auf, so kann man die Elemente von X als Worte betrachten, e ist die Einheit von X^*, das leere Wort. Das gleiche gilt für die Menge Y.
Der determinierte Automat D arbeitet sequentiell und synchron, d.h. er liest Wörter buchstabenweise ein, ändert bei jedem Buchstaben dabei seinen Zustand und gibt für jeden eingelesenen Buchstaben x einen Buchstaben y aus.
Eine Erweiterung des Begriffs des determinierten Automaten führt zur Definition des stochastischen Automaten:

$A = (X, Y, Z_i, p)$ heißt stochastischer Automat, wenn gilt
i) X, Y und Z sind endliche, nicht leere Mengen
ii) für jedes $x \in X$ und $z \in Z$ ist
$p(y, z_i \mid x, z_i)$ ein bedingtes Wahrscheinlichkeitsmaß auf die Produktmenge $Y \times Z$

Ein stochastischer Automat arbeitet ebenfalls sequentiell und synchron und um von einem Zustand z_i zu einem Zustand z_i zu kommen, müssen alle möglichen Zwischenzustände berücksichtigt werden.
Unter einem Zustand wird dabei eine vollständige Beschreibung des Systems zu einem bestimmten Zeitpunkt verstanden. Mit dem Wahrscheinlichkeitsmaß p lässt sich das Verhalten des stochastischen Automaten mittels stochastischer Matrizen darstellen.

Für eine stochastische Matrix gilt, wenn p_{ij} eines ihrer Elemente ist

i) $0 \leq p_{ij} \leq 1$

ii) $p_i = \sum_i p_{ij} = 1$

Die Elemente der Matrix sind dann Übergangswahrscheinlichkeiten zwischen den Zuständen. Die Matrix besteht aus Untermatrizen für einen Zustandsübergang, deren Elemente die Übergangswahrscheinlichkeiten für $y \in Y$ und $x \in X$ sind.

3. Analogon zur Problemstellung

Nachdem die verwendeten grundlegenden Vorstellungen erläutert wurden, möchte ich ein einfaches Analogon zur Problemstellung bringen, an dem sich das Prinzip eines lernenden Informationssystems gut zeigen lässt.
Es handelt sich um ein Spiel, das als "Schiffe-Versenken" bekannt ist.
In dem "Schiffe-Versenken"-Spiel suchen zwei Spieler mit möglichst wenigen Versuchen die Schiffe des Gegenspielers zu entdecken und zu "versenken". Jeder Spieler benutzt ein Blatt Papier, auf das er zwei Felder von vorher vereinbarten Ausmaßen zeichnet. In beide Felder wird ein Koordinatensystem eingetragen. Damit werden die Felder in Kästchen (Feldelemente) mit bestimmten Positionen eingeteilt, die auf dem zweidimensionalen Spielfeld eindeutig bestimmt sind. Jeder Spieler zeichnet auf einem der beiden Felder die Anordnung seiner eigenen "Flotte" mit unterschiedlichen Schiffstypen nach seinem Gutdünken ein.
Unter "Schiff" versteht man bestimmte Anordnungen von "Sternen" wie in Abbildung 2 links.
Jeder Spieler geht von einer gewissen Vorinformation aus. Es sind dies hier die Spielregeln. Dazu gehört z.B. das Aussehen der Schiffe.
Aus dieser Vorinformation kann der Spieler, sobald er eine Position entdeckt hat, von der ihm sein Gegenspieler mitgeteilt hat, daß sie mit einem "*" besetzt ist, durch gezieltes Fragen das zu diesem "*" gehörige Schiff gänzlich entdecken. Im Verlauf des Spieles verringert sich damit die Zahl der Positionen, auf denen noch Schiffe zu erwarten sind oder, anders ausgedrückt, das Maß an Informationen über das Feld des Gegenspielers erhöht sich während des Spieles ständig. Schließlich konvergiert das Verfahren dahingehend, daß einer der Spieler alle Schiffe des Gegenspielers "versenkt" hat. Damit ist das Spiel beendet.
Beide Spieler haben einen wechselseitigen Lernprozess durchgemacht.
In Abbildung 2 ist auf dem Rechnerausdruck links das Feld des einen Spielers mit der Anordnung seiner Schiffe und rechts das 2. Feld seines Gegenspielers, auf dem sich dieser seine Erfolge bzw. Mißerfolge bei der Suche nach Schiffen markiert hat.

Abb. 2

```
+ + + + + + + + + + + +
+                     +
+     *     *     *   +
+   * * *   *     *   +
+     *     * *       +
+                 *   +
+   *   * *   *   *   +
+   *                 +
+   * *         * *   +
+         *           +
+                     +
+ + + + + + + + + + + +
```

Feld des einen Spielers

```
+ + + + + + + + + + + +
+   N N N N N N   F F +
+   N * N N * N   * F +
+   * * * N * N N *   +
+   F * F N * * N F   +
+ N N N         F N   +
+ N * N     F * F     +
+ N * N N   F F F     +
+ N * * N   F F       +
+   F F N             +
+ F F                 +
+ + + + + + + + + + + +
```

Feld des anderen Spielers mit dem Wissens-Stand über das Feld seines Gegenspielers

Vor Spielbeginn wird vereinbart, welche Schiffstypen und wieviele je Typ jeweils in einem Spiel verwendet werden dürfen. Ausserdem werden meist bestimmte Restriktionen bezüglich der Anordnung der Schiffe im Feld festgelegt. So dürfen z.B. Schiffe einander nicht berühren u.a.m. Keinem der Spieler ist die Anordnung der gegnerischen Schiffe bekannt.
Es stellt sich also die Aufgabe, mittels des geringen Wissens über das Aussehen der Schiffe und mit Hilfe des Zufalls alle Schiffe des Gegners zu entdecken.
Der Spielablauf ist dann folgender:
Ein Spieler beginnt, indem er eine Position des Feldes seines Gegenspielers unter Angabe des Koordinatenpaares nennt, von der er vermutet, daß sie mit einem Schiff besetzt ist. Sein Gegenspieler ist laut Spielregeln gehalten, wahrheitsgemäss Auskunft zu geben, ob seine Vermutung richtig war oder nicht. Je nach Erfolg oder Mißerfolg wird der Fragende dann auf seinem zweiten Feld die abgefragte Position des gegnerischen Feldes in einer ihm überlassenen Weise entsprechend markieren, um beispielsweise eine Doppelabfrage zu vermeiden.
Nach einer Abfrage ist der Gegenspieler an der Reihe. Darauf wieder der 1.Spieler, etc.
Der Sinn des zweiten Feldes, das jeder Spieler auf seinem Blatt vor sich hat, ist es, nach und nach ein Abbild des anfangs völlig unbekannten Feldes des Gegenspielers mit allen Schiffen zu erhalten. Damit kommt man wieder zum Modell eines lernenden Systems.
Es ist hier aber nur der Lernprozess eines Spielers von Interesse.
Damit kann das Spiel vereinfacht und abstrahiert werden, so daß ein Objekt-Subjekt-System entsteht. Der eine Spieler ist also nur Fragender, der andere nur Antwortender. Das Objektsystem besteht aus einer Objektebene und dem Spieler, der antwortet; das Subjektsystem aus der Subjektebene und dem Spieler, der fragt. Das Ziel des Lernenden ist es, mit möglichst wenigen Versuchen sich alle Informationen über das Objektfeld zu verschaffen. Auf der Subjektebene erscheint nach und nach ein Abbild der Objektebene, aufgrund dessen - nach obiger Zielfunktion - ein neuer Frage-Versuch erfolgt. Da die Subjektebene Bild der Objektebene ist, werde ich sie im folgenden Bildebene nennen.
Die beiden Ebenen sollen ferner als beliebige m x n Matrizen dargestellt werden, die Indices der Elemente der Matrizen sind dann die Positionen der Feldelemente. Schließlich werden die "Schiffe" zu Mustern verallgemeinert, die in der Objektebene angeordnet sind. Es soll dann auch nicht mehr von "Schiffstypen" die Rede sein, sondern von Musterklassen, in die das aktuelle Muster einzuordnen sind. Das Subjektsystem stellt also einen Klassifikator dar. Der Inhalt eines Feldelementes, das zu einem Muster gehört, wird als Merkmal für ein Muster bezeichnet. Die vorher erörterten Größen, die zur Beschreibung stochastischer Automaten erforderlich sind, werden nach diesen Verallgemeinerungen wie folgt interpretiert: Die Menge der Eingangszeichen X für das Subjektsystem sind die vom Objektsystem kommenden Angaben, ob ein Merkmal eines Musters entdeckt wurde oder nicht. Die Menge der Ausgangszeichen Y sind die Angaben über die Positionen auf der Objektebene, die abgefragt werden sollen.
Unter Zustand des Subjektsystems wird die Konfiguration der Bildebene verstanden, wie sie sich zu einer bestimmten Taktzeit darbietet.
Die Ausgangszeichen werden aufgrund des aktuellen Zustandes dahingehend ausge-

wählt, wo bei einer bestimmten Zuordnung eines unvollständig bekannten Musters zu einer Musterklasse ein weiteres Merkmal zu erwarten ist.
Dieses Analogon wurde deswegen so ausführlich dargestellt, weil es mit einigen Erweiterungen und unter Verwendung der eingangs erläuterten Begriffe zum eigentlichen Modell des Informationssystems führt.
Das Subjektsystem wird jetzt als stochastischer Automat aufgefaßt.
Am Eingang des stochastischen Automaten Subjektsystem kann zu einer Taktzeit n eines der Elemente aus der Eingangszeichenmenge $X = (x_1, \ldots, x_r)$ anliegen.
Diese Elemente sind die Merkmale für eine Musterklasse. Das Subjektsystem erhält vom Objektsystemausgang nur die Information, ob die Position der Objektebene, die vom Subjektsystem als Ausgangszeichen abgegeben wurde, mit einem Merkmal besetzt ist. Ein Ausgangszeichen des Subjektsystems, d.h. ein Element der Ausgangszeichenmenge Y, besteht aus einem Paar von Indices, die die Position eines Feldelementes der Objektebene eindeutig kennzeichnen. Als Zustand wird, wie schon erwähnt, das zweidimensionale Bild, das die Bildebene darbietet, betrachtet.
Ein Eingangszeichen $x_i \in X$ ruft eine Änderung eines Zustandes $z_i \in Z$ hervor. Daraus ergibt sich dann wieder das Ausgangszeichen $y_i \in Y$

Abb. 4

Beispiel:

$X = \{0, *\}$

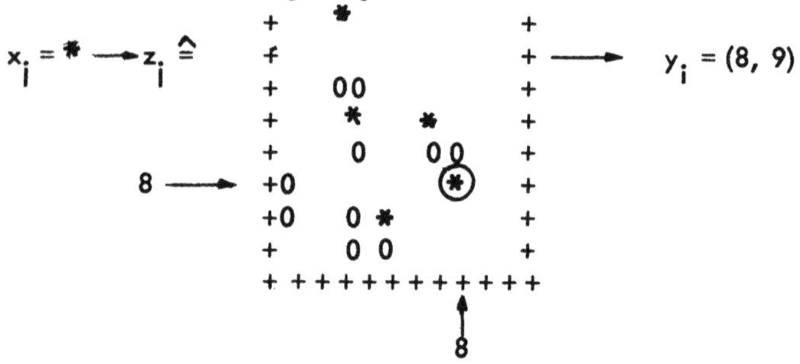

Als Eingangszeichen sollen nun verwendet werden: O, A, B, C, D. Sie stellen konkret in der Luftaufklärung gegnerische Einheiten dar und sind Merkmale für einen grösseren Verband.

4. Übergangswahrscheinlichkeitsmatrix

Das Verhalten des stochastischen Automaten Subjektsystem wird vollständig festgelegt, durch seine Übergangsstruktur, die durch das Wahrscheinlichkeitsmaß $p(y, z_i \mid x, z_j)$ bestimmt ist. Diese Struktur kann durch Matrizen ausgedrückt werden.
Die Matrix gibt an, mit welcher Wahrscheinlichkeit beim Übergang $z_j \rightarrow z_i$ das Ausgangszeichen y abgegeben wird, unter der Voraussetzung, daß das Eingangszeichen x empfangen wurde. Es existiert eine solche Matrix für jeden Übergang. Die Übergangswahrscheinlichkeitsmatrix setzt sich aus Blöcken von Matrizen nach (3) zusammen.

(3)
$$p_{ij}(y \mid x) = \begin{bmatrix} p(y_1 \mid x_1) & \dots & p(y_1 \mid x_m) \\ \vdots & & \vdots \\ p(y_n \mid x_1) & \dots & p(y_n \mid x_m) \end{bmatrix}$$

Aus der Menge Y der Ausgangszeichen wird dann im vorliegenden Fall dasjenige Element der Matrix mit der größten Übergangswahrscheinlichkeit ausgewählt.
Die Musterklassen, zu denen sich die Merkmale zusammensetzen, sehen folgendermaßen aus:

Abb. 5

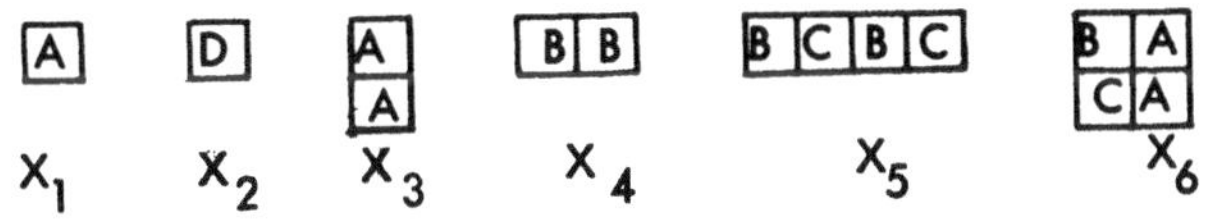

Es sind beliebige Anordnungen von Elementen der Menge X auf der Objektebene. Diese Musterklassen X_k sind also Untermengen der Menge X oder, anders ausgedrückt, Wörter, die der stochastische Automat Subjektsystem sequentiell einliest. Die Übergangswahrscheinlichkeiten bestimmten die Wahrscheinlichkeit für den Übergang zu einem Zustand z_j in einen Zustand z_i.

Sie können folgendermaßen geschrieben werden:

(4)
$$p(y, z_i \mid x, z_j) = \sum_k p(y, z_i \mid X_k, x, z_j) \cdot p(X_k \mid x, z_j)$$

Der erste Term der Summe auf der rechten Seite der Gleichung ist die Wahrscheinlichkeit, daß der Zustand z_i und ein Ausgangszeichen y auftreten, unter der Voraussetzung, daß am Eingang x anliegt, der vorherige Zustand des Systems z_j und das Merkmal x zum Muster X_k gehört.

Der zweite Term stellt die Wahrscheinlichkeit für die Zuordnung des Merkmals x

zum Muster X_k dar, wobei der Zustand z_i getreten ist.
Die Summe über alle k ergibt nach dem Satz von der totalen Wahrscheinlichkeit die linke Seite der Gleichung.

Ich möchte nun näher auf die Berechnung des ersten Terms eingehen. Hierbei wird ja angenommen, daß das Merkmal x zu einer ganz bestimmten Musterklasse X_k gehört. Gesetzt den Fall, es gibt überhaupt nur die folgenden 3 binären Musterklassen. Und ausserdem ist nur ein Merkmal einer dieser Musterklassen entdeckt. Dann ergeben sich nach Abbildung 7 folgende Möglichkeiten, ein weiteres Merkmal zu entdecken.

Abb. 6

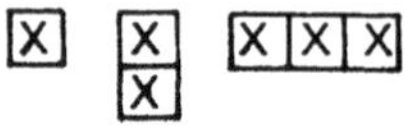

Abb. 7

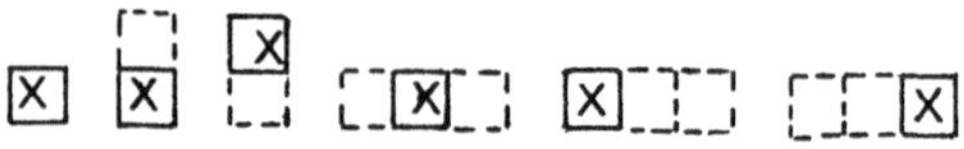

Damit lassen sich leicht die bedingten Wahrscheinlichkeiten p ermitteln. Gibt es jedoch sehr viele und komplizierte Musterklassen, so muß eine große Zahl von Daten für jeden nur denkbaren Fall gespeichert werden. Zudem findet bei jedem Takt ein umständlicher Suchvorgang nach diesen Daten statt.
Dies wird dadurch vermieden, daß ein "Belohnungsprozess" angenommen wird, wie er bei vielen Lernprozessen vorkommt und ganz allgemein verwendet werden kann. Dabei werden die Eingangszeichen A, B, C, D als positiv bewertet. Treten sie auf, so wird als "Belohnung" die Wahrscheinlichkeit für das Auftreten eines weiteren Merkmals x in der Umgebung der schon entdeckten Position mit einem der Merkmale erhöht. Denn es ist wahrscheinlicher, daß in der Umgebung des schon entdeckten Merkmales weitere zu finden sind, als irgendwo sonst auf der Objektebene. Der Betrag der Erhöhung errechnet sich aus einer nicht linearen Verstärkungsvorschrift.
Die Formel ist ein rekursiver Algorithmus, der bei jedem Takt die Feldelemente der Bildebene dahingehend abschätzt, wie groß die Wahrscheinlichkeit ist, daß ein weiterer Erfolg eintritt, unter der Voraussetzung, die Musterklasse X_k liegt vor.

$$(5)\quad \Delta p\,(y, z_i^{n+1} | X_k, x, z_i^{n}) = a \cdot p\,(y, z_i^{n} | X_k, x, z_h^{n-1}) \cdot$$
$$\cdot\,(1 - p\,(y, z_i^{n} | X_k, x, z_h^{n-1}))$$

mit $0 < a < 1$

$$(6)\quad p\,(y, z_i^{n+1} | X_k, X, z_i^{n}) = p\,(y, z_i^{n} | X_k, X, z_h^{n-1}) +$$
$$+\quad p\,(y, z_i^{n+1} | X_k, X, z_i^{n})$$

für $y \in Y$

Der Algorithmus stammt von Varshavskii u. Vorontsova, wird dort aber etwas anders verwendet.
Es soll nun noch der vorhin erwähnte zweite Term berechnet werden.
Er stellt die Wahrscheinlichkeit für das Auftreten einer Musterklasse X_k dar, unter der Voraussetzung, daß das Ereignis $x \in X$ und der Zustand z_j beim $n + 1$ Takt eintreten. Da auch diese Wahrscheinlichkeit taktabhängig ist, bietet sich wiederum ein rekursives Verfahren zur Berechnung an. Damit wird das Eintreten eines Merkmales X_k abgeschätzt. In solchen Abschätzungen wird oft das Theorem von Bayes verwendet. Das Theorem macht eine Aussage über die bedingte Wahrscheinlichkeit $p(A_i | B)$, die auch als "a posteriori"-Wahrscheinlichkeit bezeichnet wird. Die Wahrscheinlichkeit $p(A_i)$ ist dann eine "a priori"-Wahrscheinlichkeit. Das Theorem lautet in der einfachsten diskreten Form

(7) $$p(A_i | B) = \frac{p(A_i)\, p(B | A_i)}{p(B)} \qquad i = 1, 2, 3, \ldots$$

und mit $p(B) = \sum_i p(A_i)\, p(B | A_i)$

(8) $$p(A_i | B) = \frac{p(A_i)\, p(B | A_i)}{\sum_i p(A_i)\, p(B | A_i)}$$

Eine rekursive Form des Theorems erhält man dadurch, daß das Ergebnis, das man beim Takt n erhält, als "a priori"-Wahrscheinlichkeit bei Takt $n+1$ in das Theorem einsetzt.

(9) $$p(X_k | x, z_i^{n+1}) = \frac{p(X_k | x, z_i^n) \cdot p(x, z_i^{n+1} | X_k)}{\sum_k p(X_k | x, z_i^n) \cdot p(x, z_i^{n+1} | X_k)}$$

Mit (6) und (9) ergibt sich (4) zu

(10)

$$p\,(y,\ z_i^{n+1} \,|\, x,\ z_i^{n}) = \begin{cases} \sum\limits_k \left\{ \left[p\,(y,\ z_i^{n} \,|\, X_k,\ x,\ z_h^{n-1}) + \right. \right. \\ \qquad \left. + \quad p\,(y,\ z_i^{n+1} \,|\, X_k,\ x \quad) \right] \\ \qquad \left. \cdot \dfrac{p\,(X_k \,|\, x,\ z_i^{n}) \cdot p\,(x,\ z_i^{n+1} \,|\, X_k)}{\sum\limits_k p\,(X_k \,|\, x,\ z_i^{n})\, p\,(x,\ z_i^{n+1} \,|\, X_k)} \right\} & \text{für } x = 1 \\ \\ p\,(y,\ z_i^{n} \,|\, x,\ z_i^{n-1}) & \text{für } x = O \end{cases}$$

Dabei bedeutet x = 1, daß ein Merkmal A, B, C oder D entdeckt wurde
und x = O, daß O entdeckt wurde.

Um die stochastische Übergangswahrscheinlichkeitsmatrix zu erhalten, muß die Summe der Elemente der Teile mit dem Element $p\,(y,\ z_i \,|\, x,\ z_i)$ wieder den Wert 1 annehmen. Das bedeutet, daß sich der Wert der übrigen Elemente der Teile entsprechend verringert.
Die in Formel (10) vorkommenden Wahrscheinlichkeiten sind einerseits Anfangswerte, die im Laufe des Prozesses zwar geändert werden, von denen aber nur die gerade aktuellen Werte gespeichert werden müssen. Andererseits kommen Werte vor, die fest gespeichert werden, leicht zu ermitteln sind und deren Gesamtumfang relativ gering ist.

5. Beispiel

Ich möchte jetzt noch kurz auf ein Beispiel eingehen, anhand dessen das Funktionieren des Modells gezeigt werden kann. Dabei wird die Objektebene willkürlich mit Mustern der vorhin gezeigten Musterklassen besetzt. Nach einer bestimmten Anzahl von Versuchen hat das Subjektsystem alle Muster entdeckt.
In Abbildung 9 sieht man beim Vergleich mit einer Versuchsperson, die dieselbe Aufgabe zu lösen hatte, wie schnell das gelang. Im Diagramm ist an der Abszisse die Anzahl der Versuche und an der Ordinate der Prozentsatz der entdeckten Merkmale von allen überhaupt möglichen entdeckbaren Merkmalen aufgetragen. Die Wahrscheinlichkeit p von Formel 2 konvergiert hier gegen 1. Die untere Kurve entsteht bei einem willkürlichen Absuchen der Objektebene.
Abbildung 8 zeigt ein Beispiel für das Verhalten von Formel (9) für einige Musterklassen.

Abb. 8

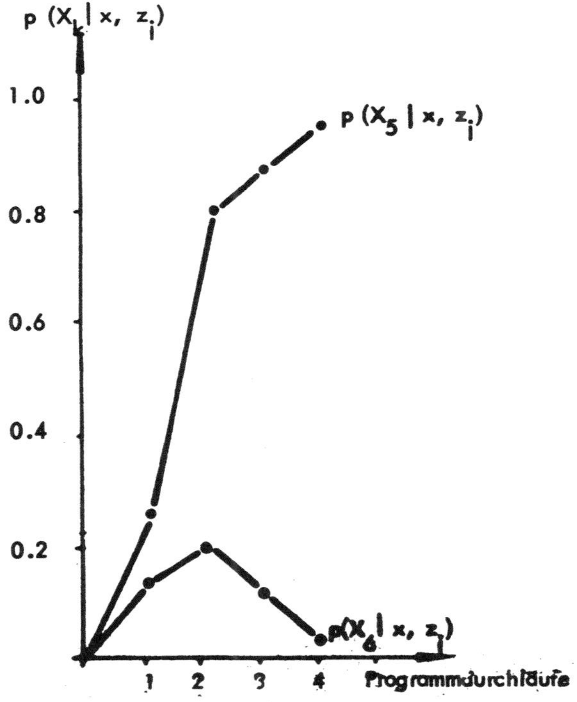

Bildebene zum Zeitpunkt

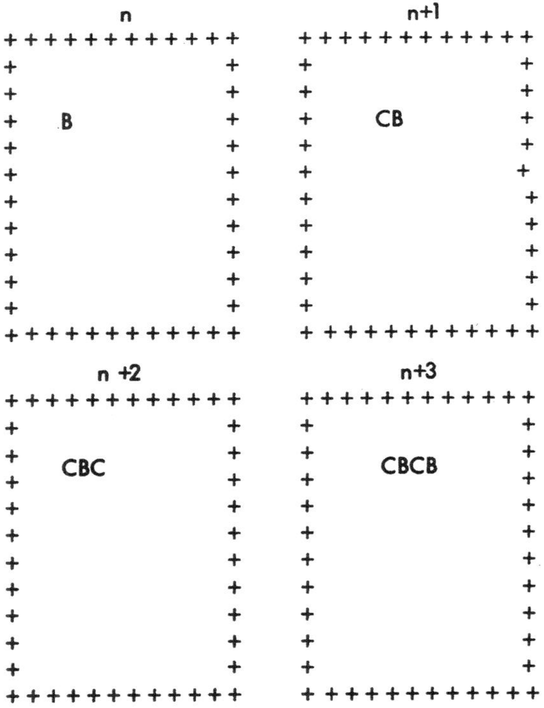

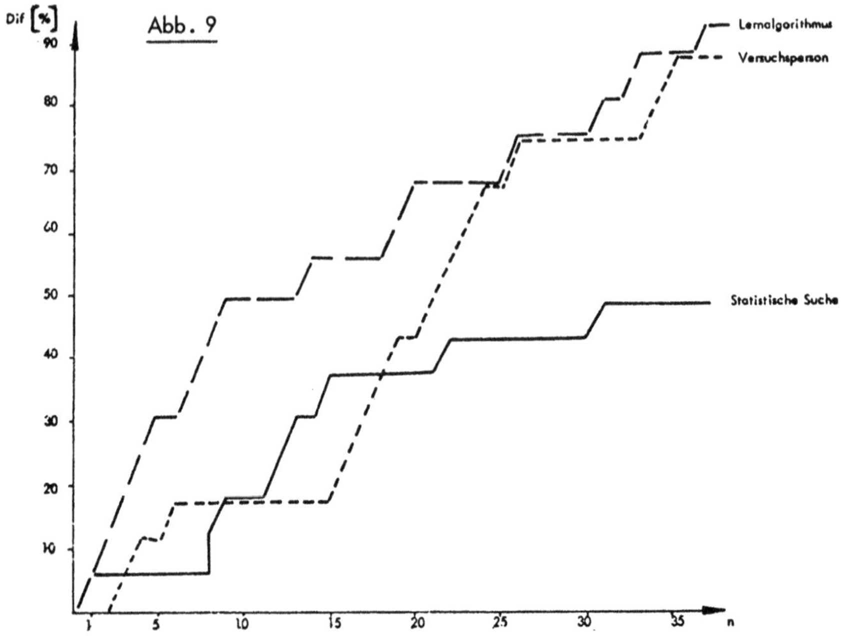

6. Erweiterungen

Dieses Modell eines lernenden Informationssystems ist noch sehr einfach aufgebaut und spiegelt die Wirklichkeit noch recht unvollkommen. Es kann aber durch Erweiterungen und Verallgemeinerungen, an denen gerade gearbeitet wird, verbessert werden; so beispielsweise dadurch, daß man annimmt, daß sich die Merkmale wiederum aus einer Kombination von Elementen zusammensetzen oder, daß sich die Musterklassen andererseits zu Mustern höherer Ordnung zusammenfassen lassen.
Eine weitere Erweiterung des Modells ist natürlich durch Vermehrung von Zahl und Art der Musterklassen und Merkmale zu erreichen. Ausserdem kann bei jedem Takt nicht nur eine Position der Objektebene ausgewählt werden, sondern eine je nach Takt unterschiedliche Anzahl, die beispielsweise durch einen vorgegebenen Schwellwert begrenzt wird.
Die Musterklassen können selbstverständlich stark verallgemeinert werden. So kann man sich z.B. X_6 auch folgendermaßen vorstellen. Jede dieser Konfiguration wird dann als X_6 identifiziert.

Abb. 10

Die wichtigste Erweiterung ist wohl eine Änderung des Subjektsystems dahingehend, daß das Modell der Umwelt, nicht mehr fest vorgegeben ist, sondern erlernt wird, d.h. das Subjektsystem lernt die Strategie der Umwelt. Damit werden die Vorinformationen, auf die sich die Entscheidung zur Auswahl der Ausgangszeichen jeweils stützt, ebenfalls taktabhängig.

7. Literatur

Hanakata, K.	Über Adaptivität und Lernen in diskreten, stochastischen Systemen; Dissertation, Karlsruhe, 1969
Feichtinger, G.	Lernprozesse in stochastischen Automaten; Springer, Berlin, 1970 Lectures Notes, Vol . 24
Claus, V.	Stochastische Automaten; Teubner, Stuttgart, 1971
Fu, K.S.	Sequential Methods in Pattern Recognition and Machine Learning; Academie Press, New York, 1968
McLaren, R.W.	A Stochastic Automaton Model for the Synthesis of Learning Systems; IEEE Trans, SSC-2, No.2, 1966 S 109 - 114.
Fisz, M.	Wahrscheinlichkeitsrechnung und mathematische Statistik; VEB Deutscher Verlag der Wissenschaft, Berlin, 1966
Varshavskii, V.I. Vorontsova, I. P.	On the behavior of stochastic automata with a variable structure; Automatika Telemekhanika 24, S 353 - 360 (transl. in Automation and Remote Control), 1963

Assessment of Software Reliability

by G. J. Schick and R. W. Wolverton, Los Angeles and Redondo Beach

This paper discusses methods for and problems in achieving reliability of large-scale software systems. Comparative studies were made of a U. S. Air Force software project, a NASA software project, and a commercial software project. Software development and test management procedures which lead to software reliability are analyzed. The underlying premise is that software reliability must be designed into the system from the outset using a systems approach. The systems approach to achieving software reliability requires (1) understanding of the total software development and test life cycle, (2) identification of conventional and extended conventional test techniques for precision validation testing of applications programs, and (3) allocation of resources in a cost- and performance-effective manner, in advance, over the entire development period.

An extensive search of the literature showed that almost no statistical model has been used in describing software reliability. Most often the data available are insufficient or of too poor a quality to allow a model to be constructed. TRW Systems Group generated data, based on the performance of a major command and control system, to allow the quantitative assessment of the variables judged important in software reliability. Next, both discrete and continuous probability distributions were used in the formulation of a software reliability model. Maximum likelihood estimators were used in numerical examples for both the discrete and continuous probability density distributions. A conceptual model, which reassesses the number of residual errors at significant interface points, was formulated and shown to be of practical use when applied to actual data.

THE PROBLEM OF SOFTWARE RELIABILITY

Software reliability, for our present purposes, is defined to be the probability that the applications program, together with its supervisory program, data base, and computing environment, will perform its intended functions at the time when those functions are needed by the customer. The basic purpose of software testing is to provide a tangible and repeatable proof-process that the software performs its intended functions. The proof-process must be conducted within the project's cost, schedule, and performance constraints which include size, running time, and correctness.

Few large real-time computer programs have been ever completely and unequivocally tested in the sense that every logical data path has been successfully executed under every logical combination for the data at hand for all possible options. One management objective would be to test every logic path in the computer program at least once with some kind of a numerical check. In practice, the contractor must be willing to release, and the customer willing to accept, a level of risk associated with a program that has been less than completely checked.

SOFTWARE DEVELOPMENT AND TEST APPROACHES

A reliable software product is the end result of many disciplined efforts starting at conception and ending at delivery. Each computer technology area and application project must be treated specially – there is no universal model.

U. S. AIR FORCE COMMAND & CONTROL SOFTWARE (CASE STUDY 1)

Highlights of Approach

The computer program associate contractor is committed to develop and test software under an eight step milestone procedure which has been only slightly modified since April 1966. The three basic objectives of the set of milestone documentation are to provide:

A. General systems engineering and management control including review, comment, coordination, modification, and approval of program conception, design, implementation, and validation.
B. Timely documentation of programming specifications, contents, and performance criteria at appropriate points during the development cycle for the effective coordination of contractors contributing to the end-item computer program system.

C. Documentation which represents the source for complete description of all facets of program conception, requirements, mathematical development, implementation concept, interfaces, design and test case data, acceptance specification, and operating instructions as shown in Figure 1.

The crux of this approach is that the final program design is thoroughly documented, reviewed, and approved by the customer and his technical advisory staff at milestone 4 before coding begins, and an independent third-party integration contractor is involved in acceptance of the software according to pre-established acceptance criteria.

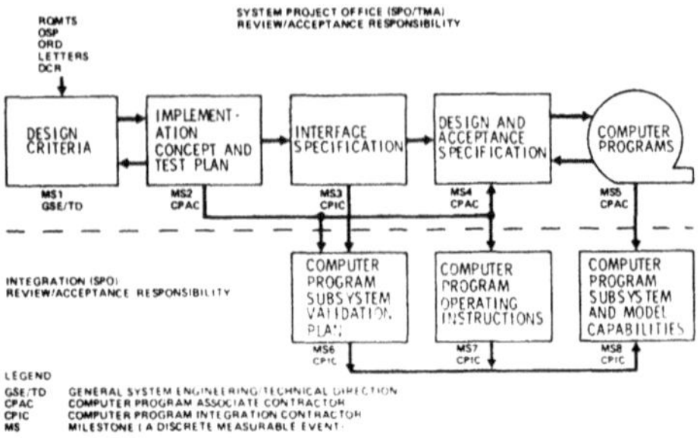

Figure 1. Simplified Sequence of Milestone Product Evolution

Critical Issues and Solutions

Positive evidence that large computer system development and test can be effectively managed should be demonstrated by performing efforts showing that (1) cost estimates were accurate within reasonable bounds, (2) production schedules were met, (3) the operational requirements and design performance criteria were achieved, and (4) the product was *reasonably* error-free and fundamentally dependable when installed in an operational environment. Very few, if any, major software developments come reasonably close to meeting these criteria for success [1]. Some areas of investigation which may yield significant improvements are given in this section, including (1) identification of programming tools and operating system aids, (2) analysis of central causes for failure in large software system implementation, (3) design and control of data-base structure and organization, (4) implementation of effective operational testing and evaluation of large software systems, and (5) establishment of software standards and procedures.

Identification of Programming Tools and Operating System Aids

The people who look at providing development system tools and the operating system or main computer monitor system (or supervisory programs) do not have an opportunity to review the technical plan or the application programs. Prior to the technical design, there must be associated with the host-operating system a compatible compiler and assembler. The uncertainty in the programming and debugging definitions introduced by an inadequate compiler system can cause software quality to suffer greatly.

The compiler, in transforming source statements to object code, must serve two key purposes: (1) produce executable code which requires the least possible core occupancy, and (2) produce executable code which has the least possible execution time. The compiler must subject the symbolic program statements to a comprehensive set of diagnostics to enhance software reliability. [2] The system programmer should be provided information as to which segments of code are taking the most time (such as an iterative loop). Assembly language should be used only where needed to meet a time-critical design constraint on machine speed (since it bypasses the compiler's diagnostic set). In applications programs, those parts that are highly repetitive, and therefore can significantly affect processing time, are candidates for being coded in assembly language.

The basic thesis, which has been partially subjected to proof [3], is that more reliable software can be produced more economically and more efficiently if the system has very strong support software with it, including programming development tools and operating system aids as suggested above.

Analysis of Central Causes for Failure in Large Software System Implementation

Critics of the reliability of large scale software systems usually advance arguments which fall into one of two categories: (1) impossibility of full scale testing, and (2) magnitude of the task. While it is possible to simulate operational conditions to a high degree, simulations are never precisely the same as the actual conditions. As the fidelity of the simulation improves, the cost and development time go up disproportionately, and a point of diminishing returns is reached. In the usual interpretive computer simulation, such as for a medium size airborne computer which must be designed in a host ground computer, a given run may take 10 times real time. Even so, this may still be a practical approach up to a point, depending on the risk analysis and project objectives.

The underlying cause of the inadequacy of simulation for sophisticated software is, according to one viewpoint [4], that the system may be designed around false assumptions at the requirements definition level which are detected and isolated only at the level of operational testing and evaluation. It is axiomatic that software cannot be coded which is error free. Only after long testing under realistic conditions can most bugs be removed. Evidence of this is the early space mission boost vehicle which was destroyed because of an incorrect hyphen in the guidance computer program. It is highly probable that no reasonable amount of laboratory simulation could have provided advance knowledge of this fatal error.

One measure taken to ensure that this type of malfunction does not occur again is a rigorous design review process and, in particular, guidance equation reviews by senior scientists and engineers who are held accountable by their top management and the user. Test and acceptance reviews are commonplace, and occur at critical points in the software development life cycle. Test plans and procedures are designed and time-phased with increasing intensity of execution and control, beginning with the first successful compilation, to individual computer element development testing, to system validation testing. These processes are essential to mission success, but are still not enough to ensure against operational failures.

Management techniques can become clearly focused only after causes for failure have been isolated and understood. The full analysis must range from statistical analysis of software problem reports on successful projects, to underlying reasons for the loss of a competitive bid, to the failure or cancellation of an entire software project, once begun. Information about previous failures or mistakes should be made systematically available to the technical staff so performance in the development of the next large software system can be improved.

Design and Control of Data-Base Structure and Organization

If a given time is allocated to the completion of a 200,000 instruction program – for instance, 20 months – the average productivity rate would require an average of 50 programmers. If each module was, on the average, 2,000 instructions in length, the system test team would be involved in the validation of 100 module-to-module interfaces, and perhaps 20 module-to-hardware interfaces depending on the architecture of the system. Possibly, 5 million words of random access bulk memory would be needed to support this application and supervisory system, together with precise data-base definition for communication between the modules, the operating system, and the user.

Effective management information system tools and techniques are required to handle this development problem, with particular focus on data-base structure, design, and control. Sophisticated solutions have been studied and documented in advanced technology application areas and the universities [5,6]. Unless the theory is disseminated, understood, accepted, and reduced to practice at the design level, the advances remain latent and inaccessible. Reliability must be designed in, it cannot be tested into a system.

Implementation of Effective Operational Testing and Evaluation of Large Software Systems

The President's Blue Ribbon Defense Panel concludes that, by and large, functional testing in and for the Department of Defense appears to be well understood and faithfully executed [7]. Functional testing (often called engineering testing) is done to determine how well various systems and materiel meet design and performance contractual specifications – in other words, whether they meet technical requirements. Functional testing is not considered to be a major problem area.

Operational testing, on the other hand, is carried out to determine (to the extent possible) whether such systems and materiel can meet operational requirements. It must provide advance knowledge as to what their capabilities and limitations will be when they are subjected to the stresses of the environment for which they were designed. Operational testing must take into account the interface with other systems and equipment, tactics and techniques, organizational arrangements, and the human skills and frailities of the eventual users.

The Government has an increasing desire to use data from operational testing and evaluation to assist in their decision-making process. They feel it would be extremely useful to replace or support critical assumptions and educated guesses with quantitative data obtained from realistic and relevant operational testing.

Unfortunately, it has been almost impossible to obtain test results which are directly applicable to decisions or useful for analyses. Often test data do not exist. When they do, they frequently are derived from tests which were poorly designed or conducted under insufficiently controlled conditions to permit valid comparisons. Significant changes are essential if operational testing and evaluation activities are to realize their potential for contributing to important decisions.

Establishment of Software Standards and Procedures

When work on a software design task is to be performed by a large number of programmers, engineers, numerical analysts, and test analysts, standards must be established as an aid in communication, documentation, and efficient utilization. Standards are required to ensure that the various elements (software, hardware, and operations) of the total system, designed and coded by different individuals working at different locations, will interface correctly and harmoniously.

The topics which should be addressed to achieve a compatible and consistent overall system design and uniformity are concerned with design, coding, test, documentation, and review procedures. Software standards are needed for improved testability, reliability, utility, and transferability [8]. An equivalent of hundreds of man-years are involved annually in program conversions, such as from the IBM 7094 to the GE 635 at TRW, Inc. in 1969, from the Univac 1108 to the IBM 360/75 at NASA in 1970, and from the USAF current generation computers to the Honeywell 6000 series in the world-wide military command and control system (WWMCCS) improvement program in 1972. Software standards, while not the whole answer, can go a long way toward reducing these problems to a manageable size.

NASA MANNED SPACECRAFT CENTER SOFTWARE (CASE STUDY 2)

Highlights of Approach

One of the most complex real-time computer program applications in the world has been developed by NASA and a team of contractors from private industry. These programs provide real-time operational ground support for Gemini (1965 to 1969) and Apollo missions (1966 to 1972). Several hundred man-years of effort were required to design, test, and deliver this system, which in 1966 consisted of over 250 individual programs and requires over 500,000 locations for instructions and data during execution. Large size, complexity, and diversity of functions are characteristic of these programs. The magnitude and diversity of new requirements to be incorporated in the program from one mission to the next has added to the complexity of the task. As many as five such systems have been independently and simultaneously maintained in various stages of development, testing, and operational support status at the NASA Manned Spacecraft Center (MSC) real-time computer complex (RTCC) [9].

The mission program operates under the Real-Time Operating System (RTOS), which is an augmented version of operating system 360 (OS/360). The applications program consists of 10 subsystems which are called in as a function of the Apollo mission profile requirements. The current Apollo mission system consists of approximately 6.8 million, 8-bit bytes. The system provides data to approximately 560 unique digital/television (D/TV) formats, and drives some 5,300 event lights with more than 2,200 discrete events. Approximately 330 unique manual-entry messages are provided for control of the system. The entire mission program operates in one IBM 360/75 mission operations computer. During critical mission periods, an identical program is loaded into another IBM 360/75 computer as a dynamic standby computer (DSC). This DSC receives all inputs and performs all computations in synchronization with the online computer.

J. C. Stokes defines the management process by three basic phases: (1) planning, (2) execution, and (3) feedback [10]. The planning phase for development of a large software system consists of (1) defining the goals or objectives, assigning responsibilities, and organizing, (2) defining the system requirements, (3) designing the system, and (4) estimating the required resources. The execution phase may be divided into (1) implementation or programming, (2) testing, (3) verification, (4) operation, and (5) maintenance. The feedback phase consists of (1) reviewing progress, (2) incorporating changes, and (3) updating plans.

The three basic phases are divided as described above to facilitate understanding, and are not necessarily sequential. Any management system that does not, in an orderly fashion, readily accommodate changes to any one of these steps is certain to fail. Management control is always necessary for successful task completion because totally adequate resources are seldom available, and control is a necessity if delays in delivery or undesirable compromises in quality, performance, or capabilities are to be avoided.

Critical Issues and Solutions

Perhaps the biggest single issue which NASA MSC must handle is the constantly evolving requirements definition for the variety of missions which are controlled through the MSC and the manned space flight network (MSFN). Tracking and telemetry data from the MSFN are transmitted to the RTCC by the communications, command, and telemetry system (CCATS). The RTCC mission program determines the spacecraft trajectory, provides MSFN acquisition data, computes optimized maneuver plans, calibrates telemetry data, converts raw data to engineering units, and provides displays to flight controllers for the control of Apollo missions. Six issues have been chosen to characterize the NASA MSC method for achieving reliable operational software.

Testing Approach and Division of Responsibility

Three levels of testing are used to cover unit testing, subsystem testing, and system testing. A shared responsibility between the program development group and the product testing group is maintained from initial code checkout to operational support – with the program development group responsible for unit testing and subsystem testing, and the independent product testing group responsible for system testing and operational support. The division of responsibility and the use of the master system (tape or disk) is shown most clearly in Figure 2.

All levels of testing are built around functional test specifications. The lowest level test specifications (unit testing) are the *atom*, and are generated separately for each mission. Test folders are distributed to each test console position for data collection. All data sheets are preprinted forms which are handwritten and backed up by hard copy from the CRT video data as needed. Test execution is carefully planned to utilize 2- to 4-hour blocks of computer time and a shift of personnel, typically two men each to three consoles. As the testing progresses to system level, three teams man the consoles on three shifts a day. Testing, and its associated control, is at least as big a job as the development task itself.

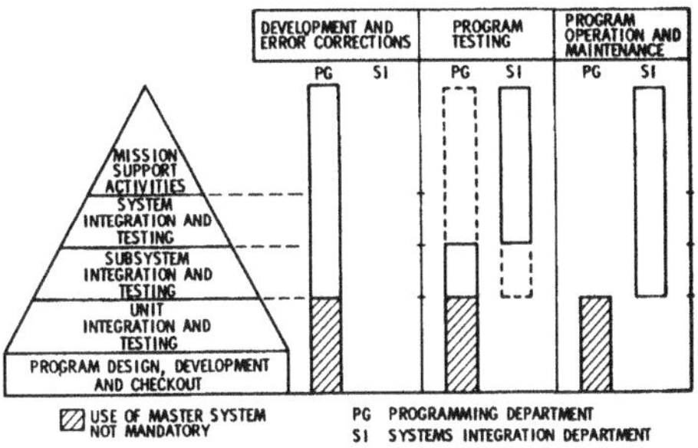

Figure 2. Responsibility for Program Development Testing, Operation, and Maintenance

Test Planning, Integration, and Software Requirements Update

The mission systems department is responsible for delivery of the software programs, and performs three jobs: (1) program development, (2) systems integration, and (3) testing. Program design, development, and initial testing is done by the program development group. Systems integration, product testing, and delivery is done by the systems integration group. This division emphasizes the product test activity and gives it equal importance with the development activity.

Software requirements are coordinated by the systems integration group and reviewed weekly by the program review board (PRB). An agenda is prepared in advance and distributed to all managers to permit effective on-the-spot action at the meeting. The PRB meets once a week to review in detail the development and testing progress being made, and to discuss the problems being faced by the individual groups. The *development plan* is the basic document for keeping track of all requirements. It is updated weekly and, in certain instances and details, takes precedence over statements made in the actual contract. This is the only large software project in which this particular mechanism of program development group, system integration group, and PRB operated throughout the development and test life cycle.

Discrepancy Reporting, Control, and Closure

The complexity and magnitude of the mission program and the large number of people involved in the development and testing activities necessitates a formal procedure to handle software discrepancies.

Once a program element has been added to the master system, anyone who experiences or observes a difficulty with that program has the responsibility to document and report the deficiency or discrepancy. Reported discrepancies are placed in an active file of open discrepancies and remain on the open list until appropriate closing action is taken by the manager of the affected area.

Discrepancies are processed only against elements of the controlled master system. Discrepancy reporting serves to notify all users of the controlled master system that certain areas of the system are in question, and identifies the department (or group) that is expected to take the corrective action. Every discrepancy is published as part of the development plan, and may be reviewed by the PRB.

Data Collection and Analysis: Informal but Disciplined

The test function library contains a complete file of uniquely numbered test functions. Functional tests are written one to a page on a standard test functions form and contain (1) a brief description of the function to be tested, (2) a brief description of the test to be executed, and (3) a description of the verification procedures to be followed.

The test function form is used during test execution to manually record actions taken, observations made, etc., and becomes a vital part of the data collection placed in the test files. This informal but disciplined procedure allows maximum freedom at the development test level, but still ensures that necessary data is recorded for possible later analysis and, most importantly, retesting under known conditions.

Status Reporting and Configuration Accounting

Since MSC uses the master system (tape or disk) early in the development and test cycle, the evolution of the master system must be accurately controlled and well documented so all who use the master system may be well informed on the evolutionary changes. At the RTCC, allowable changes fall into two categories: (1) modifications to correct noted discrepancies, and (2) new programs or modifications required to implement new requirements.

In either case, the manager of the responsible program development group must indicate his concurrence with the modification and authorize the systems integration group to make the change to his area of the system. The change is reported on the master system update report form at the time of implementation.

An up-to-date assembly listing of the complete master system is another important element in documenting the evolution of the master system. One copy is maintained as an immediate reference in the computer room, and a second copy is maintained for reference in the systems integration group's library. A listing of tapes currently in vault storage for disaster recovery purposes is also maintained at these two locations. The master system disk for use by all has proven to be a very important concept and an absolute necessity in maintaining accurate control of a large, complex, and rapidly evolving master system.

Software Configuration Management in the Presence of Rapid Changes in Functional Requirements

The successful support of the Gemini and Apollo space flights is directly related to the organizational philosophy and testing techniques which have been developed by MSC and private industry working as a team for the past seven years [9,10]. Many of the basic ideas have been in use for essentially the whole time (1965 to 1972) and have undergone only a slight evolution. Reasons for the success and wide acceptance of the adopted forms and procedures lie in the fact that they (1) were made to satisfy a common need, (2) were engineered to minimize impact on programmers, (3) were engineered to be of benefit to the programmer, (4) were a natural part of doing the job, and (5) were understood and accepted at all performer and management levels.

A major difference in software development from the Air Force is in documentation philosophy. The Air Force has a well structured procurement policy under the milestone system (or equivalent data item description policy) which, for a 200,000-instruction program, might have 10,000 pages of documentation for the detailed design specification. For the RTCC mission program, functional requirements have been documented so completely that the system users do not require a programming detailed design specification.

MSC relies primarily on test results to verify that the system meets the requirements. Thus, the prime concern is that programming documentation is available for use by programmers in making changes to the system. This documentation is ensured by incorporating documentation status as part of the formal reviews held in preparation for flight.

COMMERCIAL REAL-TIME SOFTWARE (CASE STUDY 3)

Highlights of Approach

The trend in the use of automated data processing methods in commercial applications is toward larger, more integrated systems. The hardware now available is allowing many companies to combine functions that were previously done separately. Commercial real-time data processing is being handled on a network of machines. Data transmission lines are speeding the flow of business and technical information, and remote inquiry stations are common. Time-sharing techniques can increase the availability and usefulness of commercial computers, and large random-access storage devices are today part of the solution to many file management problems in business.

Programmers and systems analysts are faced with an increasingly difficult task in providing a highly reliable on-line system. Many programs may be in the computer at one time. Different operations interrupt each other in a complex fashion. Events no longer fit into predetermined timing patterns, and elaborate supervisory programs are needed for coordinating these events and allocating priorities. Data has to be located in and read from large files without holding up other processing. Errors and emergencies have become more difficult to deal with.

Critical Issues and Solutions

For the present purpose of assessing software reliability, the problem will be narrowed to three critical issues and solutions: (1) commonality of testing approach with command and control software; (2) test planning, system buildup, and cutover; and (3) essentials for managing time-critical software. A commercial airline reservation system will be used to facilitate description, following the example of J. Martin [11].

Commonality of Testing Approach with Command and Control Software

The testing of a computer program intended for Apollo command and control differs from that for a commercial application. While an error-free performance is required during space flight, there is plenty of non-operational time between flights for development and model change. The program may be less complex than that in a large airline reservation system, and there are no problems of destroying file data.

A booking system for airlines, for example, must have almost immediate access to details of seat availability on all segments of all flights for some time in the future. This will require several million characters of random-access storage. Larger airline reservation systems keep details of all the passengers, crew scheduling, equipment scheduling, and other information. This requires several hundred million characters to be randomly accessible. There is a big difference in testing techniques required for the large multi-programmed system for airline booking, than for a small banking system, or an Apollo mission control center. Common elements with U. S. Air Force and NASA MSC test programs include:

A. Testing must be included in the plans for the design of the system.
B. Supervisory programs and other parts of the system must have aids built in for use in testing.
C. Writing of testing support programs must be scheduled from the beginning, and must be given high priority.
D. Aids must be ready when they are needed.

Each system should have a team to handle testing. The team should cover the supervisory and application programming areas. The team should be responsible for writing the testing aids, and for surveying all programs in the system to assess their adequacy for testing.

Test Planning, System Buildup, and Cutover

Testing of the applications programs starts with the first unit test of one program segment and builds up step-by-step. In the airline reservation system, seven phases are described by Martin:

A. Non-real-time debugging; no files and no multiplexer.
B. Testing single threads with files, and debugged supervisor, but no multiplexer.
C. Multithread processing; build up to saturation testing.
D. Multiplexer, but without remote terminals on-line.
E. Distant terminals, with modulators/demodulators (modems), on-line.
F. Cutover with files containing actual working data.
G. Maintenance of operational system and adding of new functions or modifications during operation.

In the latter case (item G above), when the system is operational and a catastrophic error occurs, there are two considerations to be weighed against each other (1) restoring the system to operational status as soon as possible with minimum damage to system errors, and (2) obtaining sufficient data for debugging.

Estimates have been made of the outstanding thoroughness of the Apollo operational software testing [12]. Apollo 8 had approximately 550 functions tested, 325 functional changes, and 225 hours of testing in its certification. An unforeseen sequence of astronaut actions destroyed the contents of a word in the computer's erasable memory. Fortunately, this was a recoverable error. One might feel that the difficulties in checking out the Apollo computer system would disappear if there were only one or two functional changes rather than several hundred. To some extent this is true, but consider Figure 3, which shows that the chance of a successful first run of even one or two changes is at best, about 50 percent. There is no convincing evidence to believe that the basic trends of the data would be different for a real-time airline reservation system, or for a command and control system [13].

Essentials for Managing Time-Critical Software

In his conclusion, Martin summarizes what he considers the ten essential points for success in the management of the programming of a real-time computer system. They are:

A. Plan the implementation schedule in detail.
B. Use budgetary control of core storage and processing time.
C. Monitor the implementation progress closely.
D. Stress the importance of teamwork in programming.
E. Write good specifications and documentation.
F. One overall configuration control group is essential.
G. Use model-by-model system buildup.
H. Plan the handling of all component failures and errors.
I. Plan what happens if the load or complexity increases.
J. Plan program and system testing from the start.

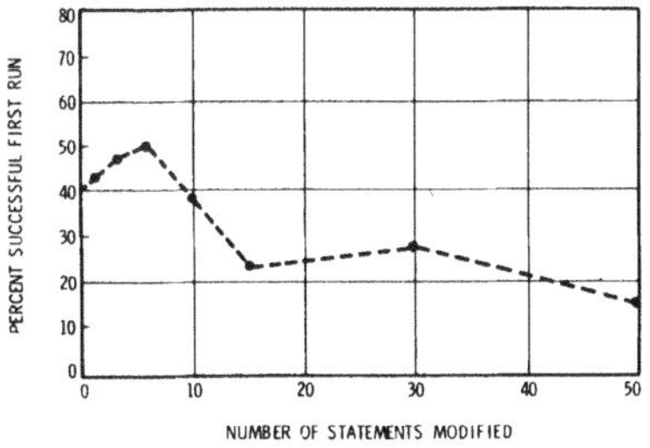

Figure 3. Successful First-Run Probability

A slightly different approach and solution to the problem of managing the development of large software systems has been discussed by W. W. Royce [14]. He gives seven basic implementation steps to develop a large computer program for delivery to a customer: (1) system requirements, (2) software requirements, (3) analysis, (4) program design, (5) coding, (6) testing, and (7) operations. Five additional features must be added to this basic approach to eliminate most of the development risks. They are:

A. Ensure that a preliminary program design is completed before analysis begins. This procedure is implemented in three steps (1) begin the design process with program designers, not analysts or programmers, (2) design, define, and allocate the data processing modes even at the risk of being wrong, and (3) write an overview document that is understandable, informative, and current.
B. Ensure that the documentation is current and complete – at least six uniquely different documents are required. They are software requirements, preliminary design specification, interface design specification, final design specification, test plan/results, and the operating instructions.
C. Attempt to do the difficult parts of the job twice – the first result provides an early simulation of the final product.
D. Plan, control, and monitor computer program testing. Visually inspect code before testing. Test every logic path. Use product assurance techniques such as an autonomous and detached test group, configuration control and specification maintenance, and test standards, procedures, and tools.
E. Involve the customer – the involvement should be formal, in-depth, and continuing.

Royce summarizes his five steps to transform a risky development process into one that will provide the desired product by saying that each item costs some additional money. If the relatively simpler process without the five complexities described above would work successfully, then the additional money is not well spent. The simpler method has never worked on large software development efforts and the costs to recover far exceeded the cost required to finance the five-step process described.

TEST METHODS FOR SOFTWARE VERIFICATION

The purpose of verification testing is to prove that the software meets the requirements for which it was designed. Software testability must be built-in during the design and development phases. All key steps leading to a design which is testable should be planned from the beginning, and standards should be established which are to be used in judging the successful completion of a step.

CONVENTIONAL TEST METHODS

Four basic techniques are generally used to obtain data which proves the correctness of software modules. The four conventional test methods are described in the following subsections.

Inspection

Inspection consists of direct examination of basic material such as listings, normal module printouts, detailed design specifications, and/or diagnostic comments generated either during the assembly and compiling process or during module execution. Module parameters which are to be validated by inspection include logical flow, programmed equations and logic, and basic design requirements such as program structure, input/output, options, error accumulation, and so on.

Review of Analytical Data

Review of analytical data consists of analyses of module outputs which may be deterministic or probabilistic in nature, and the comparison of such outputs with data derived by independent computations. Validation by review of analytical data includes the comparison of computer module output with results produced by independent but similar programs, with hand-calculated results using equations specified in the module, and with hand-calculated results using alternate equations or methods which are equivalent to those specified in the module.

Review of Test Data

Review of test data consists of detailed auditing of numerical test data to determine that outputs are generated in proper configuration and expected format. Use of this method is applicable to verification of normal module output and verification of core dump, intermediate results, or other types of outputs which are not readily observable during the test. In some cases, it may be more precise and expedient to audit this test data by automated output comparison routines. Review of test data should include verification that required output quantities are produced by the module, and that the module executes within its size and timing budget.

Demonstration Tests

Verification by demonstration consists of performing tests in a specified hardware/software environment approximating as closely as possible the operational environment, wherein predesignated inputs produce known and readily observable outputs. The main purpose of controlled demonstration tests is to show that known inputs actually produce known and correct outputs. Demonstration testing would specifically include verification that subroutines are compatible, information is properly passed between subroutine interfaces, the modules are compatible with the software and equipment with which they will interface, and module options are properly executed within required timing constraints.

TEST RESULTS USING CONVENTIONAL METHODS

Convincing evidence has been accumulated by one researcher which indicates software problems reported during verification testing are sensitive to the goals of the test effort [15]. In other words, if the developer's goal is to test the software strictly against the requirements specification one set of problems is detected. If the independent integrator's goal is to test the software not against the requirements, but to uncover interface and operational problems, another set of problems is detected.

In the one large command and control software system which was analyzed, a total of 752 software problem reports (SPR's) were logged during the verification testing period. Of these, 223 were reported during integration testing by the independent integrator. The records maintained during the whole test period allowed the test team to categorize each of the problems by subject and to evaluate the significance of the problem by the type of corrective action it required.

The problems in their entirety fall into 13 subject categories. Seven of these, representing 45 percent of the SPR's, are found throughout the test period and do not appear to have been affected by any test emphasis on the part of either the designer or independent integrator. They are data card options, orbital techniques, error messages, input processing, hardware model and controls, data handling, and new software requirements.

The other six categories are likewise represented throughout the total test period; however, the distribution is definitely weighted to a particular type of testing. The other test subject categories which were significantly weighted in favor of the designer are computational package and on-line output; significantly weighted in favor of the integrator are document update required, system interface, operational procedure, and error checking.

This example shows that the integrator's test efforts were successful in uncovering problems in areas where his defined responsibilities guided his approach to testing.

AUTOMATED TEST TOOLS AND TECHNIQUES

Achieving reliable software requires efficient use of computer time and manpower in designing, executing, and analyzing nominal and non-nominal test cases. With the requirement for retesting and clinical control of the software configuration under test, several test tools are needed. The role and properties of certain software test tools to provide needed checks and balances will be summarized.

Role of Software Test Tools

Once a test program has been completed, there is still no guarantee that the test cases which were executed fully tested the software. Part of the problem lies with conducting tests against the functional requirements which were specified at the beginning of the design phase. A test plan which is aimed at just demonstrating compliance with a system requirements document may seriously undertest the delivered software. Until recently there has been no way to assess this fact.

What is required is additional information during test execution to enable the testing group to assess the adequacy of the test case design. The test group needs a record of the subroutines entered, and even the statements executed within the subroutine, to prove whether certain areas are being overtested (inefficient use of computer time) and whether certain areas of the code are completely untested (the source of latent errors).

Test tools which are available today provide additional logic in the users' program to allow him to monitor the logic flow through the software during test case execution. Additional outputs which are produced accurately show the data flow through the various routines being exercised, and provide a summary of the number of times each logic path is executed, or not executed. The test can then be designed to execute every logic element with minimum use of computer time. The use of structured programming units, or the building block approach, facilitates the application of these test tools.

Structured Programming Units

The program designer uses the subroutine as the basic unit in the development process. Subroutines are logically connected to form modules which, in turn, are linked to form programs. Segments are composed of programs, and a software subsystem is the collection of segments. The benefits and advantages of this approach are as follows:

A. It is easier and more economical to detect and isolate errors in small units of software.

B. Intensive testing of two units individually before their connection and testing together reduces errors at their interface.
C. It is possible to check all principal logical paths through small units such as subroutines. It is seldom feasible to attempt such an analysis and test after the units have been combined into modules and programs.

Dijkstra's approach to the formal definition of proof of program correctness based on his concepts of structured programming has been widely documented. His research attempts to define underlying principles for the *constructive approach* which has been common practice for the organization of data flow and allocation of functions to software units for a number of years.

Structured Testing Approach

The use of software test tools depends significantly on the software being designed in a modular fashion. A test structure based on modular design and automated test tools is summarized in Figure 4. The total test period is divided between development testing and verification testing.

Development testing is planned and executed by the program designer, or developer, whose goal is to validate every subroutine. During this period the subroutine is the basic unit. Each subroutine is checked out to ensure that its logic, computations, data handling, and timing are correct. Test tools aid in the conduct of conventional tests defined earlier. Test tools are essential for proof that every statement was executed at least once. The development test activity builds to a module, program, segment, and subsystem level.

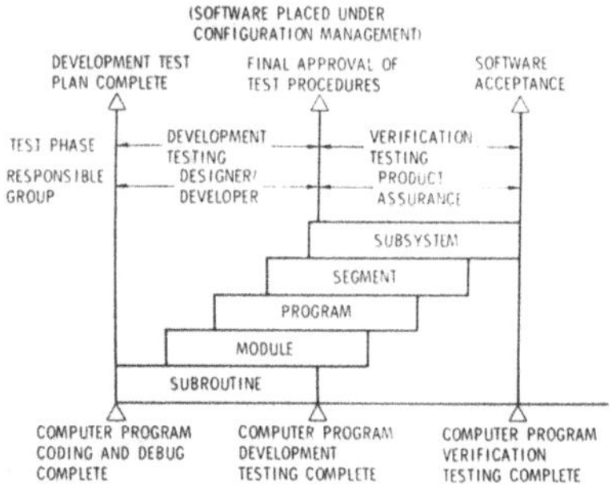

Figure 4. Software Building-Block Test Structure

Verification testing is planned and executed by an independent product assurance group, with participation by the program designers or developers. During this period the program is the basic unit. Emphasis during verification testing should be placed on verifying functional requirements, on verifying subsystem/system interfaces, operational procedures, and error checking. Verification test activity builds to the segment and subsystem level and the phase terminates with acceptance of the software into the operational environment.

Properties of Automated Test Tools

An early definition of the required properties of software test tools to facilitate software validation was written by Rollin and Burks [16]. The capabilities of the test tools, written in higher order language, are defined as follows:

A. Statement execution trace which is a listing of the actual flow through the program module, including program and statement names.
B. Parameter set/used map which is a post compile procedure listing all parameters associated with each variable type (local, global), physical location, mode (integer, floating point, etc.) and packing, variable range, program and statement names where set/used and how used (index, logical equation, arithmetic statement, etc.), and flagging of all parameters not set or not used for ease of identification.
C. Breakdown of program flow which uses program comments at every branch point, label, and start of straight line flow.
D. Illegal index check which examines each generated table/array index against table/array definition for indices exceeding upper or lower bounds.
E. Dynamic variable trace which provides the user with a set/used flow of requested parameters; that is, a printout of each parameter, along with its current value, usage, and reference point each time the parameter is referenced.
F. Code analysis which comprises several capabilities as a post compilation routine, including flagging physically unreachable areas and logically unreachable areas, flagging areas without exits, and generating a list of branch parameters and appropriate settings to test out each computer program component.
G. Error trace which, in case of error interpretation, provides a list of program and statement labels leading up to the error.
H. System execution trace which gives the user a running list of routine calls with their system on time, execution time, number of input/output requests, active data sets, argument lists, and so forth.

Measuring Technical Performance

Concepts and techniques developed for quantitative measurement of quality or figure of merit, in spaceborne computer programs are described by Rubey and others [17]. Their approach hinged on defining attributes which are a measure of software *goodness*. It may be summarized as follows:

A. The first and simplest step in an initial merit evaluation would be the specification by the buyer (or user), through the linear attribute weights, of the attributes that are most important to him and those that are least important.
B. The next step would be the specification by the user and seller (developer) of the external factors, through the normalization parameters. Once the user and developer have together defined the anticipated external factors, the metrics are applied in a linear combination to measure the figure of merit, or score.
C. Their techniques make it possible to measure the merit of software after its development. With experience, important benefits are expected to come from using the technique to influence the merit of the software before and during its development.

Obtaining these benefits will be likely to increase development costs, but this is typical of quality assurance procedures. The additional expense to ensure development of a product of high merit is traded off against unnecessary future expenditures for corrective action.

ALLOCATION OF RESOURCES

An underlying premise is that software reliability must be designed into the program from the outset using a systems approach. The systems approach to achieving software reliability requires (1) understanding of the total software development and test life cycle, (2) identification of conventional and nonconventional test techniques for clinical testing of the applications programs, and (3) allocation of resources in a cost- and performance-effective manner, in advance, over the entire development life cycle.

BASIC PLANNING-PROGRAMMING-BUDGETING APPROACH

Determination of military requirements and allocation of limited national resources to national defense needs has given rise to a management concept called planning-programming-budgeting (PPB). The management concepts that led to an integrated Department of Defense PPB system have gained wide acceptance, but the search for effective procedures to implement these concepts is still under way [18]. The same basic PPB principles can be applied to a software project, in miniature, and with the same benefits and limitations.

The basic idea of the PPB system in management of resources is that programming links the defense planning process with the defense budgeting process. Attention is given to the analytical practices and techniques for comparing alternative solutions to difficult issues and for achieving maximum economies, and to the procedures for projecting costs so better perspective of total expenditures may be obtained. A well planned software project will be sensitive to these same considerations.

PPB procedures and techniques can be applied to the allocation of resources over the life cycle of large scale operational software. In both instances, in conducting economic analyses the analyst must consider not only nonrecurring costs such as R&D expenditures and initial procurement, but he must also consider recurring costs involved in operating the program. Total software system costs, then, should include not only analysis and design, and code, test, and documentation expenses, but the operating and maintenance costs of the software system over the period of its useful life.

ECONOMICS AND SYSTEMS ANALYSIS

In the disbursement of funds for the development of a large scale software system – given the mission requirements which must be translated to total system requirements which, in turn, must be transformed to software requirements – the problems could be viewed as an economic problem of efficient allocation of limited resources among competing ends. The introduction of systematic quantitative techniques aid in the evaluation of alternatives in making project decisions.

The PPB system stresses the identification, estimation, and evaluation of the costs, benefits, and uncertainties associated with programs and strategies. The principal means for generating specific and quantitative supporting data, and for building up a useful data bank, come from operations research and systems analysis. Both techniques recognize and attempt to cope with the difficult problem of uncertainty inherent in the formulation of policies of resource allocation. Such problems usually have the following traits: (1) they have limited and specific objectives; (2) when solved they will have an immediate effect on the efficient use of resources; (3) they are subject to many specific constraints, e.g., limited resources, insufficient time, and technological risk; and (4) they contain uncertainties that may be attacked through standard statistical techniques.

Bauer gives seven general steps in applying operations research and systems analysis to the process of deciding, or proposing, the allocation of scarce resources among various alternatives.

A. State the objectives to be obtained by a project.
B. Define the primary alternative means available for obtaining the objectives.
C. Identify the costs or resources required for undertaking each of the alternatives.
D. State or develop the criteria for measuring the degree to which the objectives are achieved.
E. Create a model, or models, which provide a means for relating alternative means to the achievement of the objectives.
F. Determine the criteria for choosing among competing alternatives.
G. Make the decision itself.

SOFTWARE DEVELOPMENT LIFE CYCLE MODEL

Operational software is normally developed under a well structured project life cycle. A project is defined as a discrete activity with a starting time, an ending time, and a well defined, tangible end product. In principle, the project could be any size, ranging from a two man project, consisting of an engineer and a programmer, to a project of 100 or more members of the technical staff whose job it is to produce a 200,000-object instruction command module with 5 million words of data base in a 24-month period. Still larger projects have been identified. Regardless of the project size, they have one thing in common: their development life cycle, or development phases, are similar. The development processes and activities for which resources are allocated will be defined by project development phases, project documentation, and technical reviews and baselines.

Software Project Development Phases

The specimen software project development life cycle will be described by four major phases with two to five minor phases, as shown in Figure 5. The four major phases are:

A. *Definition* – consisting of mission requirements and system requirements determination.
B. *Development* – consisting of preliminary analysis and design, detailed analysis and design, coding and debugging, and development testing.
C. *Evaluation* – consisting of installation, integration, and test in the operational environment (verification testing).
D. *Operation* – consisting of operations and maintenance, and product improvement.

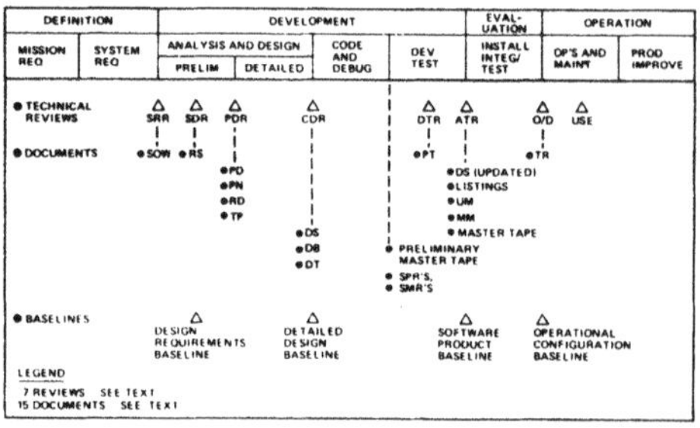

Figure 5. Software Development Life Cycle Model – Discrete Key Events

The eight-milestone system that conforms to the adopted model was shown previously in Figure 1 and will not be discussed further here. A complete description of this successful approach is available for those interested in more detail [19].

Software Project Documentation

Project documentation is defined as the recording of information about a project in any form whatsoever and for any purpose. Documentation standards are established for the well structured project during its planning or proposal phase. A standard is something that is established by authority, custom or general consent as a model or example to be followed. Computer project documentation standards in terms of an outline of items of information within a project philosophy are expected in late 1972 from the American National Standards Institute [20]. The project philosophy is, in part, as follows:

A. Documentation is an inseparable part of project enactment and accomplishment.
B. Documentation should be produced according to the needs of the audiences who will use it.
C. Documentation should be structured initially so information for the final documents can be extracted from those produced during accomplishment.
D. Documentation should be organized with consideration of information retrieval and updating.
E. Documentation is, most of all, a project control instrument.

A primary objective of a software project is to produce better end products, at less cost, using documentation as a means to control the project direction and rate of progress. Documentation allows users of the system, or its components, to assess, run, and modify the software without recourse to its originators and with a minimum of wasted effort. Computer program documentation has four essential functions: (1) to establish design requirements, (2) to establish the detailed product design, (3) to communicate between people associated with the project, and (4) to facilitate monitoring of progress in design, implementation, and test. Table 1 presents 15 unique documents for which resources must be allocated during the project life cycle. The relative sequencing of the document types is shown in Figure 5. Each document type was intended to be produced and read by a different audience. For convenience the audience for each document type is defined below.

A. *Manager* – responsible for the official organizational position and is the approving authority.
B. *Staff* – responsible for system level, design, data flow and interfaces, and system integration.
C. *Engineering Analyst* – responsible for algorithm design and development testing; may also be a numerical analyst.
D. *Programmer Analyst* – responsible for software file structure, coding, debugging, and testing; may also be a numerical analyst.
E. *Test Analyst* – responsible for independent software testing and product acceptance.
F. *Operator* – responsible for operation of the computer program.

Technical Reviews and Baselines

Technical reviews are scheduled throughout the project life cycle. Each predetermined review terminates one phase of work, and authorizes the start of the next planned period of work. Usually all project energy is focused on the successful completion of the, typically, three to seven key reviews, and the work objectives are distinctly different between reviews. Project funds are allocated in advance over the complete development life cycle; however, in essence the review and approval steps serve as incremental funding checkpoints in the product evolution.

Each review is organized to assess the adequacy of the documentation at that point in the product's evolution and understanding and, upon approval by the customer, establishes a baseline from which the project is controlled. Each review is successively more rigorous, and establishes more intensive control and level of formality in terms of indepth involvement of the customer. The seven reviews which might be used in a major software procurement are given in Table 2, together with the products which are reviewed and the baselines which the review establishes. Achieving a quality software product with demonstrated reliability, within cost and within schedule, depends very importantly on control of changes to established baselines.

SOFTWARE RESOURCE MANAGEMENT

All of the key management tools and operating philosophy necessary to develop a reliable software product have now been defined. The final step is to present two independent studies concerned with software resource management.

Large Scale Software Development Resource Allocation

Essentially, all the leverage in determining the amount and distribution of resources over the software development life cycle occurs at the proposal level; that is, before the computer program developer is placed under contract. The chief concern of the proposal manager is to price the software proposal, to the end that he has balanced cost, risk, and the customer's statement of work [21].

Estimating the cost of producing computer software relies heavily on the judgment of experienced performers. The software analyst, or estimator, normally breaks the total job into elements which are estimated separately and then summarized into an estimate for the total job. The estimating analysis may appear as a mental process or may involve an explicit algorithm. In either case, an empirical data base is used as an objective reference, and the estimator uses his judgment to account for differences.

Various researchers have separately discovered by empirical means the rule of thumb that analysis and design accounts for 40 percent, coding and debugging accounts for 20 percent, and checkout and test accounts for 40 percent of the total resource (cost) spent for software development, the 40-20-40 rule. Data for the resource allocation algorithm is obtained from the cost data base. The objective in cost estimating is to realize greater accuracy while anticipating risk and its impact on profit. The greater the risk, for a given confidence level, the greater the allowance on the part of the estimator for this uncertainty. The more uncertain the estimate, the less competitive the cost proposal.

The rationale for estimating total project costs and their distribution, including influences of cost incentives applied to discrete milestone events, accuracy, and sources of uncertainty derived from regression analyses is covered in detail in a paper by Wolverton [21]. One of the main results, in terms of allocation of resources for a large scale software

Table 1
DOCUMENT TYPES FOR SOFTWARE PROJECTS

Symbol	Document Type	Purpose	Audience
SOW	Statement of Work	Establish contractual deliverables	Manager
RS	System Requirements Spec	Identify functional performance requirements	User and Developer Group
PD	Preliminary Design Package	Specify functional design and internal interfaces	Engineer/Programmer
PN	Programmer Notebook	Contain all working paper generated by programmer	Programmer
RD	Data Requirements Document	Identify program interfaces	Staff
TP	Verification Test Plan	Specify formal testing and acceptance events	Testing Analyst
DS	Detailed Design Specification	Identify detailed design at the code-to level	Engineer/Programmer
DB	Data Base Specification	Specify design and structure of data base	Staff
DT	Development Test Plan/Procedure	Specify informal test cases	Engineer/Programmer
PT	Verification Test Procedures	Specify formal test cases and acceptance criteria	Testing Analyst
UM	User's Manual	Contain all necessary information to operate program	Operator
MM	Program Maintenance Manual	Provide sufficient information to allow maintenance	Staff
TR	Test Analysis Report	Contain results and analysis of formal tests	Manager and User Group
PM	Project Manual	Contain equivalence of PN, UM, MM for small projects	Engineer/Programmer/ Staff
SPR/ SMR	Software Problem Report/ Software Modification Record	Report suspected problems/ Transmit closing action	Engineer/Programmer

Table 2

TECHNICAL REVIEWS AND BASELINES FOR LARGE SOFTWARE PROJECTS

Symbol	Review Type	Purpose	Establishes Baseline
SRR	System Requirements Review	Confirm statement of work, project	Functional Baseline*
SDR	System Design Review	Approve computer program requirements spec, start preliminary design	Design Requirements B/L (Allocated Baseline)*
PDR	Preliminary Design Review	Concur in CP functional flow, storage allocation, control functions, structure of data base, test plans	Preliminary Design B/L
CDR	Critical Design Review	Approve detailed design and authorize start of coding	Detailed Design B/L
DTR	Development Test Review	Approve module release, start formal test	Formal Test B/L
ATR	Acceptance Test Review	Approve functional and physical configuration against requirements spec, start operational readiness activities	Product Baseline*
O/D	Operational Demonstration	Approve operational test and evaluation results, start operational use	Operational Baseline

*Government-recognized formal baselines by MIL-R-83313

development, is given in Figure 6. Summing the first four phases before code and debug shows that 46 percent of the total cost was allocated to analysis and design, 20 percent was allocated to code and debug itself, and the remaining 34 percent was allocated to the last two phases, checkout and test. This distribution has been tested against two other similar software development projects with good results, for that class of problem. The findings of an in-house survey by Metzelaar are given in Table 3, which agrees with the 40-20-40 rule of thumb being, on the average, 39-22-39 for the product mix and activities shown. There is no universal best data fit, even though there is unusual consistency in the average trends. Each estimator must use his own cost data base for greater precision in estimating and resource allocation.

Spaceborne Integrated Information System Development Resource Allocation

The allocation of resources for a spaceborne computer program development is different from a large ground station computer program development. A study by Boehm, Kosy, and Nielsen of the Rand Corporation shows the sensitivity of calendar time for development of spaceborne software as a function of program size and the degree of original definition of the project [22]. Their quantitative results agree with intuition and experience that if the requirements of a project are well specified at the outset, the programming moves along quite rapidly. In contrast, if the requirements are undefined or based on new techniques in either computer hardware or applications software, the time

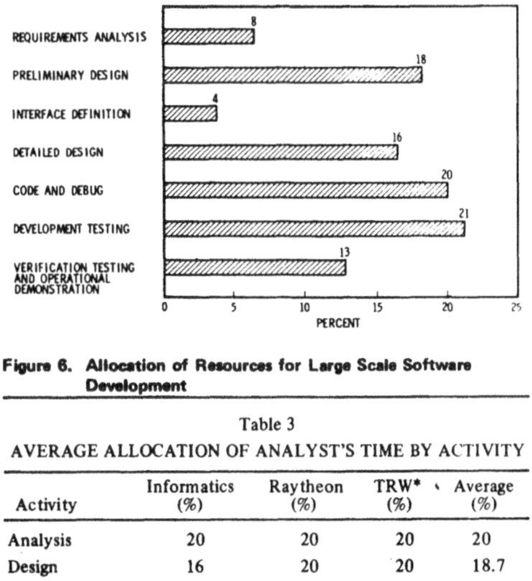

Figure 6. Allocation of Resources for Large Scale Software Development

Table 3

AVERAGE ALLOCATION OF ANALYST'S TIME BY ACTIVITY

Activity	Informatics (%)	Raytheon (%)	TRW* (%)	Average (%)
Analysis	20	20	20	20
Design	16	20	20	18.7
Code	16	25	24	21.7
Test	32	25	28	28.3
Document	16	10	8	11.3
	100	100	100	100
MIX:				
Scientific	(60)	(0)	(100)	(53.3)
Business	(40)	(100)	(0)	(46.7)

*Substantial variation from project-to-project

lag between the availability of computer hardware and its integration into an operational mission is at least twice as long as the former situation, as shown in Figure 7.

The allocation of resources over the life cycle of a project is distributed in a way that depends on the size, level of complexity, and how well the project is initially defined. The Rand Corporation study provides quantitative evidence that the major proportion of effort in an initially undefined software project goes into analysis, and, in any case, relatively little effort is devoted to programming individual routines. Research should be directed toward reducing the leading consumer of resources, requirements analysis, for the most significant impact on the software development process. Except for the data point for OS/360, the Rand results are given in Table 4, and show both spaceborne development and large scale software development resource allocation. The latter results are in agreement with the authors' independent findings as previously shown.

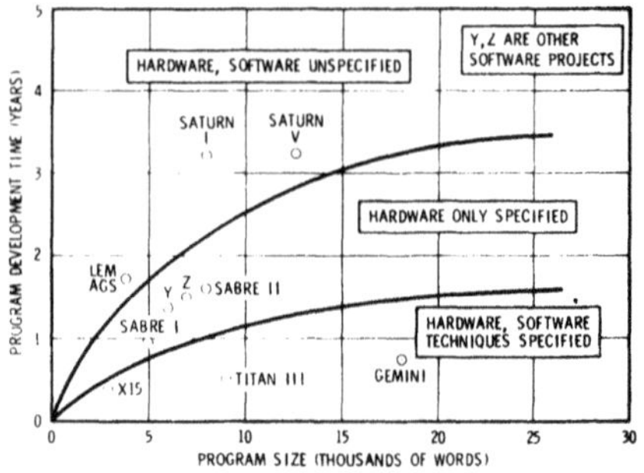

Figure 7. Program Development Time for Spaceborne Software

Table 4

ALLOCATION OF RESOURCES FOR COMPUTER PROGRAM DEVELOPMENT

Software Project	Analysis and Design (%)	Coding and Debugging (%)	Checkout and Test (%)
Spaceborne: Hardware and Software Unspecified	62	14	24
Spaceborne: Hardware only Specified	33	26	41
Spaceborne: Hardware and Software Techniques Specified	36	17	47
Spaceborne: General Estimation Rule of Thumb, SDC	40	20	40
SAGE: Semi-Automatic Ground Environment	39	14	47
NTDS: Naval Tactical Data System	30	20	50
SETE: Secretariat for Electronic Test Equipment, NYU	35	17	48
Operating System: OS/360	33	17	50
Real-Time: General Estimation Rule of Thumb, SDC	40	15	45

Pitfalls in Planning-Programming-Budgeting for Software Systems

Estimating aids and formulas to forecast costs for computer programming are relatively crude, unreliable, and have large standard errors [23]. LaBolle believes the inability of researchers and managers to develop reliable cost estimating relationships that are easy to use are due to (1) rapid changes in ADP technology, (2) imprecise definition of terms to describe the work to be done, the way it is done, and the resources used to do the work, and (3) unwillingness on the part of management and programmer personnel to invest and cooperate in the collection and analysis of cost and cost factor data.

The general case, LaBolle observes, is to underestimate cost and lead times for computer programming work. Underestimation appears to be the result of incomplete planning, and the absence of reliable estimating methods. For instance, many plans do not identify events and factors which influence project costs but are beyond the control of the project manager, such as poorly defined requirements, parallel development of computer hardware, system software (operating systems, compilers), and applications.

Systematic development of improved resource allocation techniques requires a model, hypothesis, data collection and analysis, validation, and iteration. LaBolle recommends practical research to define the different types of programming activities, and to classify them by the different types of resources that enter into programming. His basic proposition is to search for common well-defined factors which influence cost and resource allocation and which can be used to separate the work into groups. These subpopulations can serve as the basis for collecting actual costs and cost factor data to develop improved estimating relationships. These steps would take two or three years to carry out, particularly if the organization to do the data collection and analysis were centralized and cut across existing organizational lines of industry, government, non-profit groups, and professional organizations.

STATISTICAL ANALYSIS OF SOFTWARE RELIABILITY DATA

A statistically valid data set for reliability analysis of large scale software systems is difficult to obtain for a number of reasons, as discussed earlier. Analysis and assessment of some of the data collected for a large command and control software system is summarized in this section.

VARIABLES THOUGHT TO INFLUENCE SOFTWARE RELIABILITY

The cost, development time, and risk in developing software systems are major considerations in the planning, programming, and budgeting of future systems. A comprehensive data collection effort was undertaken by TRW in late 1971 to satisfy a need for a coherent data set consisting of selected software characteristics and attributes [24]. The purpose of this effort was to compile data collected during the development and operation of large operational software systems, particularly in command and control. The data are intended to aid in formulating and organizing principles and procedures which lead to the efficient development of reliable future software systems. One particular excerpt is chosen for analysis and assessment [25].

There are many variables that one can imagine to be important in the reliability assessment of a large software system. Some 22 variables for each of 88 routines in the initial operational capability version were analyzed. Whenever a deficiency was detected, a software problem report (SPR) was issued against this particular problem. Obviously, some of these problems could easily be fixed, while others took a long time to be eliminated. Two dependent variables were selected: (1) SPR's generated in the software testing and operational phases, and (2) development cost of the various routines. The independent variables were selected from the list in Table 5.

Regression analysis for the establishment of functional relationships among many variables was performed by an independent firm specializing in statistical analysis [25].

The forces which determine the number of SPR's, as well as cost, are complex and involve a multitude of possible relationships among several variables. By the use of multiple regression analysis, it was thought possible to assess the influence of many independent variables simultaneously.

For analytical purposes, the statistical model used could also have been that of step-wise, multiple, linear regression. Step-wise regression introduces and eliminates variables as a function of importance. The final equation is one that contains only variables helpful in the multiple-regression equation. Helpful is meant to imply the prediction equation is improved, in a statistical sense, when adding certain variables. This, however, was not performed in this study by the independent firm (Lulejian and Associates of Redondo Beach, California). Instead ordinary multiple-regression analysis was used.

Table 5

VARIABLES AVAILABLE FOR EACH OF 88 ROUTINES

Routine's size (words of instructions)	Subjective performance rating of programmer by supervisor
Percent logical, percent input-output, and percent computational instructions	Personnel rating of work unit manager
Functional applications of routine	Years of experience of work unit manager
Number of external interfaces	Years of operational experience of work unit manager
Number of SPRs charged to routine (in test phase)	Subjective performance rating of work unit manager by supervisor
Test phase in which SPR occurred	Number of SPRs charged to routine (in operations phase)
Type of fix in response to SPR (in test phase)	Type of SPR (in operations phase)
Subjective rating of routine complexity	Type of fix (in operations phase)
TRW personnel rating of programmers who developed routine	Difficulty of fix (in operations phase)
Average years of experience of programmers who developed routine	Cost of routine development, expressed in terms of a percent of the total software development cost
Average years of operational experience of programmers who developed routine	

The following subsection describes the methodology used and summarizes the results found. The goal was to ascertain the various factors, if possible, which principally affect the costs and the SPR's of the routines studied.

METHODOLOGY

The basic methodology used for this task was the classical least squares regression analysis, in which a surface of best fit is determined for any postulated set of linear relationships between data, and a *goodness of fit* as explained below, is determined. The measure of goodness of fit used is that which is commonly called the adjusted index of determination (r^2) and is defined by

$$r^2 = 1 - \left(1 - \frac{\sigma^2 \text{ est}}{\sigma^2 \text{ obs}}\right)\left(\frac{n-1}{n-T}\right) \qquad (1)$$

where

σ^2 est = variance of the values of the dependent variable predicted by the regression equation

σ^2 obs = variance of the actual values of the dependent variable

n = the number of data points

T = the number of terms in the regression equation

The index of determination indicates the fraction of the observed variance of the dependent variable that is accounted for by its postulated relationship with the independent variables. A large value of r^2 (approaching 1) means that the estimating equation reliably accounts for observed variations in the dependent variable (though not necessarily in a causal manner), and a small (approaching zero) value of the r^2 means that the variance of the dependent variable has not been accounted for. The terms in equation 1 involving n and T are used to adjust the reliability of the estimate according to the sample size and the number of terms used in the regression equation, since intuitively the equation would be more reliable for a large sample than for a small one, and the use of a large number of terms in the regression equation (approaching the number of data points) usually guarantees a good *fit* while not actually describing an associative equation.

In searching over candidate relationships, the major focus was in the investigation of relationships which seemed to have logical bases and were simple enough to have appeal.

The principal results of the regression calculations are presented in Tables 6 and 7.

Although the regression coefficients and goodness of fit could be calculated directly from the raw data, scatter plots were made of selected relationships to assist in the identification of possible nonlinear relationships or extreme data points. In addition, there are numerous other interesting relationships among these data which are not directly amenable to regression analysis, such as possible differences between routines in different application categories. These were handled by simple averaging techniques. A few of the results are presented in Figures 8 through 12. The actual report contains many more results, of which almost all proved insignificant; however, the material represents an excerpt from the final report, which is not yet available.

OBSERVATIONS

The regression equations and the adjusted indexes of determination are presented for several relationships which illustrate the association of routine cost (Table 6) and the number of SPR's in a routine (Table 7) with the most intuitively appealing set of the remaining variables. Routine size is the independent variable having the most significant association with cost. The number of SPR's per 1,000 instructions is averaged over the number of routines of each of the various types. From the data given in Figure 12 it can be seen that there is no significant difference in the SPR's found as a function of the routine type.

SUMMARY OF THE STATISTICAL STUDY

Numerous possible relationships between the data were investigated, either by scatter plots, regression techniques, or averaging techniques. From these attempts come the following observations:

A. The only significant predictor of the number of SPR's charged to a routine and the cost of developing the routine is the size of the routine. However, a significant amount of variance (>50 percent) in SPR's and cost is left unexplained by size.

Table 6
MULTI-VARIATE REGRESSION SUMMARY (COST PARAMETERS)

Equations	Goodness of Fit
Cost = 0.25 + 0.00028 (Number of Instructions)	$r^2 = 0.43$
Cost = 0.021 + 0.00018 (Number of Instructions)	$r^2 = 0.49$
+ 0.19 (Difficulty)	
Cost = 0.005 + 0.00029 (Number of Instructions)	$r^2 = 0.60$
– 0.00011 (Number of Logical Instructions)	
– 0.00027 (Number of Input/Output Instructions)	
+ 0.0086 (Number of Interfaces)	
+ 0.136 (Difficulty)	
+ 0.0034 (Percentile Rating)	
+ 0.0080 (Years of Experience)	
– 0.0259 (Years of Operational Experience)	
– 0.103 (Supervisors Rating)	

Table 7
MULTI-VARIATE REGRESSION SUMMARY (SPR PARAMETERS)

Equations	Goodness of Fit
SPR = 2.14 + 0.00672 (Number of Instructions)	$r^2 = 0.43$
SPR = 1.79 + 0.00180 (Number of Instructions)	$r^2 = 0.53$
+ 0.0089 (Number of Logical Instructions)	
+ 0.0079 (Number of Input/Output Instructions)	
– 0.058 (Number of Interfaces)	
– 0.029 (Difficulty)	
– 0.0029 (Percentile Rating)	
– 0.26 (Years of Experience)	
+ 0.09 (Years of Operational Experience)	
+ 1.384 (Supervisors Rating)	

B. The impact of all the other independent variables on the SPR's and cost of the routine seems to be negligible. In particular, programmer experience seems to have little effect on routine SPR's and costs.

C. While a great many possible relationships were tested, many of which are not mentioned here, it cannot be concluded that no useful relationships exist among these data. The enormous number of possibilities precluded an exhaustive analysis. For example, only the most intuitive relationships were tested using the subsets of data relating to SPR types, test phases, many of the types of fixes, and much of the operational SPR data.

THE SEARCH FOR A SOFTWARE RELIABILITY MODEL

Classical reliability theory began with the space programs of the mid-1950's and has matured into a well founded discipline in the mid-1970's. Statistical modeling has been, until recently, strictly hardware oriented. Since space vehicles were expensive to develop and required extensive testing, economies were expected from an integrated statistical program. In order to measure if certain achievements were indeed accomplished, it was necessary to model reliability, probability of mission success, maintainability, and system cost.

A major goal in undertaking the study of software reliability was to find, or develop an original, software reliability model. It became clear that the reliability models could not be directly transferred from hardware experience, and the search for a meaningful, realistic, and applicable software reliability model was initiated. This section presents the results of that investigation, including two models which have promise; one based on a discrete probability distribution, and one based on a continuous probability density distribution. In addition, a conceptual model which is believed to be a new contribution based on the readjustment of detected errors at each significant interface point is described.

MAXIMUM LIKELIHOOD ESTIMATORS FOR INDIGENOUS ERRORS BASED ON A DISCRETE DISTRIBUTION

Mills [26] in an unpublished paper shows how a discrete distribution can be used to estimate the number of remaining errors in a computer program. He does so by introducing errors. While this at first sounds like a paradox, his reasoning is based on sound statistical principles.

Mills gets his statistical theory from an analogy quoted in Feller [27]. Feller gives a procedure for estimating the number of a certain type of fish in a lake. First, a fixed number of fish are caught, marked and thrown back into the lake. Then, a new catch is made and the

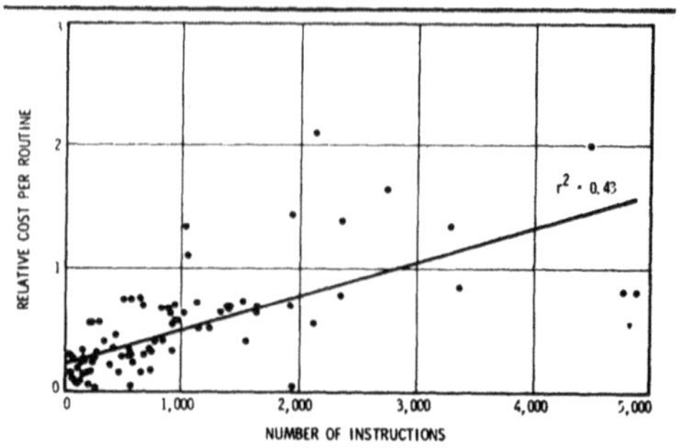

Figure 8. Relative Cost Versus Number of Instructions

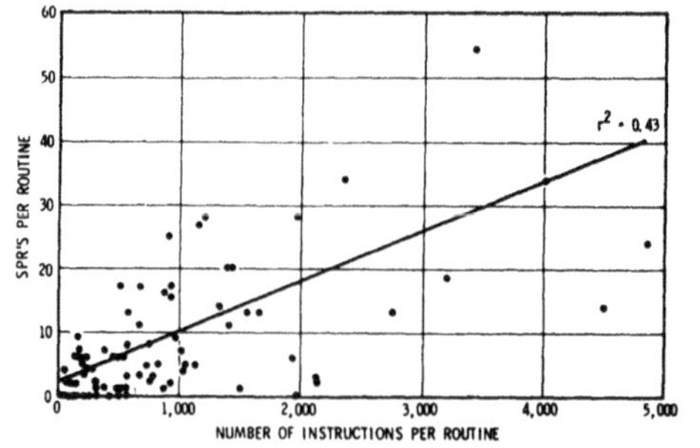

Figure 9. SPR's Versus Number of Instructions

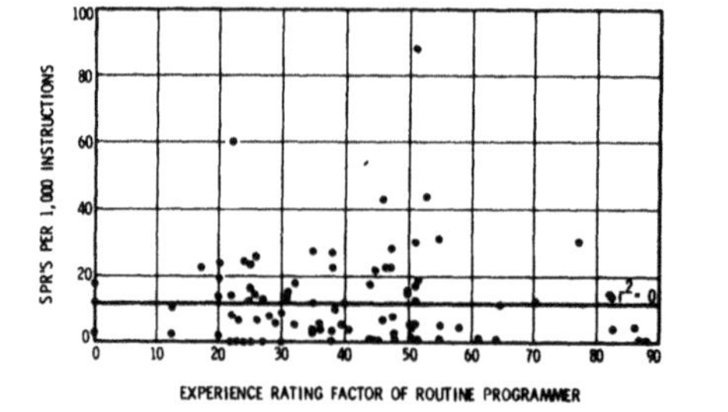

Figure 10. SPR's Versus Routine Experience-Rating Factor

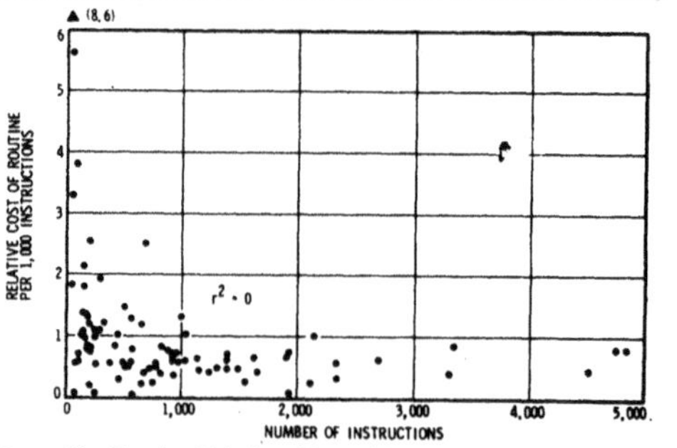

Figure 11. Routine Unit Cost Versus Number of Instructions

marked fish as well as the unmarked fish are counted. It is, of course, assumed that the marked fish randomly mix with the unmarked fish. The concepts *lake* correspond with system, *unmarked fish* to indigenous errors, and *marked fish* to induced errors.

The probability distribution used is the discrete hypergeometric distribution. Like for continuous distributions, maximum likelihood estimators can readily be found.

Let y = the number of induced errors initially
u = the number of indigenous errors found to date
v = the induced errors found to date

Feller has shown that the maximum likelihood estimator of the original number of indigenous errors, x, is

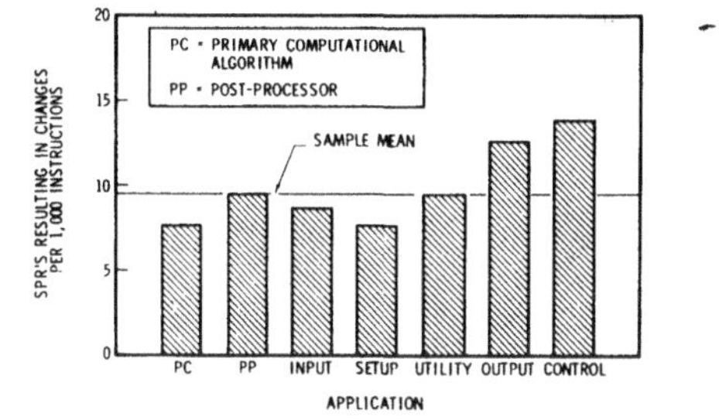

Figure 12. SPR's Versus Application

$$x = [yu/v] \tag{2}$$

where the bracket indicates the integer part of the fraction on the right-hand side.

When inducing errors it is, of course, assumed that no syntax errors are created, otherwise the compiler would eliminate them. But it is clear that the errors still in a program are both functions of how many errors there were in the beginning and on the history and nature of the fault finding procedure. One cannot help but wonder, however, if the randomly induced errors are easier or harder to find than the indigenous errors we want to eliminate. But the unmarked fish may also swim faster or be *smarter* in the fish example. We shall assume here that induced errors and indigenous errors (found or still remaining to be found) are of approximately the same difficulty.

Mills offers the following approach for statistical inference about programming correctness.

A. Suppose one assumes that a given system has no more than k indigenous errors, $k \geqslant 0$.
B. A selected number of induced errors $j > 0$ are added to the system in random fashion.
C. Then the system is subjected to an error eliminating search which is continued until all j-induced errors have been found. In the process, some indigenous errors are found as well, say i of them.

Then a confidence is computed as:

$$c = \begin{cases} 0 \text{ if } i > k \\ \dfrac{j}{j+k+1} \text{ if } i \leqslant k \end{cases} \tag{3}$$

Mills actually gives a rationale and a definition for c, and he points out that the confidence statement is about a programming and testing process, not about a specific system under test.

The maximum likelihood estimator can be graphed as a function of the total number of errors found to date in the testing process.

NUMERICAL EXAMPLE FOR THE DISCRETE CASE

Suppose it is asserted that in a software package of medium size there are k = 10 indigenous errors which still are undetected. To help find these indigenous errors, j = 20 inserted errors are added to the software package. Then, someone else is given the job to find all the inserted errors and, in the process, any indigenous errors found are recorded. As soon as all 20 inserted errors are found, the testing process stops. Of course, one could have other stopping rules, like when a percentage of the inserted errors are found, or when a certain time of testing has elapsed. Since errors are found in time, let us see how the maximum likelihood estimator changes during the testing process.

Suppose the errors found were as follows:

$j_1, j_2, j_3, j_4, k_1, j_5, k_2, j_6, j_7, j_8, k_3, k_4, j_9, j_{10}, j_{11}, j_{12}, k_5, j_{13}, k_6, j_{14}, j_{15}, j_{16}, k_7, j_{17}, j_{18}, k_8, j_{19}, j_{20}$

where the j's are the inserted errors and the k's are the indigenous errors. Note that not all indigenous errors were found. The confidence in the testing process is given by:

$$c = \frac{j}{j + k + 1} = \frac{20}{31} = 0.645 \tag{4}$$

The maximum likelihood estimate was given in equation 2 by the integer part of [yu/v]

where y = number of errors inserted initially (here 20)
u = indigenous errors found to date
v = inserted errors found to date.

Results of this particular example are given in Table 8. A plot of the maximum likelihood estimator behavior as a function of total number of errors found is shown in Figure 13, and the error finding history is shown in Figure 14. From this example, one can conclude that a reasonable, but not fool-proof, estimate indeed can be found using this method of statistical inference.

MAXIMUM LIKELIHOOD ESTIMATORS BASED ON CONTINUOUS DISTRIBUTIONS

In reliability theory, the distribution of the time to failure plays an important role. The concept of instantaneous failure rate and the probability that the component will fail on the interval from 0 to t is given by

$$F(t) = \int_0^t f(x)\,dx \tag{5}$$

and the probability that a component survives to time t, called the reliability of the component, is given by

$$R(t) = 1 - F(t) \tag{6}$$

Using these concepts the instantaneous failure rate, or simply the failure rate, is defined by

$$z(t) = \frac{F'(t)}{R(t)} = \frac{f(t)}{1 - F(t)} \tag{7}$$

Equation 7 gives the failure rate as function of the failure time distribution.

Now, since

$$F'(t) = -R'(t) \tag{8}$$

it is clear that

$$z(t) = -\frac{R'(t)}{R(t)} \tag{9}$$

Solving this separable differential equation, we have

Table 8

MAXIMUM LIKELIHOOD ESTIMATE AS A FUNCTION OF TOTAL ERRORS FOUND

Total Number of Errors Found	Type	Maximum Likelihood Estimate [yu/v]
1	J	0
2	J	0
3	J	0
4	J	0
5	K	5
6	J	4
7	K	8
8	J	6
9	J	5
10	J	5
11	K	7
12	K	10
13	J	8
14	J	8
15	J	7
16	J	6
17	K	8
18	J	7
19	K	9
20	J	8
21	J	8
22	J	7
23	K	8
24	J	8
25	J	7
26	K	8
27	J	8
28	J	8

$$R(t) = \exp\left[-\int_0^t z(x)\,dx\right] \qquad (10)$$

If the process is beyond the initial phase and not yet in the terminal phase, a constant failure rate is often assumed. This, of course, leads to the well known exponential model

$$R(t) = \exp(-\alpha t) \qquad (11)$$

and the failure time distribution is given by

$$f(t) = \alpha e^{-\alpha t} \qquad t > 0, \alpha > 0 \qquad (12)$$

$1/\alpha$ is referred to as the mean time between failures.

If a constant failure rate can not be assumed, then a function that is often used for the failure rate is

$$z(t) = \alpha\beta t^{\beta-1} \qquad t > 0; \alpha, \beta > 0 \qquad (13)$$

If $\beta < 1$ the failure rate decreases; if $\beta > 1$ the failure rate increases. Clearly if $\beta = 1$ the failure rate is constant and is equal to α.

The term $z(t)$ gives rise to the 2-parameter Weibull failure time distribution

$$f(t) = \alpha\beta t^{\beta-1} \exp(-\alpha t^{\beta}) \qquad t > 0 \qquad (14)$$

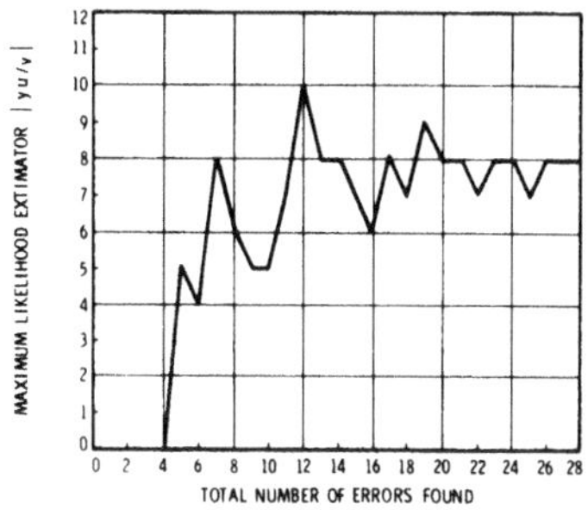

Figure 13. Maximum Likelihood Estimator Versus Total Number of Errors Found

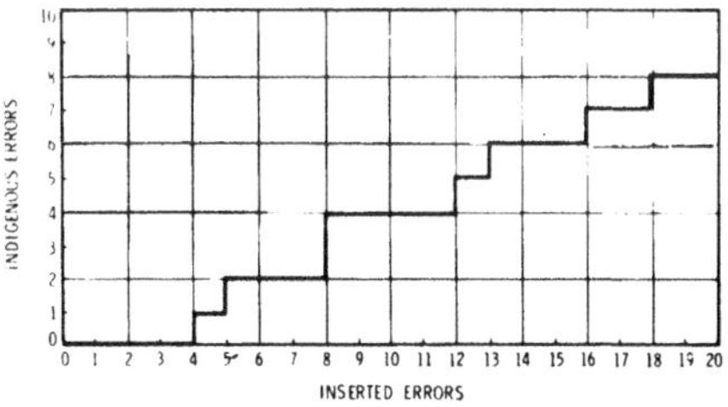

Figure 14. Error Finding History

Is it really reasonable to assume a constant failure rate for software failures? As failures occur, the routines usually are stopped, and, if possible, the failures are identified, which leads to a reduction in the failure modes. Therefore, a decreasing failure rate model like the Weibull (with $\beta < 1$) seems to be appropriate. Since the detected number of failures are integer, a discrete model seems desirable. This seems to eliminate the Weibull distribution as this distribution implies a continuous failure rate $z(t)$.

Jelinski and Moranda [28] in a recent paper assumed an exponential model, but allowed the failure rate to decrease in discrete steps. They argued as follows:

> Over periods of time between the detection of successive errors, the assumption of a uniform failure rate may have merit. The failure rate at any time is assumed to be proportional to the current error content of the tested program. The initial error content is then denoted by N, the proportionality constant is denoted by ϕ, the failure rate drops to $(N - 1)\phi$ after the first error is detected, and so forth.

Here they make the assumption that after every stop *one* error is eliminated. In practice, however, one stop may lead to the elimination of several errors. They call $x_1, x_2, \ldots x_n$ the sample time interval between successive errors, and write the density as

$$p(x_i) = \lambda e^{-\lambda x_i} \qquad (15)$$

where $\lambda = \phi\,[N - (i-1)]$ the discretely decreasing failure rate.

Using maximum likelihood, they derive two equations to estimate both N and ϕ. They are

$$\sum_{i=1}^{n} \frac{1}{N-(i-1)} = \frac{n \sum_{i=1}^{n} x_i}{N \sum_{i=1}^{n} x_i - \sum_{i=1}^{n} (i-1) x_i} \tag{16}$$

Solving this for N and calling the result $\hat{N}$ leads also to

$$\hat{\phi} = \frac{n}{\hat{N} \sum_{i=1}^{n} x_i - \sum_{i=1}^{n} (i-1) x_i} \tag{17}$$

Since the number of times the routine is stopped is known and the sample times t_i are known $\hat{N}$ and thus $\hat{\phi}$ can be computed. From $\hat{N}$ the number of failures found (assumed to be n) is subtracted thus the residual number of errors is calculated. This value is then substituted together with a new estimate for $\hat{\phi}$ into

$$\lambda = \phi\,[N-(i-1)] \tag{18}$$

Then $1/\lambda$ gives the mean time between failures. This is used for estimating the number of days until the next error is expected to occur.

There does seem to be an inconsistency by admitting a decreasing failure rate yet at the same time assuming (rather than deriving) an exponential model.

Using the same approach, starting with a decreasing failure rate leads to

$$\hat{N} = \left[\frac{2n}{\phi} + \sum_{i=1}^{n} (i-1)\, t_i^2\right] \frac{1}{\sum_{i=1}^{n} t_i^2} \tag{19}$$

$$\hat{\phi} = \left[\sum_{i=1}^{n} \frac{2}{N-(i-1)}\right] \frac{1}{\sum_{i=1}^{n} t_i^2} \tag{20}$$

The last two equations are the maximum likelihood estimates $\hat{N}$ and $\hat{\phi}$ of the two parameters in question.

They are given for completeness only. Even though the derived stochastic model was not exponential, a change in variable letting $Z_i = t_i{}^2$ reduces to

$$f(t_i) = \lambda\, t_i e^{-\frac{1}{2} \lambda t_i^2}$$

which is of exponential form. The word exponential form is used because $\lambda = \phi[N-(i-1)]$ is still not constant as required for the exponential distribution.

DISCOVERING INCREASES IN THE NUMBER OF RESIDUAL ERRORS AT INTERFACE POINTS

A model that agrees with practical experience is a model that readjusts the number of failures at each significant interface point. It is well known that at these points the routines experience an unusual amount of stress and, therefore, a considerable increase in the number of failures occurs again. The concept is shown graphically in Figure 15.

This means that N is estimated, using maximum likelihood procedure, up to the first interface. Through testing, up to n failure modes were eliminated. (Actually the number of failures eliminated could exceed the number of program stops if more than one failure is found and eliminated at one try.) At this point, however, the program is joined with one or more other programs. This invariably increases the number of failures inherent but not detected so far.

The empirical model was tested on actual data generated by TRW. Histograms of the actual data are shown in Figures 16 and 17, and bear out the conceptual model. The data are for a multiple-model, single-release large software development, and *initial* refers to the first model and *final* refers to the later model.

Unfortunately, the maximum likelihood estimator $\hat{N}$ is not a particularly easy function. Recall that n is the number of stops, each leading to an error that could be eliminated. The associated time t_i is noted at which each stop occurred. If $\hat{N}$ can now be established, then $\hat{N}-n$ is the residual error content. Previous subsections indicate how one could find $\hat{N}$. Clearly the longer the checkout procedure can be continued, the more $\hat{N}$ can be reduced. There is, however, never enough time to eliminate all residual errors. Routines have been in use for many years, working perfectly until an error was detected. The conjecture is that some of the branchings are never checked out, thus leaving room for residual errors. Then, when interfaces occur the number of errors jumps back to $\hat{N}$ – an, where a is about ten percent, depending on the particular module in question. This, of course, means that due to the interface, about 90 percent of the number of errors seem to reoccur. The same errors, however, are not suspected to reoccur, but instead undetected errors are made visible. Therefore, at the start of the first interface, the residual errors are about $\hat{N}$ – (0.1)n but it is known that the factor 0.1 can be as high as 0.3 depending on the size and the complexity of the software routine. It is seen, however, that the residual errors at any interface point are functions of both $\hat{N}$, the maximum likelihood estimator of N, as well as n the number of errors found.

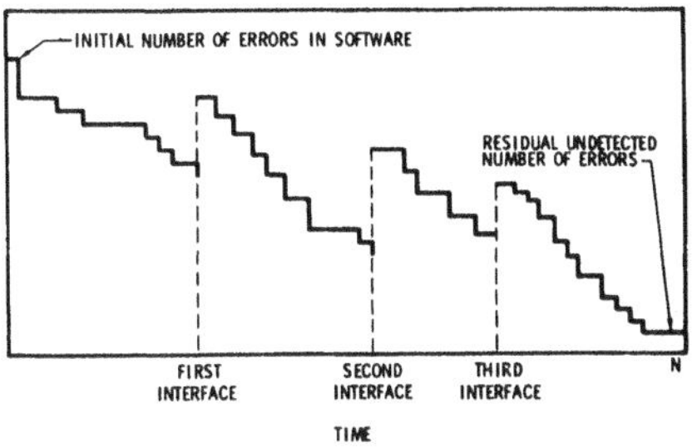

Figure 15. Error Reduction Process With Discontinuous Interface Points

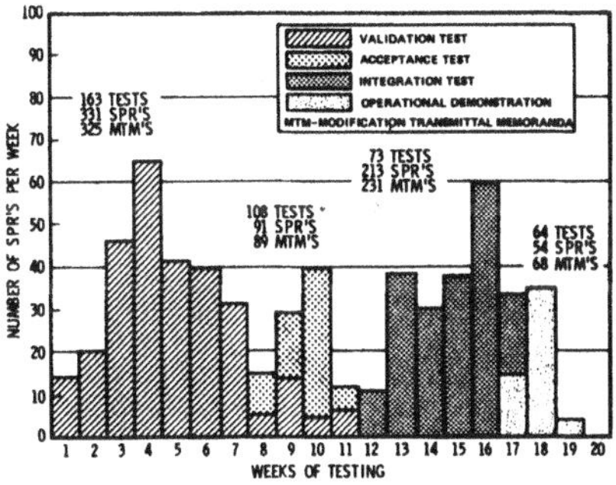

Figure 16. Software Problems Encountered During Testing (Initial)

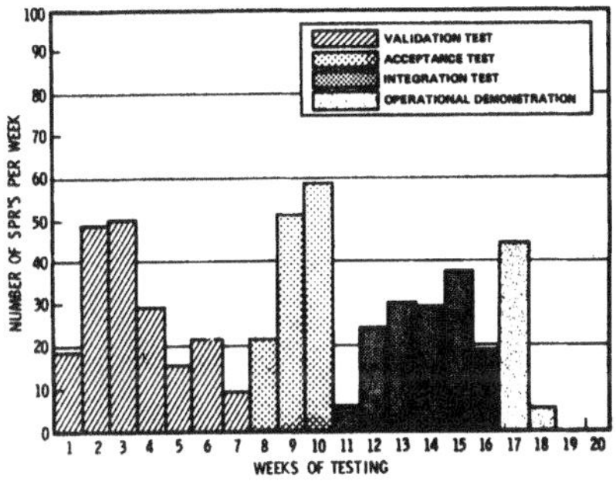

Figure 17. Software Problems Encountered During Testing (Final)

NUMERICAL EXAMPLE USING CONTINUOUS DISTRIBUTIONS

Data generated by the U. S. Navy are used in illustrating the continuous case. The data are used for the Jelinski and Moranda Model, who also generously supplied the data.

Recall their model was given by equation 15:

$$p(x_i) = \lambda e^{-\lambda x_i} \qquad x_i > 0$$

where $\lambda = [N-(i-1)]\phi$ is used as the failure rate, N is the number of failure modes in the software package at the start of the testing process, ϕ is the stepsize of the reduction process, and x_i is the time interval between successive errors in days. Both N and ϕ are estimated using maximum likelihood. The latter process gives the key equation for N shown to be

$$\frac{n \sum_{i=1}^{n} x_i}{N \sum_{i=1}^{n} x_i - \sum_{i=1}^{n} (i-1) x_i} = \sum_{i=1}^{n} \frac{1}{N-(i-1)} \tag{21}$$

From the checkout phase of a given module it was ascertained that

$$\sum_{i=1}^{26} x_i = 250$$

$$\sum_{i=1}^{26} (i-1)x_i = 4{,}008 \tag{22}$$

Using this yields

$$\frac{26(250)}{N(250) - 4{,}008} = \sum_{i=1}^{26} \frac{1}{N-(i-1)} \tag{23}$$

or

$$\frac{6{,}500}{250N - 4{,}008} = \frac{1}{N} + \frac{1}{N-1} + \cdots + \frac{1}{N-25} \tag{24}$$

This equation is approximately satisfied for N = 31.

The left-hand side is then 1.744 while the right-hand side is 1.7373. As seen above, there were 26 steps where an error was eliminated. Therefore, the residual error is estimated to be 31 – 26 = 5. $\hat{\phi}$, the maximum likelihood estimate of ϕ is found to be

$$\hat{\phi} = \frac{26}{31(250) - 4{,}008} = 0.007 \tag{25}$$

This yields

$$\lambda = [31 - 25]\,(0.007) = 0.042 \qquad \text{and} \qquad 1/\lambda = 23.8 \text{ days} \tag{26}$$

where $1/\lambda$ is the usual mean-time-between-failures for the exponential model. This means that it would take about 24 days on the average to find one of the remaining five errors. Five additional errors were found at a later testing phase. The pertinent data were

$$\sum_{i=1}^{31} x_i = 540$$

$$\sum_{i=1}^{31} (i-1)x_i = 12{,}186 \tag{27}$$

Now $\hat{N} \approx 31.6$. This seems to indicate that just about all errors have been found, as N – 31 = 0.6.

$$\hat{\phi} = \frac{31}{(31.6)(540) - 12{,}186} = \frac{31}{17{,}064 - 12{,}186}$$

$$\hat{\phi} = \frac{31}{4{,}878} = 0.006 \tag{28}$$

The new estimate for λ thus becomes

$$\lambda = [31.6 - 30]\ (0.006) = 0.0036 \tag{29}$$

The mean-time-between-failures $1/\lambda$ = 278 days. Therefore, the average time to find the *last* failure is about 278 days. Since almost all inherent failures were eliminated, it seems appropriate now to assume a constant failure rate, and with it $1/\lambda$ the mean-time-between-failures does have real meaning.

REFERENCES

1. Lt./Col. T. J. DeSchon, *Managing the Development of Large Software Systems: A USAF Command System*, Air Force Satellite Control Facility, Space and Missile Systems Organization, Los Angeles, California, presented at Wescon, 25 August 1970.

2. J. A. N. Lee, *The Anatomy of a Compiler*, University of Massachusetts, Van Nostrand, New York, 1967.

3. J. R. Brown and R. H. Hoffman, *Automating Software Development – A Survey of Techniques and Automated Tools*, TRW Systems, May 1972.

4. H. E. Lemmon, *Outline of a Presentation for Safeguard Software Evaluation*, TRW Systems, 15 August 1969, *Overview*, R. W. Wolverton, TRW Systems, 2 May 1970, 24 pps.

5. N. R. Greenfeld, *Computer System Support for Data Analysis*, PhD Thesis, Millikan Library, California Institute of Technology, Pasadena, California, May 1972, 125 pps.

6. E. C. Nelson, *Data Structures – A Mathematical Theory*, TRW Systems, Redondo Beach, California, 25 May 1972, 59 pps.

7. The Blue Ribbon Defense Panel, *Report to the President and Secretary of Defense*, 1 July 1970, pps 88-91, 151-158.

8. R. W. Wolverton, Levi Carey, and Vance Norum, *Software Standards and Procedures*, TRW Systems Group, 427M Volume VI, Technical Standards, Section 6, 30 May 1972, pps. 6-1 to 6-45.

9. J. O. Lilly and R. G. Millard, *Management Control of a Developing System*, IBM Houston Operations, Real Time Systems Seminar, Houston, Texas, November 2-4, 1966, 46 pps.

10. J. C. Stokes, *Managing the Development of Large Software Systems, Apollo Real-Time Control Center*, NASA Manned Spacecraft Center, Houston, Texas, 1970 WESCON Technical Papers, August 25-28, 1970, 15 pps.

11. J. A. Martin, *Programming Real-Time Computer Systems*, Prentice-Hall, New York, 1965.

12. J. V. Schnurbusch, *Verification of the Apollo Real-Time Mission Program*, Proceedings, AIAA Aerospace Computer Systems Conference, September 1969.

13. B. W. Boehm, *Some Information Processing Implications of Air Force Space Missions: 1970 – 1980*, The Rand Corporation, Memorandum RM-6213-PR, January 1970.

14. W. W. Royce, *Managing the Development of Large Software Systems: Concepts and Techniques*, TRW Systems Group, Redondo Beach, California, 1970 WESCON Technical Papers, August 25-28, 1970, 9 pps.

15. W. L. Hetrick, *Computer Program Integration Contractor Software Problem Reports from IOC Testing*, TRW Systems Group, Unpublished Note, 25 January 1972.

16. E. A. Rollin and S. S. Burks, *Automated Test Tools*, TRW Systems Group, 17 December 1969; *System Quality Assurance Techniques*, TRW Systems Group, 17 December 1969.

17. R. J. Rubey, R. D. Hartwick, W. C. Nielsen, and O. F. Taber, *Definition and Evaluation of Merit in Spaceborne Software*, Logicon, Incorporated, San Pedro, California, June 1968, 128 pages.

18. Theodore W. Bauer, *Requirements for National Defense,* Industrial College of the Armed Forces, Washington, D. C., 1970, 181 pages.

19. SSD Exhibit 61-47B, *Computer Program Subsystem Development Milestones,* Space and Missile Systems Organization, Los Angeles Station, California, 1 April 1966, 29 pages.

20. American National Standards Institute, Committee X3K1, Computers and Information Processing, Standards for Computer Project Documentation, *Outline of Items of Information,* J. N. Ridgell, Chairman, Washington, D. C., 3 July 1972, 7 pages.

21. R. W. Wolverton, *The Cost of Developing Large Scale Software,* TRW Systems Group, Redondo Beach, California; presented at IEEE '72 INTERCON, New York, N. Y., March 20-23, 1972, 21 pages.

22. B. W. Boehm, D. W. Kosy, and N. R. Nielsen, *ECSS: A Prospective Design Tool for Integrated Information Systems,* The Rand Corporation, Santa Monica, California; presented at AIAA Integrated Information Systems Conference, AIAA Paper No. 71-228, Palo Alto, California, February 17-19, 1971, 12 pages.

23. V. LaBolle, *Cost Estimating for Computer Programming,* Los Angeles Department of Water and Power, Los Angeles, California; presented at IEEE '72 INTERCON, New York, N. Y., March 20-23, 1972, 40 pages.

24. TRW Systems Group, *Software Development Characteristics Study for the CCIP-85 Study Group,* C. A. Bosch TRW Study Manager, B. W. Boehm CCIP-85 Study Chairman, Redondo Beach, California, October 1971.

25. B. J. Hatter, *Excerpt from CCIP Study Regarding Analysis of TRW Software Analysis Data,* Lulejian and Associates, Inc., Redondo Beach, California, November 1971.

26. H. D. Mills, *On the Statistical Validation of Computer Programs,* Unpublished Paper, July 1970.

27. W. Feller, *An Introduction to Probability Theory and Its Application,* Vol. 1, John Wiley and Sons, Inc., New York, N. Y., 1957.

28. Z. Jelinski and P. B. Moranda, *Software Reliability Research,* Conference on Statistical Methods for the Evaluation of Computer Systems Performance, Brown University, Providence, Rhode Island, November 1971.

Lagerhaltung und Fertigungsplanung

Dynamische Produktionsplanung bei deterministisch schwankendem Bedarf. Exakte Lösung eines Spezialfalles

von B. Fleischmann, Hamburg

Zusammenfassung:

Für eine Aufgabe der dynamischen Produktionsplanung bei einer Anlage, mehreren Sorten und stark schwankendem Bedarf wird, ausgehend von der üblichen Formulierung als ganzzahlige Optimierungsaufgabe, ein einfaches Enumerationsverfahren entwickelt, das deren spezielle Struktur ausnutzt und sehr geringen Rechenaufwand erfordert. Die numerische Erprobung zeigt, daß das Verfahren auch für die laufende Planung praktikabel ist.

1. Problemstellung

Eine Firma fertigt in mehreren Werken mehrere Sorten eines Produktes. Es handelt sich um kontinuierliche Fertigung. Ein LP-System ermittelt jeden Monat die Produktionsprogramme aller Werke für sechs Monate, wobei die gesamten Produktionskosten und Transportkosten für die Rohware und das Produkt minimiert werden.

Gegenstand unseres Problems ist aber nur ein einzelnes Werk, das 3 bis 4 Sorten auf einer Anlage fertigt. Dieses kann dann sein vom LP-System vorgegebenes Programm, das zeitlich schwankt und die Anlage voll auslastet, auf verschiedene Weise realisieren, was die Lager- und Rüstkosten beeinflußt. Die Rüstkosten, die beim Sortenwechsel entstehen, sind natürlich auch Bestandteil der in dem übergeordneten LP-System minimierten Produktionskosten; sie werden aber dort nur im Durchschnitt berücksichtigt, da das LP-System die Ablaufplanung nicht umfaßt. Die Planung ist also in zwei Stufen zerlegt.

Unser Problem ist somit die Minimierung der Lager- und Rüstkosten bei folgenden Gegebenheiten:

- Fertigung mehrerer Sorten auf einer Anlage
- bekannte zeitabhängige Bedarfe
- vorgeschriebene zeitabhängige Bestandsuntergrenzen (Sicherheitsbestände)
- vorgeschriebene Reinigung der Anlage alle 4 Wochen; ein Sortenwechsel zu diesem Zeitpunkt verursacht keine Rüstkosten.

Eine Besonderheit des Problems sind die zeitlich stark schwankenden Bedarfe. Aus diesem Grund sind bekannte Verfahren, die den Produktionsablauf in sich wiederholende Zyklen zerlegen, nicht anwendbar.

Das Problem läßt sich in bekannter Weise als ganzzahlige lineare Optimierungsaufgabe schreiben. Wir geben die Formulierung kurz an, da sie Ausgangspunkt für das zu besprechende Verfahren ist.

2. Formulierung als ganzzahlige Optimierungsaufgabe

Wir teilen den Planungszeitraum in n Perioden ein und nehmen an, daß ein Sortenwechsel nur am Periodenende stattfinden kann. Dies war im vorliegenden Fall sinnvoll für eine Periodenlänge von einer halben Woche. Bei einem Planungszeitraum von 3 bis 4 Monaten hat man also $n = 25$ bis 35.

Wir gehen von folgenden Daten aus: Für Sorte i $(i = 1,..,m)$ bezeichne

a_i Anfangsbestand

s_i^t Sicherheitsbestand am Ende von Periode t $(t = 1,..,n)$

b_i^t Bedarf in Periode t $(t = 1,..,n)$

p_i Produktionsgeschwindigkeit (Einheiten pro Periode)

c_i Lagerkosten pro Einheit des Produktes und Periode.

Ferner bezeichne

R Rüstkosten pro Sortenwechsel

r_o Anzahl Perioden bis zur ersten vorgeschriebenen Reinigung.

Für die Variablen

$$x_i^t = \begin{cases} 1, & \text{Sorte } i \text{ wird in Periode } t \text{ gefertigt} \\ 0, & \text{sonst} \end{cases}$$

$$y^t = \begin{cases} 1, & \text{Sortenwechsel vor Periode } t \\ 0, & \text{sonst} \end{cases}$$

gelten die Nebenbedingungen

$$\sum_i x_i^t = 1 \quad (t = 1, .., n) \tag{1}$$

$$y^t \geqslant x_i^t - x_i^{t-1} \quad (i = 1, .., m;\ t = 1, .., n;\ t \not\equiv r_o \text{ modulo } 8) \tag{2}$$

wobei x_i^o ein vorgegebener Anfangszustand ist. (1) bedeutet die Vollauslastung der Anlage. (2) ist äquivalent mit der Definition von y^t, wenn y^t in der Zielfunktion mit positiven Kosten behaftet ist. Die Bestandsrestriktionen lauten

Anfangsbestand - Bedarf + Produktion $\geqslant$ Sicherheitsbestand

oder

$$a_i - \sum_{j \leqslant t} b_i^j + p_i \sum_{j \leqslant t} x_i^j \geqslant s_i^t ,$$

was sich auf die einfache Form

$$\sum_{j\leq t} x_i^j \geq D_i^t \quad (i = 1,..,m;\ t = 1,..,n) \tag{3}$$

bringen läßt, wobei die Konstanten

$$D_i^t = \frac{1}{p_i}(s_i^t + \sum_{j\leq t} b_i^j - a_i)$$

die erforderliche Produktionszeit für Sorte i während der ersten t Perioden angeben.

Die zu minimierende Kostenfunktion K setzt sich zusammen aus Rüst- und Lagerkosten:

$$K = R \sum_t y^t + \sum_{i,t} c_i \left\{ a_i + \sum_{j<t} (p_i x_i^j - b_i^j) + \frac{1}{2}(p_i x_i^t - b_i^t) \right\}.$$

Der Ausdruck in den geschweiften Klammern stellt den mittleren Lagerbestand in Periode t dar. Faßt man die von den Variablen unabhängigen Terme zu einer Konstanten C zusammen, so erhält man

$$K = \sum_t \left\{ Ry^t + (n - t + \tfrac{1}{2}) \sum_i c_i p_i x_i^t \right\} + C. \tag{4}$$

Es ist bemerkenswert, daß der variable Teil der Zielfunktion nicht von den Bedarfen, Anfangs- und Sicherheitsbeständen abhängt, sondern nur von den Rüstkosten und dem Produkt aus Lagerkosten und Produktionsgeschwindigkeit.

Die Zielfunktion (4) und die Nebenbedingungen (1), (2), (3) definieren eine bivalente lineare Optimierungsaufgabe. Im Fall von 3 Sorten und 30 Perioden hat sie 120 Variable und 240 Nebenbedingungen. Bei dieser Größenordnung erfordern die Standardverfahren der ganzzahligen und bivalenten Optimierung, wenn sie überhaupt zur Lösung führen, einen hohen Rechenaufwand. Wegen der besonders einfachen Struktur der Aufgabe kann dagegen ein spezielles Verfahren erhebliche Vorteile bringen.

Im folgenden Abschnitt geben wir ein Branch-and-Bound-Verfahren an, das die einfachen Nebenbedingungen (3) für die Verwerf- und Fixierungsregeln im Branching-Schritt und die spezielle Form der Zielfunktion (4) für die Berechnung unterer Schranken im Bounding-Schritt ausnutzt.

3. Ein Branch-and-Bound-Verfahren

Wir beschreiben zunächst die wichtigsten Bestandteile des Verfahrens. Dies sind bei einem Branch-and-Bound-Verfahren:

- die Fixierung eines Teils der Variablen auf bestimmte Werte,
- Verwerfregeln, die die Unzulässigkeit der gewählten Fixierung aufzeigen,
- die Berechnung unterer Schranken für die (zu minimierende) Zielfunktion unter Voraussetzung der fixierten Werte.

Die Fixierung soll in unserem Verfahren so erfolgen, daß jeweils die Variablen

$$x_i^t = \bar{x}_i^t\,,\ y^t = \bar{y}^t \ (i = 1,..,m;\ t = 1,..,r) \tag{5}$$

für ein r mit $0 \leqslant r \leqslant n$ fixiert sind und die Nebenbedingungen (1) und (2) erfüllen. Die Fixierung legt also jeweils den Produktionsplan für die ersten r Perioden fest.

Wir führen nun die von der Fixierung abhängigen Größen

$$\tilde{D}_i^t = \begin{cases} D_i^t - \sum\limits_{j \leq t} \bar{x}_i^j \ , & t \leq r \\ D_i^t - \sum\limits_{j \leq r} \bar{x}_i^j \ , & t > r \end{cases} \qquad (6)$$

($i = 1,..,m$; $t = 1,..,n$) ein. Für $t > r$ gibt $\tilde{D}_i^t$ die für Sorte i noch erforderliche Produktionszeit während der Perioden $r + 1$ bis t an. Damit lassen sich die beiden folgenden Tests aus den Nebenbedingungen (3) unmittelbar herleiten:

Test 1 (Obligate Fixierung)

Gibt es ein i und ein t mit

$$\tilde{D}_i^t > t - r - 1 \ , \ t > r \ ,$$

so gilt für alle Lösungen von (3) und (5)

$$x_i^j = 1 \ (j = r + 1,..t).$$

Test 2 (Verwerfregel)

Gibt es ein i und ein t mit

$$\tilde{D}_i^t > t - r \ , \ t > r \qquad \text{oder}$$

$$\tilde{D}_i^t > 0 \ , \qquad t \leq r,$$

so gibt es keine Lösung von (3) und (5).

Von der Zielfunktion (4) sind durch die Fixierung (5) die ersten r Summanden festgelegt. Um die Summanden für $t > r$ abzuschätzen, numerieren wir die Sorten so, daß

$$c_1 p_1 \geqslant c_2 p_2 \geqslant \dots \geqslant c_m p_m$$

gilt. Die Idee der Abschätzung ist nun die folgende: Die Lagerkosten sind wegen des mit t abnehmenden Faktors $n - t + \frac{1}{2}$ sicher am geringsten, wenn die gesamte noch erforderliche Produktionszeit für Sorte 1 ans Ende des Planungszeitraums gelegt werden kann, die Produktionszeit für Sorte 2 unmittelbar davor usw. Die noch erforderliche Produktionszeit für Sorte i ist aber $\tilde{D}_i^n$. Da ein Sortenwechsel nur am Periodenende stattfinden kann, beträgt die Produktionszeit sogar mindestens $\langle \tilde{D}_i^n \rangle$ Perioden; dabei mögen die spitzen Klammern die Aufrundung auf die nächstgrößere ganze Zahl bedeuten.

Sei nun

$$u_o = 0; \quad u_i = \sum_{k \leqslant i} \langle \tilde{D}_k^n \rangle \quad (i = 1,..,m).$$

Dann gilt

$$\sum_{t > r} (n - t + \frac{1}{2}) \sum_i c_i p_i x_i^t \geqslant$$

$$\sum_i c_i p_i \sum_{t=u_{i-1}+1}^{u_i} (t - \frac{1}{2}) =$$

$$\frac{1}{2} \sum_i c_i p_i \left[(u_i)^2 - (u_{i-1})^2 \right].$$

Somit haben wir für den variablen Teil der Zielfunktion (4) $K' = K - C$ die Abschätzung

$$K' \geqslant B_1 + B_2 \quad \text{mit}$$

$$B_1 = \sum_{t \leq r} \left\{ R\bar{y}^t + (n - t + \tfrac{1}{2}) \sum_i c_i p_i x_i^t \right\},$$

$$B_2 = \frac{1}{2} \left\{ c_1 p_1 (u_1)^2 + c_2 p_2 \left[(u_2)^2 - (u_1)^2 \right] + \right.$$

$$\left. \ldots + c_m p_m \left[(u_m)^2 - (u_{m-1})^2 \right] \right\}.$$

Das Verfahren setzt sich nun aus den beschriebenen Teilen nach dem bekannten Branch-and-Bound-Prinzip zusammen. Wir geben den Ablauf an, ohne auf Details einzugehen:

Anfang: Setze $r = s = t_o = o$; $B_1 = o$; $\tilde{D}_i^t = D_i^t$; $z = \infty$.

(a) (Test) Falls $r = n$, gehe nach (d). Sonst berechne B_2.

Falls $B_1 + B_2 \geqslant z$ oder Test 2 positiv, gehe nach (c).

Falls Test 1 negativ, setze $r = r + 1$ und gehe nach (b).
Sonst fixiere entsprechend dem Test x_i^j $(j = r + 1, .., t)$,
setze $r = t$ und wiederhole (a).

(b) (Vorwärtsschritt) Suche eine neue Fixierung für x_i^r $(i = 1, .., m)$;

falls keine mehr vorhanden, gehe nach (c).
Sonst setze $s = s + 1$; $t_s = r$ und gehe nach (a).

(c) (Rückwärtsschritt) Falls $s = o$, gehe zum Ende.
Sonst setze $s = s - 1$; $r = t_s$ und gehe nach (b).

(d) (Zulässige Lösung) Setze $z = B_1$ und speichere (x_i^t) als bisher beste Lösung. Gehe nach (c).

Ende: Falls $z = \infty$ ist die Aufgabe nicht lösbar. Sonst ist die letzte gefundene Lösung optimal.

Bei jeder Änderung der Fixierung (Schritte (a), (b) und (c)) ist außerdem $\tilde{D}_i^t$ gemäß (6) und B_1 neu zu berechnen.

Für die Fixierung in Schritt (b) hat sich folgende Auswahlregel bewährt: Man fixiere so, daß kein Sortenwechsel entsteht, außer wenn vor Periode r die vorgeschriebene Reinigung stattfindet. In diesem Fall soll ein Sortenwechsel zur Sorte i mit dem größten i erfolgen, für das diese Fixierung noch nicht gewählt worden ist.

4. Anwendung

Das Verfahren wurde auf dem Time-Sharing-System MARK I von Honeywell-Bull realisiert. Der Planer kann das Programm nach Eingabe neuer Daten selbst starten und bekommt dann innerhalb weniger Minuten eine Folge von zulässigen Lösungen, also Ablaufplänen, mit abnehmenden Kosten, wie sie das Verfahren findet. Er kann das Programm abbrechen, wenn er eine zufriedenstellende Lösung erhalten hat und das Programm zu lange läuft. Dies war aber bisher noch nicht erforderlich. Typische Laufzeiten des Programms auf dem relativ langsamen System sind

bei	2 Sorten, 25 Perioden:	55 sec CPU-Zeit
	3 Sorten, 30 Perioden:	86 sec CPU-Zeit
	3 Sorten, 35 Perioden:	112 sec CPU-Zeit.

Das Verfahren läßt sich durch einfache Erweiterungen für folgende Fälle verallgemeinern:

- sortenabhängige Rüstkosten
- Erfassung von Rüstzeiten.

Letzteres ist in dem erwähnten Programm schon enthalten.

Die Anwendung des Programms für die laufende Planung wird zur Zeit erprobt. Vorgesehen sind zwei Läufe pro Monat.

Die vorliegende Arbeit gibt ein Beispiel dafür, daß diskrete Probleme, um die man in der Praxis meist einen großen Bogen macht, nicht immer sehr schwierig sein müssen. Allerdings darf man Aufgaben von spezieller Struktur nicht mit Standardverfahren lösen. Wenn man aber das Schema eines Branch-and-Bound-Verfahrens kennt, ist es kein großer Aufwand, ein dem Problem angepaßtes Verfahren aufzustellen.

Optimale Planung eines speziellen Fertigungsproblems

von B. Rauhut, Karlsruhe

Zusammenfassung: Bei dem im folgenden untersuchten Fertigungsproblem handelt es sich um die zweistufige Fertigung zweier Sorten, wobei auf der ersten Stufe zwei und auf der zweiten Stufe ein Aggregat zur Verfügung stehen. Die Problemformulierung - und lösung erfolgt mit Hilfe einer linearen gemischt - ganzzahligen Programmes.

1. Problembeschreibung

Von einer Haushaltsmaschine werden zwei Grundtypen A und B gefertigt. Als Grundlage dienen zwei unterschiedliche Grundplatten, die in zwei gleichartigen Gießereianlagen G_1 und G_2 gegossen werden können, wobei diese Anlagen jedoch unterschiedliche Kapazität besitzen. Nach dem Gießen durchlaufen alle Grundplatten eine Transfertstraße T, die im wesentlichen mit einigen halbautomatischen Werkzeugmaschinen bestückt ist. Danach werden von beiden Typen getrennt noch einige Produktionsstufen durchlaufen, die jedoch für jede von der Gießerei abgegebene Menge ausreichende Kapazität besitzen und die im wesentlichen keine losgrößenabhängigen Kosten verursachen. Zwischen den Gießereien G_1 und G_2 und der Transfertstraße T sind zwei Zwischenläger L_{A1} und L_{B1} eingerichtet, während nach dem oben Gesagten (über die nachfolgenden Produktionsstufen) die zwei Absatzläger L_{A2} und L_{B2} als unmittelbar hinter der Transfertstraße befindlich angenommen werden können.

Graphisch kann diese Fertigung dann folgendermaßen veranschaulicht werden:

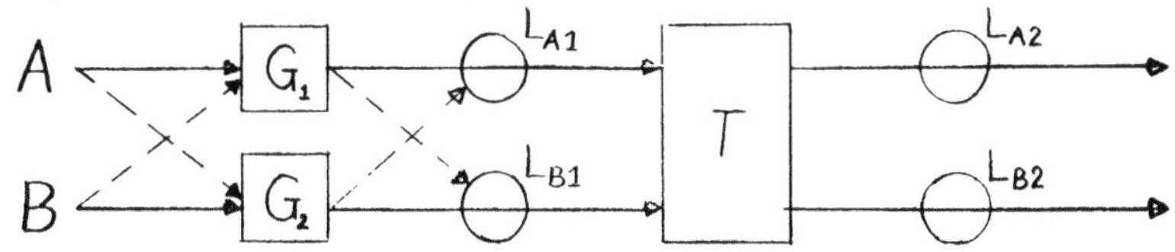

Die gestrichelten Linien sollen andeuten, daß beide Typen A und B sowohl in G_1 als auch in G_2 gegossen werden können, dann jedoch in getrennten Lägern gelagert werden.
Vorgegeben ist ein Planungszeitraum von S Zeiteinheiten, für den die Gesamtnachfrage nach A und B bekannt ist, wobei sogar noch genauere Kenntnisse in folgender Form vorliegen ($\bar{A}$ bzw. $\bar{B}$ bezeichnen die im Planungszeitraum insgesamt von A bzw. B nachgefragten Mengen):

a) Die Gesamtfrage nach A und B zusammen entspricht gerade der Kapazität der Transferstraße.

b) $\bar{A}$ und $\bar{B}$ stehen im Verhältnis a:b, wobei a und b bekannte Größen sind.

c) Der Stückerlös für A bzw. B ist konstant.

Unter diesen Voraussetzungen besteht die Aufgabe einer simultanen Losgrößen- und Losfolgeplanung offensichtlich darin, einen kostenminimalen Plan derart angegeben, daß die bezüglich T maximale Menge im richtigen Verhältnis $\bar{A}:\bar{B}$ = a:b gefertigt wird.

2. Problemformulierung

Wie oben schon erwähnt, soll die Problemformulierung in Form eines linearen gemischt - ganzzahligen Programmes erfolgen. Dabei wird in drei Schritten vorgegangen:
Zunächst werden (lineare) Bedingungen formuliert, die die Fertigung auf den einzelnen Aggregaten beschreiben. Im zweiten Schritt werden Bedingungen angegeben, die die einzelnen Stufen miteinander verbinden und schließlich wird im dritten Schritt die Zielfunktion formuliert.
Analog zu früheren Ansätzen (z.B. [1], [2], [4]) wird angenommen, daß der Planungszeitraum $[0,S]$ unterteilt ist in eine gewisse Anzahl von Elementarperioden t_n jeweils gleicher Länge t. Es sei also etwa

(1) $t_1 = [0,t],\ t_n = ((n-1)t,nt],\ n = 2(1)m$, d.h. $S = mt$.

(Die gewählte Länge t einer Elementarperiode hängt dabei im wesentlichen ab einmal von dem speziellen Fertigungsproblem und zum anderen von der Leistungsfähigkeit der verfügbaren Rechenanlage, da t - und damit m -

entscheidend die Anzahl der Variablen und Nebenbedingungen der zu erstellenden Programmes beeinflußt).
Daneben werden für den Fertigungsablauf noch die folgenden Annahmen getroffen:

c) Transportzeiten können vernachlässigt werden.

d) Die Umrüstung der Aggregate erfolgt zeitlos.

Diese Annahmen bedeuten für das hier behandelte Fertigungsproblem keine Einschränkung, da einmal bei einer gewählten Elementarperiodendauer von etwa 1 Woche Transportzeiten von der Größenordnung von Minuten nicht ins Gewicht fallen und zum anderen Umrüstungen in dem hier behandelten Fall in Sonderschichten durchgeführt werden, die die Produktionskapazität nicht beeinträchtigen, so daß zwar die Kosten, nicht aber die Zeiten für notwendig werdende Umrüstungen berücksichtigt werden müssen.
Bei dem oben beschriebenen Fertigungsproblem besitzen alle Aggregate eine konstante Kapazität, d.h. genauer: mögliche Kapazitätänderungen sollen nicht als Entscheidungsvariablen herangezogen werden. In diesem Fall ist dann unter den zusätzlichen Annahmen c) und d) ein Produktionsprogramm eindeutig gegeben durch die Angaben, welches Produkt auf den verschiedenen Aggregaten in den einzelnen Elementarperioden gefertigt wird. (Darin enthalten ist dann automatisch die Angabe, wann die Aggregate stillstehen).
Unter den gemachten Voraussetzungen ist diese Beschreibung der Fertigung durch eine Reihe von 0-1-Variablen möglich. In einem ersten Schritt soll eine derartige Beschreibung zunächst für ein einzelnes Aggregat erfolgen.

Es sei also H ein Aggregat, auf dem zwei Produkte 1 und 2 bearbeitet werden können. Entsprechend den Ansätzen z.B. in [1] und [4] werden dann Variablen x_{in} folgendermaßen eingeführt:

$$(2) \qquad x_{in} = \begin{cases} 1 & : \text{Produkt } i \text{ wird in } t_n \text{ auf H bearbeitet} \\ 0 & : \text{Produkt } i \text{ wird in } t_n \text{ auf H nicht bearbeitet} \end{cases}$$

(i=1,2; n=1(1)m). Mit Hilfe dieser 2m Variablen sind jetzt zwar mögliche Produktionsabläufe im oben erwähnten Sinne beschreibbar, jedoch nicht die dabei auftretenden Kosten. Dabei handelt es sich im vorliegenden Fall nur um die Umrüstkosten (neben den später zu betrachtenden Lagerkosten), da

nach Voraussetzung a) - c) die variablen Produktionskosten konstant sind. Zur Beschreibung von Umrüstungen (und damit zur Angabe der Umrüstkosten) sind bisher verschiedene Ansätze gemacht worden.
So betrachtet z.B. [4] die Produkte $x_{in}x_{jn+1}$, die gerade dann gleich 1 sind, wenn von t_n zu t_{n+1} von Produkt i auf Produkt j umgeschaltet wird. Bezeichnen dann c_{ij} die Umrüstkosten (bei einmaliger Umrüstung) von i auf j beim Aggregat H, dann sind die gesamten Umrüstkosten offenbar gegeben durch $\sum_{i,j=1}^{2} \sum_{n=1}^{m-1} c_{ij}\, x_{in}\, x_{n+1}$. (Die durch die Produkte $x_{in}\, x_{jn+1}$ auftretende Nichtlinearität in der Zielfunktion des zu erstellenden Programmes läßt sich durch die Einführung weiterer 0-1-Variablen wieder beseitigen).
[1] geht dagegen direkt von Umrüstvariablen y_{in} aus (dabei wird angenommen, daß Umrüstungen eine Elementarperiode nicht überschreiten), die nur bei einer Umrüstung den Wert 1 annehmen und sonst den Wert 0. Um diese Variablen aber mit den Produktionsvariablen x_{in} in Verbindung bringen zu können, müssen noch weitere 2m Variablen r_{in} eingeführt werden. Ist C_i der Umrüstkostensatz des betrachteten Aggregates für das Produkt i, dann betragen in diesem Fall die Umrüstkosten $\sum_{n=1}^{m} [C_1 y_{1n} + C_2 y_{2n}]$.

Hier soll nun ein anderer Ansatz gemacht werden. Den beiden erwähnten Modellen ist nämlich gemein, daß sie ein "kurzes Gedächtnis" haben, nämlich gerade von einer Elementarperiode. Dadurch werden z.B. nach einem Stillstand eines Aggregates die Umrüstkosten unabhängig davon berechnet, welches Produkt vor dem Stillstand bearbeitet wurde. Es kann also nicht unterschieden werden zwischen einer echten Umrüstung des Aggregates von der Bearbeitung eines Produktes auf die eines anderen und dem Stillstand infolge einer Unterbrechung in der Bearbeitung ein und desselbe Produktes. Gerade diese Unterscheidung ist aber in dem hier betrachteten Fertigungsprozess wesentlich, da echte Umrüstungen erhebliche Kosten, reiner Stillstand dagegen vernachlässigbare Kosten verursachen.
Es werden dazu 2m weitere 0-1-Variablen y_{in} eingeführt, die den potentiellen Fertigungszustand des Aggregates wiedergeben, d.h. es wird gesetzt

$$(3) \qquad y_{in} = \begin{cases} 1 & : \text{Produkt i kann in } t_n \text{ auf H bearbeitet werden} \\ 0 & : \text{Produkt i kann in } t_n \text{ auf H nicht bearbeitet werden} \end{cases}$$

(i=1,2; n=1(1)m). Künstlich wird noch vereinbart, daß in der Elementarperiode nach einer Umrüstung das Aggregat für beide Produkte gerüstet ist, aber das Produkt fertigt, auf das umgerüstet wurde. (Damit wird eine Eindeutigkeit der Darstellung erreicht, ohne daß die Anwendbarkeit auf spezielle Arten von Aggregaten beschränkt ist).

Damit von dem zu bildenden Programm nur zulässige Fertigungsabläufe untersucht werden, müssen jetzt die Variablen x_{in} und y_{in} durch einige Nebenbedingungen entsprechend verknüpft werden.

Zunächst gilt, daß ein Produkt nur dann gefertigt werden kann, wenn das Aggregat entsprechend gerüstet ist; d.h.

(4) $$y_{in} - x_{in} \geqq 0 \qquad (i = 1,2;\ n = 1(1)m)$$

Da jeweils nur ein Produkt gefertigt werden kann, gilt

(5) $$x_{1n} + x_{2n} + y_{1n} + y_{2n} \leqq 3 \quad (n = 1(1)m)$$

Das Aggregat ist stets entweder für Produkt 1 oder für Produkt 2 gerüstet; also gilt

(6) $$y_{1n} + y_{2n} \geqq 1 \quad (n = 1(1)m)$$

Von der Fertigungsmöglichkeit her läßt sich jede zulässige Fertigung darstellen durch die Folge $((y_{1n},y_{2n}))_{n=1(1)m}$, wobei ein Wechsel von (0,1) auf (1,0) bzw. von (1,0) auf (0,1) nur auftreten kann, wenn dazwischen das Element (1,1) auftritt. Umgekehrt gibt jede derartige Doppelfolge von 0 und 1 eine zulässige, mögliche Fertigung wieder.

Neben (6) müssen daher noch die folgenden Umgleichungen in das Programm aufgenommen werden:

(7) $$y_{1n-1} + y_{1n+1} \geqq 2(y_{1n} - y_{2n}) \qquad (n = 2(1)m-1)$$

(8) $$y_{2n-1} + y_{2n+1} \geqq 2(y_{2n} - y_{1n}) \qquad (n = 2(1)m-1)$$

Bei dem vorliegenden Problem sind 3 Aggregate G_1, G_2 und T zu berücksichtigen. Man benötigt daher 12m Variablen x^j_{in}, y^j_{in} (i=1,2; n=1(1)m; j=1,2,3) sowie die entsprechenden Umgleichungen (4) - (8) für jedes j, um mögliche Fertigungen beschreiben zu können.

Gemäß der Voraussetzung a) müssen noch die Umgleichungen

(9) $$x^3_{1n} + x^3_{2n} = 1 \quad (n = 1(1)m)$$

hinzugefügt werden.

Zur Verknüpfung der einzelnen Fertigungsstufen müssen noch einige weitere Größen angeführt werden. (Analog zur Bezeichnung der Variablen x^j_{in} und y^j_{in} bezeichne im folgenden der Index j die Zugehörigkeit zu den einzelnen Aggregaten, und zwar zu G_1 für j=1, zu G_2 für j=2 und zu T für j=3). Es seien

p_j: Produktionsgeschwindigkeit (Stück/Elementarperiode)
v_j: Umrüstkosten (unabhängig vom Produkt)
a_1, a_2, a_3, a_4: Anfangslagerbestände von bzw. L_{A1}, L_{B1}, L_{A2}, L_{B2}
f_1, f_2, f_3, f_4: Lagerkosten (DM pro Stück und Elementarperiode) in bzw. L_{A1}, L_{B1}, L_{A2}, L_{B2}.

Da vorausgesetzt ist, daß einerseits die auf G_1 bzw. G_2 gefertigten Produkte noch in desselben Elemetarperiode auf T bearbeitet werden können, andererseits aber z.B. Produkt A (entspricht dem Index 1) auf T nicht bearbeitet werden kann, wenn L_{A1} leer ist und A in der entsprechenden Elementarperiode weder auf G_1 noch auf G_2 gefertigt wird, gelten die folgenden Umgleichungen

(10) $$a_1 + p_1 \sum_{i=1}^{n} x^1_{1i} + p_2 \sum_{i=1}^{n} x^2_{1i} - p_3 \sum_{i=1}^{n} x^3_{1i} \geqq 0 \qquad (n=1(1)m)$$

Analoge Ungleichungen sind für L_{B1} hinzuzufügen.

Für die Aufstellung entsprechender Nebenbedingungen für die Läger L_{A2} und L_{B2} muß noch Voraussetzung b) berücksichtigt werden. Setzt man

(11) $$\bar{A} = p_3 \sum_{n=1}^{m} x^3_{1n} \quad , \quad \bar{B} = p_3 \sum_{n=1}^{m} x^3_{2n} \quad ,$$

dann kann die Forderung $\bar{A}:\bar{B} = a:b$ unter Umständen wegen der Ganzzahligkeitsbedingungen zu keiner zulässigen Lösung führen. Voraussetzung b) soll daher in folgender Form berücksichtigt werden

(12) $$(\tfrac{a}{b} - \varepsilon_1)\bar{B} \leqq \bar{A} \leqq (\tfrac{a}{b} + \varepsilon_2)\bar{B} \qquad (\varepsilon_1, \varepsilon_2 > 0)$$

Dabei sind ε_1 und ε_2 passend zu wählende positive Größen, die angeben, bis zu welchem Maß ein Abweichen der Gesamtproduktion von dem erwünschten Verhältnis a:b toleriert wird.

Forderung (12) allein reicht aber nicht aus, um eine für den Absatz befriedende Produktion zu erziehen; bei einem Planungszeitraum von einem Jahr und a:b = 1:2 könnte z.B. das kostenminimale Programm derart aussehen, daß zunächst 4 Monate lang Produkt A und anschließend 8 Monate lang Produkt B gefertigt wird. Eine derartige Fertigung ist aber **fast** stets unzumutbar.

Um Lösungen dieser Art auszuschließen, werden mit (11) die Größen r_i wie folgt definiert

$$(13) \qquad r_1 = \frac{1}{m}\bar{A} \quad , \quad r_2 = \frac{1}{m}\bar{B}$$

Die r_i entsprechen einem gleichmäßigen Absatz pro Elementarperiode derart, daß insgesamt die Nachfrage befriedigt wird. Um nun eine gewisse Gleichmäßigkeit der Produktion zu erreichen, wird gefordert, daß nach jeweils jk Elementarperioden der Bedarf jkr_i befriedigt werden muß. (Dabei ist k ein geeigneter, etwa ganzzahliger Teiler von m, z.B. $k = \frac{m}{c}$, so daß j die Werte 1,2,..., c-1 annehmen kann. k ist offenbar ein Parameter der Betriebsleitung, der insbesondere vom Verhalten der Nachfrage beeinflußt wird).

Für L_{A2} erhält man dann z.B. die Umgleichungen

$$(14) \qquad a_3 + p_3 \sum_{n=1}^{jk} x_{1n}^3 - jkr_i \geqq 0 \qquad (j=1(1)c-1)$$

(Analog für L_{B2}).

Damit sind alle die Produktion bestimmenden Nebenbedingungen angegeben. Zur Angabe der Zeilfunktion werden zunächst die Umrüstkosten untersucht. Da die Kosten für eine Umrüstung nach Voraussetzung unabhängig von Produkt für die einzelnen Aggregate konstant sind, muß die Anzahl der Umrüstungen ermittelt werden. Nach der gewählten Darstellung ist diese Anzahl für das Aggregat j gerade

$$(15) \qquad \sum_{n=1}^{m} (y_{1n}^j + y_{2n}^j - 1).$$

Multipliziert mit dem Unrüstkostensatz v_j ergibt (15) den Umrüstkostenanteil von Aggregat j an der Zielfunktion.

Bei den Lagerkosten muß wieder unterschieden werden zwischen den Lägern L_{A1} und L_{B1} und den Lägern L_{A2} und L_{B2}.
Unterstellt man bei L_{A1} beispielsweise kontinierlichen Lagerzu- und abgang, dann kann der Durchschnittslagersbestand in der üblichen Weise berechnet werden. Durch Multiplikation mit dem Lagerkostensatz f_1 erhält man die Lagerkosten von L_{A1} dann in der Form

$$(16) \quad \sum_{n=1}^{m} f_1\left[a_1+p_1\sum_{i=1}^{n-1} x_{1i}^1+p_2\sum_{i=1}^{n-1} x_{1i}^2-p_3\sum_{i=1}^{n-1} x_{1i}^3 + \tfrac{1}{2}(p_1x_{1n}^1 + p_2x_{1n}^2 - p_3x_{1n}^3)\right]$$

Einen entsprechenden Ausdruck erhält man für L_{B1}.
Nach (10) waren für die Läger L_{A1} und L_{B1} keine Fehlmengen zugelassen; bei L_{B2} dagegen können durchaus Fehlmengen auftreten, so daß etwa ein analog zu (16) gebildeter mittlerer Lagerbestand durchaus negativer Werte fähig ist. Da jedoch nur positiver mittlerer Lagerbestand Kosten verursachen und damit in die Zielfunktion eingehen soll, werden einige nichtganzzahlige, nichtnegative Variablen g_{1n}, h_{1n}, g_{2n}, h_{2n} (n=1(1)m) eingeführt, deren Differenzen gerade die mittleren Lagerbestände für die eizelnen Elementarperioden angeben.
Für L_{A2} z.B. ergibt sich mit g_{1n} und h_{1n}:

$$(17) \quad a_3 + p_3 \sum_{i=1}^{n-1} x_{1i}^3 - (n-1)r_1 + \tfrac{1}{2}(p_3x_{1n}^3 - r_1) = g_{1n} - h_{1n} \qquad (n=1(1)m)$$

Der analoge Ausdruck wird mit g_{2n}, h_{2n} für L_{B2} gebildet. Mit den Lagerkostensätzen f_3 und f_4 haben die Lagerkosten dann die Größe

$$(18) \qquad f_3 \sum_{n=1}^{m} g_{1n} + f_n \sum_{n=1}^{m} g_{3n}$$

Damit sind alle Nebenbedingungen und die Zielfunktion des zu erstellenden linearen gemischt - ganzzahligen Programmes beschrieben. Zusammenfassend soll jetzt noch einmal dieses Programm insgesamt angegeben werden:

(19) Minimiere

$$z = \sum_{j=1}^{3} \left[v_j \sum_{n=1}^{m} (y_{1n}^j + y_{2n}^j - 1) \right]$$

$$+ \sum_{n=1}^{m} \sum_{i=1}^{2} \left[f_i (a_i + \sum_{j=1}^{n-1} (p_1 x_{ij}^1 + p_2 x_{ij}^2 - p_3 x_{ij}^3) + \tfrac{1}{2}(p_1 x_{in}^1 + p_2 x_{in}^2 - p_3 x_{in}^3) \right]$$

$$+ \sum_{n=1}^{m} (f_3 g_{1n} + f_4 g_{3n})$$

unter den Nebenbedingungen

(20)
$$a_i + \sum_{j=1}^{n} (p_1 x_{ij}^1 + p_2 x_{ij}^2 - p_3 x_{ij}^3) \geq 0$$

$$a_{i+2} + p_3 \left(\sum_{j=1}^{n-1} x_{ij}^3 - \frac{2n-1}{2m} \sum_{j=1}^{m} x_{ij}^3 + \frac{1}{2} x_{in}^3 \right) = g_{in} - n_{in} \qquad i=1,2;$$

$$y_{in}^j - x_{in}^j \geq 0$$

(die drei vorstehenden Bedingungen für i=1,2; die vorstehende und die beiden folgenden für j=1,2,3; alle sechs Bedingungen für n=1(1)m)

$$x_{1n}^j + x_{2n}^j + y_{1n}^j + y_{2n}^j \leq 3 \qquad j=1,2,3;$$

$$y_{1n}^j + y_{2n}^j \geq 1$$

$$x_{1n}^3 + x_{2n}^3 = 1 \qquad n=1(1)m$$

$$y_{1n-1}^j + y_{1n+1}^j \geq 2\,(y_{1n}^j - y_{2n}^j)$$

$$y_{2n-1}^j + y_{2n+1}^j \geq 2\,(y_{2n}^j - y_{1n}^j) \qquad j=1,2,3;\ n=2(1)m-1$$

$$a_{i+2} + p_3 \left(\sum_{j=1}^{lk} x_{ij}^3 - \frac{lk}{m} \sum_{j=1}^{m} x_{ij}^3 \right) \geq 0 \qquad i=1,2;\ l=1(1)c-1$$

$$\sum_{j=1}^{m} \left[x_{ij}^{3} - \left(\frac{a}{b} + \varepsilon_2\right) x_{2j}^{3}\right] \leqq 0$$

$$\sum_{j=1}^{m} \left[x_{ij}^{3} - \left(\frac{a}{b} - \varepsilon_1\right) x_{2j}^{3}\right] \geqq 0$$

$$\left.\begin{array}{r} x_{in}^{j} \leqq 1 \\ y_{in}^{j} \leqq 1 \\ x_{in}^{j},\ y_{in}^{j},\ g_{in},\ h_{in} \geqq 0 \end{array}\right\} \quad \begin{array}{l} i=1,2;\ n=1(1)m \\ j=1,2,3 \end{array}$$

$$x_{in}^{j},\ y_{in}^{j} \quad \text{ganzzahlig}$$

Wie man an Hand des Programmes erkennt, hat das Problem einen Umfang von 16m Variablen (davon 12m ganzzahlig) und ca. 35m Nebenbedingungen. Will man eine annehmbare Größenordnung des Problems erreichen, darf m nicht wesentlich größer als 5 sein. Im vorliegenden Fall wurde ein Planungszeitraum von einem Vierteljahr und eine Elementarperiode von zwei Wochen gewählt; man erhält dann m=6 und damit eine Matrix des Programmes von ca. 100x200. Wie sich jedoch bis jetzt nach einigen Testrechnungen herausgestellt hat, besitzt diese Matrix eine derart ungünstige Struktur, daß nur bei äußert günstigen Datenkonstellationen ein Ergebnis in vertretbarer Rechenzeit zu erzielen ist. Es wird daher gegenwärtig versucht, das benutzte Rechenprogramm (Schnittverfahren von Gomory für gemischt-ganzzahlige Programme) derart zu modifizieren, daß die magere Struktur der Matrix besser berücksichtigt werden kann und damit das Programm für beliebige Daten einer Lösung zugänglich wird.

Literatur:

[1] Adam, D.: Simultane Ablauf- und Programmplanung bei Sortenfertigung mit ganzzahliger linearer Programmierung, ZfB 33 (1963), S. 233 - 245

[2] Adam, D.: Produktionsplanung bei Sortenfertigung, Wiesbaden, 1969

[3] Dinkelbach, W.: Zum Problem der Losgröße und des Sortenwechsels bei der Produktionsplanung, Diss. Köln, 1963

[4] Dinkelbach, W.: Zum Problem der Produktionsplanung in Ein- und Mehrproduktunternehmen, Würzburg, 1964.

Minimierung von Lagerbeständen bei kontinuierlichen Produktionen

von G. Hoffmann und W. Schulz, Ludwigshafen

Das einperiodische Lagerhaltungsmodell ohne fixe Bestellkosten wird variiert, um es auf die Probleme bei kontinuierlichen Produktionen anwenden zu können. Produktion und Lagerbestand werden dabei so reguliert, daß bei Einhaltung einer gewissen Lieferbereitschaft der Bestand minimal ist. Bei der Berechnung des Sicherheitsbestandes wird nicht nur die Streuung, sondern auch der Variationskoeffizient der Nachfrage berücksichtigt.

1. PROBLEMSTELLUNG

Gegeben ist ein Netz von kontinuierlichen Produktionen ohne Zyklen im Produktionsfluß. Jedes Produkt wird in einer eigenen Anlage hergestellt, d. h. es gibt kein Umrüstungsproblem. Die Produkte werden teilweise verkauft, teilweise innerhalb des Netzes weiterverarbeitet, wobei es gemäß der Zyklenfreiheit natürlich einige Produkte gibt, die nur verkauft werden.

Die Produktion muß so geplant werden, daß die Nachfrage für jedes Produkt mit einer gewissen Lieferbereitschaft befriedigt werden kann und die dafür nötigen Bestände minimal sind. (Bild 1)

Nehmen wir zur Klarstellung des Problems zunächst an, die Bestelltermine der Kundenaufträge lägen jeweils so lange vor den Lieferterminen, daß die Produktion für diese Aufträge in der Zwischenzeit geschehen könnte. Und nehmen wir ferner an, daß auch keine so großen zeitlichen Häufungen der Aufträge auftreten, daß aufgrund dieser Produktionsplanung die Kapazitätsgrenzen der Produktionsanlagen überschritten werden. Dann könnte man die Fertigung der Verkaufsprodukte samt den nötigen Vorprodukten so steuern, daß die Aufträge termingerecht geliefert werden würden, ein eigentliches Lagerhaltungsproblem bestände nicht.

Leider treffen diese Voraussetzungen nur auf die Mehrzahl der Großaufträge zu. Deren Erledigung wird auch terminiert geplant. Die meisten Verkaufsaufträge haben jedoch so kurze Lieferfristen, daß die Auslieferungsverzögerungen nur durch Lagerpuffer vermieden werden können. Die Untersuchung beschränkte sich auf die Lagerhaltung (und die entsprechende Produktionsplanung) für diese kurzfristigen Aufträge. Alle Größen, wie Lagerbestand, Bestellüberhang, Produktion, Verkäufe, Prognose, mittlere Prognosefehler usw. beziehen sich im folgenden auf die Erledigung dieser Aufträge.

Von der Betriebsseite her wurde unserer Planung die Forderung auferlegt, daß die Produktion (für die kurzfristigen Aufträge) periodenweise möglichst konstant laufen sollte. Also muß periodisch geplant werden, d.h. die Produktionsraten der einzelnen Anlagen während der Periode müssen bestimmt werden. Da die tägliche Gesamtverkaufsmenge für jedes Produkt stark schwankt, macht es diese betriebliche Forderung unumgänglich, Vorräte an Verkaufs- und nicht an Vorprodukten zu halten, um die Absatzschwankungen ohne Produktionsratenänderungen während der Periode begegnen zu können.

Das Ziel ist also, zu jedem Produkt nur für die Verkäufe Bestände zu führen, nicht für die Abgänge innerhalb des Netzes, und bei Gewährleistung einer gewissen täglichen Lieferbereitschaft diese Bestände möglichst niedrig zu halten.

Die Lieferbereitschaft wurde folgendermaßen definiert:

> Ein Produkt ist zu p Prozent lieferbereit, wenn im Periodenmittel p Gewichtsprozente der gesamten Nachfragen nicht später als v Tage nach dem

Liefertermin ausgeliefert werden.

Die Bestandsregulierung geschieht pro Periode in etwa nach dem einperiodischen Lagerhaltungsmodell ohne fixe Bestellkosten. Als Periode wurde ein Monat gewählt, da man feststellte, daß eine Betrachtung kürzerer Zeitspannen (etwa eine Woche) wegen der vielen möglichen Ausnahmesituationen (z.B. der Kapazitätsgrenzen), die nicht ins Modell eingehen (s. Punkt 3), nicht sinnvoll ist.

Die Unterschiede zu diesem einfachen Modell bestehen darin, daß der Monat in Tage aufgelöst betrachtet werden muß:

- Die Bestellmenge muß während des Monates gleichmäßig produziert werden, ist also nicht sofort verfügbar.
- Die Lieferbereitschaft wird zwar einmal pro Monat bestimmt, die Lieferverzögerungen dürfen jedoch nicht in Einheiten von Monatsperioden, sondern müssen in Tagen beobachtet werden.

Die wichtigste Formel des Modells ist die für den Sicherheitsbestand: er hängt vom absoluten mittleren Prognosefehler, außerdem vom prozentualen Fehler, also vom Variationskoeffizienten der Nachfrageverteilung, und natürlich von der zulässigen Terminverzögerung v ab.

DAS MODELL

Für alle Produkte werden für den Folgemonat Verkäufe m_e prognostiziert und Schätzungen ihres mittleren Fehlers s_e gemacht, und zwar mit dem Verfahren des gleitenden Mittelwertes. Die Ergebnisse werden mit der Verkaufsvorausschau verglichen.

m_e und s_e sind Schätzwerte für Erwartungswert μ_e und Streuung σ_e der Verteilung der Monatsnachfrage, a sei die Anzahl der Arbeitstage pro Monat. Es wird vorausgesetzt, daß diese Verteilung aus der Faltung von a voneinander unabhängigen und gleichen Verteilungen der Tagesnachfragen mit dem Erwartungswert μ_e/a und der Streuung $\sigma_e/\sqrt{a}$ entsteht. Diese Voraussetzung ist berechtigt, weil die realen Verkaufsdaten Zeitreihentests auf Zufälligkeit bestanden.

Für jedes Produkt wird hiermit ein Sicherheitsbestand $S_e\,(p, v, m_e, s_e)$ bestimmt.

(2.1) $$S_e\,(p, v, m_e, s_e) = f\,(p, k_e) \cdot s_e - \frac{v \cdot m_e}{a}$$

Dabei ist:

p	=	Prozentsatz der Lieferbereitschaft
a	=	Anzahl der Arbeitstage pro Monat
k_e	=	$\frac{s_e \cdot \sqrt{a}}{m_e}$ = Schätzung des Variationskoeffizienten der Verteilung der täglichen Gesamtverkaufsmenge
$f\,(p, k_e)$	=	Faktor der von p und k_e abhängt (Abschnitt 4)
v	=	Anzahl der Tage, um die ein Liefertermin überschritten werden darf

Die monatliche Produktion für den Verkauf ergibt sich zu

(2.2) $$X_e = m_e + S_e - R_M + B_M^e$$

wobei

R_M	=	Restbestand am Anfang des Monats
B_M^e	=	Bestellüberhang vom Vormonat

ist. Die tägliche Produktion für den Verkauf ist dann

(2.3) $$t_e = \frac{X_e}{a}$$

Mit Hilfe der Einsatzzahlen werden danach die dazu nötigen Produktionen X_i der Vorprodukte im Netz berechnet. Zusammengefaß sei für jedes Produkt

X_e	die monatliche Produktion für den Verkauf
X_i	die monatliche Produktion für die Weiterverarbeitung im Netz.

Die Gesamtproduktion X_g für den Monat ergibt sich zu

(2.4) $$X_g = X_e + X_i \quad ,$$

die tägliche Gesamtproduktion zu

(2.5) $$t_g = \frac{X_g}{a}$$

Bild 2 veranschaulicht den Verlauf von Produktion für den Verkauf, Lagerbestand, Bestellüberhang und Auslieferungsverzögerung während eines Monats.

NICHT BERÜCKSICHTIGTE BETRIEBSGEGEBENHEITEN

In diesem Konzept sind nur die "normalen" Betriebsgegebenheiten berücksichtigt worden. Wenn unberücksichte Faktoren wesentlich einwirken, müssen natürlich besondere Maßnahmen ergriffen werden. Solche Faktoren und Maßnahmen sind beispielsweise:

- Wie in Abschnitt 1 erwähnt: besonders große Aufträge, die genügend lange vor ihrem Liefertermin bekannt sind, und entsprechend terminiert eingeplant werden.
- Periodische Nachfrageschwankungen eines Monats (am Anfang hohe, gegen Ende geringe Nachfrage) erfordern eigentlich eine entsprechend angepaßte Produktion. Ist dies nicht möglich bzw. nicht gewünscht, so entstehen zeitweise hohe Lagerbestände, die wesentlich über den errechneten Sicherheitsbeständen liegen. Der Vergleich mit diesen Sicherheitsbeständen, auch der Planungszeitpunkt, kann dann nur kurz nach dem Zeitabschnitt mit besonders hoher Nachfrage erfolgen. Natürlich muß dieser Zeitpunkt für alle Produktionen des Netzes gleich sein.
- Kapazitätsüberschreitungen sind nicht mit betrachtet, es wird angenommen, daß die berechnete Monatsproduktion (2.4) auch gefertigt werden kann. Zum Beispiel ist dies nicht der Fall, wenn die Jahresnachfrage starken

periodischen Schwankungen unterliegt. Denn dann ist es i.a. unwirtschaftlich, eine Anlage zu bauen, deren Kapazität im jeweiligen Monat ausreicht (Beispiel: Düngemittel).

- Ist eine Anlage durch die Nachfrage praktisch voll ausgelastet, so muß ohne Rücksicht auf vorübergehend hohe Lagerbestände voll produziert werden.
- Engpässe bei Vorprodukten, die ins Netz eingehen, werden nicht berücksichtigt, es wird vorausgesetzt, daß diese immer in der nötigen Menge verfügbar sind.
- Geplante Betriebsstillegungen (etwa Katalysatorwechsel) verlangen den Aufbau von Beständen, mit denen der Stillstand überbrückt wird. Dieser Fall ist in unserem Modell ebensowenig enthalten wie zufällige Betriebsstörungen.

4. QUANTIFIZIERUNG DES MODELLS

Das Modell kann quantitativ ausgewertet und angewandt werden, wenn die Abhängigkeit des Faktors f (p, k_e) (siehe (2.1)) von p und k_e ermittelt ist. Diese wurde mit Hilfe der Simulation untersucht.

Vorgegeben wurden drei empirisch aus aufgeschriebenen Tagesabgangsdaten gewonnene Tagesbedarfsverteilungen mit k_e-Werten von 0.4, 1.0 und 1.6. In jedem Simulationslauf wurde jeweils eine dieser Verteilungen und ein Faktor f gewählt und die Lieferbereitschaft (in p Prozent) mit v (= 2) Tage zulässiger Lieferterminverzögerung bei dem entsprechenden Sicherheitsbestand (2.1) beobachtet.

Simuliert wurden jeweils 10 Monate. In der Simulation wurden, wie aus dem obigen schon hervorgeht, nicht Aufträge, sondern Gesamttagesnachfragen gewürfelt; ihr Bestelltag war gleich dem gewünschten Liefertag. Bestellungen wurden nach der "first in – first out"-Regel ausgeliefert, dies ohne Rücksicht auf die Lieferverzögerung, und zwar auch auf mehrere Tage verteilt, wenn die verfügbare Menge an Produkt nicht ausreichte.

Für die Verteilung mit $k_e = 0.4$ wurden zunächst einige f-Werte gewählt und durchsimuliert, so daß sich einige Punkte (f, p) ergaben. Durch Regression mit einem Geradenansatz wurden die Werte f (90, 0.4), f (95, 0.4) zu (gerundet) 1.0 und 1.2 mit einer geschätzten mittleren Ungenauigkeit von 0.03 bestimmt. Diese Streuung ergab sich durch wiederholte Simulation. Anschließend wurde die Verteilung mit $k_e = 1.6$ und f= 1.2 gewählt. Das Ergebnis der Simulation war eine Lieferbereitschaft von p= 86 Prozent, durch Wiederholungen wurde gesichert, daß dieses Ergebnis signifikant von 95 Prozent verschieden war.

Die Ursache dieser Änderung der Lieferbereitschaft konnte nur an der Verschiedenheit der verwendeten Verteilungen liegen. Damit wurde die Vermutung bestätigt, daß der Sicherheitsbestand um so höher sein muß, je größer die Streuung der Tagesabnahme im Verhältnis zur mittleren Abnahme ist.

Daraufhin wurden für $k_e = 1.0$ und 1.6 analog wie für $k_e = 0.4$ die Werte f (90, k_e) und f (95, k_e) bestimmt. Das Ergebnis (gerundet) ist in folgender Tabelle zusammengefaßt:

p \ k_e	0.4	1.0	1.6
90	1.	1.15	1.3
95	1.2	1.35	1.5

Der Anstieg von f mit k_e ist laut Tabelle im betrachteten Bereich linear, die Formal lautet für p= 95%:

(3.1) $f(95, k_e) = 1.2 + 0.25\,(k_e - 0.4)$

Die Formel (2.1) für den Sicherheitsbestand wurde danach noch bezüglich der Einberechnung der Verzögerungszeit getestet, und zwar bei p = 95 % und k_e = 1 (also f = 1.35) für v = 0, 1, 2, 3 Tage. Die simulierte Lieferbereitschaft war nach 10-monatiger Simulation nicht signifikant von 95 % verschieden.

5. ANWENDUNG DES MODELLS

Zur Zeit wird das Modell versuchsweise für ein Produktionsnetz der Form von Bild 1 eingesetzt. Bis jetzt kann zur Wirkung des Modells gesagt werden, daß es den Betriebsleitern ein Gefühl für ihre Lieferbereitschaft bei verschiedenen Lagerbeständen vermittelt, und daß die damit geplanten Monatsproduktionen X_g (2.4) bessere Werte sind, als die bisher auf herkömmliche Weise gewonnenen Monatszahlen der Produktion. Ob sich die Durchschnittsbestände damit langfristig auf ein niedrigeres Neveau - bei ausreichender Lieferbereitschaft - einpendeln lassen, kann jetzt noch nicht mit Sicherheit angesagt werden. Allerdings liegen die Sicherheitsbestände des Modells für p = 95 % Lieferbereitschaft im Fall von v = 0 Tagen Verzögerung um durchschnittlich 20 % unter den früher als ausreichend angesehenen Beständen.

PROBLEMSTELLUNG

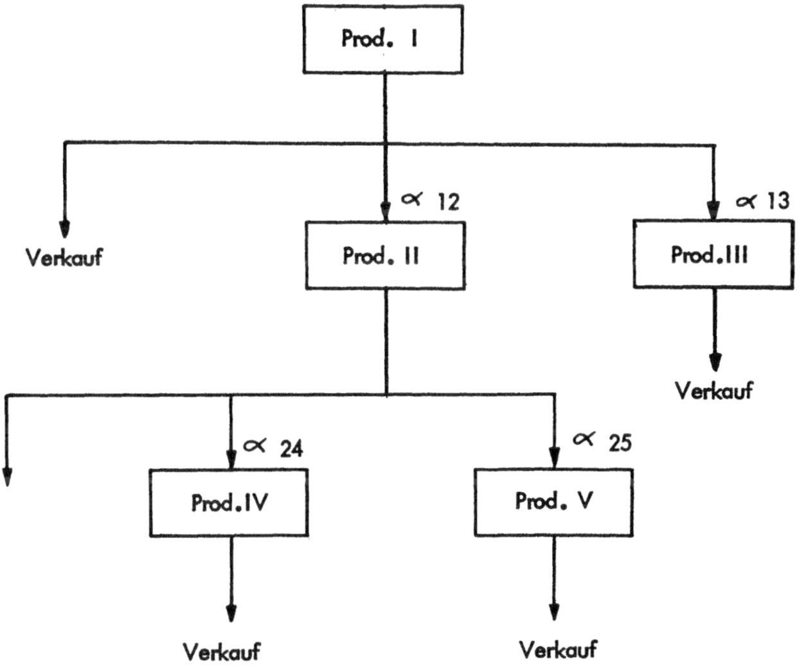

BILD 1: Beispiel eines Produktionsnetzes
Der Produktionsfluß findet in Pfeilrichtung statt

α_{ij} ist die Einsatzzahl von Produkt i bei der Herstellung von Produkt j.

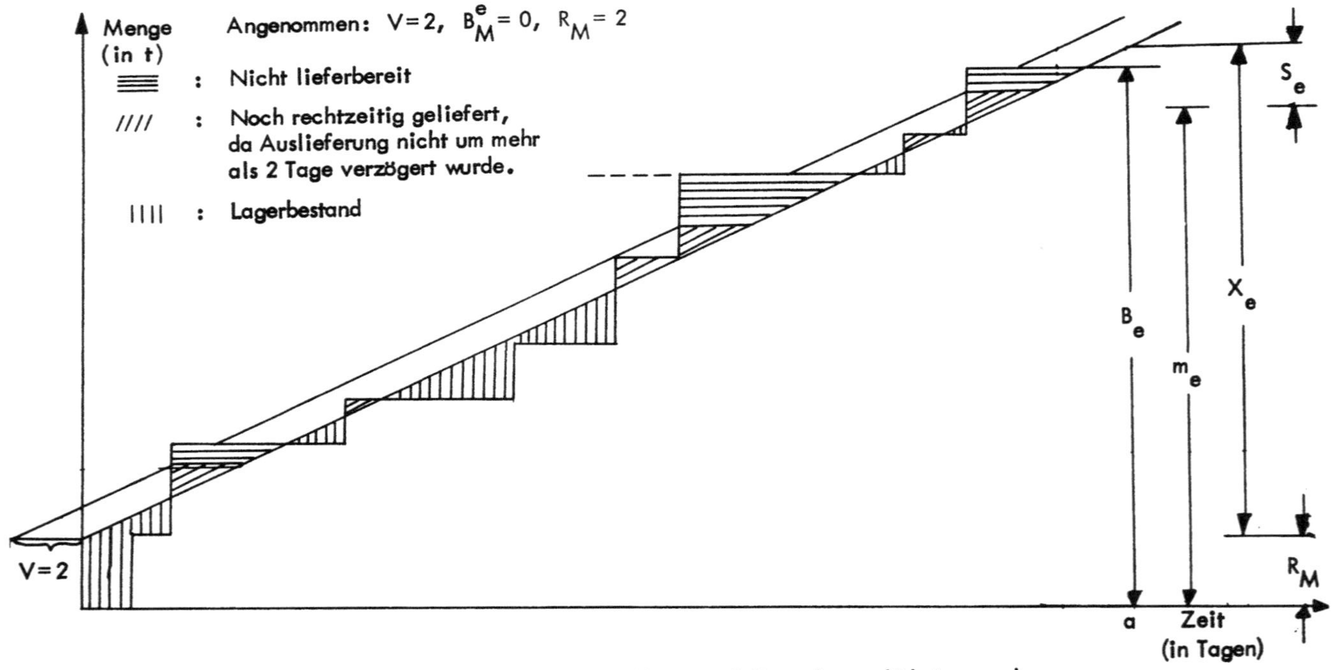

BILD 2: Zur Verdeutlichung der Begriffe "Lieferbereitschaft" und "Lagerbestand" beim gegebenen Modell. Der Bedarfsverlauf ist in der Skizze willkürlich angenommen. Die monatliche Lieferbereitschaft beträgt p%, wenn $b_i/B_e = 1 - \frac{p}{100}$ ist (B_e = tatsächliche Monatsnachfrage). Der maximale Lagerbestand ist das größte L_i, der mittlere Lagerbestand ist gleich der Summe der |||| -schraffierten Flächen dividiert durch a (= Anzahl der Tage des Monats).

Sicherheitsbestand und kostenoptimale Bevorratung eines Rohstoffes

von W. Schulz, Ludwigshafen

Es wird ein praktisches Problem der Lagerhaltung vorgestellt, zu dessen Lösung man kein bekanntes Modell anwenden kann. Durch einfache statistische Auswertungen werden trotzdem quantitative Entscheidungsgrößen gefunden, wie Sicherheitsbestand und Kriterien zur Kostenminderung.

1. DAS SYSTEM

Für eine Anzahl von End- und Zwischenprodukten benötigt man einen bestimmten Rohstoff, der in Ludwigshafen/Rh., dem Standort der Produktion, zwischengelagert wird (Lagerkapazität 11.000 t). Der Rohstoffbedarf ist determiniert und beträgt 10.000 moto. Der Rohstoff wird vom Seehafen mit Rheinschiffen antransportiert (Bild 1).

Drei organisatorische Stellen können die Funktion des Systems beeinflussen: die Produktion, der Einkauf und die Spedition Binnenschiffahrt. Im Seehafen treten bis auf geringfügige Lieferverzögerungen keine Probleme auf. Dagegen ist die Binnenschiffahrt sehr störanfällig und stellt somit das eigentliche Sicherheitsrisiko dar.

Nebel und Eisgang führen zu Verzögerungen der turn-around Zeit der Schiffe und erhöhen die Gefahr für Kollisionen. Kollisionen und Havarien in der Fahrrinne oder an den Be- und Entladestellen sowie Hochwasser führen ebenfalls zu Verzögerungen. In allen diesen Fällen kann es zu Transportausfällen kommen. Niedrigwasser führt nicht zu Ausfällen, weil die Wahrscheinlichkeit für Niedrigwasser unter 50 cm Pegel Kaub über mehrere Tage praktisch gleich Null ist. Oberhalb 50 cm dagegen ist ein Transport stets möglich. Niedrigwasser ist insofern ein Problem, als die transportierbare Menge pro Schiff mit sinkendem Wasserstand abnimmt (Bild 2), die Frachtkosen pro Mengeneinheit aber steigen. Da die Transportkapazität im hier benötigten Rahmen unbegrenzt ist, beeinflußt das Phänomen Niedrigwasser somit zwar evtl. Kostenüberlegungen, aber nicht den notwendigen Sicherheitsbestand.

Nach Sichten der vorliegenden Daten schien es nicht sinnvoll, Verteilungen für die Zufallsgrößen, wie Ausfallzeit durch Eisgang, Nebel, Hochwasser, Havarien oder Kollisionen aufzustellen und zu einer Verteilung zu falten, da systematische und Fortpflanzungsfehler zu groß würden. Aus diesem Grunde wurden die Ausfallzeiten selbst ausgewertet. Dabei wurde die Ausfallzeit als ein Zeitraum definiert, in dem der Rohstoffbedarf aus dem jeweiligen Lagerbestand gedeckt wird; wobei Zeiträume bis zu 3.5 Tagen nicht berücksichtigt sind, weil der Zeitraum 3.5 Tage etwa das 95 % -Quantil der Zwischenankunftszeit bildet. Die Ausfallzeitverteilung gibt Bild 3 wieder. Im untern Argumentenbereich wird deutlich, daß man die Ausfallzeiten nicht mehr vollkommen von Zwischenankunftszeiten bereinigen kann.

Um den Wasserstand eines Monats beurteilen zu können, bildet man den Mittelwert über alle Tageswerte des betreffenden Monats vom Pegel Kaub. Man nimmt den Pegel Kaub, weil in der Rheinschiffahrt in der Bergfahrt bis Ludwigshafen/Rh. nach dem jeweiligen Pegel Kaub die Transportmenge bestimmt wird und die Frachtkosten berechnet werden. Dieses Monatsmittel hat sich als sinnvolle Maßzahl erwiesen. Die Zeitreihen Monatsmittel des Pegel Kaub und im betreffenden Monat im Mittel transportierte Rohstoffmenge pro Schiff für die letzten drei Jahre sind mit dem Korrelationskoeffizienten $r = 0.83$ mit einer Sicherheit von 99 % (unter der Annahme der Normalverteilung und mit dem Vertrauensbereich $[0.57, 0.92]$) nicht unabhängig. Man kann also Abhängigkeit annehmen, insbesondere, wenn man berücksichtigt, daß die Zeitreihe der transportierten Rohstoffmengen nicht von psychologisch- oder kostenbedingten Einflüssen bereinigt werden konnte. Bei normalem Wasserstand (Pegel Kaub 2.00 bis 2.50 m) haben einzelne Abweichungen des Wasserstandes nach oben oder unten keinen signifikanten Einfluß (Bild 4) auf die antransportierte Rohstoffmenge. Insbesondere bei Niedrigwasser ist das Monatsmittel des Pegels Kaub charakteristisch für das Wasserstandsverhalten des Monats. Die Verteilungen sind in diesem Falle sehr eng (Bild 5). Aus dem Autokorrelogramm der Monatsmittel Pegel Kaub für die letzten zwölf Jahre (Bild 6) erkennt man ein saisonales Verhalten dieser Zeitreihe. Da der Wasserstand eine Zufallsgröße ist, ist es auch das Monatsmittel. Die Verteilung dieser Zufallsgröße läßt sich nach Schätzen des Erwartungswertes und der Varianz mit mehr als 95 % Sicherheit durch eine Normalverteilung anpassen (Bild 7). Das Wetteramt gibt 14-tägige und monatliche Prognosen für die Pegelstände. Diese wurden bisher kaum genutzt. Eine Nachprüfung der Prognosen für die letzten drei Jahre ergab, daß die 14-tägige Prognose in 95 % der Fälle zutrifft, die monatliche in 90 %.

Das Problem des Einkaufs bestand darin, daß er sich verpflichten mußte, die kontraktierten Rohstoffmengen relativ gleichmäßig abzunehmen. Pro Monat können aus diesem Grunde nur 3.500 t mehr oder weniger antransportiert werden als normal üblich. Außerdem besteht erfahrungsgemäß bei jedem Lieferanten die Gefahr, daß er etwa einmal im Jahr nur ca. 50 % der monatlich kontraktierten Rohstoffmenge liefern kann. Dies macht ca. 1.000 t aus. Die Frachtkosten pro t steigen mit sinkendem Wasserstand (Bild 8).

Bisher wurden in den Sommermonaten ca. 6.000 t gelagert, in der übrigen Zeit ca. 9.000 t bis 11.000 t. Daß eine solche Aufteilung des Jahres in Normalwasser- und Niedrigwassermonate sinnvoll ist, zeigt Bild 9. Bedenkt man aber, daß die Transportkapazität stets ausreicht, um den Bedarf anzutransportieren (wenn auch mit evtl. höheren Frachtkosten), so besteht kein Grund, aus Sicherheitsgründen solche verschiedenen Lagerbestände zu führen. Die hohen Lagerbestände im Herbst, Winter und Frühjahr sind im Mittel einfach zu kostspielig.

2. DIE LÖSUNG

Den Sicherheitsbestand bestimmt man aus der Ausfallzeitverteilung und dem täglichen Rohstoffbedarf. Für eine Sicherheit von 99 % muß man eine Ausfallzeit bis zu zehn Tagen berücksichtigen. Da der tägliche Rohstoffbedarf ca. 330 t beträgt, muß man einen Sicherheitsbestand von (10 * Tagesbedarf) t, hier ca. 3.300 t, vorgeben. Berücksichtigt man den möglichen Ausfall eines Lieferanten und die Unabhängigkeit dieser Ereignisse, so erscheint ein Sicherheitsbestand von insgesamt (10 * Tagesbedarf + 700) t, hier 4.000 t, als ausreichend. Gegenüber einem bisherigen Lagerbestand von 6.000 t bzw. 9.000 t - 11.000 t erzielt man allein hierdurch jährliche Einsparungen zwischen 100.000,-- bis 150.000,-- DM.

Die restliche freie Lagerkapazität von 7.000 t kann man während der Zeit möglichen Niedrigwassers zur weiteren Kostenminderung nutzen. Wenn aufgrund von Prognosen des Wetteramtes und der Beobachtungen des laufenden Wasserstandsverhalten Niedrigwasser unter 120 cm sehr wahrscheinlich ist, so wird das Lager so weit wie möglich aufgefüllt; während des Niedrigwassers wird der Lagerbestand wieder abgebaut. Bild 10 zeigt einen Kostenvergleich Lager- gegen Frachtkosten.

3. LAGERDISPOSITIONSEMPFEHLUNGEN

- Der Sicherheitsbestand S für Transport- und Lieferausfälle beträgt

$$S = (10 * \text{Tagesbedarf} + 700)\ t$$

- Um kostengünstig zu bevorraten, soll in den Monaten März bis September außer S kein zusätzlicher Lagerbestand aufgebaut werden. Ein Lagerbestand über S soll ab März auf S heruntergefahren werden.

Von Oktober bis Februar soll der Lagerbestand soweit wie möglich über S erhöht werden, wenn

A) der Pegel Kaub im Mittel über einen Monat auf 130 cm absinkt

oder

B) nach einer Niedrigwasserperiode (Pegel Kaub unter 80cm) der Pegel Kaub im Mittel wieder auf 95 cm bis 130 cm ansteigt und die Großwetterlage ungünstig beurteilt wird.

Dieses sehr starre System wird ergänzt durch kurze, periodisch stattfindende Besprechungen der beteiligten Stellen Produktion, Einkauf und Binnenschifffahrt sowie Operations Research. Letztere sammelt die laufenden Informationen, wertet sie aus und stellt sie in diesen Besprechungen zur Diskussion.

Das System wird seit sechs Monaten praktiziert.

Beteiligte Stellen:

Produktion
Einkauf
Spedition Binnenschiffahrt

Probleme der Binnenschiffahrt:

Nebel
Eisgang
Kollisionen
Havarien
Hochwasser

} Ausfälle

Niedrigwasser

BILD 1: Das System

Pegel Kaub [cm]	Maximal transportierbare Menge pro Schiff [t]
45 - 60	≤ 145
60 - 70	≤ 250
70 - 80	≤ 300
80 - 95	≤ 370
95 - 110	≤ 465
110 - 120	≤ 570
120 - 130	≤ 640
130 - 140	≤ 710
140 - 150	≤ 780
150 - 160	≤ 850
160 - 170	≤ 920
170 - 180	≤ 990
180 - 190	≤ 1060
> 190	≥ 1060

BILD 2: Maximale Mengen [t], die ein Schiff bei einem bestimmten Wasserstand (Pegel Kaub, [cm]) transportieren kann.

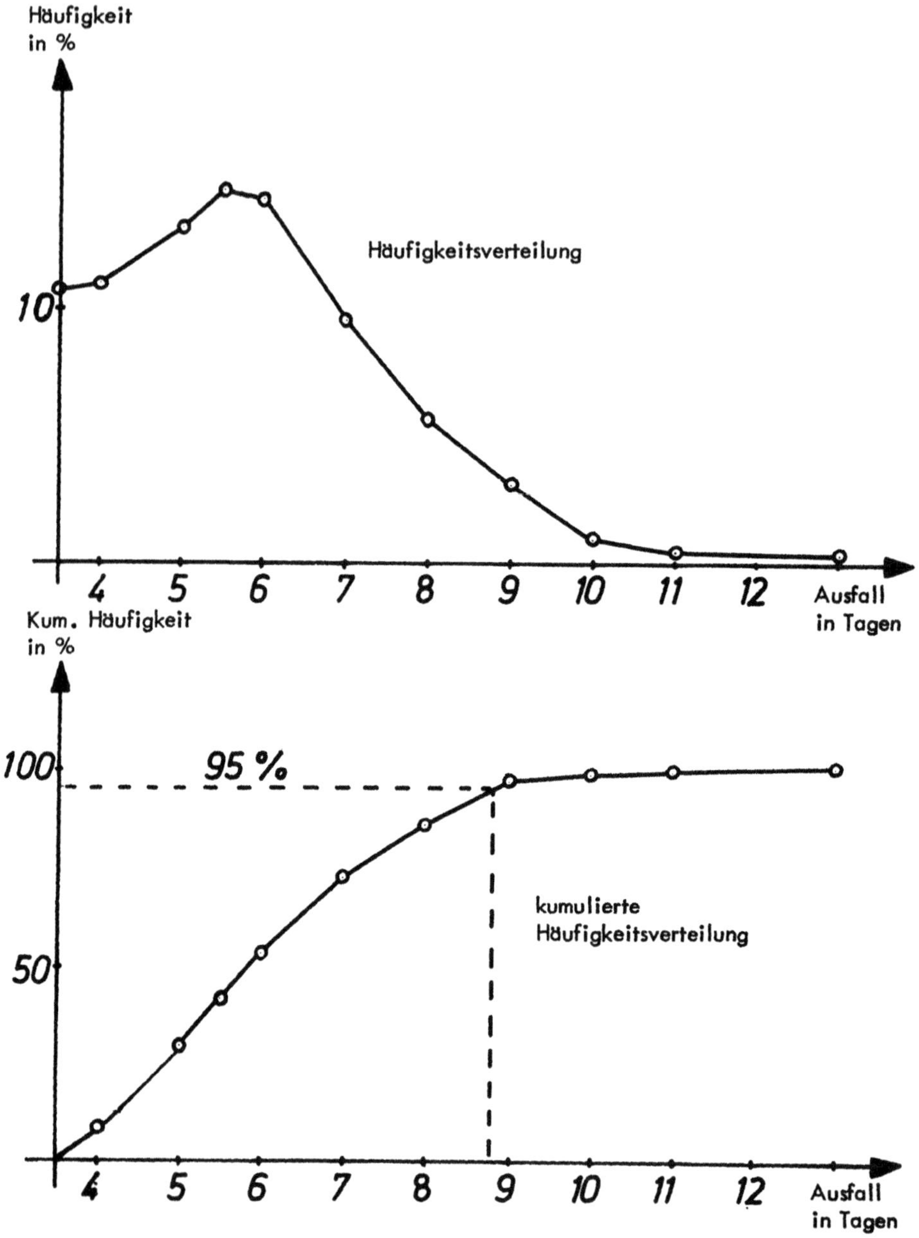

BILD 3: Verteilung der Transportausfälle

HÄUFIGKEITSTABELLEN DER TAGESPEGEL KAUB

Klasse (cm)	Häufigkeit
160 - 170	1
170 - 180	2
180 - 190	2
190 - 200	2
200 - 210	2
210 - 220	1
220 - 230	1
230 - 240	7
240 - 250	2
250 - 260	1
260 - 270	2
270 - 280	1
280 - 290	2
290 - 300	1
300 - 310	3

BILD 4: September 1970 (normaler Wassermonat)

Mittelwert der Tagespegel: 238 cm
Standardabweichung der Tagespegel: 40 cm

Klasse (cm)	Häufigkeit
60 - 70	12
70 - 80	14
80 - 90	4
90 - 100	1

BILD 5: März 1972 (Niedrigwasserstand)

Mittelwert der Tagespegel: 74 cm
Standardabweichung der Tagespegel: 9 cm

Verschiebung der Zeitreihe "Monatsmittel Pegel Kaub" gegen sich um i Monate	Korrelationskoeffizient
1	.6701
2	.4440
3	.2592
4	.0793
5	- .0004
6	- .0147
7	- .0319
8	- .0124
9	- .0239
10	.0486
11	.1665
12	.2208
13	.1950
14	.1146
15	.0176
16	- .0210
17	- .0687
18	- .0316
19	- .0097
20	.0127
21	.0723
22	.0363
23	.0309
24	.0747
25	.1861
26	.0981
27	- .0079
28	- .1486
29	- .2305
30	- .2927

BILD 6: Die ersten 30 Autokorrelationskoeffizienten der Zeitreihe der Monatsmittel Pegel Kaub von 1960 bis 1971.

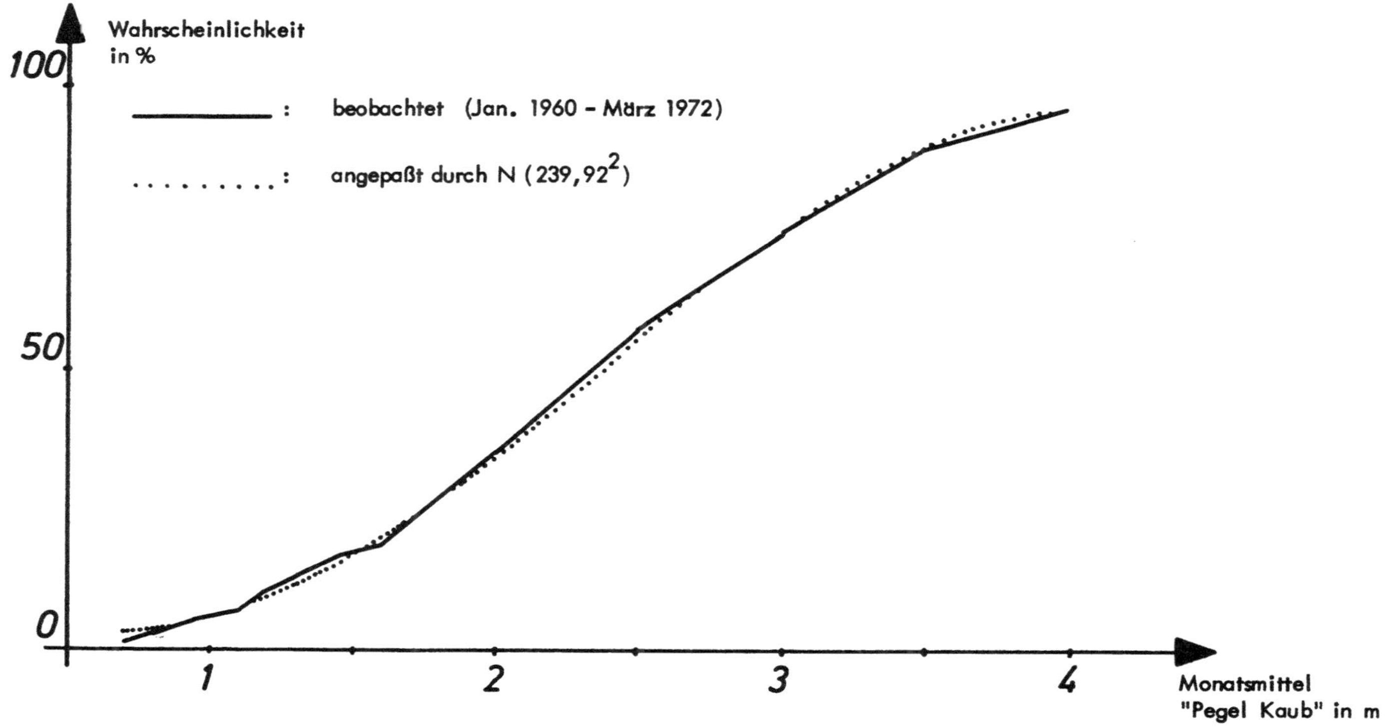

BILD 7: Kumulierte Häufigkeitsverteilung der Monatsmittel Pegel Kaub.

Schätzwerte: m = 239 cm
s = 92 cm

Pegel Kaub [cm]	Frachtkosten innerdeutsch [DM/t]	Frachtkosten außerdeutsch [DM/t]	mittlere Frachtkosten [DM/t]
45 - 60	35.90	24.00	27.00
60 - 70	29.90	21.60	23.70
70 - 80	25.60	19.25	20.85
80 - 95	22.40	17.50	18.70
95 - 110	19.30	15.70	16.50
110 - 120	15.70	14.50	14.80
120 - 130	14.00	12.15	12.60
130 - 140	12.60	12.15	12.26
140 - 150	11.50	12.15	12.00
≥ 150	11.50	12.15	12.00

BILD 8: Frachtkosten in DM/t
Da ca. 25 % des Rohstoffbedarfes von innerdeutschen Orten antransportiert werden, erhält man die mittleren Frachtkosten zu "mittleren Frachtkosten" = 1/4 ("Frachtkosten innerdeutsch" + 3 "Frachtkosten außerdeutsch").

Monat	Mittelwert der Monatsmittel Pegel Kaub (cm)	Standard-abweichung (cm)
Januar	214	80
Februar	243	152
März	240	61
April	277	61
Mai	295	74
Juni	301	52
Juli	260	48
August	243	45
September	214	49
Oktober	171	54
November	170	35
Dezember	216	121

BILD 9: Mittelwerte und Standardabweichungen für die Monatsmittel der Wasserstände Pegel Kaub in cm.

Zeitraum: Januar 1960 bis März 1972

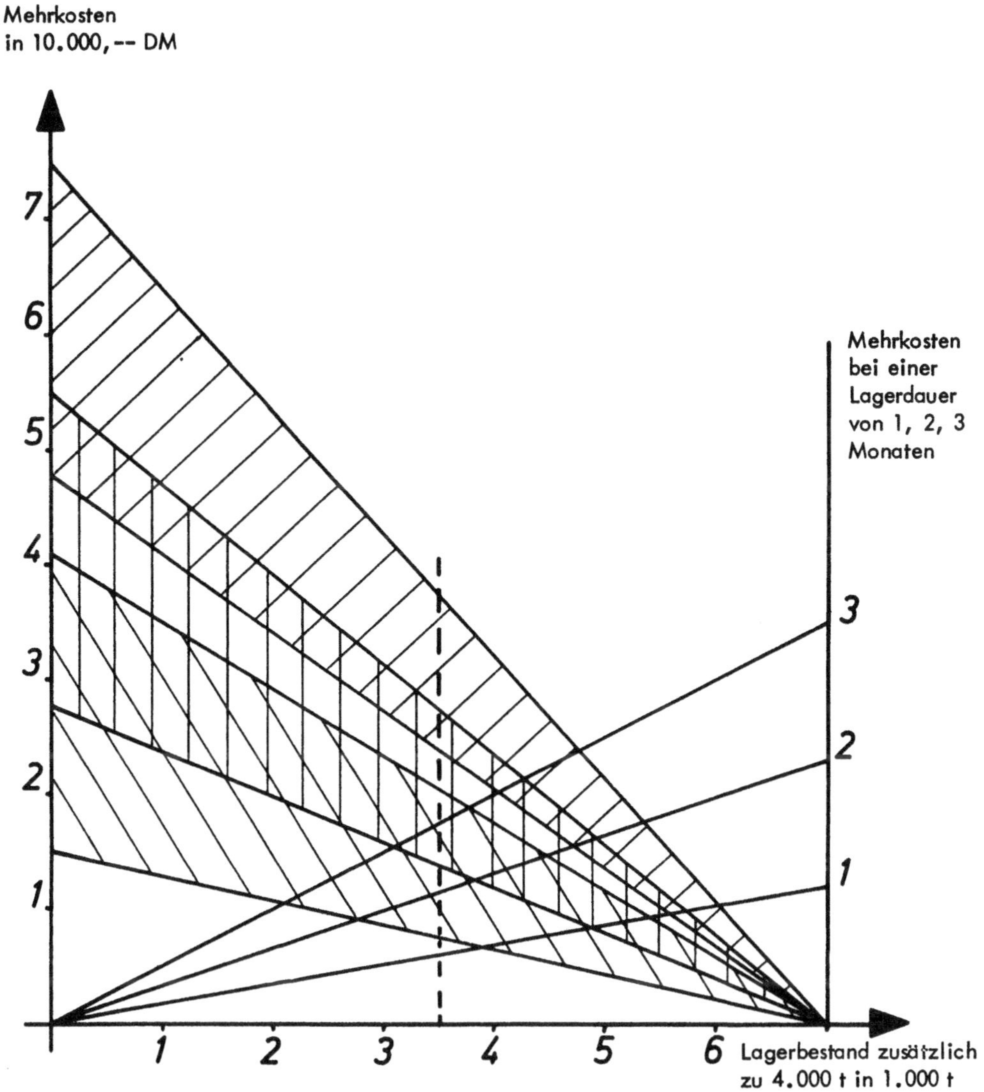

Mehrkosten, die entstehen, wenn man bei einem Wasserstand (Pegel Kaub) von
//// : 60 - 70 cm, | | | |: 70 - 80 cm, \\\\: 80 - 95 cm
transportiert, statt bei 95 - 130 cm.

BILD 10

Investitions- und Finanzplanung

Zur Ökonomischen Nutzungsdauer und Ersatzplanung von Investitionsobjekten bei Ungewißheit

von M. Henke, Bonn

Einführung

In einigen Beiträgen hat der Verfasser kumulative Stopp-und Umschaltprozesse vorgestellt, durch die Probleme des Abbrechen von Produkten, des Stoppen von Forschungs-und Entwicklungsprojekten, sowie Ersatzprobleme und einfache Produktplanungsprobleme gelöst werden konnten, s. Henke (1), (2), (3).
Im folgenden wird gezeigt, daß man diese kumulativen Prozesse auch dazu verwenden kann, allgemein Investitionsobjekte zu untersuchen, bei denen die sich laufend ändernden Restwerte eine besondere Rolle spielen. Die ökonomische Nutzungsdauer und Ersatzentscheidungen können somit optimal bestimmt werden. Da wir uns bei den nachfolgenden Ausführungen auf die genannten Beiträge beziehen, kann die Darstellung entsprechend knapp gehalten werden.

1. Zur ökonomischen Nutzungsdauer

Das nachfolgende kumulative Stoppmodell wurde in Henke (2) ausführlich vorgestellt und eine ökonomische Interpretation des Modells gegeben. Dieses Modell kann durch folgende Prämissen gekennzeichnet werden:

1. Vorgelegt sei ein sequentieller, stochastischer Entscheidungsprozeß über N Perioden. Gegeben sei eine Folge unabhängiger, beschränkter Zufallsgrößen $\bar{Y}=(Y_1,\ldots,Y_N)$. Y_i kann interpretiert werden als der Gewinn eines Objektes, der am Anfang der Periode i anfällt, $i\in\{1,2,\ldots,N\} := \{N\}$. Wird im sequentiellen Entscheidungsprozeß die i-te Periode erreicht, so wird Y_i=y=const bekannt.

2. Folgende Entscheidungsmöglichkeiten sind gegeben:

   $a_i(\cdot) = 0$ - stoppe den Prozeß (das Objekt) vor der i-ten Periode bzw. am Ende der (i-1)-ten Periode.

   $a_i(\cdot) = 1$ - setze den Prozeß von Anfang der i-ten bis zum Anfang der (i+1)-ten Periode fort

   Die $a_i(\cdot)$ sind Entscheidungsfunktionen, die bezüglich eines bestimmten Kriteriums optimal bestimmt werden sollen. Zur Abkürzung schreiben wir häufig

   $$a_i(\cdot) := a_i \ , \ a_i \in \{0,1\} \ .$$

3. Weiter sei eine Stoppvariable s_N eingeführt, $s_N = i-1$ heißt: der Prozeß wird am Ende der (i-1)-ten Periode gestoppt. s_N kann einfach definiert werden als:

   $$s_N = \min \left\{ \begin{array}{l} \text{erstes } i-1 \geq 0 \text{ mit } a_i(\cdot) = 0 \\ \\ N \end{array} \right\} , \ i \in \{1,2,..,N\}$$

4. Eine Zufallsgröße J_i wird definiert als $J_1 = m, J_{i+1} = (J_i + Y_i)z$ J_i' ist der kumulative Gewinn (Kapital, Vermögen), wenn der Prozeß vor der i-ten Periode gestoppt wird. z ist ein Vermehrungsfaktor, $z \geq 1$, der sich z.B. dadurch ergibt, daß das Kapital jeweils eine Periode im Unternehmen produktiv eingesetzt wird.

5. Eine Auszahlungsfunktion in jeder Periode i sei bestimmt durch:

   $$u_i^*(a_i, J_i) = \beta^{i-1}(1-a_i)u_i(J_i) \quad ,$$

   die Funktion $u_i(\cdot)$ ist reellwertig und beschränkt, $\beta, 0 < \beta \leq 1$, ist der Diskontfaktor. $u_i(j)$ kann als der kardinale Nutzen von j Kapitaleinheiten interpretiert werden. Die Auszahlung über den gesamten Prozeß ist damit:

$$U_N = \sum_{i=1}^{s_N} \beta^{i-1}(1-a_i)u_i(J_i)$$

Die Aufgabe in diesem Prozeß besteht nun darin, diejenigen Funktionen $a_1, a_2, \ldots, a_N$ zu bestimmen, so daß der Erwartungswert von U_N maximal wird.
Das Optimierungsproblem kann somit wie folgt zusammengefaßt werden:

$$\sup_{a_1,\ldots,a_N} E\left\{ \sum_{i=1}^{s_N} \beta^{i-1}(1-a_i)u_i(J_i) \right\} \quad , \quad \text{mit} \tag{1a}$$

$$J_1 := m \ , \ J_{i+1} = (J_i+Y_i)z \ , \ i\in\{N\} \tag{1b}$$

$$s_N = \min \left\{ \begin{array}{ll} \text{erstes} \quad i-1 \geq 0 & \text{mit } a_i = 0 \\ N & \end{array} \right\} \tag{1c}$$

Für dieses Stoppmodell wurden in Henke (2) eine Reihe von Resultaten angegeben. Das Resultat 3 , Henke (2,S.46) sei hier im folgenden wiederholt.
Gilt für die Kapitalnutzenfunktion $u_i(j) := j$ und heben sich Diskontierung und Kapitalvermehrung gegenseitig auf, also $z\cdot\beta=1$, so gilt für den Nettoprozeßwert $f(i)$ - das ist die erwartete zukünftige Auszahlung von der i-ten bis zur letzen Periode - folgende Rekursionsgleichung:

$$f(i) = E\{\max(Y_i + \beta f(i+1), 0)\} \tag{2a}$$

$$f(N+1) := 0 \quad , \; i \in \{N\} \tag{2b}$$

mit der optimalen Entscheidungsregel:

$$a_i^*(Y_i) = 0 \longleftrightarrow Y_i \leqq -\beta f(i+1) \tag{2c}$$

und der optimalen Stoppvariablen

$$s_N^* = \min \begin{cases} \text{erstes} \quad i-1 \geqq 0 \quad , \quad \text{mit} \quad Y_i \leqq -\beta f(i+1) \\ N \end{cases} \tag{2d}$$

Will man dieses Stoppmodell auf das Problem der Bestimmung der ökonomischen Nutzungsdauer von Investitionsobjekten anwenden, so muß man beachten, daß die Zahlungsreihen eines Investitionsobjektes sich durch die Berücksichtigung des Restwertes (Verkaufspreis) laufend verändern . Deshalb definieren wir $\overline{X} = (X_1,..,X_N)$ die zufallsabhängige Zahlungsreihe eines Investitionsobjektes (ohne Restwert). X_i ist der Zahlungsüberschuß (positiv, null, negativ), der am Prozeßbeginn von i ausgezahlt wird. r_i ist der festgegebene Restwert, wenn das Objekt am Beginn der Periode i verkauft wird. Weiter bezeichnen wir mit s_N' die ökonomische Nutzungsdauer des Objektes. **Jenachdem** ob wir das Objekt $s_N'=0, s_N'=1, s_N'=2, s_N'=3$ Perioden nutzen, ergibt sich ein anderer kumulierter Gewinn. J_i' , s. Abb.1, wenn der Gewinn sich jeweils mit z pro Periode vermehrt.

Nutzungsdauer	kumulierter Gewinn (Kapital)
$s'_N = 0$	$J'_1 = 0$
$s'_N = 1$	$J'_2 = (X_1+r_1)z$
$s'_N = 2$	$J'_3 = X_1 z^2 + X_2 z + r_2 z$
	$= \{(X_1+r_1)z + X_2 + r_2 - zr_1\} z$
$\vdots$	$:= (J'_2+X_2+r_2-zr_1)z$
$s'_N = i$	$J'_{i+1} = (J'_i+X_i+r_i-zr_{i-1})z$

Somit kann das Problem der Bestimmung der ökonomischen Nutzungsdauer wie folgt formuliert werden:

$$\sup_{a_1,\ldots,a_N} E\left[\sum_{i=1}^{s_{N'}} \beta^{i-1}(1-a_i)u_i(J_i)\right] \quad , \quad \text{mit} \tag{3a}$$

$$J'_1 := 0 \quad , \quad r_0 := 0 \tag{3b}$$

$$J'_{i+1} = (J'_i+X_i+r_i-zr_{i-1})\, z \tag{3c}$$

$$s'_N = \min \begin{Bmatrix} \text{erstes } i-1 \geq 0 \quad \text{mit} \quad a_i = 0 \\ \\ N \end{Bmatrix} \tag{3d}$$

Das System (3) ist damit ein Stopp-Problem genau wie (1). Definiert man $J_1 := J'_1 = 0$ und $Y_i := X_i+r_i-zr_{i-1}$, so kann man die Lösung von (3) aus den Lösungen von (2) sofort erhalten. In (2) braucht man beispielsweise nur Y_i durch $X_i+r_i-zr_{i-1}$ zu ersetzen. Sind die Y_i bzw. X_i nicht unabhängig, sondern abhängig in der Form der bekannten Markoveigenschaft und sind die Übergangswahrscheinlichkeiten $P\{X_i=x|X_{i-1}=x\}:=p_i(x|x')$, sowie die Anfangswahrscheinlichkeiten $P(X_1=x)=p_1(x)$ gegeben, so kann man die Lösung für das Problem (3) auf gleiche Weise erhalten. Der Prozeßwert f(i) ist hier von dem Gewinn bzw. Zahlungsüberschuß $X_{i-1}=x'$ der Vorperiode abhängig, deshalb setzen wir für f(i) $m_i(x')$ und für f(1) m_1. Weiter sei mit $E_{x'}\{\cdot\}$ der Erwartungswert bezüglich X_i bezeichnet unter der Bedingung $X_{i-1} = x'$. Als Lösung erhält man dann in Analogie zu (2), vgl. auch Henke (1,S.577) :

$$m_1 = E\{\max(X_1+r_1+\beta m_2(X_1),o)\} \tag{4a}$$

$$m_i(x') = E_{x'}\{\max(X_i+r_i-zr_{i-1}+\beta m_{i+1}(X_i),0)\}\ ,\ i=2,3,..,N \tag{4b}$$

$$m_{N+1}(x') := 0 \tag{4c}$$

mit der optimalen Entscheidungsregel:

$$a_i^*(X_i) = 1 \longleftrightarrow X_i \leqq zr_{i-1}-r_i-\beta m_{i+1}(X_i) \tag{4d}$$

mit der optimalen ökonomischen Nutzungsdauer:

$$s_N^* = \min \begin{Bmatrix} \text{erstes} \quad i-1 \geqq 0 \quad , \quad \text{mit} \quad X_i \leqq zr_{i-1}-r_i-\beta m_{i+1}(X_i) \\ \\ N \end{Bmatrix}$$

Nun können rekursiv, indem man die Rechnung mit i=N beginnt, die Prozeßwerte $m_i(x')$, die optimale Regel und die ökonomische Nutzungsdauer (s_N^*) bestimmt werden. Wie man aus (4e) sieht, ist die Nutzungsdauer eine Zufallsgröße, bestimmt durch die zufallsabhängigen Zahlungsüberschüsse X_i. Das Problem (4) kann man weiter der Realität annähern, indem wir zusätzlich Steuerzahlungen berücksichtigen. Ist s, $0\leqq s \leqq 1$, der

Steuersatz und gilt für die Abschreibung b_i, wenn das Objekt am Anfang der i-ten Periode verkauft wird:

$b_i = |X_1| - \sum_{k=1}^{i-1} b_k + r_i$, $b_o := 0$, so ergibt sich für das kumulierte Kapital J_i' , da die Abschreibung steuerlich absetzbar ist:

$$J_1' := 0$$

$$J_2' = (X_1+r_1)z - s(X_1+r_1-b_1)$$

$$= (1-s)(X_1+r_1)z + sb_1$$

$$J_3' = X_1z^2+X_2z+r_2z-s(X_1z^2+X_2z+r_2z-b_2)$$

$$= (1-s)(X_1z^2+X_2z+r_1z^2+r_2z) - (1-s)r_1z^2+s(b_2z+b_1z) - sb_1z$$

$$= (1-s)\left[\{(X_1+r_1)z+sb_1\}z + X_2z+r_2z-r_1z^2\right]+s(b_2-b_1)z$$

$$:= \{ J_2'+(1-s)(X_2+r_2-zr_1) +s(b_2-b_1)\} z$$

Allgemein gilt dann:

$$J_{i+1}' = \{J_i'+(1-s)(X_i+r_i-zr_{i-1})+s(b_i-b_{i-1})\}z$$

Somit muß in (4) lediglich $Y_i := X_i+r_i-zr_{i-1}$ durch $Y_i := (1-s)(X_i+r_i-zr_{i-1})+s(b_i-b_{i-1})$ ersetzt werden.
Das Modell (4) ist eine Verallgemeinerung der Lösung von D.Schneider (4,S.246) auf den Fall allgemeiner und zufallsabhängiger Zahlungen und ein formaler Beweis für die Lösung.

2. Zur Ersatzplanung

Im vorhergehenden Modell konnte der Prozeß (das Objekt) lediglich gestoppt oder fortgesetzt werden. Nunmehr wird das Problem auf den Fall verallgemeinert, daß neben der Stoppentscheidung auch der Ersatz des alten Objektes durch ein neues rentables Objekt möglich ist. Dieser Prozeß kann als ein Stopp- und Umschaltprozeß gekennzeichnet werden, wobei die Umschaltung besagt, daß man von dem alten Projekt auf das neue Projekt umschalten kann. Dieser Prozeß ist in Henke (3) ausführlich behandelt worden. Zwei wesentliche Modellprämissen seien hier nochmals angegeben.

1. Vorgelegt ist ein sequentieller, stochastischer Entscheidungsprozeß über maximal N+N′ Perioden. Diesem Prozeß sind folgende Zufallsgrößen (Gewinne) zugeordnet.

   1a) $\bar{Y}=(Y_1,..,Y_N)$

   1b) $\bar{Z}(i) = (Z_i(i), Z_{i+1}(i),..,Z_{i+N'-1}(i))$

   Y_i bezeichnet den Gewinn des alten Objektes in i, $Z_k(i)$ den des neuen Objektes in der Periode $k \geq i$, wenn das alte Objekt durch das neue in der Periode i ersetzt wurde. (Die Werte beziehen sich jeweils auf den Periodenbeginn). N′ist die technische Lebensdauer des neuen Objektes.

2. In dem Prozeß sind folgende Entscheidungen möglich,

   2a) wenn das alte Objekt noch genutzt wird:

$a_i(\cdot) = 1$,	-	setze das alte Objekt vom Anfang der i-ten bis zum Anfang der (i+1)-ten Periode fort
$a_i(\cdot) = 0, b_i(\cdot) = 1$	-	ersetze das alte Objekt durch das neue am Anfang der i-ten Periode
$a_i(\cdot) = 0, b_i(\cdot) = 0$	-	stoppe den Prozeß vor der i-ten Periode

2b) wenn bereits das neue Objekt genutzt wird in der Periode $k \geq i$:

$b_k(\cdot) = 1$ – setzte das neue Objekt von Anfang der k-ten bis zum Anfang der (k+1)-ten Periode fort

$b_k(\cdot) = 0$ – stoppe das neue Objekt (den alten Prozeß) vor der k-ten Periode.

In den weiteren Prämissen und der Lösung sei auf Henke (3) verwiesen.
Ist z.B. der Nutzen von j Kapitaleinheiten $u_i(j)$ gleich der Zahl der Kapitaleinheiten, also $u_i(j) = j$ und heben sich Kapitalvermehrung (z) und Diskontierung (ß) gegenseitig auf, also $z\beta=1$, so ist das Resultat $3(a_2)$ in Henke (3,S.234) maßgeblich.
Definiert man: $q(i)$ als den Nettoprozeßwert zu Beginn der i-ten Periode, wenn das alte Objekt noch genutzt wird und $f_i(k)$, $k \in \{i,i+1,..,i+N'-1\}$, als den Nettoprozeßwert zu Beginn der k-ten Periode, wenn das alte Objekt durch das neue in der i-ten Periode ersetzt wurde, so ergibt sich als Lösung:

$$q(i) = E\{\max(Y_i+\beta q(i+1),\ Z_i(i)+\beta f_i(i+1),0)\},\ i=1,2,..,N \tag{5a}$$

$$f_i(k) = E\{\max(Z_k(i)+\beta f_i(k+1),0)\},\ k=i+1,..,i+N'-1 \tag{5b}$$

mit den optimalen Entscheidungsregeln:

$a_i^*(Y_i,Z_i(i)) = 1$, wenn:

$$Y_i+\beta q(i+1) \geq Z_i(i)+\beta f_i(i+1) \text{ und } Y_i+\beta q(i+1) > 0 \tag{5c}$$

$a_i^*(Y_i,Z_i(i)) = 0, b_i^*(Y_i,Z_i(i)) = 1$, wenn:

$$Z_i(i)+\beta f_i(i+1) > \max(Y_i+\beta q(i+1)\ ,\ 0) \tag{5d}$$

$a_i^*(Y_i,Z_i(i)) = 0,\ b_i^*(Y_i,Z_i(i)) = 0$, wenn:

$$0 \gtreqless \max(Y_i+\beta q(i+1), Z_i(i)+\beta f_i(i+1)) \qquad (5e)$$

$$b_k^*(Z_k(i)) = 0 \longleftrightarrow Z_k(i)+\beta f_i(k+1) \lesseqgtr 0 \qquad (5f)$$

Hat man nun ein Investitionsobjekt,in dem neben den Gewinnen (Zahlungsüberschüsse) auch Restkauferlöse (Restwerte) auftreten, kann man das Problem in analoger Weise wie in Kapitel 1 lösen. Angenommen es seien:

$\bar{X}=(X_1,\dots,X_N)$ die Zahlungsreihe des alten Objektes (ohne Restwert),

r_i - der Restwert des alten Objektes am Periodenbeginn von i,

$\bar{W}(i) = (W_i(i), W_{i+1}(i), \dots, W_{i+N'-1}(i))$ die Zahlungsreihe des neuen Objektes, wenn es in der i-ten Periode eingesetzt wird,

$r_k(i)$ - der Restwert des neuen Objektes in der k-ten Periode, wenn das Objekt in der Periode i eingesetzt wird, $k\in\{i,i+1,\dots,i+N'-1\}$.

In diesem Fall kann man die Lösung für das Problem ähnlich wie in (2) angeben. In (5) muß man dann definieren:

$$Y_i := X_i+r_i-zr_{i-1}$$

$$Z_k(i) := W_k(i)+r_k(i)-r_{k-1}(i),\ k\in\{i,i+1,\dots,i+N'-1\}$$

mit:

$$r_{i-1}(i) := r_{i-1}.$$

Diese Lösung kann man noch weiter den praktischen Erfordernissen anpassen, indem man zuläßt, daß die Zahlungsüberschüsse (Gewinne) in der bekannten Markoveigenschaft voneinander abhängen oder indem man Steuerzahlungen einführt.

Literatur:

(1) Henke,M. Produkt-Abbruch-Entscheidungen bei Unsicherheit, in: Zeitschrift für Betriebswirtschaft, 42, 1972, S.565-582

(2) Henke,M. Zum Stoppen von Forschungs-und Entwicklungsprojekten, in: Zeitschrift für ges. Staatsw.,128,1972,S.39-64

(3) Henke,M. Mehrstufige Planung einzelner Produkte und Projekte bei Unsicherheit, in: Proceedings in Operations Research 1971 (Hrgs.M.Henke, A.Jaeger, R.Wartmann, H.J.Zimmermann),1972, S.225-245

(4) Schneider,D. Investition und Finanzierung, Köln, Opladen 1970

Optimale Kassenhaltung bei autokorreliertem Zahlungsprozeß

von H.-J. Lenz, Berlin

Einleitung

Kassenhaltungsprobleme stellen rein formal Lagerhaltungsprobleme dar, falls negative Produktionsmengen zugelassen werden. Während für stochastische, dynamische Kassenhaltungsmodelle vom Vormerktyp im Falle von linearen Kostenfunktionen und identisch und unabhängig voneinander verteilten Zahlungssalden u. a. von GIRGIS [1] und NEAVE [2] die Existenz stückweislinearer Entscheidungsregeln nachgewiesen wurde, sind Kassenhaltungsprobleme mit realistischeren Annahmen über die Saldenfolge kaum analysiert worden.

Zeitreihenanalysen verschiedener Saldenfolgen von Kreditinstituten, die der Verfasser [3] durchgeführt hat, zeigen, daß die Annahme identisch und unabhängig voneinander verteilter Zahlungssalden nicht gerechtfertigt ist. Vielmehr ist aufgrund sozioökonomischer Bedingungen und Ursachen von autokorrelierten Saldenfolgen auszugehen. Zur Beschreibung derartiger Zahlungsprozesse erweisen sich Zeitreihenmodelle mit rationalen Spektraldichten als geeignet.

Dies hat für die Ermittlung optimaler Entscheidungsregeln beispielsweise mit Hilfe der dynamischen Programmierung die Folge, entweder die Dimension des Zustandsraumes zu erhöhen oder zu Theil'schen Sicherheitsäquivalenten überzugehen (vgl. [3] und [4]). Enthält der Zahlungsprozeß eine ausgeprägte deterministische Komponente, so schlägt der Verfasser vor, den Zahlungsprozeß mithilfe obiger Zeitreihenmodelle in eine deterministische und eine stochastische Komponente zu zerlegen. Die erste Komponente wird einer revolvierenden Optimierung zugrunde gelegt und die stochastische Komponente (Prognosefehler) dient zur Abschätzung einer statischen Sicherheitsreserve. Obwohl eine derartige Separation nur unter sehr restriktiven Annahmen (vgl. [5]) zulässig ist, erweist sich der Optimierungsansatz im Vergleich zu einer Optimierung bei bekanntem Zahlungsprozeß als durchaus brauchbar.

2. Struktur von Kassenhaltungsmodellen

Ein Kassenhaltungsproblem beispielsweise eines Kreditinstituts liegt vor, wenn die dispositiven Kassenbestandsveränderungen (Transfers) Transferkosten verursachen und mit Kassenreserven Zinskosten und mit Kassendefiziten Defizitkosten verbunden sind. Das Optimierungsproblem besteht nun darin, bei gegebenem Zahlungsprozeß und Kassenhaltungssystem eine Transferpolitik so zu bestimmen, daß ein zweckmäßig definiertes Kostenfunktional minimiert wird. Dies legt die folgende Definition eines Kassenhaltungsmodells nahe:

<u>DEF. 1:</u>

Sei $(\Omega, \mathfrak{a}, P)$	ein zweckmäßig gewählter Wahrscheinlichkeitsraum
$\mathcal{T} = \emptyset$	eine abzählbare Indexmenge (Geschäftstage)
$\xi_t(\omega)$	ein stochastischer Zahlungsprozeß, wobei $\forall_{t \in \mathcal{T}}\ \xi_t(\omega) : \Omega \longrightarrow \mathbb{R}$ meßbare Abbildungen (Zufallsvariable) sein sollen.
$\mathcal{I}_t \subseteq \mathbb{R}$	zulässiger Bereich der Kassenbestände I_t in Periode t
$\mathfrak{X}_t \subseteq \mathbb{R}$	zulässiger Bereich der Transfers x_t in Periode t
$L_t : \Omega \times \mathfrak{X}_t \times \mathcal{I}_t \longrightarrow \mathbb{R}$	Kosten der Kassenhaltung in Periode t

Dann heißt

(1) $\min\limits_{\{x_t \in \mathfrak{X}_t \mid t \in \mathfrak{T}\}} \left(\sum_{t \in \mathfrak{T}} E_{\xi_t}(L_t) \right)$ (Kostenkriterium)

unter

(2) $\forall_{t \in \mathfrak{T}} \; \Omega \times \mathfrak{I}_t \times \mathfrak{X}_{t+1} \longrightarrow \mathfrak{I}_{t+1}$ (Bestandsgleichung)

(3) $\forall_{t \in \mathfrak{T}} \; I_t \in \mathfrak{I}_t$ (Bestandsbeschränkung)

Kassenhaltungsmodell (KM).

Übersicht über die bisher erzielten Ergebnisse

Für unsere Zwecke reicht es aus, Kassenhaltungsmodelle nach der Anzahl der Planungsperioden, der Art des Zahlungsprozesses, den Kostenfunktionstypen und dem Systemtyp zu unterscheiden, um einen Überblick über die verschiedenen in der Literatur behandelten Modellvarianten zu bekommen.

In der folgenden Tabelle sind einige Modelle zusammengestellt, ohne daß der Anspruch der Vollständigkeit erhoben wird. Dabei sind die stochastischen mehrperiodischen Modelle mit Ausnahme des Modells von WAGNER vom Vormerktyp, d.h. die Bestandsgleichung (3) lautet

(4) $I_t = I_{t-1} + x_t - \xi_t$

Für den lost-demand-Fall, den WAGNER [6] betrachtet, gilt dagegen

(5) $I_t = \max\{ I_{t-1} + x_t \quad \xi_t \; ; 0 \}$

Übersicht über einige Kassenhaltungsmodelle

Anzahl der Planungsperioden \ Art des Zahlungsprozesses	deterministisch (•,D,•)		stochastisch (•,S,•)	
einperiodisch (1,•,•)	BAUMOL	(1952)	EDGEWORTH	(1888)
	TOBIN	(1956)	MELLON-ORR	(1963)
			PATINKIN-DVORETZKY	(1965)
			WHALEN	(1966)
mehrperiodisch (N,•,•)	DEPPE	(1961)	WAGNER	(1965)
	ALBACH	(1964)	MILLER-ORR	(1966)
	ROBICHEK u. a.	(1965)	EPPEN-FAMA	(1967)
	STEINMANN	(1968)	GIRGIS	(1968)
	ORGLER	(1969)	SMITH	(1968)
			EPPEN-FAMA	(1969)
			NEAVE	(1970)
			HOCHSTÄDTER	(1971)

Abschließend sollen die stückweis-linearen Entscheidungsregeln für n-periodische stochastische Kassenhaltungsmodelle angegeben werden, denen lineare Kostenfunktionen zugrundeliegen.

Für sein Kassenhaltungsmodell vom Verlusttyp nimmt WAGNER [6] die folgenden Kostenfunktionen an: Die Transferkosten $C(x_t)$ seien durch

$$(6) \quad C(x_t) = \begin{cases} c_2 x_t & \text{falls } x_t \geq 0 \\ -c_4 x_t & \text{falls } x_t \leq 0 \end{cases} \qquad 0 < c_2, c_4 < \infty$$

gegeben und die Kassenhaltungskosten (Zins- bzw. Verzugskosten) durch

$$(7) \quad \Pi(I_{t-1}, x_t, \xi_t) = \begin{cases} h(I_{t-1}+x_t-\max\{\xi_t;0\}) & \text{falls } \xi_t \leq I_{t-1}+x_t \\ \pi(\xi_t-I_{t-1}-x_t) & \text{falls } \xi_t > I_{t-1}+x_t \end{cases} \qquad 0 < h < \infty;\ 0 < \pi+h < \infty$$

Unter den weiteren Annahmen, daß die Transferzeit $\lambda = 0$ ist, für den Diskontierungsfaktor $0 < \delta < 1$ gilt, die Finanzierungsreserven unbeschränkt sind und der Kapitaldienst extern abgewickelt wird, kann WAGNER für sein $(N, S, P)_V$ -KM*) mithilfe des D. P.-Algorithmus die Existenz der folgenden (s_t, S_t) Regel nachweisen:

$$(8) \qquad x_t^o = \begin{cases} s_t - I_{t-1} & \text{falls } 0 \leq I_{t-1} \leq s_t \\ S_t - I_{t-1} & \text{falls } S_t \leq I_{t-1} \\ 0 & \text{sonst} \end{cases}$$

$$(s_t \leq S_t)$$

GIRGIS analysiert dagegen den Vormerktyp und spezifiziert die Kostenfunktion wie folgt:

$$(9) \qquad C(x_t) = \begin{cases} c_1 + c_2 x_t & x_t > 0 \\ -c_4 x_t & x_t \leq 0 \end{cases}$$

$$0 < c_1 . c_2, c_4 < \infty$$

$$0 < c_2 \cdot c_4 < \infty$$

$$(10) \prod(\xi_t, I_{t-1}, x_t) = \begin{cases} h(I_{t-1} + x_t - \xi_t) & \text{falls } \xi_t \leq I_{t-1} + x_t \\ \pi(\xi_t - I_{t-1} - x_t) & \text{sonst} \end{cases}$$

Für dieses $(N,S,L)_B$-KM zeigt GIRGIS unter den sonstigen Voraussetzungen, von denen auch WAGNER ausgeht, daß die optimale Transferpolitik von der Form

$$(11) \qquad x_t^o = \begin{cases} S_t - I_{t-1} & \text{falls } I_{t-1} \leq s_t \\ x_t(I_{t-1}) - I_{t-1} \in [s_t, r_t] & \text{falls } s_t < I_{t-1} < R_t \\ R_t - I_{t-1} & \text{falls } R_t \leq I_{t-1} \end{cases}$$

$$s_t \leq S_t \leq R_t \leq r_t$$

ist.

Betrachtet man die zur Herleitung dieser optimalen Entscheidungsregeln notwendigen Voraussetzungen an die Kostenfunktionen, das Kassenhaltungssystem und den Zahlungsprozeß, so er-

---

*) N - periodisches, stochastisches Kassenhaltungsmodell vom Verlusttyp mit proportionalen Kostenfunktionen

scheint neben der Schätzung des Zins- und Defizitkostensatzes insbesondere die Annahme problematisch, daß der Zahlungsprozeß eine Folge identisch und unabhängiger voneinander verteilter Zufallsvariablen sein soll.
Denn empirische Untersuchungen des Verfassers [7] zeigen, daß die unterschiedlichsten Arten von Zahlungsprozessen stark autokorreliert sind, insbesondere, wenn es sich um geschäftstägliche Werte handelt. Da Autokorrelation von Zufallsvariablen deren Abhängigkeit impliziert, ist eine wesentliche Voraussetzung für die Existenz der obigen einfachen Transferregeln nicht gegeben. Um den geschilderten Sachverhalt zu illustrieren, sind im folgenden Abschnitt die Ergebnisse einiger Zeitreihenanalysen von Zahlungsprozessen zusammengestellt.

Empirische Ergebnisse von Zeitreihenanalysen ausgewählter Zahlungsprozesse

Abb. 1 gibt die Zeitreihe des Sparprozesses eines namhaften Berliner Kreditinstituts in den Jahren 1962-1964 (geschäftstägliche Werte) wieder:

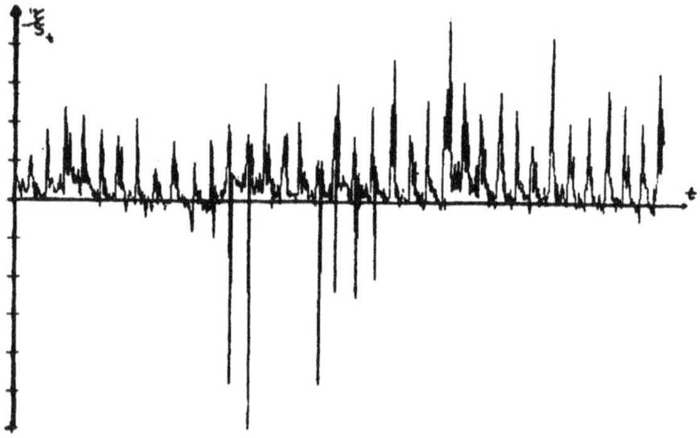

Abb. 1
Geschäftstäglicher Saldo der Zu- und Abgänge auf Sparkonten 1962-1964

Schätzt man die Korrelationsfunktion $\hat{\rho}(\tau)$ und approximativ die Standardabweichung $\hat{\sigma}_{\hat{\rho}(\tau)}$, so erhält man die folgende Graphik:

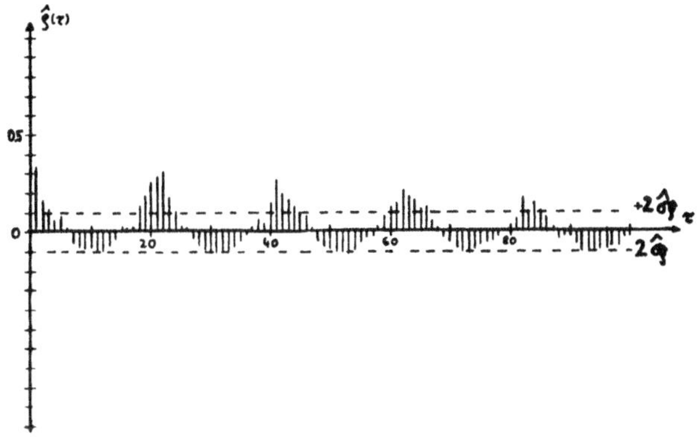

Abb. 2
Geschätzte Korrelationsfunktion des Sparprozesses 1962-1964

Die Zeitreihe des geschäftstäglichen Saldos der Zu- und Abgänge auf Gehaltsgirokonten einer Filiale des obigen Kreditinstituts im Jahre 1969 ist in Abb. 3 wiedergegeben.

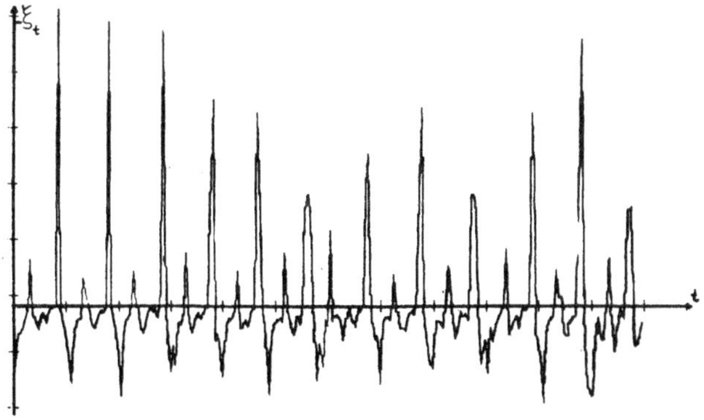

Abb. 3
Geschäftstäglicher Saldo der Zu- und Abgänge auf Gehaltsgirokonten im Jahre 1969

Neben den ausgeprägten Spitzen der Einnahmen zu Ultimo und per medio lassen sich Auszahlungsspitzen zwischen je zwei Einzahlungsspitzen erkennen.
Die zugehörige geschätzte Autokorrelationsfunktion ist in Abb. 4 wiedergegeben.

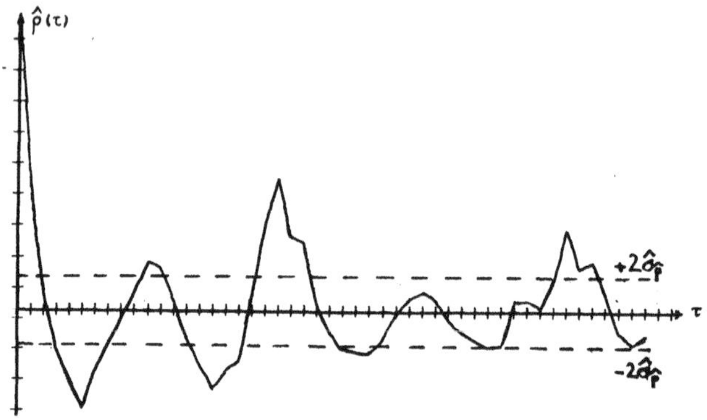

Abb. 4
Geschätzte Autokorrelationsfunktion des Gehaltsgiroprozesses

Die weiteren Ausführungen beschränken sich auf Ein- und Auszahlungen auf Sparkonten. Die Zeitreihe dieses (baren) Sparprozesses aus dem Jahre 1969 ist untenstehend abgebildet.

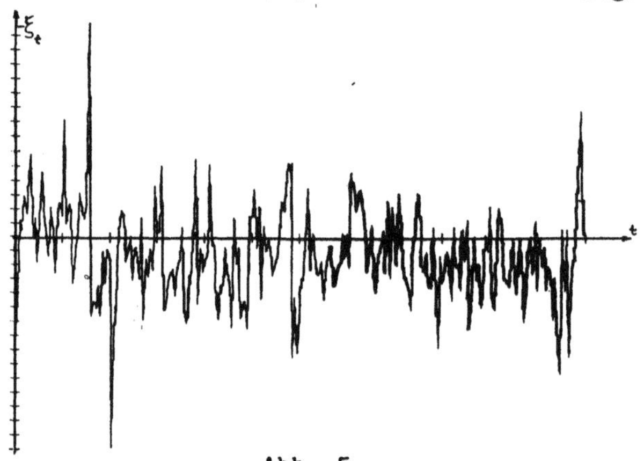

Abb. 5
"Sparprozeß (bar) 1969"
(Saldo der Ein- und Auszahlungen)

Deutlich sind die Ein- bzw. Auszahlungen aufgrund der "Zinstermine" und der Einlagenüberschüsse am Ende des Jahres aus steuerlichen Gründen ("Steuertermin") zu erkennen. Eine dominierende Schwingung in der Zeitreihe selbst ist anhand des Graphen nicht zu entdecken. Die Information aus der Korrelationsfunktion

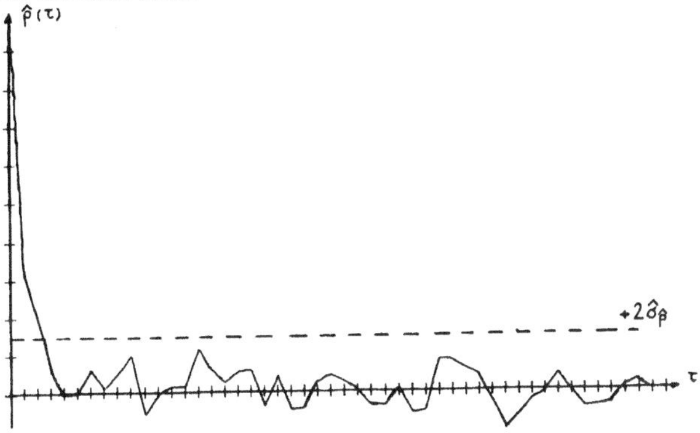

Abb. 6
Geschätzte Autokorrelationsfunktion des Saldos "Sparprozeß (bar) 1969"

ist recht dürftig, was aber nicht verwunderlich ist, wenn man berücksichtigt, daß die Autokorrelationsfunktion aus saldierten Größen geschätzt wurde (vgl. [7]).
Aus diesem Grund empfiehlt es sich, zur Analyse der im Saldo enthaltenen Komponenten, des Soll- bzw. Habensparprozesses, überzugehen. Die Analyseergebnisse gehen aus den folgenden Abbildungen hervor:

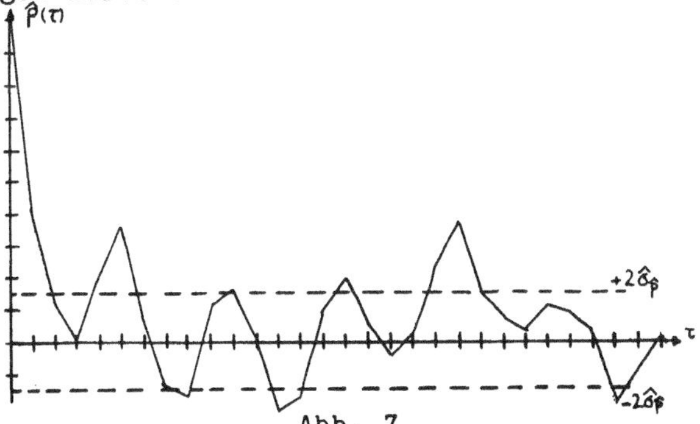

Abb. 7
Geschätzte Autokorrelationsfunktion des (baren) Habensparprozesses 1969

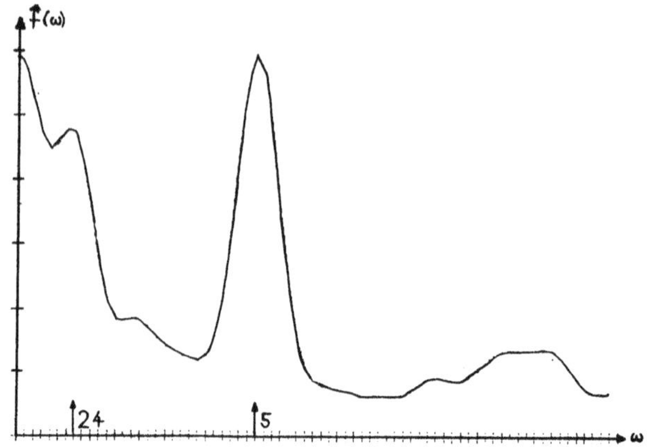

Abb. 8
Geschätztes Spektrum des (baren) Habensparprozesses 1969

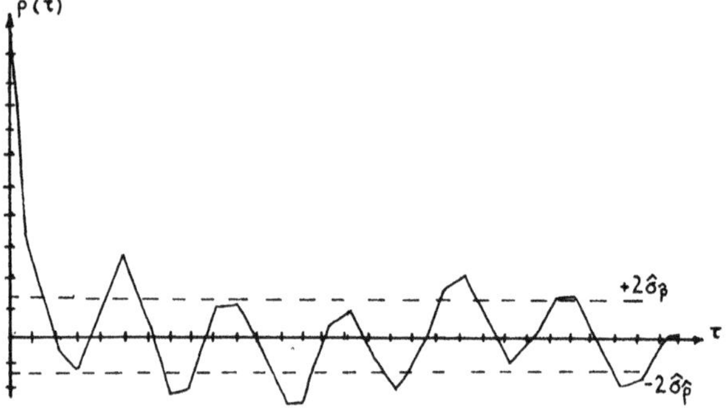

Abb. 9
Geschätzte Autokorrelationsfunktion des (baren) Soll-Sparprozesses

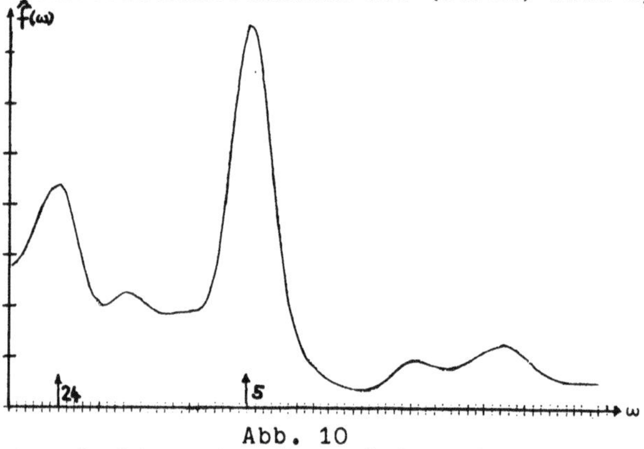

Abb. 10
Geschätztes Spektrum des (baren) Soll-Sparprozesses

. Lineare Zeitreihenmodelle

In diesem Abschnitt werden die Zeitreihenmodelle dargestellt werden, die im folgenden zur Beschreibung des Sparprozesses 1969 dienen sollen.

Sei

$$(12) \qquad \xi_{t+1} = \sum_{j=0}^{\infty} \mu_j \xi_{t-j} + \varepsilon_{t+1} \qquad (t \in \mathcal{T})$$

ein lineares Zeitreihenmodell für (ungesteuerten) Prozeß mit diskretem Zeitparameter und überlagertem Störprozeß

$\{\varepsilon_t | t \in \mathcal{T}\}$, für den

$$(13) \qquad \begin{aligned} &\forall_{t \in \mathcal{T}} \quad E(\varepsilon_t) = 0 \\ &\forall_{t,\tau \in \mathcal{T}} \quad E(\varepsilon_t \varepsilon_\tau) = \sigma_\varepsilon^2 \delta_{t\tau} \quad (\sigma_\varepsilon^2 < \infty) \\ &\forall_{t > \tau} \quad E(\varepsilon_t \xi_\tau) = 0 \end{aligned}$$

gelten soll. Weiterhin soll die Folge der (nicht stochastischen) Koeffizienten $\mu_j (j \in \mathcal{T})$ eine endliche Quadratsumme besitzen.

Dann lassen sich bei geeigneter Spezifikation mit (12) Prozesse mit rationalen Spektraldichten und Prozesse, die im Yaglom'schen Sinne instationär sind, beschreiben. Die mit der Modellspezifikation, Parameterschätzung und Residualanalyse zusammenhängenden Fragen haben BOX und JENKINS [8] umfassend dargestellt. Spezielle Probleme bei der Anwendung von (12) auf Zahlungsprozesse wurden in [9] erörtert.

Darüberhinaus sind für Zahlungsprozesse, die sich in einzelne Komponenten zerlegen lassen, spezielle Lag-Modelle von Interesse, die durch

$$(14) \qquad \xi_t = \frac{A(L)}{B(L)} \xi_{1t-b_1} + \frac{C(L)}{B(L)} \xi_{2t-b_2} + e_t$$

gegeben sind, wobei $A(L)$, $B(L)$ und $C(L)$ die bekannten Lag-Operatoren darstellen (vgl. [10]). Den Störprozeß $\{e_t\}$ kann man durch die in (12) eingeführten Modelle

$$(15) \qquad \varphi(L) e_t = \theta(L) \varepsilon_t$$

mit

$$(16) \qquad E(\varepsilon_t) = 0, \; E(\varepsilon_t^2) = \sigma_\varepsilon^2 \quad \text{und} \quad E(\varepsilon_t \varepsilon_\tau) = \sigma_\varepsilon^2 \delta_{t\tau}$$

beschreiben.
Zusammengefaßt erhält man also

$$(17) \qquad \xi_t = \frac{A(L)}{B(L)}\,\xi_{1t-b_1} + \frac{C(L)}{B(L)}\,\xi_{2t-b_2} + \varphi^{-1}(L)\,\theta(L)\,\varepsilon_t$$

Im vorliegenden Fall eines Sparprozesses läßt sich $\{\xi_{1t}\}$ als Sollprozeß, $\{\xi_{2t}\}$ als Habenprozeß und $\{\xi_t\}$ als Saldenfolge (der Nettoauszahlungen) interpretieren.
Zur Modellspezifikation, Parameterschätzung und Reihenanalyse stehen eine Reihe von Verfahren zur Verfügung, von denen die wichtigsten die Methoden von ÅSTROEM und BOHLIN [11] , BOX und JENKINS [8] sowie von YOUNG [12] sind.
Zahlreiche Voruntersuchungen zur Modellspezifikation mithilfe der Kreuzspektralanalyse zeigten, daß das folgende Modell

$$(18) \qquad \dot{\xi}_t = \frac{a_1 L - a_2 L^5}{1 - b_1 L - b_2 L^2}\,\dot{\xi}_{1t} - \frac{c_1 L + c_2 L^5}{1 - b_1 L - b_2 L^2}\,\dot{\xi}_{2t} + (1 - \theta L)\,\varepsilon_t$$

zur Prozeßbeschreibung sich eignet, wobei die Prozeßvariablen $\dot{\xi}_t$, $\dot{\xi}_{1t}$ und $\dot{\xi}_{2t}$ Abweichungen von den zugehörigen Mittelwerten darstellen und die in Abb. 5 deutlich sichtbaren transitorischen Komponenten eleminiert wurden*.
Die Ermittlung approximativer M.L.-Schätzwerte mithilfe von Hill-Climbing-Algorithmen auf Grund der Methode von BOX und JENKINS ergab folgende Schätzwerte und Standardfehler für einen Stichprobenumfang von n=251-40 Werten:

Parameter	Schätzwert	Standardfehler
a_1	-1.73	0.10
a_2	0.82	0.18
b_1	0.19	0.06
b_2	0.26	0.11
c_1	0.29	0.07
c_2	0.24	0.09
θ	0.36	0.15

*) In die Prognosen werden sie als überlagerte Random-Walk Prozesse einbezogen, die nur zu den im voraus bekannten Terminen definiert sind (vgl.[7])

Tests der Residuen $\{\varepsilon_t\}$ zeigen, daß (18) akzeptabel ist. Ein weiterer Test ist die Überprüfung der Prognosequalität für den gesamten Bereich und für die letzten 40 Werte, die den Parameterschätzungen nicht zugrundelagen. Unter der Annahme, daß $\{\varepsilon_t\}$ gaußverteilt ist, stellen die bedingten Erwartungswerte von ξ_{t+1} im Zeitpunkt t

$$(19) \quad E(\xi_{t+l} \mid \xi_{t+l-1}, \xi_{t+l-2}, \ldots, \xi_{1t+l-1}, \ldots, \xi_{2t+l-1}, \ldots)$$

lineare Prognosefunktionen dar. Die Prognoseergebnisse bis zu einer Prognosedistanz von 5 Geschäftstagen gehen aus der folgenden Abbildung 11 hervor

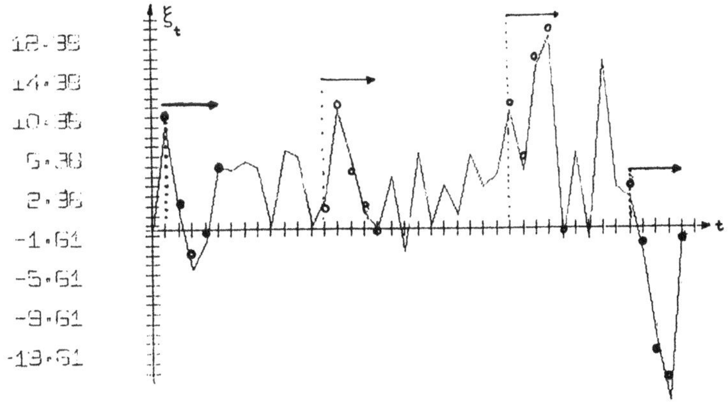

Abb. 11

Ex-ante-Prognosen des Sparprozesses

Ein (N, D, L)$_V$-Kassenhaltungsmodell mit statischem Sicherheitsbestand

Die im vorigen Abschnitt ermittelten bedingten Erwartungswerte $E(\xi_{t+l} \mid \cdot) =: \hat{\xi}_t(l)$ mit Prognosedistanzen $l \leq 5$ gehen nun in ein deterministisches Kassenhaltungsmodell vom Verlusttyp ein, das bei geschäftstäglichen Salden realistischer erscheint als ein Vormerktyp. Das Modell umfaßt $k=5$ Teilperioden, die gerader der dominierenden Schwingung in den Autospektren von $\{\xi_{1t}\}$ und $\{\xi_{2t}\}$ entsprechen. Die so berechnete optimale Transferpolitik

$\{x^o_t, x^o_{t+1}, x^o_{t+2}, x^o_{t+3}, x^o_{t+4}\}$ wird alle $\varkappa = 1$ Perioden aufgrund neuer Informationen, d. h. neuer bedingter Erwartungswerte und ggf. Prognosen von Dummyprozessen (s.o.), revidiert. Diese Revision ist notwendig, da der auftretende Prognosefehler

$$(20)\qquad \xi^*_t(l) = \xi_{t+l} - \hat{\xi}_t(l) \qquad\qquad (l=1,2,\ldots)$$

zur Ermittlung eines statischen Sicherheitsbestandes herangezogen werden soll. Unter den getroffenen Annahmen ist zwar $\{\xi^*_t(1) \mid t=1,2,\ldots\}$ eine Folge identisch und unabhängig voneinander verteilter Zufallsvariablen nicht aber $\xi^*_t(1), \xi^*_t(2), \ldots$ für festes t. Befindet man sich beispielsweise im Zeitpunkt t, so erhält man für die Teilperioden (t+1) bis (t+5) das folgende Kassenhaltungsmodell:

$$\mathrm{KM}^D \quad \begin{aligned} &\min_{\{x_\tau \in \Upsilon_\tau\}} \Big\{ \sum_{\tau=1}^{5} [\, c\,\delta(x_\tau) + h \cdot (I_{\tau-1} + x_\tau - \hat{\xi}_t(\tau))] \Big\} \\ &I_\tau = \max\{ I_{\tau-1} + x_\tau - \hat{\xi}_t(\tau); 0 \} \\ &I_o = I_t \geq 0 \\ &\Upsilon_\tau = \{ x_\tau \mid \max\{ \hat{\xi}_t(\tau) - I_{\tau-1}; -I_{\tau-1}\} \leq x_\tau \leq I^o_\tau - I_{\tau-1} + \hat{\xi}(\tau)\}^{*)} \end{aligned}$$

Die Schätzwerte der Kostenparameter sind:

$c=135$ (Transferkostensatz) und

$h=0.32 \cdot 10^{-3}$ (Zinskostensatz)

Da Straf- oder Verzugskostensätze zur Ermittlung eines kostenoptimalen Sicherheitsbestandes praktisch nicht ermittelbar sind, wird die Reserve $I^S_{1-\alpha}$ für eine vorgegebene Defizitwahrscheinlichkeit $\alpha=0.01$ über

$$(21)\qquad I^S_{1-\alpha} = \Phi^{-1}(1-\alpha)$$

ermittelt, wobei $\Phi(\cdot)$ die Verteilungsfunktion von $\xi^*_t(1)$ ist. Obwohl der Kolmogoroff-Smirnov-Test ein konservativer Test ist, wurde er zur Prüfung der Normalhypothese verwendet. Es ergab sich mit

$$(22)\qquad \sup(|\Phi(\xi^*) - \hat{\Phi}(\xi^*)|) \cdot \sqrt{40} = 0.9922 \quad \text{bei } \alpha=0.10$$

kein Widerspruch zur Normalverteilungshypothese.

---

*) I^o_τ maximal zulässiger Endbestand in der Teilperiode τ. Die Annahme fixer Transferkosten ist in deterministischen KM o.B.d.A. Wegen $\delta \cong 1$ wird auf eine Diskontierung verzichtet.

Numerischer Vergleich von Transferpolitiken

Die folgende Tabelle vergleicht zwei Kassenbestandsentwicklungen, einmal für den Fall, daß die Nettoauszahlungen bekannt sind und über den Zeitraum von 40 Geschäftstagen optimal transferiert wird und zum anderen, daß jeweils erst prognostiziert werden muß und anschließend täglich revolvierend für je 5 Geschäftstage optimiert wird.

t	I_{t-1}	x_t^o	ξ_t	I_{t-1}	x_t^o	$\xi_t(1)$
1	0	19	10	0	16	11
2	9	0	2	5	0	2
3	7	0	-4	3	0	-3
4	11	0	-1	6	0	0
5	12	0	6	6	21	7
6	6	0	6	20	0	7
7	0	31	7	13	0	7
8	24	0	6	6	0	6
9	18	0	0	0	0	0
10	18	0	8	0	34	8
11	10	0	7	26	0	8
12	3	0	0	18	0	1
13	3	0	3	17	0	4
14	0	36	12	13	0	13
15	24	0	7	0	14	7
16	17	0	1	7	0	2
17	16	0	0	5	0	-1
18	16	0	5	6	0	6
19	11	0	-2	0	0	-2
20	13	0	8	2	24	9
21	5	0	0	17	0	1
22	5	0	4	16	0	5
23	1	0	1	11	0	2
24	0	35	7	9	0	8
25	28	0	4	1	48	5
26	24	0	6	44	0	6
27	18	0	12	38	0	12
28	6	0	6	26	0	6
29	0	42	16	20	0	17
30	26	0	19	3	43	20
31	7	0	-1	26	0	-1
32	8	0	8	27	0	8
33	0	0	-1	19	0	-1
34	1	23	17	20	0	18
35	7	0	4	2	6	4
36	3	0	3	4	0	3
37	0	0	-3	1	0	-2
38	3	0	-11	3	0	-11
39	14	0	-18	14	0	-16
40	32	-32	0	30	-30	-2

Bei einer Gitterweite für die Zustands- und Entscheidungsvariablen von $5 \cdot 10^3$ betragen die Kosten der Kassenhaltung bei optimaler Politik und bekanntem Zahlungsprozeß $F[40;0] = 1594,60$ und bei unbekanntem Prozeß und revolvierender Optimierung $F[40;0] = 2061,08$ [DM], worin die Zinskosten für den Sicherheitsbestand $I^0_{0,99} = \Phi^{-1}(0{,}99) = 2{,}3263\,\hat{\sigma}_\varepsilon = 1{,}07$ enthalten sind. Der Kostenquotient beträgt daher nur 1,2925 .

L i t e r a t u r

1 Girgis,N.M. : Optimal Cash Balance Levels,MS,vol.15 (1968),pp.130-140

2 Neave,E.H. : The Stochastic Cash Balance Problem with Fixed Costs for Increases and Decreases, MS,vol.16(1970),pp.472-490

3 Lenz,H.-J. : Prognose und Optimierung von Zahlungsprozessen,unveröff.Manuskript,FUB 1972

4 Schneeweiß,Ch. : Regelungstechnische stochastische Optimierungsverfahren, Springer 1971

5 Newton,G.C., Gould,L.A., Kaiser,J.F. : Analytical Design of Linear System Analysis, Wiley 1962

6 Wagner,E. : Untersuchungen über die Kostenabhängigkeit der Geldnachfrage,Duncker & Humboldt 1965

7 Lenz,H.-J. : Zur Statistischen Analyse von Zahlungsprozessen, in:Anwendungen statistischer und mathematischer Methoden auf sozialwissenschaftliche Probleme,Physika 1972

8 Box,G.E.P., Jenkins,G.M. : Time Series Analysis, Forecasting and Control, Holden-Day 1970

9 Lenz,H.-J. : Probleme bei der praktischen Anwendung von statistischen Analyse- und Prognoseverfahren auf mikroökonomische Zahlungsprozesse,Vortrag vor Dtsch.Stat.Ges., Kiel 1972

10 Dhrymes,P.J. : Distributed Lags,Holden - Day 1971

11 Aström,K.J., Bohlin,T. : Numerical Identification of Linear Dynamic Systems from Normal Operating Records Proc.IFAC(Teddington) Conf.1966

12 Young,P.C. : An Instrumental Variable Method for Identification of a Noisy Process,Automatica, vol.6(1970),pp.271-287

Hans - J. Lenz
Institut für Quantitative Ökonomik und Statistik, FB 10,FU Berlin
1 Berlin 33
Garystr.21

Bestimmung eines optimalen Versicherungsportfolios

von D. Reetz, Bonn

Zusammenfassung: Es wird ein diskreter Entscheidungsprozeß zur Bestimmung eines optimalen Versicherungsportfolios aufgestellt. Als Zielfunktion dient der Kapitalwert eines diskontierten Dividendenstroms bis zum Konkurseintritt. Optimale Entscheidungen sind zu treffen über die Höhe der Dividendenausschüttung und die Zusammensetzung des Versicherungsportfolios, jeweils abhängig vom Stand der Risikoreserve. Es werden untere und obere Schranken für die Kapitalwerte berechnet. Dies erlaubt eine Transformation der Funktionalgleichung für die Kapitalwerte und die Restriktion auf einen endlichen Zustandsraum. Somit können numerische Verfahren für endliche Markoffsche Entscheidungsprozesse angewandt werden.

Summary: A discrete decision process for determining an optimal insurance portfolio is set up. The discounted present value of dividend stream until ruin occurs serves as the goal function. Optimal decisions are to be made about the amount of dividend payments and the composition of the insurance portfolio, depending on the size of the risk reserve. Lower and upper bounds for present values are calculated. This allows a transformation of the functional equation for present values and the restriction to finite state space. Thus numerical procedures for finite Markovian decision processes can be applied.

1. Formulierung des Problems

In der vorliegenden Arbeit wird ein sequentielles stochastisches Entscheidungsproblem zur Bestimmung eines optimalen Versicherungsportfolios behandelt. Ein Unternehmen, das sich absichtlich möglichen Ereignissen aussetzt, bei denen die Ausgaben die Einnahmen übertreffen, wird im folgenden als Versicherer (oder Erstversicherer) bezeichnet. Als vorbeugende Maßnahme gegen allzuschnelle Zahlungsunfähigkeit unterhält der

Versicherer eine Risikoreserve (oder freie Reserve). Zu diskreten Zeitpunkten $t=0,1,2,\ldots$ wird der Stand der Risikoreserve durch eine ganze Zahl $i \in I=\{\ldots,-1,0,1,\ldots\}$ angegeben. Es seien $I^+=\{i \mid i \in I,\ i>0\}$, $I^-=\{i \mid i \in I,\ i \leq 0\}$ und R^+ die Menge der nicht-negativen reellen Zahlen. Bei vorliegendem positiven Zustand $i \in I^+$ ist eine Herabsetzung der Risikoreserve durch Auszahlung einer ganzzahligen Dividende $y \in Y(i)=\{y \mid 0 \leq y \leq i\}$ zulässig.

Nach Auszahlung der Dividende im Zeitpunkt t ist der Abschluß von Erst- bzw. Rückversicherungsverträgen mit Laufzeit von einer Periode möglich. Wir nehmen an, es existieren endlich viele Objekte $j=1,\ldots,J$, die versichert werden können. Jedem Objekt j ist eine Schadensvariable $\tilde{x}_j$ zugeordnet, die einen Wert x_j aus der Menge $X_j=\{0,1,\ldots,L_j\}$ mit Wahrscheinlichkeit $p_j(x_j)=p_j(\tilde{x}_j=x_j)$ annimmt. Dabei wird unter x_j der Schaden am j-ten Objekt während einer Periode verstanden. Die einzelnen Schadensvariablen werden als Vektor $\tilde{x}=(\tilde{x}_1,\ldots,\tilde{x}_J)$ zusammengefaßt. Es soll $\tilde{x}$ Werte $x=(x_1,\ldots,x_J) \in X=X_1 \times \cdots \times X_J$ mit Wahrscheinlichkeit $p(x)=p(\tilde{x}=x)$ annehmen.

Vorerst betrachten wir ein einzelnes Objekt j. Vorgegeben sei eine endliche Menge S'_j von j-ten Erstversicherungsstrategien s'_j und eine endliche Menge S''_j von j-ten Rückversicherungsstrategien s''_j. Als j-te Versicherungsstrategie $s_j=(s'_j,s''_j)$ wird ein Element aus einer endlichen Menge $S_j \subseteq S'_j \times S''_j$ bezeichnet. Durch s_j werden bestimmt: 1) eine j-te Prämieneinzahlung $a(s'_j) \in R^+$, 2) eine j-te Prämienauszahlung $a(s'_j,s''_j) \in R^+$, 3) eine j-te Schadenauszahlungsfunktion $b(s'_j)$: $X_j \longrightarrow R^+$, und 4) eine j-te Schadeneinzahlungsfunktion $b(s'_j,s''_j)$: $X_j \longrightarrow R^+$. Der Wert, den die durch s'_j indizierte j-te Schadenauszahlungsfunktion $b(s'_j)$ an der Stelle x_j annimmt, wird durch die j-te Schadensauszahlung $b(s'_j,x_j)$ angegeben. Analog wird die j-te Schadenseinzahlung $b(s'_j,s''_j,x_j)$ definiert. Für alle $s_j \in S_j$ und $x_j \in X_j$ soll die j-te Zulässigkeitsbedingung (1) erfüllt sein. Vgl. (12, S. 166).

(1) $0 \leq b(s_j', s_j'', x_j) \leq b(s_j', x_j) \leq x_j$

Ein <u>Erstversicherungsvertrag</u> über Objekt j zwischen dem Besitzer dieses Objektes (genannt: <u>Versicherter</u> j) und und dem Erstversicherer wird durch ($a(s_j')$, $b(s_j')$) definiert. Nach diesem Vertrag erfolgt zu Anfang einer Periode eine Prämienzahlung $a(s_j')$ vom Versicherten an den Erstversicherer. Als Gegenleistung wird der Versicherer dem Versicherten bei eingetretenem Schaden $\tilde{X}_j = x_j$ einen Betrag $b(s_j', x_j)$ am Ende der Periode überweisen. Nach Abschluß eines Erstversicherungsvertrages über Objekt j mit Index s_j', kann der Erstversicherer einen <u>Rückversicherungsvertrag</u> ($a(s_j', s_j'')$, $b(s_j', s_j'')$) mit einer dritten Person, dem sogenannten <u>Rückversicherer</u> abschließen. Demzufolge überweist der Erstversicherer an den Rückversicherer zum Periodenanfang eine Prämie in Höhe von $a(s_j', s_j'')$. Falls $\tilde{X}_j = x_j$ eintritt, wird der Betrag $b(s_j', s_j'', x_j)$ vom Rückversicherer an den Erstversicherer am Ende der Periode gezahlt. Die Zahlungsströme sind in (2) schematisch dargestellt.

(2) $$\text{Versicherter} \; \underset{b(s_j', x_j)}{\overset{a(s_j')}{\rightleftarrows}} \; \text{Versicherer} \; \underset{b(s_j', s_j'', x_j)}{\overset{a(s_j', s_j'')}{\rightleftarrows}} \; \text{Rückversicherer}$$

Ein <u>Versicherungsvertrag</u> ($a(s_j')$, $b(s_j')$, $a(s_j', s_j'')$, $b(s_j', s_j'')$) setzt sich zusammen aus einem Erstversicherungsvertrag und einem Rückversicherungsvertrag. Falls $\tilde{X}_j = x_j$ eintritt, erfolgt bei diesem Vertrag eine <u>j-te</u> <u>Nettoeinzahlung</u>

(3) $$c(s_j', s_j'', x_j) = a(s_j') - a(s_j', s_j'') - b(s_j', x_j) + b(s_j', s_j'', x_j).$$

Wir bemerken, daß die Zulässigkeitsbedingung (1) eine Überversicherung sowohl des j-ten Versicherten, als auch des Erstversicherers ausschließen soll.

Beispiel 1: Quotenversicherung

Eine j-te Versicherungsstrategie s_j aus

(4) $S_j = \{ s_j \mid s_j=(s'_j,s''_j),\ s'_j \text{ und } s''_j \in \{0,1,\dots,K\} \}$

soll Folgendes festlegen: 1) eine Quotenerstversicherung, wonach der Erstversicherer für eine Quote $0 \leq s'_j/K \leq 1$ des eingetretenen Schadens x_j haftet, und 2) eine Quotenrückversicherung, wonach der Rückversicherer für eine Quote $0 \leq s''_j/K \leq 1$ des beim Erstversicherers eingetretenen Schadens $s'_j x_j/K$ haftet. Somit ist $b(s'_j,x_j)=s'_j x_j/K$, und $b(s'_j,s''_j,x_j)= s'_j s''_j x_j/K^2$. Die Zulässigkeitsbedingung (1) ist offensichtlich erfüllt. The Prämien können nach dem Erwarungswertprinzip (4, S.86) berechnet werden: $a(s'_j)=(1+Q_1)\ E(b(s'_j,\tilde{x}_j))$ und $a(s'_j,s''_j)=(1+q_1)\ E(b(s'_j,s''_j,\tilde{x}_j))$. Für die Sicherheitsfaktoren gilt allgemein: $0 \leq q_1 \leq Q_1$.

Beispiel 2: Exzedentenversicherung

Eine Versicherungsstrategie s_j aus

(5) $S_j = \{ s_j \mid s_j=(s'_j,s''_j) \in X_j \times X_j,\ s'_j \leq s''_j \}$

soll eine Exzedentenerstversicherung und eine Exzedentenrückversicherung bestimmen. Wir definieren eine Indikatorfunktion d(B), die den Wert 1 annimmt, falls Behauptung B gilt, und gleich 0 ist, falls B nicht gilt. Es seien

(6) $b(s'_j,x_j) = 0\cdot d(x_j \leq s'_j) + (x_j - s'_j)\ d(x_j > s'_j)$

(7) $b(s'_j,s''_j,x_j) = b(s''_j,x_j) = 0\cdot d(x_j \leq s''_j) + (x_j - s''_j)\ d(x_j > s''_j)$.

Danach hat der Versicherer einen den festen Wert $s'_j \in X_j$ übersteigenden Teil des Schadens x_j am j-ten Objekt zu tragen. Andererseits ist der Rückversicherer verpflichtet den festen

Wert s''_j übersteigenden Teil des Schadens x_j an den Erstversicherer zu zahlen. Vgl. (13, S. 328). Da $s''_j \geq s'_j$, ist die (1). Bedingung erfüllt. Falls die Prämien nach dem Varianzprinzip berechnet werden, gilt: $a(s'_j)=E(b(s'_j,\tilde{X}_j))+Q_2 Var(b(s'_j,\tilde{X}_j))$ und $a(s'_j,s''_j)=a(s''_j)=E(b(s''_j,\tilde{X}_j))+q_2 Var(b(s''_j,\tilde{X}_j))$, mit $0 \leq q_2 \leq Q_2$.

Nunmehr werden Versicherungsverträge definiert, die sämtliche Objekte $j=1,\dots,J$ berücksichtigen. Wir bilden die Produkträume $S'=S'_1\times\dots\times S'_J$, $S''=S''_1\times\dots\times S''_J$, $S=S'\times S''$, und bezeichnen deren Elemente mit $s'=(s'_1,\dots,s'_J)$, $s''=(s''_1,\dots,s''_J)$, und $s=(s',s'')$. Eine Versicherungsstrategie s bestimmt: 1) eine Prämieneinzahlung $a(s')=\sum_j a(s'_j)$, 2) eine Prämienauszahlung $a(s',s'')=\sum_j a(s'_j,s''_j)$, 3) eine Schadenauszahlungsfunktion $b(s')=\sum_j b(s'_j): X\longrightarrow R^+$, und 4) eine Schadeneinzahlungsfunktion $b(s',s'')=\sum_j b(s'_j,s''_j): X\longrightarrow R^+$. Für jedes j soll die Zulässigkeitsbedingung (1) erfüllt sein. Ein Versicherungsvertrag mit Index $s=(s',s'')$ wird durch ($a(s'),b(s'),a(s',s''),b(s',s'')$) definiert. Für diesen Vertrag erfolgt im Fall $\tilde{X}=x$ eine ganzzahlige Nettoeinzahlung $c(s,x)= \sum_j c(s'_j,s''_j,x_j)$.

Falls bei vorliegender positiver Risikoreserve $i\in I^+$ die Dividendenstrategie $y\in Y(i)$ und die Versicherungsstrategie $s\in S$ angewandt werden, erfolgt der Übergang in einen neuen Zustand $i'=i-y+c(s,x)\in I$ mit Wahrscheinlichkeit $p(x)$. Sollte eine nicht-positive Risikoreserve $i'\in I^-$ resultieren, so muß eine Dividendeneinzahlung in Höhe von i' Einheiten erfolgen. In diesem Fall ist der Abschluß von weiteren Versicherungsverträgen in folgenden Perioden nicht zulässig. Der Eintritt in einen nicht-positiven Zustand wird als Konkurs (Ruin) bezeichnet. Es sei $0\leq r<1$ ein vorgegebener Diskontierungsfaktor. Wir definieren U(i) als optimalen erwarteten Kapitalwert des diskontierten Dividendenstroms bis zum Konkurseintritt, falls der Initialzustand i vorliegt. Die Funktion U(i) genügt der Funktionalgleichung

$$(8) \qquad U(i) = i \qquad (i \in I^-)$$

$$(9) \qquad U(i) = \max_{y \in Y(i)} \max_{s \in S} \left\{ y + r \sum_{x \in X} p(x)\, U(i-y+c(s,x)) \right\} \qquad (i \in I^+)$$

Beim Lösen des Systems (8)-(9) erhalten wir eine optimale Dividendenpolitik $y=f(i)$ und eine optimale Versicherungspolitik $s=g(i)$. Somit wird ein optimales Versicherungsportfolio ($\hat{x}$, $a(s')$, $b(s')$, $a(s',s'')$, $b(s',s'')$) mit Laufzeit von einer Periode, jeweils abhängig vom Stand der Risikoreserve, zusammengesetzt.

Falls S einelementig ist, und die Randbedingung (8) durch die Bedingung: $U(i)=0$ $(i \in I^-)$ ersetzt wird, beschreibt das resultierende System ein sogenanntes ökonomisches Überlebensspiel. Spezialfälle dieser Spiele wurden in (1,2,3,4,5,6,7,10, 11) untersucht. Im diskreten Fall hat der Verfasser (8) ein allgemeines Verfahren zur Lösung solcher und anderer Spiele angegeben.

2. Untere und obere Schranken für die Kapitalwerte

In diesem Abschnitt werden untere und obere Schranken für die Lösung $U(i)$ des Systems (8)-(9) bestimmt. Dazu definieren wir eine Folge $\{U_n(i)\}$ rekursiv wie folgt: Es sei $U_1(i)=i$ $(i \in I)$ und

$$(10) \qquad U_n(i) = \begin{cases} i & (i \in I^-) \\ \max\limits_{y \in Y(i)} \max\limits_{s \in S} \; y + r \sum\limits_{x \in X} p(x)\, U_{n-1}(i-y+c(s,x)) & (i \in I^+) \end{cases}$$

Wir machen die Annahme

$$(11) \qquad 0 \leq C = \max_{s \in S} \sum_{x \in X} p(x)\, c(s,x) < \infty$$

Somit hat der Versicherer stets einen Versicherungsvertrag zur Wahl, von dem er eine nicht-negative Nettoeinzahlung erwarten kann. Einige Eigenschaften der Folge $\{U_n(i)\}$ werden im folgenden untersucht.

Lemma 1: Es gilt

$$(12) \qquad U_n(i) \geqslant U_{n-1}(i) \qquad (i \in I,\ n \geqslant 1)$$

Beweis: Für $i \in I^+$ berechnen wir

$$(13) \qquad U_2(i) = \max_{y \in Y(i)} \max_{s \in S} \left\{ y + r \sum_{x \quad X} p(x) \ (i-y+c(s,x)) \right\}$$

$$= i + rC$$

Wegen (11) folgt $U_2(i) \geqslant U_1(i)$ $(i \in I)$. Falls $U_{n-1}(i) \geqslant U_{n-2}(i)$ $(i \in I)$, erhalten wir bei geeignet gewählten y und s für $i \in I^+$ die Abschätzung

$$(14) \qquad U_n(i) - U_{n-1}(i) \geqslant r \sum_{x \in X} p(x) \begin{bmatrix} U_{n-1}(i-y+c(s,x)) - \\ U_{n-2}(i-y+c(s,x)) \end{bmatrix} \geqslant 0$$

Durch Induktion ist somit (12) bewiesen.

Lemma 2: Es gilt

$$(15) \qquad U_n(i) - U_{n-1}(i) \leqslant r^{n-1}C$$

Beweis: Offensichtlich ist $U_2(i) - U_1(i) = rC\ d(i>0) \leqslant rC$. Falls $U_{n-1}(i) - U_{n-2}(i) \leqslant r^{n-2}C$ $(i \in I)$, so gilt für gewisse y und s die Ungleichung (16) mit $i \in I^+$.

$$(16) \qquad U_n(i) - U_{n-1}(i) \leqslant r \sum_{x \quad X} p(x) \begin{bmatrix} U_{n-1}(i-y+c(s,x)) - \\ U_{n-2}(i-y+c(s,x)) \end{bmatrix}$$

$$\leq r \sum_{x \in X} p(x)\, r^{n-2} C = r^{n-1} C.$$

Durch Induktion folgt (15).

Ungleichung (12) und die wiederholte Anwendung von (15) führen zur Abschätzung

$$(17) \qquad U_2(i) \leq U_n(i) \leq U_2(i) + r^2 C\,(1-r)^{-1} \qquad (n = 1,2,\ldots)$$

Wir setzen

$$(18) \qquad \underline{U}(i) = U_2(i) = i + rC\, d(i>0)$$

$$(19) \qquad \overline{U}(i) = U_2(i) + r^2 C\,(1-r)^{-1} = i + r^2 C\,(1-r)^{-1} + rC\, d(i>0)$$

Aus den bisherigen Ergebnissen folgt dann

Satz 1: Die Folge $\{U_n(i)\}$ konvergiert gleichmäßig gegen U(i). Es gilt

$$(20) \qquad \underline{U}(i) \leq U(i) \leq \overline{U}(i) \qquad (i \in I)$$

3. Konstruktion eines Markoffschen Entscheidungsprozesses

Mit Hilfe der unteren and oberen Schranken für die Kapitalwerte wird ein Markoffscher Entscheidungsprozeß (MEP) mit endlichem Zustandsraum konstruiert, dessen Lösung gleich U(i) ist. Wir definieren

$$(21) \qquad W(z) = -z + r \max_{s \in S} \sum_{x \in X} p(x)\, U(z+c(s,x)) \qquad (z \in I^+)$$

Falls in (21) U durch $\underline{U}$ bzw $\overline{U}$ ersetzt wird, erhalten wir $\underline{W}(z)$

bzw $\overline{W}(z)$. Offensichtlich gilt: $\underline{W}(z) \leq W(z) \leq \overline{W}(z)$. Mittels der Transformation z=i-y läßt sich (9) durch (22) darstellen.

$$(22) \qquad U(i) = i + \max_{0 \leq z \leq i} W(z) \qquad (i \in I^+)$$

Falls

$$(23) \qquad N' = 1 + \max_{\substack{s \in S \\ x \in X}} \{-c(s,x)\},$$

so gilt

$$(24) \qquad \underline{W}(z) = (-1+r)\, z + r(1+r)\, C \qquad (z \geq N')$$

$$(25) \qquad \overline{W}(z) = (-1+r)\, z + r(1-r)^{-1}\, C \qquad (z \geq N')$$

Wir setzen

$$(26) \qquad M' = \left[\!\left[N' + r^3(1-r)^{-2}\, C \right]\!\right]^+$$

Es ist klar, daß M' die kleinste ganze Zahl ist, mit den Eigenschaften (27)-(28).

$$(27) \qquad 0 \leq N' < M'$$

$$(28) \qquad \underline{W}(N') \geq \overline{W}(z) \quad \text{für alle } z \geq M'.$$

Nunmehr wird durch (29) eine Zahl $N \in I^+$ definiert:

$$(29) \qquad \max_{0 \leq z \leq N'} \underline{W}(z) = \underline{W}(N)$$

Offensichtlich gilt für alle $z \geq M'$

$$(30) \qquad \underline{W}(N) \geq \underline{W}(N') \geq \overline{W}(z) .$$

Unser Ziel ist es, eine möglichst kleine ganze Zahl $M \leq M'$ zu bestimmen, so daß (30) für alle $z \geq M$ gilt. Deswegen berechnen wir die kleinste Zahl m aus $\{0,1,\ldots,M'-N-1\}$ mit den Eigenschaften (31)-(32) und setzen $M=M'-m$.

(31) $\quad \underline{W}(N) \geq \overline{W}(M'-m)$

(32) $\quad \underline{W}(N) < \overline{W}(M'-m-1)$

Unser Ergebnis fassen wir zusammen in

<u>Lemma 3</u>: Es ist M die kleinste ganze Zahl, so daß ein N existiert mit den Eigenschaften

(33) $\quad 0 \leq N < M$

(34) $\quad \underline{W}(N) \geq \overline{W}(z) \quad$ für alle $z \geq M$

<u>Satz 2</u>: Für $i \geq M$ gilt

(35) $\quad U(i) = i-M+U(M)$

<u>Beweis</u>: Aus Lemma 3 folgt

(36) $\quad W(N) \geq \underline{W}(N) \geq \overline{W}(z) \geq W(z) \quad$ für alle $z \geq M$.

Somit erhalten wir für alle $i \geq M$

(37)
$$\max_{0 \leq z \leq i} W(z) = \max\left\{ \max_{0 \leq z \leq M} W(z) \, , \, \max_{M \leq z \leq i} W(z) \right\}$$
$$\leq \max\left\{ \max_{0 \leq z \leq M} W(z) \, , \, W(N) \right\}$$
$$= \max_{0 \leq z \leq M} W(z)$$

Folglich läßt sich (22) für $i \geq M$ als

$$(38) \qquad U(i) = i + \max_{0 \leq z \leq M} W(z)$$

darstellen, woraus im Fall $i=M$ die Gleichung (39) resultiert.

$$(39) \qquad \max_{0 \leq z \leq M} W(z) = U(M) - M$$

Die letzten beiden Gleichungen implizieren (35).

Nunmehr wird (35) und (8) in (9) eingesetzt. Für $i \in I^{+}$ resultiert die Funktionalgleichung (40).

$$(40) \qquad U(i) = \max_{Y(i) \times S} \left\{ \begin{array}{l} y + r\sum p(x)\ (i-y+c(s,x))\ d(i-y+c(s,x) \leq 0) \\ + r\sum p(x)\ (i-y+c(s,x)-M)\ d(M \leq i-y+c(s,x)) \\ + r\sum p(x)\ U(i-y+c(s,x))\ d(0 < i-y+c(s,x) < M) \\ + r\sum p(x)\ U(M)\ d(M \leq i-y+c(s,x)) \end{array} \right\}$$

Um (40) zu lösen, beschränken wir uns auf $1 \leq i \leq M$. Die Gleichung (40) läßt sich dann als Funktionalgleichung eines MEP mit endlichem Zustandsraum $\{1,\dots,M\}$ und endlichen zulässigen Entscheidungsräumen $Y(i) \times S$ interpretieren. Als unmittelbare Auszahlung im Zustand i bei Entscheidung (y,s) $Y(i) \times S$ werden die ersten drei Terme in der Klammer (40) definiert. Ferner wird die Übergangswahrscheinlichkeit von Zustand i in Zustand i' bei Entscheidung (y,s) durch $\sum_{X'} p(x)$ ausgedrückt, wobei die Summation sich über die Menge

$$(41) \qquad X' = X'(i,y,s,i') = \left\{ \begin{array}{ll} \{x \mid x \in X,\ i-y+c(s,x) = i'\} & \text{falls } 1 \leq i' < M \\ \{x \mid x \in X,\ i-y+c(s,x) \geq M\} & \text{falls } i' = M \end{array} \right\}$$

erstreckt. Der Diskontierungsfaktor $0 \leq r < 1$ wird direkt übernommen. Algorithmen für endliche MEP können somit angewandt werden, um den ursprünglichen Entscheidungsprozeß zu lösen.

Der Verfasser dankt seinem verehrten Lehrer Professor Dr. W. Krelle für die Gelegenheit auf diesem Gebiet zu forschen, und der Deutschen Forschungsgemeinschaft für finanzielle Unterstützung.

Literaturverzeichnis:

(1) Borch, K.: The Economics of Uncertainty, Princeton University Press, Princeton, 1968.

(2) Borch, K.: Die optimale Dividendenpolitik der Unternehmen, Unternehmensforschung 11, 131-143, 1967.

(3) Borch, K.: The Theory of Risk, J. Roy. Statist. Soc. Ser. B 29, 432-452, 1967.

(4) Bühlmann, H.: Mathematical Methods in Risk Theory, Springer, New York, 1970.

(5) Gerber, H.: Games of Economic Survival with Discrete- and Continuous-Income Processes, Opns. Res. 20, 37-45, 1972.

(6) Miyasawa, K.: An Economic Survival Game, J. Opn. Res. Soc. Japan 4, 95-113, 1962.

(7) Morill, J.: One-Person Games of Economic Survival, Naval Res. Log. Quart. 13, 49-70, 1966.

(8) Reetz, D.: Optimale Reservepolitik bei unsicherem Kalkulationszinsfuß, Manuskript, 1972.

(9) Seal, H.: Stochastic Theory of a Risk Business, Wiley, New York, 1969.

(10) Shubik, M. and G. Thompson: Games of Economic Survival, Naval Res. Log. Quart. 6, 111-129, 1959.

(11) Takeuchi, K.: A Remark on Economic Survival Games, J. Opn. Res. Soc. Japan 4, 114-121, 1962.

(12) Wolff, K.-H.: Methoden der Unternehmensforschung im Versicherungswesen, Springer, Berlin, 1966.

(13) Wolff, K.-H.: Versicherungsmathematik, Springer, Wien, 1970

Bildungsplanung und OR — Erfahrungen und Ausblick

Ein integriertes Personalplanungs- und Ausbildungskapazitätsmodell unter Einsatz des diskreten Maximum-Prinzips

von W. Burckhardt, Düsseldorf

Zusammenfassung:

Das vorliegende Modell dient zur mittel- bis langfristigen Personalplanung und ist insbesondere auf die Lehrkräfteplanung zugeschnitten. Hierbei wird für eine Lehrergattung simultan ein Gleichgewicht zwischen Bestand und Bedarf an Lehrkräften ('manpower approach') sowie zwischen Studierenden und Ausbildungskapazitäten über einem vorgegebenen Planungshorizont angestrebt. Weiterhin gehen Studienwünsche von Studienanfängern ('social demand approach') sowie Alterungund Berufsunterbruch von Lehrkräften ein. Das Modell operiert für jeden Ausgangszustand bezüglich des Bestands und Bedarfs (Ueberschuss, Defizit, Gleichgewicht). Das zugehörige Optimierungsverfahren basiert auf dem diskreten Maximum-Prinzip von Pontryagin. Das vorliegende Modell wird an einem realistischen Beispiel demonstriert und mit anderen Modellen verglichen.

Summary:

This paper describes a model for medium- and longterm manpower planning e.g. teacher-planning. The model tries to establish simultaneously an equilibrium between supply and demand of teachers of a specific category, e.g. elementary school teachers ('manpower approach') and between students and capacity of universities in this field over a given time horizon. Factors such as demand of students for an education in the field under consideration ('social demand approach'), retirement and sabbatical years of teachers are taken into account. The model operates for any starting condition concerning supply and demand of teachers (e.g. undersupply, oversupply, equilibrium). The optimization process is based on the discrete maximum principle of Pontryagin. In this paper, the model is applied on a realistic case and compared with similar models.

Dankadresse:

Der Autor dankt den Herren Professor Dr. D. Wilde, Stanford und Professor Dr. G. B. Kleinsdorfer, Berkeley für ihre Anregungen bei der Durchführung dieser Arbeit, der Graduate School of Business, Stanford für ihre grosszügige Bereitstellung von Computerzeit und besonders dem Deutschen Akademischen Auslandsdienst für die finanzielle Unterstützung im Rahmen eines Informatikstipendiums.

Zu dieser Problemstellung ist der Autor im Anschluss an die Durchführung eines Forschungsauftrages für das Bundesministerium für Bildung und Wissenschaft, Bonn, angeregt worden, der von FIDES Treuhand-Vereinigung, Zürich, PROGNOS, Basel, AfeB, Heidelberg durchgeführt wurde.

1. Problemstellung

"Es fehlen Lehrer. Sie werden auch in absehbarer Zeit noch fehlen..." Schöne (7), "Droht eine Explosion der Lehrerzahlen ?" Regling (6), diese Zitate deuten auf Gegensätze hin, die gegenwärtig in der mittel- bis langfristigen Lehrerplanung herrschen.

Das vorliegende Modell behandelt die folgende Problemstellung:

Um den Schulunterricht über Jahre hinaus zufriedenstellend durchführen zu können, müssen ausgehend von einem Defizit, Ueberschuss oder Gleichgewicht zwischen Bestand und Bedarf an Lehrkräften in allen Zeitperioden soviele Lehrkräfte ausgebildet werden, auf dass

- ein Gleichgewicht zwischen Bestand und Bedarf an Lehrkräften hergestellt wird bzw. erhalten bleibt (engl. 'manpower approach'),
- Studienwünsche von Studienanfängern berücksichtigt werden (engl. 'social demand approach') und
- die Ausbildungskapazitäten für neue Lehrkräfte weder unterbelastet (Opportunitätskosten) noch überbelastet (mangelhafte Ausbildung und überproportionale Mehrkosten) werden.

Um diese teilweise gegensätzlichen Einflussgrössen simultan zu berücksichtigen, enthält das Modell eine Mehr-Kriterien-Zielfunktion (engl. 'multicriterion objective function'), Restriktionen bezüglich der Entscheidungsvariablen und erlaubt somit eine quantitative Bestimmung von 'trade-offs' zwischen den Zielvorstellungen.

Das Modell ist dynamisch, um zeitliche Aenderungen in bezug auf:

- Bedarf, z.B. wegen demographischen Schwankungen in den Schülerzahlen oder wegen Aenderungen in den Schüler-Lehrkräfte-Relationen,
- Bestand, z.B. wegen zeitlich veränderlichen Alterungsraten oder wegen Fortbildungsmassnahmen des Lehrkörpers,
- Studienwünsche von Studienanfängern und
- Ausbildungskapazitäten

zu berücksichtigen. Es ist zur Analyse von einer Lehrergattung konzipiert.

Die Optimierung des Modells geschieht mit Hilfe des diskreten Maximum-Prinzips von Pontryagin. Das Modell ist wegen der Schnelligkeit des Optimierungsverfahrens und der geringen Anzahl von Eingaben sehr geeignet für Mensch-Maschine Interaktionssysteme.

Das Modell eignet sich zur Behandlung von mit der Lehrerplanung verbundenen mittelfristigen Probleme wie

- Studienberatung von Studienanfängern
- Hochschulplanung für lehrerausbildende Institutionen
- Kontaktstudium für Lehrkräfte und seine Konsequenzen auf den Lehrerbestand
- Konsequenzen von Projektionen über Schüler-Lehrer-Relationen auf die Lehrernachwuchsplanung und die ausbildenden Institutionen.

Hierbei ist es vonseiten des Modells möglich, diese Problemstellungen auch simultan zu betrachten. Das Modell ist nicht nur für die Lehrerplanung, sondern auch für strukturell verwandte Problemkomplexe in anderen Berufsgattungen einsetzbar.

2. Mathematisches Modell

2.1 Variablen:

T : Planungszeitraum in Perioden

$s(t)$: Lehrerbestand in Periode t, vgl. Gleichung (2.1)

$g(t)$: Anzahl der Studenten in einem Studienjahr, die in Periode t abschliessen (mit oder ohne Erfolg); in Periode (t-N) (N entspricht der durchschnittlichen Studiendauer) beginnen diese ihr Studium; vgl. Beziehung 2.2

$d(t)$: Bedarf an Lehrkräften in Periode t

$l(t)$: ausscheidende Lehrkräfte in Periode t (z.B. durch Pensionierung, Berufswechsel, Tod)

$\underline{g}(t)$: untere Grenze von Studienanfängern in Periode (t-N)

$\bar{g}(t)$: obere Grenze von Studienanfängern in Periode (t-N)

$C(t)$: Ausbildungskapazität in Anzahl Studienplätzen (ein Studienplatz entspricht einem Studenten) für einen Studienjahrgang g(t)

$\alpha(t)$: Verhältnis der in den Lehrerberuf eintretenden Absolventen zu g(t) in Periode t

δ : Grösse zur unterschiedlichen Gewichtung von Lehrerüberschuss bzw. -defizit, vgl. Abb. 2.2

$w_1(t)$, $w_2(t)$: Grössen zur simultanen Gewichtung der Differenzen (Lehrkräftebestand- -bedarf) und (Studenten-Ausbildungskapazitäten) in Periode t

Die Grössen $s(t)$, $d(t)$, $l(t)$ haben die Einheit [Vollzeitlehrkraft in Periode t], $g(t)$, $\underline{g}(t)$, $\bar{g}(t)$, $C(t)$ die Einheit [Studenten im Abschlussjahr in Periode t], $w_1(t)$ und $w_2(t)$ die Einheit [dimensionsloses Gewicht je Vollzeitlehrer in Periode t]^2. Die übrigen Grössen sind entweder dimensionslos (δ), oder ihre Einheiten sind bereits oben angegeben (T, $\alpha(t)$).

2.2 Formulierung des Modells:

Das Modell baut auf dem dynamischen System auf, das in Abb. 2.1 dargestellt ist:

> die Anzahl Lehrkräfte zu Beginn der Periode t + 1 (t=0,...,T-1) ergibt sich aus der Anzahl Lehrkräfte zu Beginn der Periode t plus der Anzahl Lehrerabsolventen, die in Periode t eintritt, minus der Anzahl Lehrkräfte, die während der Periode t aus dem Berufsleben austritt. Der Anfangszustand des Systems, der Bestand an Lehrkräften zu Beginn der Periode t = 0, ist s(0).

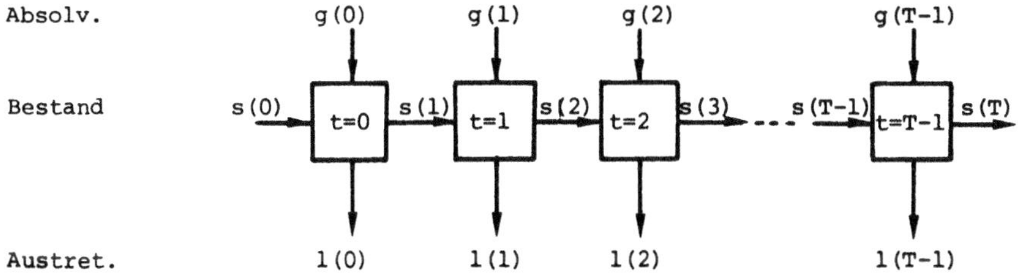

Abb. 2.1: System der Lehrbestandsfortschreibung

Somit ergibt sich für den Lehrkräftebestand in Periode (t+1) die folgende lineare rekursive Differenzengleichung:

(2.1) $\Delta s(t) = s(t+1) - s(t) = \alpha(t) \cdot g(t) - l(t)$ $\quad t=0,\ldots,T-1$

Um die Wünsche der Studienanfänger zu berücksichtigen, wird die Anzahl von Absolventen in t von unten und oben beschränkt.

(2.2) $\underline{g}(t) \leq g(t) \leq \bar{g}(t)$ $\quad t=0,\ldots,T-1$

Die Zielfunktion (in der Systemtheorie auch 'Performance-Index' oder 'Index-Funktion' genannt) ist wie folgt gewählt:

$$\text{(2.3)} \quad \min Z = \sum_{t=0}^{T-1} \left\{ w_1(t+1)\ \delta\ (s(t+1)-d(t+1))^2 + w_2(t)\,(g(t)-C(t))^2 \right\}$$

In (2.3) werden simultan (1) Bestand und Bedarf an Lehrkräften je Planungsperiode (t+1) sowie (2) Anzahl Studenten im letzten Studienjahr und die Ausbildungskapazität in t betrachtet. Dabei werden die Abweichungen (1) und (2) gegeneinander gewichtet und die Summe der Quadrate dieser gewichteten Abweichungen über alle Zeitperioden t minimiert. Die Abweichungen bei (1) werden nach ihrem Vorzeichen unterschiedlich gewichtet, vgl. Abb. 2.2 . In diesem Beispiel wird ein Defizit Δ_1 an Lehrkräften um ein Mehrfaches höher gewichtet, d.h. bestraft als ein Ueberschuss vom gleichen Betrag.

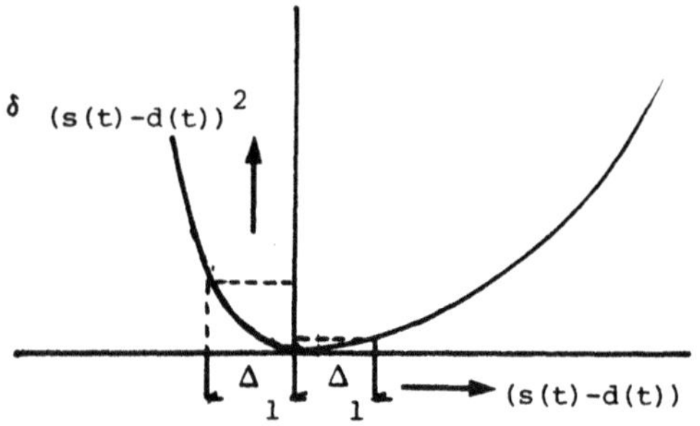

Abb. 2.2: Beispiel einer Gewichtung von Differenzen (Lehrkräftebestand- -bedarf)

2.3 Optimierungsverfahren

Der Autor hatte ursprünglich die Absicht, die vorliegende Optimierungsaufgabe mit Hilfe der dynamischen Programmierung zu lösen. Dazu werden g(t) als Entscheidungs- und s(t) als Zustandsvariable definiert. Der Einsatz der dynamischen Programmierung hat zur Folge, dass Zustands- und Entscheidungsvariable zu diskretisieren sind und in jeder Stufe für jeden Wert der Zustandsvariable eine Optimierung mit den zugehörigen Berechnungen und Vergleichen durchzuführen ist. Es lassen sich weiterhin quadratische Optimierungsverfahren oder bei entsprechender Umformulierung lineare Programmierungsverfahren einsetzen. Die genannten Verfahren sind jedoch mit einem grösseren Aufwand verbunden als der Einsatz des diskreten Maximum-Prinzips.

Das diskrete Maximum-Prinzip, eine diskrete Form des kontinuierlichen Maximum-Prinzips von Pontryagin, erlaubt für diese Problemstellung, ein eindimensionales Offen-End-System mit Anfangsbedingung, die Herleitung eines

Optimierungsverfahrens, das sich auf ein eindimensionales konvexes Suchverfahren reduzieren lässt, siehe Kleindorfer u.a. (5). Dabei lässt sich die Entscheidungsvariable je Stufe in mathematisch geschlossener Form darstellen. Diese ist für Sensitivitätsanalysen von grossem Vorteil.

Da das Modell aus linearen rekursiven Differenzengleichungen und einer quadratischen Zielfunktion besteht, ist es in mathematischem Sinn konvex und somit ist das ermittelte Optimum ein globales Optimum.

Die Vorgehensweise beim Einsatz des diskreten Maximim-Prinzips wird an dieser Stelle nur kurz dargestellt; ausführliche Beschreibungen sind allgemein bei Bryson und Ho (1), bei Wilde und Beightler (8), sowie für diesen speziellen Fall bei Burckhardt (2) aufgeführt.

Nach Formulierung der Lagrange-Funktion L(t) unter Einführung von 'Adjoint'-Variablen u(t) (t=0,...,T) lässt sich die Hamilton-Funktion H(t) ableiten. Die partiellen Ableitungen von H(t) nach Entscheidungs- bzw. Zustandsvariablen ergeben:

(2.4) $$g(t) = \text{sat}\left[\frac{\alpha(t) \cdot u(t)}{2w_2(t)} + C(t)\right]_{\underline{g}(t)}^{\bar{g}(t)} \quad {}^{*)}$$

(2.5) $$\Delta u(t) = -2w_1(t+1)\,\delta\,(s(t+1) - d(t+1))$$

(2.6) $$u(T) = 0$$

Ausserdem gilt:

(2.7) $$\frac{\partial u(T)}{\partial u(0)} > 0$$

Ziel des Algorithmus ist, ein u(0) zu ermitteln, auf dass die Beziehungen (2.1), (2.4)-(2.6) erfüllt sind. Hierbei wird durch Beziehung (2.7) die Konvergenz gesichert.

---

*) $y = \text{sat}\left[x\right]_{x_2}^{x_1}$ bedeutet: $y = \begin{cases} x_1 & x_1 < x \\ x & x_1 \leq x \leq x_2 \\ x_2 & x_2 > x \end{cases}$

3. Anwendung des Modells

3.1 Beispiel

Das Modell wird anhand eines Beispiels demonstriert, das aus Simulationsrechnungen bei der Anwendung des DSM (4) für eine Lehrerkategorie entnommen ist.

Der Beginn des Planungszeitraums beim Einsatz dieses Modells muss mindestens N Jahre (N ist die durchschnittliche Studiendauer) vom gegenwärtigen Zeitpunkt in der Zukunft liegen, da die Studenten, die bereits ihr Studium aufgenommen haben, im Modell nicht als Entscheidungsvariable betrachtet werden. Wie bereits in Abschnitt 2.2 ausgeführt ist, werden in diesem Modell Studienanfänger als Absolventen-Studienjahrgänge behandelt, so dass eine Entscheidung bezüglich der Anzahl Absolventen um N Jahre zurücktransformiert werden muss, um die Anzahl Studienanfänger zu ermitteln.

Folgende Ueberlegungen liegen den Eingabedaten in Tabelle 3.1 zugrunde:

- der Bedarf an Lehrkräften wächst kontinuierlich in unterschiedlich grossen Beträgen wegen Verkleinerung der Schüler-Lehrer-Relationen bei nahezu gleichbleibenden Schülerzahlen
- die unteren und oberen Grenzen bezüglich der Studentenzahlen, die Ausbildungskapazitäten sowie die Austretenden steigen stetig
- in der Startperiode ist der Lehrkräftebestand grösser als der Lehrkräftebedarf
- Abweichungen bezüglich der Ausbildungskapazität werden höher gewichtet (bestraft) als solche bezüglich Lehrkräftebedarf
- die Gewichte bezüglich der Abweichungen nehmen mit zunehmender Zeit ab, weil Daten in ferner Zukunft mit grösseren Unsicherheiten verbunden sind und deshalb nicht überbewertet werden dürfen
- Lehrkräfte-Defizite werden 4 mal höher gewichtet als Lehrkräfteüberschüsse.

Eingabedaten:*)

T = 10 Jahre

Nr \ t		1	2	3	4	5	6	7	8	9	10	11
1	$w_1(t)$	10	10	10	8	8	8	8	7	6	6	4
2	$w_2(t)$	20	20	20	16	16	16	16	12	12	12	
3	$\underline{g}(t)$	15	15	16	16	17	17	18	19	20	21	
4	$\bar{g}(t)$	22	23	24	25	26	27	28	29	30	31	
5	d(t)	siehe Spalte (4)					in Tab. 3.2					
6	l(t)	siehe Spalte (6)					in Tab. 3.2					
7	C(t)	siehe Spalte (7)					in Tab. 3.2					

Die Grössen in den Zeilen 3-7 sind mit 10^3 zu multiplizieren.

*) Im Gegensatz zur allgemeinen Formulierung im Abschnitt 2 beginnt im Beispiel der Index t bei 1

$\alpha(t) = 0,85 \qquad t=1,\ldots,T-1$

$s(1) = 238 \cdot 10^3$

$$\delta = \begin{cases} 1.0 & \text{für } (s(t) - d(t)) > 0 \\ 0.25 & \text{für } (s(t) - d(t)) < 0 \end{cases}$$

$\varepsilon = 0.1$ ($|u(T)| < \varepsilon$, Abbruchkriterium des Suchprozesses für u(T)).

Tab. 3.1 Eingabedaten für das Beispiel

Die Ergebnisse unter Einsatz des Modells sind in Form eines Computer-Outputs in Tabelle 3.2 sowie graphisch in den Abbildungen 3.1 und 3.2 wiedergegeben.

E R G E B N I S VON V A R I A N T E V3-LB3-14K

PER. (1)	AB- SOL. (2)	ANGE BOT (3)	BE DARF (4)	DIFF 3-4	F(T) (5)	ABG (6)	KAP (7)	OBJ. FKTN (8)
1	17.1	238.0	219.0	19.0	-87.23	8.0	19.0	931
2	20.1	244.6	226.0	18.6	5.65	8.5	20.0	1060
3	20.9	253.2	246.0	7.2	41.53	9.0	20.0	1078
4	22.2	261.9	261.0	0.9	45.24	9.4	21.0	1104
5	21.9	271.4	272.0	-0.6	35.60	9.8	21.0	1142
6	22.2	280.3	282.0	-1.7	7.63	10.2	22.0	1143
7	22.2	288.9	289.0	-0.1	6.42	10.6	22.0	1144
8	23.2	297.2	297.0	0.2	6.93	11.0	23.0	1150
9	23.5	305.9	304.0	1.9	12.71	11.4	23.0	1167
10	23.8	314.5	316.0	-1.5	-5.77	11.8	24.0	1175
11					0.00			

Tab. 3.2: Computer-Output der Ergebnisse

Neben den Spalten, die bereits bei den Eingabedaten erklärt sind, steht in der

2. Spalte: die Entscheidungsvariable, die Absolventen
3. Spalte: die Zustandsvariable, Bestand an Lehrkräften
5. Spalte: die Differenz (Bestand-Bedarf)
6. Spalte: die 'Adjoint'-Variable
9. Spalte: die Zielfunktion summiert über alle vorhergehenden Perioden

Dabei sind die 2., 7. und 3. Spalte miteinander verknüpft aufgrund von Formel (2.1).

Eine Analyse der Ergebnisse selbst in der vorliegenden Kürze lässt aufschlussreiche Schlüsse zu. So treten nach dem Abbau von Lehrkräfte-Ueberschüssen in 4 Perioden immer noch kleine Defizit-Ueberschuss-Schwankungen auf, weil gleichzeitig die Differenzen (Absolventen-Ausbildungskapazität) minimiert werden. In keiner Periode werden die untere und die obere Schranke $\underline{g}(t)$ und $\bar{g}(t)$ berührt, d.h. wesentliche Grössen basierend auf dem 'social demand approach' spielen bei diesem Beispiel keine signifikante Rolle. Das wird sehr wesentlich dadurch beeinflusst, dass die Ausbildungskapazität C(t) zwischen der unteren und oberen Grenze $\underline{g}(t)$ und $\bar{g}(t)$ liegt. Da die Gewichte $w_2(t)$ grösser sind als $w_1(t)$, wird eine Anpassung der Studentenzahlen bezüglich der Ausbildungskapazität eine Präferenz gegenüber einem Ausgleich von Bedarf und Bestand der Lehrkräfte gegeben, vgl. Spalten (4) und (7) in Tabelle 3.3.

3.2 Vergleich mit verwandten Modellen

Um die Eigenschaften dieses Modells besser zu demonstrieren, wird es anhand des vorliegenden Beispiels mit zwei verwandten Modellen verglichen. Diese Modelle sind:

Modell (1): vgl. Correa (3)

$$\min \sum_{t=1}^{T} \left| (s(t)-d(t)) \right| \text{ unter Berücksichtigung von (2.1)}$$

Modell (2): wie Modell (1), wobei ausserdem (2.2) berücksichtig wird.

In diesen beiden Modellen bleibt die Ausbildungskapazität unberücksichtigt.

In Tabelle 3.3 sind die entsprechenden Ergebnisse für Absolventen, Differenz (Lehrerbestand - Lehrkräftebedarf) und Differenz (Absolventen-Ausbildungskapazität) zahlenmässig und in den Abbildungen 3.1 und 3.2 graphisch dargestellt.

Periode	Absolventen			Diff. (Best.-Bed.)			Diff. (Abs.-Kap.)		
	Beisp. (1)	MI (2)	M2 (3)	Beisp. (4)	MI (5)	M2 (6)	Beisp. (7)	MI (8)	M2 (9)
1	17,1	0	15	19,0	19,0	19,0	-1.9	-19,0	-4,0
2	20,1	28,8	15	18,6	4	16,7	0,1	+ 8,8	-5,0
3	20,9	28,2	17,7	7,2	0	4,9	0,9	+ 8,2	-2,3
4	22,2	24	24	0,9	0	0	1,2	+ 3,0	+3,0
5	21,9	23,3	23,5	- 0,6	0	0	0,9	+ 2,3	+2,5
6	22,2	20,2	20,2	- 1,7	0	0	0,2	- 1,8	+1,8
7	22,2	21,9	22,0	- 0,1	0	0	0,2	- 0,1	0
8	23,2	21,0	21,2	0,2	0	0	0,2	- 2,0	-1,8
9	23,5	27,5	27,5	1,9	0	0	0,5	+ 4,5	4,5
10	23,8	18,6	21,0	- 1,5	0	0	-0,2	- 5,4	-3,0
∅	-	-	-	4,39	2,30	4,06	0,21	-0,15	-0,43
Streuung	-	-	-	8,00	5,99	7,42	0,86	8,09(!)	3,41

Tab. 3.3: Zahlenmässiger Vergleich von Ergebnissen der drei verschiedenen Modelle

Es ist eindeutig zu erkennen, dass beide Modelle (1) und (2) zwar sehr schnell einen Abbau von Lehrkräftebeständen und ein Gleichgewicht zwischen Lehrkräftebestand und -bedarf herbeiführen; siehe Spalten (5) und (6). Das geschieht jedoch vollständig auf Kosten der Studentenwünsche und der Ausbildungskapazität, siehe Spalten (2) und (8) bzw. der Ausbildungskapazität, siehe Spalte (9). Da die Studentenwünsche und die Ausbildungskapazität aufgrund der beschränkten Ressourcen und der damit verbundenen Kosten wesentliche Einflussgrössen darstellen, muss ein praxisnahes Modell diese Grössen berücksichtigen, was nur im vorliegenden Modell geschieht.

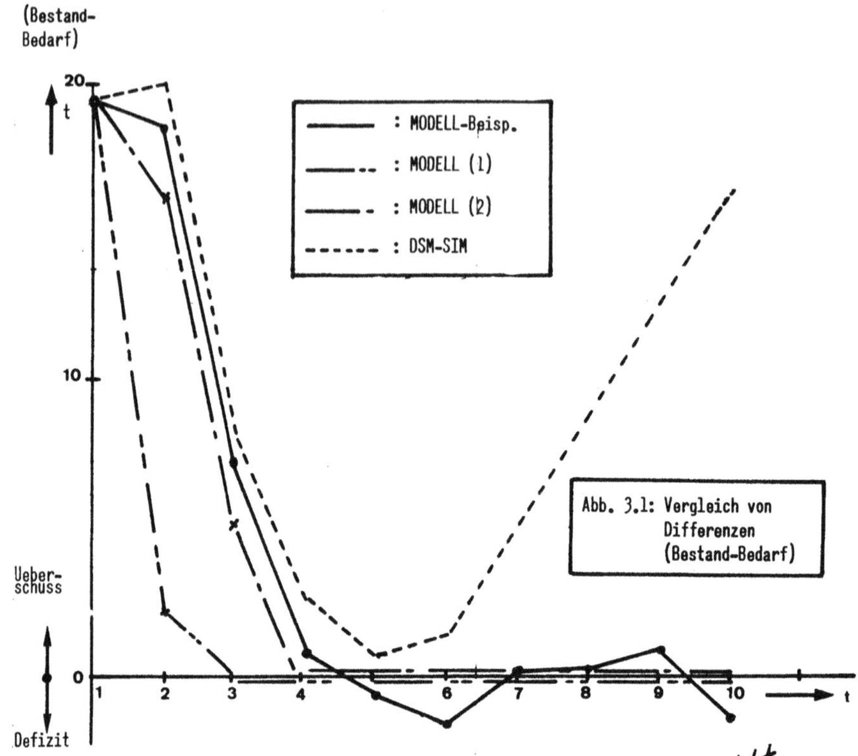

Abb. 3.1: Vergleich von Differenzen (Bestand-Bedarf)

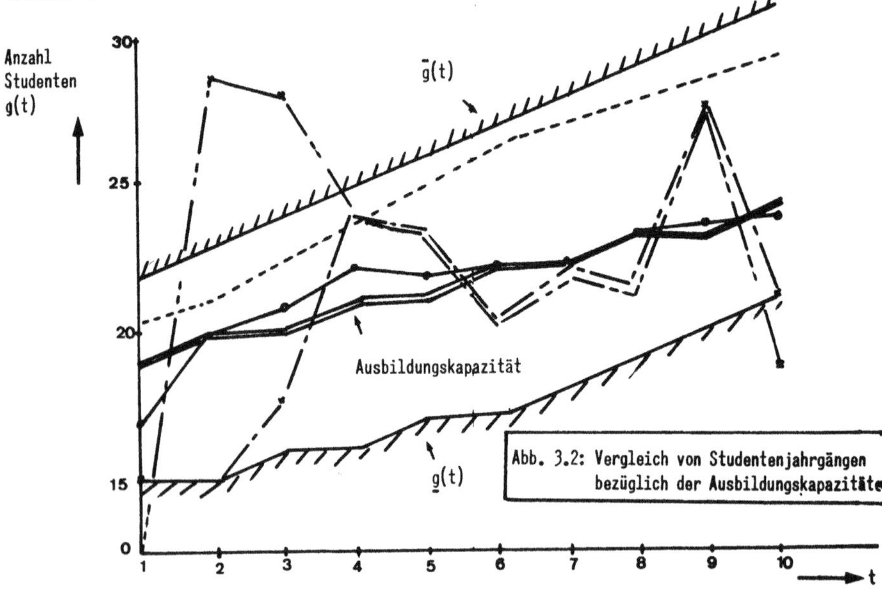

Abb. 3.2: Vergleich von Studentenjahrgängen bezüglich der Ausbildungskapazitäten

3.3 Anwendungsmöglichkeiten

Das Beispiel in Abschnitt 3.1 zeigt die Wirkungsweise und Aussagekraft dieses Modells.

Generell dient das Modell

- zur konzeptionellen und quantitativen Strukturanalyse der personellen, ökonomischen und dynamischen Zusammenhänge in der Personalplanung
- zur Bestimmung der Signifikanz von Einflussgrössen für spezifische Problemstellungen
- zur Messung von Differenzen zwischen anzustrebenden und erreichbaren Zielgrössen und von 'trade-offs' der Ziele untereinander.

Hierbei berücksichtigt das Modell simultan den Arbeitsmarkt der Lehrkräfte, die Ausbildungskapazitäten und die Vorstellungen von Studienanfängern.

Selbstverständlich hängt die Güte der Ergebnisse weitgehend von der Güte der Eingabedaten ab, wobei gegenwärtig auf dem Gebiet der Bildungs- und damit auch der Lehrerplanung das Datenmaterial nicht vollständig und abgesichert vorliegt, siehe DSM (4).

Das Modell kann für zahlreiche Modifikationen der ursprünglichen Problemstellung eingesetzt werden:

- das Modell ist einsetzbar für jede beliebige Ausgangssituation bezüglich der Differenz (Lehrkräftebestand- -bedarf), d.h. in der Ausgangsperiode kann entweder ein Defizit, ein Ueberschuss oder ein Gleichgewicht herrschen
- die projezierte Zeitreihe z.B. für den Lehrkräftebedarf oder die Austretenden ist bzw. sind keinen Bedingungen, wie z.B. monotones Wachstum unterworfen
- es können Vorgänge wie
  - Einstellung von Teilzeitlehrern
  - Veränderung des Pensionierungsalters
  - Weiterbildung mit zwischenzeitlichem Ausscheiden
  - bei weiblichen Lehrkräften vorübergehende Berufspause wegen Heirat und Familiengründung

berücksichtigt werden.

- die Anpassung an spezifische Problemsituationen kann über die Grössen $C(t)$, $\underline{g}(t)$ und $\bar{g}(t)$, $w_1(t)$ und $w_2(t)$ sowie δ ohne grossen zusätzlichen Aufwand vorgenommen werden.

3.4 Ausblick

Dynamische Optimierungsprobleme sind in der Mikroökonomie sehr häufig anzutreffen. Jede mittel- bis langfristige Planung, insbesondere der Infrastrukturplanung bei beschränkten Ressourcen, stellt ein solches Optimierungsproblem dar.

Zukünftige Verfahren sollten erweitert werden hinsichtlich der Anzahl Entscheidungs- und Zustandsvariablen sowie hinsichtlich der Ressourcen, die simultan betrachtet werden.

Methoden der Systemtheorie sind, wie in dieser Arbeit demonstriert ist, besonders geeignet zur Lösung dieser Probleme. Sie ermöglichen im Gegensatz zu zahlreichen Verfahren des Operations Research, ohne zusätzlichen Aufwand Nicht-Linearitäten in der mathematischen Formulierung der Probleme zu bewältigen und diese bei raltiv geringem Aufwand zu lösen.

L I T E R A T U R

(1) Bryson, A., Ho, Yu-Chi: 'Applied Optimal Control', Blaisdell Publ. Corp., Waltham, 1969

(2) Burckhardt, W.: 'A Model for Medium and Longrange Teacher Planning Applying the Discrete Maximum Principle', unveröffentlichtes Manusskript, IFORS-Conference 1972, Dublin

(3) Correa, H.: 'A Survey of Mathematical Models in Educational Planning', in 'Mathematical Models in Educational Planning', OECD, Paris, 1967

(4) D S M - Dynamisches Strukturmodell für das Bildungswesen in der BRD, Forschungsauftrag des BMBW Bonn, Prognos - Fides - AfeB, Basel - Zürich - Heidelberg, 1971

(5) Kleindorfer, G.B., Kleindorfer, P., Thomsen, G.L., unveröffentlichtes Manusskript, Carnegie - Mellon - University, 1967

(6) Regling, H.: 'Droht eine Explosion der Lehrerzahlen ?', Wirtschaftsdienst 50/VIII, S. 476-480, Hamburg, 1970

(7) Schoene, H.: 'Zuviel oder zuwenig Lehrer ?', FAZ, S. 13, 3.12.71

(8) Wilde, D., Beightler, C.: 'Foundations of Optimization', Prentice - Hall, Englewood Cliffs, N.J., 1967

Dynamisches Strukturmodell für das Bildungswesen der Bundesrepublik Deutschland*

von W. Burckhardt und E. Jacot des Combes, Düsseldorf und Zürich

Zusammenfassung:

In dieser Arbeit wird ein deterministisches Modell zur quantitativen Bildungsplanung dargestellt, mit dessen Hilfe ein gesamtes Bildungssystem in seiner gegenwärtigen und zukünftigen Struktur beschrieben werden kann. Es dient vor allem zur quantitativen Beurteilung alternativer Strategien in der Bildungsplanung und damit zur Entscheidungsvorbereitung von politischen Gremien. Im einzelnen werden der Modellaufbau dargestellt und Möglichkeiten einer Optimierung diskutiert. Weiterhin wird die Modultechnik zur Definition der Strukturen von Verlaufsmodellen entwickelt und ihre Handhabung anhand eines Beispiels demonstriert, das mit Hilfe des zugehörigen Computerprogramms durchgerechnet ist. Abschliessend wird auf zukünftige Entwicklungen in Bezug auf Datenerfassung und auf Verfahren hingewiesen.

Summary:

This paper describes a deterministic model for quantitative educational planning including a flow-, teacher-, space- and finance-model. By means of the model, total educational systems in their present structure well as proposed for the future can be defined. Thus, the effects of alternative policies in the educational planning process can be derived in order to assist the decision-making process of the competent decision-maker, e.q. politicians.
The structure of the model is shortly described, and possibilities and prerequisites for an optimization are discussed. Furthermore, the modul-technique is developed which enables a user to define the structure of an arbitrary flow-model and the subsequent models. It is demonstrated by a fictitious example employing the corresponding computerprogram. Finally, future developments concerning the data-base and methods are suggested.

---

*) Dankadresse:
Wir danken dem Bundesministerium für Bildung und Wissenschaft nochmals für die Erteilung des Forschungsauftrages "Erstellung eines dynamischen Strukturmodells für das Bildungswesen der Bundesrepublik Deutschland", der im April 1971 abgeschlossen wurde. Wir möchten weiterhin die ausgezeichnete Zusammenarbeit der Mitarbeiter der PROGNOS, Basel, der FIDES Treuhand-Vereinigung, Zürich sowie der Arbeitsgruppe für empirische Bildungsforschung, Heidelberg, hervorheben, die wesentlich zum Gelingen der Aufgabe beigetragen hat.

1. EINFUEHRUNG

Bildungssysteme sind für eine Gemeinwirtschaft notwendige Einrichtungen, die laufend ändernden Anforderungen unterworfen sind und einen wechselnden Bedarf an Ressourcen beanspruchen. Sie verlangen eine Planung im Sinne einer Vorausschau, um frühzeitig die Konsequenzen und Implikationen von Systemänderungen festzustellen. Dazu sind Modelle notwendig.

Das dynamische Strukturmodell für das Bildungswesen der Bundesrepublik Deutschland (abgekürzt DSM), dargestellt in (5), ermöglicht eine quantitative Beurteilung alternativer Strategien der Bildungsplanung. Das DSM besteht aus den folgenden integrierten Teilmodellen:

- Verlaufsmodell (Durchfluss von Schülern bzw. Studenten durch das Bildungssystem)
- Lehrermodell mit Lehrerangebotsverlauf und Lehrerbedarf sowie Vergleich von Angebot und Bedarf an Lehrern
- Raummodell mit Raumbestandsfortschreibung und Raumbedarf sowie Vergleich von Angebot und Bedarf an Räumen
- Finanzmodell zur Ermittlung von Erstausgaben und laufenden Ausgaben

Anhand des DSM können bestehende Bildungssysteme und zukünftige Systemänderungen, die sich in neuen Ausbildungsgängen mit gewissen Schüler-/Studentenbeständen, veränderten Anforderungen an Lehrer und veränderten Lehrer-Schüler-Relationen etc. ausdrücken, in Bezug auf den Ressourcen- und Finanzmittelbedarf analysiert werden.

Quantitative Modelle und die Anwendung von mathematischen Verfahren in der Bildungsplanung sind umfassend erstmalig in "Mathematical Models in Educational Planning" (3) behandelt worden. In das DSM, siehe (2), sind Ergebnisse und Erfahrungen eingangen, die anhand eines langfristigen Verlaufs-Modells für den Hochschulgesamtbereich des Bundeslandes Baden-Württemberg, siehe (1) sowie anhand von SOM (Simulation Option Model), siehe (6), gewonnen wurden. Es ist bei der Konzeption des DSM bewusst auf Optimierungsansätze verzichtet worden, weil die Analyse von komplexen, umfangreichen, teilweise nicht quantifizierbaren Systemen wie Bildungssysteme erst am Anfang steht. So können die Problemstellungen und die im Rahmen einer Optimierung zu bewertenden Alternativen gegenwärtig nicht eindeutig definiert werden. Selbst neuere Arbeiten auf Teilbereichen von Ausbildungssystemen verzichten auf Optimierungsansätze, vergleiche (4). Das schliesst allerdings nicht aus, dass für gewisse, wohl abgegrenzte, Bereiche des Bildungssystems durchaus Modelle mit Optimierungscharakteristiken entwickelt und eingesetzt werden. Eine Fortführung des DSM ist das "Simulationsmodell für Bildungssysteme" (2), wobei als Erweiterungen Disaggregationen von gewissen Modellgrössen, z.B. von Lehrern sowie punktuelle Optimierungen, z.B. bei Räumen, vorgenommen werden.

Der folgende Abschnitt enthält den Aufbau, die mathematische Formulierung sowie die Darstellung der Modultechnik. Daran schliesst sich die Einführung in das zugehörige Computerprogramm an. Anschliessend wird das Modell anhand eines Beispiels demonstriert. Auf die Probleme der Erstellung des Modells, der Datenbeschaffung, des Einsatzes des Programms sowie des Lernprozesses für die am Planungsprozess mit Hilfe des DSM Beteiligten wird in dieser Arbeit nicht eingegangen. Diese Probleme sind weitgehend bereits in (5) abgehandelt.

2. MODELLFORMULIERUNG DES DSM

2.1 Uebersicht über das Modell

Das DSM ist bereits in der Einführung vorgestellt worden. Die Teilmodelle und ihre Verknüpfungen sowie der Ablauf von Simulationsrechnungen mit Variantenvergleich ist in Abb. 2.1 dargestellt.

Ordnungsschemata für die einzelnen Teilmodelle sind für das

- Verlaufsmodell: Ordnungsstruktur wie in Abb. 2.2;
  Beispiel : Bildungssystem: Ist-Zustand des Bildungssystems der BRD
  Hauptsystem : Hochschulbereich
  Subsystem : Techn. Wissenschaften
  Teilstruktur : Maschinenbau
  Modul : 2. Studienjahr
- Lehrermodell: Lehrerkategorienordnung
- Raummodell: eine aggregierte Form der Ordnungsstruktur des Verlaufsmodells mit einer Unterteilung nach Raumnutzungsarten
- Finanzmodell: laufende und Erstausgaben geordnet entsprechend der Ordnungsschemata der jeweiligen Bezugsgrössen

Unter diesen Voraussetzungen erlaubt das DSM Aussagen wie

Anzahl Schüler in einem Ausbildungsgang,

dazu benötigte Lehrer, unterteilt nach entsprechenden Lehrerkategorien, fehlende Lehrer bzw. Ueberschuss an Lehrern,

dazu benötigte Raumkapazitäten, unterteilt nach Raumbenutzungsarten, fehlende bzw. überschüssige Raumkapazitäten,

dazu benötigte laufende und Erst-Finanzmittel in einer bestimmten Planungsperiode.

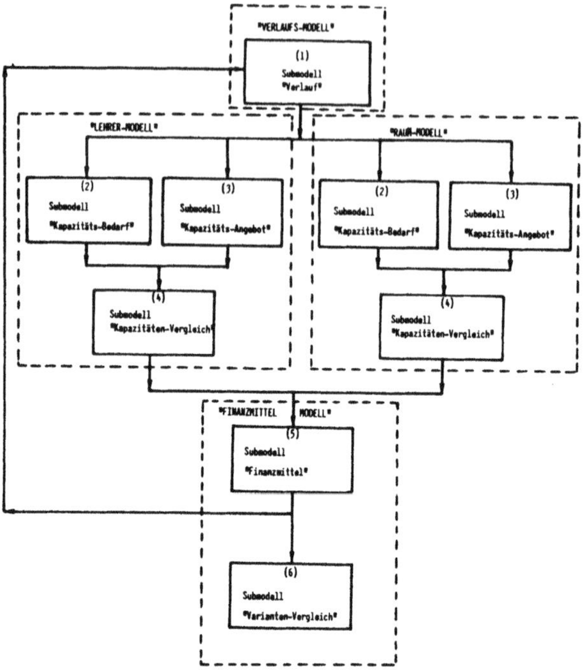

Abb. 2.1 Modellaufbau des DSM

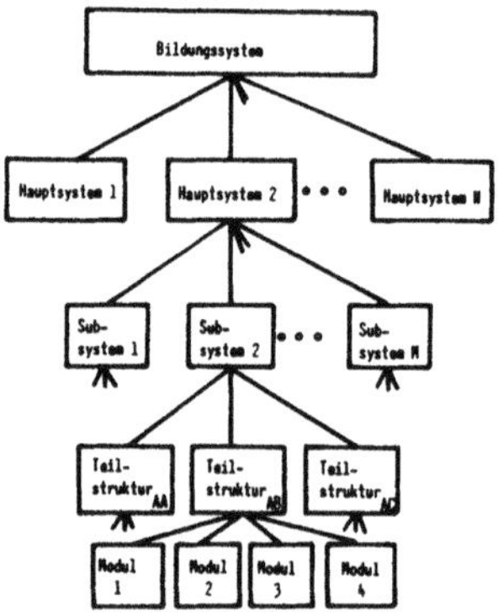

Abb. 2.2 Struktur des DSM

2.2 Mathematische Formulierung

Die mathematische Formulierung des DSM (2.1) - (2.12) ist eine kompakte Darstellung des Gesamtmodells in (5). Sie soll dazu dienen, die prozessualen Zusammenhänge sichtbar zu machen.

Verlaufsmodell

$$X_t = Q_t^v \cdot X_{t-1} \tag{2.1}$$

Lehrermodell

$$LA_t = Q_t^{la} \cdot LA_{t-1} + Q_t^{lv} \cdot X_{t-1} \tag{2.2}$$

$$LB_t = R_t^{lb} \cdot X_t \tag{2.3}$$

$$\Delta L_t = LB_t - LA_t \tag{2.4}$$

Raummodell

$$RA_t = Q_t^{ra} \cdot RA_{t-1} + RN_t \tag{2.5}$$

$$RB_t = R_t^{rb} \cdot X_t \tag{2.6}$$

$$\Delta R_t = RB_t - RA_t \tag{2.7}$$

Modifikationen bei der Berechnung des Raumangebots: Der Fehlbedarf in (t-1) wird in t gebaut *)

$$RA_t = Q_t^{ra} \cdot RA_{t-1} + RN_t + \delta_{t-1} \Delta R_{t-1} \tag{2.8}$$

Finanzmodell

$$F_t^l = R_t^{ll} \cdot LB_t + R_t^{lv} \cdot X_t + S_t^l \tag{2.9}$$

$$F_t^e = R_t^{er} \cdot RN_t + S_t^e \tag{2.10}$$

Bei Modifikationen nach (2.8):

$$F_t^e = R_t^{er} (\delta_{t-1} \cdot \Delta R_{t-1} + RN_t) + S_t^e \tag{2.11}$$

$$F_t^g = F_t^l + F_t^e \tag{2.12}$$

*) Diese Modifikation geht von der Annahme aus, dass Raumdefizite (eher als Lehrerdefizite) durch geeignete Massnahmen kurzfristig gedeckt werden können.

Definition der Grössen:

T : Planungshorizont

t : Planungsperiode $(t=1,\dots,T)$

X_t : Vektor der Schüler/Studenten in t (enthält z.B. Neueintretende, Unterbrecher, Absolventen, Bestände)

Q_t^{v} : Matrix der Uebergänge von (t-1) in t im Verlaufsmodell (enthält z.B. Uebergang, Repetenz, Abschluss, Drop-out)

LA_t : Vektor des Lehrerangebots in t

Q_t^{la} : Matrix des Uebergangs des Lehrerangebots von (t-1) in t (enthält z.B. Pensionierung, Tod, Berufswechsel, Unterbrechung)

Q_t^{lv} : Matrix des Uebergangs von Lehrerabsolventen ins Lehrerangebot, von (t-1) in t

LB_t : Vektor des Lehrerbedarfs in t

R_t^{lb} : Matrix der Lehrer-Schüler-Richtwerte in t für den Lehrerbedarf (enthält z.B. Lehrdeputat, globale Lehrer-Schüler-Richtwerte, Stundentafel)

ΔL_t : Vektor der Differenzen (Bedarf-Angebot) an Lehrern in t

RA_t : Vektor des Raumangebots in t

Q_t^{ra} : Matrix des Raumangebotsübergangs von (t-1) in t (enthält z.B. Alterung, Benutzungsänderung)

RN_t : Vektor des Neuzugangs des Raumangebots in t

RB_t : Vektor des Raumbedarfs in t

R_t^{rb} : Matrix der Flächenbedarfsrichtwerte in t (enthält z.B.: Raumnutzungsdauer, Stundentafel, globale Flächenbedarfsrichtwerte)

ΔR_t : Vektor der Differenzen (Bedarf-Angebot) an Räumen in t

δ_t : Kronecker-Delta-Funktion in t

$$\delta_t = \begin{cases} 1, & \text{wenn } \Delta R_t > 0 \\ 0, & \text{sonst} \end{cases}$$

F_t^{l} : laufende Ausgaben in t

R_t^{ll} : Vektor der Richtwerte "laufende Kosten für Lehrer" in t (enthält z.B.: Gehaltsstrukturen, Pensionierungsanteile, Real-, Nominaleinkommen)

R_t^{l} : Vektor der Richtwerte "laufende Kosten für Schüler/Studenten" in t (enthält z.B.: Sachmittel, Unterhaltskosten der Räume)

S_t^{l} : sonstige laufende Kosten in t

F_t^{e} : Erstausgaben in t

R_t^{er} : Vektor der Richtwerte "Kosten von Neubauten" in t (enthält z.B. Bauindex)

S_t^{e} : sonstige Erstausgaben in t

F_t^{g} : gesamte Ausgaben in t

Die 4 Teilmodelle sind durch die Bestandsgrösse X_t untereinander verknüpft.

Die Grösse X_t ist direkt oder indirekt in allen Beziehungen bis auf (2.5) und (2.10) enthalten. Weiterhin gehen in das Finanzmittelmodell die meisten Grössen aus den anderen Teilmodellen ein.

Ansatzpunkte für Optimierungen innerhalb des DSM sind zahlreich, z.B.:
- Lehrerdefizite bzw. - überschüsse, siehe (2.4)
- Raumdefizite bzw. - überschüsse, siehe (2.7)
- Minimierung der Kosten, siehe (2.9) - (2.12)

Ehe jedoch mathematische Optimierungsverfahren eingesetzt werden, müssen Fragen beantwortet werden wie:

> Welche Alternativen existieren, wie sind diese untereinander zu bewerten, welches sind die Zielvorstellungen, ist das neue Modell noch praktikabel (Umfang, Handhabung, Realisierung der berechneten Lösungen), sind die notwendigen Daten vorhanden bzw. abschätzbar, ist das Modell linear, wenn nicht linear, ist es konvex; können bestehende mathematische Optimierungsverfahren eingesetzt werden, oder müssen neue Verfahren entwickelt werden, etc.

Bevor diese Fragestellungen nicht analysiert und eindeutig beantwortet sind, ist es nicht sinnvoll, Optimierungsverfahren einzusetzen. Das schliesst die Erstellung von Modellen mit Optimierungscharakteristiken für gewisse Teilbereiche nicht aus, jedoch ist hierbei die Integration von Optimallösungen der Partialmodelle in ein Globalmodell zu beachten.

2.3 Anforderungen an die Modellgestaltung

Die Aufgabe der Modellgestaltung ist, ein problem- und benutzergerechtes Modell zu entwerfen. Zur problemgerechten Gestaltung sind Anforderungen zu erfüllen wie:

- Das Modell soll die wesentlichen Komponenten und Zusammenhänge des zu untersuchenden Bildungssystems enthalten. So können z.B. nicht alle Elemente des mathematischen Modells (2.1) - (2.12) in Abschnitt 2.2 -wie Matrizen und Vektoren- unverändert in das Modell übernommen werden.
- Die Aufgliederung und Feinheit des verfügbaren Datenmaterials sind zu berücksichtigen. So kann das Verlaufsmodell der Realität entsprechend detailliert erstellt werden, weil Schüler/Studenten-Statistiken detailliert vorliegen, während z.B. Lehrer- und Raummodell wesentlich aggregierter aufgebaut sind.

Die benutzergerechte Gestaltung stellt u.a. die folgenden Anforderungen:

- Das Modell muss eine leicht verständliche Systematik in Bezug auf das Zusammenspiel der einzelnen Modellelemente enthalten, um eine mühelose Kommunikation zwischen den einzelnen Benutzergruppen zu gewährleisten.
- Das Modell muss mit flexiblen Erfassungs-, Prüf- und Mutationsprogrammen versehen werden, um ohne grossen Aufwand Struktur- und Datenänderungen korrekt durchzuführen.

Zum Zweck einer problem- und benutzergerechten Modellgestaltung ist im Rahmen der Erstellung des DSM die Modultechnik entwickelt worden.

2.4 Darstellung der Modultechnik

Wesentliche Elemente der Modultechnik sind
- Moduln zur Darstellung von Beständen
- Uebergangsquoten zur Beschreibung des Flusses zwischen verschiedenen Moduln

Moduln:

Die Moduln sind wie folgt zu unterscheiden, vergleiche Abb. 2.3:

Symbol	Modulart	Eigenschaften				
		exogen	Austritt	Zeitverschub	Bedarf an Lehrer/Raum	Lehrer-angebot
	Eintritts-Modul	X		X		
	Austritts-Modul		X	X		X
	Normal-Modul			X	X	
	Warte-Modul			X		
	Sammel-Modul					

Abb. 2.3 - Modul-Arten

- Eintritts-Moduln stehen für die in das System über den ganzen Planungszeitraum eintretenden Schüler/Studenten bereit, z.B. Erstklässler, ausländische Studenten
- Austritts-Moduln stellen die Austritte aus dem Bildungssystem dar, z.B. drop-outs, Absolventen
- die Normal-Moduln bezeichnen die einzelnen Studienjahre
- Warte-Moduln bezeichnen Nicht-Studienjahre von Studenten, welche zwischenzeitlich aus dem Bildungssystem ausscheiden, z.B. Wehrpflichtige
- Sammel-Moduln dienen zur Bündelung und zur unverzüglichen Weiterleitung von Strömen

Ausser dem Sammelmodul beziehen sich alle Moduln auf eine Planungsperiode, z.B. Schuljahr. In die weiteren Modellteile gehen die Bestände in Normal- und Austrittsmoduln ein. In Abb. 2.3 sind für die einzelnen Moduln Symbole eingeführt, die in den graphischen Darstellungen von Bildungssystemen verwendet werden (siehe Abb. 3.1).

Moduln lassen sich in gewünschter Weise zusammenstellen, so dass durch Moduln eindeutig die Klassen eines Ausbildungsganges -z.B. Hauptschule, Pädagogische Hochschule- dargestellt werden können.

Uebergänge

Zur Nachbildung der Ströme werden Uebergänge von einem Modul zu einem beliebigen Modul eingeführt. Insbesondere können am Ende jeder einzelnen Planungsperiode die Studenten eines Moduls:

(a) zu einem beliebigen anderen Modul übergehen
(b) in demselben Modul bleiben (Repetenten)
(c) das Bildungssystem verlassen (mit oder ohne Abschlussprüfung)

Jeder Uebergang ist quantitativ durch eine entsprechende Uebergangsquote definiert, welche den Anteil der zu einem Modul übergehenden Studenten, bezogen auf die Gesamtzahl der Studenten des Ausgangs-Moduls angibt. Diese Uebergangsquote ist zeitlich variabel.

3. COMPUTERPROGRAMM UND SEINE ANWENDUNG

3.1 Handhabung und Flexibilität des Programms

Die Erfahrung zeigt, dass umfangreiche Modelle zum effizienten Einsatz eine umfangreiche Datenkontrolle benötigen. Auf der anderen Seite verlangen Standard-Programme, wie das DSM, eine flexible Daten- und Programmorganisation, damit das Anwendungsspektrum vom Benutzer her voll ausgenutzt werden kann. Diese zwei Faktoren -Sicherheit und Flexibilität- prägen den Programmaufbau des DSM.

Die Sicherheit bezüglich Datenfehler wird durch Plausibilitätstests und entsprechende Fehlerdiagnosen (mehr als 80) gewährleistet. Die Resultate der aufwendigen Verlaufsrechnung werden für weitere Verwendungen auf einem externen Speicher aufbewahrt; damit wird u.a. erreicht, dass mögliche Datenfehler z.B. im Finanzmittelmodell nicht zu einer Wiederholung von Berechnungen des Verlaufsmodells führen.

Wie bereits ausgeführt, zeichnet sich das DSM durch seine Flexibilität aus, d.h. es kann für unterschiedliche Problemstellungen innerhalb der Bildungsplanung ohne zusätzlichen Aufwand in Bezug auf eine neue Modellentwicklung eingesetzt werden. Die Eingabegrössen des Modells, geteilt in strukturelle und quantitative Daten, müssen nur einmal eingelesen werden.

Ein Mutationsprogramm sorgt dafür dass lediglich die veränderten Grössen neu eingelesen werden müssen. Die Flexibilität wird noch durch den Gebrauch von 18 Optionen, welche den Einsatz der einzelnen Teilmodelle steuern, erhöht.

Bei der Anwendung zeigte es sich, dass Modultechnik und Programmaufbau des DSM für alternative Simulationsrechnungen geeignet sind.

3.2 Technische Kennzahlen des Programms

Das Computerprogramm zum DSM besteht aus einem Hauptprogramm und aus 9 Teilprogrammen (Overlays), welche sich zeitlich den Kernspeicher teilen.
Diese Programme sind:
0) Steuerungsprogramm, überwacht den Einsatz der übrigen Programme
1) Eingabe-Programm zum Verlaufsmodell
2) Plausibilitätstests zum Verlaufsmodell
3) Durchlaufsrechnung und Ausgabe zum Verlaufsmodell
4) Eingabe zum Lehrermodell
5) Ausgabe der Resultate des Lehrermodells
6) Eingabe zum Raummodell
7) Ausgabe der Resultate des Raummodells
8) Eingabe zum Finanzmittelmodell
9) Ausgabe-Programm zum Finanzmittelmodell und Varianten-Vergleich

Die maximalen Kapazitäten (oder Dimensionen) des in FORTRAN IV geschriebenen DSM berücksichtigen den Stand des Modells bei der Abgabe an den Auftraggeber. Sie beruhen auf den Anforderungen, die die Abbildung des Bildungssystems der Bundesrepublik Deutschland an das vorliegende "Dynamische Struktur-Modell" stellt. Der entsprechende Kernspeicher-Bedarf beträgt 40K Worte zu je 60 Bits (CDC-6500).

Die Kapazitäten sind im einzelnen:

Anzahl der Hauptsysteme	:	10
Anzahl der Subsysteme	:	45
Anzahl der Teilstrukturen	:	225
Anzahl der Planungsperioden	:	18
Anzahl der Uebergänge	:	1200
Anzahl der Stützpunkte der Uebergangsquoten	:	2500
Anzahl der Moduln	:	650
Anzahl der exogenen Eintritte	:	55
Anzahl der Teilbereiche (=aggregierte Moduln für die Raum-, Lehrer- und Finanzmittelmodelle)	:	135
Anzahl der Lehrerkategorien	:	99
Anzahl der Raumkategorien	:	10

Durch entsprechende Dimensionierung können Probleme grösseren Umfangs mit Hilfe dieses Programms bearbeitet werden.

3.3 Beispiel

Das folgende Beispiel basiert auf fiktiven Annahmen und Bezeichnungen (siehe Abb. 3.1) und soll zur Illustration der Leistungen und der Handhabung des DSM dienen. Die Teilstrukturen in Abb. 3.1 sind eingabegerecht alphanumerisch gekennzeichnet.

Realistische Beispiele sind in (5) dargestellt. Die im weiteren wiedergegebenen Outputs sind eine Auswahl von Eingabe-Grössen und von Ausgabe-Grössen.

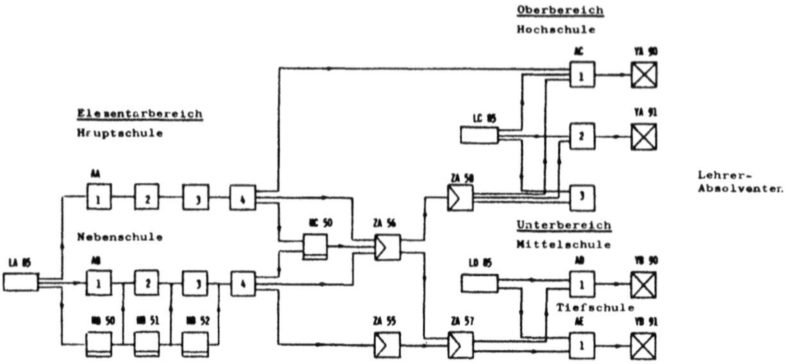

Abb. 3.1 Struktur des Testbeispiels

DYNAMISCHES STRUKTURMODELL --- TESTBEISPIEL

E I N G A B E - S T R U K T U R

HAUPTSYSTEM NR.	HAUPTSYSTEM BEZEICHNUNG	SUBSYSTEM NR.	SUBSYSTEM BEZEICHNUNG	TEILSTRUKTUR NR.	TEILSTRUKTUR BEZEICHNUNG
1	UNTERSTUFE	1	ELEMENTARBEREICH	AA	HAUPTSCHULE
				AB	NEBENSCHULE
2	OBERSTUFE	2	OBERBEREICH	AC	HOCHSCHULE
		3	UNTERBEREICH	AD	MITTELSCHULE
				AE	TIEFSCHULE
3	SONSTIGE 1	4	EINTRETENDE	LA	E.ELEM.BEREICH
				LC	E.OBERBEREICH
				LD	E.UNTERBEREICH
		5	WARTENDE	NB	W.NEBENSCHULE
				NC	W.ELEM.BEREICH
4	SONSTIGE 2	6	LEHRER-ABSOLV.	YA	LEHRER-ABS. 1
				YB	LEHRER-ABS. 2
		7	SAMMELMODULE	ZA	SM

Struktur des abgebildeten Bildungssystems

Zur Kontrolle des Strukturbildes wird die mittels Datenkarten eingelesene Struktur nochmals mit den entsprechenden Bezeichnungen und Abkürzungen ausgedruckt.

DYNAMISCHES STRUKTURMODELL --- TESTBEISPIEL

B A S I S - B E S T A E N D E U N D E X O G E N E E I N T R I T T E

INDEX	MODUL	BASIS-BESTAND	MODUL	EINTRITT-BESTAENDE FUER PP 1	2	3	4	5	6	7	8	9	10
1	AA01	100000	LA85	200000	202000	204000	206000	208000	210000	212000	214000	216000	218000
2	AA02	99000		220000	222000	224000	226000	228000	230000	232000	234000		
3	AA03	95000											
4	AA04	97000	LC85	250000	251000	252000	254000	256000	258000	260000	262000	264000	266000
5	AB01	96000		268000	270000	272000	274000	276000	275000	280000	282000		
6	AB02	95000											
7	AB03	94000	LD85	180000	182000	183000	185000	186000	188000	189000	191000	192000	194000
8	AB04	93000		195000	197000	198000	200000	201000	203000	204000	206000		
9	AC01	0											
10	AC02	50000											
11	AC03	49000											
12	AD01	48000											
13	AE01	47000											
14	LA85	0											
15	LC85	0											
16	LD85	0											
17	NB50	50000											
18	NB51	40000											
19	NB52	32000											
20	NC50	0											
21	YA90	0											
22	YA91	0											
23	YB90	0											
24	YB91	0											
25	ZA55	0											
26	ZA56	0											
27	ZA57	0											
28	ZA58	0											

Basis-Bestände und exogene Eintritte

Die Bestände der Normal-Moduln für das Basis-Jahr (bezeichnet als Basis-Bestände), und die Bestände an Schüler bzw. Studenten der Eintritts-Moduln über den ganzen Planungszeitraum werden bei Bedarf wiederum für für Kontrollzwecke am Drucker ausgegeben.

DYNAMISCHES STRUKTURMODELL --- TESTBEISPIEL

STUETZ-PUNKTE DER UEBERGAENGE

MODUL I	MODUL J	QUOTE	PP	INDEX I	INDEX J
AA01	AA02	.900	1	1	2
AA02	AA03	1.000	1	2	3
		.900	10		
		.800	18		
AA03	AA04	1.000	1	3	4
AA04	AC01	.700	5	4	9
		.700	10		
		.700	18		
AA04	NC50	.200	1	4	20
AA04	ZA56	.100	1	4	26
AB01	AB02	.900	1	5	6
AB02	AB03	.900	1	6	7
AB03	AB04	1.000	1	7	8
		.900	5		
		.800	10		
AB04	NC50	.200	1	8	20
AB04	ZA55	.700	1	8	25
AB04	ZA56	.100	1	8	26
AC01	YA90	.100	1	9	21
AC02	YA91	.100	1	10	22
AD01	YB90	.100	1	12	23
AE01	YB91	.100	1	13	24
LA05	AA01	.400	1	14	1
LA05	AB01	.400	1	14	5
LA05	NB50	.200	1	14	17
LC05	AC01	.400	5	15	9
		.400	10		
		.200	18		
LC05	AC02	.500	1	15	10
		.500	4		
		.300	5		
		.300	10		
		.200	18		
LC05	AC03	.500	1	15	11
		.500	4		
		.300	5		
		.300	10		
		.200	18		
LD05	AD01	.500	1	16	12
LD05	AE01	.500	1	16	13
NB50	AB02	.800	1	17	6
NB50	NB51	.200	1	17	18
NB51	AB03	.800	1	18	7
NB51	NB52	.200	1	18	19
NB52	AB04	1.000	1	19	8
ZA55	ZA57	1.000	1	25	27
ZA56	ZA57	.499	1	26	27
ZA56	ZA58	.501	1	26	28
ZA57	AD01	.482	1	27	12
ZA57	AE01	.518	1	27	13

Stützpunkte der Uebergänge

Für eine kompakte Speicherung der zeitlich variablen Uebergangsfunktionen der Schüler bzw. Studenten von einem Modul zu einem beliebigen anderen werden lediglich die Stützpunkte registriert. Die entsprechenden Interpolationen werden vom Programm für die einzelnen Perioden ausgeführt. Der abgebildete (fakulative) Output dient der Kontrolle der Eingabegrössen.

DYNAMISCHES STRUKTURMODELL --- TESTBEISPIEL

SUBMODELL VERLAUF --- BESTAENDE AN SCHUELERN BZW. STUDENTEN

MODUL	1968	1969	1970	1971	1972	1973	1974	1975	1976	1977
ELEMENTARBEREICH										
HAUPTSCHULE										
AA 1	80000	80800	81600	82400	83200	84000	84800	85600	86400	87200
AA 2	90000	72000	72720	73440	74160	74880	75600	76320	77040	77760
AA 3	99000	88992	70394	70291	70171	70036	69885	69718	69535	69336
AA 4	95000	99000	88992	70394	70291	70171	70036	69885	69718	69535
***TS	364000	340792	313706	294525	297822	299087	300321	301523	302693	303831
NEBENSCHULE										
AB 1	80000	80800	81600	82400	83200	84000	84800	85600	86400	87200
AB 2	124400	104000	105040	106080	107120	108160	109200	110240	111280	112320
AB 3	117900	121760	100000	101000	102000	103000	104000	105000	106000	107000
AB 4	126000	122562	117072	94100	92516	92646	92761	92861	92946	93015
***TS	449900	429122	404312	383580	384836	387806	390761	393701	396626	399535
***SS	813900	769914	718018	680105	682658	686893	691082	695224	699319	703366
OBERBEREICH										
HOCHSCHULE										
AC 1	0	0	0	0	158267	158927	159443	160349	161041	161720
AC 2	129759	131036	131550	132176	77624	78215	78815	79415	80015	80614
AC 3	129759	131036	131550	132176	77624	78215	78815	79415	80015	80614
***TS	259518	262072	263100	264352	313515	315357	317273	319179	321071	322948
***SS	259518	262072	263100	264352	313515	315357	317273	319179	321071	322948
UNTERBEREICH										
MITTELSCHULE										
AD 1	125948	138827	138180	137172	128705	129130	129674	130712	131244	132271
***TS	125948	138827	138180	137172	128705	129130	129674	130712	131244	132271

Verlaufsmodell: Bestände an Schülern bzw. Studenten

Die Bestände an Schülern bzw. Studenten werden mittels Verlaufsmodell berechnet; sie gliedern sich nach Moduln, Teilstrukturen und Subsysteme einerseits, und nach den einzelnen Planungsperioden andererseits.

DYNAMISCHES STRUKTURMODELL --- TESTBEISPIEL

LEHRER-ANGEBOT UND LEHRER-KAPAZITAETEN-VERGLEICH IN : ANZAHL LEHRER (NACH KATEGORIE)

ERKLAERUNG: ** = UNVOLLSTAENDIGES ANGEBOT (BZW. KEIN VERGLEICH)

LEHRER-	1968	1969	1970	1971	1972	1973	1974	1975	1976	1977	1978	1979	1980	1981	1982	1983	1984	1985
KAT-NR.: 1 HAUPTSCHULLEHRER A																		
BED.	72000	60150	62741	63800	70452	74825	80005	86525	94591	94947	95250	95525	95701	96025	96250	96480	96691	96890
ANG.	18119	10039	9959	9922	9927	25944	42000	58151	74414	90745	107143	122269	136772	150632	163039	176301	188171	199350
A-B	-62681	-58119	-52782	-53966	-60525	-48881	-38077	-28374	-20177	-4202	11885	26744	40991	54607	67581	79981	91480	102460
KAT-NR.: 2 HAUPTSCHULLEHRER B																		
BED.	62758	50757	54087	57437	66182	71906	78772	87160	97642	98010	98331	98607	98870	99123	99363	99592	99810	100016
ANG.	16357	29344	42480	55429	68428	75832	83228	90624	98009	105400	112823	119833	126518	132074	138898	144587	149869	154880
A-B	-46401	-29413	-11607	-2008	2246	3926	4456	3464	367	7390	14492	21226	27648	33751	39535	44995	50059	54864
KAT-NR.: 3 NEBENSCHULLEHRER A																		
BED.	22495	21456	20215	20137	21165	21794	22468	23118	23797	23972	24145	24318	24490	24661	24830	24999	25167	25335
ANG.	30278	42810	56590	70279	83852	96530	109214	121917	134690	147476	160326	173190	186116	199052	212049	225056	238122	251196
A-B	7783	21354	36375	50142	62687	74736	86746	98807	110893	123504	136181	148872	161626	174391	187219	200057	212955	225861
KAT-NR.: 4 NEBENSCHULLEHRER B																		
BED.	14981	16289	13463	14039	15393	16132	16919	17716	18482	18610	18753	18887	19020	19153	19285	19416	19547	19677
ANG.	15602	20635	43028	57286	71351	84425	97475	110499	123551	136601	149702	162802	175952	189100	202294	215487	228724	241955
A-B	621	14346	29565	43247	55958	68293	80556	92783	105069	117983	130949	143915	156932	169947	183011	196071	209177	222278
KAT-NR.: 5 UNIVERSALLEHRER																		
BED.	20072	19913	19059	18887	19199	19555	19959	20387	20797	20952	21085	21230	21369	21521	21658	21799	21927	22075
** ANG.	7270	7251	7246	7259	7289	7324	7366	7404	7439	7474	7509	7545	7580	7615	7650	7685	7720	7754
** A-B	-12802	-12662	-11813	-11628	-11910	-12231	-12593	-12983	-13358	-13478	-13576	-13693	-13789	-13906	-14008	-14114	-14207	-14321
KAT-NR.: 6 UNTERBEREICHSLEHRER																		
** ANG.	14854	14721	14600	14505	14432	14338	14219	14078	13913	13749	13587	13425	13265	13105	12946	12788	12631	12476

Lehrermodell: Lehrerbedarf, Lehrerangebot und -vergleich

Analog zur Verlaufsrechnung der Bestände an Schüler bzw. Studenten werden die einzelnen Bedarfszahlen für Lehrer ermittelt. Das Angebot an Lehrern ergibt sich aus dem Zufluss der Absolventen und aus der Fortschreibung des Lehrer-Bestandes.

DYNAMISCHES STRUKTURMODELL --- TESTBEISPIEL

R A U M A N G E B O T U N D R A U M V E R G L E I C H --- N A C H S U B S Y S T E M U N D T E I L S T R U K T U R

IN: 1000 M2 NUTZFL.

SS TS	1968	1969	1970	1971	1972	1973	1974	1975	1976	1977	1978	1979	1980	1981	1982	1983	1984	1985
1 AB ELEMENTARBEREICH NEBENSCHULE																		
BEDARF	7131	6802	6408	6688	7320	7508	7698	7889	8083	8278	8474	8673	8734	8795	8855	8916	8976	9035
ANGEBOT	9310	8959	8626	8378	8167	8068	7987	7923	7874	8038	8322	8600	8796	8912	9022	9125	9224	9316
AN.-BE.	2179	2158	2218	1690	848	560	289	33	-208	-240	-152	-64	62	117	166	210	248	281
2 OBERBEREICH																		
BEDARF	2907	2935	2947	3168	4083	4026	4051	4075	4099	4123	3872	3722	3569	3412	3254	3065	2927	2760
ANGEBOT	8533	8276	8082	7920	7788	7720	7705	7742	7826	7955	8178	8488	8781	9058	9320	9567	9801	10022
AN.-BE.	5626	5341	5135	4752	3705	3693	3654	3666	3726	3832	4306	4766	5212	5646	6067	6502	6874	7262
3 AD UNTERBEREICH MITTELSCHULE																		
BEDARF	863	951	947	1057	1102	1132	1164	1200	1232	1268	1301	1338	1343	1353	1358	1368	1373	1383
ANGEBOT	7646	7308	7194	7056	6962	6913	6917	6970	7071	7216	7454	7779	8086	8378	8654	8915	9163	9397
AN.-BE.	6783	6437	6247	5999	5860	5781	5753	5770	5839	5948	6153	6440	6743	7024	7295	7547	7790	8014
3 AE UNTERBEREICH TIEFSCHULE																		
BEDARF	0	0	0	0	0	0	0	0	0	0	0	0	0	0	0	0	0	0
BEDARF	0	0	0	0	0	0	0	0	0	0	0	0	0	0	0	0	0	0
ANGEBOT	2793	2789	2837	2937	3085	3201	3518	3794	4109	4458	4893	5408	5898	6363	6805	7224	7623	8082
AN.-BE.	2793	2789	2837	2937	3085	3201	3518	3794	4109	4458	4893	5408	5898	6363	6805	7224	7623	8082

Raummodell: Raumangebot, Raumbedarf und Raumvergleich

Der Raumüberschuss bzw. -defizit, ausgedrückt in $1000m^2$, errechnet sich aus der Differenz zwischen Angebot und Bedarf.

DYNAMISCHES STRUKTURMODELL --- TESTBEISPIEL

SUBMODELL FINANZMITTEL - TOTAL-ZUSAMMENSTELLUNG FUER B I L D U N G S S Y S T E M

JAHR	SCHUELER BESTAND IN 1000	LAUFENDE AUSGABEN TOTAL	PERSON. BEDARF I N	SACH-MITTEL M I O.	STUD.-FOERD.	SONST. AUSGB. D M	ERST-AUSGBN. TOTAL	BAU-KOSTEN I N	GRUND-STUECK M I O.	SONST. AUSGB.	FOLGE-EINRICH D M	LAUFN.+ERST+FOL. TOTAL
1968	963	11953	10590	789	471	103	763	439	17	307	916	13632
1969	972	12404	10938	750	499	217	970	626	26	318	552	13926
1970	946	12577	11051	757	516	253	1195	830	35	330	391	14163
1971	925	13922	12326	768	537	291	1709	1306	62	341	409	16040
1972	957	16455	14706	808	607	334	2363	1914	96	353	499	19317
1973	963	18416	16542	841	647	386	2661	2181	109	371	493	21570
1974	969	20750	18739	875	692	444	3056	2537	127	392	542	24348
1975	976	23551	21392	912	740	507	3536	2974	148	414	603	27690
1976	982	26970	24666	949	790	565	4284	3671	186	427	663	31917
1977	980	28734	26274	988	845	627	4786	4134	211	441	732	34252
1978	973	30544	27966	1010	876	692	5393	4700	239	454	858	36795
1979	966	32486	29761	1042	919	764	6257	5506	281	470	1035	39778
1980	958	34552	31658	1072	963	859	6452	5674	290	488	1066	42070
1981	951	36747	33671	1103	1009	964	6722	5911	303	508	1122	44591
1982	942	39070	35804	1134	1055	1077	7005	6156	318	531	1155	47230
1983	932	41442	38067	1165	1100	1110	7281	6403	332	546	1211	49934
1984	925	43955	40458	1200	1153	1144	7608	6697	350	561	1255	52818
1985	917	46616	43000	1231	1206	1179	7913	6969	366	578	1317	55846

Finanzmittelmodell: Zusammenstellung der Gesamtkosten zum Bildungssystem

Dieser Output ist die Zusammenfassung mehrerer vorgängiger Listen. Die Gesamtkosten ergeben sich aus der Summe der laufenden Ausgaben, der Erstausgaben und der Kosten von einzelnen Folgeeinrichtungen.

4. ZUSAMMENFASSUNG

Bildungsmodelle wie das DSM dienen zur quantitativen Beurteilung alternativer Strategien in der Bildungsplanung. Ein wesentliches Gewicht ist hierbei der Strukturanalyse beizumessen, weil man anhand des Modells gezwungen wird, die bestehenden und zukünftigen Zusammenhänge gesamthaft und vollständig in quantitativer Form zu beschreiben. Anhand eines Computerprogramms wird ausserdem ein Handwerkzeug zugänglich gemacht, das es erlaubt, Simulationen und Signifikanzuntersuchungen sowie Entscheidungsgrundlagen bei wirtschaftlich vertretbarem Aufwand in kurzer Zeit durchzuführen bzw. zu erstellen.
Zukünftige Entwicklungen hängen sehr stark von den verfügbaren Daten ab. Die Schaffung von nach kybernetischen Prinzipien aufgebauten Datenbanken ist eine Bedingung für die Weiterentwicklung von Modellen grösseren Umfangs. Daneben sollen Mensch-Maschine-Modelle entwickelt werden, da gewisse, nicht quantifizierbare Zusammenhänge nur auf diesem Weg bearbeitet werden können. Ausserdem werden in Zukunft Partialmodelle mit Optimierungseigenschaften erstellt werden, die insbesondere signifikante Grössen beinhalten.

5. LITERATUR

(1) Burckhardt, W.: "Ein Modell mit Computerprogramm zur Prognose von Studentenzahlen und Ausbildungskapazitäten im Hochschulgesamtbereich", Reihe A Nr. 20, Neckar-Verlag, Villingen 1969

(2) Konrad, W.; Kurth, H.; Oh, K.U.; Sutter, W.; Vollet, H.; v. Weizsäcker, C.C.: "Simulationsmodell für Bildungssysteme", Diskussionsbeiträge, Heft 9, Heidelberg 1972

(3) "Mathematical Models in Educational Planning", OECD, Paris, 1967

(4) Oliver, R.; Hopkins, D.: "An Equilibrium Flow Model of a University Campus", O.R. 20 (1972), 2, p. 249 - 264

(5) PROGNOS-FIDES-AfeB: "Dynamisches Strukturmodell für das Bildungswesen der Bundesrepublik Deutschland", Basel-Zürich-Heidelberg, 1971

(6) "SOM (Simulation Option Model) - A Simulation Model of the Educational System", OECD, Paris, 1970

Dynamisches Strukturmodell für das Bildungswesen der Bundesrepublik Deutschland — Anwendung quantitativer Verfahren in der Bildungsplanung

von K. Roesler, Basel

Kurzfassung

Die Ausfüllung des DSM mit Daten zur Simulation des gegenwärtigen bzw. zukünftigen Zustands des Bildungssystems (Ist-Zustand bzw. Soll-Zustand) bezieht sich im einzelnen auf folgende Komplexe:

1) gegenwärtige Struktur des Bildungswesens
2) zukünftige Struktur des Bildungswesens
3) Bestandsdaten (Schüler, Studenten, Lehrer, Räume)
4) Bewegungsdaten (Eintritte, Uebergänge, Austritte)
5) Kapazitätsbedarf des Bildungssystems (Lehrer, Räume, Sachmittel)
6) Finanzbedarf des Bildungssystems (Kosten je Kapazitätsart)

Auf Schwierigkeiten in der Datenbeschaffung wird hingewiesen, insbesondere auf die Problematik, zukünftige Konstellationen (Sollzustand) quantitativ zu fixieren, was politisch besonders umstritten ist (Bildungsgesamtplan).

Die ersten Erfahrungen in der Anwendung des Modells sind in zweierlei Hinsicht bedeutend:

1) Es überrascht die finanzielle Konsequenz geplanter (zukünftiger) Zustände des Systems unabhängig von der Frage einer Schulreform.

2) Da im Modell Optimierungsverfahren nicht angewendet werden, sind die Salden zwischen Angebot und Nachfrage an Lehrern und Räumen zum Teil gross. Der Ausgleich dieser Salden muss über sog. Sensitivitätsanalysen versucht werden (Variation der Eingabedaten).

Im Bericht über die Modellformulierung wurde schon darauf hingewiesen, dass das DSM "benutzergerecht" sein will, also die Struktur und den Detaillierungsgrad der verfügbaren statistischen Daten, die verarbeitet werden sollen, beachten muss. Je nach Submodell ist die Qualität der verfügbaren Daten nun unterschiedlich und schafft somit unterschiedlich grosse Schwierigkeiten bei der Aufbereitung für die Eingabe. Die wesentlichen Probleme, auf die im folgenden eingegangen wird, liegen also im Vorfeld der eigentlichen Simulationsrechnungen mit Hilfe des DSM, und man muss sich darüber im klaren sein, dass bereits hier in weitgehendem Masse über die Realitätsnähe der Simulationsergebnisse entschieden wird. Im einzelnen geht es dabei um sechs Komplexe:

1) Die gegenwärtige Struktur des Bildungssystems

Die Komplexität der gegenwärtigen Struktur des Bildungswesens der Bundesrepublik zeigt ihren Einfluss bereits bei der Konstruktion des Verlaufsmodells im Rahmen der Modellformulierung. Eine vierstufige Baumstruktur ist zur Darstellung der gegenwärtigen Struktur notwendig. Die Ausfüllung dieses Rahmens ergibt für die Ist-Struktur folgende Gliederung von Haupt- und Subsystemen:

HAUPTSYSTEME

1 Allgemeinbildende Schulen
2 Berufsbildende Schulen
3 Hochschulen
4 Weiterbildende Schulen

SUBSYSTEME

HS 1: 1 Kindergarten
2 Grund- und Hauptschule
3 Sonderschulen
4 Realschule
5 Gymnasium inkl. sämtl. Fachrichtungen
6 Abendrealschule, -gymnasium

HS 2: 7 Berufsschule
8 Berufsaufbauschule
9 Fachoberschule
10 Berufssonderschule
11 Berufsfachschule
12 Fachschule
13 Technikerschule

HS 3: 14 Universität
15 Pädagogische Hochschule
16 Hochschule für Kunst, Musik, Sport
17 Fachhochschule

Die vollständige Struktur des Bildungswesens in der BRD (IST-Struktur) ist in der beiliegenden Graphik dargestellt. Sie enthält bis auf wenige Ausnahmen (Absolventen- und Drop-out-Moduln) sämtliche Moduln und ihre Verknüpfungen, die auch im Computerprogramm zur Simulation der Ist-Struktur verwendet werden. Teilstrukturen bzw. Subsysteme sind mit ihrer verbalen Benennung und dem im Programm benutzten Code vermerkt.

Begrenzte Kernspeicherkapazität des Computers und leichte Handhabung des Modells machten eine Aggregation der Vielzahl der in der Realität vorhandenen Schultypen erforderlich. Diese Aggregationen wurden unter folgenden Gesichtspunkten vorgenommen:

- Zulassungsberechtigung
- Schul- bzw. Studiendauer
- Abschlüsse
- Zahlenmässige Besetzung des Bildungsganges.

Insbesondere im beruflichen Schulwesen können allerdings nicht immer alle Aggregationskriterien zur Bildung einer Teilstruktur herangezogen werden (z.B. Aggregation über Schultypen mit unterschiedlicher Schuldauer). Verknüpfungen zwischen Teilstrukturen basieren auf der Erfüllung bestimmter Zulassungsberechtigungen, die normalerweise durch entsprechende Abschlüsse in den vorgelagerten Teilstrukturen erworben werden. Die Auswahl erfolgt unter den Kriterien:

- Bedeutung im Gesamtsystem
- Zahlenmässige Relevanz
- Möglichkeit der Errechnung oder Schätzung einer plausiblen Uebergangsquote.

Die Graphik beschränkt sich auf "qualitativ und quantitativ relevante" Uebergänge. In einer Matrix, in der die derzeitige Struktur des Bildungswesens abgebildet ist, sind bei mehr als 200 Zeilen und Spalten ca. 800 - 900 verschiedene Uebergänge besetzt.

2) Die zukünftige Struktur des Bildungssystems

Für die Darstellung der Soll-Struktur des Bildungswesens ergeben sich Schwierigkeiten aus der Tatsache, dass es sich nicht um ein in der Realität gegebenes, sondern am grünen Tisch geplantes Gebilde handelt. (Vgl. beiliegende Graphiken). Die entwickelte Struktur stützt sich im wesentlichen auf Veröffentlichungen des Deutschen Bildungsrats (Strukturplan für das Bildungswesen) und des Wissenschaftsrats. Die Informationen aus diesen Quellen wurden, soweit sie in das Modell eingehen, als Daten behandelt. Die bildungspolitische Problematik ist in den genannten Quellen im einzelnen diskutiert.
Die Gliederung der Soll-Struktur in Haupt- und Subsysteme weicht von derjenigen der Ist-Struktur erheblich ab. Wie dort sind drei Hauptsysteme zu unterscheiden, jedoch mit wesentlich anderem Inhalt:

- Gesamtschulbereich
- Gesamthochschulbereich
- Weiterbildung.

Wie aus den Graphiken ersichtlich ist, hat die Soll-Struktur im Schulbereich einen wesentlich höheren Aggregationsgrad als die Ist-Struktur. Dies ist nicht etwa durch Unklarheiten über die strukturellen Rahmenbedingungen des zukünftigen Systems bedingt, sondern durch die Tendenz zur Zusammenfassung selbst, die das zersplitterte System von "Einbahnstrassen" der Gegenwart zu grossen Einheiten mit hoher Durchlässigkeit integrieren soll.
Eine getrennte Betrachtung von Ist- und Soll-Struktur ist wenig realistisch, da vielfältige Formen des Uebergangs zu einem zukünftigen Bildungssystem schon heute erprobt werden bzw. verwirklicht sind. Ist- und Soll-Struktur müssen von der Zielsetzung des Modells her als eine Einheit angesehen werden.

Sie werden bei Simulationsrechnungen gleichzeitig und parallel nebeneinander geführt,und der Uebergang der Bestände an Schülern und Studenten von der einen zur anderen wird in Abhängigkeit von den Eingabedaten innerhalb des Planungshorizonts simuliert. Ob ein solches "Sollsystem" eingeführt werden soll, ist allerdings, wie aus der Bildungsreformdiskussion hervorgeht, politisch noch stark umstritten.

3) Bestandsdaten (Schüler, Studenten, Lehrer, Räume)

Das Problem der Aufbereitung von Bestandsdaten muss praktisch gleichzeitig mit der Festlegung der Modellstrukturen gelöst werden, da beide Fragen eng miteinander zusammenhängen. Die Aggregation von Teilstrukturen und Moduln in der Ist-Struktur (vgl. Graphik) im Rahmen der Vorbereitung von Alternativrechnungen wurde wesentlich von der Verfügbarkeit der Bestandsdaten abhängig gemacht, so dass die festgelegte Ist-Struktur im Verlaufsmodell entsprechend mit Schüler- und Studentenbeständen für ein bestimmtes Stichjahr ausgefüllt werden konnte, das als Basisjahr der Simulationsrechnungen angenommen wurde.
Für die Eingabe von Beständen in das Kapazitätsmodell (Lehrer und Räume) waren die Schwierigkeiten grösser. Die Lehrerbestandsstatistik ordnet die Lehrer nach anderen Kriterien, als sie sachlich für eine Kapazitätsplanung im Bildungswesen überhaupt und speziell im DSM sinnvoll sind. Es wurde deshalb eine eigene Lehrerklassifikation erarbeitet (vgl. Graphik im Anhang). Sie verbindet die Herkunftsbereiche (Teilstrukturen) im Verlaufsmodell, aus denen die Lehrer als Hochschulabsolventen austreten, mit den Zielbereichen im Kapazitätsmodell (Lehrerangebot). Diese interne Verknüpfung ist der wesentlichste feed-back im DSM. Aus der Lehrerbestandsstatistik gingen lediglich die jeweiligen Bestände des Stichjahres (t_0 der Simulationsrechnungen) als Lehrerangebot in die Berechnungen ein. Für die Bestände an Räumen war die Datenlage so ungünstig, dass bei den bisher vorgenommenen Simulationsrechnungen auf die Eingabe eines empirisch erhobenen Bestandes verzichtet werden musste. Es wurde der Einfachheit halber unterstellt, dass in t_0 Raumbedarf gleich Raumangebot ist, eine angesichts der Raumknappheit und -überalterung im gesamten Bildungsbereich sehr optimistische Annahme.

4) Bewegungsdaten (Eintritte, Uebergänge, Austritte)

Bewegungsdaten steuern bei den Simulationsrechnungen den Fluss der Bestände durch das Verlaufsmodell. Die Behandlung der Eintritte ist dabei der einfachste Fall: über das Eintrittsmodul wird das Total desjenigen Jahrgangs (entnommen aus der offiziellen Bevölkerungsfortschreibung des Statistischen Bundesamtes), der im Zeitpunkt t der Simulationsrechnung drei Jahre alt ist, in das Modell eingeschleusst. Ueber den weiteren Durchlauf durch das System entscheiden dann die vorgegebenen Uebergangsquoten je Modul.

Die empirische Ermittlung dieser Uebergangsquoten, d.h. des Uebergangsverhaltens in der Vergangenheit, stellt - mangels statistischer Daten - das komplizierteste Problem der Datenbeschaffung für das DSM dar. Darauf geht ein spezieller Bericht ein. Das gilt auch für die Austritte bzw. Drop Outs. Uebergangsquoten als zukünftige Grössen (Planungsgrössen der Bildungsplanung) müssen politisch vorgegeben werden. Das geschah bisher nur in Form der sogenannten Strukturquoten, die besagen, wieviel Prozent eines bestimmten Schuljahrgangs in einem bestimmten Schultyp (Teilstruktur) zu einem bestimmten Zeitpunkt verweilen soll. Diese Strukturquoten müssen in Uebergangsquoten umgerechnet werden, wobei die Erstellung eines kompletten Satzes von Uebergangsquoten, die für die Verwendung im Verlaufsmodell als pausibel angesehen werden können, meist mehrere Probeläufe dieses Submodells erfordert. Diese Umrechnung von Bestands- in Bewegungsdaten hilft allerdings gleichzeitig, Inkonsistenzen in der Festlegung politischer Plandaten aufzudecken. Das flusskonservierende Verlaufsmodell des DSM weist die Unbrauchbarkeit solcher Strukturquoten als Plandaten nach, soweit die daraus resultierenden Uebergangsquoten als systemlogisch unmöglich oder als nicht plausibel angesehen werden müssen.

Durch die Eingabe unterschiedlicher Sätze von Uebergangsquoten kann ceteris paribus die Auswirkung unterschiedlichen Uebergangsverhaltens auf Kapazitätsbedarf und Kosten des Bildungssystems simuliert werden. Dabei interessieren insbesondere die Auswirkungen einer vermehrten Inanspruchnahme weiterführender Bildungsgänge, der Ausbildung im Hochschulbereich und die Auswirkungen einer Einführung des im Bildungsgesamtplan vorgesehenen Systems einer Fort- und Weiterbildung.

5) Kapazitätsbedarf des Bildungssystems (Lehrer, Räume, Sachmittel)

Der Kapazitäsbedarf wird im DSM über Kennwerte eingegeben, die sich auf Bestandsgrössen im Verlaufsmodell je Teilstruktur und je Planungsperiode beziehen. Die wesentlichsten Grössen sind die

- Schüler/Lehrer-Relation (Anzahl Schüler je Lehrer)
- Raum/Schüler-Relation (m^2-Raum je Schüler).

Im Modell sind kompliziertere Berechnungsarten vorgesehen, welche z.B. beim Lehrerbedarf Fächer, Deputat und Stundentafel berücksichtigen. Das Datenproblem hängt hier direkt zusammen mit der Frage planungsrelevanter Simulationsergebnisse.
Es wurde bereits davon gesprochen, dass der Kapazitätsbedarf "sensitiv" ist nicht nur in bezug auf Veränderungen bei den Kennwerten für den Kapazitätsbedarf selbst, sondern auch in bezug auf Veränderungen des Uebergangsverhaltens bei Schülern und Studenten. Hier ist es schwierig, plausible Annahmen über zukünftiges Uebergangsverhalten zu machen; hier liegt ein Kernpunkt der Bildungsplanungsdiskussion überhaupt (vgl. z.B. die ökonomischen Ansätze: Bedarfs- oder Angebotsorientierung, "man-power approach" oder "social demand approach").
Durch das komplizierte Ineinandergreifen der verschiedenen Einflussfaktoren, das im DSM simuliert wird, entstehen beliebig viele "zukünftige Zustände" des Systems, über deren Realitätsnähe, Wünschbarkeit etc. anhand der Eingabedaten diskutiert werden muss. Beschränkt auf die Fragen der Kapazität kann das an einem Beispiel gezeigt werden:

Da im Modell Optimierungsverfahren nicht angewendet werden (die Gründe dafür sind im ersten Beitrag dargelegt), entstehen - bei vorher festgelegten Verlaufs- und Kapazitätsdaten - im ersten Rechengang unterschiedlich grosse Abweichungen zwischen Angebot und Bedarf je nach Kapazitätsart. Der Ausgleich dieser "Salden" muss über eine Variation der Eingabedaten in iterativer Form gesucht werden. Der formale Ablauf einer solchen "Sensitivitätsanalyse" ist in einem Flussdiagramm (im Anhang) grob skizziert.

Eine Abwägung von bildungspolitischen Prioritäten in dieser Form ist bisher nicht möglich gewesen; die Anwendungsmöglichkeiten des DSM sind in diesem Sinne auch weitgehend noch nicht genutzt. Andererseits sind etwa die quantitativen Aussagen des Bildungsgesamtplans in dieser Hinsicht zu grob oder auch z.T. mit den genannten Inkonsistenzen behaftet. Eine Verbesserung der Planungsunterlagen für den Reformbereich Bildung wäre also zweifellos möglich.

6) Finanzbedarf des Bildungssystems (Kosten je Kapazitätsart)

Das DSM ist sehr flexibel in bezug auf differenzierte Annahmen zum Finanzmittelbedarf. Die bisherigen Simulationsrechnungen haben jedoch nur mit relativ groben Richtwerten arbeiten können, die aus der amtlichen Statistik aufbereitet bzw. vom Bildungsministerium vorgegeben wurden. Dies bezieht sich im einzelnen auf:

- durchschnittliche Jahresgehälter je Lehrerkategorie
- durchschnittliche Kosten je m^2 Nutzfläche einer bestimmten Raumkategorie
- durchschnittliche Sachmittelkosten je Schüler/Student und Jahr
- Annahmen bezüglich der durchschnittlichen jährlichen Steigerung dieser Kostenrichtwerte (real und nominal).

Die Festlegung bzw. Schätzung solcher Kostenrichtwerte ist auf der einen Seite ein rein sachliches Problem. Plausible Schätzungen werden im empirischen Bereich versucht, wobei der Nachholbedarf an grundlegenden statistischen Erhebungen und technisch-ökonomischer Forschung erheblich ist. Es sei nur auf das Problem der Rationalisierung im Schul- und Hochschulbau verwiesen, damit verbunden auch auf die Bemühungen, sachliche und Kostenstandards zu entwickeln.
Andererseits stand in der bildungspolitischen Auseinandersetzung bisher die Frage der Kostenrichtwerte lediglich als finanzpolitisches Problem zur Debatte, ausgelöst durch eine Aeusserung des Wissenschaftsministers Leussink, der Bildungssektor werde im Jahre 1985 mehr als 100 Milliarden Mark kosten (zu relativen Preisen, also ohne Berücksichtigung der Preissteigerung des Sozialprodukts, aber mit Berücksichtigung der Veränderung der Preisstruktur). Ohne Rücksicht darauf, dass eine solche Angabe nur einen von beliebig vielen "zukünftigen Zuständen" des Bildungssystems erfasst, und ohne Rücksicht auf die sachlichen Implikationen im einzelnen wird nun die Bildungsreform als nicht finanzierbar abgelehnt oder, etwas differenzierter, eine Prioritätenliste "im Rahmen des Finanzierbaren" gefordert.

Tatsächlich lässt sich jedoch weder mit Hilfe des DSM noch mit irgendwelchen anderen Modellen und Methoden langfristiger Planung im öffentlichen Bereich nachweisen, dass das Bildungssystem ohne Reform billiger wäre als mit Reform. Vieles, was an reformerischen Veränderungen gewünscht wird, wirkt nach bisherigem Wissen langfristig nicht kostenerhöhend. Die Kosten einer Reform selbst können andererseits wohl kaum isoliert berechnet werden.

Ist - Struktur des Bildungswesens in der BRD

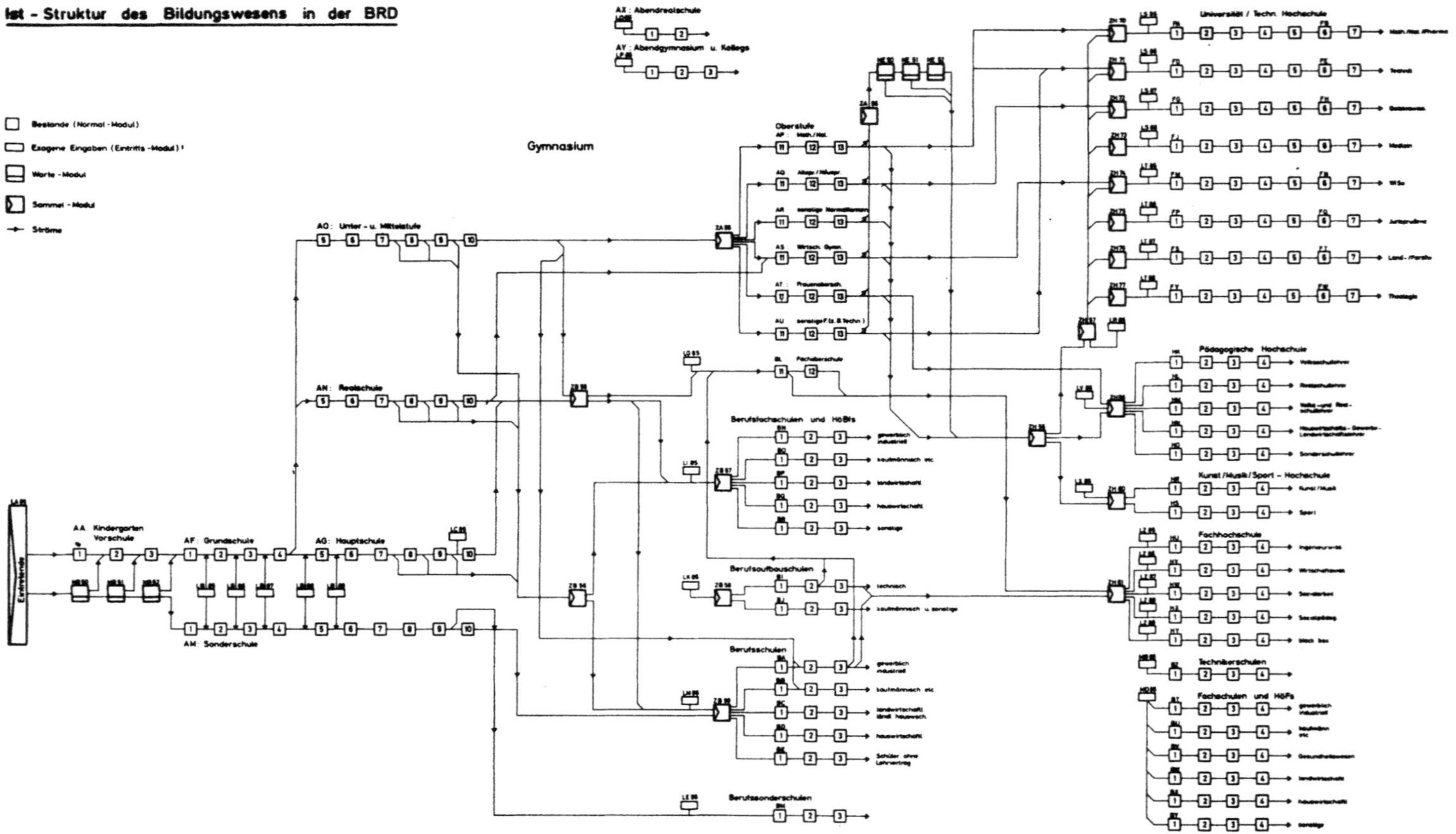

Soll - Struktur des Bildungswesens der BRD: Allgemeinbildende Schulen und Berufsbildende Schulen

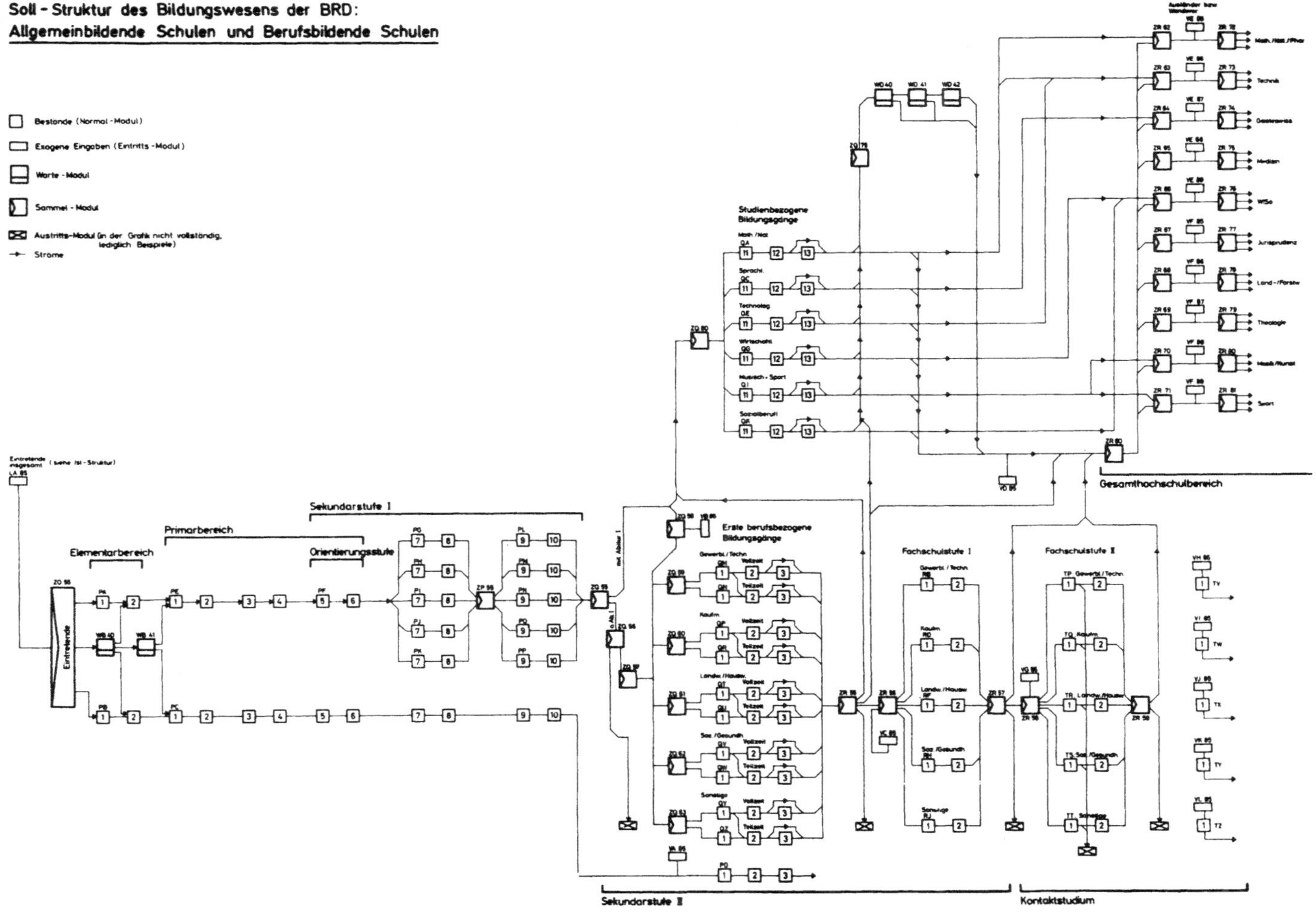

Soll-Struktur des Bildungswesens der BRD: Gesamthochschulbereich

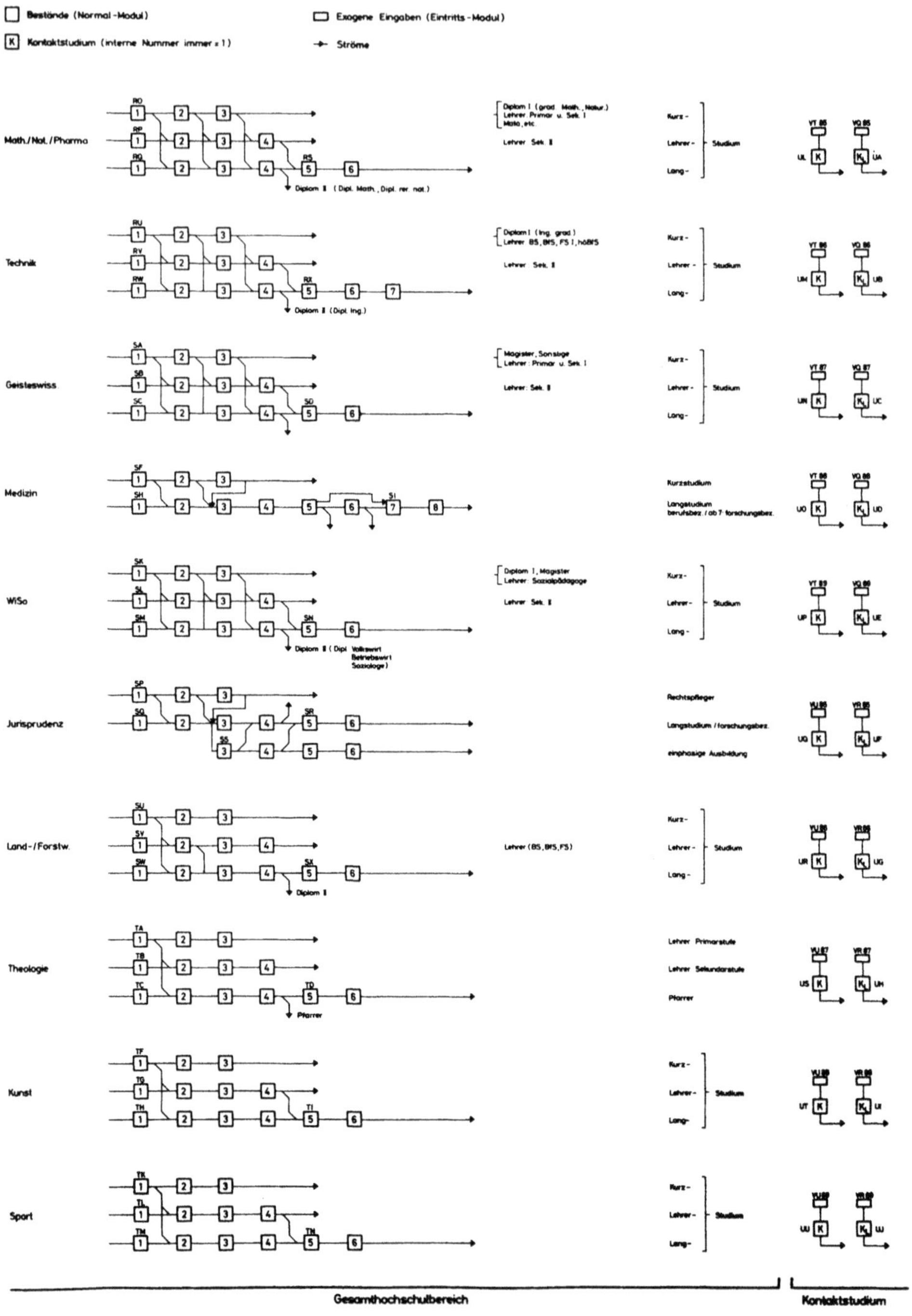

LEHRERKLASSIFIKATION

Tabelle 1

LEHRER-BEDARF ⇐

LEHRERKLASSIFIKATION	35 UNI THEOLOGIE	34 UNI LAND-/FORSTW.	33 UNI JUS	32 UNI W SO	31 UNI MEDIZ N	30 UNI GEISTESWISS.	29 UNI ECHNIK	28 UNI MATH./NAT.	27 SPORT	26 K NST MUSIK HS	25 PH	24 FHS SOZ ALPADAG.	23 FHS SOZIALARBEIT	22 FHS WIRTSCHAFTSWISS.	21 FHS ING. WISS.	20 TECHNIKERSCH.	19 FACHSCH.	18 BERUFSFACHSCH.	17 BERUFSAUFBAUSCH.	16 BERUFSSONDERSCH.	15 BERUFSSCHULE	14 FACHOBERSCHULE	13 ABEND GYMN. KOLLEGS	12 ABENDREALSCH	11 GYMN. SONST. FACHGEB.	10 GYMN. WIRTSCHAFT	9 FRAUENOBERSCHULE	8 GYMN. SONSTIGE ALLG. O.	7 GYMN. ALT.-NEUSPR.	6 GYMN. MATH. NAT.	5 GYMN. UNTER.-MITTEL. ST.	4 REALSCHULE	3 SONDERSCHULE	2 GRUND- UND HAUPTSCH.	1 KINDERGARTEN
1 KINDERGARTNERIN																																			x
2 VOLKSSCHULLEHRER																	x	x			x													x	
3 REALSCHULLEHRER																	x	x			x			x								x			
4 SONDERSCHULLEHRER																				x													x		
5 GYMN.-L. MATH. NAT.														x	x		x	x	x		x	x	x		x	x	x	x	x	x	x				
6 GYMN.-L. GEISTESWISS.														x	x		x	x			x	x	x		x	x	x	x	x	x	x				
7 LEHRER KUNST/MUSIK																						x	x		x	x	x	x	x	x	x				
8 RELIGIONSLEHRER																	x	x	x		x	x	x		x	x	x	x	x	x	x				
9 SPORTLEHRER																						x			x	x	x	x	x	x.	x				
10 HANDELSLEHRER														x	x		x	x	x		x					x									
11 LEHRER HAUSWIRTSCHAFT																	x	x	x		x						x								
12 LEHRER LANDW. U. GARTENB.																	x	x	x		x														
13 GEWERBELEHRER																	x	x	x		x														
14 LE RER F. KURZSCHRIFT																	x	x	x		x														
1 LE R R EC HS. (ING. ABS.)																x																			
16 L. AN ING. UJS (HS.ABSCHL.)															x	x																			
17 SONSTIGE L. AN ING. U TS															x	x																			
18 LEHRER SOZ. ARB.													x																						
19 LEHRER SOZ. PAED.												x																							
20 LEHRER AN PH'S											x																								
21 LEHRER AN KU/MU -HS										x																									
22 LEHRER AN SPORT -HS									x																										
3 WISS. PERS UNI MATH/NAT								x																											
24 WISS. PERS. UNI TECHNIK							x																												
25 WISS. PERS. UNI GEISTESW.																																			
26 WISS. PERS. UNI MED.					x																														
27 WISS. PERS. UNI WISO				x																															
28 WISS. PERS. UNI JURA			x																																
29 WISS. PERS. UNI LAND/FO.		x																																	
30 WISS. PERS. UNI THEOL.	x																																		

LEHRER ANGEBOT ⇒

LEHRERKLASSIFIKATION	1 PH VOLKSSCHULLEHRAMT	2 PH VOLKS- U. REALS. LA.	3 PH REALSCHUL. LA	4 PH SONDERSCHUL. LA.	5 PH GEWERBL. LA.	6 PH HAUSW. LA.	7 PH LANDW./GARTENB. LA.	8 HBFS F. SOZ. PADAG.	9 UNI MATH. NAT.	10 UNI TECHNIK	11 UNI GEISTESWISS.	1 UNI MED ZIN	3 UNI WISO	14 HI JURA	15 UNI LAND. FORSTW.	16 UNI THEOLOGIE	17 HS KUNST/MUSIK	18 HS SPORT	19 FHS INGENIEUR WISS.	20 KEIN ANGEBOT
1 KINDERGARTNERIN								x												
2 VOLKSSCHULLEHRER	x	x																		
3 REALSCHULLEHRER		x	x																	
4 SONDERSCHULLEHRER				x																
5 GYMN.-L. MATH. NAT.									x	⊗										
6 GYMN.-L. GEISTESWISS.											x									
7 LEHRER KUNST/MUSIK																	x			
8 RELIGIONSLEHRER																⊗				x
9 SPORTLEHRER									x	x	x	x				x	x	x		
10 HANDELSLEHRER												x								
11 LEHRER HAUSWIRTSCHAFT						x														
12 LEHRER LANDW. U. GARTENB.							x								⊗					
13 GEWERBELEHRER					x					⊗										
14 LE RER F. KURZSCHRIFT																				x
1 LE R R EC HS. (ING. ABS.)																			⊗	
16 L. AN ING. UJS (HS.ABSCHL.)									⊗	⊗										
17 SONSTIGE L. AN ING. U TS																				x
18 LEHRER SOZ. ARB.																				x
19 LEHRER SOZ. PAED.																				x
20 LEHRER AN PH'S																				x
21 LEHRER AN KU/MU -HS																				x
22 LEHRER AN SPORT -HS																				x
3 WISS. PERS UNI MATH/NAT									x											
24 WISS. PERS. UNI TECHNIK										x										
25 WISS. PERS. UNI GEISTESW.											x									
26 WISS. PERS. UNI MED.												x								
27 WISS. PERS. UNI WISO													x							
28 WISS. PERS. UNI JURA														x						
29 WISS. PERS. UNI LAND/FO.															x					
30 WISS. PERS. UNI THEOL.																x				

LEGENDE :

⊗ kann datenmässig nicht belegt werden

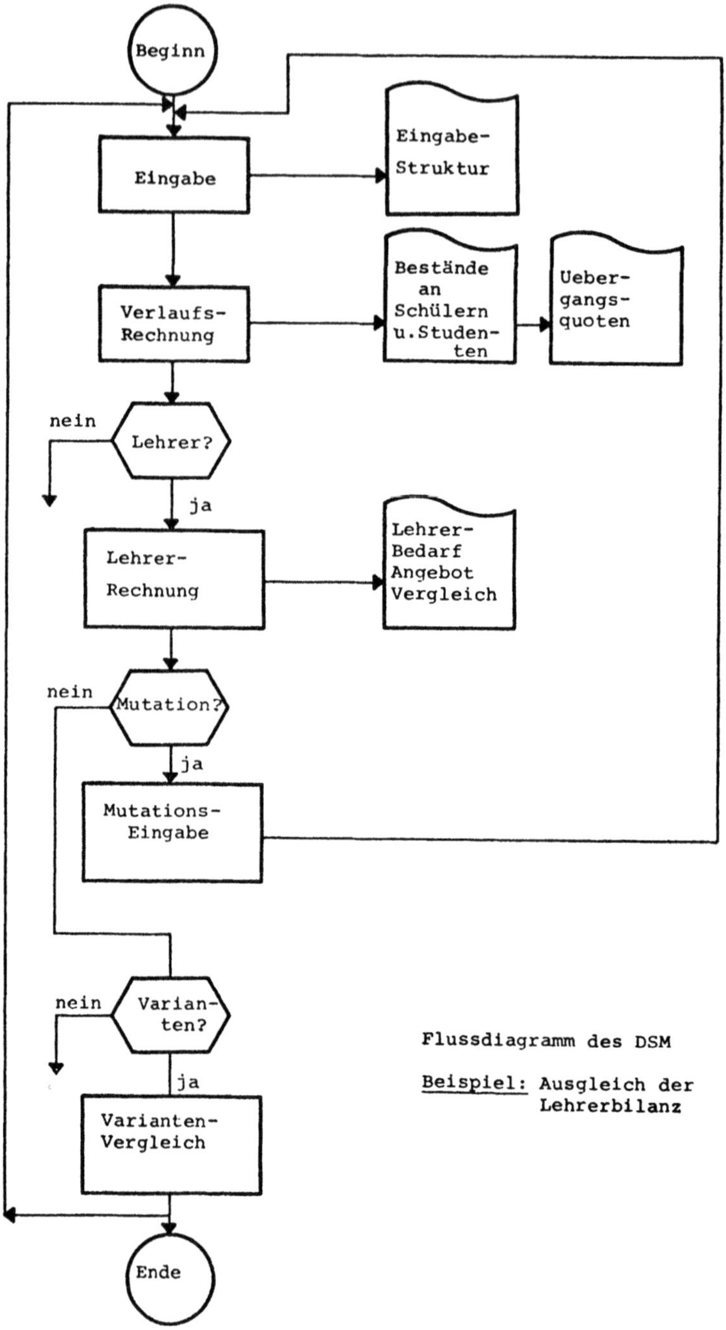

Flussdiagramm des DSM

Beispiel: Ausgleich der Lehrerbilanz

Dynamisches Strukturmodell für das Bildungswesen der Bundesrepublik Deutschland — Ein lineares Programm zur optimalen Umrechnung von Übergangsquoten

von G. Vosberg, Heidelberg

1. Einleitung

Zur Operationalisierung der Zusammenhänge innerhalb eines Bildungssystems dient in den dynamischen Strukturmodellen[2] bisher das Übergangsquotenmodell, durch das eine Abbildung des Bildungssystems in Form einer Inflow-Outflow-Matrix gegeben wird[3]. Mit Hilfe von Übergangsquoten und den Schülerzahlen in den einzelnen Bereichen des Bildungssystems für ein Ausgangsjahr ist es möglich die entsprechenden Schülerzahlen für das folgende Jahr zu berechnen.

Um Aufschluß über die Übergangsquoten in Baden-Württemberg zu erhalten, wurden von der Arbeitsgruppe für empirische Bildungsforschung in den Jahren 1967 - 1969 drei Strukturerhebungen durchgeführt[4]. Diese berücksichtigten allerdings nicht den Hochschulbereich. Die Schülerbestandszahlen für das Ausgangsjahr konnten der

---

1 Der Vortrag wurde vertretungsweise von Ch. von Rothkirch gehalten.

2 OECD: S.O.M. A Simulation Model of the Educational System, Paris 1970.
C.C. von Weizsäcker, u.a.: Simulationsmodell für Bildungssysteme, in: Bildung in Zahlen: Modelle, Prognosen, Alternativen, Bd. 5, Schriftenreihe der Arbeitsgruppe für empirische Bildungsforschung, herausgegeben von H.L. Freytag, R. Wagenführ und C.C. von Weizsäcker, Weinheim 1972.

3 R.A. Stone: A Model of the Educational System, in: Minerva, Bd. 3, H. 2, London 1965, S. 172 ff.
C.C. von Weizsäcker und H.L. Freytag: Plan eines Projektes: "Ein quantitatives Modell des Bildungswesens in der BRD"; in: Statistische Hefte, Bd. 8, H. 1, Köln und Opladen 1967, S. 32 ff.

4 Arbeitsgruppe für empirische Bildungsforschung: Schulwahl und Schulsystem, herausgegeben von H.L. Freytag und C.C. von Weizsäcker, Weinheim 1969.

amtlichen Statistik entnommen werden.
Wendet man solche geschätzten Quoten, die mit Hilfe einer Stichprobenerhebung ermittelt worden sind, in einem Übergangsquotenmodell an, so ist stets zu erwarten, daß, aufgrund von Erhebungsfehlern (Stichproben- und Nicht-Stichprobenfehlern), die für das Folgejahr berechneten Schülerbestandszahlen von denen der amtlichen Statistik um einen feststellbaren Betrag abweichen. Probleme dieser Art tauchen allgemein bei Markov-Ketten auf.
Sinn eines Anpassungsverfahrens ist es nun, die geschätzten Übergangsquoten unter Benutzung dieser zusätzlichen Information zu verbessern. Will man die Übergangsquoten für ein Planungs- oder Prognosemodell verwenden, so sollten die geschätzten Quoten für das erste Jahr die schon bekannten tatsächlichen Schülerbestandszahlen in den einzelnen Schulbereichen ergeben.

2. Das Übergangsquotenmodell

Für die Anwendung des Übergangsquotenmodells ist die vorherige Erstellung einer Klassifikation notwendig, deren Elemente Moduln genannt werden.
Unter einer Periode $[t,t+1)$ sei im folgenden die Zeitspanne von einem Jahr verstanden, die zum Zeitpunkt t beginnt. Es ist damit stets ein Schuljahr gemeint.
Für eine genaue Beschreibung des Übergangsquotenmodells für das Verfahren werden einige Definitionen benötigt. Hierzu seien die einzelnen Module des Schulsystems von 1 bis n durchnumeriert. Sie seien durch Indices i und j gekennzeichnet.

$b_i(t)$, $i=1,\ldots,n$ — Schülerbestand des Moduls i in der Periode $[t,t+1)$.

$z(t)$ — Zustrom von außen in das Schulsystem in der Periode $[t+1,t+2)$, ausgenommen die 6-jährigen.

$e(t)$ — Zahl der 6-jährigen zum amtlichen Stichtag vor dem Schuljahr, das der Periode $[t+1,t+2)$ entspricht. Zur Vereinfachung wird hier davon ausgegangen, daß nur sie zum Zeitpunkt t+1 in die erste Klasse der

Grund- oder Sonderschule eingeschult werden.

$a(t+1)$ — Abgänger aus dem Schulsystem am Ende der Periode $[t,t+1)$.

$s_{ij}(t)$, $i=1,\ldots,n+2$, $j=1,\ldots,n+1$ — Anzahl der Schüler, die sich in der Periode $[t,t+1)$ im Modul i befinden und in der Periode $[t+1,t+2)$ im Modul j, d.h. der Schülerstrom von i nach j, incl. Zustrommodul ($i=n+1$), Modul der 6-jährigen ($i=n+2$) und Abgangsmodul ($j=n+1$).

$q_{ij}(t)$, $i=1,\ldots,n+2$, $j=1,\ldots,n+1$ — Anteil der Schüler des Moduls i in der Periode $[t,t+1)$, der in der folgenden Periode $[t+1,t+2)$ den Modul j besucht, d.h. die Übergangsquote mit Liefermodul i und Empfangsmodul j.

Bei Kenntnis der Übergangsquoten, der Schülerbestände für eine Periode $[t,t+1)$, der Zahl der 6-jährigen und des gesamten restlichen Zustroms $z(t)$ von außerhalb des Schulsystems ist es nun möglich, die Schülerbestände für die nächste Periode $[t+1,t+2)$ und die Zahl der Abgänger zu berechnen.
Dieser Sachverhalt läßt sich in Vektor- und Matrizenschreibweise darstellen. Die Übergangsquoten definieren eine Übergangsquotenmatrix $Q(t)$, deren Zeilensummen stets Eins sein müssen. Eine Ausnahme bildet die letzte Zeile, da nicht alle 6-jährigen eingeschult werden.

$$Q(t) = (q_{ij}(t))_{\substack{i=1,\ldots,n+2\\ j=1,\ldots,n+1}}$$

Die einzelnen Bestandsgrößen bilden zusammen einen Bestandsvektor

$$b(t) = (b_i(t))_{i=1,\ldots,n}$$

Es gilt dann in dieser Schreibweise

$$\left[b(t+1),\ a(t+1)\right] = \left[b(t),\ z(t),\ e(t)\right] \cdot Q(t)$$

Da $b_i(t) \cdot q_{ij}(t) = s_{ij}(t)$ und analoge Formeln mit $z(t)$ bzw. $e(t)$

statt $b_i(t)$ bestehen, kann dies auch in Strömen ausgedrückt werden:

$$b_j(t+1) = \sum_{i=1}^{n+2} s_{ij}(t)$$

$$a(t+1) = \sum_{i=1}^{n} s_{i,n+1}(t) \qquad (1)$$

Die Bestände $b_j(t+1)$ erhält man also als Spaltensumme der Strommatrix $S(t) = (s_{ij}(t))$.

3. Das Konsistenzproblem bei geschätzten Übergangsquoten und -strömen

Individual-Verlaufsstatistiken, wie sie von der Arbeitsgruppe für empirische Bildungsforschung bei den Strukturerhebungen durchgeführt worden sind, ergeben Schätzwerte[1]

$$q^+_{ij}(t) \qquad i=1, \ldots, n+1 \qquad j=1, \ldots, n+1$$

für fast alle Quoten. Schätzwerte für die Quoten der letzten Zeile lassen sich mit Hilfe der übrigen geschätzten Quoten und der amtlichen Bestandszahlen ermitteln.

Zur Anwendung des Übergangsquotenmodells benötigt man außer den Quoten und den Beständen $b_i(t)$ der amtlichen Statistik noch die Größe $z(t)$, die nur geschätzt werden kann. Dies ermöglicht folgende Gleichung:

$$\sum_{i=1}^{n} b_i(t) + z(t) + \sum_{j=1}^{n} s_{n+2,j}(t) = \sum_{j=1}^{n} b_j(t+1) + a(t+1)$$

---

1 Es ist darauf hinzuweisen, daß bei den erwähnten Strukturerhebungen die ersten 3 Grundschulklassen nicht erfaßt wurden, so daß sie in der Klassifikation in diesem System als Module fehlen. Dies ist bei der Anwendung des Anpassungsverfahrens berücksichtigt worden, indem die Größe $e(t)$ durch die Zahl der Schüler in der 3. Klasse ersetzt wurde. Um eine allgemeine Darstellungsweise zu erhalten, wird darauf im folgenden nicht weiter eingegangen.

Setzt man die Schätzwerte der Ströme der letzten Zeile ein und zur Berechnung von a(t+1) diejenigen der letzten Spalte, so erhält man einen Näherungswert für die Größe z(t).
Bei Kenntnis von b(t), z(t) und e(t) liefern die Schätzwerte für die Quoten Nährerungswerte $s^+_{ij}(t)$ für die Ströme. Verwendet man diese in der Formel (1) zur Berechnung der Bestände des Folgejahres, so wird man i.a. nicht die Bestände der amtlichen Statistik erhalten, es wird Inkonsistenz vorliegen.

4. Anpassungsverfahren

Sinn des Anpassungsverfahrens ist es, die geschätzten Quoten so zu verbessern, daß diese Inkonsistenz vermieden wird.
Gesucht wird nun eine Matrix

$$\bar{S}(t) \quad = \quad (\bar{s}_{ij}(t))_{\substack{i=1,\ldots,n+2\\ j=1,\ldots,n+1}}$$

von positiven Strömen $\bar{s}_{ij}(t)$, die "möglichst nahe" an den Strömen $s^+_{ij}(t)$ liegen, deren Zeilensummen die Ausgangsbestände $b_i(t)$ und z(t) ergeben und deren Spaltensummen die Bestände $b_j(t+1)$ und a(t+1).
Für die gesuchten Ströme $\bar{s}_{ij}(t)$ wird außerdem gefordert, daß für Übergänge vom Modul i in den Modul j mit $s^+_{ij}(t)=0$ ebenfalls $\bar{s}_{ij}(t)=0$ gilt. Dies bedeutet, daß kein Übergang von i nach j bei der Stichprobenerhebung festgestellt wurde. Es ist daher davon auszugehen, daß dieser Übergang auch in der Grundgesamtheit nicht vorkommt. Mit der Forderung $\bar{s}_{ij}(t)=0$ wird verhindert, daß ein unplausibler Übergang zu einem möglichen Übergang gemacht wird. Da die Ströme $s^+_{n+2,j}(t)$ mit Hilfe der Bestände $b_j(t+1)$ geschätzt werden, kann zur Vereinfachung außerdem $s^+_{n+2,j}(t)=\bar{s}_{n+2,j}(t)$ gesetzt werden.
"Möglichst nahe" ist durch eine Abstandsfunktion zu definieren. Als Zielfunktion ist von uns die gewichtete Summe der Absolutbeträge der Abweichungen der gesuchten Ströme $\bar{s}_{ij}(t)$ von den geschätzten Strömen $s^+_{ij}(t)$ gewählt worden. Dies wurde nicht zuletzt durch die damals für diese Zahl an Variablen und Nebenbedingungen

zur Verfügung stehenden Computerprogrammen bedingt.
Die Gewichtung ist so zu wählen, daß größere Ströme größere Abweichungen von den Schätzwerten erfahren dürfen als kleinere Ströme, z.B. $\alpha_{ij} = 1/\sqrt{s^+_{ij}(t)}$.
Die soeben geforderten Eigenschaften für die gesuchten Ströme können in der Form eines mathematischen Optimierungsproblems wiedergegeben werden.
Gesucht werden Größen

$$\bar{s}_{ij}(t) \qquad \text{für} \quad i,j \in \{1,\ldots,n+1\} = I \text{ mit}$$

$$\sum_{i,j=1}^{n+1} \alpha_{ij} \cdot |\bar{s}_{ij}(t) - s^+_{ij}(t)| = \text{Min.},$$

die folgende Nebenbedingungen erfüllen:

$$\sum_{j=1}^{n+1} \bar{s}_{ij}(t) = b_i(t) \qquad i=1,\ldots,n \qquad (2)$$

$$\sum_{j=1}^{n} \bar{s}_{ij}(t) = z(t) \qquad i=n+1 \qquad (3)$$

$$\sum_{i=1}^{n+1} \bar{s}_{ij}(t) = b_j(t+1) - s^+_{n+2,j}(t) \qquad j=1,\ldots,n \qquad (4)$$

$$\sum_{i=1}^{n} \bar{s}_{ij}(t) = a(t+1) \left(= \sum_{i=1}^{n} s^+_{ij}(t)\right) \qquad j=n+1 \qquad (5)$$

$$\bar{s}_{ij}(t) \geq 0 \qquad i,j=1,\ldots,n+1$$

$$\bar{s}_{ij}(t) = 0 \qquad \text{falls } s^+_{ij}(t) = 0$$

Für die Bestimmung der Lösung dieses Problems bietet sich die lineare Programmierung an. Die Zielfunktion muß zu diesem Zweck linearisiert werden. Für jede reelle Zahl x existiert eine eindeutige Darstellung

$$x = x^O - x^1; \quad x^O, x^1 \geqslant 0, x^O \text{ oder } x^1 = 0.$$

Es gilt dann $|x| = x^O + x^1$. Diese Darstellung wendet man auf die Größe $\bar{s}_{ij}(t) - s^+_{ij}(t) = x_{ij}$ an und wählt die entsprechende x^O_{ij}, x^1_{ij} als Variable. Der Rang der Matrix, die dem Gleichungssystem (2)-(5) entspricht, beträgt 2n+1. Die lineare Abhängigkeit besagt, daß die Summe der Spaltensummen der Strommatrix gleich der Summe der Zeilensummen ist. Für die rechte Seite des Gleichungssystems entspricht dies genau der Bedingung, durch die z(t) bestimmt worden ist.

5. Anwendung des Verfahrens

Bei der Anwendung dieses Verfahrens auf die von der Arbeitsgruppe für empirische Bildungsforschung ermittelten Übergangsquoten betrug die Anzahl der Moduln ca. 140. Von den geschätzten Übergangsquoten waren ungefähr 1.500 ungleich Null. Das ergibt durch die Linearisierung 3.000 Variable.
Es hat sich gezeigt, daß die Differenzen zwischen berechneten Beständen und den Beständen der amtlichen Statistik nicht zu groß sein dürfen, um ein sinnvolles Ergebnis zu erhalten. Das bedeutet, daß stets eine nachträgliche Überprüfung der Ergebnisse stattfinden muß, um unplausible Übergänge zu vermeiden.
Liegen für die geschätzten Quoten Angaben über die Streuung vor, so kann das angegebene Verfahren erweitert werden, indem man mit Hilfe der Streuung untere und obere Schranken angibt. Die Zahl der Nebenbedingungen kann sich dadurch aber so erhöhen, daß sie von vielen Computerprogrammen nicht mehr bewältigt werden können. Dies war bei dem der Arbeitsgruppe für empirische Bildungsforschung zur Verfügung stehenden Programm der Fall (max. Anzahl Nebenbedingungen: 1.022).
Nach der Anwendung dieses Verfahrens auf die Übergangsquoten von Baden-Württemberg wurden von der Arbeitsgruppe für empirische Bildungsforschung die Unterschiede in den Schulsystemen von Baden-Württemberg und der Bundesrepublik mit Hilfe der amtlichen Statistik der Bestandszahlen untersucht. Auf diese Weise konnten Nähe-

rungswerte für diejenigen Quoten gefunden werden, die in den beiden Schulsystemen voneinander abweichen. Anschließend wurde das gleiche Verfahren mit diesen Näherungswerten und den Bestandszahlen der BRD durchgeführt.

AUTORENVERZEICHNIS

BECKER, Ursel, Dipl.-Math., Posttechnisches Zentralamt, Referat für
BOEHM, F., Dr.-Ing., Fried. Krupp GmbH, Krupp Industrie und Stahlbau, 43 Essen, Altendorfer Str. 104
BOL, G., Dipl.-Math., Institut für Statistik und Quantitative Methoden der Unternehmensführung der Universität Karlsruhe, 75 Karlsruhe, Kaiserstr. 12
BURCKHARDT, W., Dr., Systemberatung Fides GmbH, 4 Düsseldorf-Oberkassel 1, Schorlemerstr. 36
BURGERMEISTER, J., Dr., Lehrstuhl für Operations Research der Freien Universität Berlin, 1 Berlin 33, Thielallee 66
BÜHLER, G., Dipl.-Math., Lehrstuhl für Operations Research der Fre Freien Universität Berlin, 1 Berlin 33, Thielallee 66
BÜHLER, W., Dr., Lehrstuhl für Unternehmensforschung der Techn. Hochschule Aachen, 51 Aachen, Templergraben 55
DES COMBES, Emil Jacot, Dr., Fides Treuhand-Vereinigung, CH-8002 Zürich, Bleicherg. 33
FINKBEINER, B., Institut für Operations Research der Universität Zürich, CH-8006 Zürich, Weinbergstr. 59
FLEISCHMANN, B., Dr., Deutsche Unilever GmbH, 2 Hamburg 36, Dammtorwall 15
FORSSMANN, K., Dipl.-Ing., Henkel & Cie. GmbH, 4 Düsseldorf 1, Postfach 1100
GAEDE, K.W., Prof. Dr., Fachbereich Mathematik, Technische Hochschule Darmstadt, 61 Darmstadt
GERHARDT, C., Dr., 2 Hamburg 68, Dweerblöcken 56
GIERL, L., Dipl.-Ing., IABG, 8012 Ottobrunn, Einsteinstrasse
GOLDBERG, W., Prof. Dr. Handelshochschule Göteborg, Vasagatan 2, S-411 24 Göteborg
GOLDSTEIN, B., Dr. Wiss. Rat, Institut für Statistik und Quantitative Methoden der Unternehmensführung der Universität Karlsruhe, 75 Karlsruhe, Kaiserstr. 12
GORONZY, F., Dr., Arthur Andersen & Co. GmbH, 6 Frankfurt, Liebigstr. 11
HARTL, P., Dipl.-Kfm., Henkel & Cie. GmbH, 4 Düsseldorf 1, Postfach 1100
HENKE, M., Dr., 53 Bonn-Beuel 1, Oberdorfstr. 27
HOFFMANN, G., Dr., Badische Anilin- & Soda-Fabrik AG, Rechenzentrum, 67 Ludwigshafen
JACOB, H., Prof. Dr., Institut für Unternehmensforschung der Universität Hamburg, 2 Hamburg, Von-Melle-Park 9
KALL, P., Prof. Dr., Institut für Operations Research der Universität Zürich, CH-8006 Zürich, Weinbergstr. 59
KARP, P., Dipl.-Kfm., Henkel & Cie. GmbH, 4 Düsseldorf 1, Postfach 1100

KOGELSCHATZ, H., Dipl.-Math., Institut f. Statistik und Quantitative Methoden der Unternehmensführung der Universität Karlsruhe, 75 Karlsruhe, Kaiserstr. 12

KÜNZI, H.P., Prof. Dr., Regierungsrat, Volkswirtschaftsdirektion des Kantons Zürich, CH-8090 Zürich

KÜPPER, W., Dipl. rer. pol. (techn.), Seminar für Planung und Organisation in der öffentl. Verwaltung, Universität Hamburg 13, 2 Hamburg 13 Von-Melle-Park 9

LENZ, H.-J., Institut für Statistik und Versicherungsmathematik im Fachbereich 10 der Freien Universität Berlin, 1 Berlin 33, Garystr. 21

MEINHARDT, H.-J., IABG, 8012 Ottobrunn, Einsteinstr.

MEYER, K.H.F., Dr., 6901 Dossenheim, Steinbruchweg 17

MOESCHLIN, O., Dr., Institut f. Statistik und Quantitative Methoden der Unternehmensführung der Universität Karlsruhe, 75 Karlsruhe, Kaiserstr. 12

MÜLLER-MERBACH, H., Prof. Dr., Technische Hochschule Darmstadt, Fachgebiet Betriebswirtschaftslehre (Operations Research), 61 Darmstadt, Rheinstr. 51

NOLTEMEIER, H., Prof. Dr., Lehrstuhl für mathematische Verfahrensforschung und Datenverarbeitung, Universität Göttingen, 34 Göttingen, Nikolausbergerw. 5 c

PRESSMAR, D.B., Dr., PD, Universität Hamburg, 2 Hamburg 13, Von-Melle-Park 9

RAUHUT, B., Priv. Doz. Dr., Institut f. Statistik und Quantitative Methoden der Unternehmensführung der Universität Karlsruhe, 75 Karlsruhe, Kaiserstr. 12

REETZ, D., Dipl.-Math., Institut für Gesellschafts- und Wirtschaftswissenschaften der Universität Bonn, 53 Bonn, Adenauerallee 24-42

REINKE, J., IABG, 8012 Ottobrunn, Einsteinstr.

RÖSLER, Dr., Prognos AG, CH-4000 Basel, Pelikanweg 2

ROMMELFANGER, H., Dr., Lehrstab Wirtschaftswissenschaften an der Universität des Saarlandes, 66 Saarbrücken

SCHAIBLE, S., Dr., Seminar für Allgemeine und Industrielle Betriebswirtschaft, 5 Köln-Lindenthal, Universität

SCHEER, A.-W., Dr., Seminar für Industriebetriebslehre und Organisation der Universität Hamburg, 2 Hamburg 13, Von-Melle-Park 9

SCHICK, G.J., Prof., University of Southern California, School of Business Administration, University Park, Los Angeles, Cal. 90007, USA

SCHULZ, W., Dipl.-Math., Badische Anilin- & Soda-Fabrik AG, 67 Ludwigshafen

STEINMETZ, V., Priv. Doz. Dr., Institut für Statistik und Quantitative Methoden der Unternehmensführung der Universität Karlsruhe, 75 Karlsruhe, Kaiserstr. 12

STREITFERDT, L., Dipl. rer. pol. (techn.), Seminar für Planung und Organisation in der öffentlichen Verwaltung, Universität Hamburg, 2 Hamburg 13, Von-Melle-Park 9

TILANUS, C.B., Dr., Technische Hogeschool Eindhoven, Abt. Betriebskunde, Postbus 513, Eindhoven, Niederlande

TODT, H., Dr., AEG-Telefunken, Abt. Produktionsplanung, 6 Frankfurt, AEG-Hochhaus

TURNER, B.E., 6204 Taunusstein 4, Fleckenbornstr. 9

VOSBERG, G., Dipl.-Math., Arbeitsgruppe für empirische Bildungsforschung, 69 Heidelberg

WIEGAND, G., Dr., IABG, 8012 Ottobrunn, Einsteinstr.

WOLVERTON, R.W., University of Southern California, School of Business Administration, University Park, Los Angeles, Cal. 90007/USA

ZIMMERMANN, H.-J., Prof. Dr., Lehrstuhl für Unternehmensforschung der Technischen Hochschule Aachen, 51 Aachen, Templergraben 55

ZÖLZER, G.A., Dipl.-Math., IABG, 8012 Ottobrunn, Einsteinstrasse

GPSR Compliance

The European Union's (EU) General Product Safety Regulation (GPSR) is a set of rules that requires consumer products to be safe and our obligations to ensure this.

If you have any concerns about our products, you can contact us on ProductSafety@springernature.com

In case Publisher is established outside the EU, the EU authorized representative is:

Springer Nature Customer Service Center GmbH
Europaplatz 3
69115 Heidelberg, Germany

Batch number: 10816188

Printed by Printforce, the Netherlands